水利工程造价人员学习用书

水利工程
计量与计价实务

主编 中国水利工程协会
北京海策工程咨询有限公司

中国水利水电出版社
www.waterpub.com.cn
·北京·

内 容 提 要

本书依据《全国二级造价工程师职业资格考试大纲》（2019 年）的要求，按照现行最新的水利工程概（估）算编制规定、计价文件、相关规程规范及政策文件等进行编写。全书包括水利工程专业基础知识、水利工程造价的构成、水利工程计量与计价、水利工程合同价款管理及水利枢纽工程计量与计价应用案例共五篇二十二章。

本书可作为全国二级造价工程师职业资格考试专业科目《建设工程计量与计价实务（水利工程）》的考试辅导用书，也可作为水利工程造价从业人员、高校水利类专业学生掌握水利工程造价知识的工具书和培训教材。

图书在版编目（CIP）数据

水利工程计量与计价实务 / 中国水利工程协会，北京海策工程咨询有限公司主编. -- 北京 : 中国水利水电出版社，2021.8
水利工程造价人员学习用书
ISBN 978-7-5170-9904-8

Ⅰ. ①水… Ⅱ. ①中… ②北… Ⅲ. ①水利工程－计量②水利工程－工程造价 Ⅳ. ①TV512

中国版本图书馆CIP数据核字(2021)第178264号

书　　名	水利工程造价人员学习用书 **水利工程计量与计价实务** SHUILI GONGCHENG JILIANG YU JIJIA SHIWU
作　　者	中国水利工程协会　北京海策工程咨询有限公司　主编
出版发行	中国水利水电出版社 （北京市海淀区玉渊潭南路 1 号 D 座　100038） 网址：www.waterpub.com.cn E-mail：sales@waterpub.com.cn 电话：(010) 68367658（营销中心）
经　　售	北京科水图书销售中心（零售） 电话：(010) 88383994、63202643、68545874 全国各地新华书店和相关出版物销售网点
排　　版	中国水利水电出版社微机排版中心
印　　刷	天津嘉恒印务有限公司
规　　格	184mm×260mm　16 开本　33.5 印张　815 千字
版　　次	2021 年 8 月第 1 版　2021 年 8 月第 1 次印刷
印　　数	0001—4000 册
定　　价	**118.00** 元

本书编委会

编写人员名单

主　　编： 张　鹏

副 主 编： 刘　文　黄　英　黄　剑

编写人员： 谢翠松　刘正茂　胡　云　胡享红　蔡超英　何　健　金　勇　茅黎英　时新民　张继勋　张　泉　彭　群　柳　红　卢德梅　杨瑞坤　张雅楠　罗　冰　王鹏亮　晋　向　秦　晶　吴桂勇

前言

FOREWORD

为进一步提高水利工程造价专业人员的执业水平，配合全国二级造价工程师（水利工程）职业资格考试工作，中国水利工程协会、北京海策工程咨询有限公司组织行业有关单位和专家共同编写了本书。本书按水利部水总〔2014〕429号文《水利工程设计概（估）算编制规定》、水利部水总〔2002〕116号文《水利建筑工程概算定额》、《水利工程施工机械台时费定额》、水利部水建管〔1999〕523号文《水利水电设备安装工程概算定额》、水利部水总〔2005〕389号文《水利工程概预算补充定额》、水总〔2016〕132号文《水利工程营业税改征增值税计价依据调整办法》、水利部办财务函〔2019〕448号文《水利部办公厅关于调整水利工程计价依据增值税计算标准的通知》、《水利水电工程初步设计报告编制规程》（SL 619—2013）等有关要求编制。

全书分为五篇二十二章，由上海仁泓工程咨询有限公司张鹏主编，上海水利工程协会黄剑主审。上海市水利管理处谢翠松、上海市水务规划设计研究院刘正茂编写了第一篇，上海市水务工程定额站黄英编写了第二篇，上海市堤防泵闸建设运行中心胡云、上海市水务工程定额站黄英、上海仁泓工程咨询有限公司胡享红编写了第三篇，上海市堤防泵闸建设运行中心蔡超英编写了第四篇，上海勘测设计研究院何健、金勇编写了第五篇。上海宏波工程咨询管理有限公司茅黎英、中国三峡集团有限公司工程造价中心时新民、河海大学张继勋、上海事通工程造价咨询监理有限公司张泉等给予了指导。本书在编写和审定期间还得到中国水利工程协会领导、行业内专家的指导，在此对所有在本书编写工作中给予指导和帮助的专家和单位表示感谢。

因编者水平有限，加之时间仓促，书中内容难免有不尽人意之处，敬请广大读者不吝批评指正。

编者

2021年7月

目录

CONTENTS

第二篇　水利工程造价的构成

第三篇　水利工程计量与计价

第四篇　水利工程合同价款管理

第一篇

水利工程专业基础知识

第一章　水利工程概述

第一节　水利工程的概念及分类

一、基本定义

水利工程是指为了解决水在时间和空间上的分配不均匀，以及来水和用水不相适应的矛盾，对自然界的地表水和地下水进行控制与调配，以达到兴利除害目的而修建的工程。水利工程的根本任务是除水害和兴水利。前者主要是防止洪水泛滥和旱涝成灾；后者则是利用水资源满足人类生产和生活需求，包括灌溉、发电、供水、航运、养殖、旅游等。

二、水利工程的分类

（一）根据对水的作用分类

水利工程按其对水的作用可分为蓄水工程、排水工程、取水工程、输水工程、提水工程、水质净化、污水处理、河道及港航整治工程等。

（二）根据承担的任务分类

水利工程按其承担的任务可分为防洪工程、农田水利工程、水力发电工程、给排水工程、航道及港口工程等。

1. 防洪工程

防洪工程主要通过“上拦下排、两岸分滞”的方式来达到防洪减灾的目的。“上拦”是防洪的根本措施，它包括在流域范围内采取水土保持措施，有效减少地面径流；兴建水库拦蓄洪水，减少下泄流量。“下排”是指采取疏浚河道、修筑堤防等河道整治措施，提高河道泄洪能力。“两岸分滞”是指河道两岸适当位置修建分洪闸、引洪道、滞洪区等，将超过河道安全泄量的洪峰流量通过泄流建筑物分流到该河道下游或其他水系，或者蓄于滞洪区，以保证保护区的安全。

2. 农田水利工程

农田水利工程是通过工程措施调节和改变地区水利条件和农田水分状况，使其符合发展农业生产的需要，一般包括取水工程、输配水工程和排水工程。

3. 水力发电工程

水力发电工程通常是在河流上筑坝或修引水道，利用河段落差取得水头，通过水库调节径流取得流量，引导水流通过电站厂房中安装的水轮发电机组，将水能转换为机械能和电能，然后通过输变电线路，把电能输送到电网或者用户。

4. 给排水工程

给水是将水从天然水源中取出，经过净化、加压，用管网输送到城市和企业等用水部门；排水是指排除企业和城市的废水、污水及地面雨水。给水必须满足国家用水水质、水量、水压等要求，排水必须符合国家规定的污水排放标准。

5. 航道及港口工程

航道及港口工程是为发展水上运输而兴建的各种工程设施。航道是船舶航行的通道，分天然航道和人工运河两类。天然航道包括内河道和近海入港航道。港口是供船舶停泊、装卸和补给的水陆运输枢纽。港口按使用特点分为商港、工业港、军港、渔港和避风港等。港口按所处地理位置可分为内河港、河口港和海岸港。内河港位于天然河流、人工运河、湖泊或水库内；河口港和海岸港通称为海港。

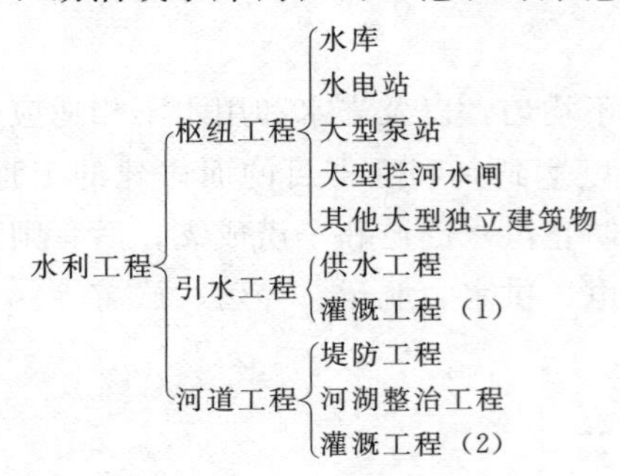

图 1-1-1　水利工程分类

注：灌溉工程（1）指设计流量不小于 $5m^3/s$ 的灌溉工程，灌溉工程（2）指设计流量小于 $5m^3/s$ 的灌溉工程和田间工程。

（三）按工程性质分类

根据现行水利部 2014 年颁发的《水利工程设计概（估）算编制规定》（水总〔2014〕429 号）中的有关规定，将水利工程按工程性质划分为枢纽工程、引水工程、河道工程三大类，具体划分如图 1-1-1 所示。

三、常见水利工程

全国第一次水利普查时，集中对水库、水电站、水闸、泵站、堤防、农村供水、水库移民征地工程、塘坝、窖池、跨流域调水工程和灌区及地下取水井等 11 类常见的水利工程进行了调查。这些水利工程虽然规模大小不一、类型差异很大，但在全国广泛分布、数量众多，对人民生产和生活影响较大。

水库是指在河道、山谷或低洼地带修建挡水坝或堤堰形成的具有拦蓄洪水和调节水流功能的水利工程。

水电站是指为开发利用水利资源，将水能转化为电能而修建的工程建筑物和机械、电气设备以及金属结构的综合体。

水闸是指建在河道、湖泊、渠道、海堤上或水库岸边，具有挡水和泄（引）水功能的调节水位、控制流量的低水头水工建筑物。

泵站是指由泵和其他机电设备、泵房以及进出水建筑物组成，建在河道、湖泊、渠道上或水库岸边，可以将低处的水提升到所需的高度，用于排水、灌溉、城镇生活和工业供水等的水利工程。

堤防是指沿江、河、湖、海等岸边或行洪区、分蓄洪区、围垦区边缘修筑的挡水建筑物。

农村供水工程指向广大农村的镇区、村庄等居民点和分散农户供给生活和生产等用水，以满足村镇居民和企事业单位日常用水需要为主的供水工程。

水库移民征地工程是指为水利工程建设，征用与补偿库区淹没区土地和非自愿性群体

迁移及其社会经济系统恢复重建工程。

塘坝工程指在地面开挖修建或在洼地上形成的拦截和贮存当地地表径流，用于农业灌溉、农村供水的蓄水设施。

窖池工程指采取防渗措施拦蓄、收集天然来水，用于农业灌溉、农村供水的蓄水工程。

四、其他水利工程

水利工程除以上分类外，逐渐出现了水土保持工程、生态水利工程、水处理工程、海绵城市等涉水工程建设新领域。

水土保持工程是指建设区内以防治水土流失为目标采取的水土整固措施工程，一般通过改变一定范围内（有限尺度）小地形（如坡改梯等平整土地），拦蓄地表径流，增加土壤降雨入渗，改善农业生产条件，充分利用光照、温度、水土资源，建立良性生态环境，减少或防止土壤侵蚀，合理开发、利用水土资源而建设的工程。

生态水利工程是既能满足人类经济社会发展需求，也能满足水生态系统健康需求的水利工程，通过综合运用工程与非工程措施，进行适度正向扰动，或在生态系统自修复能力范围内的负向扰动，使水生态系统结构完整性和整体平衡性得以维持，从而保障水生态系统服务功能的正常发挥，使生态系统的健康和可持续性得到恢复或改善。

水处理工程是指使用一系列水处理设备通过物理、化学、生物的手段，除去水中对生产、生活有害物质的工程；也是对水进行的沉降、过滤、混凝、絮凝以及缓蚀、阻垢等水质调理的过程。

海绵城市是指通过加强城市规划建设管理，充分发挥建筑、道路和绿地、水系等生态系统对雨水的吸纳、蓄渗和缓释作用，有效控制雨水径流，实现自然积存、自然渗透、自然净化的城市发展方式。

第二节　水利工程项目划分

一、工程项目划分

水利工程包含的建筑种类多、涉及范围广，建设内容涉及水利、电力、交通、通信、房屋建筑、设备制造等。因此，为了便于编制水利工程基本建设计划、预测水利工程造价、进行招投标、控制工程投资、实行经济核算等，可将一个水利工程项目系统地逐级划分为单项工程、单位工程、分部分项工程。

（一）单项工程

单项工程在水利工程项目划分中称为“一级项目”，是具有独立的设计文件，竣工后可以独立发挥生产能力或效益的工程。例如，挡水工程、泄洪工程、水电站厂房、船闸、升船机等。

（二）单位工程

单位工程在水利工程项目划分中称为“二级项目”，是具有独立施工条件的工程，是单项工程的组成部分，如输水工程中的进水口、引水隧洞工程等。

（三）分部分项工程

分部分项工程在水利工程项目划分中称为“三级项目”，是单位工程的组成部分，是概预算中最基本的预算单位，是按工程的不同结构部位、不同的材料、不同的施工方法、不同的规格等进一步划分的工程。例如，土方开挖、混凝土工程等。

二、水利工程项目分类

为了计价方便，可以进一步划分水利工程项目。根据现行水利部2014年颁发的《水利工程设计概（估）算编制规定》（水总〔2014〕429号）中的有关规定，将工程划分为建筑工程、机电设备及安装工程、金属结构设备及安装工程、施工临时工程等部分。各工程下设一级项目、二级项目、三级项目。

（一）建筑工程

1. 枢纽系统中的建筑物工程

枢纽系统中的建筑工程是指水利枢纽建筑物、大型泵站、大型拦河水闸和其他大型独立建筑物（含引水工程的水源工程）。包括挡水建筑物工程、泄洪建筑物工程、引水建筑物工程、发电厂（泵站）建筑物工程、升压变电站建筑物工程、航运建筑物工程、鱼道建筑物工程、交通建筑物工程、房屋建筑物工程、供电设施建筑物工程和其他建筑物工程。其中挡水工程等前七项为主体建筑工程。

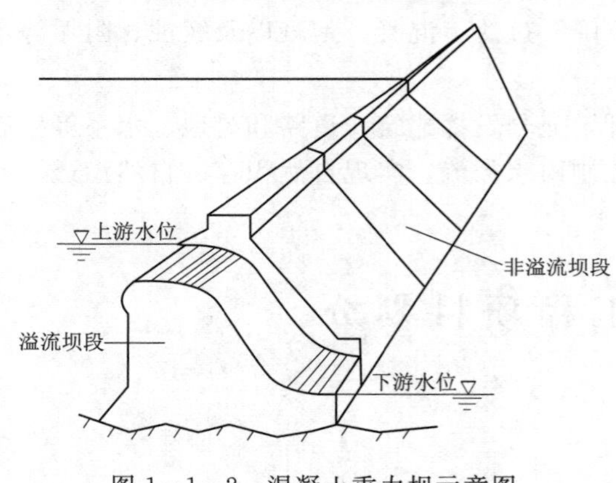

图1-1-2　混凝土重力坝示意图

（1）挡水建筑物工程。包括挡水的各类坝（闸）建筑物，如图1-1-2中的非溢流坝段。

（2）泄洪建筑物工程。包括溢洪道、泄洪洞、冲沙孔（洞）、放空洞、泄洪闸等建筑物，如图1-1-2中的溢流坝段。

（3）引水建筑物工程。包括发电引水明渠、进水口、隧洞、调压井、高压管道等建筑，如图1-1-3中的引水隧洞、压力水管。

（4）发电厂（泵站）建筑物工程。包括地面、地下各类发电厂（泵站）建筑物，如图1-1-3中的地下厂房。

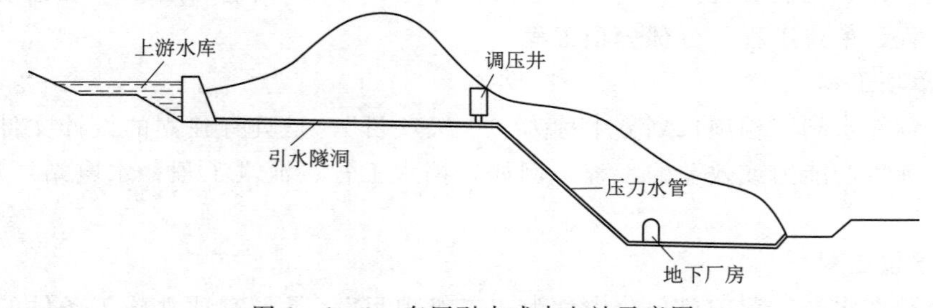

图1-1-3　有压引水式水电站示意图

（5）升压变电站建筑物工程。包括升压变电站、开关站等。

（6）航运建筑物工程。包括上下游引航道、船闸、升船机等。

（7）鱼道建筑物工程。根据枢纽建筑物布置情况，可独立列项。与拦河坝相结合的，也可作为拦河坝的一部分。

（8）交通建筑物工程。包括上坝、进厂、对外等永久公路，以及桥梁、交通隧道、铁路、码头等。

（9）房屋建筑物工程。包括为生产运行服务的永久性辅助生产建筑、仓库、办公、值班宿舍及文化福利建筑等。

（10）供电设施建筑物工程。指工程生产运行供电需要架设的输电线路及变配电站等。

（11）其他建筑物工程。包括安全监测设施工程，照明线路，通信线路，厂坝（闸、泵站）区供水、供热、排水等公用设施，劳动安全与工业卫生设施，水文、泥沙监测设施，水情自动测报设施等。

2. 引水系统中的建筑物工程

引水系统中的建筑物工程是指供水工程、调水工程和灌溉工程（1）。包括渠（管）道建筑物工程、渠系建筑物工程、交通建筑物工程、供电设施建筑物工程、房屋建筑物工程和其他建筑物工程。

（1）渠（管）道建筑物工程。包括明渠、输水管道，渠（管）道附属小型建筑物（如观测测量设施，调压减压设施、检修设施）等。

（2）渠系建筑物工程。包括泵站、水闸、渡槽、隧洞、箱涵（暗渠）、倒虹吸、跌水、动能回收电站、调蓄水库、排水涵（槽）、公路（铁路）交叉（穿越）建筑物等。

（3）交通建筑物工程。指永久性对外公路、运行管理维护道路等工程。

（4）供电设施建筑物工程。指工程生产运行供电需要架设的输电线路及变配电设施。

（5）房屋建筑物工程。包括为生产运行服务的永久性辅助生产建筑、仓库、办公用房、值班宿舍及文化福利建筑等房屋建筑工程和室外工程。

（6）其他建筑物工程。包括安全监测设施工程，照明线路，通信线路，厂坝（闸、泵站）区供水、供热、排水等公用设施工程，劳动安全与工业卫生设施，水文、泥沙监测设施工程，水情自动测报系统工程及其他工程。

3. 河道系统中的建筑物工程

河道建筑物是指堤防、河湖整治以及灌溉工程。包括堤防建筑物工程、河湖整治建筑物工程、疏浚建筑物工程、灌溉及田间渠（管）道建筑物工程、闸泵建筑物工程、交通建筑物工程、供电设施建筑物工程、房屋建筑物工程和其他建筑物工程等。

（1）堤防建筑物工程。指各类堤防的堤身填筑与除险加固、防渗导渗、堤防水下工程、护坡护岸、堤顶硬化、堤防绿化、生物防治和穿堤、跨堤建筑物（不含单独立项的分洪闸、进水闸、排水闸、挡潮闸等）。

（2）河湖整治建筑物工程。指各类河道、湖泊的河势控导、险工处理、堰塘固基等。

（3）疏浚建筑物工程。指对河道或滩地进行的局部开挖。目的是为了扩大航道、港区、引水通道或新辟航道，也有为新建水中工程开挖基槽。

（4）灌溉及田间渠（管）道建筑物工程。包括明渠、输配水管道、排水沟（渠、管）

工程、渠（管）道附属小型建筑物（如观测测量设施、调压减压设施、检修设施）、田间土地平整等。

（5）闸泵建筑物工程。包括水闸、泵站、田间工程机井等。

（6）交通建筑物工程。指永久性对外公路、运行管理维护道路等。

（7）供电设施建筑物工程。指工程生产运行供电需要架设的输电线路及变配电设施工程。

（8）房屋建筑物工程。包括为生产运行服务的永久性辅助生产建筑、仓库、办公用房、值班宿舍及文化福利建筑等房屋建筑工程和室外工程。

（9）其他建筑物工程。包括安全监测设施工程，照明线路，通信线路，厂坝（闸、泵站）区供水、供热、排水等公用设施工程，劳动安全与工业卫生设施，水文、泥沙监测设施工程等。

（二）机电设备及安装工程

1. 枢纽系统中的机电设备及安装工程

枢纽系统中的机电设备及安装工程由发电设备及安装工程、升压变电设备及安装工程、公用设备及安装工程三项组成。

（1）发电设备及安装工程。包括水轮机、发电机、主阀、起重机、水力机械辅助设备、电气设备等设备及安装工程。

（2）升压变电设备及安装工程。包括主变压器、高压电气设备、一次拉线等设备及安装工程。

（3）公用设备及安装工程。包括通信设备、通风采暖设备、机修设备、计算机监控系统、工业电视系统、管理自动化系统、全厂接地及保护网，电梯，坝区馈电设备，厂坝区供水、排水、供热设备，水文、泥沙监测设备，水情自动测报系统设备，视频安防监控设备，安全监测设备，消防设备，劳动安全与工业卫生设备，交通设备等设备及安装工程。

2. 引水系统中的机电设备及安装工程

引水系统中的机电设备及安装工程一般包括泵站设备及安装工程、水闸设备及安装工程、电站设备及安装工程、供变电设备及安装工程、公用设备及安装工程等。

（1）泵站设备及安装工程。包括水泵、电动机、主阀、起重设备、水力机械辅助设备、电气设备等设备及安装工程。

（2）水闸设备及安装工程。包括电气一次设备、电气二次设备及安装工程。

（3）电站设备及安装工程。其组成内容可参照枢纽工程的发电设备及安装工程、升压变电设备及安装工程。

（4）供变电设备及安装工程。包括供电、变配电设备及安装工程。

（5）公用设备及安装工程。包括通信设备、通风采暖设备、机修设备、计算机监控系统、工业电视系统、管理自动化系统、全厂接地及保护网，坝（闸、泵站）区供水、排水、供热设备，水文、泥沙监测设备，水情自动测报系统设备，视频安防监控设备，安全监测设备，消防设备，劳动安全与工业卫生设备，交通设备等设备及安装工程。

3. 灌溉田间系统中的机电设备及安装工程

灌溉田间系统中的机电设备及安装工程一般包括首部设备及安装工程、田间灌溉设施及安装工程等。

(1) 首部设备及安装工程。包括过滤、施肥、控制调节、计量等设备及安装等。

(2) 田间灌水设施及安装工程。包括田间喷灌、微灌等全部灌水设施及安装等。

(三) 金属结构设备及安装工程

金属结构设备及安装工程包括闸门、启闭机、拦污设备、升船机等设备及安装工程，水电站（泵站等）压力钢管制作及安装工程和其他金属结构设备及安装工程。

(四) 施工临时工程

施工临时工程指为辅助主体工程施工所必须修建的生产和生活用临时性工程，主要包括施工导流工程、施工交通工程、施工场外供电工程、施工房屋建筑工程。

第三节 水工建筑物的分类与特点

一、水工建筑物的分类

水工建筑物是为治理控制水流或开发利用水资源而修建并承受水作用的建筑物。

(一) 按功能分类

水工建筑物按用途分为一般性水工建筑物和专门性水工建筑物。

1. 一般性水工建筑物

一般性水工建筑物按照功能分为以下几种：

(1) 挡水建筑物。指用于拦截水流、壅高水位、调蓄水量的各种水工建筑物，如各种坝、闸和堤防等。

(2) 泄水建筑物。指用于控制或无控制地宣泄具有势能水流的各种水工建筑物，如溢洪道、泄洪隧洞、泄流坝段等。

(3) 取水建筑物。指用于从水源引水或取水的各种水工建筑物，如进水闸、电站引水系统（坝身引水或管道引水）、引水隧洞等。

(4) 输水建筑物。指用于将水流输送到用水地点的各种水工建筑物，如渠道、隧洞、涵洞、管道等。

(5) 整治建筑物。指为改善水流状态，防止水道冲淤破坏的各种水工建筑物，如护岸工程、导流堤、丁坝、放浪堤等。

2. 专门性水工建筑物

专门性水工建筑物指水力发电建筑物、航运建筑物、灌溉建筑物、防洪建筑物、渔业建筑物等。

(二) 按使用期限分类

水工建筑物按建筑物的使用期限分类，可分为永久性建筑物和临时性建筑物。

1. 永久性建筑物

永久性建筑物是指运行期间长期使用的建筑物。依其重要性分为主要建筑物和次要建筑物。工程的主体建筑物是指其失事将造成灾害或严重影响工程效益，如挡水坝（闸）、泄洪建筑物、取水建筑物及电站厂房等；次要建筑物是指其失事后不致造成灾害或对工程效益影响不大、易于修复的附属建筑物，如挡土墙、分流墩及护岸等。

2. 临时性建筑物

临时性建筑物是指工程施工期间临时使用的建筑物，如施工围堰、导流建筑物、临时房屋等。

二、水工建筑物的特点

1. 工作条件的复杂性

水工建筑物工作条件复杂，如挡水建筑物要承受相当大的水压力，由渗流产生的渗透压力；泄水建筑物泄水时，对河床和岸坡具有强烈的冲刷作用等。

2. 设计造型的独特性

水工建筑物受所处地形、地质、水文等自然条件约束，需因地制宜地根据具体条件进行设计。

3. 施工条件的艰巨性

水工建筑物施工难度大，江河中兴建的水利工程，需要妥善解决施工导流、截流和施工期度汛，此外，复杂地基的处理以及地下工程、水下工程等施工技术都较为复杂。

4. 工程效益的显著性

水工建筑物大多具有一定规模，水工建筑物的兴建能获得社会、经济、环境等方面的效益。如工程的修建可以创造更多的就业机会，修建自来水厂可以改善卫生和生活条件，修建防洪工程可以保障很大范围的人民生命财产安全，减少洪涝灾害损失等。

5. 环境影响的多面性

水利工程对环境的影响是复杂的。可以改善或缓解干旱地区的旱情，改变低洼地带的涝水，使环境更加适合人类和动植物；也可能会影响一些动植物本来的生活环境，对某些物种的生存带来不利影响。大型水库的修建可以使一些区域地质趋于稳定，减少地震灾害的发生；也有一些因为改变地质应力情况，增加了地震灾害发生的频率或可能性。

6. 失事后果的严重性

大型水利工程的挡水建筑物失事将会给下游带来巨大灾难或严重影响工程效益。

第四节　工程等别及水工建筑物级别

一、水利水电工程等别划分

依据《水利水电工程等级划分及洪水标准》（SL 252—2017）的规定，水利水电工程的等别根据其工程规模、效益及在国民经济中的重要性，划分为Ⅰ、Ⅱ、Ⅲ、Ⅳ、Ⅴ五等，以适用于不同地区、不同条件下建设的防洪、治涝、灌溉、供水和发电等水利水电工程，见表1-1-1。

对于综合利用的水利水电工程，如按各综合利用项目的分等指标确定的等别不同时，

其工程等别应按其中的最高等别确定。

表 1-1-1　　水利水电工程分等标准

工程等别	工程规模	水库总库容/亿 m^3	防洪			治涝	灌溉	供水		发电
			保护人口/万人	保护农田/万亩	保护区当量经济规模/万人	治涝面积/万亩	灌溉面积/万亩	供水对象重要性	年引水量/亿 m^3	发电装机容量/MW
Ⅰ	大（1）型	≥10.000	≥150	≥500	≥300	≥200	≥150	特别重要	≥10	≥1200
Ⅱ	大（2）型	<10.000，≥1.000	<150，≥50	<500，≥100	<300，≥100	<200，≥60	<150，≥50	重要	<10，≥3	<1200，≥300
Ⅲ	中型	<1.000，≥0.100	<50，≥20	<100，≥30	<100，≥40	<60，≥15	<50，≥5	中等	<3，≥1	<300，≥50
Ⅳ	小（1）型	<0.100，≥0.010	<20，≥5	<30，≥5	<40，≥10	<15，≥3	<5，≥0.5	一般	<1，≥0.3	<50，≥10
Ⅴ	小（2）型	<0.010，≥0.001	<5	<5	<10	<3	<0.5		<0.3	<10

注　1. 水库总库容指水库最高洪水位以下的静库容；治涝面积和灌溉面积均指设计面积；年引水量指供水工程渠首设计年均引（取）水量。
2. 保护区当量经济规模指标仅限于城市保护区；防洪、供水中的多项指标满足 1 项即可。
3. 按供水对象的重要性确定工程等别时，该工程应为供水对象的主要水源。

二、水工建筑物级别划分一般规定

（1）水利水电工程永久性水工建筑物的级别，应根据工程的等别或永久性水工建筑物的分级指标综合分析确定。

（2）综合利用水利水电工程中承担单一功能的单项建筑物的级别，应按其功能、规模确定；承担多项功能的建筑物级别，应按规模指标较高的确定。

（3）失事后损失巨大或影响十分严重的水利水电工程的 2～5 级主要永久性水工建筑物，经过论证并报主管部门批准，可提高一级；失事后造成损失不大的水利水电工程的 1～4 级主要永久性水工建筑物，经过论证并报主管部门批准，可降低一级。

（4）对 2～5 级的高填方渠道、大跨度或高排架渡槽、高水头倒虹吸等永久性水工建筑物，经论证后建筑物级别可提高一级，但洪水标准不予提高。

（5）当永久性水工建筑物采用新型结构或其基础的工程地质条件特别复杂时，对 2～5 级建筑物可提高一级设计，但洪水标准不予提高。

（6）穿越堤防、渠道的永久性水工建筑物的级别，不应低于相应堤防、渠道的级别。

三、水工建筑物级别划分

（一）永久性水工建筑物级别

（1）水库及水电站的永久性水工建筑物的级别，根据建筑物所在工程的等别和永久性水工建筑物的重要性划分为 5 级，按表 1-1-2 确定。

表 1-1-2　　永久性水工建筑物级别

工程等别	主要建筑物	次要建筑物	工程等别	主要建筑物	次要建筑物
Ⅰ	1	3	Ⅳ	4	5
Ⅱ	2	3	Ⅴ	5	5
Ⅲ	3	4			

（2）水库大坝按表 1-1-2 规定为 2 级、3 级的永久性水工建筑物，如坝高超过表 1-1-3 指标，其级别可提高一级，但洪水标准可不提高。

表 1-1-3　　水库大坝等级指标

级别	坝　型	坝高/m	级别	坝　型	坝高/m
2	土石坝	90	3	土石坝	70
	混凝土坝、浆砌石坝	130		混凝土坝、浆砌石坝	100

（3）水库工程中最大高度超过 200m 的大坝建筑物，其级别应为 1 级，其设计标准应专门研究论证，并报上级主管部门审查批准。

（4）当水电站厂房永久性水工建筑物与水库工程挡水建筑物共同挡水时，其建筑物级别应与挡水建筑物的级别一致，按表 1-1-2 确定。当水电站厂房永久性水工建筑物不承担挡水任务、失事后不影响挡水建筑物安全时，其建筑物级别应根据水电站装机容量按表 1-1-4 确定。

表 1-1-4　　水电站厂房永久性水工建筑物级别

发电装机容量/MW	主要建筑物	次要建筑物	发电装机容量/MW	主要建筑物	次要建筑物
≥1200	1	3	<50，≥10	4	5
<1200，≥300	2	3	<10	5	5
<300，≥50	3	4			

（二）拦河闸永久性水工建筑物级别

（1）拦河闸永久性水工建筑物的级别，应根据其所属工程的级别按表 1-1-2 确定。

（2）拦河闸永久性水工建筑物按表 1-1-2 分为 2 级、3 级，当其校核洪水过闸流量分别大于 5000m^3/s、1000m^3/s 时，其建筑物级别可提高一级，但洪水标准可不提高。

（三）防洪工程堤防永久性水工建筑物级别

（1）防洪工程中堤防永久性水工建筑物的级别应根据其保护对象的防洪标准按表 1-1-5 确定。当经批准的流域、区域防洪规划另有规定时，应按其规定执行。

表 1-1-5　　堤防永久性水工建筑物级别

防洪标准［重现期（年）］	≥100	<100，≥50	<50，≥30	<30，≥20	<20，≥10
堤防永久性水工建筑物级别	1	2	3	4	5

（2）涉及保护堤防的河道整治工程永久性水工建筑物级别，应根据堤防级别并考虑损毁后的影响程度综合确定，但不宜高于其所影响的堤防级别。

（3）蓄滞洪区围堤永久性水工建筑物的级别，应根据蓄滞洪区类别、堤防在防洪体系

中的地位和堤段的具体情况，按批准的流域防洪规划、区域防洪规划的要求确定。

（4）蓄滞洪区安全区的堤防永久性水工建筑物级别宜为 2 级。对于安置人口大于 10 万人的安全区，经论证后堤防永久性水工建筑物级别可提高为 1 级。

（5）分洪道（渠）、分洪与退洪控制闸永久性水工建筑物级别，应不低于所在堤防永久性水工建筑物级别。

（四）治涝、排水工程永久性水工建筑物级别

（1）治涝、排水工程中的排水渠（沟）永久性水工建筑物级别，应根据设计流量按表 1-1-6 确定。

表 1-1-6　　排水渠（沟）永久性水工建筑物级别

设计流量/(m^3/s)	主要建筑物	次要建筑物	设计流量/(m^3/s)	主要建筑物	次要建筑物
≥500	1	3	<50，≥10	4	5
<500，≥200	2	3	<10	5	5
<200，≥50	3	4			

（2）治涝、排水工程中的水闸、渡槽、倒虹吸、管道、涵洞、隧洞、跌水与陡坡等永久性水工建筑物级别，应根据设计流量按表 1-1-7 确定。

表 1-1-7　　排水渠系永久性水工建筑物级别

设计流量/（m^3/s）	主要建筑物	次要建筑物	设计流量/（m^3/s）	主要建筑物	次要建筑物
≥300	1	3	<20，≥5	4	5
<300，≥100	2	3	<5	5	5
<100，≥20	3	4			

注　设计流量指建筑物所在断面的设计流量。

（3）治涝、排水工程中的泵站永久性水工建筑物级别，应根据设计流量及装机功率按表 1-1-8 确定。

表 1-1-8　　泵站永久性水工建筑物级别

设计流量/(m^3/s)	装机功率/MW	主要建筑物	次要建筑物	设计流量/(m^3/s)	装机功率/MW	主要建筑物	次要建筑物
≥200	≥30	1	3	<10，≥2	<1，≥0.1	4	5
<200，≥50	<30，≥10	2	3	<2	<0.1	5	5
<50，≥10	<10，≥1	3	4				

注　1. 设计流量指建筑物所在断面的设计流量。
2. 装机功率指泵站包括备用机组在内的单站装机功率。
3. 当泵站按分级指标分属两个不同级别时，按其中高者确定。
4. 由连续多级泵站串联组成的泵站系统，其级别可按系统总装机功率确定。

（五）灌溉工程永久性水工建筑物级别

（1）灌溉工程中的渠道及渠系永久性水工建筑物级别，应根据设计灌溉流量按表 1-1-9 确定。

表 1-1-9　　泵站永久性水工建筑物级别

设计灌溉流量/（m³/s）	主要建筑物	次要建筑物	设计灌溉流量/（m³/s）	主要建筑物	次要建筑物
≥300	1	3	<20，≥5	4	5
<300，≥100	2	3	<5	5	5
<100，≥20	3	4			

（2）灌溉工程中的泵站永久性水工建筑物级别，应根据设计流量及装机功率按表 1-1-8 确定。

（六）供水工程永久性水工建筑物级别

（1）供水工程永久性水工建筑物级别，应根据设计流量按表 1-1-10 确定。供水工程中的泵站永久性水工建筑物级别，应根据设计流量及装机功率按表 1-1-10 确定。

（2）承担县级市及以上城市主要供水任务的供水工程永久性水工建筑级别不宜低于 3 级；承担建制镇主要供水任务的供水工程永久性水工建筑物级别不宜低于 4 级。

表 1-1-10　　供水工程的永久性水工建筑物级别

设计流量/（m³/s）	装机功率/MW	主要建筑物	次要建筑物	设计流量/（m³/s）	装机功率/MW	主要建筑物	次要建筑物
≥50	≥30	1	3	<3，≥1	<1，≥0.1	4	5
<50，≥10	<30，≥10	2	3	<1	<0.1	5	5
<10，≥3	<10，≥1	3	4				

注　1. 设计流量指建筑物所在断面的设计流量。
2. 装机功率指泵站包括备用机组在内的单站装机功率。
3. 泵站建筑物按分级指标分属两个不同级别时，按其中高者确定。
4. 由连续多级泵站串联组成的泵站系统，其级别可按系统总装机功率确定。

（七）临时性水工建筑物级别

（1）水利水电工程施工期使用的临时性挡水、泄水等水工建筑物的级别，应根据保护对象的重要性、失事造成的后果、使用年限和临时性水工建筑物的规模按表 1-1-11 确定。

表 1-1-11　　临时性水工建筑物级别

级别	保护对象	失事后果	使用年限/年	临时性水工建筑物规模	
				高度/m	库容/亿 m³
3	有特殊要求的 1 级永久性水工建筑物	淹没重要城镇、工矿企业、交通干线或推迟总工期及第一台（批）机组发电，造成重大灾害和损失	>3	>50	>1.0
4	1 级、2 级永久性水工建筑物	淹没一般城镇、工矿企业、交通干线或影响总工期及第一台（批）机组发电，造成较大经济损失	≤3 ≥1.5	≤50 ≥15	≤1.0 ≥0.1
5	3 级、4 级永久性水工建筑物	淹没基坑，但对总工期及第一台（批）机组发电影响不大，经济损失较小	<1.5	<15	<0.1

（2）当临时性水工建筑物根据表1-1-11指标同时分属于不同级别时，其级别应按照其中最高级别确定。但对于3级临时性水工建筑物，符合该级别规定的指标不得少于两项。

（3）利用临时性水工建筑物挡水发电、通航时，经过技术经济论证，临时性水工建筑物的级别可提高一级。

（4）失事后造成损失不大的3级、4级临时性水工建筑物，其级别论证后可适当降低。

第二章　水　　文

第一节　工程水文学简介

一、基本概念

广义水文学是研究大气中的水汽、地球上江河、湖泊和沼泽、冰川、地下水和海洋等各种水体的形成、存在数量、地理分布及运动变化规律的科学。水文学按照自然界水体存在范围和运动过程可分为很多门类，通常我们所说的水文学是狭义的水文学，主要是指陆地水文学分支。陆地水文学又可以细分为水文测验学、河流动力学、水文学原理、水文地理学、水文预报、水文分析计算等分支。

工程水文学是指将上述水文学的基本理论与方法应用于工程建设的一门技术科学，如水利水电工程、城市工矿企业用水工程与排水工程、农田水利工程、公路和铁路的桥涵工程及国防建设工程等，是为防洪排涝、水资源开发利用、桥涵建筑等工程的规划设计、施工及运用提供水文数据的各种水文分析计算的总称。其主要目的是估算工程在规划设计阶段和施工运行期间可能出现的水文设计值及其时空变化情况。

二、水文现象的基本规律

地球上的水在太阳辐射和重力的作用下，以蒸发、降水和径流等方式周而复始的循环，这些现象称为水文现象。这些水文现象在时间变化上与其他自然规律一样，具有必然性和偶然性，在水文学中通常称前者为确定性，后者为随机性。此外，水文现象在空间变化上，还具有地区性规律。

（一）水文现象的确定性规律

河流每年都具有丰水期和枯水期的周期性交替规律，冰雪水源的河流则具有以日为周期的流量变化规律，产生这些现象的根本原因是地球公转、自转和周期性变化。在流域上发生一场降雨过程，一段时间后会出现一场洪水。如果暴雨强度大、历时长、笼罩面积广，产生的洪水就大；反之，则小。显然，暴雨与洪水之间存在着因果关系。由此说明水文现象都具有客观发生的原因和具体的形成条件，从而存在确定性的规律，也称为成因规律。

（二）水文现象的随机性规律

影响水文现象的因素错综复杂，其确定性规律常常不能完全用严密的数理方程表达出来，在一定程度上又表现出非确定性，或者说随机性。例如根据暴雨洪水的成因规律进行洪水预报，尽管能取得较好的效果，但由于计算中忽略了一些偶然因素的干扰，从而使预报成果表现出某种程度的随机误差。河口某断面每年出现最大洪峰流量的大小和它们出现的具体时间各年不同，也具有随机性，即未来的某一年到底出现多大洪水是不确定的。但通过长期观测可以发现，特大洪水和特小洪水出现的机会很少，中等洪水出现的机会多，多年平均值则是一个趋于稳定的数值，洪水大小和出现机会形成一个确定的概率分布，这就是所说的随机性规律，因为要掌握这种规律，常常需要用到统计学，由大量的资料分析出来，故又称为统计规律。

三、工程水文研究方法

根据水文现象的基本规律，相应的形成了成因分析法、数理统计法和地区综合法等研究方法。在实际应用中，这些方法也常常结合使用，互为补充，相辅相成，能够在不同的条件下获得相对合理可靠的成果。

（一）成因分析法

如上所述，水文现象与其影响因素之间存在着成因上的确定性关系，通过对实测资料和试验资料加以分析研究，可以从水文过程形成的机理上建立某一水文现象与其影响因素之间确定性的定量关系，根据过去和当前影响因素的状况，预测未来的水文情况。这种利用确定性规律来解决水文问题的方法，称为成因分析法。

（二）数理统计法

根据水文现象的随机性，以概率理论为基础，运用频率计算方法，可以求得某水文要素的概率分布，从而得出工程规划设计所需要的设计水文特征值。利用两个或多个变量之间的统计关系进行相关分析，以展延水文系列使其更具有代表性。

（三）地区综合法

根据气候要素和其他地理要素的地区性规律，可以按地区研究受其影响的某些水文特征值的地区变化规律。这些研究成果可以用等值线图或地区经验公式表示出来，如多年平均径流等值线图、洪水地区经验公式等，称为地区综合法。利用这些等值线或经验公式，可以求出资料短缺地区的水文特征值。

第二节　水　循　环

一、自然水循环

地球上的水以液态、固态和气态的形式分布于海洋、陆地、大气和生物机体中，这些形态的水构成了地球的水圈。水圈中的各种水体在太阳的辐射下，不断地蒸发变成水汽进入大气，并随着气流的运动输送到各地，在一定条件下凝结形成降水。降落的雨水，一部分被植物截流并蒸发。落到地面的雨水，一部分渗入地下，另一部分形成地面径流沿江河回归大海。深入地下的水，有的被土壤或植物根系吸收，然后通过蒸发或散发返回大气；有的渗透到较深的土层形成地下水，并以泉水或地下水流的形式渗入河流回归大海。水圈中的水体通过蒸发、降水、下渗和径流四个主要环节不断往复循环的过程称为水文循环，也称为水循环。

水循环根据发生的全局性或局部性，分为大循环和小循环。大循环也称陆海水循环，指从海洋表面蒸发的水汽，被气流输送到大陆上空，冷凝成降水后落到陆面，除了一部分重新蒸发又回到空中外，另一部分则从地面和地下汇入河流重返海洋，这种海陆间水量交换的水循环称为大循环。小循环指海洋表面蒸发的水汽，在海洋上空冷凝，直接降落到海洋上；或者陆地表面蒸发的水汽，冷凝后又降落到地面。

二、降水

空气中的水分以各种形式降落到地面的现象称为降水。降水的主要形式有雨、雪、雹、霜、露等。对大多河流而言，降雨与水文现象关系最大，降雨是降水的最主要形式。降雨的形成主要是由于地面暖湿气团在各种因素的作用下，迅速升入高空产生动力冷却，当温度降到露点以下时，气团中的水汽便凝结成水滴或冰晶，形成云层。云层中的水滴、冰晶随着水汽不断凝结而增多，同时还随着气流运动，相互碰撞合并而增大，直到它们的重量超过上升气流的托浮力的时候，下降到地表形成降雨。降雨按气流上升运动形成动力冷却的原因，一般分为锋面雨、气旋雨、对流雨和地形雨四种。

描述降雨一般用到降雨量、降雨历时和降雨强度这三个概念，称为降水三要素。此外，分析一场降雨的影响时，也常考虑降雨面积和暴雨中心等概念。

降雨量指降落在某一区域的水层深度，单位是长度单位，表示一段时间内实际降水的总量。由于降雨一般在平面上并不是均匀分布的，降雨量分为点降雨量和面降雨量，面降雨量是某一区域所有点降雨量的平均值。

降雨历时是指一场降雨从开始到结束的时间，单位是时间单位。

降雨强度是指单位时间内的降水量，表示雨下的大或者小。

降雨面积是指一场降雨覆盖的区域面积。暴雨中心是点降雨量最高的某个局部区域或点。

三、下渗

下渗是水分从土壤表面向土壤内部的运动过程。下渗的强弱一般用单位时间内渗入土壤的水深，即下渗率来表示。下渗强度受土壤中水分的含量影响非常大。当降雨持续不断地落在干燥的土层表面后，在土壤分子吸力、土壤孔隙毛管力和重力的作用下，雨水不断地下渗可以分为三个阶段。

降雨初期是渗润阶段，主要是受土壤分子力的作用，下渗的水分被土粒吸附成为薄膜水。干燥的土粒吸附力极大，从而初期下渗率也非常大，这是下渗强度最高的阶段。当土壤含水量达到最大分子持水量时，土粒分子吸力消失，这一阶段结束。

渗润阶段之后是渗漏阶段。下渗水分在毛管力和重力作用下，沿土壤孔隙继续向下做不稳定流动，并逐步充填土壤孔隙，直到土层中全部毛管孔隙被水充满，毛管力消失，渗漏阶段结束。这一阶段，随着毛管力的逐渐减小，下渗率也逐步减少。渗润阶段和渗漏阶段都属于非饱和下渗，为非稳定下渗期。

渗透阶段是在土壤土粒薄膜水饱和、土壤孔隙水饱之后，随之土壤分子力和毛管力消失，水分在重力作用下呈稳定流动。这一阶段是稳定下渗阶段，下渗强度为最低。

充分供水条件下的下渗率称为下渗能力，上述下渗三阶段就是下渗能力随时间增加而不断衰减，最后逐渐趋近于一个稳定值，整体形成一条光滑曲线，称为下渗曲线。当供水不充分时，其下渗率小于下渗能力，实际下渗强度取决于供水强度。

四、径流

流域上的降雨量除去各种损失后，经由地面和地下汇入河网，最终形成流域出口断面的水流称之为河川径流。径流随时间变化的过程称为径流过程，它是水文学研究的核心。由降雨到流域出口的径流是一个很复杂的过程，为了便于分析，一般分解为流域产流和流域汇流两个过程。

（一）流域产流

雨水降到地面，能形成地面径流和地下径流的那部分雨量称为净雨。同一区域净雨和径流的总量在理论上是相等的，是同一部分水量在不同过程的描述。降雨扣除损失转化为净雨的过程称为产流过程。

降雨的损失大体分为四部分：①植物截流损失。降雨过程中被植物截流，雨停后会很快蒸发掉。②填洼损失。降落到地面的雨沿坡面流动时，部分停留在地面的洼地。③雨期蒸发损失。降雨的同时水量蒸发也一直在持续。④初渗损失。降雨初期补充土壤缺水的部分，主要是形成土壤表面的薄膜水和土粒之间的孔隙水。这些损失基本上会以蒸发和散发形式回到空气中，不会形成径流。

产流过程中，净雨按产生的场所可以分为三种：①地面净雨。降雨在地面汇集和流动，形成地面径流。②壤中流净雨。降雨在表层土壤中流动汇入河流形成径流。③地下净雨。降雨在地下含水层中流动汇入河流形成径流。壤中流净雨和地下净雨虽然都在地面以下，但壤中流的流动规律与地面净雨更加接近。就目前的水文学水平，很难准确划分地面径流、壤中流和地下径流，因此通常把壤中流和地面径流统一为地表径流。在实际观测和研究中，把总径流分为地表径流和地下径流两种。

（二）流域汇流

净雨沿坡底从地面地下汇入河网，然后再沿着河网汇集到流域出口断面，这一完整的过程称为流域汇流过程。前者称坡地汇流，后者称河网（道）汇流。坡地汇流是地面净雨和壤中流净雨在地面和地表浅层形成的地表径流汇入河流的过程。河网汇流是净雨经坡地汇流进入河网，在河网中从上游向下游、从支流向干流汇集到流域出口的过程。在河网汇流过程中，沿途不断有坡地水流汇入。对于比较大的流域，河网汇流时间长，调蓄能力大，降雨和地表漫流停止后，它们产生的洪水还会持续很长时间。一次降雨过程，经植物截流、填洼、初渗和蒸发等损失后，进入河网的水量要小于降雨量。经过坡地汇流和河网汇流两次再分配后，出口断面的径流过程远比降雨过程变化缓慢、历时增长、时间滞后。

（三）径流的表示方法和单位

径流是水文学中观测和研究的一个重要对象，也是决定水工建筑的设计的重要依据，描述径流的时间空间和变化特征，一般用到以下几个概念：

（1）流量。指单位时间通过河流某个断面的水量，用来表示径流的大小。流量随时间变化的过程曲线称为流量过程线。为了表示一段时间的流量整体情况，也常常把瞬时流量过程按时段求平均值，得时段平均流量，例如日平均流量、月平均流量或者年平均流量。

（2）径流总量。指一段时间内通过河流某个断面的总水量，单位为体积单位，数值上等于平均流量乘以时间。

（3）径流深。是径流总量均匀地平铺在整个流域面积上所得的水层深度，单位为长度单位。

五、蒸发

蒸发是表面水分受热后，由液态或固态转化为水汽向空中扩散的过程。蒸发强度一般用单位时间的蒸发水深表示。蒸发是水文循环和水量平衡的基本要素之一，对径流变化有直接影响。我国湿润地区有30%～50%的年降水量被蒸发掉，干旱地区有80%～95%的年降水量被蒸发掉。自然界的蒸发包括水面蒸发、土壤蒸发和植物散发。

（1）水面蒸发是河湖水面的蒸发。水面蒸发主要取决于温度、湿度、风强等气候条件。

（2）土壤蒸发是土壤中水分以水汽的形式逸入大气的物理过程。土壤蒸发较水面蒸发复杂，它不仅受气象条件影响，而且与土壤中水分含量、土壤性质等有关。一般分成三个阶段：①土壤中含水量大于田间持水量，基本处于饱和状态，土层中毛细管上下沟通，水分可以充分的供给表面强度蒸发。此时蒸发情况类似于水面蒸发，蒸发率为接近水面蒸发率的一个稳定值。②土壤含水量减少到小于田间持水量之后，土壤中毛细管的连续状态逐渐受到破坏。该阶段土壤蒸发率与土壤含水量为线性关系，随土壤含水量不断降低。③土壤中毛管水全部蒸发后，毛细管被完全破坏，水分只能以气态水的形式向地表移动，输送量非常小，该阶段的土壤蒸发率为一个很微小的稳定值。

（3）植物散发是指土壤中的水分经植物吸收后，输送至叶面，经由气孔逸入大气。由于气孔受植物生命活动的控制，具有随外界条件张开和关闭的性能，所以植物散发是一种生物物理过程。植物的散发率随土壤含水量、植物种类、季节和天气条件的不同而异。植物除散发外，枝叶还截流了一部分降水，在雨后蒸发，这称之为植物截流。植物生长在土壤中，植物散发与土壤蒸发总是同时存在的，因此通常将两者合称为陆面蒸发。

流域蒸散发是流域中土壤蒸发、水面蒸发与植物散发的总和。水文计算和水文预报中，常常需要确定这个总的数值变化。由于现实中流域情况大多极其复杂和分项计算的不准确，分别计算各项蒸发和散发再综合求出总蒸散发量不具有现实可行性。现在应用比较多的方法是用流域水量平衡原理推求，即根据流域水量平衡方程，以实测的降水量减去径流量和流域蓄水量的增加量，得到蒸发量。在自然条件下，土壤蒸发量所占比重较大、水面蒸发所占比较较小、植物散发规律与土壤蒸发基本一致。因此，通常以土壤蒸发三阶段的规律为基础，建立区域的蒸散发模型，进行各类水文计算。我国多年平均总蒸发量为364mm，地理分布趋势大体与年降水量的分布趋势相当。

六、自然水循环的意义

水循环是地球上最重要、最活跃的物质循环之一，它实现了地球系统水量、能量和地球生物化学物质的迁移与转换，构成了全球性的连续有序的动态大系统，联系着海陆，塑造着地表形态，不断提供可再生的淡水资源，对地球生态环境和人类社会发展都具有非常重要的意义。

水循环深刻地影响着地球表面结构的形成、演化和发展。不仅将地球上各种水体组合成连续、统一的水圈，而且在循环过程中进入大气圈、岩石圈、冰雪圈与生物圈，将地球上五大圈层紧密地联系起来。水循环在地质构造的基底上重新塑造了全球的地貌形态，同时影响着全球的气候变迁和生物群类。

水循环的实质就是物质与能量的传输过程，水循环改变了地表太阳辐射能的维度地带性，在全球尺度下进行高纬、海陆间的热量再分配。水是一种良好的溶剂，同时具有搬运能力，水循环负载着众多物质不断迁移和聚集。

水循环是海陆间联系的纽带。水循环的大气过程实现了海陆上空的水汽交换，海洋通过蒸发源源不断地向陆地输送水汽，进而影响着陆地上一系列地物理、化学和生物过程；陆面通过径流归还海洋损失的水量，并源源不断地向海洋输送大量的泥沙、有机质和各种盐类，从而影响着海水的性质、海洋沉积和海洋生物等。

水循环是地球系统中各种水体不断更新的总和，这使得水成为可再生资源，水循环与人类关系密切，水循环强弱的时空变化，是制约一个地区生态平衡和可持续发展的关键。

第三节　河　　流

一、河流的基本概念

河流是指在一定气候和地质条件下形成的天然泄水输沙通道。降落到地面的雨水，在重力的作用下沿着一定的方向和路径流动，这种水流称为地面径流。地面径流长期侵蚀地面，冲出沟壑，形成溪流，最后汇集成河流。

河流主要由流动的水流和承载水流动的河床或河槽两部分组成。水流与河床相互作用，相互依存，相互促使变化发展。水流塑造河床，适应河床，改造河床。河床约束水流，改变水流，受水流改造。水流与河床作用的主要媒介是床沙，在水流作用下悬浮、推移、沉积，从而改变和塑造河床形态，河床形态变化后又会束缚和改变水流，循环作用，构成河流不断地变化和发展。因此，水流、河床以及水沙作用是河流的核心要素。

河流的称谓很多，除了最常见的江、河之外，水、川、溪、涧、沟等使用频率也很高。此外，各地也有各地的一些特色。藏语称河流为藏布、曲；蒙古语称郭勒；珠江三角洲地区称涌、滘、沥等；长三角地区称港、娄（溇）、浜、泾等。近年来上海地区在规范河道命名工作中，结合本地区地名文化确定了具体用词，明确规定使用“江、河、港、塘、泾、浦、浜、沥、洪、沟”等10个河道常见名和“泊、漕、池、海、溇、泖、潭、湾、溪、溦、洋、沼、汊”等13个地方特色河道名作为河湖通名。

二、河流的功能

（一）行洪排涝功能

行洪排涝是河流最基本也是最重要的功能。区域内的降水通过河流汇集排出，避免区域受洪水泛滥之害。很多水利工程，例如疏浚河道、加固堤防等主要是为了提高河流的行洪排涝能力。

（二）调蓄降水功能

区域内的降水有时不能立即排出，或者需要存储留作使用，那么河流承担了储存和调蓄的功能。在雨季时存储降水，在旱季时可以供给生产生活所用。河流的调蓄功能对区域的水资源的存储和使用都具有非常重要的意义。

（三）生态环境功能

河流的生态环境功能主要是河流对环境的支撑能力：一方面供给区域内动植物的水资源，称为区域生态维持的基础；另一方面河流的纳污能力、净化能力和修复能力也是维系区域环境的重要保障。

（四）航运交通功能

河流航运是一种重要的交通方式。由于浮力作用，单位质量运输水运所消耗的能力要比陆运少得多。水运的优点是运量大、能耗小、占地少、投资省、成本低，对于体积较大、重量较大、需要长距离运输和对运输时间要求不高的货物，水运是首选方式。缺点是运输速度较慢，受港口、水位、季节、风向等自然环境因素影响较大。

（五）蓄水发电功能

河流蕴藏着丰富的水能资源，而且水能是经济环保的可再生资源。世界各地有很多在河流上建坝蓄水，利用河流的水位差，把水能转化为电能的案例。

（六）渔业养殖功能

河流是鱼类等水生物的天然养育场所。天然河流不仅具有多种野生渔业资源，也是开展淡水养殖的优良场地。

（七）景观休闲和文化功能

游山玩水一直是景观旅游的主要对象，自然界那些大江名山风景宜人。清澈的河水、怡人的两岸景色、壮观的水利工程，以及深厚的河流文化都给人们以美好的享受。近年来随着人民生活水平的提高，城市河道也建设了很多美丽的河段，一方面，可以为游人提供划船、游泳、渔猎等娱乐休闲活动，另一方面滨江滨河公园等也成为人们休闲娱乐的好去处。

（八）地质功能

河流的冲刷侵蚀以及输沙淤积改变了原来的地形地貌，塑造了沧海桑田的变化。我国的经济最发达的长江三角洲、珠江三角洲平原均是河砂淤积造陆形成。

三、河流的分类

河流的分类有多种方式。根据管理或者研究往往从不同的角度、根据河流的不同特点进行划分。

按照河流流经的国家，可以分为国内河流与国际河流。国内河流简称“内河”，是指完全处于一个国家境内的河流。国际河流是指流经两个或多个国家的河流。国际河流的水资源分配常常对国际关系有着重要影响。

按照河流的归宿不同，可分为外流河和内流河（内陆河）。外流河最终流入海洋。内流河则注入封闭的湖泊，或者消失于沙漠。

按照河流的流量情况分为常年性河流与季节性河流（间歇性河流）。水量充沛，四季均有水流的的河流称为常年性河流。我国西北一些河流，水量相对贫乏，有的会在一年中不定期的断流，有的只在流域降雨之后或山区融雪时才有水流动，其余时间河床干涸，称为季节性河流。

按照河水的来源，可分为降水补给、冰雪融水补给、地下水补给、湖泊与沼泽补给，以及人造工程措施的人工补给。一般降水补给是河水的主要补给方式，但一些较大的江河往往来自两种或两种以上的补给途径。

按河流是否受到人为干扰，可分为天然河流与非天然河流。天然河流其形态特征和演变过程完全处于自由发展之中。非天然河流其形态和演变在一定程度上受限于人为工程干扰或约束，如在河道中修建的丁坝、护岸工程、港口码头、桥梁、取水口和实施人工改道等。在有人类活动的地方，自然界的河流大多已经受到人为干扰。

四、河流的分级管理

由于不同的河流在规模和影响上差别巨大，因此世界各国大多根据河流的自然规模及其对社会、经济发展影响的重要程度，实行分级管理制度。水利部在 1994 年颁布《河道等级划分方法》（内部试行）（水管〔1994〕106 号），将我国的河道分为五个等级，即一级河道、二级河道、三级河道、四级河道、五级河道，并规定了各级河道认定和管理权限。目前整体上仍然延续这种管理体制。

首批认定了长江、黄河、淮河、海河、珠江、松花江、辽河、太湖、东南沿海流域等 18 条由水利部或其派出机构直接管理的全国一级河道。我国按照河流或湖泊的流域范围设置水行政主管部门，现有 7 个水利部派出的流域管理机构代表水利部在所辖流域内行使水行政管理权，分别是水利部长江水利委员会、水利部黄河水利委员会、水利部淮河水利委员会、水利部海河水利委员会、水利部珠江水利委员会、水利部松辽水利委员会、水利部太湖流域管理局。

其余的各等级河道大致由省、地市和县级水行政主管部门划分确定，并分级管理。各省在划分方式上略有不同，具体的行政审批、日常养护、规划建设等事权上的分工也不完全一致，但大体上都与省、地市、县和乡镇相对应。

五、河长制

2016 年 12 月，中共中央办公厅、国务院办公厅印发了《关于全面推行河长制的意见》，通知要求全面建立省、市、县、乡四级河长体系。各省（自治区、直辖市）设立总河长，由党委或政府主要负责同志担任；各省（自治区、直辖市）行政区域内主要河湖设立河长，由省级负责同志担任；各河湖所在市、县、乡均分级分段设立河长，由同级负责同志担任。县级及以上河长设置相应的河长制办公室，具体组成由各地根据实际确定。

河长工作职责：各级河长负责组织领导相应河湖的管理和保护工作，包括水资源保护、水域岸线管理、水污染防治、水环境治理等，牵头组织对侵占河道、围垦湖泊、超标排污、非法采砂、破坏航道、电毒炸鱼等突出问题依法进行清理整治，协调解决重大问题；对跨行政区域的河湖明晰管理责任，协调上下游、左右岸实行联防联控；对相关部门和下一级河长履职情况进行督导，对目标任务完成情况进行考核，强化激励问责。河长制办公室承担河长制组织实施具体工作，落实河长确定的事项。各有关部门和单位按照职责分工，协同推进各项工作。

六、河流的水文特征值

在河流修建水利工程时需要对河流状况进行详细分析，涉及的水文特征值很多，以下重点介绍流量、含沙量等对水利工程的设计和建设影响较大的特征指标。

（一）流量

流量指单位时间通过某河流断面的水量，是反映水资源和江河、湖泊、水库等水体水量变化的基本数据，也是河流最重要的水文特征值。流域内暴雨或大规模融雪产生大量的地面径流，在短时间内迅速汇入河槽，使河道中流量骤增，水位猛涨，水流呈波状下泄，这种径流称为洪水。洪水通过某一河道断面时有一个逐步增加到峰值，再逐步减少的过程。峰值流量称为洪峰流量，流量从正常流量增加再回落到正常流量的过程称为洪水过程，整个洪水过程流过的水量称为洪量。在设计水工建筑物时，往往需要首先推算设计洪峰流量、设计洪量和设计洪水过程线。

（二）含沙量和输沙率

泥沙影响河流的水情、河床的变迁及水库的淤积。河流泥沙按其运动方式可分为悬移质、推移质和河床质 3 类。悬移质是悬浮于水中的细颗粒泥沙，其运动与水流速度基本相同；推移质是受水流冲击而沿河底移动、滚动或跃动的粗颗粒泥沙；河床质则是组成河床的较粗颗粒泥沙，三者随水流条件的变化而相互转化。描述河流中悬移质数量多少的指标是含沙量。单位体积河水中所含干沙的重量称为含沙量。单位时间通过河流某断面的干沙重量称为输沙量。在设计水工建筑物时一般要计算河流的多年平均含沙量、多年平均年月输沙量以及含沙量和输沙量的历年最大值和最小值等。

（三）水位、基面和库容

水位是指河流、湖泊、水库、海洋等水体的自由水面离固定基面的高程。水位是堤防、坝高、桥梁及涵洞、公路路面标高的确定依据，同时也广泛用于流量计算、水资源计算等其他水文数据的推求。

基面是水位和高程起算零点的一个固定基准面，目前全国统一采用黄海基面，但由于历史的原因，有些仍沿用以往使用的大沽基面、吴淞高程、珠江基面，也有使用假定基面、测站基面或冻结基面的，在使用水位数据时需要注意。

水库的水位对水库的正常运行和功能发挥有着特别重要的意义。通常把表示水库工程规模及运用要求的各种库水位称为水库特征水位。由低至高分别为死水位、防洪限制水位、兴利水位（正常蓄水位、设计蓄水位）、防汛高水位、设计水位和校核水位（图 1-2-1）。

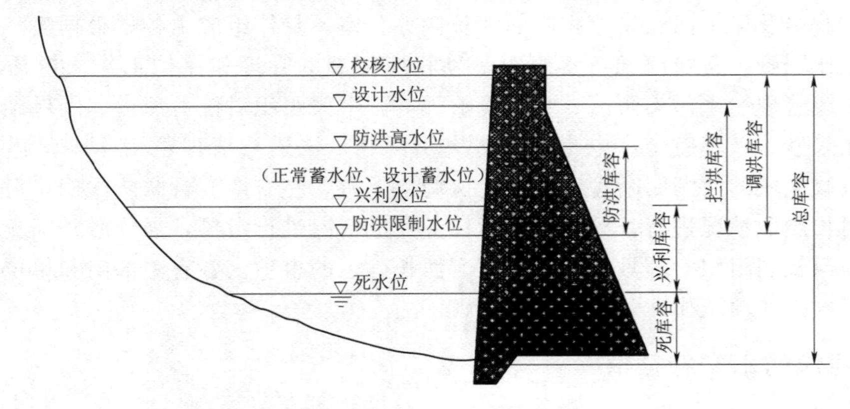

图 1-2-1 水库特征水位图

(1) 死水位是正常运用情况下允许水库消落的最低水位，死水位以下的库容称为死库容。

(2) 防洪限制水位又称汛限水位，是指汛期在迎接洪水到来前允许的最高水位。

(3) 兴利水位是指在非汛期为满足设计的兴利要求允许的最高水位，兴利水位至死水位的库容称为兴利库容，又称调节库容或有效库容。

(4) 防洪高水位是指当水库遇到下游防护对象的设计标准洪水时，在坝前允许达到的最高水位，防洪高水位与汛限水位的库容称为防洪库容。

(5) 设计水位是当水库遇到大坝设计标准的洪水时，经调洪计算后坝前达到的最高水位，它与汛限水位之间的库容称为拦洪库容。

(6) 校核水位是指水库遇到大坝校核标准的洪水时，经调洪计算后坝前达到的最高水位，它与汛限水位之间的库容称为调洪库容。

第四节　地下水的分类与特征

地下水是埋藏于地表以下的各种形式的重力水。作为一个宝贵的自然资源，地下水对人类的生活、生产有着重要的意义。另一方面，在水利水电工程建设中，地下水常会对建筑物造成严重危害，如常见的库、坝区渗漏、某些岩石遇水产生的体积膨胀、溶蚀洞穴、基坑开挖和地下洞室掘进中遭遇的突然涌水等，都与地下水的活动有关。本节主要介绍地下水的性质、类型和特征。

一、地下水的性质

地下水是自然界水体大循环的一部分，其主体与地面水是一致的，但因埋藏在地下，与贮存的介质接触，受其物理化学作用，具有独特的物理和化学性质，反映了地下水的形成环境和形成过程。通过研究地下水物理性质和化学成分，可以查明地下水的形成规律，对利用地下水资源和治理地下水产生的危害，具有重要意义。

（一）地下水的物理性质

地下水的物理性质主要指地下水的温度、颜色、透明度、嗅觉、味觉等指标。

(1) 温度。地下水不直接与大气接触，其温度主要受地热控制，随着埋藏的深度变化，分为变温带、常温带和增温带。变温带处于上部，地下水受大气的影响较大，温度呈昼夜变化规律。常温带地下水温呈年度变化规律。常温带以下为增温带，越深温度越高。

(2) 颜色。地下水一般是无色的，有时因含某种离子或胶体物质而呈现一定的颜色。地下水颜色与水中所溶物质有关。例如含硫化氢的呈翠绿色，含低价铁的呈绿灰色，含高价铁的呈黄褐色等。

(3) 透明度。地下水的透明度取决于其中固体或胶体悬浮物的含量，分为透明、微浊、浑浊、极浊等。

(4) 嗅觉。一般地下水是无气味的，但如果含有某些类型的离子或气体时则有特殊臭味，如含有亚铁盐时有铁腥味，含有硫化氢时有臭鸡蛋味等。味道的浓烈程度与物质含量和温度有关，一般在40℃时最为强烈。

(5) 味觉。地下水一般无味，但含有一些可溶性盐类时则有味感，如含有硫酸钠或硫酸镁时有苦涩味。

另外，地下水还有导电性、放射性等物理性质。

（二）地下水的化学性质

地下水最常见的离子有 Cl^-、SO_4^{2-}、HCO_3^-、K^+、Na^+、Ca^{2+}、Mg^{2+} 等七种，因其含量多、分布广，可作为地下水分类的根据，同时也是研究地下水化学成分的主要对象。以分子状态存在于地下水的化合物主要有 Al_2O_3、Fe_2O_3、H_2SiO_3 等。此外，地下水中还溶有 O_2、CO_2、N_2、H_2S 等气体。也有成胶体状态存在的 SiO_2，因其溶解度很小，故在地下水中含量很低。

地下水的化学性质主要通过矿化度、硬度、酸碱度等指标来衡量。

（1）地下水的矿化度是指单位水体中离子、分子及化合物的总含量。表示水中含盐量的多少。一般以水样烘干后所剩干涸残余物含量来确定。地下水按矿化度分为淡水、微咸水、咸水、盐水、卤水等五类。

（2）地下水的硬度硬度是指钙和镁的含量。水中所含 Ca^{2+}、Mg^{2+} 的总量称为总硬度。水加热后，Ca^{2+}、Mg^{2+} 与 HCO_3^- 作用生成碳酸盐沉淀下来，从此过程失去的 Ca^{2+}、Mg^{2+} 的含量称为暂时硬度。总硬度与暂时硬度之差成为永久硬度，即水沸腾后仍然存在于水中的 Ca^{2+}、Mg^{2+} 含量。水的硬度通常以德国度表示，德国度为 1L 水中含有 10mg CaO 或 7.2mg O_2，或 1L 水中含 0.35663mg 当量的 CaO，反算之则 1mg 当量的硬度相当于 2.8 德国度。地下水按硬度分为极软水、软水、微硬水、硬水、极硬水等五类。

（3）酸碱度是指水中氢离子的含量。水的酸碱度以 pH 值表示，pH 值等于氢离子浓度的负对数值，即 $pH=-\lg[H^+]$。水的酸碱度可直接以 pH 值称谓，按其大小可将地下水分为强酸性水、弱酸性水、中性水、弱碱性水和强碱性水等五类。

二、地下水主要类型和特征

（一）地下水的主要类型

地下水的赋存特征对其水量、水质时空分布有决定意义，其中最重要的是埋藏条件与含水介质类型。地下水的埋藏条件，是指含水岩层在地质剖面中所处的部位及受隔水层（弱透水层）限制的情况。据此可将地下水分为包气带水、潜水及承压水；按含水介质（空隙）类型，又可将地下水分为孔隙水、裂隙水及岩溶水（表 1-2-1）。

表 1-2-1　　地下水分类表

类型＼含水介质	孔隙水	裂隙水	岩溶水
包气带水	土壤水（土壤中未饱和的水），局部黏性土隔水层上季节性存在的重力水（上层滞水）	裂隙岩层浅部季节性存在的重力水及毛细水	裸露岩溶化岩层上部岩溶通道中季节性存在的重力水
潜水	各类松散沉积物浅部的水	裸露与地表的各类裂隙岩层中的水	裸露于地表的岩溶化岩层中的水
承压水	山间盆地及平原松散沉积物深部的水	组成构造盆地、向斜构造或单斜断块的被掩覆的各类裂隙岩层中的水	组成构造盆地、向斜构造或单斜断块的被掩覆的岩溶化岩层中的水

（二）不同含水介质类型地下水的特点

1. 孔隙水

孔隙水是指存在松散沉积物颗粒间孔隙中的地下水，不同成因的沉积物中，存在着不同的孔隙水。在山前地带形成的洪积扇内，近山处的卵砾石层中有巨厚的孔隙潜水含水层。到了平原或盆地内部，由于砂砾层与黏土层交互成层，形成承压孔隙水含水层。在平原河流的上游多为切割峡谷沉积物范围小，厚度不大，但岩性多为粗粒可赋存少量地下水，中游典型的二元阶地高层接受降水补给，底层接受河水补给赋存地下水丰富，下游地区的河床相的砂砾层中，存在着宽度和厚度不大的带状孔隙水含水层。在湖泊成因的岸边缘相的粗粒沉积物中，多形成厚而稳定的层状孔隙水含水层。在冰川消融水搬运分选而形成的冰水沉积物中，有透水性较好的孔隙水含水层。深层孔隙承压水往往远离补给区。离补给区越远，补给条件越差，补给量有限，故深层孔隙承压水的开采应有所节制。

2. 裂隙水

裂隙水是指存在于岩石裂隙中的地下水，是丘陵、山区供水的重要水源，也是矿坑充水的重要来源。与孔隙水比较，裂隙水分布不均匀，水力联系不好，介质的渗透性具有不均一性与各向异性。按含水介质裂隙的成因，可分为风化裂隙水、成岩裂隙水与构造裂隙水。大多数情况下裂隙水的运动符合达西定律，只有在少数巨大的裂隙中水的运动不符合达西定律，甚至属紊流运动。裂隙介质与孔隙介质的重要区别在于它具有非均质性和各向异性，裂隙的大小、张开度、密度、方向和分布状况等都对裂隙水的运动发生影响。

3. 岩溶水

岩溶水是指赋存于可溶性岩层的溶蚀裂隙和洞穴中的水，又称喀斯特水（karst water），其最明显特点是分布极不均匀。岩溶含水系统一般水量丰富、水质优良，常作大中型供水源。但岩溶水并不是均匀地遍及整个可溶岩的分布范围，而是埋藏于可溶岩的溶蚀裂隙、溶洞中，因此往往同一岩溶含水层在同一标高范围内，或者同一地段，甚至相距几米，富水性可相差数十倍至数百倍。根据岩溶水的出露和埋藏条件不同，可将岩溶水划分为裸露型岩溶水、覆盖型岩溶水、埋藏型岩溶水等类型，其径流、排泄及动态特征和化学成分均有所不同。

（三）不同埋藏条件地下水的特点

地下水的埋藏条件决定了其与周围环境之间的关系。埋藏条件不同，自然因素的影响情况便不相同，地下水的补给、径流和排泄的条件也因地而异，工农业生产及工程建设过中所遇到的有关地下水方面的问题、计算方法及所采取的开发或防治的措施也不相同。

包气带水主要有土壤水和上层滞水两种存在方式。土壤水是指土壤中不饱和的水，其对地下水的补给和排泄有一定影响，但本身一般不会输移，对工程中地下水的计算影响相对较少。工程中更关注包气带水中的上层滞水、潜水和承压水这三种不同埋藏类型的地下水。

1. 上层滞水

上层滞水是指赋存于包气带中局部隔水层或弱透水层上面的重力水。它是大气降水和地表水等在下渗过程中局部受阻积聚而成。这种局部隔水层或弱透水层在松散沉积物地区可能由黏土、亚黏土等透镜体所构成，在基岩裂隙介质中可能由于局部地段裂隙不发育或裂隙被充填所造成，在岩溶介质中则可能由于差异性溶蚀作用使局部地段岩溶发育较差或存在非可溶岩透镜体的结果。

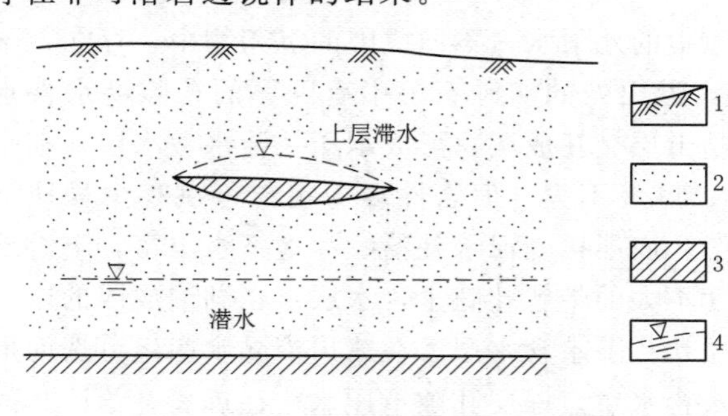

图 1-2-2　上层滞水埋藏示意图

1—地面线；2—含水层、上层滞水；3—隔水层；4—地下水位线

上层滞水的水面构成其顶界面，该水面仅承受大气压力而不承受静水压，是一个可以自由涨落的自由表面。大气降水是上层滞水的主要补给来源，因此其补给区与分布区相一致。在一些情况下，还可能获得附近地表水的入渗补给。上层滞水通过蒸发及透过其下面的弱透水底板缓慢下渗进行垂向排泄，同时在重力作用下，在底板边缘进行侧向的散流排泄（图 1-2-2）。

上层滞水的水量一方面取决于其补给来源，即气象和水文因素，同时还取决其下伏隔水层的分布范围。一般其分布范围不大，故很难保持常年有水，但当气候湿润、隔水层分布范围较大、埋藏较深时，也可赋存相当水量，甚至可能终年不干。

上层滞水水面的位置和水量的变化与气候变化息息相关，季节性变化大，极不稳定。因此，由上层滞水所补给的井或泉，尤其当上层滞水分布范围较小时，常呈季节性存在，雨季或雨后，泉水出流，井水面上涨，旱季或雨后一定时间，泉水流量急剧减小甚至消失，井水面下降甚至干涸。

由于距地表近，补给水入渗途径短，上层滞水容易受污染。在利用它作生活用水的水源时（一般只宜作小型供水源），对水质问题应十分注意。

2. 潜水

赋存于地表下第一个稳定隔水层之上，具有自由表面的含水层中的重力水称为潜水。该含水层称为潜水含水层。潜水的水面称为潜水面。其下部隔水层的顶面称为隔水底板。潜水面和隔水底板构成了潜水含水层的顶界和底界。潜水面到地面的距离称为潜水的埋藏深度，潜水面到隔水底板的距离称为潜水含水层的厚度；潜水面的高程称为潜水位（图 1-2-3）。

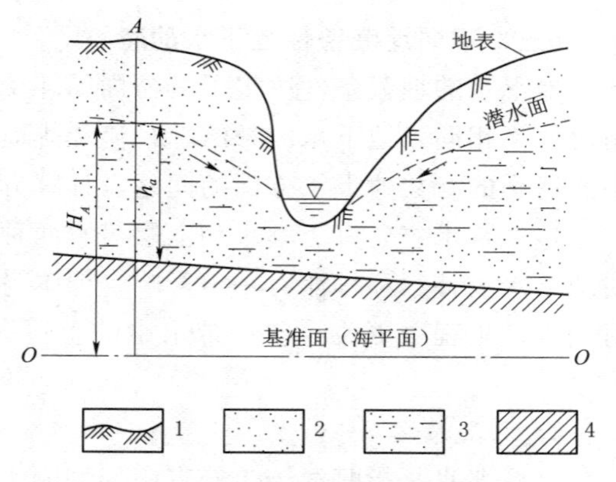

图 1-2-3　潜水埋藏情况示意图

1—表土；2—透水层；3—饱水层；4—隔水层；H_A—A 点处的潜水水位；h_a—A 点处的潜水层厚度

潜水通过包气带和大气圈及地表水发生密切联系，在其分布范围内，通过包气带直接接受大气降水、地表水及灌溉渗漏水等的入渗补给，补给区一般与分布区相一致。潜水的水位、埋藏深度、水量和水质等均显著地受气象、水文等因素的控制和影响，随时间而不断地变化，并呈现显著的季节性变化。丰水季节潜水获得充沛的补给，储存量增加，厚度增大，水面上升，埋深变小，水中的含

盐量亦由于淡水的加入而被冲淡。枯水季节补给量小，潜水由于不断排泄而消耗储存量，含水层厚度减薄，水面下降，埋深增大，水中含盐量亦增加。

3. 承压水

充满在两个稳定的不透水层（或弱透水层）之间的含水层中的重力水称为承压水，该含水层称为承压含水层。其上部不透水层的底界面和下部不透水层的顶界面分别称为隔水顶板和隔水底板，构成承压含水层的顶、底界面。含水层顶界面与底界面间的垂直距离便是承压含水层的厚度。钻进时，当钻孔（井）揭穿承压含水层的隔水顶板就见到地下水，此时，井（孔）中水面的高程称为初见水位。此后水面不断上升，到一定高度后便稳定下来不再上升，此时该水面的高程称为静止水位，亦即该点处承压含水层的测压水位（图1-2-4）。

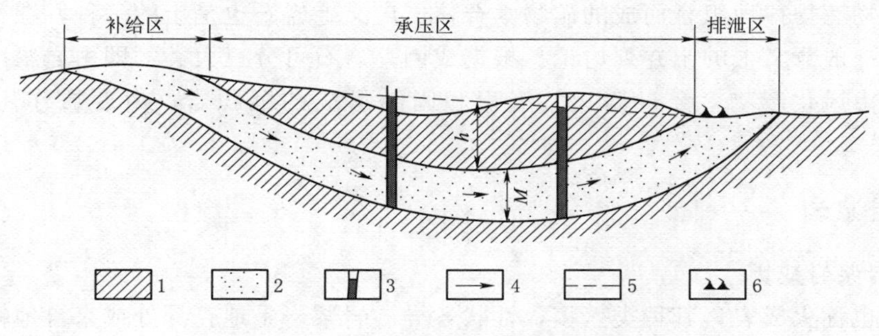

图1-2-4　承压水示意图
1—隔水层；2—承压含水层；3—不自喷的钻孔；4—地下水流向；
5—承压水位线；6—上升泉

由于埋藏条件不同，承压水与潜水和上层滞水有着显著的不同。其主要特点如下：

（1）承压含水层的顶面承受静水压力，承压水充满于两个不透水层之间。

（2）补给区位置较高而使该处的地下水具有较高的势能。静水压力传递的结果，使其他地区的承压含水层顶面不仅承受大气压力和上覆地层的压力，而且还承受静水压力。

（3）承压含水层的测压水位面是一个位于其顶界面以上的虚构面。承压水由测压水位高处向测压水位低处流动。当含水层中的水量发生变化时，其测压水位面亦因之而升降，但含水层的顶界面及含水层的厚度则不发生显著变化。

（4）由于上部不透水层的阻隔，承压含水层与大气圈及地表水的联系不如潜水密切。承压水的分布区通常大于其补给区。承压水资源不如潜水资源那样容易得到补充和恢复。但承压含水层一般分布范围较大，往往具有良好的多年调节能力。

（5）承压水的水位、水量等天然动态一般比较稳定。承压水通常不易受污染，但一旦被污染，净化极其困难。因此在利用承压水作供水水源时，对水质保护问题同样不能掉以轻心。

和潜水相似，承压水主要来自现代渗入水。其化学成分因循环交替条件的不同而变化很大。循环交替条件好的地方常常是低矿化的淡水，循环交替条件差的地方则为高矿化水。在一些封闭条件好的大型自流盆地或自流斜地中，甚至还保存有与沉积物同时沉积的沉积水。

第三章　工　程　地　质

第一节　岩石的分类与特性

覆盖在地球上的坚固部分称为岩石。岩石是在各种不同的地质作用下产生的，是由一种或多种矿物有规律地组合而成的矿物集合体。广义上岩石也是土的一种，在很多规范和标准中是与一般意义上的土并列讨论。根据成因，岩石可分三大类：即由岩浆冷凝所形成的岩浆岩；由风化产物，经过搬运、沉积和固结形成的沉积岩；由变质作用形成的变质岩。

一、岩浆岩

（一）岩浆岩成因

岩浆岩也称火成岩，其种类繁多，性状各异。岩浆岩是地壳深处或来自地幔的熔融岩浆，受某些地质构造的影响，侵入到地壳中或上升到地表凝结而成的岩石。在距地表相当深的地方开始凝结的称为深成岩，如橄榄岩、辉岩、花岗岩等；喷出地表或在地表附近凝结的称为喷出岩，如玄武岩、流纹岩等；介于深成岩和喷出岩之间的是浅成岩，如花岗岩、正长斑岩等。

（二）岩浆岩的结构

岩浆岩的结构是指岩石中矿物的结晶程度、晶粒大小（相对大小和绝对大小）、晶体形状以及它们彼此间相互组合的关系。结构决定了岩石内部连接的情况，直接影响着岩石的工程地质性质。

1. 按岩石中矿物的结晶程度划分

（1）全晶质结构，岩石全部由结晶矿物组成，多见于深成岩和浅成岩中，如花岗岩、花岗斑岩等。

（2）半晶质结构，岩石中部分矿物结晶，部分为玻璃质，多见于喷出岩中，如流纹岩。

（3）玻璃质结构，岩石全部为非晶质所组成，均匀致密似玻璃，是由于岩浆急剧喷出地表，骤然冷凝，所有矿物来不及结晶，即行凝固而成的，为喷出岩所特有的结构，如黑曜岩、浮岩等。

2. 按岩石中矿物颗粒的相对大小划分

（1）等粒结构，指岩石中的矿物全部是显晶质（肉眼或放大镜可辨别的）颗粒，主要矿物颗粒大小大致相等的结构。按矿物颗粒大小可进一步划分为粗粒结构（>5mm）、中粒结构（1～5mm）、细粒结构（<1mm）。等粒结构还可以结合矿物颗粒的形状细分为自

形等粒状结构、半自形等粒状结构和他形等粒状结构，这种结构多见于侵入岩。

（2）不等粒结构，指岩石中同种主要矿物颗粒大小不等，这种结构多见于深成侵入岩边部或浅成侵入岩。

（3）隐晶质结构，即颗粒非常细小，用肉眼或放大镜都不能分辨，需在较高倍显微镜下才能辨认出结晶颗粒的结构。这种结构多见于浅成侵入岩和一些熔岩，结构致密，抗风化能力较强。

（4）斑状结构，指岩石中较大的矿物晶体被细小晶粒或隐晶质、玻璃质矿物所包围的一种结构。较大的晶体矿物称为斑晶，细小的晶粒或隐晶质、玻璃质称为基质。如果基质为显晶质时称似斑状结构，基质为隐晶质或玻璃质时称斑状结构。具有斑状结构的岩石，结构不均一，一般抗风化的能力较差，易于剥落。

（三）岩浆岩的构造

岩浆岩的构造是指岩石中不同矿物与其他组成部分之间的排列与充填方式，常可表示岩石的外貌形态及成岩过程的变化。一般常见的构造有下列几种：

（1）块状构造，指岩石中矿物分布比较均匀，无定向排列的现象。这种构造在深成岩分布最广，如花岗岩。

（2）流纹构造，指岩石中不同颜色的条纹、拉长的气孔和长条形矿物，按一定方向排列形成的构造，流纹是岩浆喷出地表后流动的痕迹形成。

（3）气孔构造，岩浆喷出地表后，由于压力急剧降低，岩浆中的挥发性成分呈气体状态析出，并聚集成气泡分散在岩浆中，当温度降低，岩浆凝固，气体逸出，则形成孔洞，构成气洞构造，如浮岩。

（4）杏仁状构造，具有气孔构造的岩石，气孔被次生矿物，如方解石、蛋白石等所充填，形似杏仁，故称为杏仁构造。杏仁构造多见于喷出岩。

（四）主要岩浆岩的特征

（1）花岗岩，属酸性深成侵入岩体，分布非常广泛，多呈肉红色，风化面呈黄色。主要矿物成分为石英、正长石，含有少量的黑云母、角闪石和其他矿物。块状构造，全晶质等粒结构。由于花岗岩具有质地坚硬，性质均一的特点，所以岩块的抗压强度可达120～200MPa，可作良好的建筑物地基和天然建筑石料。

（2）花岗斑岩，成分与花岗岩相同，为酸性浅成岩。斑状结构，斑晶由长石、石英组成，基质多由细小的长石、石英及其他矿物构成；块状构造，若斑晶以石英为主时则称为石英斑岩。

（3）流纹岩，属酸性喷出岩，呈岩流状产出，颜色一般较浅，大多是灰、灰白、浅红、浅黄褐等色。常具有流纹构造，斑状结构。细小的斑晶由长石和石英等矿物组成，基质多由隐晶质和玻璃质矿物组成。流纹岩性质坚硬，强度较高，可作为良好的建筑材料。

（4）正长岩，多呈微红色、浅黄或灰白色。中粒、等粒结构，块状构造。主要矿物成分为正长石，其次为黑云母和角闪石等；有时含少量的斜长石和辉石，一般石英含量极少。其物理力学性质与花岗岩类似，但不如花岗岩坚硬，且易风化，常呈岩株产出。

（5）闪长岩，属中性深成岩体。浅灰至深灰色，也有黑灰色。主要矿物成分为斜长石、角闪石，其次有辉石、云母等，暗色矿物在岩石中占35%左右。含石英时称为石英闪长岩，常呈细粒的等粒状结构。分布广泛，多为小型侵入体产出；岩石坚硬，不易风化，岩块抗压强度可达130～200MPa，可作为各种建筑物的地基和建筑材料。

(6) 玄武岩，是岩浆岩中分布广泛的基性喷出岩，岩石呈黑色、褐色或深灰色。主要矿物成分与辉长岩相同，但常含有橄榄石颗粒，呈隐晶质细粒或斑状结构，具有气孔构造，当气孔被方解石、绿泥石等所充填时，即构成杏仁构造。岩石致密坚硬、性脆。岩块抗压强度为200～290MPa，具有抗磨损、耐酸性强的特点。

(7) 火山碎屑岩，在火山活动时，除溢出熔岩流形成前述各类喷出岩外，还喷出大量的火山弹、火山砾、火山砂及火山灰等碎屑物质，这些物质堆积在火山口周围，形成成分复杂的火山碎屑岩。如火山凝灰岩、火山角砾岩、火山集块岩等。

二、沉积岩

沉积岩是在地表或接近地表的常温常压环境下，各种既有岩石遭受外力地质作用下，经过风化剥蚀、搬运、沉积和硬结成岩过程而形成的岩石。沉积岩广泛分布于地表，覆盖面积约占陆地面积的75%。因此研究沉积岩的形成条件及其性质特征，对工程建设具有重要意义。

(一) 沉积岩的形成

沉积岩的形成是一个长期而复杂的地质作用过程，一般可分为以下四个阶段：

(1) 风化和剥蚀阶段。地壳表面原来的各种岩石，长期遭受自然界的风化、剥蚀作用，例如风吹、雨淋、冰冻、日晒、水流或波浪的冲刷和淋蚀作用，以及生物机械作用和化学作用，使原来坚硬的岩石逐渐破碎，形成大小不同的松散物质，甚至改变原来的物质成分和化学成分，形成一种新的风化产物。

(2) 搬运阶段。岩石经风化、剥蚀后的产物，除一部分残积在原地外，大多数破碎物质在流水、风、冰川、海水和重力等作用下，搬运到其他地方。流水的机械搬运作用，使具有棱角的碎屑物不断磨蚀，径粒逐渐变细磨圆。溶解物则随水溶液带到河口和湖海中。

(3) 沉积阶段。当搬运能力减弱或物理化学环境改变时，携带的物质逐渐沉积下来。一般可分为机械沉积、化学沉积和生物化学沉积。沉积物具有明显的分选性，因此，在同一地区沉积着直径大小相近似的颗粒。河流由山区流向平原时，随着河床坡度的减小，水流速度不断减慢，因此，上游沉积颗粒粗，下游沉积颗粒细，海洋中沉积的颗粒更细。碎屑物是碎屑岩的物质来源，黏土物是泥质岩的主要物质来源，溶解物则是化学岩的物质来源，这些呈松散状态的物质称为松散沉积物。

(4) 硬结成岩阶段。最初沉积的松散物质，被后继沉积物所覆盖，在上覆沉积物压力和胶结物质（如硅质、钙质、铁质、石膏质等）的作用下，逐渐把原物质压密，孔隙减小，经脱水固结或重结晶作用而形成较坚硬的岩层。这种作用称为硬结成岩作用或石化作用。

(二) 沉积岩的组成物质

沉积岩的组成物质主要来自各种地表岩石。由于风化作用，使原岩在新的地质环境下

形成新的矿物和胶结物质。这些矿物与原岩物质组成既有相同之处，也有不同之处。目前发现的矿物种类很多，而组成90%以上沉积岩的矿物仅有20余种，按成因类型可分为以下几种：

（1）碎屑矿物，主要来自原岩的原生矿物碎屑，如石英、长石、白云母等一些耐磨且抗风化性较强和稳定的矿物。

（2）黏土矿物，是原岩经风化分解后生成的次生矿物，如高岭石、蒙脱石、水云母等。

（3）化学沉积矿物，是经化学沉积或生物化学沉积作用而形成的矿物，如方解石、白云石、石膏、石盐、铁和锰氧化物或氢氧化物等。

（4）有机质及生物残骸，是由生物残骸或经有机化学变化而形成的矿物，如贝壳、硅藻土、泥炭、石油等。

在沉积岩矿物颗粒之间，还有胶结物质，如硅质、钙质、铁质、泥质和石膏质等。胶结物对沉积岩的颜色、坚硬程度有很大影响，有如下几种胶结物质：

（1）硅质胶结，胶结成分为SiO_2，岩石呈灰、灰白、黄色等，岩性坚固，抗压强度高，抗水性及抗风化性强。

（2）铁质胶结，胶结成分为Fe_2O_3或FeO，多呈红色或棕色，岩石强度高。若含FeO时，岩石呈黄色或黄褐色，岩石软弱，易于风化。

（3）钙质胶结，胶结成分是Ca、Mg的碳酸盐，呈白灰、青灰等色，岩石较坚固，强度较大。但性脆，具有可溶性，遇盐酸作用起泡。

（4）泥质胶结，胶结成分为黏土，多呈黄褐色，性质松软易破碎，遇水后易软化松散。

（5）石膏质胶结，胶结成分为$CaSO_4$，硬度小，强度低，具有很大的可溶性。

同一种胶结物胶结的岩石，若胶结方式不同，岩石强度差异也很大。所谓胶结方式是指胶结物与碎屑颗粒之间的联结形式，常见的胶结方式有基底式胶结、孔隙式胶结和接触式胶结三种（图1-3-1）。碎屑颗粒互不接触，散布于胶结物中，称基底式胶结，胶结紧密，岩石强度高。颗粒之间互相接触，胶结物充满颗粒间孔隙，称孔隙式胶结，是最常见的胶结方式，其工程性质与碎屑颗粒成分、形状及胶结物成分有关，变化较大。颗粒之间相互接触，胶结物只在颗粒接触处才有，其余颗粒间孔隙未被胶结物充满，称接触式胶结，这种方式胶结程度最差，孔隙度大，透水性强，强度低。

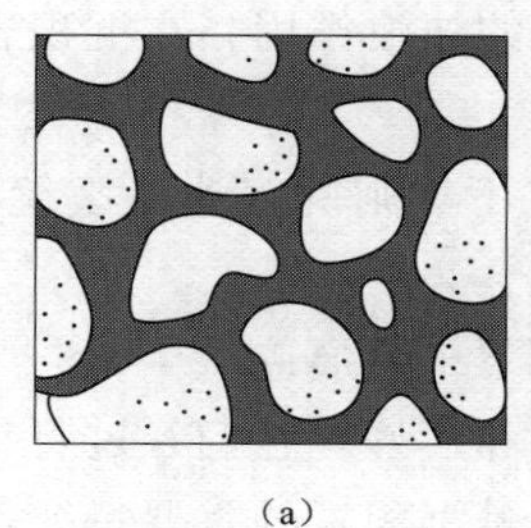
(a)

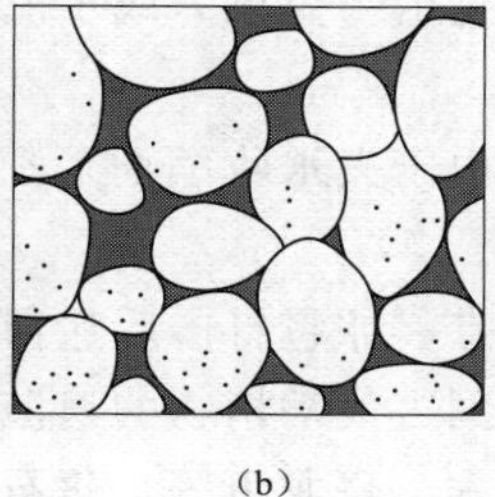
(b)

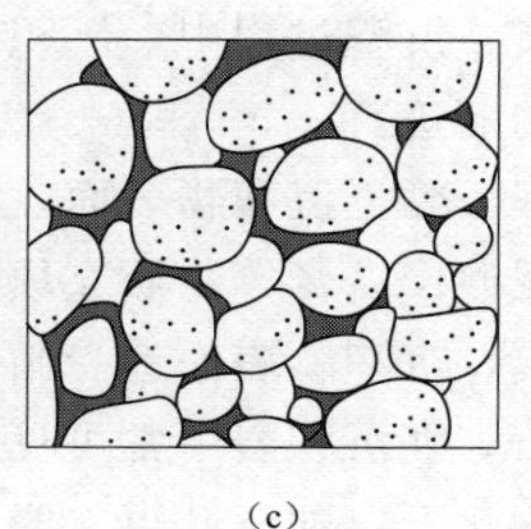
(c)

图1-3-1 沉积岩的胶结方式

(a) 基底式；(b) 孔隙式；(c) 接触式

（三）沉积岩的结构

沉积岩的结构是指沉积岩组成物质的颗粒大小，形状及结晶程度。它不仅决定了沉积岩的岩性特征，也反映了沉积岩的形成条件。沉积岩的结构类型可分如下几种：

（1）碎屑结构，指碎屑物质被胶结物黏结而形成的一种结构。按碎屑粒径大小不同可分砾状结构（＞2mm）、砂状结构（0.05～2mm）和粉砂状结构（0.05～0.005mm）。

（2）泥状结构，一般由颗粒粒径小于0.005mm的黏土等胶结物质组成的矿物颗粒显示定向排列的结构。

（3）化学结构，指由化学沉淀或胶体重结晶所形成的结构，可分为鲕状、结核状、纤维状、致密块状和粒状结构等。

（4）生物结构，指岩石中几乎全部由生物遗体所组成的结构，如生物碎屑结构、贝壳结构等。

（四）沉积岩的构造

沉积岩的构造是指沉积岩各个组成部分的空间分布和排列方式。层理构造和层面构造是沉积岩最重要的特征，它是区别于岩浆岩和某些变质岩的主要标志，对了解沉积岩的生成及地理环境，有着重要的意义。

1. *层理构造*

层理是沉积岩在形成过程中，由于沉积环境的改变，所引起沉积物质的成分、颗粒大小、形状或颜色沿垂直方向发生变化而显示出的成层现象。

当沉积物在一个基本稳定的地质环境条件下，连续不断沉积形成的单元岩层简称为层。相邻两个层之间的界面称为层面，层面是由于上下层之间产生较短的沉积间断而造成的。一个单元岩层上下层面之间的垂直距离称为岩层厚度。根据单元岩层的厚度可分为巨厚层（＞1m）、厚层（0.5～1m）、中厚层（0.1～0.5m）和薄层（＜0.1m）。

层理和层面的方向有时不一致，根据两者的关系，可对层理形态进行分类：当层理与层面延长方向相互平行时，称为平行层理；其中当层理面平直时称为水平层理；当层理面波状起伏时称为波状层理；当层理与层面斜交时，称为斜层理；若是多组不同方向的斜交层理相互交错时，称为交错层理。有些岩层一端较厚，而另一端逐渐变薄以至消失，这种现象称为尖灭层。若在不大的距离内两端都尖灭，而中间较厚则称为透镜体。

2. *层面构造*

层面构造指岩层层面上的构造特征，常见的有波痕、泥裂、雨痕、化石和结核等。

（1）波痕，沉积过程中，沉积物由于受风力或水流的波浪作用，在沉积岩层面上遗留下来的波浪的痕迹。

（2）泥裂，黏土沉积物表面，由于失水收缩而形成不规则的多边形裂缝，称为泥裂，裂缝内常被泥砂、石膏等物质充填。

（3）雨痕，沉积物表面经受雨点、冰雹打击后遗留下来的痕迹。

（4）化石，在沉积岩中常可见到古代动植物的遗骸和痕迹，它们经过石化交替作用保存下来而成为化石，如三叶虫、鳞木、恐龙蛋等。化石是沉积岩的重要特征，根据化石的种类可以确定化石形成的环境和地质时代。

（5）结核，沉积岩中常有圆形或不规则的与周围岩石成分、颜色、结构不同，大小不

一的无机物包体，这个包裹体称为结核。结核可以是由于胶体物质聚集而呈凝块状析出，也可以是胶体物质围绕某些质点中心聚集，形成具有同心圆结构的团块，如石灰岩中的燧石结核，黏土岩中的石膏结核、磷质结核及黄土中的钙质结核等。

（五）沉积岩的分类

根据沉积岩的组成成分、结构、构造和形成条件，可将沉积岩分为碎屑岩类、黏土岩类、化学及生物化学岩类等，见表1-3-1所示。

表1-3-1　　沉积岩分类

分类	结构特征		岩石名称	岩石亚类
碎屑岩类	碎屑结构	砾状结构，粒径＞2mm	砾岩	砾岩；角砾岩
		砂状结构，粒径0.05～2mm	砂岩	石英砂岩
				长石砂岩
				杂砂岩
		粉砂状结构，粒径0.005～0.05mm	粉砂岩	粉砂岩
黏土岩类	泥状结构，粒径＜0.005mm		泥岩	碳质泥岩
			页岩	碳质页岩
化学及生物化学岩类	化学结构或生物结构		硅质岩	燧石岩
			碳酸岩类	石灰岩
				白云岩
				泥灰岩

各类沉积岩由于形成条件不同，其颜色、结构、构造和矿物成分亦不同。因此，反映出的特征也不相同，这些特征是鉴定沉积岩的主要标志。

1. *碎屑岩类*

具有碎屑结构，即岩石由粗粒的碎屑和细粒的胶结物两部分组成。碎屑按其大小可分为砾状结构、砂状结构等。砂状结构又可进一步分为粗砂结构、中砂结构、细砂结构。碎屑形状一般是指颗粒的圆滑程度，可分为磨圆度良好、磨圆度中等及磨圆度差（带棱角）进行观察。碎屑的成分在砂岩、粉砂岩中多为单一矿物组成，如石英、长石等。而在砾岩中的砾石成分比较复杂，除矿物组成外，还常由岩石碎屑组成，如石灰岩碎屑、石英岩碎屑等。碎屑岩类的岩石物理力学性质好坏，一般与胶结物的性质及胶结形式有密切关系。

2. *黏土岩类*

黏土岩类为黏土质结构（泥状结构），质地均匀细腻，主要由黏土矿物组成。黏土岩是由松软的黏土，经过脱水、固结作用而形成的。由于颗粒细小，其成分用肉眼难以辨别，需利用精密仪器如电子显微镜、X射线仪或化学分析来鉴定。一般黏土岩吸水性强，遇水后易于软化，具有可塑性和膨胀性。根据其层理清晰与否又可分为页岩和泥岩。页岩层理清晰，能沿层理分成薄片，结构较泥岩紧密，风化后多呈碎片状；泥岩则层理不清晰，结构较疏松，风化后多呈碎块状。

3. *化学及生物化学岩类*

化学及生物化学岩类颜色单一，往往反映所含杂质的颜色。如杂质为碳质时呈黑色，泥质时呈褐黄色，铁质时呈褐红色。常见的有致密结构、结晶结构、鲕状结构及竹叶状结构等。致密结构用肉眼难以辨认矿物颗粒的粗细；结晶结构多在岩石表面有闪闪发亮的矿物颗粒；竹叶状结构是在岩石表面上有竹叶的形状；鲕状结构是在岩石表面上有直径小于2mm的圆形粒状，大者称豆状结构。化学及生物化学岩主要由碳酸盐类组成，用肉眼鉴定矿物成分时主要是借助它的某些化学性质，如方解石遇酸起泡剧烈，白云石则较微弱，而硅质矿物遇酸则不起作用。

（六）常见沉积岩的特征

1. *砾岩和角砾岩*

由50%以上直径大于2mm的碎屑颗粒组成称为砾岩；由带棱角的角砾石、碎石胶结而成的称为角砾岩。角砾岩大多数都是由带棱角的岩块和碎石，经搬运距离不远即沉积胶结而成的。砾岩则多经过较长距离搬运后再沉积胶结而成的。两者的颗粒成分可由矿物或岩石碎块组成，胶结物多为泥质、钙质、硅质和铁质。

2. *砂岩*

砂岩指由50%以上的砂粒胶结而成的岩石。根据颗粒大小、含量不同可分为粗粒、中粒、细粒及粉粒砂岩。按颗粒主要矿物成分可分为石英砂岩、长石砂岩、杂砂岩和粉砂岩等。由于多数砂岩岩性坚硬、性脆，在地质构造作用下张性裂隙发育。

3. *泥岩*

泥岩一般具有泥状结构，成分以高岭石、蒙脱石和水云母等次生黏土矿物为主。高岭石黏土岩呈灰白或黄白色，干燥时吸水性大，吸水后可塑性增大。蒙脱石黏土岩呈白色、玫瑰红色或浅绿色，表面有滑感，可塑性小，干燥时表面有裂缝，能被酸溶解，有强吸水能力，吸水后体积急剧膨胀。水云母黏土岩是介于上述两种岩石之间的过渡类型。在自然界中单一矿物成分的黏土岩很少，一般是由几种矿物组成，常为薄层至厚层状，多为水平层理，层面上留有泥裂、雨痕、虫迹等构造。

4. *页岩*

页岩由黏土脱水胶结而成，以黏土矿物为主，大部分有明显的薄层理，呈页片状。可分硅质页岩、黏土质页岩、砂质页岩、钙质页岩及碳质页岩，只有硅质页岩强度稍高，其余的易风化成碎片。页岩性质软弱，抗压强度一般为20～70MPa或更低。浸水后强度显著降低，但透水性一般很小，常作为不透水层、隔水层。分布广泛，由于强度低，变形模量小，抗滑稳定性差。

5. *石灰岩*

石灰岩简称灰岩，主要化学成分为碳酸钙，矿物成分以结晶的细粒方解石为主，其次含少量白云石等矿物。颜色多为深灰、浅灰，纯灰岩呈白色。有致密状、鲕状、竹叶状等结构。石灰岩一般遇酸起泡剧烈，但硅质、泥质灰岩遇酸起泡较差。含硅质、白云质和纯石灰的岩石强度高，含泥质、碳质和贝壳的灰岩强度低。一般抗压强度为40～80MPa。石灰岩具有可溶性，易被地下水溶蚀，形成宽大的裂隙和溶洞，是地下水的良好通道，对工程建筑地基渗漏和稳定影响较大。因此，在石灰岩地区进行工程建设时，必须进行详细的地质勘探。

6. 白云岩

白云岩的矿物成分主要是白云石，其次含有少量方解石，常混有石膏和硬石膏，有时夹有石英和蛋白石等矿物。含有石膏时，强度明显降低。白云岩特征与石灰岩相似，在野外难于区别，可用盐酸点滴看起泡程度辨认。纯白云岩可作耐火材料。

三、变质岩

(一) 变质作用

地壳中的岩浆岩、沉积岩或既有变质岩，由于地壳运动和岩浆活动等造成物理化学环境的改变，在高温、高压条件及其他化学因素作用下，使原来岩石的成分、结构和构造发生一系列变化所形成的新岩石统称为变质岩。这种改变岩石的作用，称为变质作用。变质岩在地球表面分布面积占陆地面积的 1/5。岩石生成年代越老，变质程度越深，该年代岩石中变质岩比重越大。例如前寒武纪的岩石几乎都是变质岩。

对变质作用类型的划分，自变质岩作为一门独立学科的出现就提出许多分类，常见的变质作用类型有以下几种：

(1) 区域变质作用，是指大面积的岩石，因为温度增高和压力的作用等多种因素下，发生了程度不等的重结晶和变形的一类变质作用。区域变质作用形成的岩石普遍具有结晶片理及其他方向性组构。

(2) 接触变质作用，是指在岩浆作用影响下，围岩主要受岩浆体温度的影响而产生的一种局部性变质作用。通常规模不大，围岩主要受岩浆散发的热量及挥发成分的作用。当围岩仅受岩浆体温度影响而发生重结晶作用、变质结晶作用，变质前后化学成分基本相同，这类变质作用称为热接触变质作用。当围岩除受岩浆体温度影响外，由于挥发组分的影响，岩体和围岩发生交代作用，致使接触带附近的岩体和围岩的化学成分也发生变化，称为接触交代变质作用。

(3) 动力变质作用，是一种由于构造作用过程中所产生的强应力作用下，岩石发生破碎、变形，在破碎、变形的同时，伴有一定重结晶作用。其发育常受断裂构造控制，原岩的变化主要以脆性变形和塑性变形为主。

(4) 气液变质作用，是由于热的气体及溶液作用于已形成的岩石，使已有的岩石产生矿物成分、化学成分及结构构造的变化，称为气液变质作用。气液变质作用通常沿构造破碎带及矿脉边缘发育。

(二) 变质岩的矿物成分

组成变质岩的矿物，一部分是与岩浆岩或沉积岩所共有的矿物，如石英、长石、云母、角闪石、方解石、白云石等；另一部分是变质作用后产生的新的特有变质矿物，以此将变质岩与其他岩石区别开来。常见的变质矿物有红柱石、硅线石、蓝晶石、黄玉、石榴子石、硅灰石、绿泥石、绿帘石、绢云母、滑石、蛇纹石、石墨等。这些矿物具有变质分带指示作用，如绿泥石、绢云母多出现在浅变质带，故代表浅变质带，蓝晶石代表中变质带，而硅线石则代表深变质带。

(三) 变质岩的结构

岩石在变质过程中，由于矿物的重结晶和新矿物的生成，相应地也要出现一些新的结构。变质岩的结构是指变质岩的变质程度、颗粒大小和连接方式，按变质作用的成因及变质程度不同，可分为下列主要结构：

(1) 变余结构（残余结构），有些岩石经过变质以后，重结晶作用不完全，原岩的矿物成分和结构特征一部分被保留下来，形成所谓的变余结构。如泥质砂岩变质以后，泥质胶结物变质成绢云母和绿泥石，而其中碎屑矿物如石英不发生变化，被保留下来，形成变余砂状结构。其他类型如与沉积岩有关的变余砾状结构，与岩浆岩有关的变余斑状结构、变余花岗结构等。

(2) 变晶结构，指岩石在变质作用过程中重结晶所形成的结构，它是变质岩中最主要的结构。变晶结构和岩浆岩中的结晶结构有些相似，但因重结晶是在固态条件下进行的，因此变晶结构与岩浆岩结晶结构相比，有些不同之处。如变晶结构的岩石均为全晶质，没有玻璃质和非晶质成分；矿物结晶没有先后顺序，故矿物颗粒紧密排列；变质成因的斑晶中，常有大量基质矿物包裹体，表明其结晶生长时间与基质同时或更晚，这与岩浆岩中的斑晶形成较早的情况相反。

(3) 碎裂结构，指由于岩石受挤压应力作用，使矿物发生弯曲、破裂，甚至成碎块或粉末状后，又被黏结在一起形成的结构。碎裂结构具有明显的条带和片理，是动力变质中常见的结构，如糜棱结构、碎斑结构等。

(四) 变质岩的构造

变质岩的构造是鉴定变质岩的主要特征，也是区别于其他岩石的特有标志。变质岩的构造是指变晶矿物集合体之间的分布与充填方式。一般变质岩的构造可分下列几种：

(1) 板状构造：岩石结构致密，沿一定方向极易分裂成厚度近于均一的薄板状，如各种板岩。

(2) 千枚状构造：岩石中重结晶的矿物颗粒细小，多为隐晶质片状或柱状矿物，呈定向排列。片理为薄层状，呈绢丝光泽，这是千枚岩特有的构造。

(3) 片状构造：在定向挤压应力的长期作用下，岩石中含有大量片状、板状、纤维状矿物互相平行排列形成的构造，如各种片岩。有此种构造的岩石，具有各向异性特征，沿片理面易于裂开，其强度、透水性、抗风化能力等也随方向不同而异。

(4) 片麻状构造：岩石中晶粒较粗的浅色矿物（石英、长石等）和片柱状深色矿物（黑云母、角闪石等）大致相间平行排列，呈条带状分布的构造。这是片麻岩所特有的构造。

(5) 块状构造：岩石呈坚硬块体，颗粒分布较均匀，是粒状矿物重结晶的岩石所特有的构造，如大理岩、石英岩等。

(6) 条带状和眼球状构造：条带状构造是指岩石中的矿物成分、颜色、颗粒或其他特征不同的组分，形成彼此相间、近于平行排列成条带的现象。眼球状构造是指在定向排列的片柱状矿物中，局部夹杂有刚性较大的凸镜状或扁豆状的矿物团块的现象。

(五) 变质岩的分类

变质岩与其他种类岩石最明显的区别是具有特殊的构造、结构和变质矿物。变质岩的分类命名较复杂，一般可采用以下原则：区域变质岩主要根据岩石的构造命名分类，块状构造的变质岩主要根据矿物成分命名分类，动力变质岩主要根据反映破碎程度的结构来命名分类，见表1-3-2。

表 1-3-2 变质岩分类

变质作用	构造与结构		定名	主要矿物成分
区域变质	板状构造、变余结构		板岩	黏土矿物、绢云母、绿泥石、石英等
	千枚状构造、变晶结构		千枚岩	绢云母、石英、绿泥石等
	片状构造、变晶结构		片岩	云母、滑石、绿泥石、石英等
	片麻状构造、变晶结构		片麻岩	石英、长石、云母、角闪石等
接触变质	变晶结构、块状结构	石英为主	石英岩	石英为主，有时含绢云母等
		方解石为主	大理石	方解石、白云石
动力变质	碎裂结构、糜棱结构	块状结构	碎裂岩、糜棱岩	原岩岩块、原岩碎屑

(六) 常见变质岩的特征

1. 板岩

板岩是页岩经浅变质而成的，多为深灰至黑灰色，也有绿色及紫色。主要成分为硅质和泥质矿物，肉眼不易辨别，结构致密均匀，具有板状构造，沿板状构造易于裂开成薄板状。击打时发出的清脆声可作为与页岩的区别，能加工成各种尺寸的石板。板岩透水性弱，可作隔水层加以利用，但在水的长期作用下易软化、泥化形成软弱夹层。

2. 千枚岩

千枚岩是变质程度介于板岩与片岩之间的一种岩石，多由黏土质岩石变质而成。矿物成分主要为石英、绢云母、绿泥石等，结晶程度差，晶粒极细小、致密，肉眼不能直接辨别，外表呈黄绿、褐红、灰黑等色。由于含有较多的绢云母矿物，片理面上常具有微弱的丝绢光泽，这是千枚岩的特有特征，可作为鉴定千枚岩的标志。千枚岩性质软弱，易风化破碎，在荷载作用下容易产生蠕动变形和滑动破坏。

3. 片岩

片岩具有典型的片状构造，主要由云母和石英矿物组成，其次为角闪石、绿泥石、滑石、石榴子石等，以不含长石区别于片麻岩。片岩按所含矿物成分不同可分为云母片岩、绿泥石片岩、角闪石片岩、滑石片岩等。片岩强度较低，且易风化。由于片理发育，易沿片理裂开。

4. 片麻岩

片麻岩分为正片麻岩和副片麻岩两种。原岩是岩浆岩变质而成的称正片麻岩，原岩是沉积岩变质而成的称副片麻岩。正片麻岩的矿物成分与其相应的岩浆岩相似，最常见的是与花岗岩成分一致的片麻岩，主要含有正长石、石英、云母等矿物。与闪长岩、辉长岩及其喷出岩相应的片麻岩，主要成分为斜长石、石英、角闪石、黑云母、辉石等。在正片麻岩中矿物成分还有磁铁矿、石榴子石、绢云母等。副片麻岩除含有石英、长石、云母外，常与沉积岩不同，富含有硅铝的变质矿物，如硅线石、蓝晶石、石墨等。

5. 石英岩

石英岩由石英砂岩和硅质岩变质而成，矿物成分以石英为主，其次为云母、磁铁矿和角闪石。一般呈白色，含铁质氧化物时呈红褐色或紫褐色。具有油脂光泽、变余粒状结构、块状构造，是一种非常坚硬、抗风化能力很强的岩石，岩块抗压强度可达 300MPa 以上，可作为良好的建筑物地基，但因性脆，较易产生密集性裂隙，形成渗漏通道，应采取必要的防渗措施。

6. *大理岩*

大理岩为石灰岩重结晶而成，具有细粒、中粒和粗粒结构。主要矿物为方解石和白云石。纯大理岩是白色，含有杂质时带有灰色、黄色、蔷薇色，具有美丽花纹，是贵重的雕刻和建筑石料。大理岩硬度较小，与盐酸作用起泡，所以很容易鉴别。具有可溶性，强度随其颗粒胶结性质及颗粒大小而异，抗压强度一般为50～120MPa。

第二节　土的分类与特性

土是由地壳表层的岩石长期受自然界的风化（物理、化学、生物风化）作用后，再经其他各种外力的地质作用（如搬运、沉积）形成的大小、形状和成分各不相同的松散矿物颗粒的集合体。广义的土包含岩石和一般意义的土，本节的内容主要是一般意义上的土。

一、土的工程地质分类

（一）分类的原则

土的种类繁多，其分类方法也很多。土的分类是在充分认识土的不同特殊性的基础上归纳其共性，将客观存在的各种土划分为若干不同的类或组。土的工程地质分类是根据工程实践经验，把工程性能近似的土划为一类并给定名称，使人们可以大致判断其工程特性，也可以使工程人员对土有共同的概念，便于经验交流。但不同的工程将岩土用于不同的目的，如建筑物将岩土作为地基，隧道将岩土作为环境，堤坝将岩土作为材料。不同的目的，对土的评价的侧重面有所不同，也就形成了不同行业的不同分类习惯和分类标准。

目前，国内最基本的土的工程分类规范有《岩土工程勘察规范》（GB 50021—2001）（2009年版）分类法和《建筑地基基础设计规范》（GB 50007—2011）分类法。《岩土工程勘察规范》按照颗粒级配和塑性指数将土分为碎石土、砂土、粉土、黏性土。根据《建筑地基基础设计规范》，把作为建筑地基的这一部分土（包括岩石）分为六大类，即岩石、碎石土、砂土、粉土、黏性土和人工填土。两个规范虽然结构安排有所不同，但对土的分类的主要内容基本一致，本书仅简单介绍《建筑地基基础设计规范》（GB 50007—2011）中的分类方法。

（二）《建筑地基基础设计规范》的分类

1. *岩石*

岩石指颗粒间牢固联结，呈整体或具有节理裂隙的岩体。岩石的坚硬程度应根据岩块的饱和单轴抗压强度 f_{rk} 划分，按规范分为坚硬岩、较硬岩、较软岩、软岩和极软岩（表1-3-3）。岩石的风化程度可分为未风化、微风化、中风化、强风化和全风化。岩体完整程度应根据完整性指数（岩体纵波波速与岩块纵波波速之比的平方）划分为完整、较完整、较破碎、破碎和极破碎（表1-3-4）。

表 1-3-3 岩石坚硬程度划分

坚硬程度类别	坚硬岩	较硬岩	较软岩	软岩	极软岩
饱和单轴抗压强度 f_{rk}/MPa	>60	60～30	30～15	15～5	≤5

表 1-3-4 岩体完整程度划分

完整程度等级	完整	较完整	较破碎	破碎	极破碎
完整性指数	>0.75	0.75～0.55	0.55～0.35	0.35～0.15	<0.15

2. 碎石土

碎石土为粒径大于 2mm、颗粒质量超过总质量 50%的土。碎石土可根据颗粒形状和粒组含量可分为漂石、块石、卵石、碎石、圆砾和角砾 1-3-5。碎石土的密实度，可根据重型圆锥动力触探锤击数分为松散、稍密、中密和密实。

表 1-3-5 碎石土的分类

土的名称	颗粒形状	颗粒级配
漂石	圆形及亚圆形为主	粒径大于 200mm、颗粒质量超过总质量 50%
块石	棱角形为主	
卵石	圆形及亚圆形为主	粒径大于 20mm、颗粒质量超过总质量 50%
碎石	棱角形为主	
圆砾	圆形及亚圆形为主	粒径大于 2mm、颗粒质量超过总质量 50%
角砾	棱角形为主	

3. 砂土

砂土为粒径大于 2mm、颗粒质量不超过总质量 50%、粒径大于 0.075mm、颗粒超过总质量 50%的土。砂土可根据粒组含量划分，按规范表分为砾砂、粗砂、中砂、细砂和粉砂（表 1-3-6）。砂土的密实度，可根据标准贯入试验锤击数按规范分为松散、稍密、中密和密实。

表 1-3-6 砂土的分类

土的名称	粒组含量
砾砂	粒径大于 2mm、颗粒质量占总质量 25%～50%
粗砂	粒径大于 0.5mm、颗粒质量超过总质量 50%
中砂	粒径大于 0.25mm、颗粒质量超过总质量 50%
细砂	粒径大于 0.075mm、颗粒质量超过总质量 85%
粉砂	粒径大于 0.075mm、颗粒质量超过总质量 50%

4. 黏性土

黏性土为塑性指数 I_p 大于 10 的土，当 I_p 小于 17 时为黏土，当 $10<I_p\leqslant 17$ 时为粉质黏土。黏性土的状态可根据液性指数划分，按规范表分为坚硬、硬塑、可塑、软塑和流塑。

5. 粉土

粉土为介于砂土与黏性土之间，塑性指数 I_p 不大于 10 且粒径大于 0.075mm 的颗粒含量不超过全重 50%的土。

6. 人工填土

人工填土根据其组成和成因，可分为素填土、压实填土、杂填土、冲填土。素填土为由碎石土、砂土、粉土、黏性土等组成的填土。经过压实或夯实的素填土为压实填土。杂填土为含有建筑垃圾、工业废料、生活垃圾等杂物的填土。冲填土为由水力冲填泥砂形成的填土。

（三）水利工程施工中常用分类

依据水利部2002年颁布的《水利建筑工程概算定额》，在水利工程施工工程量计算中，涉及土方开挖工程、石方开挖工程和土石方回填工程，需要对施工工程土类和岩石进行专门的分级，见表1-3-7、表1-3-8，表中土（岩）的名称及其含义按国家标准《建筑地基基础设计规范》（GB 50007—2011）和《岩土工程勘察规范》（GB 50021—2001）（2009年版）定义，其中土质的级别为Ⅳ级，岩石的级别为Ⅻ级。

表1-3-7　　一般工程土类分级

土质级别	土质名称	坚固系数 f	自然湿容重 /(kN/m³)	外形特征	鉴别方法
Ⅰ	1. 砂土 2. 种植土	0.5～0.6	16.19～17.17	疏松，黏着力差或易透水，略有黏性	用锹或略加脚踩开挖
Ⅱ	1. 壤土 2. 淤泥 3. 含壤种植土	0.6～0.8	17.17～18.15	开挖时能成块，并易打碎	用锹需用脚踩开挖
Ⅲ	1. 黏土 2. 干燥黄土 3. 干淤泥 4. 含少量砾石黏土	0.8～1.0	17.66～19.13	黏手，看不见砂粒或干硬	用锹需用力加脚踩开挖
Ⅳ	1. 坚硬黏土 2. 砾质黏土 3. 含卵石黏土	1.0～1.5	18.64～20.60	土壤结构坚硬，将土分裂后成块状或含黏粒砾石较多	用镐、三齿耙撬挖

表1-3-8　　一般岩石类别分级

岩石级别	岩石名称	实体岩石自然湿度时的平均容重 /(kN/m³)	净钻时间/(min/m) 用直径30mm合金钻头，凿岩机打眼（工作气压为4.6×10⁵Pa）	极限抗压强度 /10⁷Pa	坚固系数 f
Ⅴ	1. 砂藻土及软的白垩岩 2. 硬的石炭纪黏土 3. 胶结不紧的砾岩 4. 各种不坚实的页岩	14.72 19.13 18.64～21.58 19.62	≤3.5 （淬火钻头）	≤1.96	1.5～2
Ⅵ	1. 软的有孔隙的节理多的石灰岩及贝壳石灰岩 2. 密实的白垩岩 3. 中等坚实的页岩 4. 中等坚实的泥灰岩	21.58 25.51 26.49 22.56	4 （3.5～4.5） （淬火钻头）	1.96～3.92	2～4

续表

岩石级别	岩石名称	实体岩石自然湿度时的平均容重/(kN/m³)	净钻时间/(min/m) 用直径30mm合金钻头，凿岩机打眼（工作气压为4.6×10⁵Pa）	极限抗压强度/10⁷Pa	坚固系数 f
Ⅶ	1. 水成岩卵石经石灰质胶结而成的砾岩 2. 风化的节理多的黏土质砂岩 3. 坚硬的泥质页岩 4. 坚实的泥灰岩	21.58 21.58 27.47 24.53	6 (4.5～7) (淬火钻头)	3.92～5.88	4～6
Ⅷ	1. 角砾状花岗岩 2. 泥灰质石灰岩 3. 黏土质砂岩 4. 云母页岩及砂质岩石 5. 硬石膏	22.56 22.56 21.58 22.56 28.45	6.8 (5.7～7.7)	5.88～7.85	6～8
Ⅸ	1. 软的风化较甚的花岗岩、片麻岩及正长岩 2. 滑石质的蛇纹岩 3. 密实的石灰岩 4. 水成岩卵石经硅质胶结的砾岩 5. 砂岩 6. 砂质石灰质的页岩	24.53 23.54 24.53 24.53 24.53 24.53	8.5 (7.8～9.2)	7.85～9.81	8～10
Ⅹ	1. 白云岩 2. 坚实的石灰岩 3. 大理石 4. 石灰质胶结的质密的砂岩 5. 坚硬的砂质页岩	26.49 26.49 26.49 25.51 25.51	10 (9.3～10.8)	9.81～11.77	10～12
Ⅺ	1. 粗粒花岗岩 2. 特别坚实的白云岩 3. 蛇纹岩 4. 火成岩卵石经石灰质胶结的砾岩 5. 石灰质胶结的坚实的砂岩 6. 粗粒正长岩	27.47 28.45 25.51 27.47 26.49 26.49	11.2 (10.9～11.5)	11.77～13.73	12～14
Ⅻ	1. 有风化痕迹的安山岩及玄武岩 2. 片麻岩、粗面岩 3. 特别坚实的石灰岩 4. 火成岩卵石经硅质胶结的砾岩	26.49 25.51 28.45 25.51	12.2 (11.6～13.3)	13.73～15.69	14～16
XⅢ	1. 中粒花岗岩 2. 坚实的片麻岩 3. 辉绿岩 4. 玢岩 5. 坚实的粗面岩 6. 中粒正长岩	30.41 27.47 26.49 24.53 27.47 27.47	14.1 (13.1～14.8)	15.69～17.65	16～18
XⅣ	1. 特别坚实的细粒花岗岩 2. 花岗片麻岩 3. 闪长岩 4. 最坚实的石灰岩 5. 坚实的玢岩	32.37 28.45 28.45 30.41 26.49	15.5 (14.9～18.2)	17.65～19.61	18～20

续表

岩石级别	岩 石 名 称	实体岩石自然湿度时的平均容重/(kN/m³)	净钻时间/(min/m) 用直径30mm合金钻头，凿岩机打眼（工作气压为4.6×10^5Pa）	极限抗压强度/10^7Pa	坚固系数 f
XV	1. 安山岩、玄武岩、坚实的角闪岩 2. 最坚实的辉绿岩及闪长岩 3. 坚实的辉长岩及石灰岩	30.41 28.45 27.47	20 (18.3～24)	19.61～24.52	20～25
XVI	1. 钙纳长石质橄榄石质玄武岩 2. 特别坚实的辉长岩、辉绿岩、石英岩及玢岩	32.37 29.43	>24	>24.52	>25

二、土的一般特性

（一）土的三相组成

疏松的土壤微粒组合起来，形成充满孔隙的土壤。这些孔隙中含有溶液（液体）和空气（气体），因此土是由固体颗粒（固相）、液体（液相）和空气（气相）组成的三相体，这三种成分混合分布。如果土中的孔隙全部被水所充满时，称为饱和土；如果孔隙全部被气体所充满时，称为干土；如果孔隙中同时存在水和空气时，称为湿土。饱和土和干土都是二相系，湿土为三相系。这些组成部分的相互作用和它们在数量上的比例关系，决定了土的物理力学性质。

（二）土的固相

固相，即土的颗粒，是由矿物颗粒或有机质组成，它的矿物成分、颗粒大小、形状与级配影响土的物理力学性质。

土的粒组，是将土中颗粒按适当粒径范围分组，使各组内土粒大小、性质大体相近。划分粒组的分界尺寸，称为界限粒径。我国按界限粒径200mm、20mm、2mm、0.05mm和0.005mm把土粒分为六组：漂石（块石）、卵石、圆砾、砂粒、粉粒和黏粒。

土的矿物成分，可以分为原生矿物和次生矿物两大类。原生矿物常见的有石英、长石和云母等，由岩石物理风化成的土粒，通常由一种或者几种原生矿物组成。次生矿物，是由原生矿物经过化学风化生成的新矿物，它的成分与母岩完全不同，主要是黏土矿物，即高岭石、伊利石和蒙脱石。

土的级配，即土中各粒组的相对含量（各粒组质量占全部粒组质量的百分比），可通过颗粒分析试验测得，用级配累计曲线表示。利用级配曲线可求得不均匀系数 C_u 和曲率系数 C_c，用以判断土的级配情况。

不均匀系数：

$$C_u = \frac{d_{60}}{d_{10}} \tag{1-3-1}$$

曲率系数：

$$C_c = \frac{d_{30}^2}{d_{60}d_{10}} \tag{1-3-2}$$

式中　d_{10}、d_{30}、d_{50}——分别相当于累计百分比含量为10%、30%和60%的对应粒径，通常把d_{10}称为有效粒径，d_{60}称为限制粒径。

其中若$C_u>10$，称为级配良好的土，宜作为良好地基；$C_u<5$，称为均粒土，其级配不好，不宜作为地基，可作为反滤料。但实际上仅用单独一个指标C_u来确定土的级配情况是不够的，还必须同时需兼顾曲率系数C_c值。当同时满足不均匀系数$C_u>5$和曲率系数$C_c=1\sim3$这两个条件时，为级配良好的土；如不能同时满足，则为级配不良的土。

土的结构，指土粒及其集合体的大小、形状、相互排列与联结等综合特征。具体有三种：单粒结构（颗粒较大），如砂粒、碎石；蜂窝结构（颗粒较细），如粉粒；絮状结构（颗粒极细），如黏粒。

土的构造，指物质成分和颗粒大小等相近的各部分土层之间的相互联系特点。主要有层理构造（分水平、交错两种）、裂隙构造和分散构造。

（三）土的液相

液相即土中水，可以呈固态（冰）、液态（水）、气态（水蒸气）存在于土中。从水膜理论的角度来看，水的分类如下：

（1）结合水，指受电分子吸引力吸附于土粒表面的土中水。结合水可分为强结合水和弱结合水：

强结合水（吸着水）：可塑状态黏土仅含此水呈固态。

弱结合水（薄膜水）：可塑状态黏土多含此水，特别对黏性土的性质影响大。

（2）自由水，指存在于土粒表面电场影响范围以外的水。自由水可分为重力水和毛细水：重力水指地下水位以下透水层中的水；毛细水指孔隙中的自由水，也能在地下水位以上存在。

（四）土的气相

气相即土中气，可分为通畅气和封闭气。通畅气与大气相连，常存在于粗粒土中；封闭气封闭于孔隙中，常存在于细粒土中。

（五）土的三相比例指标

1. 由试验直接测定的基本指标

（1）土的重度（重力密度）γ：可用环刀法、灌砂法测定。天然状态下单位体积土的重力称为天然重度（kN/m^3），$W=mg$，m为质量，g为重力加速度，而

$$\gamma=\frac{W}{V} \tag{1-3-3}$$

它与土的矿物成分、孔隙大小、含水多少等有关，一般γ在$16\sim22kN/m^3$之间，式（1-3-3）中V为土的总体积。

（2）土的含水率w：可用烘干法、酒精燃烧法测定。土中水的重力与土粒重力之比，称为含水率，常用百分比表示：

$$w=\frac{W_w}{W_s} \tag{1-3-4}$$

式（1-3-4）中W_w为水的重力，W_s为土粒重力，它反映土的干湿程度。含水率越大土越湿越软，地基土承载力越低，我国沿海软黏土含水量常接近50%，高者达60%～70%，

地基土容许承载力仅 50～80kPa。

(3) 土粒相对密度（旧称“比重”），可用比重瓶法测定。

土粒重力与同体积 4℃时水的重力之比称为土粒相对密度，即

$$d_s=\frac{W_s}{V_s\gamma_w} \tag{1-3-5}$$

式（1-3-5）中 V_s 表示 4℃时水的体积，W_s 表示 4℃时水的重度，近似取 $10kN/m^3$。

其大小随土粒矿物成分而异。砂土相对密度为 2.65～2.69，黏土相对密度为 2.72～2.76。土中含大量有机质时，土粒相对密度则显著减少。

2. 换算的物理性质指标

土的饱和重度 γ_{sat}、浮重度 γ' 及干土重度 γ_d。

(1) 饱和重度 γ_{sat}。土的孔隙全部被水充满时的重度，称为饱和重度 γ_{sat}（kN/m^3），即

$$\gamma_{sat}=\frac{W_s+V_v\gamma_w}{V} \tag{1-3-6}$$

式中 V_v——土中孔隙体积。

(2) 浮重度（有效重度）γ'。一般从地下水位以下取出的土，其天然重度，可作为饱和重度。当土处于地下水位以下时，则受到水的浮力作用，单位土体积中颗粒的有效重力，由单位土体积中土颗粒的重力扣除浮力后的重度称为土的浮重度 γ'，即

$$\gamma'=\frac{W_s-V_s\gamma_w}{V}=\gamma_{sat}-\gamma_w \quad (\gamma_w\approx 10kN/m^3) \tag{1-3-7}$$

(3) 干重度（干重力密度），单位土体积中固体颗粒的重力称为土的干重度 γ_d（kN/m^3），即

$$\gamma_d=\frac{W_s}{V} \tag{1-3-8}$$

干土重度反映土颗粒排列的紧密程度，工程上用 γ_d 作为人工填土压实质量的控制指标。一般 γ_d 达到 $16kN/m^3$ 以上时，土就比较密实。

(4) 土的孔隙比 e，土中孔隙体积与土的颗粒体积之比，称为孔隙比，即

$$e=\frac{V_v}{V_s} \tag{1-3-9}$$

它表示土的密实程度，建筑物的沉降与土的孔隙比有着密切的关系。天然状态的黏性土，一般当 $e<0.6$ 时，土密实、压缩性低；当 $e>1.0$ 时，土是松软的。高压缩性的淤泥质土、淤泥的 e 值则高达 1.5 以上。地基土层中含有 $e>1.0$ 的黏性土时，建筑物的沉降量较大。

(5) 土的饱和度 S_r，土中水的体积 V_w 与孔隙体积 V_v 之比称为饱和度 S_r，以百分数表示，即

$$S_r=\frac{V_w}{V_v}\times 100\% \tag{1-3-10}$$

它表示土的潮湿程度，如 $S_r=100\%$，表明土孔隙中充满水，土是完全饱和的；$S_r=0$，土是完全干燥的。砂土的含水饱和程度对其工程性质影响较大，如饱和粉细砂土在动

荷载作用下会发生液化。根据饱和度 S_r 的数值，砂土可分为稍湿（$S_r \leqslant 50\%$）、很湿（$50\% < S_r \leqslant 80\%$）和饱和（$S_r > 80\%$）的三种湿度状态。

（六）土的物理状态指标

1. 黏性土的状态与界限含水率

（1）界限含水率。黏性土由某一状态转入另一状态时的分界含水率，称为土的界限含水率。

（2）液限和塑限。在国际上称为阿太堡界限，它们是黏性土的重要物理特性指标。

液限：土由流动状态变成可塑状态的界限含水率称为液限，以符号 ω_L 表示。

塑限：土由可塑状态变化到半固体状态的界限含水率称为塑限，以符号 ω_P 表示。

缩限：由半固体状态变化到固体状态的界限含水率称为缩限，以符号 ω_S 表示。

（3）塑性指数。

$$I_P = w_L - w_P \tag{1-3-11}$$

液限与塑限之差值（省去%）反映在可塑状态下的含水率范围。此值可作为黏性土分类的指标。

（4）液性指数。即天然含水率和塑限之差与塑性指数之比值。反映土在天然条件下所处的状态。

$$I_L = \frac{w - w_P}{w_L - w_P} = \frac{w - w_P}{I_P} \tag{1-3-12}$$

土中多含自由水时，处流动状态，土中多呈弱结合水时，处于可塑状态，弱结合水减少，水膜变薄，土向半固态转化，土中为强结合水时处于固态。

2. 无黏性土的密实度

砂土的密实度对地基土的工程性质有很大影响。如密实的天然砂层是良好的天然地基。疏松的砂，尤其是饱和的粉细砂，在动力作用下结构常处于不稳定状态，对土建工程很不利。

（1）相对密实度。

土的孔隙比一般可以用来描述土的密实程度，但砂土的密实程度并不单独取决于孔隙比，而在很大程度上取决于土的级配情况。粒径级配不同的砂土即使具有相同的孔隙比，但由于颗粒大小不同，排列不同，所处的密实状态也会不同。为了同时考虑孔隙比和级配的影响，引入砂土相对密实度的概念。

当砂土处于最密实状态时，其孔隙比称为最小孔隙比 $e_{\min}$；而砂土处于最疏松状态时的孔隙比则称为最大孔隙比 $e_{\max}$。试验标准规定了一定的方法测定砂土的最小孔隙比和最大孔隙比，然后可按下式计算砂土的相对密实度 D_r。

$$D_r = \frac{e_{\max} - e}{e_{\max} - e_{\min}} \tag{1-3-13}$$

从式（1-3-13）可以看出，当砂土的天然孔隙比接近于最小孔隙比时，相对密实度 D_r 接近于 1，表明砂土接近于最密实的状态；而当天然孔隙比接近于最大孔隙比则表明砂土处于最松散的状态，其相对密实度接近于 0。根据砂土的相对密实度可以按表 1-3-9 将砂土划分为密实、中密和松散三种密实度。

表 1-3-9 砂土密实度划分标准

密实度	密实	中密	松散
相对密实度	1～0.67	0.67～0.33	0.33～0

(2) 标准贯入试验。

测定砂土密实度，目前常用标准贯入试验，该试验是将带有刃口的厚壁管状的标准贯入器，在规定锤重（63.5kg）和落距（76cm）的条件下击入土中，测定贯入量为 30cm 所需要的锤击数 N，称为标准贯入锤击数，以此确定砂土层的密实度，见表 1-3-10。

表 1-3-10 标准贯入试验判定砂土密实度

密实度	松散	稍密	中密	密实
锤击数 N	$\leqslant 10$	$10<N\leqslant 15$	$15<N\leqslant 30$	>30

(七) 土的压实性

有时建筑物建筑在填土上，为了提高填土的强度，增加土的密实度和均匀性，降低其透水性和压缩性，通常用分层压实的办法来处理地基。

实践经验表明，对过湿的土进行夯实或碾压时就会出现软弹现象（俗称“橡皮土”），此时土的密实度是不会增大的。对很干的土进行夯实或碾压，显然也不能把土充分压实。所以，要使土的压实效果最好，其含水率一定要适当。在一定的压实能量下使土最容易压实，并能达到最大密实度时的含水率，称为土的最优含水率（或称最佳合水率），相对应的干重称为最大干重度。另外，在同类土中，土的颗粒级配对土的压实效果影响很大，颗粒级配不均匀的容易压实，均匀的则不易压实。

同时必须指出：室内击实试验与现场夯实或碾压的最优含水率是不一样的。所谓最优含水率，是针对某一种土，在一定的压实机械、压实能量和填土分层厚度等条件下测得的。如果这些条件改变，就会得出不同的最优含水率。因此，要指导现场施工，还应该进行现场试验。

三、特殊土的工程地质特性

特殊土是指如淤泥类土、膨胀土、红黏土、黄土类土等。我国幅员辽阔，从沿海到内陆，从山区到平原，经、纬度跨度大，土类分布多种多样，因此还存在区域性特殊土，如淤泥类土、膨胀土、红黏土、黄土类土等。

(一) 淤泥类土

淤泥类土是指在静或缓慢的流水环境沉积，并经生物化学作用而形成，其天然含水率大于液限、天然孔隙比大于或等于 1.5 的黏性土。当天然含水率大于液限而天然孔隙比小于 1.5 但大于或等于 1.0 的黏性土或粉土为淤泥质土。含有大量未分解的腐殖质，有机质含量大于 60%的土为泥炭，有机质含量大于等于 10%且小于等于 60%的土为泥炭质土。淤泥类土压缩性高、强度低、透水性低，为不良地基。

(二) 膨胀土

膨胀土为土中黏粒成分主要由亲水性矿物组成，同时具有显著的吸水膨胀和失水收缩

特性，其自由膨胀率大于或等于40%的黏性土。膨胀岩土分部地区易发生浅层滑坡、地裂、新开挖的基槽及路堑边坡坍塌等不良地质现象。

（三）红黏土

红黏土为碳酸盐岩系的岩石经红土化作用形成的高塑性黏土。其液限一般大于50。红黏土经再搬运后仍保留其基本特征，其液限大于45小于50的土为次生红黏土。红黏土和次生红黏土通常强度高、压缩性低。因受基岩起伏影响，厚度不均匀，上硬下软。

（四）黄土类土

黄土是我国地域分布最广的一种特殊性土类。它是第四纪的一种特殊堆积物。其主要特征为：颜色以黄为主，有灰黄、褐黄等；含有大量粉粒，一般在55%以上；具有肉眼可见的大孔隙，孔隙比在1.0左右；富含碳酸盐类；无层理，垂直节理发育；具有湿陷性和易溶蚀、易冲刷性等。湿陷性黄土地基的设计和施工，除了必须遵循一般地基的设计和施工原则外，还应针对黄土湿陷性这个特点和工程要求，因地制宜采用以地基处理为主的综合措施。

第三节　常见工程地质问题及处理

水利工程地质问题指工程地质条件不能满足水工建筑物稳定和安全的要求时，工程建筑物与工程地质条件之间所存在的矛盾。水利工程主要的工程地质问题包括以下内容：

（1）坝基（肩）以及软基稳定性问题。

（2）边坡稳定性问题。

（3）洞室（隧洞）围岩稳定性问题。

（4）库坝区渗漏、水库淤积、滨库地区浸没、水库诱发地震等问题。

本节的内容主要涉及软基、库坝区渗漏、滑坡及其他地质问题及处理。

一、软土地基及处理

软基处理的目的是使得水工建筑物基础满足沉降和稳定的要求。鉴于软土地基承载力低，压缩性大，透水性差，不易满足建筑物基础设计要求，故需进行工程处理。

对水工建筑物的基础所在区域软土地基进行工程处理，往往成为提高基础的强度和稳定性、缩短建设工期、降低工程造价和确保工程质量的关键因素之一。下面介绍常用的六种软土地基处理方法，包括排水固结法、桩基法、换填法、灌浆法、加筋法和强夯法。

1. 排水固结法

目前，软土地基的处理要综合考虑经济实用、稳妥可行、施工简便的方法，首选是排水固结，它通过在软土地基设置的竖向排水体，转变原有地基的边界条件，增长孔隙水的排除道路，大大缩短了固结时间，一般采用袋装砂井和塑料排水板配合砂垫层来达到上述目标。在公路、铁路、水利、港口等工程领域内应用很广。这是一种使用多年的方法，至今仍被普遍采用，其主要特点是理论成熟，施工设备简单，费用低。

排水固结法的原理是指软土地基在荷载作用下，土中孔隙水慢慢排出，孔隙体积不断减少，地基发生固结变形，同时随着超静孔隙水压力的逐渐消散，土的有效应力增大，地基强度逐步增长。排水固结法的有效处理深度为 12～15m，超过此深度，孔隙水压力消散相当困难和缓慢，故设计时应加以考虑。此外，由于排水固结法需要预压荷载，且预压时间长，对工期紧迫、缺乏压载条件的工程是难以采用的。此法只能加速固结沉降而不能减少固结沉降量，对于统一沉降和不均匀沉降要求严格的工程必须慎重选择。

2. 桩基法

当淤泥软土层较厚，难以大面积进行深处理，可采用打桩办法进行加固处理。而桩基础技术多种多样，早期多采用水泥土搅拌桩、砂石桩、木桩，目前很少使用，这是因为：一是水泥土搅拌桩水灰比、输浆量和搅拌次数等控制管理自动化系统未健全，设备陈旧，技术落后，存在搅拌均匀性差及成桩质量不稳定问题；二是砂石桩用以加固较深淤泥软土地基，由于存在工期长、工后变形大等问题，已不再用作对变形有要求的建筑地基处理；三是民用建筑已禁用木桩基础。

钢筋混凝土预制桩是指在预制构件加工厂预制，经过养护，达到设计强度后，运至施工现场，用打桩机打入土中，然后在桩的顶部浇筑承台梁（板）基础。钢筋混凝土预制桩由于具有较强承载力，质量有保证，施工速度快等特点，目前得到普遍运用。淤土层较厚地基处理还可以采用灌注桩，打灌注桩至硬土层，作为承载台。灌注桩有沉管灌注桩和冲钻孔灌注桩，但这两种方法有一些技术难题，沉管灌注桩在深厚软土中存在桩身完整性问题；冲钻孔灌注桩存在泥浆污染问题，桩身混凝土灌注质量、桩底沉渣清理和持力层判断不易监控等问题。

3. 换填法

换填法是通过要回填有较好压密特性土进行压实或夯实，形成良好的持力层，从而改变地基承载力特性，提高抗变形和稳定能力，施工时应注意坑边稳定，保证填料质量，填料应分层夯实。适用于处理浅层非饱和软弱地基、湿陷性黄土地基、膨胀土地基、季节性冻土地基、素填土和杂填土地基。其特点是简易可行，但仅限于软弱土层不大于 3～5m 的浅层处理。

4. 灌浆法

灌浆法是利用气压、液压或电化学原理将能够固化的某些浆液注入地基介质中或建筑物与地基的缝隙部位。灌浆的浆液可以是水泥浆、水泥砂浆、黏土水泥浆、黏土浆、石灰浆及各种化学浆材，如聚氨酯类、木质素类、硅酸盐类等。根据灌浆的目的可分为防渗灌浆、堵漏灌浆、加固灌浆和结构纠倾灌浆等。按灌浆方法可分为压密灌浆、渗入灌浆、劈裂灌浆和电化学灌浆。灌浆法在水利、建筑、道桥及各种工程领域有着广泛的应用。

5. 加筋法

加筋法是通过在土层中埋设强度较大的土工合成材料、拉筋、受力杆件等，使这种人工复合的土体可承受抗拉、抗压、抗剪或抗弯作用。通过土体与筋体间的摩擦作用，使筋体承受拉力，而筋间土体则承受压应力及剪应力，进而使加筋土中筋体和土体都能较好发挥自己的潜能，达到提高地基稳定性、减小沉降目的一种软基处理方法。

由于加筋法要求土粒能够提供较高的剪切阻力，故一般宜选用摩擦角大于 35°，且粒径大于 0.08mm，土粒不少于总量 85％的土体作为加筋土。而黏性土由于其抗剪强度低（尤其是不排水抗剪强度），不易排水，且其湿化对强度的损失极为敏感，并会产生明显的蠕变效应，土中的次生矿物易腐蚀金属等，故不宜选用。

6. 强夯法

强夯法是使用起重设备，将大重量（80～300kN）和一定外形结构规格的夯锤起吊至某一高度（一般为6～30m）后，自由下落，给地基土以强大冲击能量的夯击，使地基土产生强烈的振动和很高的动应力，将夯面以下一定深度地土层夯实，以增大地基的承载力和土体的稳固性，降低压缩性的一种软土地基处理方法。由于夯击能力大，加固深度也大，对于一般的软土地基加固有着良好的效果。现在常用的强夯技巧加固软土地基的方法有挤密碎石桩加夯法、砂桩加夯法、真空/堆载预压加强夯、强夯碎石墩。

它是一种快速加固软基的方法，施工设备简单，施工工艺、操作简单，不需要加固材料，费用低、周期短，加固效果显著，可取得较高的承载力。一般地基强度可提高2～5倍，变形沉降量小，压缩性可降低2～10倍。土粒结合紧密，有较高的结构强度，是一种常用的软土地基处理方法。但是施工时噪声和振动较大，不宜在人口密集的城市内使用。另外，强夯法虽然适用土质范围广，但是有严格的适用范围。

二、渗漏及处理

库坝区渗漏是指库水沿岩石孔隙、裂隙、断层、溶洞等向库盆以外或通过坝基（肩）向下游渗漏水量的现象。水库的作用是蓄水兴利，在一定的地质条件下，水库蓄水期间及蓄水后会产生渗漏。对任何一座水库来说，在未采取有效的工程处理措施的情况下，如果存在严重的渗漏现象，将会直接影响到该水库的效益。而坝区的渗漏，在不少情况下往往导致坝基产生渗透变形，威胁到大坝的安全。所以，库坝区渗漏问题是非常重要的工程地质问题，也是常遇到的问题。

（一）库区渗漏地质条件分析

水库渗漏的情况基本上有两种：一种是集中渗漏；另一种是面状渗漏。不同的地质地貌条件可能形成不同种类的渗漏，因此，应对库区的地质地貌等条件进行全面的调查研究，才能正确地评价水库渗漏问题。

1. 地形地貌条件

水库渗漏与不同的地貌单元密切相关。如果库区周围的地形是山峦重叠、峰岭连绵的，那么，这类地形产生渗漏的可能性就很小。相反，库岸山体单薄，又有邻谷存在且下切较深，库水外渗的可能性就大。若水库修建在基岩山区河谷急剧拐弯处，河弯之间的山脊有的地方可能会很狭窄，这样的地形条件，就有可能产生水库渗漏。平原地区河谷一般切割较浅，库区与邻谷常相距很远，库水若要穿过河间地块向邻谷渗漏，一般是不容易的。但在河曲发育地段，河间地块比较单薄，则属可能产生渗漏的地形。

在许多情况下，地质方面大的集中渗漏通道，在地形地貌上总有一定的反映。因此，找出地形对渗漏的不利地段，就可以提供一些相关现象和应该注意的环节，使之能够进一步从地质和水文地质方面去调查产生水库渗漏的可能性。

2. 岩性条件

不同的岩性，对水库渗漏有着决定性的影响。按岩石性质，岩层有透水的和隔水的两大类，在分析水库渗漏问题时，对岩层的透水性能都要着重加以分析，因为强透水层可以导致水库渗漏，隔水层的存在则可以起到防渗作用。

能够起防渗作用的是微弱透水或基本不透水的岩层，如黏土类岩中的黏土岩、页岩和黏土质沉积层，以及完整致密的各种坚硬岩层。如果库盆或水库周围有隔水层存在，就能够起挡水作用，使库水不致向库外渗漏，如图1-3-2（a）所示，因此，凡是可以起隔水层作用的岩层，都要查明其厚度、分布范围、产状、裂隙发育程度等，以确定其是否能起防渗作用以及防渗程度和效果。

图1-3-2　向斜构造与水库渗漏
(a) 不渗漏；(b) 渗漏；
1—透水石灰岩；2—隔水页岩

基岩一般都比较坚硬致密，孔隙率小。库水如果要通过基岩发生渗漏，主要取决于各种裂隙和溶洞存在情况，以及沉积岩的层面充填情况。在第四纪松散沉积层中，对水库渗漏有重大意义的是未经胶结的砂砾（卵）石层，这些砂砾石、砾石、卵石层，空隙大、透水性强，如果库区存在这些强透水层并沟通库区内外，就可以成为水库渗漏的通道。如果在河间地块存在砂砾石层，水库一岸又毗邻另一条河流，且两河之间相距不远，或河间地块比较单薄，当这种河间地块是由强透水的砂砾石层构成，又具备一定的水文地质条件时，则会产生渗漏。库水沿砂砾石层渗漏，大多发生在平原地区的水库。

3. 地质构造

与水库渗漏有密切关系的地质构造，主要有断层破碎带或断层交汇带、裂隙密集带、背斜及向斜构造、岩层产状等。

断层的存在，特别是未胶结或胶结不完全的断层破碎带，都是水库渗漏的主要通道。有的断层贯通大坝上下游，造成水库渗漏。

背斜构造和向斜构造与水库渗漏的关系，主要应从两个方面来分析：一是背斜和向斜核部伴生的节理密集带或层间剪切带可能成为渗漏的通道；另一方面主要由透水层与隔水层相互配合和产状情况来决定。图1-3-2是向斜构造与水库渗漏的关系，图1-3-2（a）为有隔水层阻水的向斜构造，库水被页岩所阻，这种情况一般不会产生渗漏。而图1-3-2（b）虽然是向斜构造，但透水的石灰岩因无隔水层阻水，且又与邻谷相通，这种情况库水一般都会沿喀斯特通道渗漏。

4. 水文地质条件

库区的水文地质条件是水库能否发生渗漏的重要条件之一，尤其是库岸有无地下水分水岭，以及地下水分水岭的高程，对水库的渗漏具有决定性的意义。

不少水库的漏水，会在渗漏的排泄出水点形成泉水。根据所产生的泉水，可以帮助我们分析库水漏失的去向。但有的水库渗漏，其排泄出水点很明显，而有的则不明显。这种差别与库区地质和水文地质特征有关。

（二）坝区渗漏地质条件分析

坝区裂隙岩体的渗漏条件，除岩体的岩性特征外，起主导作用的是岩体中各种成因类型结构面的发育程度和溶蚀空隙（洞）及其开启性、充填情况、连通情况。河谷地貌特征也是影响透水性强弱和入渗、排泄条件的重要因素。

1. 岩性及地质结构特征

裂隙岩体在形成和演化过程中，受岩性、构造变动和表生地质作用等的控制和影响，结构面网络的发育往往错综复杂，致使其渗透性呈现非均一性和各向异性。

一般来说，厚层、坚硬性脆的岩石，受各种应力作用易产生破裂结构面，裂隙延伸长而张开性较好，故透水性较强，如石灰岩、石英砂岩和某些岩浆岩；薄层、塑性较强的软岩石所产生的破裂结构面往往短而闭合，透水性较弱，如泥页岩、凝灰岩等；可溶盐岩类的各类结构面又控制了岩溶发育，使岩体透水性更为强烈，且非均一性和各向异性更为显著。

不同成因类型的结构面其透水性也不相同。未充填、胶结的张性构造结构面，喷出岩的成岩节理，风化裂隙、卸荷裂隙等次生结构面，透水性较强；岩浆岩与围岩的接触面有时也能形成强透水带。而一般的成岩结构面和压性、扭性构造结构面，透水性往往较弱。

当岩体的裂隙发育均匀，张开和连通条件较好，且未被充填、胶结时其充水和透水性较好；反之则较差，同一岩层中由于裂隙发育不均匀、透水性差别很大，且不同的裂隙体系间无水力联系，无统一的地下水面。

2. 河谷地貌条件

河谷地貌对坝基渗漏的影响主要表现在岩层产状与河谷方向的关系方面。在倾斜层状岩层区，纵谷、斜谷和横谷具有不同的入渗和排泄条件，它们主要影响渗径的长短。

（1）纵谷：坝址处的河段沿岩层走向发育，沿岩层层面渗漏的途径最短，当上下游有沟谷垂直岩层走向发育时，更有于库水的入渗和排泄。横剖面上，一岸入渗条件较好，排泄条件则另一岸相反。因此，在纵谷中建坝，较易产生渗漏。

（2）斜谷：河流与岩层走向斜交。在河谷纵剖面上沿层面渗径较长、当岩层倾向下游时，对库水入渗和排泄均有利；倾角较陡倾时，则入渗有利，而向下游对排泄不利。当岩层倾向上游时；对人渗和排泄均不利。在横剖面上，与纵谷相似。

（3）横谷：坝址处河段与岩层走向垂直。而上下游沟谷多与岩层走向平行。在河谷纵剖面上渗径很长，故入渗和排泄条件均较纵谷和斜谷为差，对防渗有利。尤其当岩层倾向上游时，更不利于坝基渗漏。横剖面上，两岸的入渗和排泄条件相同。因而，大多数坝址选择在横谷河段上，这是其重要原因之一。若河谷中覆盖层分布稳定，具有一定厚度的黏性土时，可起到天然铺盖作用，对坝区防渗有利。故而在施工过程中一定要保护好天然铺盖。

总之，裂隙岩体的岩性及各类结构面是控制坝区渗漏的主导因素，其次则是河谷地貌和覆盖条件。

(三) 坝基帷幕灌浆

坝基帷幕灌浆是将浆液灌入岩体或土层的裂隙、孔隙，形成连续的阻水帷幕，以减小渗流量和降低渗透压力的灌浆工程。坝基帷幕灌浆通常布置在靠近坝基面的上游（图1-3-3），是应用最普遍、工艺要求较高的灌浆工程。帷幕顶部与坝体连接，底部深入相对不透水岩层一定深度，以阻止或减少坝基中地下水的渗透；并与位于其下游的排水系统共同作用，还可降低渗透水流对坝基的扬压力。20世纪以来，帷幕灌浆一直是水工建筑物地基防渗处理的主要手段，对保证水工建筑物的安全运行起着重要作用。

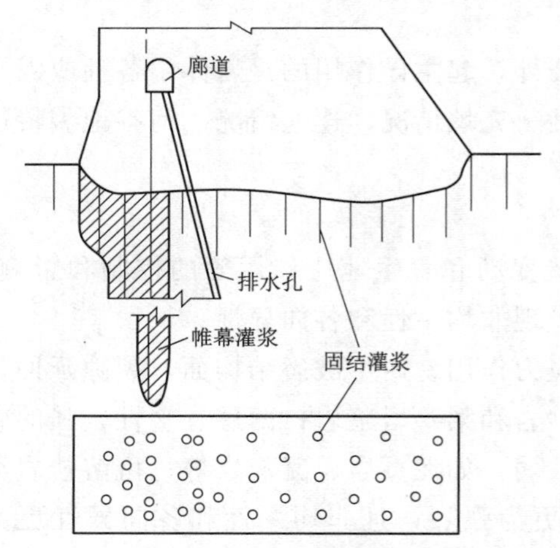

图1-3-3 坝基帷幕灌浆和固结灌浆示意图

1. 施工的条件与施工次序

帷幕灌浆通常应当在具备了以下条件后实施：

(1) 灌浆地段上覆混凝土已经浇筑了足够厚度，或灌浆隧洞已经衬砌完成。上覆混凝土的具体厚度，各工程规定不一，龙羊峡水电站要求为30m；也有的工程要求为15m，应视灌浆压力的大小而定。

(2) 同一地段的固结灌浆已经完成。

(3) 帷幕灌浆应当在水库开始蓄水以前，或蓄水位到达灌浆区孔口高程以前完成。

混凝土坝岩基帷幕灌浆都在两岸坝肩平洞和坝体内廊道中进行。土石坝岩基帷幕灌浆，有的先在岩基顶面进行，然后填筑坝体；有的在坝体内或坝基内的廊道中进行。其优点是与坝体填筑互不干扰，竣工后可监测帷幕运行情况，并可对帷幕补灌。

帷幕灌浆的钻孔灌浆按设计排定的顺序，逐渐加密。基岩帷幕灌浆通常由一排孔、两排孔或多排孔组成。由两排孔组成的帷幕，一般应先进行下游排的钻孔和灌浆，然后再进行上游排的钻孔和灌浆；由多排孔组成的帷幕，一般应先钻灌下游排，再钻灌上游排，最后钻灌中间排。同一排孔多按3个次序钻灌。灌浆方法采用全孔分段灌浆法。

原则上说，各排各序都要按照先后次序施工，但是为了加快施工进度、减少窝工，灌浆规范规定，当前一序孔保持领先15m的情况下，相邻后序孔也可以随后施工。坝体混凝土和基岩接触面的灌浆段应当先行，单独灌注并待凝。在幕体中钻设检查孔进行压水试验是检查帷幕灌浆质量的主要手段，质量不合格的孔段要进行补灌，直至达到设计的防渗标准。

2. 灌浆压力

灌浆压力是指装在孔口处压力表指示的压力值。灌浆压力是灌浆能量的来源，一般地说使用较大的灌浆压力对灌浆质量有利，因为较大的灌浆压力有利于浆液进入岩石的裂隙，也有利于水泥浆液的泌水与硬结，提高固结强度；较大的灌浆压力可以增大浆液的扩散半径，从而减少钻孔灌浆工程量（减少孔数）。但是，过大的灌浆压力会使上部岩体或结构物产生有害的变形，或使浆液渗流到灌浆范围以外的地方，造成浪费；较高的灌浆压

力对灌浆设备和工艺的要求也更高。

决定灌浆压力的主要因素有以下几个方面：

(1) 防渗帷幕承受水头的大小。通常建筑物防渗帷幕承受的水头大，帷幕防渗标准也高，因而灌浆压力要大。反之，灌浆压力可以小一些。《混凝土重力坝设计规范》(NB/T 35026—2014) 规定，防渗帷幕“灌浆压力宜通过试验确定，通常在帷幕孔顶段取 1～1.5 倍坝前静水头，在孔底段取 2～3 倍坝前静水头，但灌浆时不得抬动坝体混凝土和坝基岩体”。

(2) 地质条件，通常岩石坚硬、完整，灌浆压力可以高一些，反之灌浆压力应当小一些。

一般情况，灌浆孔下部比上部的压力大，后序孔比前序孔压力大，中排孔比边排孔压力大，以保证幕体灌注密实。灌浆开始后，一般采用一次升压法，即将压力尽快升到设计压力值。当地基透水性较大，灌入浆量很多时，为限制浆液扩散范围，可采用由低到高的分级升压法。

3. 帷幕灌浆孔钻孔的要求

帷幕灌浆孔钻孔的钻机最好采用回转式岩芯钻机，金刚石或硬质合金钻头。这样钻出来的孔孔形圆整，钻孔方向较易控制，有利于灌浆。以往经常采用的是钢粒或铁砂钻进，但在金刚石钻头推广普及之后，除有特殊需要外，钢粒钻进一般就用得很少。

为了提高工效，国内外已经越来越多地采用冲击钻进和冲击回转钻进。但是由于冲击钻进要将全部岩芯破碎，因此产生的岩粉较其他钻进方式多，故应当加强钻孔和裂隙冲洗。另外，在同样情况下，冲击钻进的孔斜率较回转钻进的大，这也是应当加以注意的。在各种灌浆中，帷幕灌浆孔的孔斜要求是较高的，因此应当切实注意控制孔斜和进行孔斜测量。

(四) 水库岩溶渗漏和各种防渗措施

1. 水库岩溶渗漏分析的关键

(1) 查清该区地形、地层、岩性、构造和水文地质等情况。

(2) 在以上基础上进一步查清岩溶发育程度和岩溶形态的延伸分布规律。

单层岩溶地层区（即分水岭全由岩溶地层组成，隔水层在河谷下很深处）和多层岩溶地层区（即岩溶岩层与非岩溶岩层交互的地层区）情况有差别，但岩溶发育规律有共同之点。现以单层岩溶地层区为主，适当涉及多层岩溶地层区予以分析。

2. 岩溶渗漏防渗措施

(1) 灌浆。灌浆是岩溶地基处理常用的方法，对岩溶不太发育的地基或有隔水层与帷幕相衔接时效果较好。当无隔水层且岩溶较发育时，应结合封堵综合处理。

(2) 铺盖。铺盖是处理地表面状或带状分散性裂隙岩溶渗流通道、特别是水库渗漏经常采用的方法。一般使用黏土铺盖防渗，局部基岩裸露的地段也可以采用混凝土盖板护面防渗。当水库区采用黏土铺盖防渗时，铺盖层厚度的要求与前述相同，但最大厚度通常不超过 10m。铺盖的长度应根据作用水头及地质条件而定，一般不小于作用水头的 5～6 倍。水库的天然淤积和水下抛土也可起到一定的防渗作用。当采用黏土铺盖防渗时，除表部清理外，应注意有无集中渗漏处，防止蓄水后因渗水引起铺盖塌陷造成大量漏水。铺盖下面如有集中渗漏洞穴，宜另作专门防漏处理。

（3）截水墙。指在地下岩溶管道集中渗漏处或比较狭窄的渗漏段修建截水墙，以截断渗流通道。当岩溶浅埋且下部有隔水层时，可将截水墙与隔水层相衔接。对于沿构造破碎带发育的岩溶通道，当难以对岩溶通道进行个别处理时，用截墙办法亦较适宜。例如贵州花溪坝址（重力坝，坝高45m）在左坝端溢洪道施工中发现落水洞进口，其高程低于水库水位，落水洞出口位于库内；蓄水后可能由出口倒流，形成虹吸管道式渗漏。落水洞内支洞较多，后选在洞内支洞会口洞径较狭窄处修筑混凝土截水墙，防漏效果良好。

（4）堵洞。选择集中漏水的洞口用适当的建材堵塞，是防止岩溶通道渗漏的有效方法。对裸露基岩中的漏水洞，只要清除其充填物和洞壁的风化松软物质，然后用混凝土封堵，即可获得良好效果。在覆盖型岩溶河段，由于基岩中岩溶管道埋藏于覆盖层之下，要消除覆盖层，应找到基岩中岩溶管道的入口，加以封堵。如因覆盖层太厚，彻底清除确有困难，也应尽可能深挖扩大，清除其中的松软物质，然后加以堵塞。一般的堵洞结构是下部作反滤层，上部以混凝土封堵，再以黏土回填。在覆盖层中堵洞，有时要进行多次才能成功。例如云南水槽子水库的主要漏水库段冲积层厚30余m，在蓄水后第一次放空时，发现在冲积层上出现多个漏水洞，均作了堵洞处理。再蓄水后，部分地段在老洞旁边又出现新洞口，又再次进行了处理。但一般漏水洞在处理两三次后，由于天然淤积物的铺盖，大量漏水问题基本解决。水槽子水库堵洞的方法是，对漏水洞适当开挖扩大，尽量挖至洞底不见明显通道时为止。在洞底抛一层块石，然后浇筑1～2m厚的混凝土，上部再用黏土回填，对较小的漏水洞，仅以块石黏土回填。

国内外的经验表明，堵洞后封存在溶洞中的空气在水位变动时会产生不利的影响。当地下水位迅速上升时，空洞的空气压力升高，高压气体可能突破管道的薄弱部分或堵洞工程，向外排气。随后，这一排气洞可能成为水库的漏水洞。而当地下水位迅速下降时，被封闭的溶洞又成为负压区，也可能导致上部盖层或堵洞工程的破坏，成为漏水洞。因此堵洞时，应留有高出水库水面的排气孔、排气管或排气活门。

三、滑坡体及处理

（一）滑坡的形态要素

滑坡有明显的边界和地形特征（图1-3-4），在野外是可以识别的。滑坡地区常形成一种特殊的滑坡地形，即在较平整的坡面上出现低于周围原始坡面的环谷状洼地，后缘顶部有围椅状陡崖的滑坡后壁；洼地中往往坡状起伏，裂隙、错台等普遍分布；前部则有稍为隆起且缓坡向前延伸的滑坡舌。它可使河流阶地变位，阶面突陷、错断，甚至将河流推弯曲、逼向对岸。滑坡体的两侧常形成冲沟，它们呈现“双沟同源”现象。此外，滑坡体上还会出现醉汉林、马刀树；常有地下水大片出露而成为沼泽、池塘。这些现象可作为判定滑坡的存在及其周界位置的依据。

以上是滑坡形态的总轮廓，有关滑坡的各部分结构和形态要素具体如下：

（1）滑床面：又称滑动面或滑面，即贯通性破坏面。滑床面一般较光滑，有时可见到擦痕，犹如断层面。滑床面上土石破坏比较强烈，发生片理化和糜棱化现象，其厚度较大时可形成为滑动带。

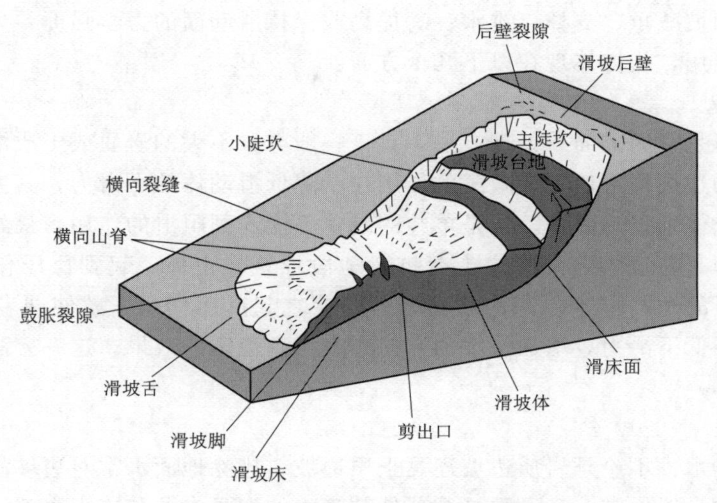

图 1-3-4 滑坡的边界和地质特征

(2) 滑坡体：依附于滑床面下滑的那部分坡体，它常可保持岩体的原始结构，内部相对位置基本不变。

(3) 滑坡台地：滑坡体因各段下滑的速度和幅度不同而形成一些错台，出现数个陡坎和高程不同的平缓台面。

(4) 滑坡床：滑床面下伏未动的岩主体。它完全保持原有的结构，但在滑动周界处可出现不同性质的裂隙。

(5) 滑坡舌：滑坡体前缘伸出部分，常呈舌状，故名之。其根部隆起部分称为滑坡鼓丘。

(二) 滑坡的治理原则

边坡失稳的发生与发展，多属综合因素的作用结果。但在复杂的多种因素中，应该根据影响边坡稳定的主要因素，采取适当的处理措施，以确保施工与运行中的安全。在勘测与设计过程中，必须贯穿以防为主的原则。对坝址、引水线路、泄水建筑物等的选定，尽可能避开难以处理、规模巨大的不稳定边坡，以免造成工程在施工、运行期间的被动局面。对难以避开的不稳定边坡，除勘测过程中进行必要的勘探、试验与稳定分析外，还要做好以下工作：

(1) 加强观测、及时预报。对于地质条件复杂，一时难于摸清或直接威胁到工程安全的边坡，在勘测过程中，应进行长期观测，掌握边坡变形规律与促发因素，以便制定恰当的处理措施，及时防治，不留后患。

(2) 合理施工、避免恶化。采取合理的施工方法，可以避免边坡的不利因素恶化，如疏导施工用水，严格防止地表水渗入，严禁掏坡挖脚、放大炮等。

(3) 一次根除、消除隐患。建筑物选定后，对影响施工和运行安全的不稳定边坡，应及时研究经济合理，安全可靠的处理方案，早下决心，消除隐患。

(三) 滑坡的治理方法

滑坡的治理方法，一般可分为三个方面：①排除不利外因，如地面水入渗等；②改善力学条件，如削坡减重、支撑、排水；③提高或保持滑动面的力学强度，如锚固。各种处理方法应综合应用，具体体现在以下几个方面：

1. 减载与反压

减载与反压是常用的简易处理方法，对于一般方量不大的岩质或土质滑坡、坍方、蠕动等各种类型的边坡均可使用。减载的作用在于降低滑动体的下滑力，其主要方法是将滑坡体后部的岩土体削去一部分。但是单纯的减重不能起到阻滑的作用，最好与反压结合起来进行。反压即是在坡脚之外和之上等抗滑地段堆筑岩土体，起到反压作用，提高阻滑力。把减压削下的土石堆于下部的阻滑部位，使之起反压作用，就使两者很好地结合起来，共同达到降低下滑力，增加抗滑力，使边坡得到稳定的效果。这一方法也可称为削头补足。

2. 排水

（1）地面排水：不论是岩质边坡还是土质边坡，排除地面水常对边坡稳定起着重要作用。地面排水的设置原则，一方面是截断外部流入的沟泉水源和施工水源；另一方面疏导坡面上的降水，使其尽快入沟排出，防止渗入边坡内部。排水沟应予以衬砌，同时对边坡较大的裂缝应进行堵塞；在靠近建筑物附近的，有时用喷浆护面。顺坡排水沟间距一般为50～60m。

（2）地下排水：降低和保持不稳定体地下水位，以避免水库或周围岩体地下水渗入，对岩体稳定意义很大。在有软弱夹层组成的滑动面，可防止长期浸水恶化，降低抗剪强度。排除地下水，可使坡体含水量及其中的孔隙水压力降低，增加抗滑力，提高边坡的稳定性。其防治办法很多，主要有截水沟、盲沟、集水井、水平钻孔等。

3. 锚固

锚固是用锚杆或锚索将滑动面两侧的岩体联系起来，以增强滑动面的抗滑力，借以稳定边坡，应用于防治崩塌和滑坡均有很好的效果。锚索或钢缆可以更好地施加预应力，以提高滑动面上的正应力，对增加抗滑力更为显著。锚固是先进行钻孔，然后将锚杆或锚索（端部散开）插入钻孔，并施以预应力，然后向孔内进行水泥灌浆。可以用若干个平行的锚杆组成锚杆系统（图1-3-5）。

在用锚杆加固边坡时常与挡墙连结起来成为锚杆挡墙，具体由三部分组成，即锚杆、肋柱和挡板，其结构型式如图1-3-6所示。滑坡推力作用在挡板上，由挡板传到肋柱，再由肋柱传到锚杆上，最后通过锚杆传到滑动面以下的稳定地层中，靠锚杆的锚固力来继持整个结构的稳定性。

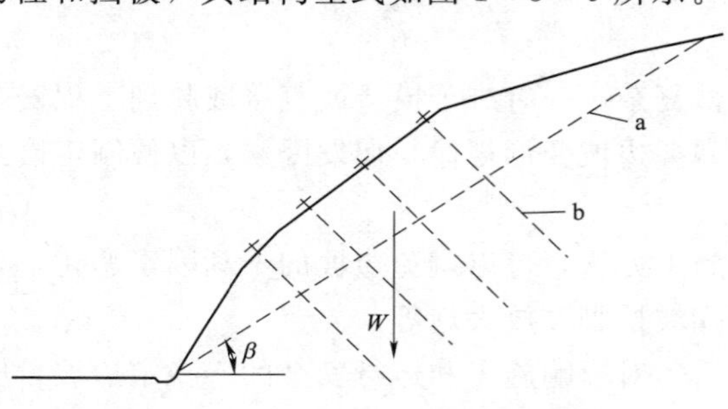

图1-3-5　用预应力锚杆稳定边坡示意图

a—岩层面（滑动面）；b—预应力锚杆；

W—滑面以上岩体重量

4. 抗滑工程

（1）抗滑挡墙，也称挡土墙，是目前较普遍使用的一种抗滑工程。它位于滑体的前缘，借助于自身的重量以支档滑体的下滑力，且与排水措施联合使用。按建筑材料和结构形式不同，有抗滑片石垛、抗滑片石竹笼、浆砌石抗滑挡墙、混凝土或

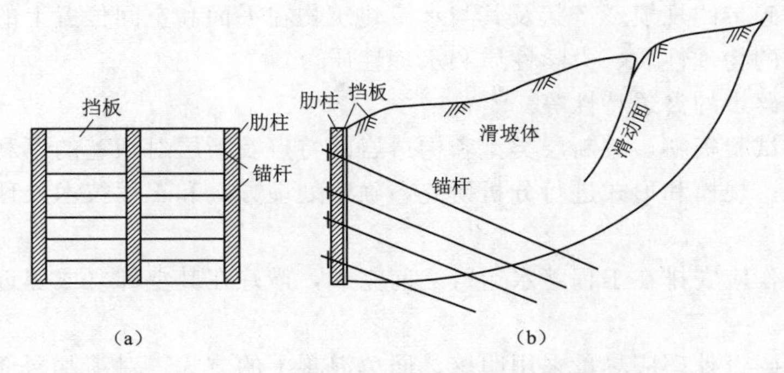

图 1-3-6　锚杆挡墙结构

(a) 挡板正视图；(b) 剖面图

钢筋混凝土抗滑挡墙等。挡土墙的优点是结构比较简单，可以就地取材，而且能够较快地起到稳定滑坡的作用。但一定要把挡土墙的基础设置于最低滑动面之下的稳固层中，墙体中应预留泄水孔，并与墙后的盲沟连通。

(2) 抗滑桩是用以支挡滑体的下滑力，使之固定于滑床的桩柱。它的优点是施工安全、方便、省时、省工、省料，且对坡体的扰动少，所以也是国内外厂应用的一种抗滑措施。它的材料有木、钢、混凝土及钢筋混凝土等。施工时可灌注，也可锤击贯入。抗滑桩一般集中设置在滑坡的前缘部位，且将桩身全长的 1/3～1/4 埋置于滑坡面以下的稳固层中（图 1-3-7）。

5. 其他措施

其他措施指护坡、改善岩土性质等措施。

(1) 护坡是为了防止水流对边坡的冲刷或浪蚀，也可以防止坡面的风化。为了防止河水冲刷或海、湖、水库水的波浪冲蚀，一般修筑挡水防护工程（如挡水墙、防波堤、砌石及抛石护坡等）和导水工程（如导流堤、丁坝、导水边墙等）。为了防止易风化岩石所组成的边坡表面的风化剥蚀，可采用喷浆、灰浆抹面和浆砌片石等护坡措施。

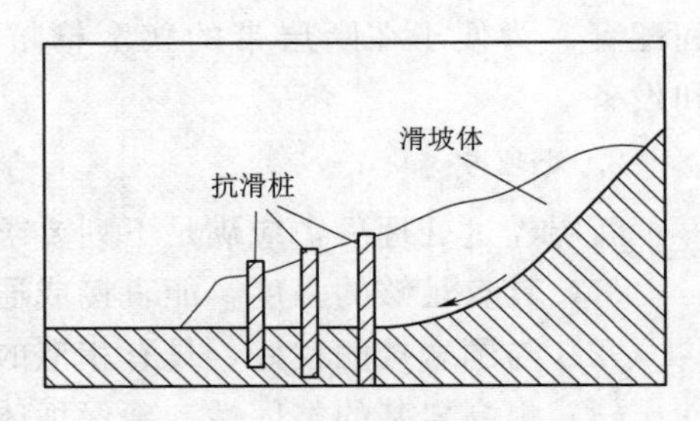

图 1-3-7　抗滑桩设置位置

(2) 改善岩土性质的目的是为了提高岩土体的抗滑能力，也是防治边坡变形破坏的有效措施。常用的有化学灌浆法、电渗排水法和焙烧法等。它们主要用于土体性质的改善，也可用于岩体中软弱夹层的加固处理。

四、其他地质缺陷的处理

(一) 断层破碎带的处理

水利水电工程的地基常会遇到节理发育的岩层、软弱夹层、断层破碎带或断层交汇带，这些地质缺陷均需进行妥善处理，以保证施工过程及工程建成后运行的安全。断层破碎带的处理是水工建筑物地基处理的重要内容之一。

在确定处理方案之前，必须具有详细的地质勘测资料和试验数据，主要内容如下：

（1）断层破碎带的规模、产状及其与水工建筑物在平面和空间位置上的相互关系。

（2）构造岩的物理性质、力学性质和水理性质。

（3）断层破碎带的渗透特性等。

根据地质和试验资料，按断层类型和构造岩的特点及断层对坝基的不利影响，由设计结合建筑物等级、规模和形式进行分析研究，确定处理方案和工程技术处理措施。

1. 处理原则

（1）处理工作应安排在工程蓄水运行之前完成，最好在其上部（或邻近）建筑物施工以前进行。

（2）断层破碎带处理应尽量采用明挖、回填混凝土的方式。对坝基深部缓倾角或位于坝头、坝肩部位的断层，可采用洞挖混凝土置换、水泥灌浆、化学灌浆、预应力锚固等方法。

（3）在设计、施工中要防止由于断层破碎带的处理而引起岩体的应力释放、变形或爆破扰动、松动滑移等问题，并采取相应的有效措施。

（4）断层破碎带开挖要遵循自上而下的施工原则，并作好安全支护，必要时应分段、分层开挖、回填。

（5）在组织实施断层破碎带处理的全过程中，设计、地质、施工和质量检查及监理部门要密切配合，及时研究和处理施工中出现的问题。

（6）断层处理往往是建筑物地基开挖清理的延续和混凝土浇筑的前一道工序，其施工布置和主要机械设备、辅助设施等，一般可在这两个工序的基础上进行调整、充实和配套。为便于在断层带的狭窄槽坑内施工，宜采用轻便、灵巧、效率高的通用机具和设备。

2. 处理要求

断层经过处理后，应满足下列要求：

（1）具有足够的强度，能直接或通过岩体承受和传递坝体的荷载。

（2）与围岩接触良好，具有相似的弹性模量，减少地基不均匀沉陷或限制地基变形。

（3）提高岩基的整体性，确保坝体或岩体在施工、运行期间的抗滑稳定性。

（4）具备良好的抗渗性，防止集中渗漏，降低渗透压力，防止产生渗透变形。

（5）备排水条件，降低扬压力。

断层处理必须结合具体工程的实际情况，综合考虑下列因素：

（1）断层所处部位、产状、宽度，破碎带组成物和周围岩体的性质、力学指标，断层和其他弱面（构造面、临空面等）的不利组合对岩体和水文地质等构成的影响，及与此有关的不同破坏机理、方式。

（2）水工建筑物的工作条件、布局和对地基提出的要求，以及调整上部结构使之与地基工作条件相协调的可能性。

（3）现场施工条件，施工技术水平、设备，可能达到的工程实际效果和已有的工程经验等。

3. 处理措施

（1）加固处理。加固处理的目的在于提高其承载能力和阻滑能力，防止建筑物和基岩

因局部应力过大产生不均匀沉陷，或因阻滑能力不足而产生滑移。对规模不大、构造岩和充填物质胶结良好，位置、走向、倾角等对建筑物及地基影响较小的断层破碎带，可将其在建基面出露的较松软破碎的部分予以挖除，然后回填混凝土，形成混凝土塞。

（2）防渗处理。大多数断层破碎带的抗渗性较差，特别是顺河走向的断层破碎带，在水压力作用下，易形成上下游连通的集中渗透通道，产生严重的渗漏和管涌，扬压力也将增大。处理措施通常是在断层带与建筑物基岩防渗帷幕轴线的相交处，沿断层的倾向开挖竖井、斜井或平洞，清除较软弱破碎物质，回填混凝土，并对混凝土与断层上下盘基岩的接触面进行灌浆，形成混凝土防渗墙。这种措施防渗效果较好，但施工较困难。

4．断层影响带埋设的观测仪器

为检查设计与施工的正确性，验证断层破碎带处理效果，监测安全运行，应埋设观测仪器。在断层影响带埋设的主要观测仪器见表1－3－11。各类仪器埋设前须进行率定，埋设与维护应由专人进行，保证仪器的完好率。仪器埋设后应尽早观测取得初始数据，定期观测的资料应及时分析整理，提出观测成果，观测过程中发现异常，应及时报告并查找、分析原因。

表1－3－11　　断层影响带埋设的主要观测仪器

仪　器	说　明
倒铅垂线	一般埋设在处于高应力部位或坝趾附近的断层（倾向上游）处。使用岩芯钻机钻孔，孔径为50～300mm，穿入断层下盘。监测断层压缩变形或岩体变形滑动及其发展趋势
温度计	观测混凝土塞内部温度变化过程，为接触、回填灌浆提供依据
测缝计	监测大跨度混凝土深梁、大体积洞填筑的混凝土在岩壁处混凝土与基岩面结合情况和张开度
渗压计	测记断层因阻隔渗流或横切坝基的断层（迎渗水面侧）渗水压力分布
应力计、应变计	测置混凝土梁底部或两侧的应力、应变状态
多点变位计、岩石变位计	对断层进行变形监测
岩石声波测定和钻孔静弹性模量量测	控制围岩施工过程和鉴别处理后的效果

（二）喀斯特地区地基处理

喀斯特对地基造成不利的影响，主要有以下几种：岩溶岩面起伏，导致其上覆土质地基压缩变形不均；岩体洞穴顶板变形造成地基失稳；岩溶水的动态变化给施工造成不良影响。为此我们在工程建设中对其进行地基处理，基础设计时应考虑其影响。在喀斯特地区首先要了解岩溶的发育规律、分布情况和稳定程度，查明溶洞、暗河、陷穴的界限以及场地内有无出现涌水、淹没的可能性，以便作为评价和选择水工建筑物的场地、布置总图时参考。下列喀斯特地段属于工程地质条件不良或不稳定的地段：

（1）地面石芽、溶沟、溶槽发育、基岩起伏剧烈，其间有软土分布。

（2）有规摸较大的浅层溶洞、暗河、漏斗、落水洞。

（3）溶洞水流通路堵塞造成涌水时，有可能使场地暂时被淹没。在一般情况下，应避免在上述地区从事建筑，如果一定要利用这些地段作为建筑场地时，应采取必要的防护和处理措施。

在岩溶地区，如果基础底面以下的土层厚度大于地基沉降计算深度，且不具备形成土洞的条件时，或基础位于微风化的硬质岩表面，对于宽度小于1m的竖向溶蚀裂隙和落水洞近旁地段，可以不考虑岩溶对地基稳定性的影响。当溶洞顶板与基础底面之间的土层厚度小于地基沉降计算深度时，应根据洞体大小、顶板形状、厚度、岩体结构及强度、洞内充填情况以及岩溶地下水活动等因素进行洞体稳定性分析。如地基的地质条件符合下列情况之一时，对具有5t及5t以下吊车的单层厂房，可以不考虑溶洞对地基稳定性的影响：

(1) 溶洞被密实的沉积物填满，其承载力超150kPa且无被冲蚀的可能性。

(2) 洞体较小、基础尺寸大于溶洞的平面尺寸，并有足够的支承长度。

(3) 微风化的硬质岩石中，洞体顶板厚度接近或大于洞跨。

如果在不稳定的岩溶地区修建水工建筑物，应结合岩溶的发育情况、工程要求、施工条件、经济与安全的原则，考虑采取如下处理措施：

(1) 对个体溶洞与溶蚀裂隙，可采用调整柱距、用钢筋混凝土梁板或桁架跨越的办法。当采用梁板和桁架跨越时，应查明支承端岩体的结构强度及其稳定性。

(2) 对浅层洞体，若顶板不稳定，可进行清、爆、挖、填处理，即清除覆土，爆开顶板，挖去软土，用块石、碎石、黏土或毛石混凝土等分层填实。若溶洞的顶板已被破坏，又有沉积物充填，当沉积物为软土时，除了采用前述挖、填处理外，还可根据溶洞和软土的具体条件采用石砌柱、灌注桩、换土或沉井等办法处理。

(3) 溶洞大，顶板具有一定厚度，但稳定条件较差，如能进入洞内，为了增加顶板岩体的稳定性，可用石砌柱、拱或用钢筋混凝土柱支撑。采用此方法，应着重查明洞底的稳定性。

(4) 地基岩体内的裂隙，可采用灌注水泥浆、沥青或黏土浆等方法处理。

(5) 地下水宜疏不宜堵，在建筑物地基内宜用管道疏导。对建筑物附近排泄地表水的漏斗、落水洞以及建筑范围内的岩溶泉（包括季节性泉），应注意清理和疏导，防止水流通路堵塞，避免场地或地基被水淹没。

第四章 水利工程建筑材料

建筑材料是指用于建造建筑物和构筑物的所有材料，是原材料、半成品和成品的总称。

水利工程由于其建筑物特有的结构特征，一般都需要消耗大量的建筑材料，其材料费占工程直接成本的60%～70%。根据材料在工程费用中所占的比重，分为主要材料和次要材料两大类：

（1）主要材料：包含水泥、钢材、木材、砂石料、矿物掺和料、外加剂、土工合成材料、灌浆材料、火工材料、油料、缝面止水材料、砌体、管材等。其中水泥、钢材、木材、砂石料是水利工程中用量最大的原材料。

（2）次要材料：包含电焊条、铁件、铁钉及其他次要材料。

第一节 水泥、钢材、木材、砂石料及性能指标

一、水泥

水泥是水硬性胶凝材料，加水拌和后会发生一系列化学反应，经一定时间形成坚硬而结实的胶结料。水泥除能在空气中硬化和保持强度外，也可在水中硬化，硬化后不仅强度较高，而且还能抵抗淡水或含盐水的侵蚀。

（一）水泥的特性

1. 密度与堆积表观密度

密度是指单位体积的重量，堆积密度是指颗粒内外孔及颗粒间空隙在内的单位体积质量，分为松散堆积密度和紧密堆积密度。硅酸盐水泥的密度，一般为3.1～3.2g/cm^3。松散堆积表观密度，一般为900～1300kg/m^3，紧密堆积表观密度可达1400～1700kg/m^3。

2. 细度

细度是指水泥颗粒的粗细程度，是检定水泥品质的主要指标之一。水泥的细度要控制在一个合理的范围，硅酸盐水泥细度采用透气式比表面积仪检验，要求其比表面积大于300m^2/kg。

3. 标准稠度用水量

加水量对水泥一些技术性质（如凝结时间等）的测定值影响很大，所以必须在一个规定的浆体稠度下进行测定这些性质，即为标准稠度。水泥净浆达到标准稠度时，所需的拌和水量（以占水泥质量的百分比表示）称为标准稠度用水量。硅酸盐水泥的标准稠度用水量，一般为24%～30%。水泥熟料矿物成分不同时，其标准稠度用水量亦有差别。此外，

水泥磨得越细，标准稠度用水量越大。

4. 凝结时间

水泥的凝结分为初凝与终凝，标准稠度的水泥净浆，自加水时起至水泥浆体塑性开始降低所需的时间称为初凝时间；自加水时起至水泥浆体完全失去塑性所需的时间称为终凝时间。水泥的凝结时间在施工中具有重要意义。一般来说，初凝不宜过快，以便有足够的时间在初凝之前完成混凝土各工序的施工操作；终凝不宜过迟，使混凝土在浇捣完毕后，尽早凝结并开始硬化，以利于下一步施工工序的进行。

5. 体积安定性

水泥的体积安定性是指水泥在凝结硬化过程中体积变化的均匀性。当水泥浆体硬化过程发生不均匀的体积变化时，就会导致水泥石膨胀开裂、翘曲，甚至失去强度，即安定性不良。水泥安定性不良会降低建筑物质量，甚至引起严重事故。

6. 强度

水泥强度是水泥的主要技术性质。水泥强度测定按国家标准《水泥胶砂强度检验方法（ISO法）》（GB/T 17671—1999）执行，由按质量计的1份水泥、3份ISO标准砂，用0.5的水灰比拌制的一组40mm×40mm×160mm塑性胶砂试件，在（20±1)℃水中养护。强度等级按3d和28d的抗压强度和抗折强度来划分，分为42.5、42.5R、52.5、52.5R、62.5和62.5R六个等级，有代号R的为早强型水泥。

7. 水化热

水泥水化过程中放出的热量称为水泥的水化热（kJ/kg)。水化热过程分为三个阶段：第一阶段，水泥颗粒和水接触并反应，放热率很快，但是由于石膏的存在，在水泥粒子的表面会形成一层钝化膜，使放热率降低；第二阶段，这一阶段水泥水化热释放率最快，水泥颗粒也随之增长很快；第三阶段，水泥的水化产物在水泥粒子的表面堆积的厚度逐渐增厚，水泥的水化放热率逐渐降低，这个时候的反应由扩散控制。

（二）水泥的分类

水泥按用途及性能分为硅酸盐水泥、普通硅酸盐水泥、矿渣硅酸盐水泥、火山灰质硅酸盐水泥、粉煤灰硅酸盐水泥和复合硅酸盐水泥。

1. 硅酸盐水泥与普通硅酸盐水泥

因为水泥凝结硬化较快，抗冻性好，故硅酸盐水泥与普通硅酸盐水泥主要用于要求早期强度高、凝结快的工程，以及有抗冻融要求和冬季施工的工程，如重要结构的高强混凝土和预应力混凝土工程。另外，硅酸盐水泥水化热量大，不宜用于大体积混凝土工程。

2. 矿渣硅酸盐水泥

矿渣硅酸盐水泥用于普通混凝土、高性能混凝土及水泥制品中等量代替水泥用量，以提高混凝土及水泥制品在各种恶劣环境中的耐久性。掺加矿渣超细粉使混凝土及水泥制品密实性提高，其后期强度高，降低了混凝土及水泥制品成本。矿渣硅酸盐水泥可配制高强、高性能混凝土。矿渣超细粉混凝土保水性、可塑性好、泌水少，具有较好的工作性。降低水化热，有利于防止大体积混凝土内部温升引起的裂缝。

3. 火山灰质硅酸盐水泥

火山灰质硅酸盐水泥强度发展与矿渣水泥相似，水化热低，早期发展慢，后期发展较

快。养护温度对其强度发展影响显著，环境温度低，硬化显著变慢，所以不宜冬季施工，采用蒸汽养护或湿热处理时，硬化加速。与矿渣硅酸盐水泥相似，火山灰质硅酸盐水泥石 $Ca(OH)_2$ 含量低，也具有较高的抗硫酸盐侵蚀的性能。但在酸性水中，特别是碳酸水中，火山灰质硅酸盐水泥的抗蚀性较差，在大气中的 CO_2 长期作用下水化产物会分解，而使水泥石结构遭到破坏，因而这种水泥的抗大气稳定性较差。

4. 粉煤灰硅酸盐水泥

与火山灰质硅酸盐水泥相似，粉煤灰硅酸盐水泥水化硬化较慢，早期强度较低，但后期强度可以赶上甚至超过普通硅酸盐水泥，因此对于后期才承受荷载的工程，使用粉煤灰硅酸盐水泥很合适；同时其水化热较小，适用于大体积混凝土工程。粉煤灰硅酸盐水泥抗硫酸盐侵蚀能力较强，但次于矿渣硅酸盐水泥，适用于水工和海港工程。粉煤灰硅酸盐水泥抗碳化能力差，抗冻性较差。

5. 复合硅酸盐水泥

复合硅酸盐水泥的特性取决于其所掺两种或者两种以上混合材料的种类、掺量及相对比例，它们在水泥中不是每种混合材料作用的简单叠加，而是相互补充，这样可以更好地发挥混合材料各自的优良特性，使水泥性能得到全面改善。

硅酸盐系水泥的技术要求见表 1-4-1，硅酸盐系水泥的性能比较见表 1-4-2。

表 1-4-1　　硅酸盐系水泥的技术要求

项　目	硅酸盐水泥		普通硅酸盐水泥 P·O	矿渣硅酸盐水泥 P·S	火山灰质硅酸盐水泥 P·P 粉煤灰硅酸盐水泥 P·F 复合硅酸盐水泥 P·C
	P·Ⅰ	P·Ⅱ			
不溶物含量	≤0.75%	≤1.50%	—		
烧失量	≤3.0%	≤3.5%	≤5.0%	—	
细度	比表面积＞300 m^2/kg		80μm 方孔筛的筛余量＜10%		
初凝时间	＞45min				
终凝时间	＜390min		＜10h		
MgO 含量	水泥中，≤5.0%，蒸压安定性试验合格≤6.0% 熟料中，≤5.0%，蒸压安定性试验合格≤6.0%				
SO_3 含量	≤3.5%		≤4.0%		≤3.5%
安定性	沸煮法合格				
强度	各强度等级水泥的各龄期强度不得低于各标准规定的数值				
碱含量	≤0.60%或特定要求		特定要求		

表 1-4-2　　硅酸盐系水泥的性能比较

项目	硅酸盐水泥	普通硅酸盐水泥	矿渣硅酸盐水泥	火山灰质硅酸盐水泥	粉煤灰硅酸盐水泥	复合硅酸盐水泥
组成	熟料、0%～5%混合材料、石膏	熟料、5%～20%混合材料、石膏	熟料、20%～70%矿渣、石膏	熟料、20%～40%火山灰、石膏	熟料、20%～40%粉煤灰、石膏	熟料、20%～50%混合材料、石膏

续表

<table>
<tr><td>项目</td><td>硅酸盐水泥</td><td>普通硅酸盐水泥</td><td>矿渣硅酸盐水泥</td><td>火山灰质硅酸盐水泥</td><td>粉煤灰硅酸盐水泥</td><td>复合硅酸盐水泥</td></tr>
<tr><td rowspan="2">区别</td><td rowspan="2">无或很少混合材料</td><td rowspan="2">少量混合材料</td><td colspan="3">活性混合材料</td><td>混合材料</td></tr>
<tr><td>矿渣</td><td>火山灰</td><td>粉煤灰</td><td>两种或两种以上</td></tr>
<tr><td rowspan="3">性能</td><td rowspan="3">凝结硬化快；早期、后期强度高；水化热大、放热快；抗冻性好；耐磨性好；抗碳化性好；干缩小；耐腐蚀性差；耐热性差</td><td rowspan="3">基本同硅酸盐水泥。早期强度、水化热、抗冻性、耐磨性和抗碳化性略有降低，耐腐蚀性、耐热性略有提高</td><td colspan="3">凝结硬化较慢，早期强度低，后期强度高</td><td>早期强度较高</td></tr>
<tr><td colspan="4">温度敏感性好、水化热低、耐腐蚀性好、抗冻性差、耐磨性差、抗碳化性差</td></tr>
<tr><td>耐热性好；泌水性大；抗渗性差；干缩较大</td><td>保水性好；抗渗性好；干缩大</td><td>干缩小；抗裂性好；泌水性大；抗渗较好</td><td>与掺入种类比例有关</td></tr>
</table>

根据水泥的特性、工程特点及所处环境条件，一般可按表 1-4-3 选用水泥。

表 1-4-3　水泥的选用

<table>
<tr><td colspan="2">工程特点及所处环境条件</td><td>优先选用</td><td>可以选用</td><td>不宜选用</td></tr>
<tr><td rowspan="4">普通混凝土</td><td>一般气候环境</td><td>普通硅酸盐水泥</td><td>矿渣硅酸盐水泥、火山灰质硅酸盐水泥、粉煤灰硅酸盐水泥、复合硅酸盐水泥</td><td></td></tr>
<tr><td>干燥环境</td><td>普通硅酸盐水泥</td><td>矿渣硅酸盐水泥</td><td>火山灰质硅酸盐水泥、粉煤灰硅酸盐水泥</td></tr>
<tr><td>高温或长期处于水中</td><td rowspan="2">矿渣硅酸盐水泥、火山灰质硅酸盐水泥、粉煤灰硅酸盐水泥、复合硅酸盐水泥</td><td></td><td></td></tr>
<tr><td>厚大体积</td><td></td><td>硅酸盐水泥、普通硅酸盐水泥</td></tr>
<tr><td rowspan="7">有特殊要求的混凝土</td><td>要求快硬、高强（>C40）、预应力</td><td>硅酸盐水泥</td><td rowspan="2">普通水泥</td><td rowspan="3">矿渣硅酸盐水泥、火山灰质硅酸盐水泥、粉煤灰硅酸盐水泥、复合硅酸盐水泥</td></tr>
<tr><td>严寒地区冻融条件</td><td>硅酸盐水泥</td></tr>
<tr><td>严寒地区水位升降范围</td><td>普通硅酸盐水泥、强度等级>42. 5</td><td></td></tr>
<tr><td>蒸汽养护</td><td>矿渣硅酸盐水泥、火山灰质硅酸盐水泥、粉煤灰硅酸盐水泥、复合硅酸盐水泥</td><td></td><td>硅酸盐水泥
普通硅酸盐水泥</td></tr>
<tr><td>有耐热要求</td><td>矿渣硅酸盐水泥</td><td></td><td></td></tr>
<tr><td>有抗渗要求</td><td>火山灰质硅酸盐水泥
普通硅酸盐水泥</td><td></td><td>矿渣硅酸盐水泥</td></tr>
<tr><td>受腐蚀作用</td><td>矿渣硅酸盐水泥、火山灰质硅质酸盐水泥、粉煤灰硅酸盐水泥、复合硅酸盐水泥</td><td></td><td>硅酸盐水泥
普通硅酸盐水泥</td></tr>
</table>

二、钢材

钢材是指建筑工程中使用的各种钢材，主要包括钢结构中使用的板、管、型材以及钢筋混凝土中使用的钢筋、钢丝等。

(一) 分类

钢材根据用途的不同分为以下三类。

(1) 结构钢。指主要用作工程结构构件及机械零件的钢。

(2) 工具钢。指主要用作各种量具、刀具及模具的钢。

(3) 特殊钢。指具有特殊物理、化学或机械性能的钢，如不锈钢、耐酸钢和耐热钢等。

建筑上常用的是结构钢。

(二) 力学与工艺性能

钢材的主要性能包括力学性能和工艺性能。其中力学性能是钢材最重要的使用性能，包括抗拉性能、冲击性能、硬度、疲劳性能等。工艺性能表示钢材在各种加工过程中的行为，包括冷弯性能和可焊性等。

1. 抗拉性能

抗拉性能是反映建筑钢材拉伸性能的指标，包括抗拉屈服强度 σ_s、抗拉极限强度 σ_b 和伸长率 δ。

(1) 抗拉屈服强度 σ_s。抗拉屈服强度是指钢材在拉力作用下开始产生塑性变形时的应力。符号为 σ_s。

(2) 抗拉极限强度 σ_b。抗拉极限强度是指试件破坏前，应力-应变曲线上的最大应力值，也称作抗拉强度。

(3) 伸长率 δ。伸长率是指试件拉断后，标距的伸长量（ΔL）与原始标距（L_0）的百分比。伸长率表示钢材断裂前经受塑性变形的能力，伸长率越大表示钢材塑性越好。

2. 冲击性能

冲击性能是指钢材抵抗冲击荷载作用的能力，用冲断试件所需能量的多少来表示。试验表明，冲击性能随温度的降低而下降，开始时下降缓慢，当达到一定温度范围时，突然下降很快而呈脆性，这种性质称为钢材的冷脆性，这时的温度称为脆性转变温度。因此，在负温下使用的结构，应当选用脆性转变温度低于使用温度的钢材。

3. 硬度

钢材的硬度是指其表面抵抗硬物压入产生局部变形的能力。建筑钢材常用布氏硬度表示，其代号为 HB。

4. 疲劳强度

钢材在交变荷载反复作用下，可在远小于抗拉强度的情况下突然破坏，这种破坏称为疲劳破坏。钢材的疲劳破坏指标用疲劳强度（或称疲劳极限）来表示，它是指试件在交变应力下，作用 107 周次，不发生疲劳破坏的最大应力值。

5. 冷弯性能

冷弯性能是指钢材在常温下承受弯曲变形的能力。钢材的冷弯性能是以试验时的弯曲角度（a）和弯心直径（d）为指标表示。钢材的冷弯性能与伸长率一样，也是反映钢材在静荷作用下的塑性，但冷弯试验更容易暴露钢材的内部组织是否均匀，是否存在内应力、微裂纹、表面未熔合及夹杂物等缺陷。

6. 可焊性

在焊接中，由于高温作用和焊接后急剧冷却作用，焊缝及其附近的过热区将发生晶体组织及结构变化，产生局部变形及内应力，使焊缝周围的钢材产生硬脆倾向，降低了焊接的质量。对于可焊性良好的钢材，焊缝处性质应尽可能与母材相同，焊接才牢固可靠。

三、木材

建筑工程中，木材作为承重结构、施工用木支撑、木模板等材料，在工程中占有重要而独特的地位。

（一）分类

建筑用木材通常以三种材型供货。

（1）原木。为砍伐后经修枝并截成一定长度的木材。

（2）板材。宽度为厚度的 3 倍或 3 倍以上的型材。

（3）枋材。宽度不及厚度 3 倍的型材。

此外，根据国家对木材材质的标准，按木材缺陷情况，将木材分为一、二、三、四 4 等。

（二）物理性质

1. 密度

木材的密度是指构成木材细胞壁物质的密度。

2. 吸湿性与含水率

材料在潮湿空气中吸收水分的性质称为吸湿性。木材的含水率是木材中水分质量占干燥木材质量的百分比。

3. 湿胀干缩性

木材具有显著的湿胀干缩性。当木材从潮湿状态干燥至纤维饱和点时，自由水蒸发不改变其尺寸；继续干燥，细胞壁中吸附水蒸发，细胞壁基体相收缩，从而引起木材体积收缩。反之，吸湿膨胀，直到纤维饱和点时为止。细胞壁愈厚，则胀缩愈大。

（三）力学性质

木材的组织结构决定了它的许多性质为各向异性，在力学性质上尤为突出。木材的抗拉、抗压、抗弯、抗剪四种强度均具有明显的方向性。

（1）抗拉强度。顺纹方向最大，横纹方向最小。

（2）抗压强度。顺纹方向最大，横纹方向只有顺纹的 10%～20%。

（3）抗剪强度。顺纹方向最小，横纹方向达到顺纹方向的 4～5 倍。

（4）抗弯强度。木材的抗弯性很好，在使用时绝大多数为顺纹情况，可视为弯曲上方为顺纹抗压，弯曲下方为顺纹抗拉的复合情况。

（四）水利工程中的应用

（1）在水利施工中的应用，木材主要用作柱桩、模板、支撑等。

(2) 在厂房等结构中的应用，木材主要用于构架、屋顶、梁柱、门窗、地板、护墙板、木花格、木制装饰等。

四、砂石料

砂石料是指砂、卵石、碎石、块石、条石等材料，其中黄砂、卵石和碎石统称为骨料。

(一) 砂

砂主要作为细骨料，粒径在0.16～5mm之间，有天然砂和机制砂之分。大多数天然砂颗粒较圆，比较洁净，粒度较为整齐，而人工砂颗粒多具有棱角，表面粗糙。黄砂与胶凝材料如水泥、石灰或石膏等配制成砂浆或混凝土使用。在基础工程中，砂可作为地基处理的材料，如砂桩、砂井、砂垫层等。

在现行国家标准《建筑用砂》(GB/T 14684—2011) 中，将砂按技术要求分为Ⅰ类、Ⅱ类、Ⅲ类。Ⅰ类宜用于强度等级大于C60的混凝土；Ⅱ类宜用于强度等级为C30～C60及有抗冻、抗渗或其他要求的混凝土；Ⅲ类宜用于强度等级小于C30的混凝土。

(二) 卵石和碎石

卵石和碎石在水利工程中用量很大，其颗粒粒径均大于5mm，称为粗骨料。卵石是天然岩石经自然风化后，因受水流的不断冲击，互相摩擦形成，与砂一样因产地和环境不同分为河卵石、海卵石和山卵石。碎石是把各种硬质岩石（花岗岩、砂岩、石英岩、玄武岩、辉绿岩、石灰岩等)，经人工或机械加工破碎而成。

卵石颗粒坚硬程度不一，片状针状颗粒较多，杂质含量也较多，所以配制强度等级较高的混凝土宜用碎石，其分类见表1-4-4。

表1-4-4　　卵石和碎石的分类

类　别	分类（按粒径大小）	
	名称	粒径/mm
碎石	特细碎石	5～10
	细碎石	10～20
	中碎石	20～40
	粗碎石	40～150
卵石	特细卵石	5～10
	细卵石	10～20
	中卵石	20～40
	粗卵石	40～150

(三) 块石

块石是指符合工程要求的岩石，经开采选择所得的形状不规则的、边长一般不小于15cm的石块。块石分为多种类型，主要有花岗石块石、砂石块石等。

(四) 条石

条石（料石）是由人工或机械开采出的较规则的六面体石块，是用来砌筑建筑物用的石料。按其加工后的外形规则程度可分为：毛料石，粗料石，半细料石和细料石四种。按形状可分为：条石、方石及拱石。

毛料石：外观大致方正，一般不加工或者稍加调整。料石的宽度和厚度不宜小于200mm，长度不宜大于厚度的4倍。叠砌面和接砌面的表面凹入深度不大于25mm，抗压强度不低于30MPa。

（1）粗料石：规格尺寸同上，叠砌面和接砌面的表面凹入深度不大于20mm；外露面及相接周边的表面凹入深度不大于20mm。

（2）半细料石：规格尺寸同上，但叠砌面凹入深度不应大于15mm。

（3）细料石：通过细加工，规格尺寸同上，叠砌面和接砌面的表面凹入深度不大于10mm，外露面及相接周边的表面凹入深度不大于2mm。

粗料石主要应用于建筑物的基础、勒脚、墙体部位，半细料石和细料石主要用作镶面的材料。

第二节　混凝土及其性能指标

一、概述

混凝土是指以水泥为主要胶凝材料，与粗骨料、细骨料和水，必要时掺入化学外加剂和矿物掺和料，按适当比例配合，经过均匀搅拌、密实成型及养护硬化而成的人造石材。混凝土常简写为“砼”。

按所用胶凝材料可分为水泥混凝土、沥青混凝土、水玻璃混凝土、聚合物混凝土、聚合物水泥混凝土、石膏混凝土和硅酸盐混凝土等。

按施工工艺可分为泵送混凝土、预拌混凝土（商品混凝土）、喷射混凝土、自密实混凝土、堆石混凝土、热拌混凝土和太阳能养护混凝土等多种。

按用途可分为结构混凝土、防水混凝土、防辐射混凝土、耐酸混凝土、装饰混凝土、耐热混凝土、大体积混凝土、膨胀混凝土、道路混凝土和水下不分散混凝土等多种。

本节下面提到的混凝土，如无特别说明，均指普通混凝土。

二、普通混凝土基本组成材料及技术要求

普通混凝土由水泥、水、砂子和石子组成，另外还常掺入适量的外加剂和掺和料。一般来说，在混凝土中，水泥占总重的10%～15%，其余为砂、石骨料，砂石比例为1∶2左右，孔隙的体积含量为1%～5%。

水泥是混凝土中最重要的组分，同时也是混凝土组成材料中造价最高的材料。配制混凝土时，应正确选择水泥品种和水泥强度等级，以配制出性能满足要求、经济性好的混凝土。

（一）水泥品种的选择

配制混凝土一般可采用硅酸盐水泥、普通硅酸盐水泥、矿渣硅酸盐水泥、火山灰硅

酸盐水泥和粉煤灰硅酸盐水泥，必要时也可采用快硬硅酸盐水泥或其他水泥。配制混凝土时，采用何种水泥应根据工程性质、部位、施工条件和环境状况等，参照相关要求选用。

（二）水泥强度等级的选择

水泥强度等级的选择应与混凝土的设计强度等级相适应。原则上配制高强度等级的混凝土，选用高强度等级的水泥；配制低强度等级的混凝土，选用低强度等级的水泥。

（三）骨料的选择

细骨料质量的优劣，直接影响到混凝土质量的好坏，因此配制混凝土时对细骨料有一些要求：颗粒形状及表面特征的要求；有害杂质含量的要求；粗细程度和颗粒级配的要求及坚固性的要求等。

三、混凝土拌和及养护用水

混凝土拌和及养护用水应不影响混凝土的凝结硬化，无损于混凝土强度发展及耐久性，不加快钢筋锈蚀，不引起预应力钢筋脆断，不污染混凝土表面。混凝土用水中的物质含量限值应符合建材行业标准《混凝土拌合用水标准》（JGJ 63—2006）中的规定值。一般来说，凡可饮用的水，均可以用于拌制和养护混凝土；未经处理的工业废水、污水及沼泽水，不能使用。

四、混凝土强度

1. 混凝土立方体抗压强度（f_{cu}）

根据国家标准《普通混凝土力学性能试验方法标准》（GB/T 50081—2016）中规定，混凝土立方体抗压强度是指按标准方法测试的标准尺寸为150mm×150mm×150mm的立方体试件，在标准养护条件下（（20±2）℃，相对湿度为95%以上）的标准养护室中养护，养护到28d龄期，以标准试验方法测得的抗压强度值。根据见国家标准《混凝土结构设计规范》（GB 50010—2010）中规定，混凝土强度等级以立方体抗压强度标准值划分为C15、C20、C25、C30、C35、C40、C45、C50、C55、C60、C65、C70、C75和C80共14个等级。“C”代表混凝土，C后面的数字为立方体抗压强度标准值（MPa）。混凝土强度等级是混凝土结构设计时强度计算取值、混凝土施工质量控制和工程验收的依据。

2. 混凝土轴心抗压强度（f_{cp}）

在实际结构中，钢筋混凝土受压构件多为棱柱体或圆柱体。为了使测得的混凝土强度与实际情况接近，在进行钢筋混凝土受压构件（如柱子、桁架的腹杆等）计算时，都是采用混凝土的轴心抗压强度。混凝土轴心抗压强度是指按标准方法制作的标准尺寸为150mm×150mm×300mm的棱柱体试件，在标准养护条件下养护到28d龄期，以标准试验方法测得的抗压强度值。

3. 混凝土抗拉强度（f_t）

混凝土的抗拉强度比其抗压强度小得多，一般只有抗压强度的1/10～1/13，且拉压比随抗压强度的增大而减小。

4. 混凝土抗折强度（f_{cf}）

混凝土道路工程和桥梁工程的结构设计、质量控制与验收等环节，需要检测混凝土的抗折强度。混凝土抗折强度是指按标准方法制作的标准尺寸为150mm×150mm×600mm（或550mm）的长方体试件，在标准养护条件下养护到28d龄期，以标准试验方法测得的抗折强度值。

五、混凝土的耐久性

混凝土的耐久性是指混凝土能抵抗环境介质的长期作用，保持正常使用性能和外观完整性的能力，包括抗渗性、抗冻性、抗磨性、抗气蚀性以及抗侵蚀性等。

（一）抗渗性

混凝土的抗渗性是指其抵抗压力水渗透作用的能力，混凝土抗渗性可用渗透系数或抗渗等级表示。我国目前沿用的表示方法是抗渗等级。混凝土抗渗等级，是以28d龄期的标准试件，在标准试验方法下所能承受的最大水压力来确定的。

（二）抗冻性

混凝土的抗冻性是指混凝土在水饱和状态下能经受多次冻融作用而不破坏，同时也不严重降低强度的性能。混凝土抗冻性常以抗冻等级表示。抗冻等级采用快速冻融法确定，取28d龄期100mm×100mm×400mm的混凝土试件，在水饱和状态下经n次标准条件下的快速冻融后，若其相对动弹性模量下降至60%或质量损失达5%时，则该混凝土抗冻等级即为Fn。混凝土抗冻等级分为：F50、F100、F150、F200、F250、F300、F350等。

（三）抗磨性以及抗气蚀性

受磨损、磨耗作用的表层混凝土（如受挟沙高速水流冲刷的混凝土及道路路面混凝土等），要求有较高的抗磨性。混凝土的抗磨性不仅与混凝土强度有关，而且与原材料的特性及配合比有关。选用坚硬耐磨的骨料、高强度等级的硅酸盐水泥，配制成水泥浆含量较少的高强度混凝土，经振捣密实，并使表面平整光滑，混凝土将获得较高的抗磨性。对于有抗磨要求的混凝土，其强度等级应不低于C35，或者采用真空作业，以提高其耐磨性。对于结构物可能受磨损特别严重的部位，应采用抗磨性较强的材料加以防护。

（四）抗侵蚀性

环境介质对混凝土的化学侵蚀有淡水的侵蚀、硫酸盐侵蚀、海水侵蚀、酸碱侵蚀等，其侵蚀机理与水泥石化学侵蚀相同。海水中盐分在混凝土内的结晶与聚集，海浪的冲击磨损，海水中氯离子对钢筋的锈蚀作用等，会使混凝土受到侵蚀而破坏，海水的侵蚀还有反复干湿作用。

对以上各类侵蚀难以有共同的防止措施。采取的措施或是设法提高混凝土的密实度，改善混凝土的孔隙结构，以使环境侵蚀介质不易渗入混凝土内部；或采用外部保护措施以隔离侵蚀介质不与混凝土相接触。

（五）碳化

混凝土的碳化是指空气中的CO_2通过混凝土中的毛细孔隙，由表及里地向内部扩散，在有水分存在的条件下，与水泥石中的$Ca(OH)_2$反应生成$CaCO_3$，使混凝土中$Ca(OH)_2$浓度下降的现象。碳化对混凝土的物理力学性能有明显作用，会使混凝土出现碳化收缩，

强度下降，还使混凝土中的钢筋因失去碱性保护而锈蚀，最终导致钢筋混凝土结构的破坏。碳化对混凝土的性能也有有利的一面，表层混凝土碳化时生成的碳酸钙，可减少水泥石的孔隙，对防止有害介质的内侵具有一定的缓冲作用。

使用硅酸盐水泥或者普通水泥，采用较小的水灰比或者较多的水泥用量，掺用引气剂或者减水剂，采用密实的砂石骨料以及严格控制混凝土的施工质量，使混凝土均匀密实等均可以提高混凝土抗碳化能力。混凝土中掺入粉煤灰以及采用蒸汽养护的养护方法，会加速混凝土的碳化。

六、新型混凝土

（一）塑性混凝土

塑性混凝土是指水泥用量较低，并掺加较多的膨润土、黏土等材料的大流动性混凝土，具有低强度、低弹模和大应变等特性。由于其变形能力强、抗渗性能好、易于施工，因而极适宜应用于防渗墙工程。

（二）高性能混凝土

高性能混凝土是指具有工作性好、匀质性好、早期强度高而且后期强度不倒缩、韧性好、体积稳定性好、在恶劣的使用环境条件下寿命长的混凝土。

高性能混凝土一般既是高强混凝土（C60～C100），也是流态混凝土（坍落度大于200mm）。高强混凝土强度高、耐久性好、变形小；流态混凝土具有大的流动性、混凝土拌合物不离析、施工方便。高性能混凝土也可以是满足某些特殊性能要求的匀质性混凝土。

高性能混凝土是水泥混凝土的发展方向之一，它将广泛地被用于桥梁工程、高层建筑、工业厂房结构、港口及海洋工程、水工结构等工程中。

（三）水下浇筑（灌注）混凝土

在陆上拌制在水下浇筑（灌注）和凝结硬化的混凝土，称为水下浇筑混凝土。分为普通水下浇筑混凝土和水下不分散混凝土两种。

普通水下浇筑混凝土是将普通混凝土以水下灌注工艺浇筑混凝土，其施工方法可用导管法、泵压法、开底容器法、装袋叠层法及倾注法等。水下不分散混凝土是一种新型混凝土，其混凝土拌合物具有水下抗分散性。将其直接倾倒于水中，当穿过水层时，很少出现由于水洗作用而出现的材料分离现象。混凝土的浇筑主要用导管法、泵压法或开底容器法。

（四）喷射混凝土

喷射混凝土是用压缩空气喷射施工的混凝土。喷射方法有：干式喷射法、湿式喷射法、半湿喷射法及水泥裹砂喷射法等。喷射混凝土施工时，将水泥、砂、石子及速凝剂按比例加入喷射机中，经喷射机拌匀、以一定压力送至喷嘴处加水后喷至受喷射部位形成混凝土。

在喷射过程中，水泥与骨料被剧烈搅拌，在高压下被反复冲击和击实，所采用的水灰比又较小（常为0.40～0.45），因此混凝土较密实，强度也较高。同时，混凝土与岩石、砖、钢材及老混凝土等具有很高的黏结强度，可以在黏结面上传递一定的拉应力和剪应力，使与被加固材料一起承担荷载。

喷射混凝土广泛应用于地下工程、边坡及基坑的加固、结构物维修、耐热工程、防护工程等。在高空或施工场所狭小的工程中，喷射混凝土更有明显的优越性。

（五）纤维混凝土

纤维混凝土是以混凝土为（或砂浆）为基材，掺入纤维而组成的水泥基复合材料。纤维混凝土能够成为复合材料，需具备：①纤维材料与基体材料之间有良好的黏结力，受荷后具有整体性；②在纤维混凝土搅拌施工过程中，能够把足够数量的一定长度的纤维充分均匀地分散到基材之中，纤维在搅拌过程中不结团，振实后纤维在混凝土中呈乱向均匀分布。根据所掺纤维的不同，纤维混凝土分为：①纤维增强混凝土，这种混凝土采用高强高弹性模量的纤维，如钢纤维、碳纤维等；②纤维增韧防裂混凝土，这种混凝土采用低弹性模量高塑性纤维，如尼龙纤维、聚丙烯纤维、聚丙烯腈纤维、聚氯乙烯纤维等。纤维在纤维混凝土中的主要作用，在于限制在外力作用下水泥基料中裂缝的扩展。在受荷（拉、弯）初期，当配料合适并掺有适宜的高效减水剂时，水泥基料与纤维共同承受外力，而前者是外力的主要承受者；当基料发生开裂后，横跨裂缝的纤维成为外力的主要承受者。

在水利工程中纤维混凝土广泛应用于抗冲磨结构，如溢洪道、泄洪隧洞等，也常用于结构修复。

（六）防辐射混凝土

随着原子能工业的发展，在国防和国民经济各部门，对射线的防护问题已成了一个重要课题。

防辐射混凝土也称为防护混凝土、屏蔽混凝土或重混凝土。它能屏蔽X射线和中子流的辐射，是常用的防护材料。

防辐射混凝土要求表观密度大、结合水多、质量均匀、收缩小，不允许存在空洞、裂缝等缺陷，同时要有一定结构强度及耐久性。

（七）耐热混凝土（耐火混凝土）

耐热混凝土是在长期高温下能保持所需物理力学性能的特种混凝土。它是由适当的胶凝材料、耐热粗细骨料和水按一定比例配制而成的。水泥石中的氢氧化钙及骨料中的石灰岩在长期高温作用下会分解，石英晶体受高温后体积膨胀，它们是使混凝土不耐热的根源。因此，耐热混凝土的骨料可采用重矿渣、红砖及耐火砖碎块、安山岩、玄武岩、烧结镁砂、铬铁矿等。根据所用胶凝材料的不同，耐热混凝土可划分为：黏土耐热混凝土、硅酸盐水泥耐热混凝土、铝酸盐水泥耐热混凝土、水玻璃耐热混凝土和磷酸盐耐热混凝土等，多用于冶金、化工、建材、发电等工业窑炉及热工设备。

（八）耐酸混凝土

耐酸混凝土是由水玻璃作胶凝材料，氟硅酸纳为固化剂，与耐酸骨料及掺料按一定比例配制而成的。它能抵抗各种酸（如硫酸 H_2SO_4、盐酸 HCl、硝酸 HNO_3、醋酸 CH_3COOH、蚁酸 HCOOH 及草酸 HOOCCOOH 等）和大部分侵蚀气体（氯气 Cl_2、二氧化硫 SO_2、硫化氢 H_2S 等），但不耐氢氟酸、300℃以上的热磷酸、高级脂肪酸和油酸。

常用的水玻璃有钾水玻璃和钠水玻璃。耐酸骨料和掺料有石英砂粉、瓷粉、辉绿岩铸石骨料及铸石粉、安山岩骨料及石粉等。

水玻璃耐酸混凝土一般要在温暖（10℃以上）和干燥环境中硬化（禁止浇水），其3d抗压强度为11～12MPa，28d抗压强度不小于15MPa。

七、生态混凝土

生态混凝土，又称“植被混凝土”。生态混凝土是能够适应绿色植物生长、又具有一定的防护功能的混凝土及其制品，具有一定强度，而其表面又可繁衍花草，它由作为主体的植被与其载体的被面、被床、床絮和床基等有机结合而成。

它可在高陡边坡生态防护以及河道、库区护岸等工程中进行广泛使用。生态混凝土护坡是在基材中加入常规硬性凝结材料水泥，从而使基材强度更高、抗冲刷性更强，适用于坡度介于50°～80°各类坡面的生态修复。

八、碾压混凝土

碾压混凝土是一种干硬性贫水泥的混凝土，是由硅酸盐水泥、火山灰质掺和料、水、外加剂、砂和分级控制的粗骨料拌制成无坍落度的干硬性混凝土，采用与土石坝施工相同的运输及铺筑设备，用振动碾分层压实。碾压混凝土坝既具有混凝土体积小、强度高、防渗性能好、坝身可溢流等特点，又具有土石坝施工程序简单、快速、经济、可使用大型通用机械的优点。

根据维勃稠度的大小，判断混凝土拌合物流动性，可分为超干硬性（≥31s）；特干硬性（30～21s）；干硬性（20～11s）；半干硬性（10～5s）。

碾压混凝土有以下特点：

（1）胶凝材料用量，包括水泥与掺和料共120～160kg/m。

（2）超干硬性，以维勃仪加压测定，拌合物的稠度值在20s左右。

（3）大量使用掺和料，如用粉煤灰或天然火山灰，掺量为胶凝材料总量的30%～60%。

（4）不设纵横缝，但有的坝在一层碾压完毕后进行横缝切缝，在切缝上游设置止水设施。

（5）混凝土拌和可用自落式或强制式拌和机，但用自落式拌和机时，受大掺量掺和料的影响，需根据具体情况适当延长拌和时间，相应产量有所下降。

（6）混凝土运输过程中，需尽量减少倒运次数，以免产生分离。

（7）混凝土的平仓与摊铺，有的用推土机，有的用摊铺机，摊铺层厚度大体为15～25cm，铺料过程尽量要控制水平。

（8）混凝土的碾压，根据层厚不同采用不同性能的振动碾，一般铺料两层或三层后进行一次碾压，碾压遍数通过试验确定。

九、外加剂

混凝土外加剂种类繁多，按其主要功能分为四类：

（1）改善混凝土拌合物流动性能的外加剂，包括各种减水剂、引气剂和泵送剂等。

（2）调节混凝土凝结时间、硬化性能的外加剂，包括缓凝剂、早强剂和泵送剂等。

（3）改善混凝土耐久性的外加剂，包括引气剂、防水剂和阻锈剂等。

（4）改善混凝土其他性能的外加剂，包括引气剂、膨胀剂、防冻剂、着色剂等。

目前在工程中常用的外加剂主要有减水剂、引气剂、早强剂、缓凝剂、防冻剂、速凝剂、膨胀剂等。

十、矿物掺和料

掺和料是指在混凝土搅拌前或在搅拌过程中，直接掺入的人造或天然的矿物材料以及工业废料，其掺量一般大于水泥重量的5%，目的是改善混凝土性能、调节混凝土强度等级和节约水泥用量等。混凝土掺和料主要有粉煤灰、硅灰、磨细矿渣粉以及其他工业废渣。

第三节　油料、止水材料、灌浆材料及其应用

一、油料

油料大致分为四大类：液体燃料（汽油、煤油、柴油等）、润滑油（发动机润滑油、工业用润滑油等）、润滑脂（减磨用脂、防护用脂等）、特种油（液压油、传动油等）。水利工程建设中的工程机械、运输设备所需油料主要为液体燃料，即汽油和柴油，有时也用到润滑油及特种油，这里重点介绍汽油和柴油。

（一）汽油

为保证汽油的正常使用，对汽油的质量主要有下列要求：

（1）适当的蒸发性。燃料应有足够的轻质馏分，保证发动机在各种使用温度下能顺利启动，加速性能良好，燃烧完全，并不产生气阻。

（2）良好的抗爆性。即汽油应具有与发动机压缩比相适应的高辛烷值，从而保证发动机发出最大的功率而不会由于爆震而损害机械。

（3）良好的安定性。汽油应该性质安定，在贮存和运输过程中不易氧化变质而生产胶质及其他有害物质。

（4）无腐蚀性。

（5）良好的洁净性。

（二）柴油

为保证柴油的正常使用，柴油的质量有下列要求：

（1）燃料应在各种使用温度下具有良好的流动性，以保证发动机燃料的不断供应，工作可靠。为此，柴油应具有适当低的凝点和浊点，黏度要适当，在低温下能顺利流动，并雾化良好。

（2）燃料应具有良好的发火性能。为此，柴油应具有适当高的十六烷值和良好的蒸发性，喷入燃烧室后能迅速着火，燃烧完全，不产生粗暴现象，而且燃烧后不冒黑烟，使柴油能发出最大的功率，同时消耗量又不至于过大。

（3）燃料应性质安全。

（4）燃料本身及其燃烧后的产物不具有腐蚀性。

（5）燃料应具有清洁性。

（6）燃料应具有较高的闪点，以保证贮存和运用中的安全。

水利工程中常用的自卸汽车、水下疏浚船舶以及工程机械多属高速柴油机，均采用轻柴油。

二、止水材料

（一）概述

水工建筑物的缝面保护和缝面止水是增强建筑物面板牢固度和不渗水性，发挥其使用功能的一项重要工程措施。在水利工程中，诸如大坝、水闸、各种引水交叉建筑物、水工隧洞等，均设置伸缩缝、沉陷缝，通常采用砂浆、沥青、砂柱、铜片、铁片、铝片、塑料片、橡皮、环氧树脂玻璃布以及沥青油毛毡、沥青等止水材料。近年来，沥青类缝面止水材料、聚氯乙烯胶泥和其他缝面止水材料，获得了长足的发展。

（二）止水材料分类

1. 沥青类缝面止水材料

沥青类缝面止水材料除沥青砂浆和沥青混凝土外，还有沥青油膏、沥青橡胶油膏、沥青树脂油膏、沥青密封膏和非油膏类沥青等。

（1）沥青油膏：是以石油沥青为基材，添加软化剂、成膜剂和填充剂配制而成的油膏，这类油膏均在现场配制，施工方便，在水利工程中应用广泛。

（2）沥青橡胶油膏：是以橡胶改性的石油沥青油膏，这类油膏在低温下有较好的延伸性、黏结性，而在高温下又不流淌，耐候性较好，属弹塑性油膏。

（3）沥青树脂油膏：是在沥青油膏中掺入树脂改性材料，以改善沥青油膏的塑性和黏结性。其中沥青环氧树脂封缝膏应用最为普遍。

（4）沥青密封膏：沥青密封膏常作为大板密封接缝或其他结构密封之用，弹塑性差，有一定的柔韧性，密封性能较高，因而能适应较小的结构变形。

（5）沥青类其他止水填料还有锯末沥青板、沥青橡胶、沥青麻等。

2. 聚氯乙烯胶泥

聚氯乙烯胶泥是以煤焦油为基料，加上少量聚氯乙烯树脂、邻苯二甲酸二丁酯（增塑剂）、硬脂酸钙（稳定剂）、滑石粉（填料），在130～140℃温度下塑化而成的热施工防水填缝材料。这种材料具有较好的弹性、黏结性和耐热性，低温时延伸率大，容重小，防水性能好，抗老化性能好，在－25～80℃之间均能正常工作，施工也较为方便，因而在水利工程中得到广泛应用。水利工程中的渡槽常采用预制块吊装的方法施工，因而接缝止水显得特别重要，聚氯乙烯胶泥是最合适的止水材料。近年来推广应用的塑料油膏就是在聚氯乙烯胶泥的基础上改性研制成功的，它由煤焦油、废旧聚氯乙烯塑料、二辛酯、二甲苯、滑石粉、糠醛等组成，具有弹性大、黏结力强、耐候性好、老化缓慢等特点，施工也较为方便，效果较好。

3. 金属止水带

采用金属止水带，可改变水的渗透路径，延长水的渗透路线。在渗漏水可能含有腐蚀成分的施工环境中，金属板止水带能起到一定的抗腐蚀作用。在防护工程中，采用金属板止水带可确保工程的防护效果。金属板止水带也常用于抗渗要求较高、且面积较小的工程，如冶炼厂的浇铸坑、电炉基坑等。其材质包括钢板、铜板、合金钢板等。

4. 橡胶止水

橡胶止水又称水闸用密封胶条、橡胶水封、止水橡皮，它可分为（纯）橡胶水封和复合材料水封两类。复合材料水封如橡胶与四氟塑料复合水封、橡胶与铜复合水封、夹布水封等。橡胶水封具有结构简单、弹性好、封水严密可靠、安装方便、耐老化、使用寿命长等优点，应用于地下构筑物、水坝、贮水池、游泳池、屋面以及其他建筑物质和构筑物的变形缝防水。

三、灌浆材料

为减少基础渗漏，改善裂隙岩体的物理力学性质，修补病险建筑物，增加建筑物和地基的整体稳定性，提高其抗渗性、强度、耐久性，在水利工程中广泛应用了各种形式的压力灌浆。按其使用目的不同可分为帷幕灌浆、固结灌浆、接触灌浆、回填灌浆、接缝灌浆及各种建筑物的补强灌浆。按灌浆材料不同可分为以下三类。

(1) 水泥、石灰、黏土类灌浆。分为纯水泥灌浆、水泥砂浆灌浆、黏土灌浆、石灰灌浆、水泥黏土灌浆等。

(2) 沥青灌浆。适用于半岩性黏土、胶结性较差的砂岩或岩性不坚有集中渗漏裂隙之处。

(3) 化学灌浆。我国水利工程中多使用水泥、黏土和各种高分子化学灌浆，一般情况下 0.5mm 以上的缝隙可用水泥、黏土类灌浆，如裂缝很小，同时地下水流速较大，水泥浆灌入困难时，可采用化学灌浆。化学灌浆材料能成功地灌入缝宽 0.15mm 以下的细裂缝，具有较高的黏结强度，并能灵活调节凝结时间，我国早已研究推广使用。化学薄浆材料有以下 3 种类型：

1) 水玻璃灌浆。多用于地基加固和水流速度较大的止水灌浆，缺点是性质较脆，价格较贵，为改善性能和降低成本，可在水玻璃中掺入水泥、水泥砂浆、矿渣粉，并掺加少量缓凝剂、掺合剂等。

2) 铬木质素灌浆。铬木质素灌浆是利用亚硫酸盐纸浆废液（木素液）和重铬酸钾为主要聚合材料的一种单液灌浆。它可提高被灌体的抗变形和抗破坏能力，起到加固基础和防渗堵漏的作用。

3) 环氧灌浆。环氧灌浆黏结强度高，稳定性好，施工不复杂，但灌入性差，同时施工受水和温度影响较大，因此适用于具有较宽和较干燥裂缝的混凝土及岩石的补强和固结灌浆、混凝土坝的纵缝或接缝灌浆、混凝土结构物的补强或黏结。

第四节 砌体、砌筑砂浆、管材及其应用

一、砌体

(一) 砖

1. 烧结砖

(1) 烧结普通砖。按原材料分为黏土砖（N)、页岩砖（Y)、煤矸石砖（M)、粉煤灰砖（F）等多种。根据国家标准《烧结普通砖》（GB/T 5101—1998）的规定，强度和抗风化性能合格的砖，按照尺寸偏差、外观质量、泛霜和石灰爆裂等项指标划分为优等

品（A）、一等品（B）和合格品（C）三个质量等级。

（2）烧结多孔砖。烧结多孔砖是以黏土、页岩、煤矸石、粉煤灰等为主要原料烧制的主要用于结构承重的多孔砖。多孔砖大面有孔，孔多而小，孔洞垂直于大面（即受压面），孔洞率不小于28%。

根据现行国家标准《烧结多孔砖和多孔砌块》（GB 13544—2011）的规定，按抗压强度分为MU30、MU25、MU20、MU15、MU10五个强度等级，按表观密度分为1000、1100、1200、1300四个等级。烧结多孔砖主要用于六层以下建筑物的承重墙体。

（3）烧结空心砖。烧结空心砖是以黏土、页岩、煤矸石、粉煤灰等为主要原料烧制的主要用于非承重部位的空心砖。其顶面有孔、孔大而少，孔洞为矩形条孔或其他孔形，孔洞率大于40%。由于其孔洞平行于大面和条面，垂直于顶面，使用时大面承压，承压面与孔洞平行，所以这种砖强度不高，而且自重较轻，因而多用于非承重墙，如多层建筑内隔墙或框架结构的填充墙等。

根据现行国家标准《烧结空心砖和空心砌块》（GB 13545—2014）的规定，空心砖有290mm×190mm×90mm和240mm×180mm×115mm两种规格。按砖的表观密度不同，把空心砖分为800、900、1000、1100四个等级。

2. 蒸养（压）砖

蒸养（压）砖属于硅酸盐制品，是以石灰和含硅原料（砂、粉煤灰、炉渣、矿渣、煤矸石等）加水拌和，经成型、蒸养（压）而制成的。目前使用的主要有蒸压粉煤灰砖、蒸压灰砂砖和蒸压炉渣砖。

蒸压灰砂砖以石灰和砂为原料，经制坯成型、蒸压养护而成。这种砖与烧结普通砖尺寸规格相同。按抗压、抗折强度值可划分为MU25、MU20、MU15、MU10四个强度等级。MU15以上者可用于基础及其他建筑部位。MU10砖可用于防潮层以上的建筑部位。这种砖均不得用于长期经受200℃高温、急冷急热或有酸性介质侵蚀的建筑部位。

（二）砌块

砌块是一种比黏土砖体型大的块状建筑制品。其原材料来源广、品种多，可就地取材，价格便宜。按尺寸大小分为大型、中型、小型三类。目前中国以生产中小型砌块为主。块高在380～940mm者为中型；块高小于380mm者为小型。按材料分为混凝土、水泥砂浆、加气混凝土、粉煤灰硅酸盐、煤矸石、人工陶粒、矿渣废料等砌块。

混凝土砌块常用于水利工程护坡。混凝土砌块护坡是以人工预制混凝土砌块作为护面层单元的一种铺砌式斜坡保护结构，虽然本质上属散体护坡，但规则的块型和一定的铺砌方式，使相邻砌块可以相互作用共同抵御波浪和水流的作用。

二、砌筑砂浆

（一）材料要求

砌筑砂浆根据组成材料的不同，分为水泥砂浆、石灰砂浆、水泥石灰混合砂浆等。一般砌筑基础采用水泥砂浆；砌筑主体及砖柱常采用水泥石灰混合砂浆；石灰砂浆有时用于砌筑简易工程。水泥砂浆及预拌砂浆的强度等级可分为M5、M7.5、M10、M15、M20、M25、M30；水泥混合砂浆的强度等级可分为M5、M7.5、M10、M15。工程中根据具体强度要求选择使用。

(二) 预拌砂浆

预拌砂浆是指由专业化厂家生产的，用于建设工程中的各种砂浆拌合物。按生产方式，可将预拌砂浆分为湿拌砂浆和干混砂浆两大类。

湿拌砂浆是指将水泥、细骨料、矿物掺和料、外加剂、添加剂和水，按一定比例，在搅拌站经计量、拌制后，运至使用地点，并在规定时间内使用的拌合物。湿拌砂浆按用途可分为湿拌砌筑砂浆、湿拌抹灰砂浆、湿拌地面砂浆和湿拌防水砂浆。因特种用途的砂浆黏度较大，无法采用湿拌的形式生产，因而湿拌砂浆中仅包括普通砂浆。

干混砂浆是将水泥、干燥骨料或粉料、添加剂以及根据性能确定的其他组分，按一定比例，在专业生产厂计量、混合而成的混合物，在使用地点按规定比例加水或配套组分拌和使用。按用途分为干混砌筑砂浆、干混抹灰砂浆、干混地面砂浆、干混普通防水砂浆、干混陶瓷砖黏结砂浆、干混界面砂浆、干混保温板黏结砂浆、干混保温板抹面砂浆、干混聚合物水泥防水砂浆、干混自流平砂浆、干混耐磨地坪砂浆和干混饰面砂浆。既有普通干混砂浆又有特种干混砂浆。普通干混砂浆主要用于砌筑、抹灰、地面及普通防水工程，而特种干混砂浆是指具有特种性能要求的砂浆。

三、管材

(一) 钢管

钢管在输水工程中一般选用螺旋焊缝与直缝焊接钢管。螺旋焊接钢管采用卷板，利用螺旋管焊接生产线一次成型。

(二) 预应力钢筋混凝土管

预应力钢筋混凝土管按生产加工工艺分成两种：一种分为三步，通常称为三阶段预应力钢筋混凝土管；另一种是一次成型，通常称为一阶段管。预应力钢筋混凝土管因加工工艺简单、造价低，较适合我国的经济状况而应用普遍。但管材制作过程中存在弊病，如三阶段管喷浆质量不稳定，易脱落和起鼓；一阶段管在施加预应力时不易控制（特别在插口端部），且因体积重量大造成运输安装都不方便，使其应用受到了限制。预应力钢筋混凝土管口径一般在 2000mm 以下，工压在 0.4～0.8MPa。口径大、工压高的工程应用时要慎重。

(三) 预应力钢筒混凝土管

这是一种钢筒与混凝土制作的复合管，管心为混凝土，在其外壁或中部埋入厚 1.5mm 钢筒，在管芯上缠绕环向预应力，采用机械张拉缠绕高强钢丝，并在其外部喷水泥砂浆保护层。该管的特点是由于钢套筒的作用，抗渗能力非常好。管子的接口采用钢制承插口，尺寸较准确，并设橡胶止水圈（单胶圈或双胶圈），因而止水效果好，安装方便。预应力钢筒混凝土管的管径一般为 DN600～3600mm，工作压力为 0.4～2.0MPa，其中 DN1200mm 以下一般为内衬式，DN1400mm 以上通常为埋置式。

在输水工程中，管材的选择根据工程的具体情况，要做技术、经济、安全、工期等方面分析比较，综合平衡后再确定。

第五节　沥青、保温材料、防水材料及火工、土工材料

一、沥青

沥青是由不同分子量的碳氢化合物及其非金属衍生物组成的黑褐色复杂混合物，是高黏度有机液体的一种，多会以液体或半固体的石油形态存在，表面呈黑色，可溶于二硫化碳、四氯化碳。沥青是一种防水防潮和防腐的有机胶凝材料。沥青主要可以分为煤焦沥青、石油沥青和天然沥青三种。沥青主要用于涂料、塑料、橡胶等工业以及铺筑路面等。

（一）煤焦沥青

煤焦沥青是炼焦的副产品，即焦油蒸馏后残留在蒸馏釜内的黑色物质。它与精制焦油只是物理性质有分别，没有明显的界线，一般的划分方法是规定软化点在26.7℃（立方块法）以下的为焦油，26.7℃以上的为沥青。煤焦沥青中主要含有难挥发的蒽、菲、芘等。这些物质具有毒性，由于这些成分的含量不同，煤焦沥青的性质也因而不同。温度的变化对煤焦沥青的影响很大，冬季容易脆裂，夏季容易软化。加热时有特殊气味，加热到260℃，在5小时以后，其所含的蒽、菲、芘等成分就会挥发出来。

（二）石油沥青

石油沥青是原油蒸馏后的残渣。根据提炼程度的不同，在常温下成液体、半固体或固体。石油沥青色黑而有光泽，具有较高的感温性。由于它在生产过程中曾经蒸馏至400℃以上，因而所含挥发成分甚少，但仍可能有高分子的碳氢化合物未经挥发出来，这些物质或多或少对人体健康是有害的。

（三）天然沥青

天然沥青储藏在地下，有的形成矿层或在地壳表面堆积。这种沥青大都经过天然蒸发、氧化，一般已不含有任何毒素。

天然沥青是石油渗出地表经长期暴露和蒸发后的残留物；石油沥青是将精制加工石油所余的渣油，经适当的工艺处理后得到的产品。工程中采用的沥青绝大多数是石油沥青，石油沥青通常沥青闪点在240～330℃之间，燃点比闪点高3～6℃，因此施工温度应控制在闪点以下。

二、防水材料

防水材料是建筑物的围护结构是为了防止雨水、雪水和地下水的渗透；空气中的湿气、蒸汽和其他有害气体与液体的侵蚀；给排水的渗翻而采用的防渗透、渗漏和侵蚀的材料统称为防水材料。

除了防水材料，也可以采取合适的构造形式，阻断水的通路，以达到防水的目的，如止水带和空腔构造等，这种方式成为构造防水。主要应用领域包括房屋建筑的屋面、地下、外墙和室内；城市道路桥梁和地下空间等市政工程；高速公路和高速铁路的桥梁、隧道；地下铁道等交通工程；引水渠、水库、坝体、水力发电站及水处理等水利工程。

防水材料品种繁多，按其主要原料分为四类：

(1) 沥青类防水材料。以天然沥青、石油沥青和煤沥青为主要原材料，制成的沥青油毡、纸胎沥青油毡、溶剂型和水乳型沥青类或沥青橡胶类涂料、油膏，具有良好的黏结性、塑性、抗水性、防腐性和耐久性。

(2) 橡胶塑料类防水材料。以氯丁橡胶、丁基橡胶、三元乙丙橡胶、聚氯乙烯、聚异丁烯和聚氨酯等原材料，可制成弹性无胎防水卷材、防水薄膜、防水涂料、涂膜材料及油膏、胶泥、止水带等密封材料，具有抗拉强度高，弹性和延伸率大，黏结性、抗水性和耐气候性好等特点，可以冷用，使用年限较长。

(3) 水泥类防水材料。对水泥有促凝密实作用的外加剂，如防水剂、加气剂和膨胀剂等，可增强水泥砂浆和混凝土的憎水性和抗渗性；以水泥和硅酸钠为基料配置的促凝灰浆，可用于地下工程的堵漏防水。

(4) 金属类防水材料。薄钢板、镀锌钢板、压型钢板、涂层钢板等可直接作为屋面板，用以防水。薄钢板用于地下室或地下构筑物的金属防水层。薄铜板、薄铝板、不锈钢板可制成建筑物变形缝的止水带。金属防水层的连接处要焊接，并涂刷防锈保护漆。

三、保温材料

保温材料一般是指热系数小于或等于 0.12 的材料。保温材料发展速度很快，在工业和建筑中采用良好的保温技术与材料，往往可以起到事半功倍的效果。

保温材料工业设备和管道的保温采用绝热措施和材料气凝胶，其最早应用于美国国家航天局研制的太空服隔热衬里上，具有导热系数低、密度小、柔韧性高、防火防水等特性。

(一) 有机隔热保温材料

有机类保温材料主要有聚氨酯泡沫、聚苯板、EPS、XPS、酚醛泡沫等。它具有重量轻、可加工性好、致密性高、保温隔热效果好的优点，但也有不耐老化、变形系数大、稳定性差、安全性差、易燃烧、生态环保性很差、施工难度大、工程成本较高、其资源有限且难以循环再利用的缺点。

传统的聚苯板、保温板具有优异的保温效果，在我国的墙体保温材料市场中被广泛使用，但是它不具备安全的防火性能，尤其是燃烧时会产生毒气。其实，此类材料在发达国家早已经被限制在极小的应用领域内。中国建筑物因大面积使用聚苯板保温材料所引起的火灾事故频发，造成了巨大的经济损失和人身伤亡。且其经济性好，综合造价低。

(二) 无机隔热保温材料

无机保温材料主要集中在陶瓷纤维毯、硅酸铝毡、氧化铝、碳化硅纤维、气凝胶毡、玻璃棉、岩棉、膨胀珍珠岩、微纳隔热、发泡水泥中，无机活性墙体保温材料等具有一定保温效果的材料，根据配方能够达到 B1～A 级防火。其中，岩棉的生产对人体有害，还会有工人不愿施工的情况出现，而且岩棉建厂的周期长，从建厂到可生产大约需要 2 年的时间，同时国内市场岩棉的供应量也达不到使用的要求；膨胀珍珠岩的重量大，吸水率高；微纳隔热板的保温性能是传统保温材料的 3～5 倍，常用于高温环境下，但价格较贵。

(三) 玻璃棉保温

玻璃棉保温：玻璃棉是用独有的离心技术，将熔融玻璃纤维化并加以热固性树脂为主

的环保型配方黏结剂加工而成的制品，是一种由直径只有几微米的玻璃纤维制作而成的有弹性的玻璃纤维制品，并可根据客户不同的使用要求选择防潮贴面在线复合。因其具有大量微小的空气空隙，使其起到保温隔热、吸声降噪及安全防护等作用，是建筑保温隔热、吸声降噪的材料。

（四）岩棉保温毡

岩棉保温毡是以玄武岩及其他天然矿石等为主要原料，经高温熔融成纤，加入适量黏结剂加工而成的。适用于贮罐容器和大口径管道的保温。岩棉保温毡具有优良的保温隔热性能，其施工及安装便利、节能效果显著，具有很高的性能价格比。

岩棉保温毡是导热系数低的一种优质的保温隔热材料。适用于大中口径管道；中、小型储罐及表面曲率半径较小的弧面或表面不规则的设备、建筑空调管道保温防露和墙体的吸音保温。

四、火工材料

火工材料是指装有火炸药的较敏感的小型起爆装置，能在外加较小的初始冲能作用下，发生燃烧、爆炸等化学反应，并以其所释放的能量去获得某种化学、物理或机械效应的材料。其特点是能量密度大、可靠性高、尺寸小、瞬时释放能量大。

常见的火工材料有火雷管、电雷管、乳化炸药、硝铵炸药、散装炸药、非电毫秒管、导火索、导爆索等民用爆炸物品。火工材料在搬运装卸时，必须轻拿轻放，不得抛掷。

五、土工合成材料

（一）用途

土工合成材料具有反滤功能、排水功能、隔离功能、防渗功能、防护功能以及加筋和加固等多方面的功能，因而在水利工程中获得广泛应用，如用于水闸和堤防工程的防渗、排渗和加固工程，堤岸护坡及防汛抢险工程中。

（二）种类

土工合成材料分为四大类：土工织物、土工膜、特种土工合成材料、复合型土工合成材料。

（三）水力学特性

土工合成材料的水力学特性是指土工合成材料的透水与导水能力以及阻止颗粒流失的能力，包括土工合成材料的孔隙率、孔径大小与分布、渗透性能等。

（四）耐久性

土工合成材料的耐久性主要是指对紫外线辐射、温度变化、化学与生物侵蚀、干湿变化、机械磨损等外界因素变化的抵御能力。其耐久性主要与聚合物的类型及添加剂的性质有关。

（五）工程应用

土工合成材料在工程上主要有六种功能：过滤、排水、隔离、加筋、防渗、防护作用。

第五章　水利工程中的主要机电和金属结构设备

第一节　机　电　设　备

水利工程中机械部分指水泵、水轮机、发电机、调速器及其辅助设备，电气部分指一次设备、二次设备及其他电气设备。

一、水泵

水泵是输送液体或使液体增压的机械。它将原动机的机械能或其他外部能量传送给液体，使液体能量增加，主要用来输送的液体包括水、油、酸碱液、乳化液、悬乳液和液态金属等，也可输送液体、气体混合物以及含悬浮固体物的液体。水泵性能的技术参数有流量、吸程、扬程、轴功率、水功率、效率等。

（一）水泵的分类

水泵按工作原理主要分为容积水泵、叶片泵。

（1）容积泵。它对液体的压送是靠泵体工作容积周期性的变化的改变完成的，此类泵型常用于小流量、高扬程场合。

（2）叶片泵。它对液体的压送是靠装有叶片的叶轮高速旋转而完成的，包括离心泵、混流泵和轴流泵。

水泵的基本结构是由吸水室、转轮和压水室三部分组成。其中转轮是泵的核心构件，水泵通过转轮对水体做功，使能量增加。压水室的功能是收集从转轮流出来的水体并把它送入压水管道，并要求完成这两项功能时，其能量损失最小。

（二）工程中常用类型

泵站工程中常用的水泵类型是叶片泵，属于这类的有离心泵、轴流泵和混流泵。

1. 离心泵

（1）离心泵的工作原理。水泵开动前，先将泵和进水管灌满水，水泵运转后，在叶轮高速旋转而产生的离心力的作用下，叶轮流道里的水被甩向四周，压入蜗壳，叶轮入口形成真空，水池的水在外界大气压力下沿吸水管被吸入补充了这个空间。继而吸入的水又被叶轮甩出经蜗壳而进入出水管。由此可见，若离心泵叶轮不断旋转，则可连续吸水、压水，水便可源源不断地从低处扬到高处或远方。综上所述，离心泵是由于在叶轮的高速旋转所产生的离心力的作用下，将水提向高处的，故称离心泵，如图 1－5－1 所示。

（2）离心泵的一般特点。水沿离心泵的流经方向是沿叶轮的轴向吸入，垂直于轴向流出，即进出水流方向互成 90°。

由于离心泵靠叶轮进口形成真空吸水，因此在启动前必须向泵内和吸水管内灌注引

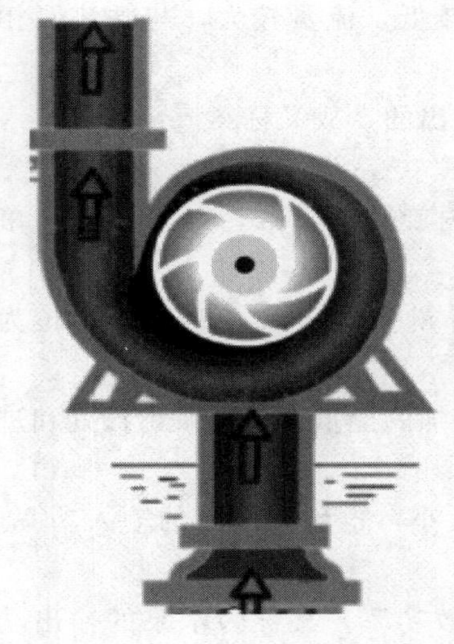

图 1-5-1　离心泵工作原理示意图

水，或用真空泵抽气，以排出空气形成真空，而且泵壳和吸水管路必须严格密封，不得漏气，否则形不成真空，也就吸不上水来。

由于叶轮进口不可能形成绝对真空，因此离心泵吸水高度不能超过 10m，加上水流经吸水管路带来的沿程损失，实际允许安装高度（水泵轴线距吸入水面的高度）远小于 10m。若安装过高，则不吸水；此外，由于山区比平原大气压力低，因此同一台水泵在山区，特别是在高山区安装时，其安装高度应降低，否则也不能吸上水来。

2. 轴流泵

（1）轴流泵的工作原理。轴流泵与离心泵的工作原理不同，它主要是利用叶轮的高速旋转所产生的推力提水。轴流泵叶片旋转时对水所产生的升力，可把水从下方推到上方。轴流泵的叶片一般浸没在被吸水源的水池中。由于叶轮高速旋转，在叶片产生的升力作用下，连续不断地将水向上推压，使水沿出水管流出。叶轮不断地旋转，水也就被连续压送到高处，如图 1-5-2 和图 1-5-3 所示。

（2）轴流泵的一般特点。水在轴流泵的流经方向是沿叶轮的轴向吸入、轴向流出，因此称轴流泵。

其扬程低（1～13m）、流量大、效益高，适于平原、湖区、河区排灌。启动前不需灌水，操作简单。

3. 混流泵

（1）混流泵的工作原理。由于混流泵的叶轮形状介于离心泵叶轮和轴流泵叶轮之间，因此，混流泵的工作既有离心力又有升力，靠两者的综合作用，水会以与轴组成一定角度流出叶轮，通过蜗壳室和管路把水提向高处。

图 1-5-2　轴流泵工作原理示意图

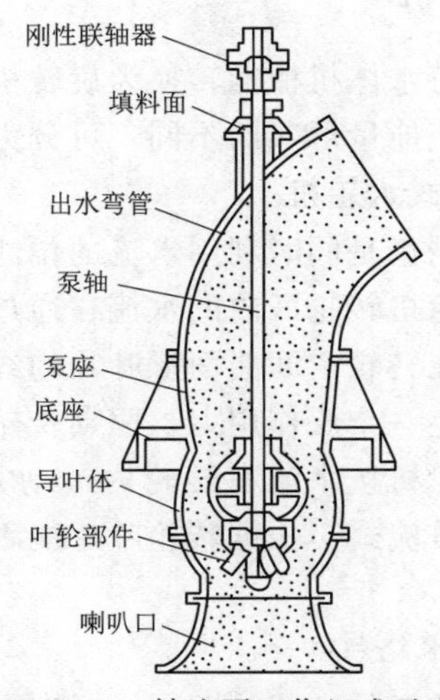

图 1-5-3　轴流泵工作组成示意图

（2）混流泵的一般特点。混流泵与离心泵相比，扬程较低，流量较大，与轴流泵相比，扬程较高，流量较低。适用于平原、湖区排灌。

水沿混流泵的流经方向与叶轮轴成一定角度而吸入和流出的，故又称斜流泵。

（三）水泵的基础参数

（1）转速。水泵的转速是指水泵叶轮和主轴单位时间内旋转的转数，以 n 表示，单位为 r/min。

（2）流量。水泵的流量是指单位时间内由水泵抽送液体的数量。以 Q 表示，单位为 m^3/s、m^3/h、L/s、kg/s。

（3）扬程。水泵的扬程是指单位重量的液体通过泵所增加的能量，即水泵出口处和进口处单位重量水体的能量之差。以 H 表示，单位为 m。

（4）功率。水泵的功率是指水泵在单位时间内做功的大小，也称为水泵的输入功率。以 N 表示，单位为 kW。

单位时间内通过水泵的水体从水泵得到的能量称为有效功率，又称为水泵的输出功率。以 Ne 表示，公式为

$$Ne=9.81QH \tag{1-5-1}$$

式中　Ne——水泵的输出功率，kW；

Q——水泵的流量，m^3/s；

H——水泵的扬程，m。

水泵不可能将从原动机输入的能量完全传递给水体。在水泵内有损失，通常用水泵的效率 η 来衡量水泵进行能量转换的效果。

$$\eta=\frac{Ne}{N}=\frac{9.81QH}{N} \tag{1-5-2}$$

当已知水泵的效率 η、流量 Q、扬程 H 时，水泵的功率 N 为

$$N=\frac{9.81QH}{\eta} \tag{1-5-3}$$

二、水轮机

水轮机是将水体机械能转换为旋转机械能的水力机械，根据转轮区内水流的流动特征和转轮转换水流能量形式的不同，可分为反击式和冲击式两大类。

（一）反击式水轮机

反击式水轮机是同时利用水流的位能、压能和动能做功的水轮机。

反击式水轮机转轮区内的水流在通过转轮叶片流道时，始终是连续地充满整个转轮的有压流动，并在转轮空间曲面形叶片的约束下，连续不断地改变流速的大小和方向，从而对转轮叶片产生一个反作用力，驱动转轮旋转。

反击式水轮机按水流在转轮内运动方向和特征及转轮构造特点可分为混流式、轴流式、斜流式和贯流式。根据转轮叶片能否转动，将轴流式、斜流式和贯流式又分别分为定桨式和转桨式。

1. 混流式水轮机

轴流式水轮机的水流从四周沿径向进入转轮，然后近似以轴向流出转轮。混流式水轮

机的特点是水头范围广，为20～700m、结构简单、运行稳定且效率高，是现代应用最广泛的一种水轮机。

2. 轴流式水轮机

轴流式水轮机水流在导叶与转轮之间由径向流动转变为轴向流动，而在转轮区内水流保持轴向流动。轴流式水轮机的应用水头为3～80m。轴流式水轮机适用于中低水头、大流量水电站。

3. 斜流式水轮机

斜流式水轮机水流在转轮区内沿着与主轴成某一角度的方向流动。斜流式水轮机的转轮叶片大多做成可转动的形式，具有较宽的高效率区，适用水头为40～200m。由于斜流式水轮机的倾斜桨叶操作机构的结构特别复杂，加工工艺要求和造价均较高，一般较少使用。

4. 贯流式水轮机

贯流式水轮机是一种流道近似直筒状的卧轴式水轮机，水流在流道内基本上沿轴向运动，提高了过流能力和水力效率。按照其发电机装置形式的不同，可分为全贯流式和半贯流式。

贯流式水轮机的适用水头为1～25m。专门适用于低水头、大流量水电站。由于其卧轴式布置及流道形式简单，所以土建工程量少，施工简便，适用于开发平原地区河道和沿海地区潮汐等地区。

（二）冲击式水轮机

冲击式水轮机在转轮进口处把水流的位能和压能通过喷嘴转换为射流的动能，是仅利用水流动能做功的水轮机。

冲击式水轮机的转轮始终处于大气中，来自压力钢管的高压水流在进入水轮机之前已转变成高速自由射流，该射流冲击转轮的部分轮叶，并在轮叶的约束下发生流速大小和方向的改变，从而将其动能大部分传递给轮叶来驱动转轮旋转。

冲击式水轮机按射流冲击转轮的方式不同可分为水斗式、斜击式和双击式三种。

1. 水斗式水轮机

水斗式水轮机也称切击式水轮机，从喷嘴出来的高速自由射流沿转轮圆周切线方向垂直冲击轮叶。这种水轮机适用于高水头、小流量水电站。大型水斗式水轮机的应用水头为300～1700m，小型水斗式水轮机的应用水头为40～250m。

2. 斜击式水轮机

斜击式水轮机从喷嘴出来的自由射流沿着与转轮旋转平面成一角度的方向，从转轮的一侧进入轮叶再从另一侧流出轮叶。与水斗式水轮机相比，其过流量较大，但效率较低，因此这种水轮机一般多用于中小型水电站，适用水头一般为20～300m。

3. 双击式水轮机

双击式水轮机从喷嘴出来的射流先后两次冲击转轮叶片。它的特点是结构简单、制作方便，但效率低、转轮叶片强度差，仅适用于单机出力不超过1000kW的小型水电站。适用水头一般为5～100m。

三、水轮发电机

由水轮机驱动，将机械能转换成电能的交流同步电机称为水轮发电机。它发出的电能通过变压器升压输送到电力系统中。水轮机和水轮发电机合称为水轮发电机组（或机组）。

（一）水轮发电机的分类

按照其转轴的布置方式可分为卧式与立式。卧式水轮发电机一般适用于小型混流机组、冲击式机组和贯流式机组；立式水轮发电机适用于大、中型混流及冲击式机组和轴流式机组。

根据推力轴承位置划分，立式水轮发电机可分为悬式和伞式。悬式水轮发电机结构的特点是推力轴承位于转子上方，把整个转动部分悬吊起来。伞式水轮发电机的结构特点是推力轴承位于下转子下方。

按冷却方式可分为空气冷却式和内冷却式。空气冷却式水轮发电机是将发电机内部产生的热量，利用循环空气冷却。内冷却式水轮发电机的特点是将经过水质处理的冷却水或冷却介质，直接通入定子绕组进行冷却或蒸发冷却。

（二）水轮发电机的基础参数

（1）水头。水头是指水轮发电机进口断面和出口断面的单位重量水流的能量之差，即单位重量的液体通过水轮机后能量减少的数量，以 H 表示，单位为 m。

（2）流量。流量是指单位时间内通过水轮机的液体数量。以 Q 表示，工程中常用容积表示，单位为 m^3/s。

（3）转速。转速是指水轮机转轮单位时间内旋转的转数，以 n 表示，单位为 r/min。

（4）出力。水轮机出力是指水轮机轴端所输出的功率，以 N 表示，单位为 kW。

（5）效率。水轮机不可能将从水流得到的能量全部转变为机械能，因为将水能转变成旋转机械能的过程中总会存在一定的能量损耗，因此水轮机的出力总是小于水流的出力。通常用水轮机的效率 η_t 来衡量水轮机进行能量转换的效果。

$$\eta_t=\frac{N}{N_h} \tag{1-5-4}$$

式中　η_t——水轮机的效率；

N——水轮机的输出功率；

N_h——水流的出力。

当已知水轮机的效率、流量、水头时，水轮机的出力为

$$N=N_h\eta_t=9.81QH\ \eta_t \tag{1-5-5}$$

四、调速系统

水轮机调速器的主要功能是检测机组转速偏差，并将它按一定的特性转换成接力器的行程差，借以调整机组功率，使机组在给定的负荷下以给定的转速稳定运行。

水轮机调速器的分类方法较多，按调节规律可分为 PI 和 PID 调速器；按系统构成可分为机械式调速器（机械飞摆式）、电气液压式调速器和微机调速器。

五、水力机械辅助设备

水力机械辅助设备是为水电站的水轮发电机组、蓄能机组服务的设备，主要包括油系

统设备、压气系统设备、水系统设备、水力监视测量系统设备等。

六、电气设备

水电站电气设备主要布置于发电厂厂房和升压变电站内。它的作用如下：

(1) 生产、输送和分配电能。

(2) 根据负荷变化的要求，启动、调整和停止机组，对电路进行必要的切换。

(3) 监测和控制主要机电设备的工作。

(4) 设备故障时及时切除故障或尽可能缩小故障范围等。

发电厂厂房和升压变电站内主要装设有如下电气设备：

(1) 一次设备。直接生产和分配电能的设备称为一次设备，包括发电机、变压器、变频启动装置、断路器、隔离开关、电压互感器、电流互感器、避雷器、电抗器、熔断器、自动空气开关、接触器等。

(2) 二次设备。对一次设备的工作进行测量、检查、控制、监视、保护及操作的设备称为二次设备，包括继电器、仪表、元器件、自动控制设备、各种保护屏（柜、盘）等。

(3) 其他电气设备。其他电气设备包括厂用电系统设备、直流系统设备、通信系统设备、电气试验设备、接地系统及其他设备等。

第二节　金属结构设备

水利水电工程金属结构设备主要包括闸门、启闭机、拦污栅、压力钢管等。

一、闸门

闸门是水工建筑物的孔口上用来调节流量、控制上下游水位的活动结构。由封闭或开放的门叶和预埋在闸墩、底板、胸墙内的埋件组成。

(一) 闸门的分类

(1) 闸门按制作材料划分。主要有木质闸门、木面板钢构架闸门、铸铁闸门、钢筋混凝土闸门以及钢闸门。

(2) 按闸门门顶与水平面相对位置划分。主要有露顶式闸门和潜没式闸门。

(3) 按工作性质划分。主要有工作闸门、事故闸门和检修闸门。

(4) 按闸门启闭方法划分。主要有用机械操作启闭的闸门和利用水位涨落时闸门所受水压力的变化控制启闭的水力自动闸门。

(5) 按结构形式划分。主要有平面闸门（按行走支承方式和运行轨迹不同可分为平面定轮闸门、平面滑动闸门、平面链轮闸门、升卧式平面闸门、横拉式闸门和反钩式闸门等）、弧形闸门（又分为竖轴弧形闸门、反向弧形闸门、偏心铰弧形闸门、充压式弧形闸门）、人字闸门、一字闸门、圆筒闸门、环形闸门、浮箱闸门等。

(二) 闸门主要组成

闸门主要由三部分组成：①主体活动部分，用以封闭或开放孔口，通称闸门，亦称门叶；②埋件部分；③启闭机械。

主体活动部分包括面板梁系等称重结构、支承行走部件、导向及止水装置和吊耳等。埋件部分包括主轨、导轨、铰座、门楣、底槛、止水座等，它们埋设在孔口周边，用锚筋与水工建筑物的混凝土牢固连接，分别形成与门叶上支承行走部件及止水面，以便将门叶结构所承受的水压力等荷载传递给水工建筑物，并获得良好的闸门止水性能。启闭机械与门叶吊耳连接，以操作控制活动部分的位置，但也有少数闸门借助水力自动控制操作启闭。

（三）闸门的形式选择

进行闸门形式选择时，需要根据闸门工作性质、设置位置、运行条件、闸孔跨度、启闭力和工程造价等，结合闸门的特点，参照已有的运行实践经验，通过技术经济比较确定。其中平面闸门和弧形闸门是最常采用的门形。大、中型露顶式和潜没式的工作闸门大多采用弧形闸门，高水头深孔工作闸门尤为常用弧形闸门。当用作事故闸门和检修闸门时，大多采用平面闸门。工作闸门前常设置检修闸门和事故闸门。对高水头泄水工作闸门，由于其经常需要动水操作或局部开启，应设法减少闸门振动和空蚀现象，改善闸门水力条件，按不同的部件考虑动力的影响，并对门体的刚度和动力特征进行分析研究。对门叶和埋件的制造、安装精度都应严格控制，当门槽边界流态复杂或体形特殊时，除需参考已有运行的成功试验，还应通过水工模型试验解决可能发生的振动、空蚀问题，以选定合适的门槽体形。

二、启闭机

启闭机是用于水工闸门静水或动水状态下启闭操作的专用机械设备。其常用启闭机按结构形式分为液压启闭机、螺杆式启闭机、卷扬式启闭机三种。

（1）液压启闭机是利用液压装置启闭闸门的机械，由动力机、高压油泵、供油和回油管路、油缸、活动塞杆等组成。

（2）螺杆式启闭机是中小型平面闸门普遍采用的启闭机。它由摇柄、主机和螺栓组成。螺杆的下端与闸门的吊头连接，上端利用螺杆与承重螺母相扣合。当承重螺母通过与其连接的齿轮被外力（电动机或手摇）驱动而旋转时，它驱动螺杆作垂直升降运动，从而启闭闸门。

（3）卷扬式启闭机由电动机、减速箱、传动轴和绳鼓所组成。卷扬式启闭机是由电力或人力驱动减速齿轮，从而驱动缠绕钢丝绳的绳鼓，借助绳鼓的转动，收放钢丝绳使闸门升降。

三、拦污栅

拦污栅设在水电站的进水口（抽水蓄能电站的进水口与尾水口）处，用以阻拦水流所挟带的漂浮物、沉木、浮冰、杂草、树枝、白色污染物和其他固体杂物，使其不易进入水道内，以确保阀门、水轮机等不受损害，确保有关设备的正常运行。

拦污栅由栅体和栅槽组成。栅体用来拦截水中杂物，它可以固定在水工建筑物上，也可以是活动的结构，如同闸门的门叶一样。栅槽则和平板闸门的门槽结构一致。

拦污栅可分为以下三种：

（1）固定式。它的支承梁两端埋设在混凝土墩墙中，或用锚栓固定于混凝土墩墙中。

固定式拦污栅结构简单，不需要起吊设备；但检修维护困难，留在栅上的杂物清理困难。

(2) 移动式。它设有支承行走装置，可将拦污栅体提出栅槽外，便于维护检修和清理，应用较为普遍。

(3) 回转式。它是一种有旋转结构的新型的拦污栅，它既能拦污又能清污，适于小流量的浅式进水口。

四、压力钢管

压力钢管是水电站的主要组成部分，它从水库的进水口、压力前池或调压室将水流直接引入水轮机的蜗壳。压力钢管需要承受较大的内水压力，并且是在不稳定的水流下工作，所以它要求有一定的强度、刚性和严密性，通常用优质钢板制成。

压力钢管的主要构件有主管、叉管、渐变管、伸缩节、支承座、支承环、加劲环、灌浆补强板、丝堵、进入孔、钢管锚固装置等。

根据电站形式的不同，钢管的布置形式可分为露天式、隧洞（地下）式和坝内式。

(1) 露天式。露天式压力钢管布置于地面上，多为引水式地面厂房所采用。钢管直接露在大气中，受气温变化影响大。钢管要在一定范围内伸缩移动，且径向也有微小变化。支承结构也比较复杂，如采用伸缩节、摇摆支座等。因为是明设，一旦发生事故就较严重，所以对钢管的制作安装质量要求甚高。

(2) 隧洞（地下）式。这种压力钢管布置在岩洞混凝土中，用于地面厂房或地下厂房。这种形式的压力钢管受到空间限制，安装困难。

(3) 坝内式。坝内式压力钢管布置在坝体内，多为坝后式及坝内式厂房所采用。钢管是从进水口直接通入厂房。这种布置形式的钢管安装较为方便，可利用混凝土浇筑的起重机械，配合大坝混凝土升高进行安装。

另外，根据钢管供水方式不同，又可分为单独供水（一条钢管只供一台机组用水）和联合供水（一条钢管供数台机组用水）两种形式。

第六章　水利工程常用施工机械类型及应用

水利工程施工机械化水平随着时代的进步而不断发展，新技术、新工艺得到广泛应用，合理有效地进行机械设备的选型、使用管理，充分发挥机械设备的效能，可使得水利工程项目取得较好的经济效益。

主要的水利工程施工机械可分为土方机械、石方机械、起重机械、运输机械、基础处理设备、混凝土机械、疏浚机械、钻孔灌浆机械、TBM 机械等。

第一节　土方和石方机械

在水利水电工程建设中，大部分情况下土方工程量巨大、工作繁重。如水工建筑物基坑的开挖、土坝的填筑以及农业灌排渠道的修建和河道的疏浚等。

土方工程施工过程中，一般包括以下五种作业：①土方准备和辅助作业；②土方开挖和装卸；③土方运输；④土方铺填和压实；⑤土方建筑物整修工作。

按照机械完成的主要作业性质，土方机械可以区分为以下四种类型：①挖运机械：如推土机、铲运机以及作为辅助设备的松土机等；②挖掘机械：如单斗挖掘机和多斗挖掘机等；③水下挖掘机械：如吸泥船等；④压实机械：如碾压机、夯实机和振动压实机等。

一、土方机械

从事土方工程施工常见的有挖掘机、推土机、装载机、铲运机、拖拉机、平地机和各类压实机械。

（一）挖掘机

挖掘机按行走方式可分为履带式和轮胎式；按工作装置可分为正铲、反铲和拉铲；按挖土斗的数量可分为单斗挖掘机和多斗挖掘机。

1. 正铲式挖掘机

正铲式挖掘机的特点是“前进向上，强制切土”。挖掘力大，能开挖停机面以上的土。宜用于开挖高度大于 2m 的干燥基坑，但须设置上下坡道。正铲的挖斗比同当量的反铲的挖掘机的斗要大一些，可开挖含水量不大于 27%的Ⅰ～Ⅲ类土，且与自卸汽车配合完成整个挖掘运输作业，还可以挖掘大型干燥基坑和土丘等。正铲挖土机工作面宽，适用于挖掘路堑进口处。

2. 反铲式挖掘机

反铲式挖掘机是最常见的，其特点是“向后向下，强制切土”。它可以用于停机作业面以下的挖掘，铲斗向下强制切土，摩阻力大，挖掘力、效率比正铲低。适用于开挖沟、

槽、坑的作业，其挖掘深度大、工作面宽度小等。

3. 拉铲挖掘机

拉铲挖掘机也叫索铲挖土机。其挖土特点是“向后向下，自重切土”。宜用于开挖停机面以下的Ⅰ、Ⅱ类土。工作时，利用惯性力将铲斗甩出去，挖得比较远，挖土半径和挖土深度较大，尤其适用于开挖大而深的基坑或水下挖土，但不如反铲灵活准确。

4. 单斗挖掘机

单斗挖掘机是挖掘和装载土石的一种主要施工机械。它是用一个刚性或挠性连接的铲斗，是以间歇重复的循环进行周期作业的自行式土石方机械。一般与自卸汽车配合作业。

单斗挖掘机具有挖掘能力强、构造通用性好、能适应不同作业要求的特点。在水利水电工程施工中，可以承担：围堰的开挖和回填，水工建筑物的基础开挖，挖掘土料，采石和采矿场的覆盖层剥离，在料场、隧洞等处进行装载作业，挖掘沟渠、运河和疏浚水道等任务。更换工作装置后，可进行起重、浇筑、安装、打桩、夯土等作业。

单斗挖掘机工作装置的主要型式如图 1-6-1 所示。

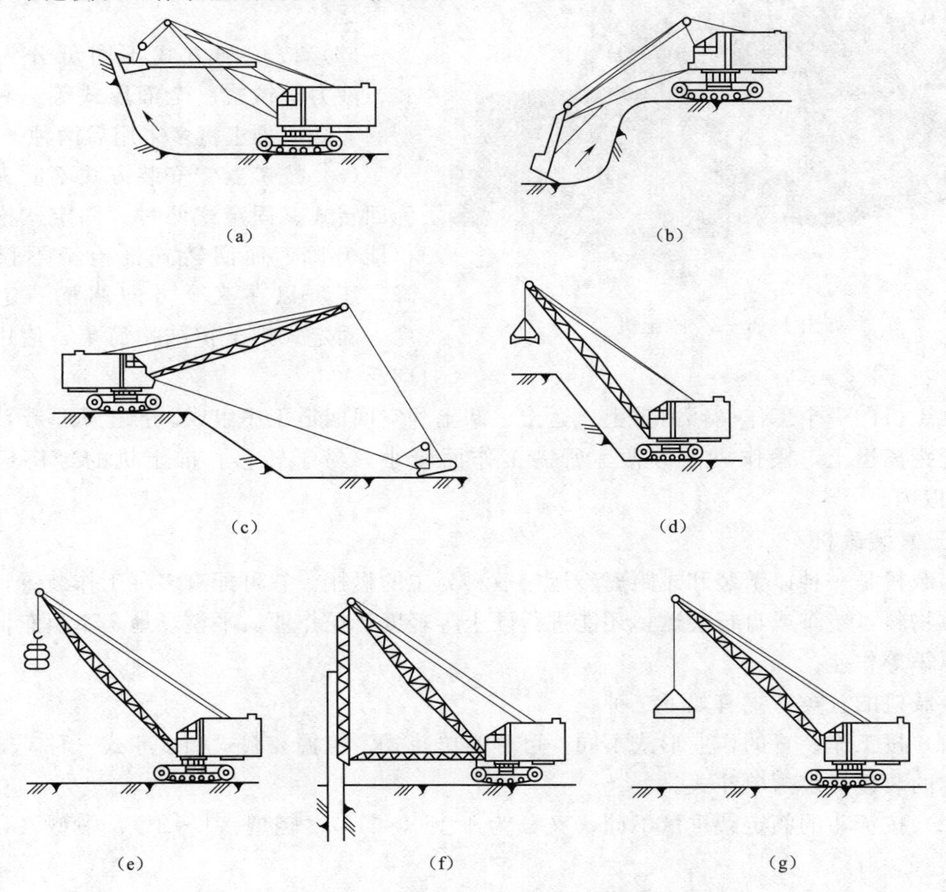

图 1-6-1　单斗挖掘机工作装置的主要型式

(a) 正铲；(b) 反铲；(c) 拉铲；(d) 抓斗；(e) 吊钩；(f) 桩锤；(g) 夯板

5. 多斗挖掘机

多斗挖掘机是有多个铲土斗的挖掘机械，它能够连续地挖土，是一种连续工作的挖掘机械，按其工作方式不同，分为链斗式和斗轮式、滚切式三种。

(1) 链斗式挖掘机，最常用的就是采砂船。它是一种构造简单、生产率高、适用于规模较大工程的机械。

(2) 斗轮式挖掘机，主要特点是挖斗固定在刚性构件（斗轮）上，通过斗轮带动挖斗，把挖掘的土壤带出掌子面。适用于大体积的土方开挖工程，且具有较高的掌子面。

(二) 推土机

推土机是土石方施工中的主要机械之一。它以拖拉机或专用牵引车为主机，利用前端推土板（通称铲刀）推土，主要进行短距离的推运土方、石渣等作业，如图 1-6-2 所示。

图 1-6-2　推土机

推土机的分类方式有如下三种：

(1) 按行走装置不同可分为履带式和轮胎式两类，履带式在工程中应用更为广泛。

(2) 按传动方式不同可分为机械式、液力机械式、全液压式等三种，新型的大功率推土机多采用后两种。

(3) 按铲土铲安装方式不同又可分为回转式、固定式两种。固定式推土铲仅能升降，而回转式推土铲不仅能升降，还可以在三个方向调整一定的角度。固定式推土铲结构简单，使用相对广泛。

推土机的一个工作循环由铲土、运土、卸土和空回四道工序组成。推土机适于浅层挖土和近距离运土，操作灵活方便，所需工作面较小，易于转移。推土机的经济运距在 100m 以内。

(三) 装载机

装载机是一种以铲装和短距离转运松散料为主的机械。它可配有多种工作装置，可铲取散粒物料，装车或自行装运，还能进行硬土等轻度铲挖作业、平整场地、牵引车辆、起重、抓举等作业。

装载机的分类方式有如下三种：

(1) 按工作装置的作业形式不同，可分为单斗式、挖掘装载式和多斗式三种，通常我们所称的装载机多指单斗式。

(2) 按铲斗的额定载重量不同，又分为小型（$<$1t)、轻型（1～3t)、中型（4～8t）和重型（$>$8t)。

(3) 按行走装置的不同又可分为轮胎式和履带式两种，如图 1-6-3 所示。

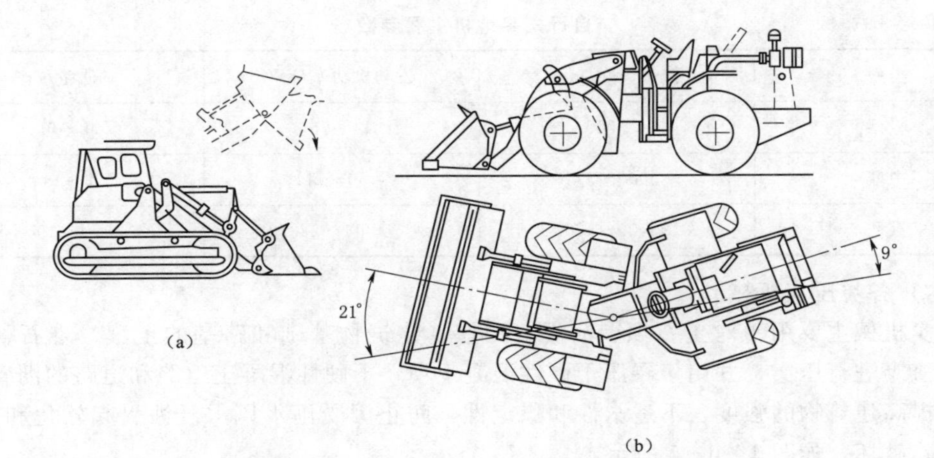

图 1-6-3 行走装置不同的装载机

(a) 履带式；(b) 轮胎式

(四) 铲运机

铲运属于一种铲土、运土一体化的机械，是利用装在轮轴之间的铲运斗，在行驶中顺序进行铲削、装载、运输和铺卸土作业的铲土运输机械。它适用于Ⅳ级以下土的铲运，要求作业地区的土壤不含树根、大石块和过多的杂草。

铲运机的经济运距与行驶道路、地面条件、坡度等有关。一般拖式铲运机的经济运距以不超过 800m 为宜，运距在 300m 左右时为最佳运距；自行式轮胎铲运机的经济运距为 800～1500m。

铲运机的分类有如下三种：

(1) 按行走方式可分为拖式和自行式两种。

(2) 按铲运机的卸土方式又可分为强制式、半强制式和自由式三种。

(3) 按铲斗容量可分为小、中、大三种。铲斗少于 $6m^3$ 为小型；$6\sim15m^3$ 为中型：$15m^3$ 以上为大型。斗容量是按堆装几何容量计量，尖装时可多装约 1/3 以上。

(五) 平地机

平地机是一种以刮刀为主，配以其他多种可换作业装置，进行土地平整和整形作业的土方工程施工机械，如图 1-6-4 所示。它主要从事平土、平整路基面、修整斜坡、边坡、填筑路堤等工作。在水利水电工程中，可用于修筑道路、渠道及平整场地和土坝施工中的平土作业。此外，平地机还可用来松土、扫雪、拌和和耙平材料等。

图 1-6-4 平地机

目前常用的是液压操纵的自行式平地机。自行式平地机按铲刀长度和发动机功率大小不同，可分为轻型、中型和重型，其具体参数见表 1-6-1。

表 1-6-1　　自行式平地机主要参数

类型	铲刀长度/mm	发动机功率/kW	质量/t
轻型	<3000	44～66	5～9
中型	≥3000～3700	≥66～111	9～14
重型	≥3700～4200	≥111～220	14～19

(六) 各类压实机械

压实机械主要用于对土石坝、河堤、围堰、建筑物基础和路基的土壤、堆石、砂砾石、石渣等进行压实，并用于碾压干硬性混凝土坝、干硬性混凝土道路和道路的沥青铺装层，以提高建筑物的强度、不透水性和稳定性，防止因受雨水风雪侵蚀引起软化和膨胀，产生沉陷破坏，如图 1-6-5 所示。

图 1-6-5　压实机械

1. 压实机械的分类

压实机械按其压实力原理的不同，可分为静作用碾压机械、振动碾压机械、振荡碾压机械、组合碾压机械和夯实机械五类。

2. 压实机械的应用条件

(1) 光轮压路机。主要用于筑路工程，一般还用来压实干容重设计要求较低的黏性土，高含水量黏土、砂砾料、风化料、冲积砾质土等。

(2) 轮胎压路机（简称轮胎碾）。轮胎碾适用于压实黏结性土壤和非黏结性土壤，如壤土、砂壤土、砂土、砂砾料等。

(3) 振动压路机（简称振动碾）。光轮振动碾适宜于压实无坍落度混凝土（干硬性混凝土）坝、土石坝的非黏性土壤（砂土、砂砾石）、碎石、块石、堆石和沥青混凝土，其效果远非上述的碾压机械所能相比。但对黏性土壤和黏性较强的土壤压实效果不好。摆振式振动碾还可用于大体积干硬性混凝土的捣实作业。

羊脚振动碾既可以压实非黏性土壤，又可压实含水量不大的黏性土壤和细颗粒砂砾石，以及碎石与土壤的混合料。

(4) 组合式压路机（简称组合碾）。组合碾既具有振动碾使被压层深处密实，又具有轮胎碾使表层密实、密封性改善的优点。

(5) 夯实机械。夯实机械主要用于黏土、砂质土和灰土的夯实。

二、石方机械

(一) 凿岩穿孔机械

1. 凿岩穿孔机械的分类

(1) 按照工作机构动力，可分为液压式、风动式、电动式和内燃式四种。液压凿岩机由于钻孔效率高、消耗能量少、噪音低等优点而得到广泛应用。

（2）按照破岩造孔方式，可分为冲击式、回转式以及冲击回转式三种。

（3）按照行走方式，可分为履带式、轮胎式、自行式和拖式等。

以水利水电工程中使用较多的液压履带钻机为例介绍其结构，如图 1－6－6 所示。

2. 典型凿岩穿孔机械

（1）风钻。风钻是以压缩空气为动力的打孔工具，利用压缩空气使活塞作往复运动，冲击钎子，也称凿岩机。

（2）风镐（铲）。风镐是以压缩空气为动力推动活塞往复运动，使镐头不断撞击，利用冲击作用破碎坚硬物体的手持施工机具，用于水利工程中的石方二次解小等。风镐是一种手持机具，因此要求结构紧凑，携用轻便。

（3）潜孔钻。潜孔钻是将钻头和产生冲击作用的风动冲击器潜入孔底进行凿岩的设备，可用于城市建筑、铁路、公路、河道、水电等工程中钻凿岩石锚索孔、锚杆孔、爆破孔、注浆孔等的钻凿施工。

（4）液压锚杆钻机。液压锚杆钻机具有安全防爆，结构合理、操作方便、功率大、效率高、使用寿命长、省力等优点。

图 1－6－6　液压履带钻机

（二）凿岩台车

凿岩台车通称多臂钻车，按行走装置可分为轮胎式、履带式和轨轮式三种。

（1）轮胎式凿岩台车主要用于缓慢倾斜的各种规格断面的隧洞、巷道和其他地下工程开挖的钻凿作业，目前已广泛使用。

（2）履带式凿岩台车主要用于水平及倾斜较大的各种断面隧洞、巷道和其他地下工程开挖的钻凿作业。

（3）轨轮式凿岩台车主要用于有轨运输条件的各种面的水平隧洞、巷道和其他地下工程掘进的凿岩作业。

H178 是全液压台车中具有代表性的如图 1－6－7 所示。

（三）爬罐

爬罐也称阿利玛克法，较适用于矿石溜井、通风井、主井、交通井的施工，如图 1－6－8 所示。

（四）液压平台车

高空作业一般需使用液压平台车。根据起升形式不同，液压平台车可分为剪式液压平台车和起重臂式液压平台车两种。

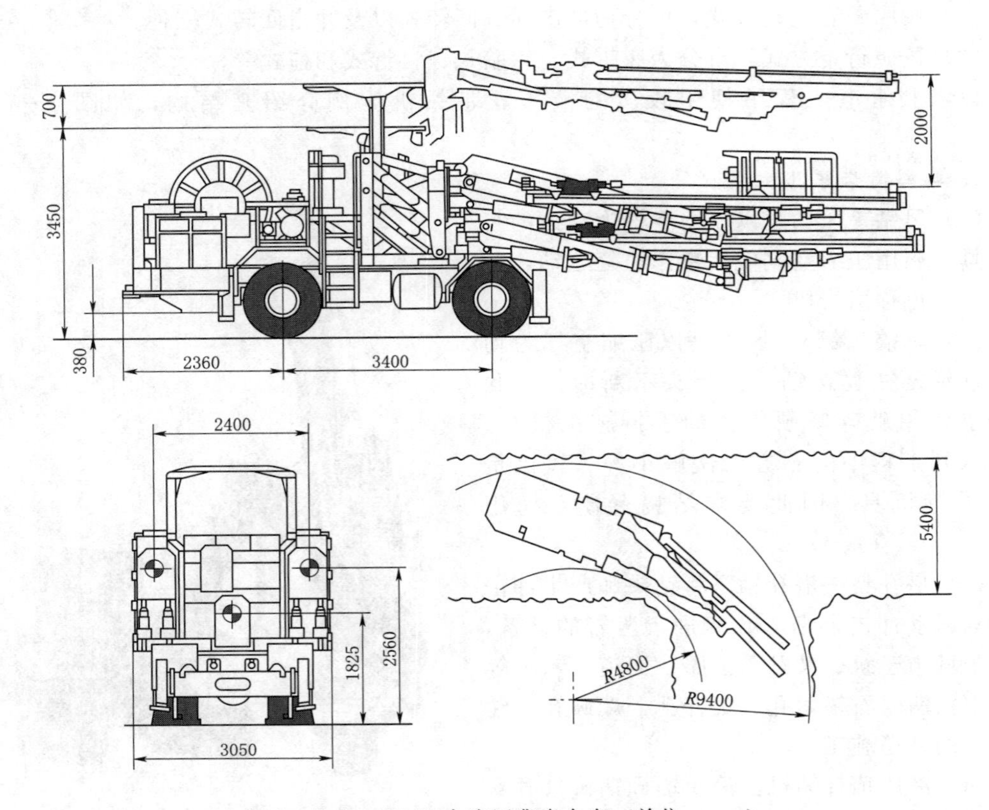

图 1-6-7 H178 全液压凿岩台车（单位：mm）

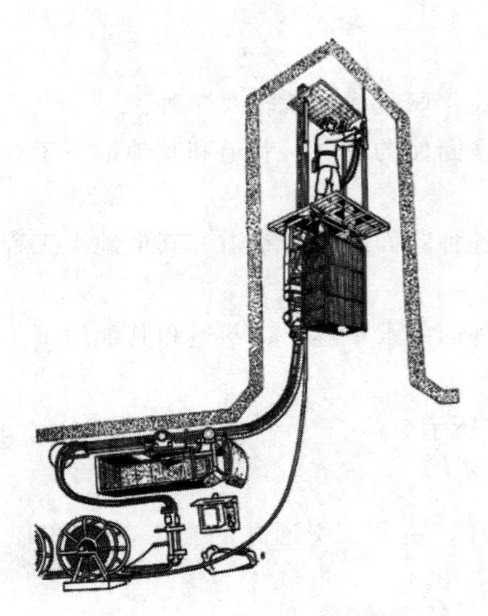

图 1-6-8 标准的爬罐系统

1. 剪式液压平台车

剪式液压平台车有时称低行程液压平台车，根据行走方式不同又分为自行剪式液压平台车和汽车底盘剪式液压平台车。

自行剪式液压平台车的特点：特制底盘、外形尺寸较小、行驶速度慢。它适用于场地狭窄、机动性要求不高的地方。PT121 自行剪式海压平台车如图 1-6-9 所示。L140 剪式液压平台车如图 1-6-10 所示。

汽车底盘剪式液压平台车有整体汽车底盘和中心铰接汽车底盘两种形式。中心铰接式转弯半径较整体式小，机动性较强，具有很大适用范围。L140 剪式液压平台车如图 1-6-10 所示。

2. 起重臂式液压平台车

起重臂式液压平台车也称高行程液压平台车，它能适应大范围内工作，GTZD185 起重臂式液压平台车如图 1-6-11 所示。

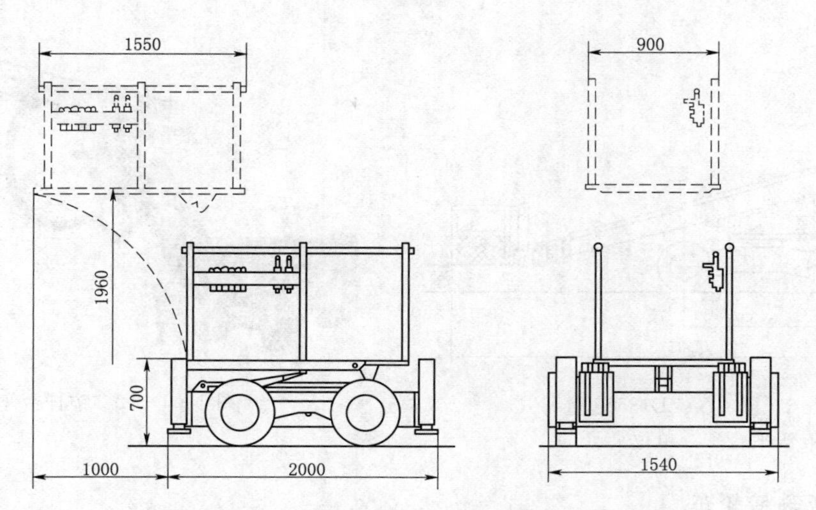

图 1－6－9　PT121 自行剪式液压平台车（单位：mm）

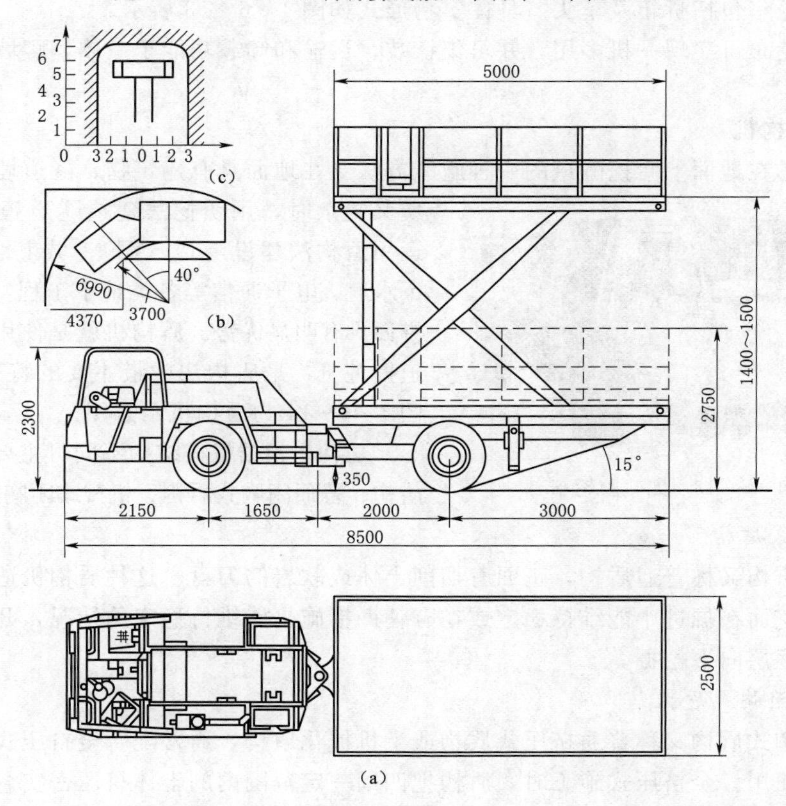

图 1－6－10　L140 剪式液压平台车（单位：mm）

(a) L140 剪式液压平台车；(b) L140 转弯状态；(c) L140 工作幅度

（五）锚杆台车

锚杆台车能将钻孔、注浆和装锚杆这三道工序，在一台设备上依次完成，如图 1－6－12 所示。

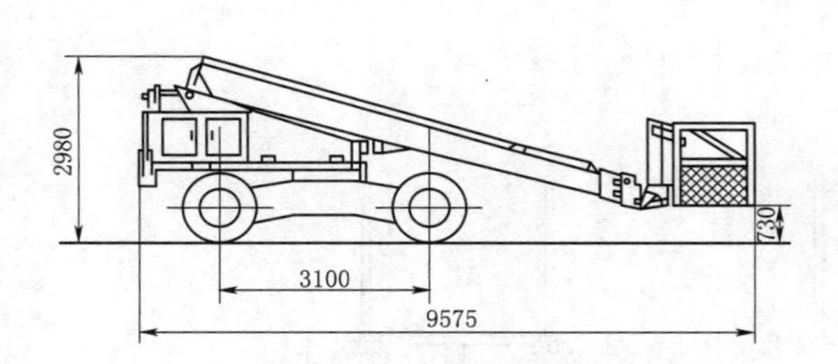

图 1-6-11　GTZD185 起重臂式液压平台车（单位：mm）

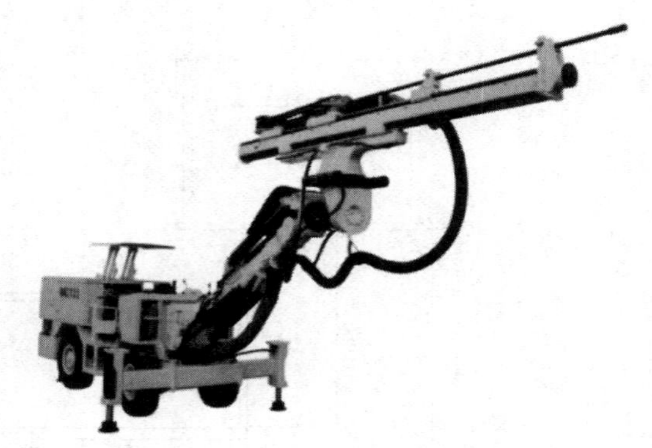

图 1-6-12　锚杆台车

（六）无轨胶轮车

无轨胶轮车包括货箱及车头。具体实物形式如图 1-6-13 所示。

无轨胶轮车可实现一机多用，并可集铲装、运输和卸载功能于一体，爬坡能力强，载重能力大。

（七）盾构机

盾构法是在地面下暗挖隧道的一种施工方法。在地面具有建筑物、隧道埋深较大、地质又复杂时，用明挖法建造隧道很难实现，但运用盾构法建设隧道（洞）、城市地下铁道、上下水道、电子通信等各类地下工程，在技术经济方面具有明显优势。盾构机就是使用盾构法的隧道掘进机，是盾构法中最主要的特殊施工机具，图 1-6-14 为盾构机示意图。

图 1-6-13　无轨胶轮车

盾构机根据机械结构不同可主要分为敞口式盾构、普通闭胸式盾构、机械式闭胸盾构三类。

1. 敞口式盾构

敞口式盾构又称普通盾构，正面有切削土体或软岩的刀盘。这种盾构机适用于地质条件较好，开挖面在掘进中能维持稳定或在有辅助措施是能维持稳定的情况，开挖时一般是从顶部开始逐层向下挖掘。

2. 普通闭胸式盾构

普通闭胸式盾构又称普通挤压式盾构或半机械化盾构，通常配合全挤压式和局部挤压式开挖方式使用。全挤压式施工时，盾构把四周一定范围内的土体挤压密实。

3. 机械闭胸式盾构

机械式闭胸盾构根据正面密封仓内的物体可进一步分类。正面密封仓中加氧压，刀盘切削土体的，称为局部气压盾构；正面密封舱中设泥浆或泥浆加气压平衡装置的，称为泥水平衡盾构；正面密封舱中设土压或土压加泥式装置的，称为土压平衡盾构。机械闭胸式盾构适用于土质较好的条件。

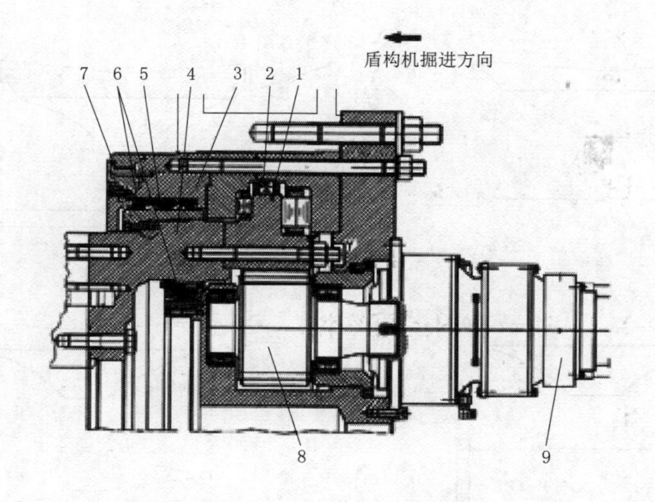

图 1-6-14 盾构机示意图

1—大齿圈；2—主轴承滚柱；3—密封支承；4—环形法兰（用以支承刀盘）；5—密封隔套；6—外部和内部密封系统；7—密封衬套；8—驱动小齿轮；9—减速器和液压马达

第二节 起重和运输机械

一、起重机械

起重机械一般可分为轻小型起重设备、桥架类型起重机械和臂架类型起重机三大类。

(1) 轻小型起重设备，如千斤顶、葫芦、卷扬机等。

(2) 桥架类型起重机械，如桥式起重机、龙门起重机等。

(3) 臂架类型起重机，如固定式回转起重机、塔式起重机、汽车起重机、轮胎、履带起重机等。

水利水电工程中常用的起重机械有以下几种：

(一) 缆索起重机

缆索起重机（简称缆机）：在水利水电工程混凝土大坝施工中常被用作主要的施工设备。此外，在渡槽架设桥梁建筑、码头施工、森林工业、堆料场装卸、码头搬运等方面也有广泛的用途，还可配用抓斗进行水下开挖。

缆机的类型基本机型有：固定式缆机、摆塔式（摇摆式）缆机、平移式缆机、辐射式（单弧移式）缆机、索轨式缆机、拉索式缆机。

基本机型缆机布置示意图如图 1-6-15 所示。

(二) 门座式起重机

门座式起重机是一种全回转臂起重机，如图 1-6-16 所示。其桥架通过两侧支腿支承在地面轨道或地基上。作为水利水电工程混凝土大坝施工用的主力设备，针对性很强。

(三) 塔式起重机

塔式起重机是指臂架安置在垂直的塔身顶部的可回转臂架型起重机，如图 1-6-17 所示。

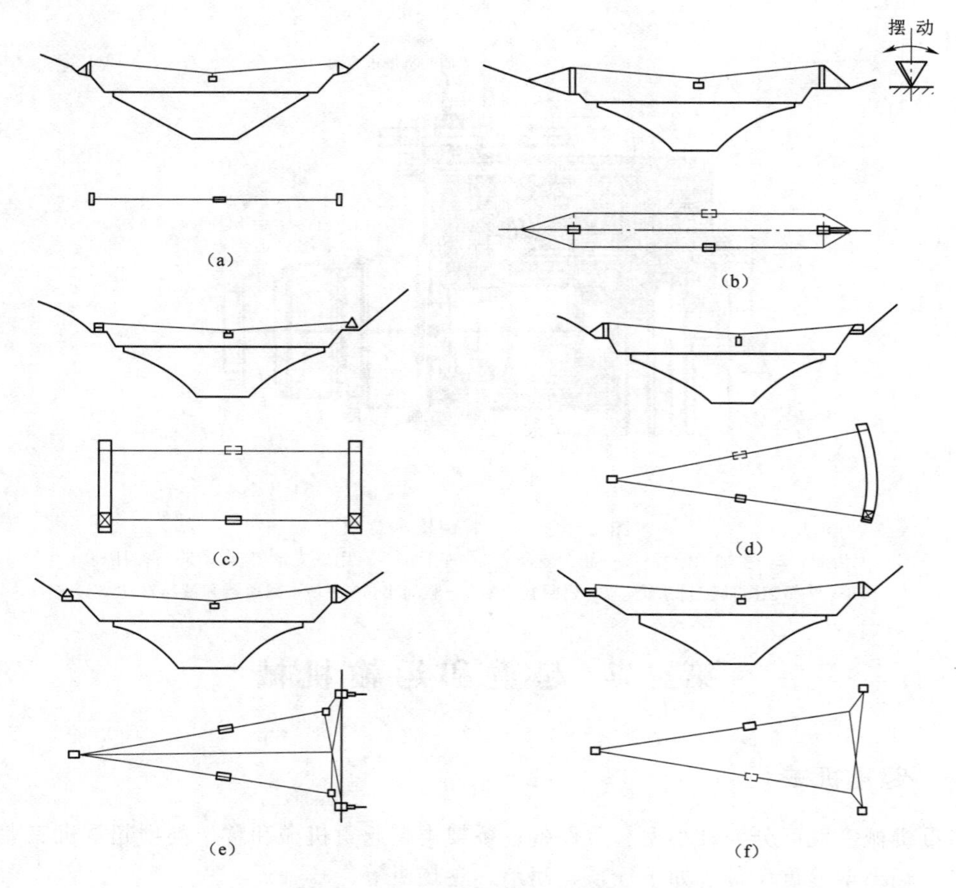

图 1-6-15　基本机型缆机布置示意图

(a) 固定式；(b) 双摆塔式；(c) 平移式；(d) 辐射式；(e) 单索轨式；(f) 单拉索式

图 1-6-16　门座式起重机

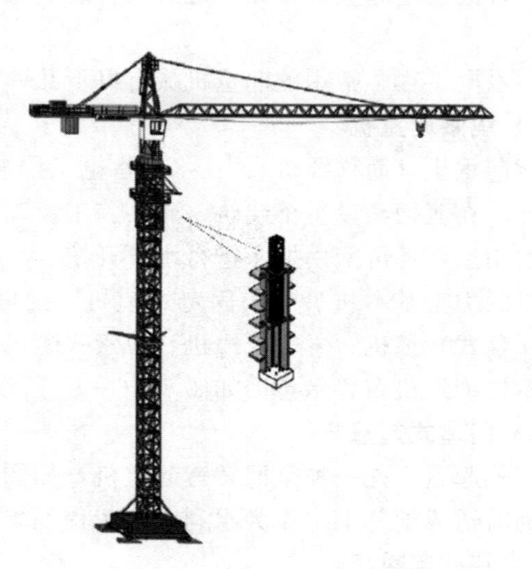

图 1-6-17　塔式起重机

（四）门式起重机（龙门式起重机）

门式起重机是指桥架通过两侧支腿支承在地面轨道或地基上的桥架型起重机，如图1－6－18所示。

大型工程施工中所用的门式起重机，主要用于露天组装场和仓库的吊装运卸作业。

（五）桥式起重机

桥式起重机俗称天车、行车、桥吊，横架于厂房车间内或室外吊车梁上，桥架沿厂房墙壁立柱上的轨道运行，是用作短距离起重运输货物的桥式类型起重机，如图1－6－19所示。由于它的两端坐落在高大的水泥柱或者金属支架上，形状似桥，故此得名。它一般广泛用于室内外仓库、厂房、码头和露天贮料场等处。在水电站中，主厂房内的桥式起重机用于厂内机电设备的安装和检修等时的起吊工作。

图1－6－18　门式起重机

图1－6－19　桥式起重机

（六）履带式起重机

履带式起重机的上车部分装在履带底盘上，其行走轮在自带的无端循环履带链板上行走，履带与地面接触面积大，平均接地比压小，故可在松软、泥泞的路面上行走，适用于地面情况恶劣的场所进行装卸和安装作业，如图1－6－20所示。

图1－6－20　履带式起重机

（七）汽车式起重机和轮胎式起重机

汽车式起重机和轮胎式起重机又统称轮式起重机，系指起重工作装置安装在轮胎底盘上的自行回转式起重机械，如图1－6－21所示。汽车式起重机行驶速度高，多在60km/h以上，可迅速转移作业场地，轮胎式起重机能在坚实平坦的地面吊重行走，一般行驶速度不高。

汽车式起重机和轮胎式起重机按起重量大小分类：起重量3～12t为小型；16～50t为中型；65～125t为大型；125t以上为特大型。常用轮式起重机的起重量在16～40t之间。

(a)

(b)

图 1-6-21　汽车式起重机和轮胎式起重机

(a) 汽车式起重机；(b) 轮胎式起重机

(八) 叉式起重机

叉式起重机又称叉车或铲车。叉式起重机能把水平运输和垂直起升有效地结合起来，有装卸、起重及运输方面的综合功能，具有工作效率高，操作、使用方便，机动灵活等优点。它被广泛地用于车站、码头、货栈、仓库、车间和建筑施工现场，对成件、成箱或散装货物进行装卸、堆垛，以及短途搬运、牵引和吊装等工作。

(九) 张拉千斤顶

张拉千斤顶是用于张拉钢绞线等预应力筋的专用千斤顶。根据结构的不同又分为前卡式千斤顶和穿心式千斤顶。

(十) 卷扬机

卷扬机又称绞车，按驱动方式分为手动、气动、液压传动和电动四种；以绳速分为快速、慢速和多速。

(十一) 电动葫芦

电动葫芦又称电葫芦，是一种轻小型起重设备，具有体积小、自重轻、操作简单、使用方便的特点，其起重重量一般为 0.1～80t，起升高度为 3～30m，如图 1-6-22 所示。分为钢丝绳电动葫芦和环链电动葫芦。

图 1-6-22　电动葫芦

二、运输机械

(一) 载重汽车

载重汽车是用于装卸货物的专用汽车，又称货车。在水利水电工程施工中，施工物资运输用车的载重量一般为 4t 以上，而 4t 以下的载重汽车大多只用于生活及后勤服务。载重汽车分类见表 1-6-2。

表 1-6-2　　载重汽车分类

类　型	分　类				
	小载重量		中载重量	大载重量	
	超轻型	轻型	中型	重型	超重型
吨位/t	<0.75	0.75～2.5	3～8	8～15	>15

（二）自卸汽车

自卸汽车是具有自动卸料功能的载重汽车。

自卸汽车按总质量可分为：轻型自卸汽车（总质量在 10t 以下）；重型自卸汽车（总质量 10～30t）；超重型自卸汽车（总质量 30t 以上）。

自卸汽车的装载容积是以与之配套的装载机或挖掘机工作容积的 3～6 倍最适宜。运距超过 250m 则应采用挖掘机（或装载机）与汽车配套使用；运距不足 1000m 最好选用铰接式自卸汽车；运距较远且部位工作量大时，则应选用刚性自卸汽车作为运输手段。

（三）挂车

挂车俗称拖板，由牵引汽车拖带行驶，实现大吨位、长距离的公路运输。

挂车结构型式有半挂车和全挂车。全挂车的载重量一般为 20～600t。半挂车（图 1-6-23）的载重量一般为 10～200t。

（四）沥青洒布车

沥青洒布车（图 1-6-24）主要用于沥青贯入法表面处置、透层、黏层、混合料就地拌和、沥青稳定土等施工和养护工程。

图 1-6-23　半挂车

图 1-6-24　沥青洒布车

（五）散装水泥车

散装水泥汽车是指专为运输散装水泥而设计制造或改造的专用汽车，如图 1-6-25 所示。在工程施工中采用散装水泥汽车运送水泥，具有工效高、防潮性好、防飞扬、经济效益明显等优点。

（六）高空作业车

高空作业车是用来运送工作人员和器材到指定高度进行作业的特种工程车辆，如图 1-6-26所示。

图 1-6-25　散装水泥车

图 1-6-26　高空作业车

(七) 动力翻斗车

动力翻斗车是短距离输送物料且料斗可倾翻的搬运车辆，如图 1-6-27 所示。行驶速度一般不超过 20km/h。在建筑工地常用来运输砂石、灰浆、砖块、混凝土等建筑材料。

(八) 皮带机

皮带机是带式输送机的简称，有固定式和移动式，结构简单，效率高，是以挠性输送带作物料承载和牵引构件的连续输送机械，如图 1-6-28 所示。一条输送带环绕驱动滚

图 1-6-27　动力翻斗车　　图 1-6-28　皮带机

筒和改向滚筒，两滚筒之间的上下分支各以若干托辊支承，物料置于上分支上，利用驱动滚筒与带之间的摩擦力曳引输送带和物料运行，适用于水平和倾斜方向输送散粒物料和成件物品，也可用于进行一定工艺操作的流水作业线。皮带机输送平稳，物料与输送带没有相对运动，能够避免对输送物的损坏；噪音较小，适合于工作环境要求比较安静的场合；结构简单，便于维护；能耗较小，使用成本低。

皮带机有槽型皮带机、平型皮带机、爬坡皮带机、转弯皮带机、伸缩皮带机等多种结构形式，输送带上还可增设提升挡板、裙边等附件，能满足各种工艺要求。

皮带机驱动方式有减速电机驱动、电动滚筒驱动。

第三节　砂石料混凝土加工和机械

一、砂石料加工机械

(一) 破碎机

破碎机是将开采出来的岩石或天然砾石按照需要的粒径进行破碎加工的机械，在水利水电建设工程中，破碎机通常用来加工各种粒径的砂石料，以作为混凝土骨料之用。破碎机可分为颚式破碎机、旋加破碎机、圆锥破碎机、锤式破碎机、反击式破碎机、悬辊式磨机、球磨机。

(1) 颚式破碎机。颚式破碎机的应用范围相当广泛，它具有结构简单、制造容易、维修方便、工作可靠并能破碎多种硬度的物料等特点。颚式破碎机是属于一种间断工作的破碎机械，它的工作效率比连续工作的破碎机械要低一些。不同机型结构及动颚轨迹见表1-6-3。

表1-6-3　　不同机型结构及动颚轨迹示意表

名称	单肘	双肘	综合摆动	双动颚	动颚水平运动
结构草图		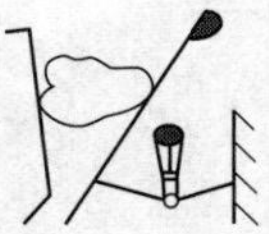	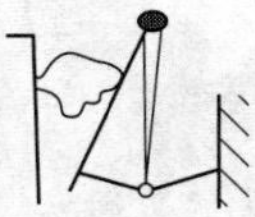	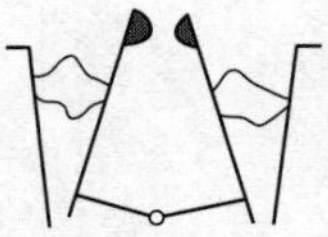	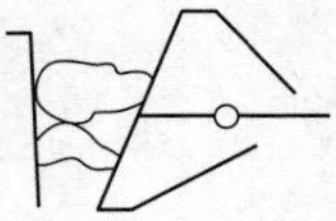
动颚在破碎腔上部运动轨迹	 B_2 B_1				
动颚在破碎腔下部运动轨迹	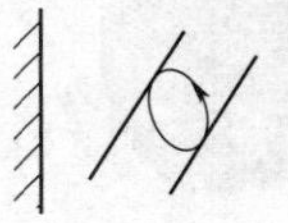				

（2）旋回破碎机。旋回破碎机被广泛地用于各种岩石和矿石粗碎，根据经验，如果选型时，一台颚式破碎机能满足生产要求，则用颚式；如果需要两台颚式，则应考虑选用一台旋回破碎机。

（3）圆锥破碎机。圆锥破碎机适合于中碎、细碎各种坚硬石料。圆锥破碎机如图1-6-29所示。

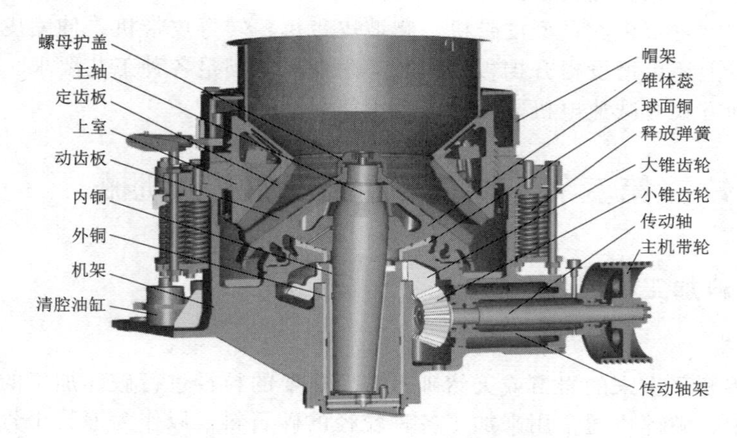

图1-6-29　圆锥破碎机

根据给料粒度及产品要求粒度不同，圆锥破碎机按破碎腔的形状分为标准型、中型、短头型三种。

（4）锤式破碎机。锤式破碎机也是一种冲击式破碎机，是借高速旋转的桶头来冲击破碎物料的机械。适用于软的、中等硬度以及脆性物料，作为中碎、细碎流程作业。锤式破碎机如图1-6-30所示。

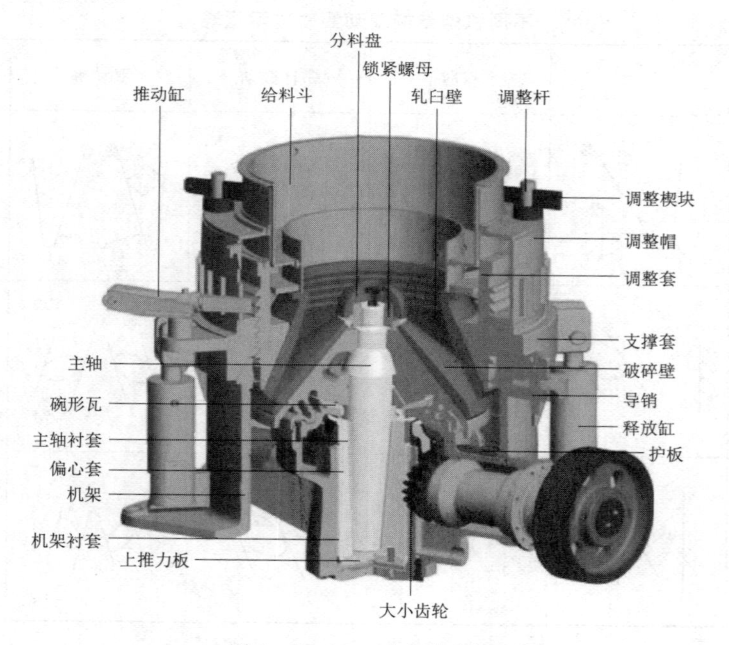

图1-6-30　锤式破碎机

（5）反击式破碎机。反击式破碎机利用冲击原理，高效破碎物料，破碎比大，其产品粒度均匀，适应性强，可用于39.2～245.2MPa的中硬和脆性矿石与物料的破碎。目前，它在我国水利水电工程中多用于物料的中碎、细碎工艺流程。反击式破碎机如图1-6-31所示。

（6）悬辊式磨机。悬辊式磨机又称雷蒙磨、悬辊磨。主要适用于加工莫氏硬度9.3级以下，湿度在6%以下的各种非易燃易爆矿产物料，在水利水电等行业有着广泛的应用，是加工石英、长石、方解石、石灰石、滑石、陶瓷、大理石、花岗岩、白云石、铝矾土、铁矿石、重晶石、膨润土、煤矸石、煤等物料的理想选择。物料的成品细度可在0.613～0.033mm之间调整。悬辊式磨机如图1-6-32所示。

图1-6-31　反击式破碎机

图1-6-32　悬辊式磨机

（7）球磨机。球磨机为筒形磨碎机，它由给料、出料、筒体、轴颈、轴承、传动及润滑等部件组成。球磨机如图1-6-33所示。

球磨机的优点在于粉碎比大、出料细、扬尘少，缺点是产量低、电耗高、要求原料的含水率很低。

（二）筛分机

筛分机是将破碎或天然的砂砾石及其他松散物料通过筛面上具有一定尺寸和形状的网孔分成各种粒径的筛选机械，水利水电工程的砂石料筛选主要有预先筛分、检查筛分、分级筛分三种。

图1-6-33　球磨机

按其工作特点与作用不同，筛分机可分为固定筛和活动筛两大类，固定筛的筛面是静止的，活动筛的筛面是活动的。

固定筛实物图如图1-6-34所示。

活动筛的筛面有水平安装的、也有倾斜安装的，有座式和吊式。按其传动方式不同，活动筛分为圆筒旋转筛和振动筛。

图 1-6-34 固定筛

二、混凝土加工机械

(一) 给料机

在水利水电施工中给料机的作用是将混凝土骨料的砂子、水泥、粉煤灰等物料，均匀连续或间断地向筛分机、皮带机及其他工艺设备喂料，使设备在稳定负荷下进行生产。

给料机类型较多，有电磁振动给料机、槽式给料机、螺旋给料机、刚性叶轮给料机、胶带给料机、摆动式给料机、板式给料机及圆盘给料机等，可按物料的粒径、给料量、给料均匀性、工艺要求及场地布置来选取合适的型号。

给料机型式分类及主要用途如下：

(1) 基本型。结构型式为下振式，用于无特殊要求的给料。

(2) 上振型。安装在给料槽的上方与基本型相反的方向上，适于配置空间不够的场合，其他与基本型相同。

(3) 封闭型。适用于易碎颗粒、粉尘较大及具有挥发性的物料给料。

(4) 轮槽型。适用于比重较小的轻比重物料。

(5) 平槽型。适用于薄料层均匀给料，可用于配料。

(6) 定槽型。适用于选煤，也可用于筛分设备的给料。

电磁振动给料机如图 1-6-35 所示。

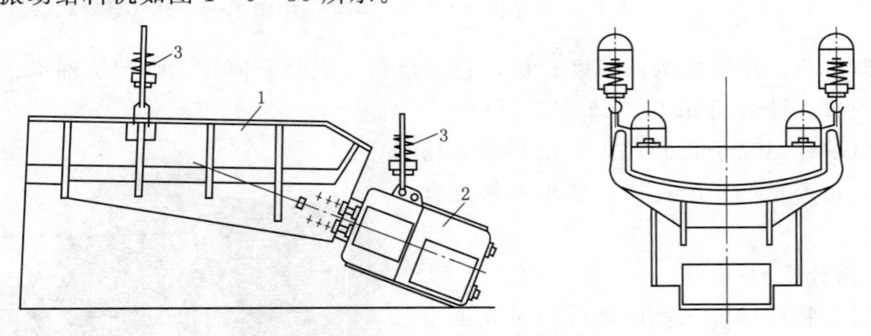

图 1-6-35 电磁振动给料机

1—料槽；2—电磁振动器；3—减振器

(二) 混凝土搅拌机

混凝土搅拌机是搅拌楼（站）的主要机械设备，它的任务是将一定配合比的水泥、砂、骨料、水、掺和料和外加剂等搅拌成混凝土。它与人工搅拌的混凝土相比，既能大大提高生产率，加快工程进度，又能大大减轻工人的劳动强度和提高混凝土的质量。

混凝土搅拌机的种类繁多，分类情况见表 1-6-4。

混凝土搅拌机大致可分为大型、中型、小型三大类。其中大型混凝土搅拌机主要与混凝土搅拌楼配套使用。

表 1-6-4　　　混凝土搅拌机分类

分类	按工作性质分类	按搅拌形式分类	按安装形式分类	按出料方式分类	按搅拌筒外形分类
型式	周期式 连续式	自落式 强制式	固定式 移动式	倾翻式 非倾翻式	梨形 锥形 鼓形 盘形 槽形 其他形

（1）自落式混凝土搅拌机。自落式混凝土搅拌机均系搅拌筒旋转自落式。它是将搅拌物提升到一定高度后自由落下，以达到搅拌均匀的目的。双锥形混凝土搅拌机结构简单、工作可靠、磨损零件较少、卸料时间短，能使用大骨料拌制低流态混凝土，故目前国内外应用比较广泛。双锥形混凝土搅拌机如图 1-6-36 所示。

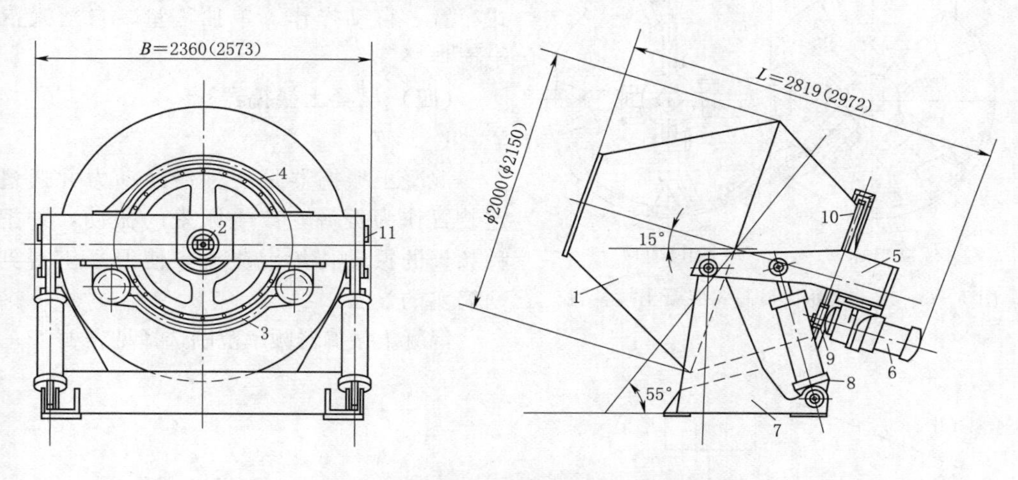

图 1-6-36　双锥形倾翻式混凝土搅拌机（单位：mm）
1—搅拌筒；2—心轴；3—齿轮下罩；4—齿轮上罩；5—搅拌筒支撑梁；6—行星摆线齿轮减速箱；7—底座；8—气缸；9—小轮轮；10—大齿轮；11—水银开关相

（2）卧轴强制式混凝土搅拌机。卧轴强制式混凝土搅拌机有单卧轴和双卧轴两种。

碾压土筑坝加快了工程的施工进度，节约了大量水泥，同时也需要强力混凝土搅拌机械来适应搅拌干硬性混凝土的需要。双卧轴强制式混凝土搅拌机就是其中一种，并且常应用在我国大型水利水电工程中。

其中双卧轴强制式混凝土搅拌机的构造，如图 1-6-37 所示。

（三）混凝土搅拌楼

混凝土搅拌楼（图 1-6-39）是一种新型的混凝土搅拌制备系统，主要由搅拌主机、物料称量系统、物料输送系统、物料贮存系统和控制系统 5 大系统以及其他附属设施组成。混凝土搅拌楼按其布置形式可分为单阶式（垂直式）、双阶式（水平式），如图 1-6-38 所示。

（1）单阶式布置的混凝土搅拌楼。混凝土搅拌楼材料只需要提升一次，然后靠自重下落至各道工序，因此，这种布置型式的混凝土搅拌楼生产率高，占地面积小，易于实现自

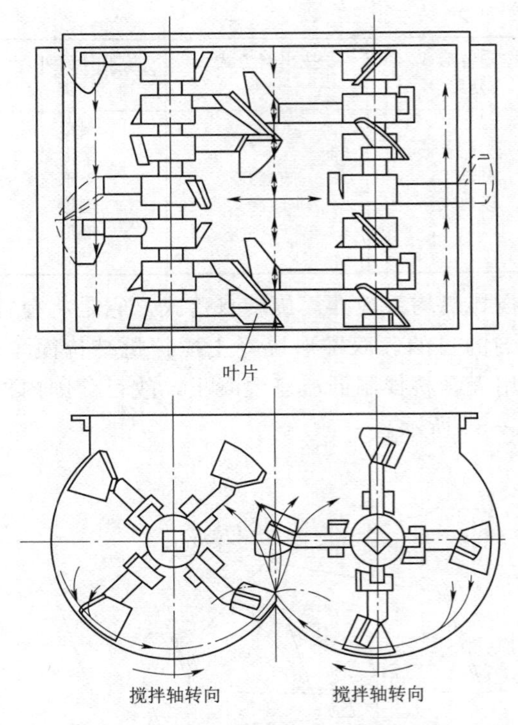

图 1-6-37　双卧轴强制式混凝土搅拌机

动化。目前，水利水电工程使用的混凝土搅拌楼均属于这种型式。

(2) 双阶式混凝土搅拌楼。混凝土搅拌的组合材料需经二次提升，双阶式混凝土搅拌楼是先将组合料第一次提升至贮料仓，材料经过称量后，再次提升加入到混凝土搅拌机。这种布置型式的优点是结构简单、投资少、建筑高度低。缺点是材料需要二次提升，效率较低，自动化程度也低。这种布置型式适合于小型水利水电工程。

目前，水利水电工程使用的多属于单阶式布置、自动操作、单独称量、自落式混凝土搅拌楼。

（四）混凝土振捣器

1. 选用

混凝土振捣器是一种借助动力并通过一定装置作为振源，产生频繁的振动，并把这种频繁的振动传给混凝土，使混凝土得到振动捣实的设备。

混凝土振捣器频率范围选择见表 1-6-5。

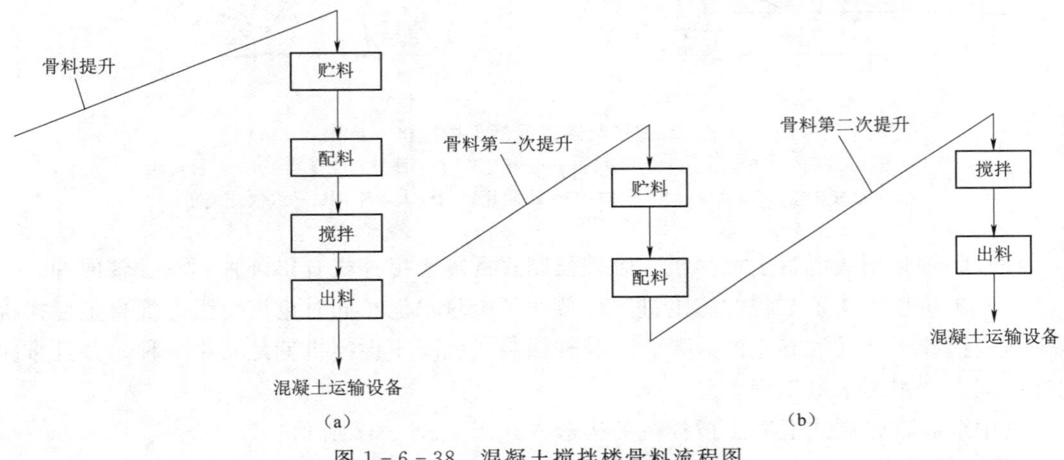

图 1-6-38　混凝土搅拌楼骨料流程图

(a) 单阶式；(b) 双阶式

在实际应用中，振捣器使用频率范围为 3000～21000 次/min，在钢筋稠密或仓面狭窄的浇筑部位需用小型轻便的振捣器，宜选用直径较小的插入式振捣器或使用附着式振捣器；对于机械化施工的大面积混凝土浇筑，依靠人工平仓、用小型振捣器进行捣实已无法满足需要，需要生产率高、重量较大、机械化操作的振捣器，或采用大型现代化的振捣设备（如振捣群组、平仓机、振动碾等机载式振捣设备）。

2. 分类

混凝土振捣器一般按传播振动的方式可分为内部式（也称插入式）、外部式（也称附着式）、表面式、平台式等；按工作部分结构表征可分为锥形、柱形、片形、条形、平台形等；振动频率的不同可分为高频、中频、低频振捣器。一般来讲，频率范围在8000～20000次/min的振捣器属于高频振捣器，适用于干硬性混凝土和塑性混凝土的振捣，频率在2000～5000次/min的振捣器属于低频振捣器，一般作为外部振捣器。

（五）混凝土输送泵

混凝土输送泵也称混凝土泵，由泵体和输送管组成，是利用压力，将混凝土拌合物沿管道连续输送的机械，适合于大体积混凝土和高层建筑混凝土的运输和浇筑。

按其型式可分为以下三种：

（1）固定式混凝土泵（HBG）：安装在固定机座上的混凝土泵。

（2）拖式混凝土泵（HBT）：安装在可以拖行的底盘上的混凝土泵。

（3）车载式混凝土泵（HBC）：安装在机动车辆底盘的混凝土泵。

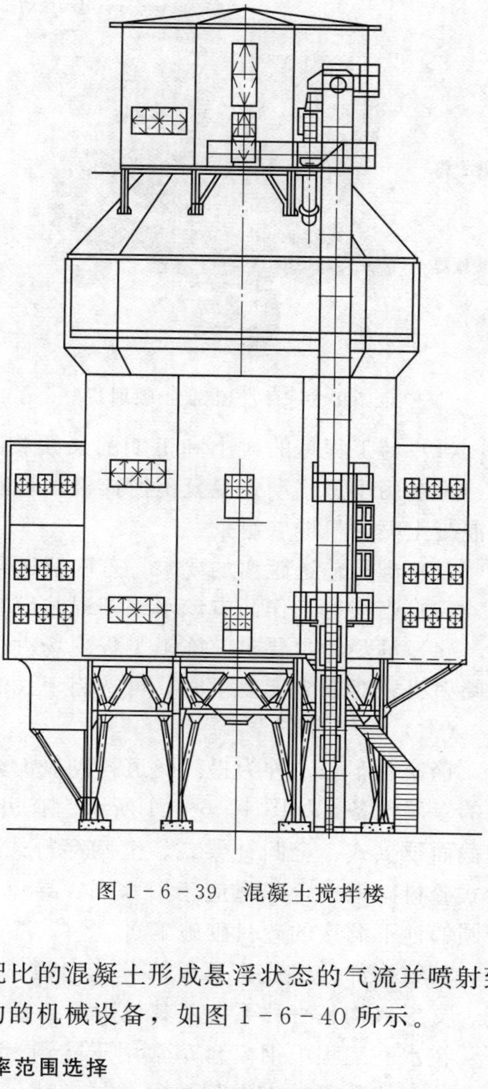

图1-6-39　混凝土搅拌楼

（六）混凝土喷射机

混凝土喷射机是指利用压缩空气将按一定配比的混凝土形成悬浮状态的气流并喷射到被敷表面形成密实的混凝土层，以达到支护目的的机械设备，如图1-6-40所示。

表1-6-5　　混凝土振捣器频率范围选择

振捣频率/（次/min）	7000～12000	6000～12000	6000～7000	7000～9000
实际应用	一般的普通混凝土振捣	大坝混凝土振捣器的平均振幅不应小于0.5～1mm	一般的水工建筑物混凝土，其坍落度在3～6cm，骨料最大粒径在80～150mm	小骨料低塑性的混凝土

1. 混凝土喷射机分类

按混凝土拌和料的加水方法不同，可分为干式、湿式和介于两者之间的半湿式三种。

（1）干式：按一定比例的水泥及骨料，搅拌均匀后，经压缩空气吹送到喷嘴，与来自压力水箱的压力水混合后喷出。

（2）湿式：进入喷射机的是已加水的混凝土拌和料。因而喷射中粉尘含量低，回弹量

图 1-6-40　混凝土喷射机

也减少，是理想的喷射方式。但是湿料易于在料罐、管路中凝结，造成堵塞和清洗的麻烦，因而未能推广使用。

（3）半湿式：也称潮式，即混凝土拌和料为含水率5%～8%的潮料（按体积计），这种料喷射时粉尘少，且由于比湿料黏接性小，不粘罐，是干式和湿式的改良方式。

2. 凝土喷射机的选用

混凝土喷射机的选用是否合理，直接影响着施工进度和工程质量，具体选定时应按下列原则进行：

（1）与工程量的大小和工期的长短相适应。若混凝土的工程量不大且工期也不太长时，可选用小型移动式混凝土搅拌机；若混凝土的工程量大且工期长时，则宜选用中、大型混凝土喷射机群（组）。

（2）满足输送距离的要求。若施输送距离较远，工作风压较低，则适合干式喷射机。

（3）当喷射工作面有渗水或潮湿基面时，宜选用干式喷射机。

（4）满足粉尘要求。施工工程现场对粉尘要求较高时，宜选用湿式或潮式混凝土喷射土喷射机；对粉尘无要求时，可选用干式混凝土喷射机。

（七）钢模台车

钢模台车是一种为提高隧道衬砌表面光洁度和衬砌速度，并降低劳动强度而设计、制造的专用设备，如图1-6-41所示。有边顶拱式、直墙变截面顶拱式、全圆针梁式、全圆穿行式等。全断面针梁式砼衬砌钢模台车适应于引水洞、导流洞等为全圆或椭圆的地下洞室的砼衬砌施工。

图 1-6-41　钢模台车

其结构部分组成：模板部分、门架体部分、行走系统、支撑机构、平移系统及其他附属装置。

在水利工程中钢模台车常用于隧洞衬砌，台车洞内安装的总体顺序是由内到外的分层安装，安装的具体顺序为：底模→门形架→两边侧模及其支撑（斜支撑及水平支撑）→顶模及其支撑→其他附件。

使用钢模台车不仅可以避免施工干扰、提高施工效率，更重要的是大大提高了隧道内的衬砌施工质量，同时也提高了隧道施工的机械化程度。

第四节　疏　浚　机　械

一、概念

疏浚机械是指需要疏通、挖深或者扩宽河流湖泊等水域的时候，在水下进行土石方开挖工作的机械设备，包括各种类型的吸砂船、挖泥船、冲塘机、清淤机等。

我国对于挖泥船分类，尚无统一规定，一般是根据工作原理和输送方式的不同；分为机械式、水力式和气动式三大类。

（一）机械式挖泥船

机械式挖泥船是通过机械周期切割挖掘、机械提升来完成挖泥任务的作业船。一般是用各种斗或铲挖取疏浚物并将其从水下提升卸入专用驳船，再自航或用拖轮拖带送至预定排放地点卸空。

常用机械式挖泥船有链斗式、抓斗式、铲扬式、反铲式。其中链斗式挖泥船，略加改进即可成为采据砂石料的采砂船或采矿船。机械式挖泥船已各自成系列设计、建造、施工，应用较为广泛。

（二）水力式挖泥船

水力式挖泥船是以水力或机械连续切泥，水力输送来完成挖泥任务的作业船。它用高压喷嘴以高速水流冲刷疏浚物，或由绞刀（包括斗轮、刀轮）或耙头切割、扰动疏浚物，使其与水混合，形成泥浆，然后由离心式或射流式泥泵，经吸排管排放到挖泥船自备的泥舱或挖槽外侧，也可排放到远离挖槽的其他区域。由于该类挖泥船均具有吸入或扬出作用，故又称吸扬式挖泥船。

常用水力式挖泥船有绞吸式、耙吸式、射流式以及冲吸式等，但以绞吸式挖泥船应用最为普遍。

各种挖泥船类型、施工特点及适用条件见表1-6-6。

表1-6-6　挖泥船类型、施工特点及适用条件

基本类型	挖泥船类型及名称	施工特点	适用范围	适用土质	不宜施工情况
机械式	链斗式挖泥船	多斗连续作业，效率高； 挖泥能力强，适用规模较大工程； 挖槽规整、平坦； 抗风浪能力强	港口、码头泊位、航道滩地及水工建筑物基槽等规格要求较严的工程	松散砂壤土、砂质黏土、卵石夹砾、淤积土；可用于挖掘水下砂石料	狭长河道内、泥驳及拖轮不宜靠泊、掉头；内河水域弃土困难；开挖黏性土、稀泥、粉尘
	铲扬式挖泥船	挖掘坚硬土、石方能力最强；抗风浪能力较好；可装置碎石设备，改做起重船； 单斗挖掘效率低、挖槽不平整	河底清障、拆毁坝基、打捞沉物、排除水下障碍物等工程	珊瑚礁、砾石、卵石、块石、重黏土和胶结紧密的泥土	开挖稀泥、细砂、粉砂
	反铲式挖泥船	泥斗重量轻，切削力大； 操作灵活，适合水下开挖作业	同链斗、铲扬式	泥土、黏土、砂土、密实砂、碎石、砾石、板砂及风化岩	同铲扬式
	抓斗式挖泥船	易调节挖深；抓斗型式、结构可据土类选择，可抓取较大石块；可改做碎石船、起重船，开挖平整度差、易漏挖	水下基础开挖，码头、泊位、河道疏浚；深水打捞、清障	黏土、砾石、卵石、块石、混凝土块等	同铲扬式

续表

基本类型	挖泥船类型及名称	施工特点	适用范围	适用土质	不宜施工情况
水力式	绞吸式挖泥船	泥水混合、管道输送；挖泥、运泥、卸泥一次连续完成，效率高	内河、湖泊、沿海、航道、水库、港口、泊位、清淤、疏浚、开挖工程、吹填工程	松散细砂、砂壤土、黏土、淤泥等	超过挖泥船抗风浪等级；排距、排高超过挖泥船允许值；土中有砾石、块石及固体障碍物
	耙吸式挖泥船	抗风浪能力强，挖深大，施工时对其他船干扰小；挖槽底部平整度差，易漏挖、超挖、重挖	沿海、港口航道及海口段清淤、疏浚施工	砂土、砂壤土、淤泥等	狭窄水域、浅水域
	斗轮式挖泥船	挖掘效果好、泄漏少、产量高、切削力较绞刀大	同绞吸式	硬质土、密实砂矿	同绞吸式
	吸盘式挖泥船	泥土强迫进入，泥浆浓度高，纵向开挖			
	射流式挖泥船	射流泵无运动件，寿命长，以水为介质，具有稀释作用，取砂效果好；施工效率低	港口、码头、水工建筑物前水下清淤；水下挖砂	砂、砂壤土、淤积土	
气动式	气动泵式挖泥船	挖深大，泥浆浓度高，适用范围广、施工效率低、功耗大	深水作业；港口、水库清淤	各种土质；土颗粒径小于排管直径1/3	浅水域（水深小于5m）；杂物多、排距长、排高大

二、常用的挖泥船简介

（一）绞吸式挖泥船

绞吸式挖泥船是吸扬式挖泥船的一种，它适应性最强，应用最为广泛。

柴油电动绞吸式挖泥船、全液压绞吸式挖泥船和新型绞吸式挖泥船船型是常见的绞吸式挖泥船，示意图如图1-6-42～图1-6-44所示。

绞吸式挖泥船按其设计小时生产率一般分为：小型（小时生产率80m^3/h以下）、中型（小时生产率200～500m^3/h）、大型（小时生产率500m^3/h以上）。

（二）链斗式挖泥船

链斗式挖泥船是各类挖泥船中较早使用的一种，是机械式挖泥船中较典型的船型。链斗式挖泥船如图1-6-45所示。

链斗式挖泥船可用于开挖各类土壤，较适合开挖黏性、砂性壤土，也可挖掘经碎石、爆破后的岩石，挖取建筑用砂石料或用于采矿，但对细、粉砂和淤质土挖取，工效较差。

链斗式挖泥船一般按生产率划分船型大小，生产率在120m^3/h以下的为小型，200～500m^3/h为中型，超过500m^3/h为大型。

（三）抓斗式挖泥船

抓斗式挖泥船是较为普遍应用的机械式挖泥船。抓斗式挖泥船如图1-6-46所示。

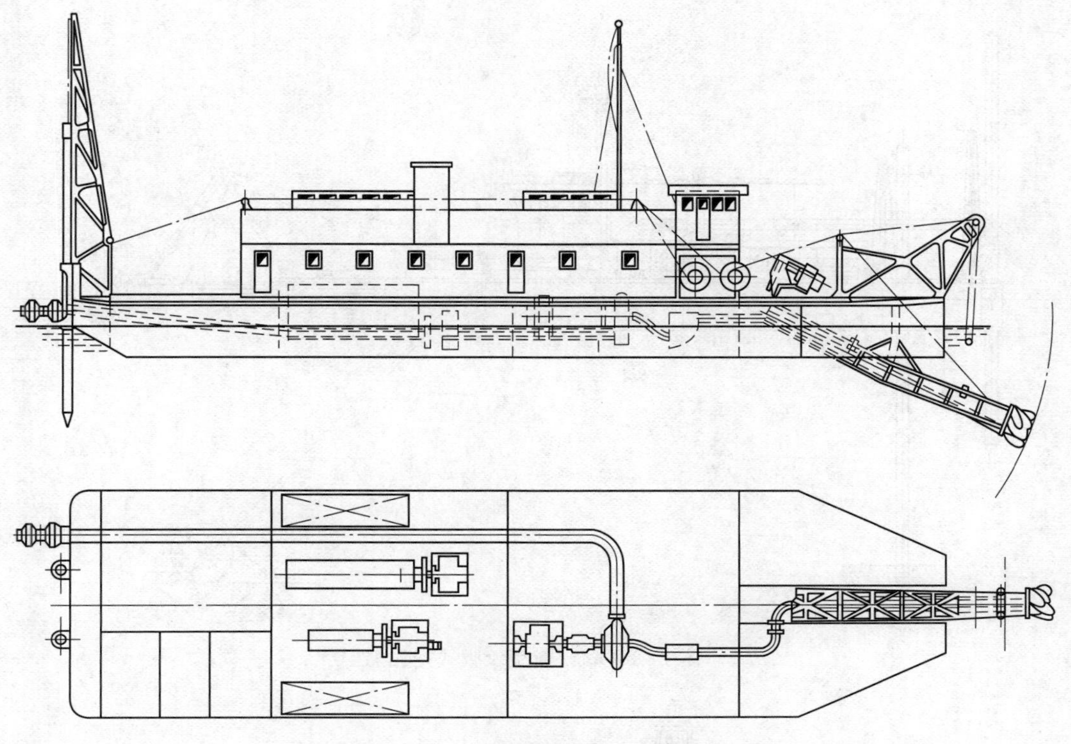

图 1-6-42　柴油电动绞吸式挖泥船

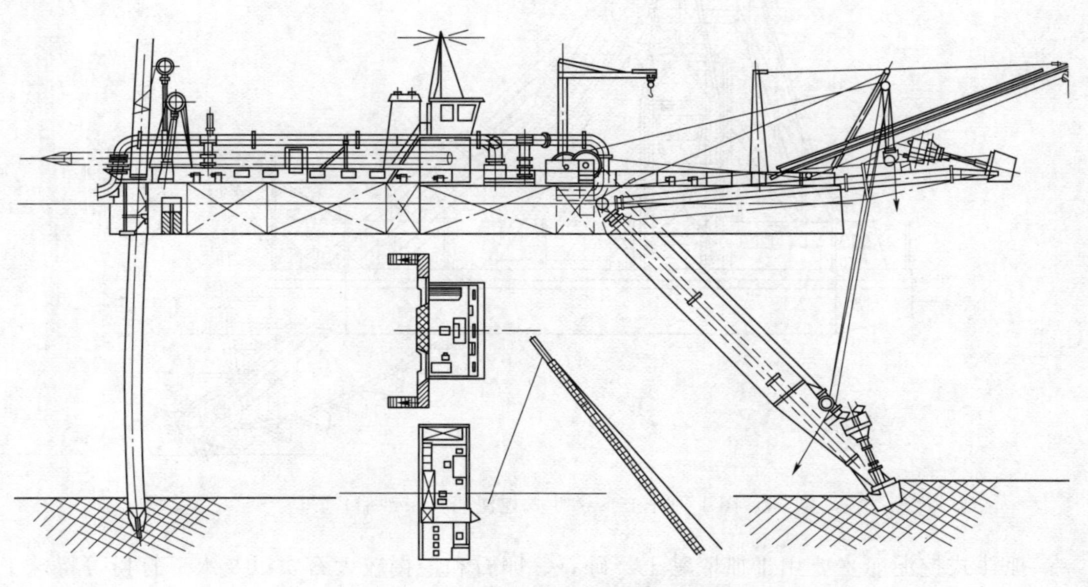

图 1-6-43　全液压绞吸式挖泥船

抓斗式挖泥船多为非自航式，船配一台或多台挖掘机均设置在船首或船中部，能独立完成自装、自运、自卸等配套设备。少数自航抓斗式挖泥船船体设有泥舱。

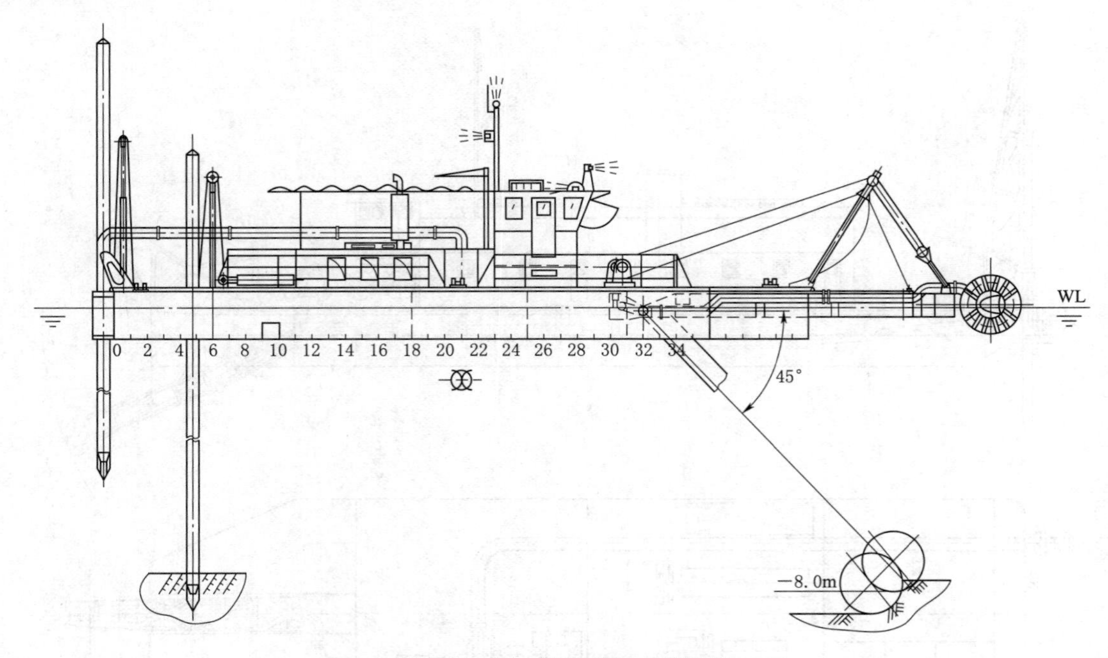

图 1-6-44 新型绞吸式挖泥船

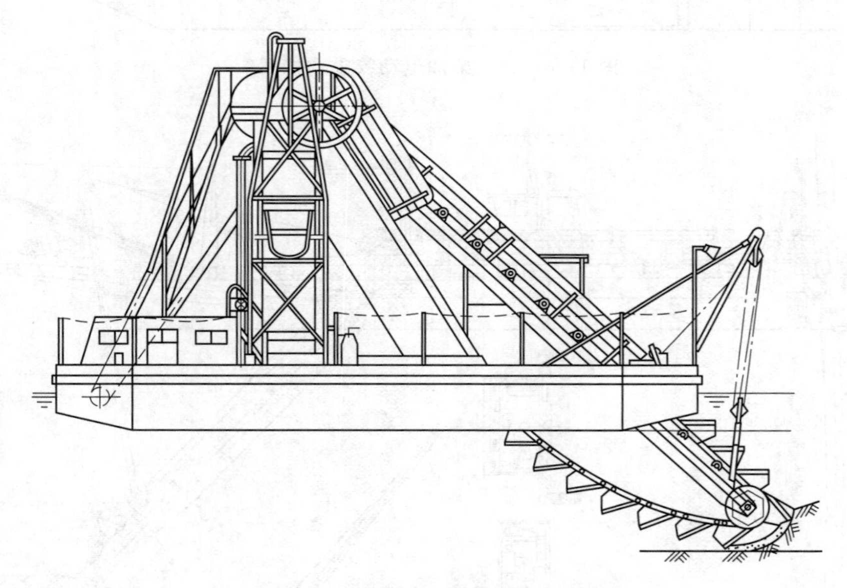

图 1-6-45 链斗式挖泥船（采砂船）

抓斗式挖泥船主要用于抓取黏土、砾石、卵石和挖掘较大石块以及水下打捞等特殊工程，但挖取细砂、粉砂、淤泥时，由于抓斗提升时泄漏较大故一般不宜采用。

(四) 铲扬式挖泥船

铲扬式挖泥船（图 1-6-47）是一种单斗挖泥船。

铲扬式挖泥船一般为非自航，但可利用抛锚或利用铲斗与后桩配合来移动船位，铲扬

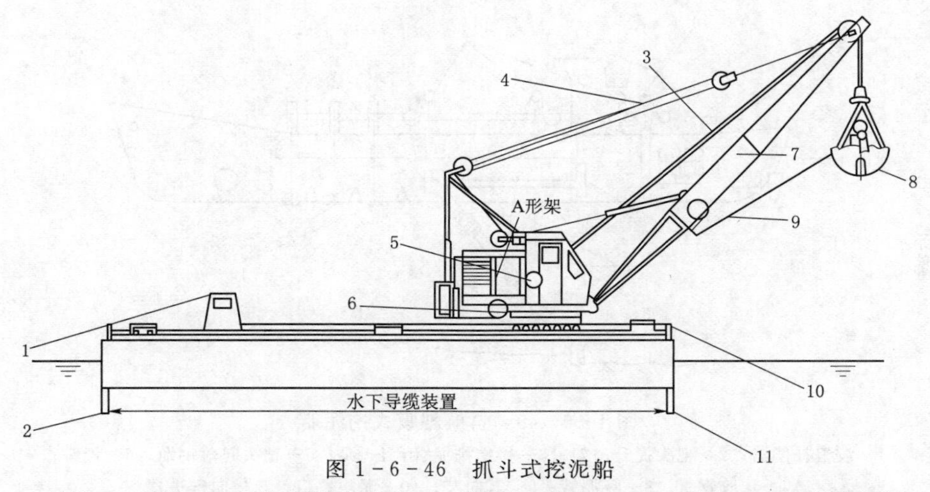

图 1-6-46 抓斗式挖泥船

1—艉缆；2—边缆；3—抓斗升降启闭钢缆；4—吊杆俯仰钢缆；5—抓斗升降、启闭钢缆滚筒绞车；6—吊杆俯仰钢缆滚筒；7—吊杆；8—抓斗；9—抓斗稳定索；10—艏缆；11—边缆

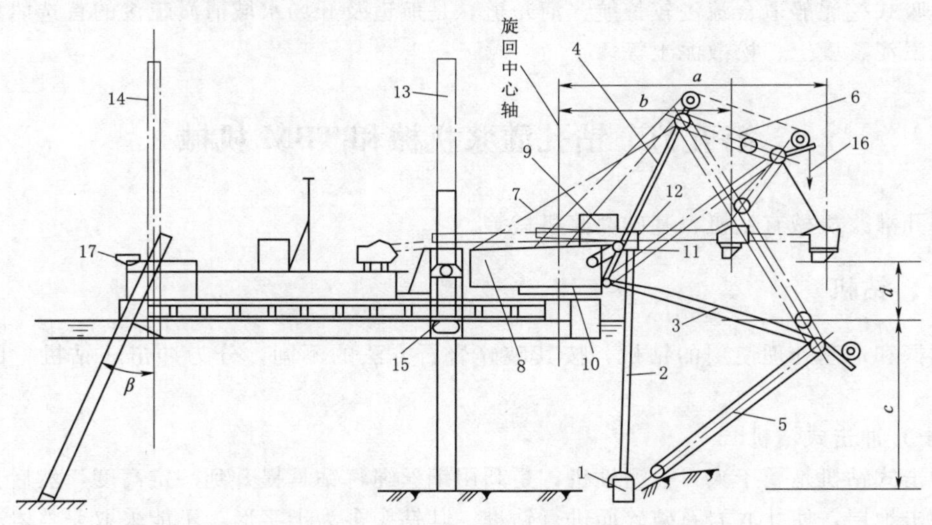

图 1-6-47 铲扬式挖泥船

a—最大回转半径；b—最小回转半径；c—挖深；d—扬起高度；β—后桩倾角；
1—铲斗；2—斗柄；3—吊杆；4—人字架；5—主起升钢缆；6—变幅钢缆；7—后牵钢缆；8—旋回机械室；9—操纵室；10—转台；11—象鼻梁（人字架托架）；12—斗柄套架；13—前桩；14—后桩；15—前桩桩塔；16—碎石设备；17—工作艇

式挖泥船的吊杆顶端装有碎石装置，供破碎岩石挖掘层之用，亦可改作起重用。

铲扬式挖泥船铲斗容积较大，适合直接挖掘胶结紧密的卵石、砾石、重黏土、砂质土，挖掘大石块及其他混合土。在水利水电工程施工中用于完成清理围堰、拆除旧堤、开挖底质坚硬的航道、打捞大型沉物、清理水下障碍物等施工项目，也适用于在沿海、港湾、河湖和航道等处施工。

（五）耙吸式挖泥船

耙吸式挖泥船为自航式挖泥船，如图 1-6-48 所示。

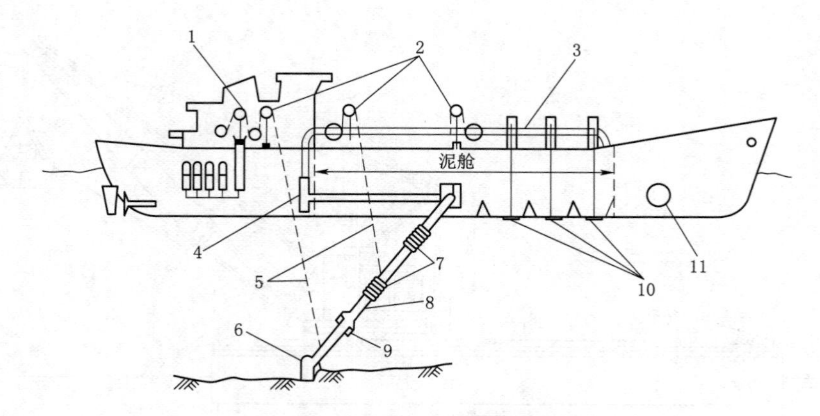

图 1-6-48　自航耙吸式挖泥船

1—波浪补偿器；2—耙头提升吊架；3—接岸排泥管；4—泵；5—耙头起落钢缆；6—耙头；7—橡胶钢管；8—吸泥管；9—万向节；10—泥门；11—艏横向推进器

耙吸式挖泥船适合疏浚较长航（河）道，是航道及开场水域清淤疏浚的首选船型，适合挖取淤泥、壤土、松散泥土等。

第五节　钻孔灌浆机械和 TBM 机械

钻孔灌浆机械有钻机、基础灌浆机械等。

一、钻机

钻探和地基处理使用的钻机，按其破碎岩石方法的不同，分为冲击式钻机、回转式钻机。

（一）冲击式钻机

冲击式钻机是属于大口径型钻机，是利用钢丝绳将钻具提升到一定高度，然后自由落下，冲击地层，使孔底岩石破碎而进行钻进。其钻头多为十字形，不能采取完整岩心，如图 1-6-49 所示。

冲击式钻机是基础灌浆施工的一种主要钻孔机械，它能适应各种不同的地质情况，尤其适用于疏散性岩石、软岩石和硬地层中钻凿与地面垂直的孔。

（二）冲击反循环钻机

冲击反循环钻机是在冲击钻机的基础上研制出的新机型，适用于各种复杂地质条件（土层、砂层、漂卵石层、岩石层）的钻进。

（三）回转式钻机

回转式钻机是利用钻机的回转器带动钻具旋转，通过磨削孔底岩石进行钻进。其钻具多为筒状，能取出完整柱状岩心。这种钻机的钻进速度较高，适用于各种硬度级别的岩石钻进，可钻直孔、斜孔、深孔。回转式钻机由于结构和性能的不同，一般可分为立轴式钻机、转盘式钻机和动力头式钻机等。

（四）回转斗式钻机

回转斗式钻机使用特制的斗式回转钻头，在钻头旋转时切土进入土斗，装满土斗后，回转停止旋转并提出孔外，打开土斗弃土，并再次进入孔中旋转切土，重复进行直至成孔。

回转斗式钻机适用于除岩层以外的各种地质条件，排渣设备简单，对泥浆排放较严的地区比较有利。缺点是对桩长、桩径有一定限制，在某些地质条件下，回转斗式钻机施工的速度不理想，对泥浆的要求质量较高，施工选用时要加以综合考虑选用。

（五）水平多轴回转钻机

水平多轴回转钻机也称为双轮铣槽机，其特点是对地层适应性强，淤泥、砂、砾石、卵石、砂岩、石灰岩均可掘削，配用特制滚轮铣刀还可钻进抗压强度为200MPa左右的坚硬岩石，被广泛应用于地下连续墙的施工。

（六）潜水钻机

潜水钻机尤其适用于地下水位较高的土层中成孔，但不宜用于碎石土层。

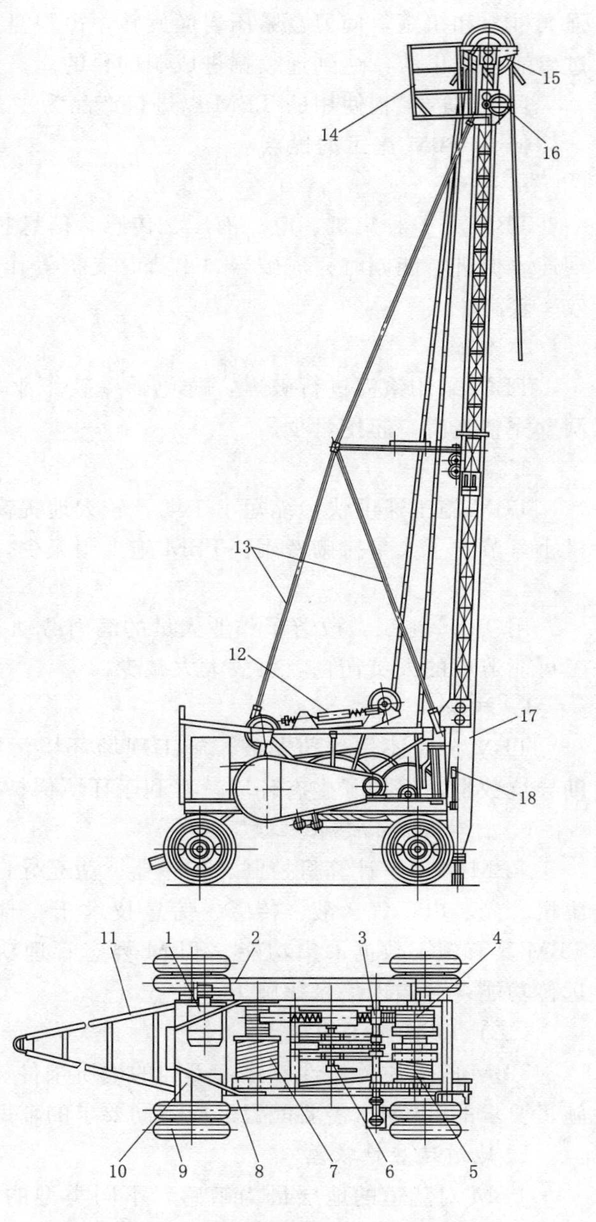

图1-6-49 CZ-22型冲击钻机

1—电动机；2—三角皮带；3—主轴；4—抽筒卷筒及其大齿轮；5—滑车卷筒及其大齿轮；6—冲击轴；7—工具卷筒及其大齿轮；8—机架；9—轮台；10—控制箱；11—托架；12—冲击机构；13—桅杆拉杆；14—工作台；15—工具滑轮和抽筒滑轮；16—滑车滑轮；17—桅杆；18—操纵手把

二、基础灌浆机械

把既有流动性又有胶凝性的浆液压送到地基岩石或砂砾石层中，称为基础灌浆。基础灌浆所用的机械主要有泥浆泵、灰浆泵、化学灌浆泵、高压清水泵、全液压灌浆泵等不同型式的灌浆泵以及泥浆搅拌机。

三、TBM机械

广义的“掘进机”包括岩石掘进机和软土盾构机。通常所说的“掘进机”其全称为“全断面岩石掘进机”（Full Face Rock Tunnel Boring Machine，简称TBM）。各种不同类型的TBM具有不同的工作模式，适宜不同的地质条件和工程条件，但其基本工作原理是相同的，即通过主轴传递的强大推力和扭矩，使刀盘紧压岩面旋转，由刀盘上均匀分布的盘形滚刀切削岩石破岩，通过出渣系统出渣，达到连续掘进成洞的目的。

目前国内工程使用的TBM以进口产品为主。

（一）TBM施工的优点

1. 快速

TBM是一种集机、电、液压、传感、信息技术于一体的隧道施工成套设备，可以实现连续掘进，能同时完成破岩、出渣、支护等作业，实现了工厂化施工，掘进速度较快，效率较高。

2. 优质

TBM采用滚刀进行破岩，避免了爆破作业，成洞周围岩层不会受爆破振动而破坏，洞壁完整光滑，超挖量少。

3. 高效

TBM施工速度快，缩短了工期，较大地提高了经济效益和社会效益；同时由于超挖量小，节省了大量衬砌费用。TBM施工用人少，降低了劳动强度和材料消耗。

4. 安全

用TBM施工，改善了作业人员的洞内劳动条件，减轻了体力劳动量，避免了爆破施工可能造成的人员伤亡，事故大大减少。

5. 环保

TBM施工不用炸药爆破，施工现场环境污染小；TBM施工减少了长、大隧道的辅助导坑数量，保护了生态环境，有利于环境保护。

6. 自动化和信息化程度高

TBM采用了计算机控制、传感器、激光导向、测量、超前地质探测、通信技术，是集机、光、电、气、液、传感、信息技术于一体的隧道施工成套设备，自动化程度高。TBM具有施工数据采集功能、TBM姿态管理功能、施工数据管理功能、施工数据实时远传功能，可实现信息化施工。

（二）TBM施工的缺点

TBM的地质针对性较强，不同的地质条件、不同的隧道断面，需要设计成满足不同施工要求的TBM，需要配置适应不同要求的辅助设备。

1. 地质适应性较差

TBM对隧道的地层最为敏感，不同类型的TBM适用的地层也不同，一般的软岩、硬岩、断层破碎带，可采用不同类型的TBM辅以必要的预加固和支护设备进行掘进，但对于大型的岩溶暗河发育的隧道、高地应力隧道、软岩大变形隧道、可能发生较大规模突水涌泥的隧道等特殊不良地质隧道，则不适合采用TBM施工。

2. 不适宜中短距离隧道的施工

由于TBM体积庞大，运输移动较困难，施工准备和辅助施工的配套系统较复杂，加工制造工期长，对于短隧道和中长隧道很难发挥其优越性。

3. 断面适应性较差

断面直径过小时，后配套系统不易布置，施工较困难；而断面过大时，又会带来电能不足、运输困难、造价昂贵等种种问题。

4. 运输困难，对施工场地有要求

TBM属于大型专用设备，全套设备重达几千吨，最大部件重量达上百吨，拼装长度最长达200多米。同时洞外配套设施多，主要有混凝土搅拌系统、管片预制厂，修理车间、配件库、材料库、供水、供电、供风系统，运渣和翻渣系统，装卸调运系统，进场场区道路，TBM组装场地等。这些对隧道的施工场地和运输方案等都提出了很高的要求，可能有些隧道虽然长度和地质条件较适合TBM施工，但运输道路难以满足要求，或者现场不具备布置TBM施工场地的条件。

5. 设备购置及使用成本大

TBM施工需要高负荷的电力保证、高素质的技术人员和管理队伍，且前期购买设备的费用较高，这些都直接影响到TBM施工的适用性。

(三) TBM机械分类及适用条件

TBM按照掘进机的作业面是否封闭主要分为开敞式、双护盾式、单护盾式三种类型。开敞式掘进机适用于围岩稳定性好的场合，护盾式掘进机适合于围岩较软弱、需进行混凝土（钢）管片安装的场合。

1. 开敞式TBM

开敞式TBM（图1-6-50）掘进隧洞的衬护结构通常为锚喷式支护结构或锚喷式支护＋二次现浇混凝土衬砌结构，其掘进前行完全依靠侧向撑靴撑紧洞壁围岩提供的摩擦反力，故对围岩的基本要求是“撑得起、稳得住”。

开敞式TBM常用于硬岩，一般在完整性较好的围岩条件下选用，在以Ⅳ类和Ⅴ类围岩为主的地层中则不适用。在开敞式TBM上，配置了钢拱架安装器和喷锚等辅助设备，以适应地质的变化。当采取有效支护手段后，也可用于软岩隧道。

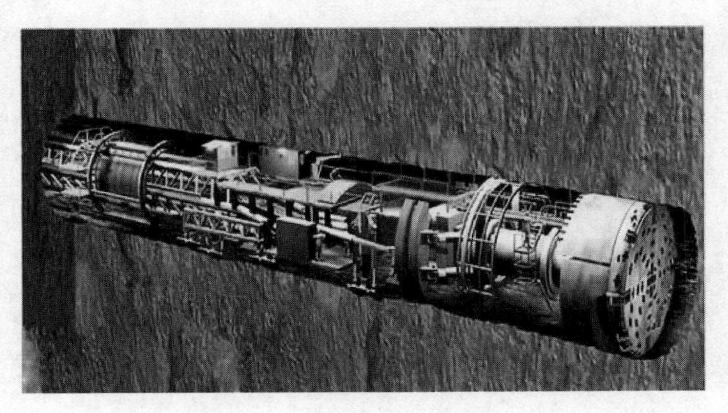

图1-6-50 开敞式TBM外形图

2. 双护盾式TBM

双护盾式TBM掘进隧洞的衬护结构通常为预制混凝土管片。双护盾式TBM具有两种掘进模式：双护盾掘进模式和单护盾掘进模式。双护盾掘进模式适用于稳定性好的地层及围岩有小规模剥落而具有较稳定性的地层，单护盾掘进模式则适应于不稳定及不良地质地段。

(1) 双护盾掘进模式。在围岩稳定性较好的地层中掘进时，位于后护盾的撑靴紧撑在洞壁上，为刀盘掘进提供反力，在主推进油缸的作用下，使 TBM 向前推进。TBM 的作业循环为掘进与安装管片→撑靴收回换步→再支撑→再掘进与安装管片。双护盾掘进模式适用于稳定性较好的硬岩地层施工，在此模式下，掘进与安装管片同时进行，施工速度快。

(2) 单护盾掘进模式。单护盾掘进模式在软弱围岩地层中掘进时，洞壁不能提供足够的支撑反力。这时，不再使用支撑靴与主推进系统，伸缩护盾处于收缩位置，双护盾式 TBM 就相当于一台简单的盾构。刀盘的推力由辅助推进油缸支撑在管片上提供，TBM 掘进与管片安装不能同步。作业循环为掘进→辅助油缸回收→安装管片→再掘进。

3. *单护盾式 TBM*

单护盾式 TBM 常用于软岩，单护盾式 TBM 推进时，要利用管片作为支撑，其作业原理类似于盾构，与双护盾式 TBM 相比，掘进与安装管片两者不能同时进行，施工速度较慢。单护盾式 TBM 与盾构的区别有两点：一是单护盾式 TBM 采用皮带机出渣，而盾构则采用螺旋输送机出渣或采用泥浆泵以通过管道出渣；二是单护盾式 TBM 不具备平衡掌子面的功能，而盾构则采用土仓压力或泥水压力平衡开挖面的水土压力。

第七章　水利工程施工技术

第一节　施工导流、截流、降排水工程

为了使水工建筑物能在干地上进行施工，需要用围堰维护基坑，并将水流引向预定的泄水通道往下游宣泄，即施工导流。

施工导流设计的主要任务是：选定导流标准，划分导流时段，确定导流设计流量；选择导流方案及导流建筑物的型式；确定导流建筑物的布置、构造及尺寸；拟定导流建筑物的修建、拆除、堵塞的施工方法以及截断河床水流，拦洪度汛和基坑排水等措施。

一、施工导流方式与泄水建筑物

施工导流方式大体上可分为：分段围堰法导流、全段围堰法导流。

（一）分段围堰法导流

分段围堰法导流亦称分期围堰法，就是用围堰将水工建筑物分段、分期维护起来进行施工的方法。如图1-7-1所示，首先在右岸进行第一期工程的施工，水流由左岸的束窄河床宣泄。然后到第二期工程施工时，水流就通过船闸、预留底孔或缺口等下泄。

分段围堰法导流一般适用于河床宽、流量大、工期较长的工程，尤其适用于通航河流和冰凌严重的河流。这种导流方法的导流费用较低，国内外一些大、中型水利水电工程采用较广。分段围堰法导流的前期都利用被束窄的原河道导流，后期要通过事先修建的泄水道导流，其泄水道类型通常有以下几种。

1. 底孔导流

底孔导流时，应事先在混凝土坝体内修建临时或永久底孔，导流时让全部或部分导流流量通过底孔宣泄到下游，保证工程继续施工。

2. 坝体缺口导流

在混凝土坝施工过程中，当汛期河水暴涨暴落，其他导流建筑物又不足以宣泄全部流量时，可以在未建成的坝体上预留缺口（图1-7-1），以配合其他导流建筑物宣泄洪峰流量，待洪峰过后，上游水位回落，再继续修筑缺口。在修建混凝土坝（特别是大体积混凝土坝）时，由于这种导流方法比较简单，常被采用。

3. 束窄河床导流和明渠导流

当河水较深或河床覆盖层较厚时，纵向围堰的修筑常常十分困难。若河床一侧的河滩基岩较高且岸坡稳定又不太高陡时，采用束窄河床导流是较为合适的。有的工程，将河床适当扩宽，形成导流明渠（图1-7-2），就是在第一期围堰维护下先修建导流明渠，河

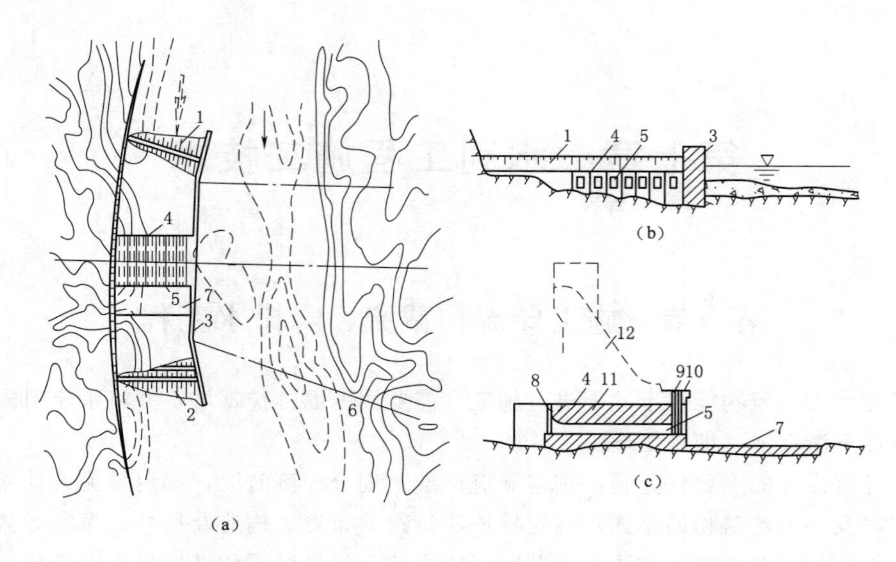

图 1-7-1　分段围堰法导流

(a) 平面图；(b) 下游立视图；(c) 导流底孔纵断面图

1—一期上游横向断面；2—一期下游横向围堰；3—一、二期纵向围堰；4—预留缺口；5—导流底孔；6—二期上下游围堰轴线；7—护坦；8—封堵闸门槽；9—工作闸门槽；10—事故闸门槽；11—已浇筑的混凝土坝体；12—未浇筑的混凝土坝体

水由束窄河床下泄，导流明渠河床侧的边墙常用作第二期的纵向围堰；到第二期工程施工时，水流经由导流明渠下泄。

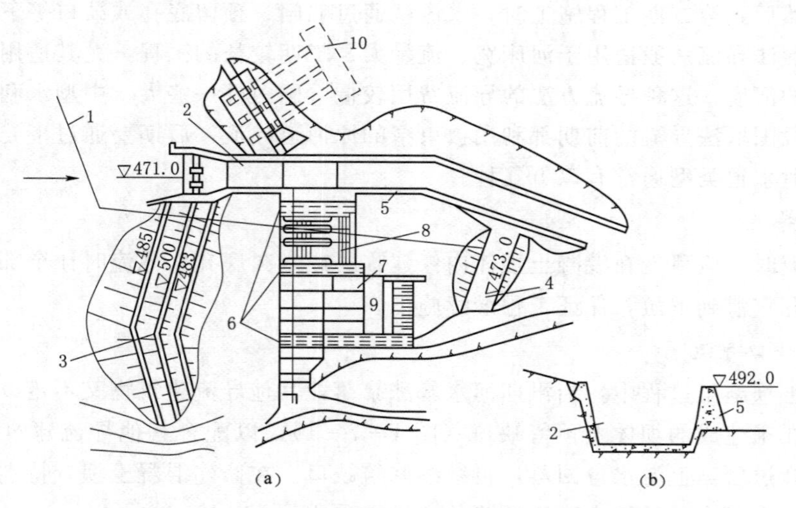

图 1-7-2　四川龚嘴水电站明渠导流（单位：m）

(a) 平面图；(b) 剖面图

1—一期围堰轴线；2—导流明渠；3—二期上游横向围堰；4—二期下游横向围堰；5—二期纵向围堰；6—导流底孔；7—非溢流坝段；8—溢流坝段；9—坝后式厂房；10—地下厂房

(二) 全段围堰法导流

在河床主体工程的上下游各建一道断流围堰，使水流经河床以外的临时或永久泄水道下泄。主体工程建成或接近建成时，再将临时泄水道封堵。

全段围堰法导流，其泄水道类型通常有以下几种。

1. 隧洞导流

隧洞导流（图1-7-3）是在河岸山体中开挖隧洞，在基坑上下游修筑围堰，水流经由隧洞下泄的导流方法。

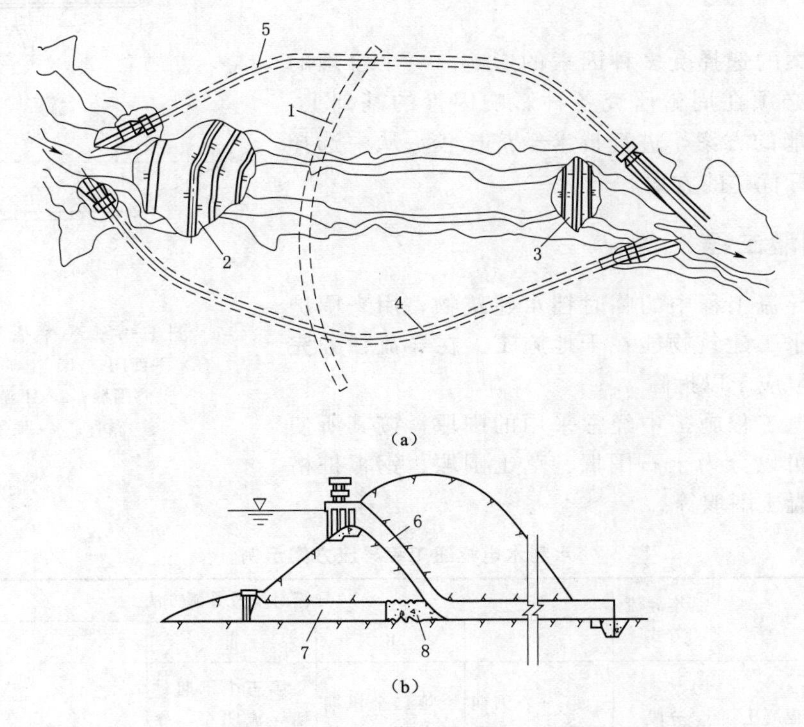

图1-7-3 隧洞导流

(a) 雅砻江二滩水电站隧洞导流；(b) 云南毛家村水库导流隧洞与永久隧洞结合布置

1—混凝土拱坝；2—上游围堰；3—下游围堰；4—右导流隧洞；5—左导流隧洞；6—永久隧洞；7—导流隧洞；8—混凝土堵头

2. 明渠导流

明渠导流（图1-7-4）是在河岸上开挖渠道，在基坑上下游修筑围堰，水流经渠道下泄的导流方法。一般适用于岸坡平缓的平原河道。如利用当地老河道，或利用裁弯取直开挖明渠，或与永久建筑物相结合。

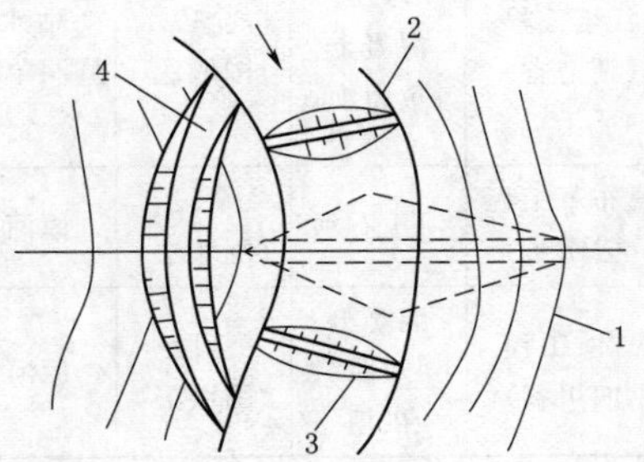

图1-7-4 明渠导流

1—坝体；2—上游围堰；3—下游围堰；4—导流明渠

3. 涵管导流

涵管导流一般在修筑土坝、堆石坝工程中采用。涵管通常布置在河岸岩滩上，其位置常在枯水位以上，可在枯水期不修围堰或只修小围堰，先将涵管筑好，然后再修上、下游全段围堰，将水流导入涵管下泄，如图 1－7－5 所示。

二、导流方案

水利水电枢纽工程施工，从开工到完建往往不是采用单一的导流方法，而是几种导流方式组合起来配合运用（表 1－7－1），以取得最佳的技术经济效果。这种不同导流时段、不同导流方式的组合，通常称为导流方案。

导流方案的选择受多种因素的影响。一个合理的导流方案，必须在周密研究各种影响因素的基础上，拟定几个可能的方案，进行技术经济比较，从中选择技术经济指标优越的方案。

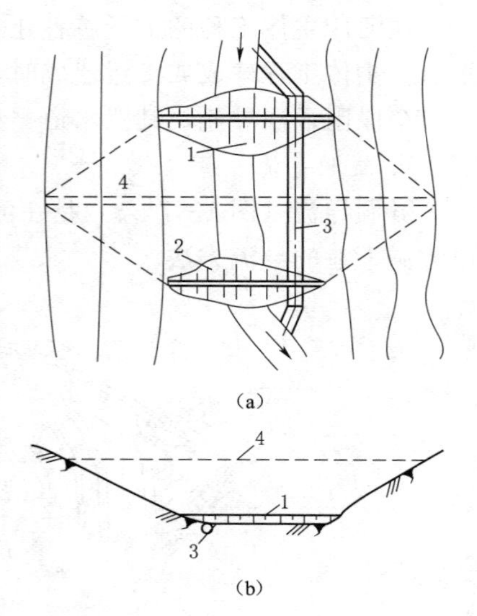

图 1－7－5　涵管导流
（a）平面图；（b）上游立视图
1—上游围堰；2—下游围堰；
3—涵管；4—坝体

三、围堰工程

围堰是导流工程中的临时挡水建筑物，用来围护基坑，保证水工建筑物能在干地施工。在导流任务完成以后，一般应予以拆除。

水利水电工程施工中经常采用的围堰，按其所使用的材料，可以分为土石围堰、草土围堰、钢板桩格型围堰、混凝土围堰等。

表 1－7－1　　水利水电枢纽工程导流方案示例

工程名称	坝型	基本导流方式	导流时段及导流方法				
			Ⅰ	Ⅱ	Ⅲ	Ⅳ	Ⅴ
三峡工程（湖北省）	混凝土重力坝	分段围堰法	第一个汛期围右岸，束窄河床泄流	第二个汛期围左岸，导流明渠泄流	第三个汛期封堵导流明渠，导流底孔和泄洪坝段深孔泄流		
江垭工程（湖南省）	碾压混凝土重力坝	全段围堰法	枯水期导流隧洞单独泄流	第一、二个汛期围堰和左岸导流隧洞联合泄流	第三个汛期导流隧洞和大坝缺口联合泄流	第四个汛期导流隧洞和中孔联合泄流	底孔封堵，中孔泄流
鲁布革工程（云南省）	土石坝	全段围堰法	原河床泄流	左岸隧洞导流	左岸隧洞导流		
二滩工程（四川省）	混凝土双曲拱坝	全段围堰法	原河床泄流	左右岸导流隧洞泄流	导流底孔泄流	底孔封堵	

按围堰与水流方向的相对位置，可以分为横向围堰、纵向围堰。

按导流期间基坑淹没条件，可以分为过水围堰、不过水围堰。过水围堰除需要满足一般围堰的基本要求外，还要满足堰顶过水的专门要求。

（一）围堰的基本型式及构造

1. 土石围堰

(1) 不过水土石围堰。不过水土石围堰是水利水电工程中应用最广泛的一种围堰型式，如图1-7-6所示。它能充分利用当地材料或废弃的土石方，构造简单，施工方便，可以在动水中、深水中、岩基上或有覆盖层的河床上修建。除非采取特殊措施，土石围堰一般不允许堰顶过水，所以汛期应有防护措施。

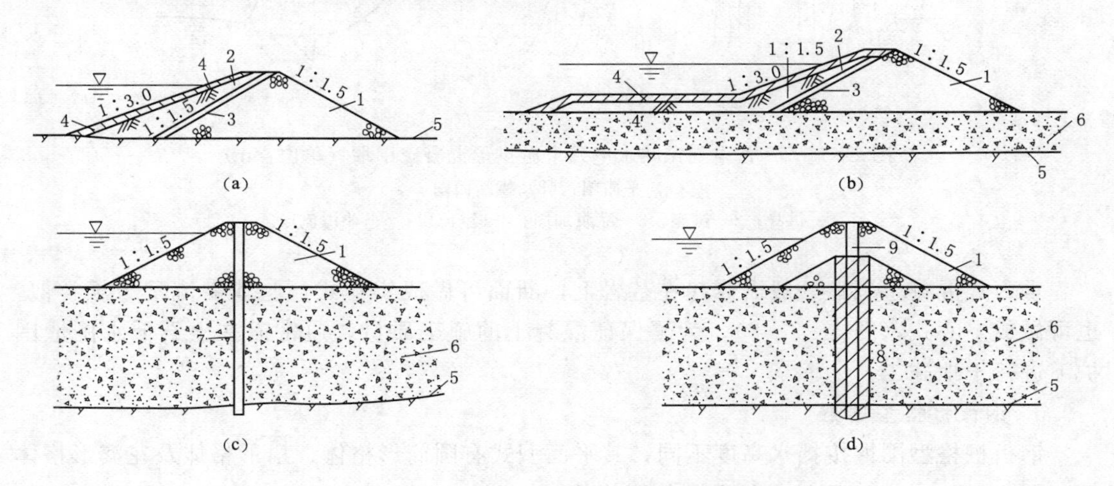

图1-7-6 不过水土石围堰

(a) 斜墙式；(b) 斜墙带水平铺盖式；(c) 垂直防渗墙式；(d) 帷幕灌浆式
1—堆石体；2—黏土斜墙、铺盖；3—反滤层；4—护面；5—隔水层；
6—覆盖层；7—垂直防渗墙；8—帷幕灌浆；9—黏土心墙

(2) 过水土石围堰。当采用允许基坑淹没的导流方式时，围堰堰体必须允许过水。如前所述，土石围堰是散粒体结构，不允许堰体溢流。在过水土石围堰的下游坡面及堰脚应采取可靠的加固保护措施。

2. 混凝土围堰

混凝土围堰的抗冲与防渗能力强，挡水水头高，底宽小，易于与永久建筑物相连接，必要时还可以过水，因此应用比较广泛，常见的有拱型混凝土围堰、重力式混凝土围堰等。

(1) 拱型混凝土围堰。一般适用于岸坡陡峻、岩石坚实的山区河流。此时常采用隧洞及允许基坑淹没的导流方案。通常，围堰的拱座设在枯水位以上（图1-7-7）。对围堰的基础处理，当河床的覆盖层较薄时，常进行水下清基；若覆盖层较厚，则可灌注水泥浆防渗加固。堰身的部分混凝土要进行水下施工，因此难度较高。

由于拱型混凝土围堰利用了混凝土抗压强度较高的特点，与重力式混凝土围堰相比，其断面较小，可节省混凝土工程量。

(2) 重力式混凝土围堰。采用分段围堰法导流时，重力式混凝土围堰往往可兼作第一期和第二期纵向围堰，两侧均能挡水，同时还能作为永久建筑物的一部分，如隔墙、导墙等。

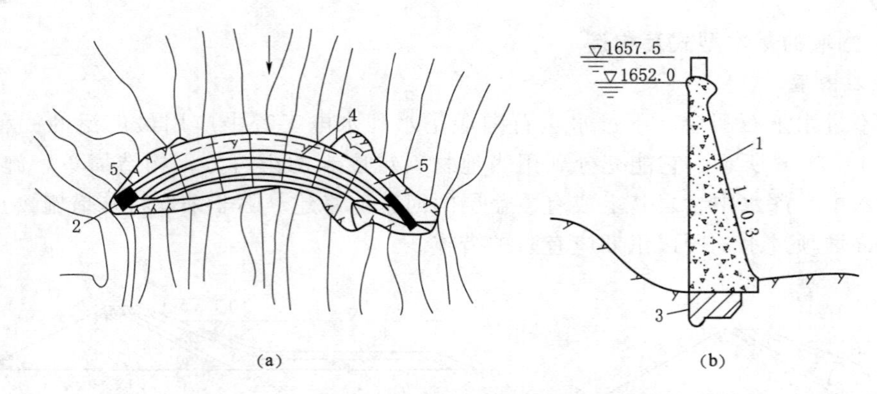

图 1-7-7　甘肃刘家峡水电站上游拱形混凝土围堰（单位：m）
(a) 平面图；(b) 横断面图
1—拱身；2—拱座；3—灌浆加固；4—溢流段；5—非溢流段

重力式混凝土围堰一般需修建在基岩上，断面可做成实体式，与非溢流重力坝类似，也可做成空心式（图 1-7-8）。为了保证混凝土的施工质量，通常需在土石低水围堰围护下进行干地施工。

3. 钢板桩格型围堰

钢板桩格型围堰按挡水高度不同，其平面型式有圆筒形格体、扇形格体及花瓣形格体等（图 1-7-9），应用较多的是圆筒形格体。

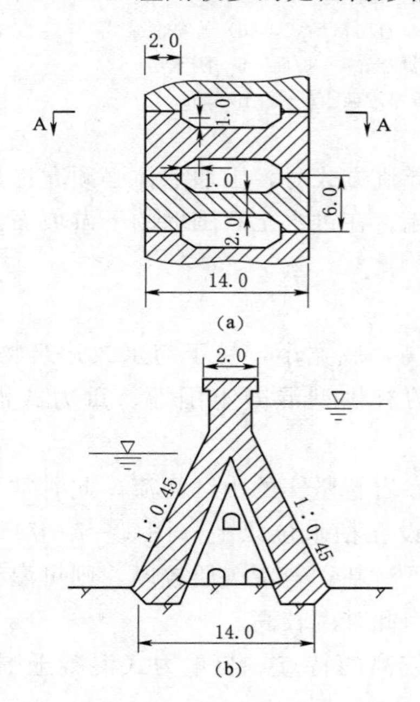

图 1-7-8　河南三门峡水利枢纽工程重力式混凝土纵向围岩（单位：m）
(a) 平面图；(b) A—A 剖面

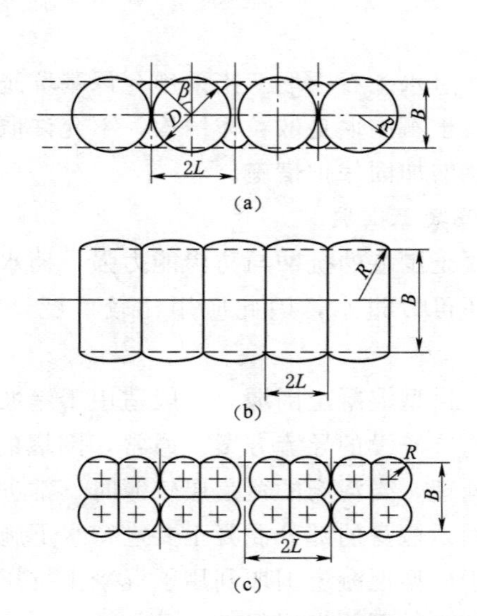

图 1-7-9　钢板桩格型围堰平面型式
(a) 圆筒形格体；(b) 扇形格体；(c) 花瓣形格体

(二) 围堰的平面布置与堰顶高程

1. 围堰的平面布置

如果围堰的平面布置不当，围护基坑的面积过大，会增加排水设备容量；围护基坑的面积过小则会妨碍主体工程施工，影响工期；更有甚者，会造成水流宣泄不畅顺，冲刷围堰及其基础，影响主体工程安全施工。

围堰的平面布置一般应按导流方案、主体工程轮廓和对围堰提出的要求而定。

当采用全段围堰法导流时，基坑是由上、下游横向围堰和两岸围成的。当采用分段围堰法导流时，围护基坑的还有纵向围堰。

用分段围堰法导流时，上、下游横向围堰一般不与河床中心线垂直，其平面布置常呈梯形，以保证水流顺畅，同时也便于运输道路的布置和衔接。采用全段围堰法导流时，为了减少工程量，围堰多与主河道垂直。

2. 堰顶高程

堰顶高程取决于导流设计流量及围堰的工作条件（表1-7-2）。

下游围堰的堰顶高程为下游水位高程、波浪爬高、围堰的安全超高相加之和。

上游围堰的堰顶高程除下游水位高程、波浪爬高、围堰的安全超高相加之和，还需加上上下游水位差。

必须指出，当围堰要拦蓄一部分水流时，堰顶高程应通过调洪计算来确定。

表1-7-2　不过水围堰堰顶安全超高下限值

单位：m

围堰级别 围堰型式	Ⅲ	Ⅳ～Ⅴ
土石围堰	0.7	0.5
混凝土围堰	0.4	0.3

纵向围堰的堰顶高程，要与束窄河段宣泄导流设计流量时的水面曲线相适应。因此，纵向围堰的顶面往往做成阶梯形或倾斜状，其上游和下游分别与上游围堰和下游围堰顶同高。

(三) 围堰的防渗、接头和防冲

围堰的防渗、接头和防冲是保证围堰正常工作的关键问题，对土石围堰来说尤为突出。

1. 围堰的防渗

围堰防渗的基本要求和一般挡水建筑物无大差异。土石围堰的防渗一般采用斜墙、斜墙接水平铺盖、垂直防渗墙或帷幕灌浆等措施。

2. 围堰的接头

围堰的接头是指围堰与围堰、围堰与其他建筑物及围堰与岸坡等的连接。围堰的接头处理与其他水工建筑物接头处理的要求并无多大区别，所不同的仅在于围堰是临时建筑物，使用期不长，因此接头处理措施可适当简便。如混凝土纵向围堰与土石横向围堰的接头，一般采用刺墙型式（图1-7-10），以增加绕流渗径，防止引起有害的集中渗漏。

3. 围堰的防冲

围堰遭受冲刷在很大程度上与其平面布置有关，尤其在采用分段围堰法导流时，水流入围堰区束窄，流出围堰区又突然扩大（图1-7-11），流态的剧烈变化及螺旋状的底层涡流，淘刷堰脚及基础。为避免由局部淘刷而导致溃堰的严重后果，必须采取相应的保护措施。

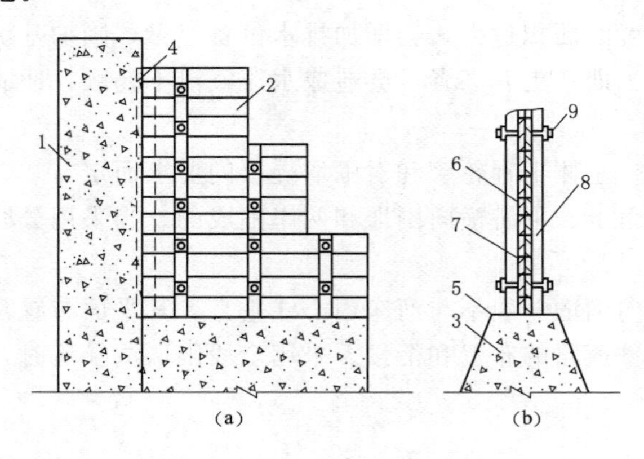

图 1-7-10　刺墙构造简图

(a) 正视图；(b) 横断面图

1—混凝土纵向围堰；2—木板刺墙；3—混凝土刺墙；4—白铁片止水；5—一层油毛毡和二层沥青麻布；6—木板；7—两层沥青油膏及一层油毛毡；8—木围令；9—螺栓

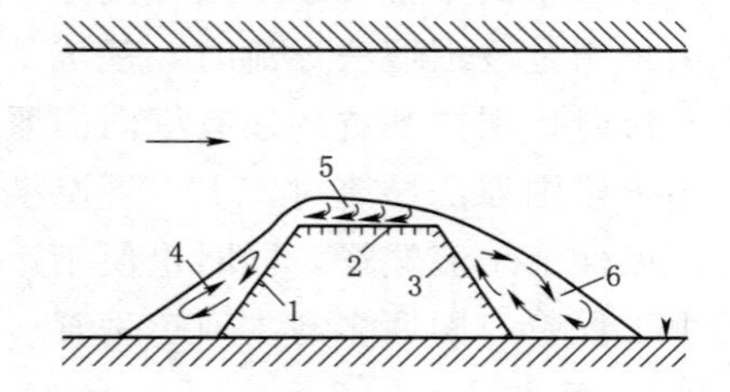

图 1-7-11　分段围堰法导流时的流态图

1—上游围堰；2—纵向围堰；3—下游围堰；4—上游涡流区；5—纵向涡流区；6—下游涡流区

一般多采用抛石护底、铅丝笼护底、柴排护底等措施来保护堰脚及其基础的局部冲刷。除了护底以外，还应对围堰的布置给予足够的重视，力求使水流平顺地进、出束窄河段。通常在围堰的上下游转角处设置导流墙（图 1-7-12），以改善束窄河段进出口的水流条件。

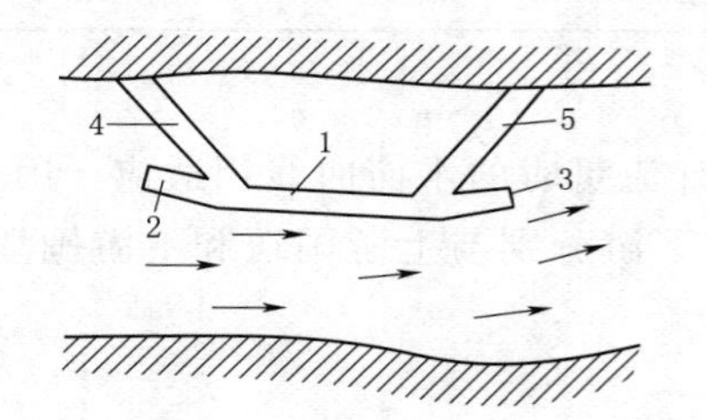

图 1-7-12　导流墙和围堰布置图

1—纵向围堰；2—上游导流墙；3—下游导流墙；4—上游横向围堰；5—下游横向围堰

四、截流工程

在施工导流中，只有截断原河床水流，才能把河水引向导流泄水建筑物下泄，然后在河床中全面开展主体建筑物的施工，这个过程就是截流。截流戗堤一般与围堰相结合，因此截流实际上是在河床中修筑横向围堰工作的一部分（图 1-7-13）。

一般来说截流施工的过程为：先在河床的一侧或两侧向河床中填筑截流戗堤，这种向水中筑堤的工作称为进占。然后当戗堤将河床束窄到一定程度时，就形成了流速较大的龙口。封堵龙口的工作称为合龙。

（一）截流的基本方法

河道截流有立堵法、平堵法、立平堵法、平立堵法、下闸截流以及定向爆破截流等多种方法，但常用方法为立堵法和平堵法两种。

1. *立堵法截流*

立堵法截流是将截流材料从龙口一端向另一端或从两端向中间抛投进占，逐渐束窄龙

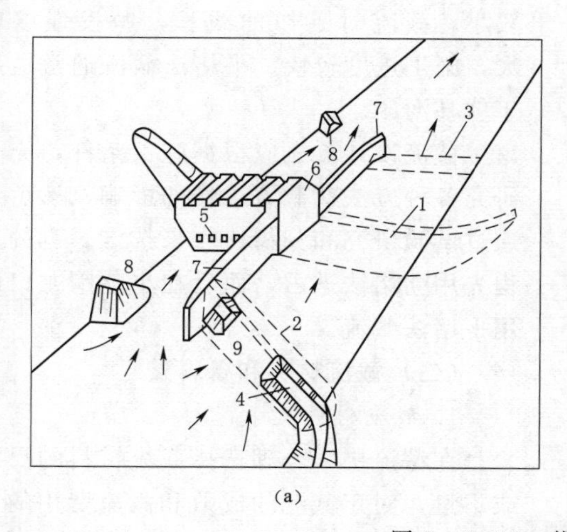

(a)

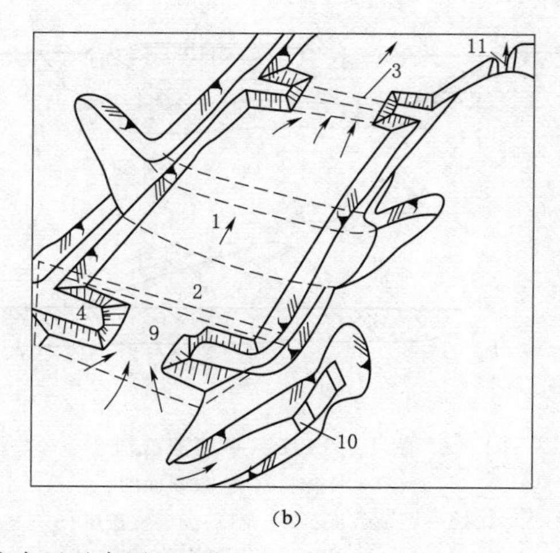

(b)

图 1-7-13 截流布置示意图

(a) 采用分段围堰底孔导流的布置；(b) 采用全段围堰隧洞导流时的布置

1—大坝基坑；2—上游围堰；3—下游围堰；4—戗堤；5—底孔；6—已浇混凝土坝体；7—二期纵向围堰；8—一期围堰的残留部分；9—龙口；10—导流隧洞进口；11—导流隧洞出口

口，直至全部拦断（图 1-7-14）。截流材料通常用自卸汽车在进占戗堤的端部直接卸入水中，或先在堤头卸料，再用推土机推入水中。

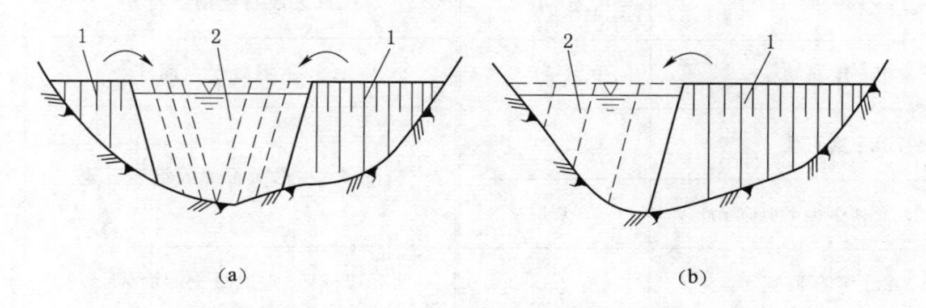

图 1-7-14 立堵法截流

(a) 双向进占；(b) 单向进占

1—截流戗堤；2—龙口

立堵法截流不需要在龙口架设浮桥或栈桥，其准备工作比较简单，费用较低。但截流时龙口的单宽流量较大，出现的最大流速较高，而且流速分布很不均匀，需用单个重量较大的截流材料。截流时工作前线狭窄，抛投强度受到限制，施工进度受到影响。立堵法截流一般适用于大流量、岩基或覆盖层较薄的岩基河床。在大、中型截流工程中，一般都采用立堵法截流，如著名的三峡工程大江截流和三峡工程三期导流明渠截流。

2. 平堵法截流

平堵法截流事先要在龙口架设浮桥或栈桥，用自卸汽车沿龙口全线从浮桥或栈桥上均匀、逐层抛填截流材料，直至戗堤高出水面为止（图 1-7-15）。因此，平堵法截流时，龙口的单宽流量较小，出现的最大流速较低，且流速分布比较均匀，截流材料单个重量也

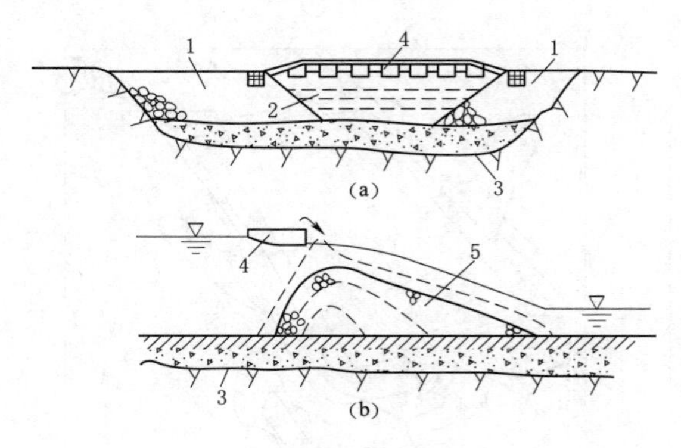

图 1-7-15　平堵法截流
(a) 立面图；(b) 横断面图
1—截流戗堤；2—龙口；3—覆盖层；
4—浮桥；5—截流体

较小，截流时工作前线长，抛投强度较大，施工进度较快。平堵法截流通常适用于软基河床。

截流设计首先应根据施工条件，充分研究各种方法对截流工作的影响，然后再通过试验研究和分析比较来选定。有的工程先用立堵法进占，而后在小范围龙口内用平堵法截流。

（二）截流材料和备料量

1. 截流材料尺寸

在截流中，合理选择截流材料的尺寸或重量，对于截流的成败和截流费用的节省具有重大意义。截流材料的尺寸或重量主要取决于龙口的流速。各种不同材料的适用流速，即抵抗水流冲动的经验流速见表 1-7-3。

表 1-7-3　截流材料的适用流速　　单位：m/s

截流材料	适用流速	截流材料	适用流速
土料	0.5～0.7	3t 重大块石或钢筋石笼	3.5
20～30kg 重石块	0.8～1.0	4.5t 重混凝土六面体	4.5
50～70kg 重石块	1.2～1.3	5t 重大块石,大石串或钢筋石笼	4.5～5.5
麻袋装土(0.7m×0.4m×0.2m)	1.5		
ϕ0.5×2m 装石竹笼	2.0	12～15t 重混凝土四面体	7.2
ϕ0.6×4m 装石竹笼	2.5～3.0	20t 重混凝土四面体	7.5
ϕ0.8×6m 装石竹笼	3.5～4.0	ϕ1.0×15m 柴石枕	7～8

2. 截流材料类型

截流材料类型的选择，主要取决于截流时可能发生的流速及开挖、起重、运输设备的能力，一般应尽可能就地取材。块石是截流的最基本材料。此外，当截流水力条件较差时，还必须使用人工块体，如混凝土六面体、四面体、四脚体、钢筋混凝土构架（图 1-7-16）以及钢筋笼、合金网兜等。

3. 备料量

为确保截流既安全顺利又经济合理，正确计算截流材料的备料量是十分必要的。备料量通常按设计的戗堤体积再增加一定裕度。这主要是考虑到堆存、运输中的损失、水流冲失，戗堤沉陷以及可能发生比设计更坏的水力条件而预留的备用量等。

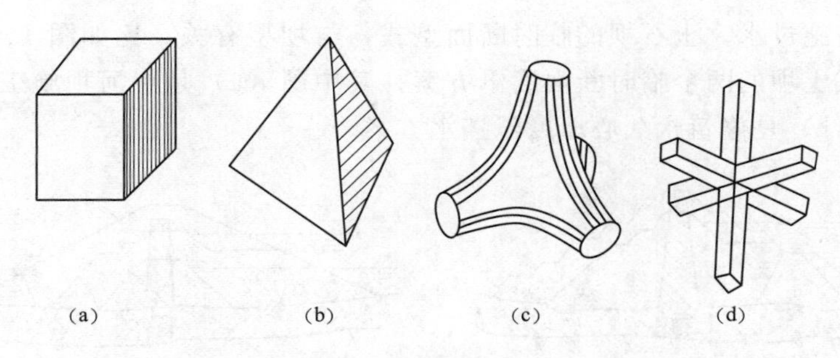

图 1-7-16　截流材料

(a) 混凝土六面体；(b) 混凝土四面体；(c) 混凝土四脚体；(d) 钢筋混凝土构架

五、拦洪度汛

水利水电枢纽施工过程中，中后期的施工导流往往需要由坝体挡水或拦洪。坝体能否可靠拦洪与安全度汛，将关系到工程的进度与成败。

(一) 坝体拦洪标准

在主体工程为混凝土坝的枢纽中，若采用两段两期围堰法导流，当第二期围堰放弃以后，未完建的混凝土建筑物不仅要负担宣泄导流设计流量的任务，而且还要起一定的挡水作用。在主体工程为土坝或堆石坝的枢纽中，若采用全段围堰隧洞或明渠导流，则需要在河床断流以后，常常要求在汛期到来以前将坝体填筑到拦蓄相应洪水流量的高程，也就是拦洪高程，以保证坝身能安全度汛。此时，主体建筑物开始投入运用，已不需要围堰保护，水库亦拦蓄了一定水量。显然，其导流标准与初期应有所不同。坝体施工期临时度汛的导流标准，应视坝型和拦洪库容的大小，根据水利水电工程施工组织设计规范确定。

(二) 度汛措施

根据施工进度安排，如果汛期到来之前坝身能如期修到拦洪高程以上，则安全度汛基本得到保证；否则，若不能修筑到拦洪高程，则必须采取一定工程措施，确保安全度汛。

1. 混凝土坝的度汛措施

一般混凝土坝的度汛措施为在坝面上预留缺口度汛，待洪水过后，水位回落，再封堵缺口，全面上升坝体。如果根据混凝土浇筑进度安排，虽然在汛前坝身可以浇筑到拦洪高程，但一些纵向施工缝尚未灌浆封闭时，可考虑用临时断面挡水（图 1-7-17）。

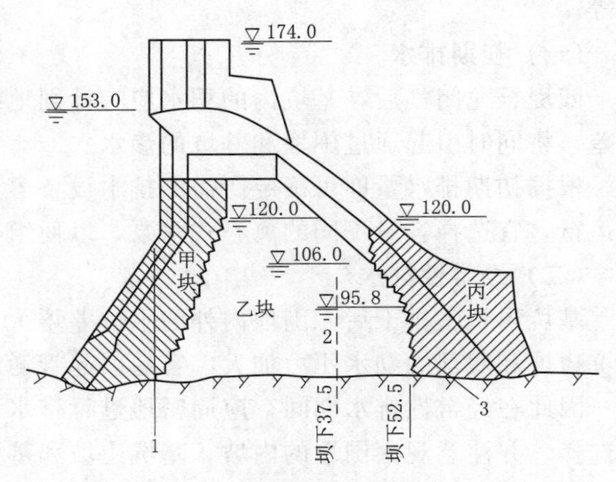

图 1-7-17　混凝土坝拦洪的临时断面（高程单位：m）

1—坝轴线；2—原设计纵缝；3—修改后的纵缝

2. 土坝、堆石坝的度汛措施

土坝、堆石坝一般不允许过水。若坝身在汛前不能填筑到拦洪高程，可以考虑降低溢洪道高程、设置临时溢洪道、用临时断面挡水，或经过论证采用临时坝面保护措施过水。土石坝的临时断面型式，与坝型有关。比如图 1－7－18 是浙江青田工程心墙式土坝的两个临时断面度汛方案，其中图（a）是拦河坝施工度汛临时斜墙挡水方案；图（b）是修筑永久心墙度汛挡水方案。

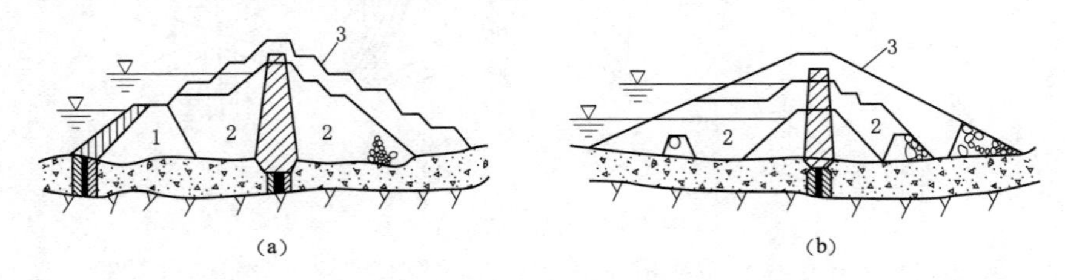

图 1－7－18　心墙式土坝临时度汛断面示意图

（a）利用临时斜墙度汛；（b）利用心墙度汛

1—施工度汛断面；2—初期发电临时挡水断面；3—完建坝体断面

六、封堵蓄水

在施工后期，当坝体已修筑到拦洪高程以上，能够发挥挡水作用时，其他工程项目如混凝土坝已完成了基础灌浆和坝体纵缝灌浆，且库区清理、水库塌岸和渗漏处理均已完成，建筑物质量和闸门设施等也都检查合格，这时，整个工程就进入了完建期。根据发电、灌溉及航运等各相关部门所提出的综合要求，应确定竣工运用日期，有计划地进行导流临时泄水建筑物的封堵和水库的蓄水工作。

七、基坑排水

在截流戗堤合龙闭气以后，就要排除基坑的积水和渗水，以利开展基坑施工工作。

基坑排水工作按排水时间及性质，一般可分为：①基坑开挖前的初期排水，包括基坑积水、基坑积水排除过程中围堰及基坑的渗水和降水的排除；②基坑开挖及建筑物施工过程中的经常性排水，包括围堰和基坑的渗水、降水、基岩冲洗及混凝土养护用废水的排除等。

（一）初期排水

戗堤合龙闭气后，基坑内的积水应有计划地组织排除。排除积水时，基坑内外产生水位差，将同时引起通过围堰和基坑的渗水。

根据初期排水量即可确定所需的排水设备容量。排水设备一般采用离心式水泵。为方便运行，宜选择容量不同的离心式水泵，以便组合运用。

（二）经常性排水

基坑内积水排干后，围堰内外的水位差增大，此时渗透流量相应增大，对围堰内坡、基坑边坡和底部的动水压力加大，容易引起管涌或流土，造成塌坡和基坑底隆起的严重后果。因此在经常性排水期间，应周密地进行排水系统的布置、渗透流量的计算和排水设备的选择，并注意观察围堰的内坡、基坑边坡和基坑底面的变化，保证基坑工作顺利进行。

修建建筑物时的排水系统，通常都布置在基坑的四周，如图 1－7－19 所示。水经排水沟流入集水井，在井边设置水泵站，将水从集水井中抽出。

在经常性排水过程中，为保持基坑开挖工作始终在干地进行，常常要多次降低排水沟和集水井的高程，变换水泵站的位置，这会影响开挖工作的正常运行。此外，在开挖细砂土、砂壤土一类地基时，随着基坑底面的下降，坑底与地下水位的高差愈来愈大，在地下水渗透压力作用下，容易产生边坡脱滑、坑底隆起等事故，对开挖工作带来不利影响，这时应采用人工降低地下水位。

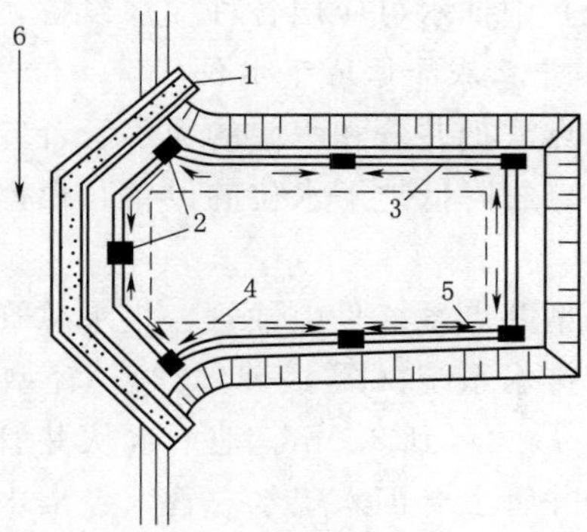

图 1－7－19　修建建筑物时基坑排水系统的布置

1—围堰；2—集水井；3—排水沟；4—建筑物轮廓；5—水流方向；6—河流

人工降低地下水位的基本做法是：在基坑周围钻设一些井管，地下水渗入井管后，随即被抽走，使地下水位线降至开挖基坑底面以下。

人工降低地下水位的方法分管井法和井点法。管井法是纯重力作用排水，井点法还附有真空或电渗排水的作用。

1. 管井法降低地下水位

管井法降低地下水位时，在基坑周围布置一系列管井，管井中放入水泵的吸水管，地下水在重力作用下流入井中，被水泵抽走。

用管井法降低地下水位，须先设置管井，管井通常由下沉钢井管而成，在缺乏钢管时也可用预制混凝土管代替。井管的下部安装滤水管节（滤头）。滤水管是井管的重要组成部分，其构造对井的出水量和可靠性影响很大，图 1－7－20 所示为滤水管节的构造图，图 1－7－21 所示为深井水泵管井装置。

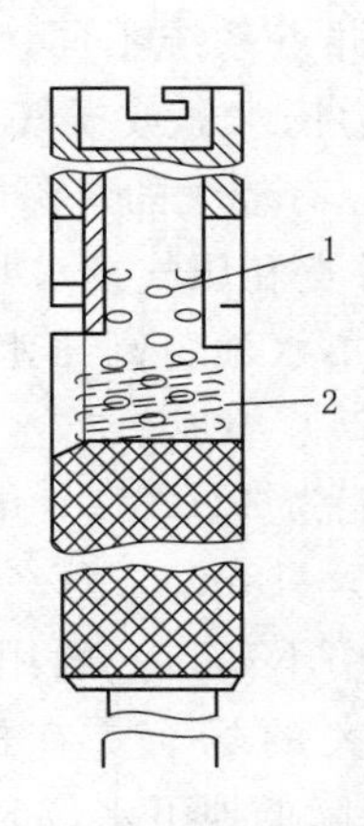

图 1－7－20　滤水管节构造简图

1—多孔管，钻孔面积占总面积 20%～25%；

2—绕成螺旋状的铁丝，直径 3～4mm；

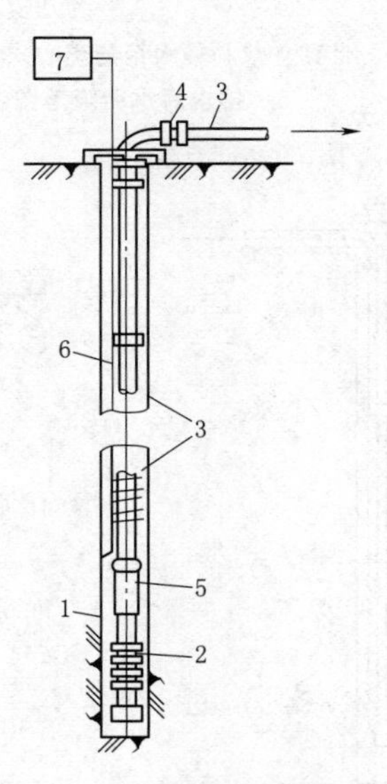

图 1－7－21　深井水泵管井装置

1—管井；2—水泵；3—压力管；4—阀门；

5—电动机；6—电缆；7—配电盘

管井中抽水可应用各种抽水设备，但主要是用离心式水泵、深井水泵或潜水泵等。

2. 井点法降低地下水位

井点法把井管和水泵的吸水管合二为一，简化了井的构造，便于施工。

井点法降低地下水位的设备，根据其降深能力分轻型井点（浅井点）系统和深井点系统等。

轻型井点系统是由井管、集水总管、普通离心式水泵、真空泵和集水箱等设备所组成的一个排水系统（图1-7-22）。轻型井点系统的井管直径为38～50mm，间距为0.6～1.8m，最大可到3.0m。地下水从井管下端的滤水管借真空泵和水泵的抽吸作用流入管内，沿井管上升汇入集水总管，经集水箱，由水泵排出。

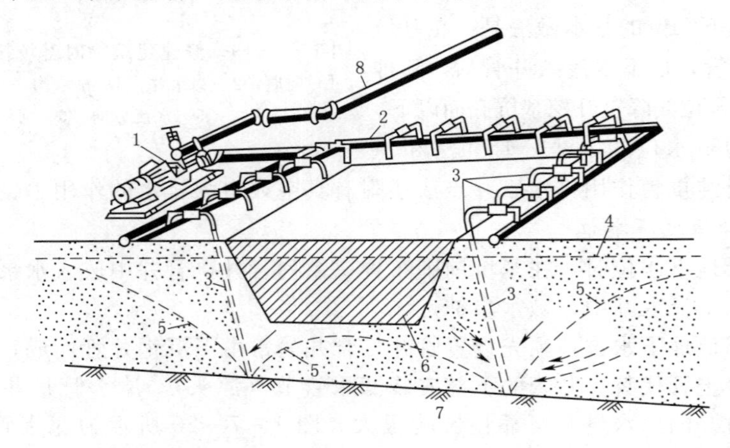

图1-7-22　轻型井点系统

1—带真空泵和集水箱的离心式水泵；2—集水总管；3—井管；4—原地下水位；5—排水后水面降落图线；6—基坑；7—不透水层；8—排水管

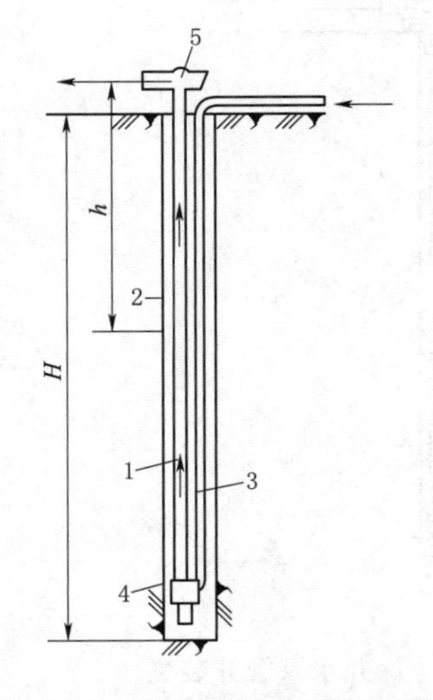

图1-7-23　压气扬水井点装置示意图

1—扬水管；2—井；3—输气管；4—喷气装置；5—管口

深井点系统和轻型井点系统不同，它的每一根井管上都装有扬水器（水力扬水器或压气扬水器），因此它不受吸水高度的限制，有较大的降深能力。

深井点系统有喷射井点和压气扬水井点（图1-7-23）两种。喷射井点由集水池、高压水泵、输水干管和喷射井管（图1-7-24）组成。

通常一台高压水泵能为30～35个井点服务，其最适宜的降低水位范围为5～18m。

喷射井点的排水效率不高，一般用于渗透系数为3～50m/d，渗流量不大的场合。在渗透系数小于0.1m/d的黏土或淤泥中降低地下水位时，比较有效的方法是电渗井点排水。电渗井点排水（图1-7-25）时，沿基坑四周布置两列正负电极。正极通常用金属管做成，负极就是井点的排水井。

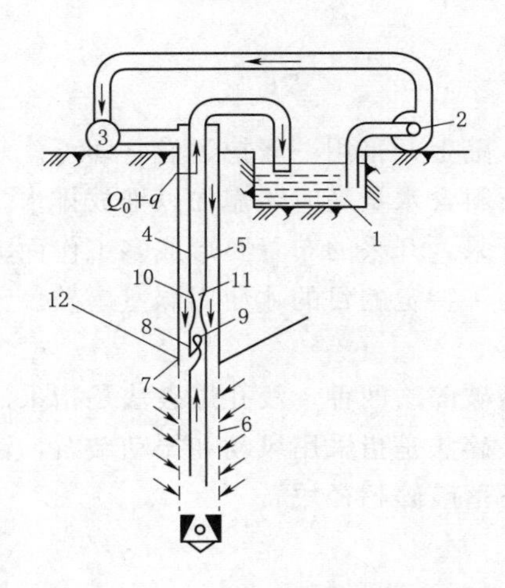

图 1-7-24 喷射井点装置示意图

1—集水井；2—高压水泵；3—输水干管；4—外管；
5—内管；6—滤水管；7—进水孔；8—喷嘴；
9—混合室；10—喉管；11—扩散管；
12—水面降落图线

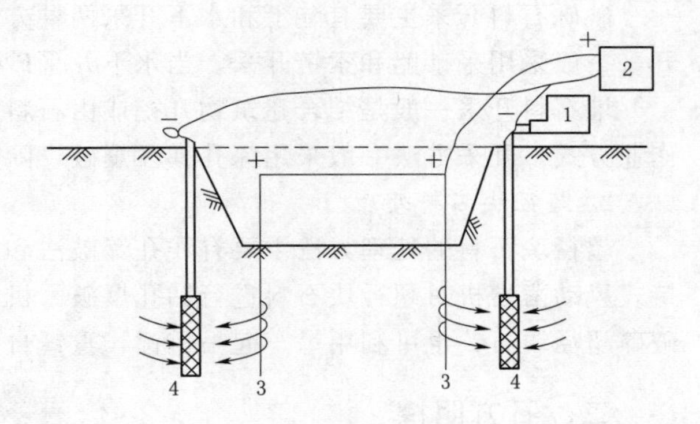

图 1-7-25 电渗井点排水示意图

1—水泵；2—直流发电机；3—钢管；4—井点

第二节 土石方明挖、爆破、洞室及填筑工程

一、土方明挖

（一）土料的开采与加工

在大中型水利水电工程中，大面积土方明挖多为料场开采。料场开采前，应做好以下准备工作：划定料场范围、分期分区清理覆盖层、设置排水系统、修建施工道路、修建辅助设施。

1. 场地清理

场地清理范围是在水利工程开挖规划区域内，为了满足开挖要求，可延伸到最大开挖边线外侧 3m 之外，植物根须、杂草、枯萎枝叶以及其他废弃物等都要进行彻底清理。

2. 土料开采

土料开采一般有立面开采和平面开采两种。当土层较厚，天然含水量接近填筑含水量，土料层次较多，各层土质差异较大时，宜采用立面开采方法。在土层较薄，土料层次少且相对均质、天然含水量偏高需翻晒减水的情况下，宜采用平面开采方法。

3. 土料加工

土料加工包括调整土料含水量、掺和、超径料处理和某些特殊的处理要求。降低土料含水量的方法有挖装运卸中的自然蒸发、翻晒、掺料、烘烤等方法。提高土料含水量的方法有在料场加水，料堆加水，在开挖、装料、运输过程中加水。

（二）砂砾石料的开采与加工

1. 砂砾石料和堆石料开采

砂砾石料开采主要有陆上和水下开采两种方式。陆上开采用一般挖运设备即可。水下开采一般采用采砂船和索铲开采。当水下开采砂砾石料含水量高时，需加以堆放排水。

堆石料开采一般是结合建筑物开挖或由石料场开采，开采的布置要形成多工作面流水作业方式。开采方法一般采用深孔梯段爆破，除非为了特定的目的才使用洞室爆破。

2. 超径块石料处理

超径块石料的处理方法主要有浅孔爆破法和机械破碎法两种。浅孔爆破法是指采用手持式风动凿岩机对超径块石料进行钻孔爆破。机械破碎法是指采用风动和振动破石，锤击破碎超径块石，也可利用吊车起吊重锤，重锤自由下落破碎超径块石。

二、石方明挖

（一）爆破开采石料

用作坝体的堆石料多采用深孔梯段微差爆破。一定条件下，用洞室爆破也可获取合格的堆石料，并能加快施工进度。用作护坡及排水棱体的块石料，块体尺寸要求较高，且数量一般不大，多用浅孔爆破法开采，也有从一般爆破堆石料（侧重获取大块料进行爆破设计）筛分取得。

（二）超径石处理

超径石可采用钻孔爆破法或机械破碎法。一般应在料场解小。采用钻孔爆破时，钻孔方向应是块石最小尺寸方向。机械破碎是通过安装在液压挖掘机斗臂上的液压锤来完成的。

三、爆破工程

（一）爆破器材

炸药和起爆材料统称爆破器材。炸药是破坏介质的能源，而起爆材料则使炸药能安全、有效地释放能量。起爆是爆破设计施工的重要环节。良好的起爆方法及可靠的爆破网路，不仅有利于安全准爆，避免瞎炮和殉爆，同时有利于炸药能量的充分利用、控制爆破抛掷方向和降低爆破振动效应。

（二）炸药和起爆器材

1. 炸药

一般来说，凡能发生化学爆炸的物质均可称为炸药。通常应按照岩石性质和爆破要求选择不同特性的炸药。在水利水电工程建设中，较常用的工业炸药为铵梯炸药、乳化炸药和铵油炸药。

2. 起爆器材

常用的起爆器材包括各种雷管、用来引爆雷管或传递爆轰波的各种材料。

（三）起爆方法和起爆网路

起爆方法包括：火花起爆、电力起爆、导爆管起爆和导爆索起爆。不同的起爆方法，要求采用不同的起爆器材。无论对钻孔爆破还是洞室爆破，当采用群药包进行爆破时，为了达到增强爆破效果、控制爆破振动等目的，采用齐发、延迟，或组内齐发、组间延迟等起爆方式，这就要求用起爆材料将各药包连接成既可统一赋能起爆、又能控制各药包起爆延迟时间的网路，即起爆网路。

电力起爆法与导爆管起爆法均可以对群药包一次赋能起爆，并根据工程要求，达到准爆、齐爆或微差起爆的目的。电力起爆网路其准爆性可进行检查，但该起爆网路需防外电场的干扰；导爆管起爆网路不受外电场干扰，比较安全，但其准爆性无法检查。导爆索起爆网路由于无需用雷管，故其安全性最高，导爆索的传爆速度快，网路齐爆性好，其缺点是网路成本高，准爆性无法检查，目前该种网路主要用于光面爆破和预裂爆破等齐爆性要求高的网路。

（四）爆破的基本方法

工程爆破的基本方法按照药室的形状不同主要可分为钻孔爆破和洞室爆破两大类。爆破方法的选用取决于工程规模、开挖强度和施工条件。另外，在岩体的开挖轮廓线上，为了获得平整的轮廓面、控制超欠挖和减少爆破对保留岩体的损伤，通常采用预裂爆破和光面爆破等技术。

1. 钻孔爆破

根据孔径的大小和钻孔的深度，钻孔爆破又分浅孔爆破和深孔爆破。前者孔径小于75mm，孔深小于5m；后者孔径大于75mm，孔深超过5m。浅孔爆破有利于控制开挖面的形状和规格，使用的钻孔机具较简单，操作方便；缺点是劳动生产率较低，无法适应大规模爆破的需要。浅孔爆破大量应用于地下工程开挖、露天工程的中小型料场开采、水工建筑物基础分层开挖以及城市建筑物的控制爆破。深孔爆破则恰好弥补了前者的缺点，适用于料场和基坑的大规模、高强度开挖。

钻孔台阶爆破的炮孔布置如图1-7-26所示。

2. 洞室爆破

洞室爆破又称大爆破，其药室是专门开挖的洞室。药室用平洞或竖井相连，装药后按要求将平洞或竖井堵塞，如图1-7-27所示。

洞室爆破大体上可分为松动爆破、抛掷爆破和定向爆破。其中定向爆破是抛掷爆破的一种特殊形式，它不仅要求岩土破碎、松动，而且应抛掷堆积成具有一定形状和尺寸的堆积体。

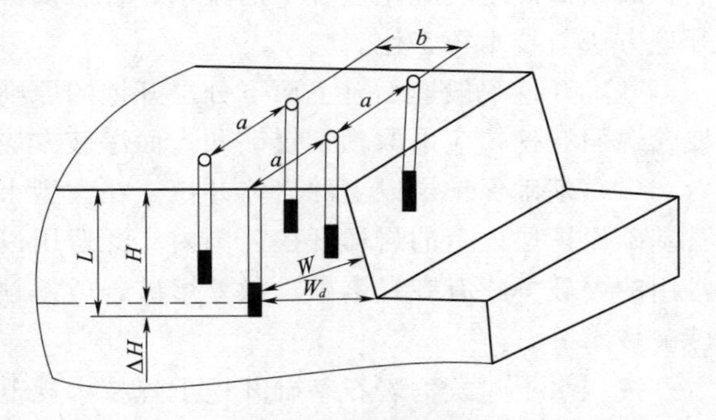

图1-7-26 钻孔台阶爆破炮孔布置示意图

（五）轮廓控制爆破技术

为保证保留岩体按设计轮廓面成型并防止围岩破坏，须采用轮廓控制爆破技术。常用的轮廓控制爆破技术包括预裂爆破和光面爆破。所谓预裂爆破，就是首先起爆布置在设计轮廓线上的预裂爆破孔药包，形成一条沿设计轮廓线贯穿的裂缝，再在该人工裂缝的屏蔽下进行主体开挖部位的爆破，保证保留岩体免遭破坏；光面爆破则是先爆除主体开挖部位的岩体，然后再起爆布置在设计轮廓线上的周边孔药包，将光爆层炸除，形成一个平整的开挖面。

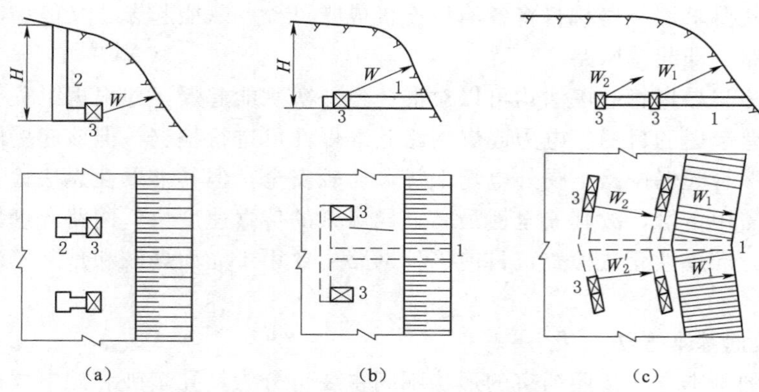

图 1-7-27　洞室爆破洞室布置示意图
(a) 竖井布置；(b) 平洞布置；(c) 条形药包布置
1—平洞；2—竖井；3—药室

预裂爆破和光面爆破在坝基、边坡和地下洞室岩体开挖中获得了广泛应用。

(六) 爆破技术在水利工程中的应用

二十世纪五六十年代，我国的水工建筑物基础开挖多以手风钻钻孔爆破为主。七十年代葛洲坝水利枢纽开工后，以潜孔钻钻孔为主的深孔梯段爆破在水利水电工程建设中开始运用，并成为主要的爆破方式。

1. *水工建筑物岩石基础开挖*

对大型水利水电工程，水工建筑物岩石基础的开挖即基坑开挖具有施工范围受限、施工期间易受导流程序的限制，且与混凝土浇筑和基础灌浆处理等多个工序平行作业等特点，故须做好基坑开挖过程中的排水、合理安排施工程序、科学组织出碴运输及正确选择开挖方法与技术等工作。

基坑开挖一般遵循自上而下分层开挖的原则，并广泛运用深孔台阶爆破方法。设计边坡轮廓面开挖，应采取预裂爆破和光面爆破方法。

(1) 基础保护层以上的岩体开挖。在大型水利水电工程建设过程中，对水工建筑物岩石基础保护层以上的岩体开挖，国内广泛运用以毫秒爆破技术为主的深孔台阶爆破方法。常用的爆破方式有齐发爆破、微差爆破、微差顺序爆破、微差挤压爆破和小抵抗线宽孔距爆破技术等。

按《水工建筑物岩石基础开挖工程技术规范》(SL 47—94) 规定，主体建筑物部位的爆破钻孔直径不应超过 110mm，梯段爆破的最大一段起爆药量不得大于 500kg。常用的深孔台阶爆破参数见表 1-7-4。

表 1-7-4　　主体建筑物部位的深孔台阶爆破参数

炮孔类型	孔径/mm	装药直径/mm	台阶高度/m	孔深/m	超钻深度/m	底盘抵抗线/m	排拒/m	孔间距/m	堵塞长度/m	炸药单耗/(kg/m³)
主爆孔	80～100	70～80	8.0～12.0	8.5～13.0	0.5～1.0	3.0～5.0	2.0～3.5	2.5～6.5	2.0～3.0	0.35～0.80
缓冲孔	80～100	32～70	8.0～12.0	8.5～13.0	0.5～1.0	1.5–2.5	1.5～2.5	1.5～2.5	1.0～2.0	0.30～0.70

（2）保护层开挖。基础保护层的开挖是控制水工建筑物岩石基础质量的关键。紧邻水平建基面的岩体保护层厚度，主要与地质条件、爆破材料性能、炮孔装药直径等有关，应由梯段爆破孔底以下的破坏深度的爆破试验确定。只有不具备现场试验的条件下，才允许使用工程类比法确定。表1-7-5为采用工程类比法确定保护层厚度时的参考值。

表1-7-5　保护层厚度

岩体特性	节理裂隙不发育和坚硬的岩体	节理裂隙较发育、发育和中等坚硬的岩体	节理裂隙极发育和软弱的岩体
H/D	25	30	40

注　H为保护层厚度，D为梯段炮孔底部的装药直径。

2. 岩石高边坡爆破开挖

由于大型水利水电工程一般坐落在崇山峻岭之中，遇到的岩石边坡普遍具有边坡高而陡，工程量大，开挖强度高，地质条件复杂，与岩体加固、混凝土浇筑等施工工序干扰大等特点。

钻孔爆破是岩石高边坡开挖的主要手段，如何有效控制钻孔爆破对边坡岩体的影响，确保边坡在施工期和运行期的稳定性，是岩石高边坡开挖中的关键技术之一。钻孔爆破对边坡岩体的影响包括炮孔近区爆炸冲击波的冲击损伤及爆源中远区爆破振动对岩体结构面的振动影响等方面。

为控制爆破对岩石高边坡的影响，在水利水电工程建设中广泛采用了预裂爆破、光面爆破、缓冲爆破和深孔梯段微差爆破技术。

四、地下洞室开挖

（一）地下工程施工程序

1. 平洞的施工程序

开挖和衬砌（支护）是平洞施工的两个主要施工过程。平洞施工程序的选择，主要取决于地质条件、断面尺寸、平洞轴线长短以及施工机械化水平等因素；同时要处理好平洞开挖与临时支撑、平洞开挖与衬砌或支护的关系，以便各项工作在相对狭小的工作面上有条不紊地进行。

2. 地下厂房的施工程序

大断面洞室的施工，一般都考虑变高洞为低洞，变大跨度为小跨度的原则，采取先拱部后底部，先外缘后核心，自上而下分部开挖与衬砌支护的施工方法，以保证施工过程中围岩的稳定。图1-7-28为典型的地下厂房分层施工示意图。

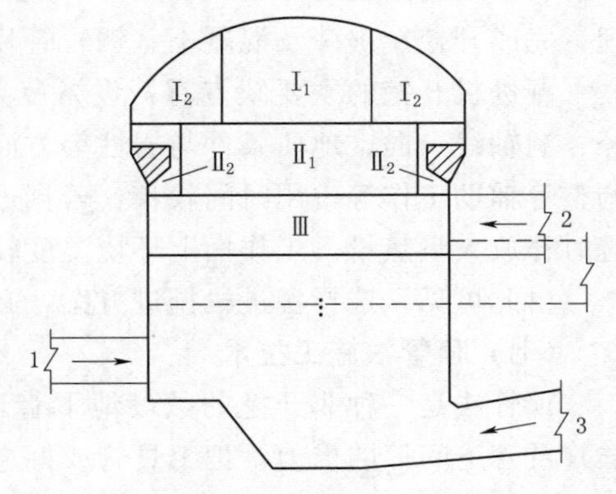

图1-7-28　典型的地下厂房分层施工示意图

1—引水洞；2—运输洞；3—尾水洞；

$Ⅰ_1$、$Ⅰ_2$、$Ⅱ_1$、$Ⅱ_2$、Ⅲ…—开挖顺序

地下厂房施工通常可分为顶拱、主体和交叉洞等三大部分。

顶拱的开挖应根据围岩条件和断面大小，可采用全断面法开挖或先开挖中导洞两侧跟进的分部开挖。若围岩稳定性较差，则采取开挖两侧导洞，中间岩柱起支撑作用的先墙后拱法。

（二）地下洞室爆破施工

地下建筑物开挖中各类洞室的钻爆设计与施工，其基本原理和方法相通。

（三）支护

地下洞室的开挖及形成，改变了围岩的原有应力场及受力条件，并一定程度上影响围岩的力学性能，其结果导致围岩出现变形，严重时出现掉块甚至坍塌等现象。因此，围岩的稳定是决定地下工程施工成败的关键问题。

锚喷支护是地下工程施工中对围岩进行保护与加固的主要技术措施。对于不同地层条件、不同断面大小、不同用途的地下洞室都表现出较好的适用性。

（四）衬砌施工

隧洞混凝土和钢筋混凝土衬砌的施工，有现浇、预填骨料压浆和预制安装等方法。现浇衬砌施工，与一般混凝土及钢筋混凝土施工基本相同。

（五）地下工程施工辅助作业

地下工程施工辅助作业包括通风、散烟及除尘，目的是为了控制因凿岩、爆破、装碴、喷射混凝土和内燃机运行等而产生的有害气体和岩石粉尘含量，及时供给工作面充足的新鲜空气，改善洞内的温度、湿度和气流速度等状况，创造满足卫生标准的洞内工作环境。这在长洞施工中尤为重要。

（六）掘进机开挖施工技术

掘进机开挖与传统钻爆法比较，具有许多优点。它利用机械切割、挤压破碎，能使掘进、出碴、衬砌支护等作业平行连续地进行，工作条件比较安全，节省劳力，整个施工过程能较好地实现机械化和自动控制；在地质条件单一、岩石硬度适宜的情况下，可以提高掘进速度；掘进机挖掘的洞壁比较平整，断面均匀，超欠挖量少，围岩扰动少，对衬砌支护有利。全断面隧道掘进机（TBM）是一种专用的开挖设备。它利用机械破碎岩石的原理，完成开挖、出碴及混凝土（钢）管片安装的联合作业，连续不断地进行掘进。

掘进机开挖的主要缺点有：设备复杂昂贵，安装费工费时；掘进机不能灵活适应洞径、洞轴线走向、地质条件与岩性等方面的变化；刀具更换、风管送进、电缆延伸、机器调整等辅助工作等占用时间较长，若掘进机发生故障，会影响全部工程的施工；掘进机掘进时释放大量热量，工作面上环境温度较高，因此要求有较大的通风设备。

由此可见，选择掘进机掘进方案，必须结合工程具体条件，通过技术经济比较确定。

（七）顶管法施工技术

顶管法是一种非开挖的敷设地下管道的施工方法，基本原理是借助主顶千斤顶（油缸）及管道间等的推力，把工具管或掘进机从工作坑内穿过土层一直推到接收坑内吊起。与此同时，也就把紧随工具管或掘进机后的管道埋设在两坑之间。顶管施工前要对地质和周围环境情况调查清楚，这也是保证顶管顺利施工的关键之一。

施工基本程序：在敷设管道前，在管线的一端事先建造一个工作坑（井），在坑内的顶进轴线后方布置后背墙、千斤顶，将敷设的管道放在千斤顶前面的导轨上，管道的最前端安装工具管。千斤顶顶进时，以工具管开路，顶推着前面的管道穿过坑壁上的穿孔墙管（孔），把管道压入土中。与此同时，进入工具管的泥土被不断挖掘、排出，管道不断向土中延伸。当坑内导轨上的管道几乎全部定入土中后，缩回千斤顶，吊去全部顶铁，将下一节管段吊下坑，安装在管段的后面，接着继续顶进，如此循环施工，直至顶完全程，如图 1-7-29 所示。

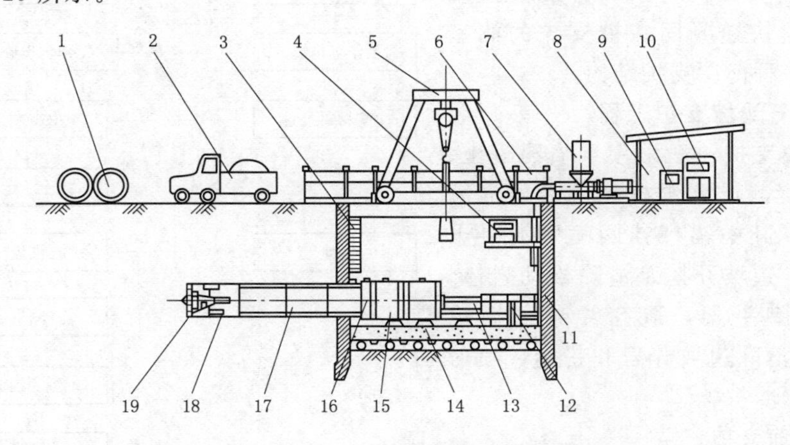

图 1-7-29　顶管法施工示意图

1—预制的混凝土管；2—运输车；3—扶梯；4—注顶油泵；5—门式起重机；6—安全护栏；7—拉滑注浆系统；8—操纵房；9—配电系统；10—操纵系统；11—后座；12—测量系统；13—主顶油缸；14—导轨；15—弧形顶铁；16—环形顶铁；17—已顶入的混凝土管；18—运土车；19—机头

顶管施工的主要流程如图 1-7-30 所示。

五、支护工程

（一）钢支撑

钢支撑指运用钢管、H 型钢、角钢等增强工程结构的稳定性，在工程中使用钢支撑挡着涵洞隧道的土壁，防止基坑倒塌，一般情况钢支撑是倾斜的连接构件，最常见的是人字形和交叉形状。目前钢支撑在地铁、基坑围护方面被广泛应用。因钢支撑可回收再利用，具有经济性、环保性等特征。

（二）锚喷支护

锚喷支护技术有很多类型，包括单一的喷混凝土或锚杆支护，喷混凝土、锚杆（索）、钢筋网、钢拱架等多种联合支护。锚杆是用金属（主要是钢材）或其他高抗拉性能材料制作的杆状构件，配合使用某些机械装置、胶凝介质，按一定施工工艺，将其锚固于地下洞室围岩的钻孔中，起到加固围岩、承受荷载、阻止围岩变形的目的。

（三）预应力锚索

预应力锚索是在外荷载作用前，针对建筑物可能滑移拉裂的破坏方向，利用高强钢丝束或钢绞线束预先施加主动压力，以提高结构及高边坡的抗滑和防裂能力。预应力锚索施工，在一定条件下，较之其他加固方法，具有工期短、造价低、布置方便、施工干扰小等优点。它作为一种经济而有效的加固措施而被广泛采用。

（四）喷射混凝土

喷射混凝土是将水泥、砂、石和外加剂（速凝剂）等材料，按一定配比拌和后，装入喷射机中，用压缩空气将混合料压送到喷头处，与水混合后高速喷到作业面上，快速凝固在被支护的洞室壁面，形成一种薄层支护结构。

（五）岩石边坡支护工程

岩石边坡支护一般采用素喷混凝土、锚杆加素喷混凝土和锚杆挂网喷射混凝土三种形式。其中锚杆挂网喷射混凝土的施工工序：边坡开挖及清除松动岩体，挂网，搭设脚手架，造孔注浆（插锚杆），高压风清除边坡碎岩和粉尘，喷射混凝土，洒水养护。

（六）超前支护

超前支护是保证隧道工程开挖工作面稳定而采取的超前于掌子面开挖的辅助措施的一种。隧道穿越软弱破碎围岩时，开挖扰动会引起较大的围岩变形。如果初期支护措施不及时，围岩变形可能超过其容许范围，严重时引起掌子面失稳、隧道塌方，造成重大经济损失。此时，需采用隧道超前支护措施来控制围岩的变形，从而达到保证隧道施工安全的目的。

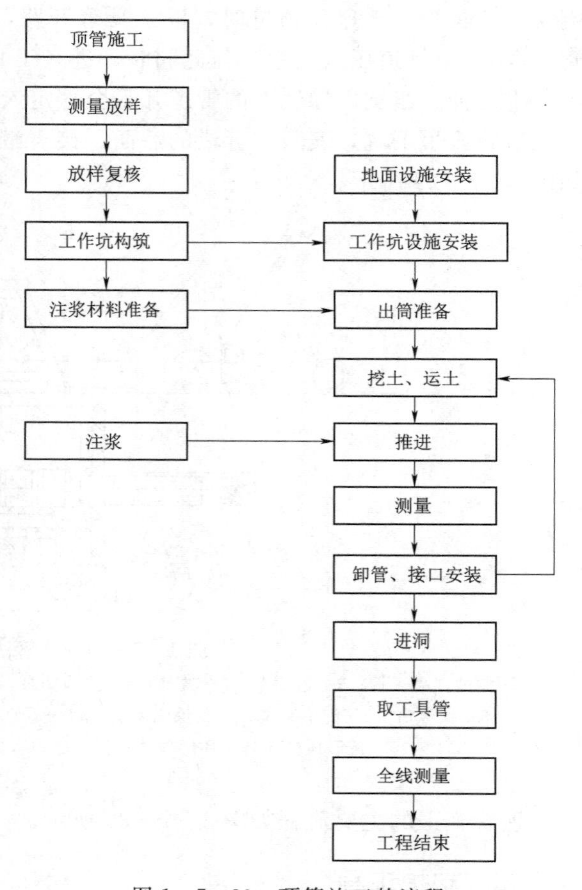

图 1-7-30　顶管施工的流程

目前，隧道超前支护的方式主要有管棚、小导管、水平旋喷桩等。无论是单体支护，还是采用超前液压支架，支护距离一般按照《煤矿安全规程》不小于 20m 进行布置，对于压力显现较大或特殊开采条件的煤层，研究方法主要有理论分析和矿压观测。巷道超前支护距离的确定主要依据超前压支承压力和巷道变形情况。

六、土石方填筑工程

（一）土石坝坝体填筑

1. 坝面作业施工组织规划

土石坝坝面作业施工工序包括卸料、铺料、洒水、压实、质量检查等。坝面作业的工作面狭窄、工种多、工序多、机械设备多，施工时需有妥善的施工组织规划。

为避免坝面施工中的干扰，延误施工进度，土石坝坝面作业宜采用分段流水作业施工。流水作业施工组织应先按施工工序数目对坝面分段，然后组织相应专业施工队依次进入各工段施工。对同一工段而言，各专业队按工序依次连续施工；对各专业施工队而言，依次连续在各工段完成固定的专业作业。其结果是实现了施工专业化，有利于提高工人劳动熟练程度、劳动效率和工程施工质量。同时，各工段都有专业队固定的施工机具，从而保证施工过程中人、机、地三不闲，避免施工干扰，有利于坝面作业多快好省并安全地进行。

2. 结合部位施工

土石坝施工中，坝体的防渗土料不可避免地要与地基、岸坡、周围其他建筑的边界相结合；由于施工导流、施工方法、分期分段分层填筑等的要求，还必须设置纵横向的接坡、接缝。所有这些结合部位，都是影响坝体整体性和质量的关键部位，也是施工中的薄弱环节，质量不易控制。接坡、接缝过多，还会影响到坝体填筑速度，特别是影响机械化施工。

3. 反滤料、垫层料、过渡料施工

反滤料、垫层料、过渡料一般方量不大，但其要求较高，铺料不能分离，一般与防渗体和一定宽度的大体积坝壳石料平起上升，压实标准高，分区线的误差有一定的控制范围。当铺填料宽度较宽时，铺料可采用装载机辅以人工进行。

（二）堤防工程施工

1. 堤基处理

（1）软弱堤基处理。堤防工程的软弱堤基包括软黏土、湿陷性黄土、易液化土、膨胀土、分散性黏土等。为提高堤基的强度和稳定性，确保堤防工程的安全，除挖除置换软弱土层外，还可采取其他相应的处理措施。

常用的软弱堤基处理方法有：垫层法、强夯法、插塑板排水固结法、砂井排水固结法、振冲法等。

（2）透水堤基处理。堤防的基础常为透水地基，而对这种透水地基大多未进行过专门的技术处理，在汛期常发生管涌、渗漏等，这也是造成堤防渗透失稳的一个重要原因。透水堤基处理的目的，主要是减少堤基渗透性，保持渗透稳定，防止堤基产生管涌或流土破坏。

1）截水槽。

a. 截水槽的排水水源包括地面径流、施工废水和地下水。前两者可用布置在截水槽两侧的表面排水沟排除。地下水的降低和排除，一般采用明沟排水法和井点降水法。

b. 截水槽开挖。可用挖土机挖土、自卸汽车出渣的机械化施工，也可用人工施工。人工开挖截水槽的断面一般为阶梯形。

2）防渗铺盖。相对不透水层埋藏较深、透水层较厚且临水侧有稳定滩地的堤防，宜采用防渗铺盖防渗。铺盖布设于堤前一定范围内，对于增加渗径、减少渗漏效果较好。根据铺盖使用的材料，可分为黏土铺盖、混凝土铺盖、土工膜铺盖及天然黏土铺盖，并在表面设置保护层及排气排水系统。

3）截渗墙。深厚透水堤基上的重要堤段，可设置地下截渗墙进行防渗加固，使堤基渗透稳定，保证堤防安全。

（3）多层堤基处理。双层或多层堤基，处理措施除上述方法外，还有减压沟、减压井和盖重等。

多层堤基如无渗流稳定安全问题，施工时仅需将经清基的表层土夯实后即可填筑堤身。表层弱透水层较厚的堤基，可采用堤背水侧加盖重进行处理，先用符合反滤要求的砂、砾等在堤背侧平铺盖住，表层再用块石压盖。对于多层结构地基，其上层土层为弱透水地基，下层为强透水层，当发生大面积管涌流土或渗水时，可以采用减压井（沟）作为排水设备。

（4）岩石堤基的防渗处理。

1）处理原则。堤基为岩石，如表面无强风化岩层，除表面清理外，一般可不进行专门处理；强风化或裂隙发育的岩石，可能使裂隙充填物或堤体受到渗透破坏的，应进行处理；因岩溶等原因，堤基存在空洞或涌水，将危及堤防安全的，必须进行处理。

2）强风化或裂隙发育岩基的处理。强风化岩层堤基，先按设计要求清除松动的岩石，筑砌石堤或混凝土堤时基面须铺设水泥砂浆，层厚大于30mm；筑土堤时基面须涂刷厚为3mm的浓黏土浆。

当岩石为强风化，并可能使岩石堤基或堤身受到渗透破坏时，在防渗体下采用砂浆或混凝土垫层封堵使岩石与堤身隔离，并在防渗体下游设置反滤层，防止细颗粒被带走；非防渗体部分用滤料覆盖即可。

裂隙比较密集的基岩，采用水泥固结灌浆或帷幕灌浆，按有关规范进行处理。

3）岩溶处理。岩溶的处理措施，可归纳为：①堵塞漏水的洞穴和泉眼；②在漏水地段做黏土、混凝土、土工膜或其他形的铺盖；③用截渗墙结合灌浆帷幕处理，截断漏水通道；④将间歇泉、落水洞等围住，使之与江（河、海）水隔开；⑤将堤下的泉眼、漏水点等导出堤外；⑥进行固结固浆或帷幕灌浆。

2. 堤身施工

（1）堤基清理。筑堤工作开始前，必须按设计要求对堤基进行清理。堤基清理范围包括堤身、铺盖和压载的基面。堤基清理边线应比设计基面边线宽出30～50cm。老堤加高培厚，其清理范围包括堤顶和堤坡。

（2）填筑作业的一般要求。地面起伏不平时，应按水平分层由低处逐层填筑，不得顺坡铺填；堤防断面上的地面坡度陡于1∶5时，应削至缓于1∶5。分段作业面长度应根据施工机械的配备和作业能力确定，以不影响压实质量为原则，最小长度不宜小于100m。作业面应分层统一铺土、统一碾压，并进行整平，界面处要相互搭接，严禁出现界沟。在软土堤基上筑堤时，如堤身两侧设有压载平台，则应按设计断面同步分层填筑。相邻施工段的作业面应均衡上升，若段与段之间不可避免出现高差时，应以斜坡面相接，并按堤身接缝施工要点的要求作业。

第三节 混凝土工程及疏浚、吹填工程

一、骨料生产及加工

（一）骨料的生产

天然骨料需要通过筛分分级，人工骨料需要通过破碎、筛分加工，其生产流程如图

1－7－31所示。

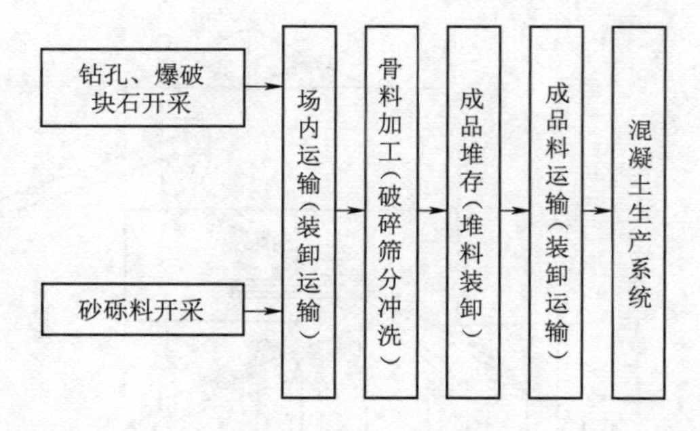

图1－7－31　骨料加工的生产工艺流程

骨料生产主要根据骨料来源、级配要求、生产强度、堆料场地以及有无商品用量要求等进行全面分析比较确定。同时还应根据开采加工条件及机械设备供应情况，确定各生产环节所需要的机械设备种类、数量和型号，按流程组成自动化或半自动化的生产流水线。

按照砂石料开采条件，天然砂砾料有陆地和水下两种开采方式，陆地开采与土料开采类似。水下开采，当水深较大时，可采用采砂船或铲扬船，在浅水或河漫滩区多用索铲或液压反铲采挖。索铲较反铲开采常用以卸料至岸边，集成料堆再由反铲或正铲装车的方法。为了提高反铲采挖效率，在挖斗下部加钻排水孔，并将挖出的砂石料就地暂存脱水，再用装载机装自卸汽车运至砂石筛分系统。对采砂船或铲扬船在江心采料，可用砂驳装料，由机动船拖至岸边专用码头卸料。对于人工骨料开采宜采用深孔微差挤压爆破，控制其块度大小。

骨料运输多用大吨位自卸汽车。在骨料用量大且修筑道路投资高的情况下，采用皮带机运料最理想，不仅效率高、运费低，且管理也比较简便。

（二）骨料加工及加工设备

将采集的毛料加工，一般需通过破碎、筛选和冲洗的步骤，制成符合级配、除去杂质的碎石和人工砂。根据骨料加工工艺流程，组成骨料加工厂。

1．骨料的破碎

使用破碎机械碎石，常用的设备有颚板式、反击式和锥式三种碎石机。

2．骨料的筛分

为了分级，需将采集的天然毛料或破碎后的混合料筛分，分级的方法有水力筛分和机械筛分两种。前者利用骨料颗粒的大小不同、水力粗度各异的特点进行分级，适用于细骨料。后者利用机械力作用经不同孔眼尺寸的筛网对骨料进行分级，适用于粗骨料。

大规模筛分多用机械振动筛，有偏心振动和惯性振动两种。

3．洗砂机

无论天然砂还是人工砂通常多用水力分级，分级和冲洗同时进行。也有用沉砂箱承纳筛分后流出的污水砂浆，经初洗和排污后再送入洗砂机清洗。

4．骨料加工厂

大规模的骨料加工，常将加工机械设备按工艺流程布置成骨料加工厂。以筛分作业为主的加工厂称为筛分楼，如图1－7－32所示，其布置常用皮带机送料上楼，经两道振动筛筛分出五种级配骨料，砂料经沉砂箱和洗砂机清洗后成为成品砂料，各级骨料由皮带机送至成品料堆堆存。骨料加工厂宜尽可能靠近混凝土系统，以便共用成品堆料场。

（三）骨料的堆存

为了适应混凝土生产的不均衡性，可利用堆场储备一定数量的骨料，以解决骨料的供求矛盾。骨料储量的多少，主要取决于生产强度和管理水平。

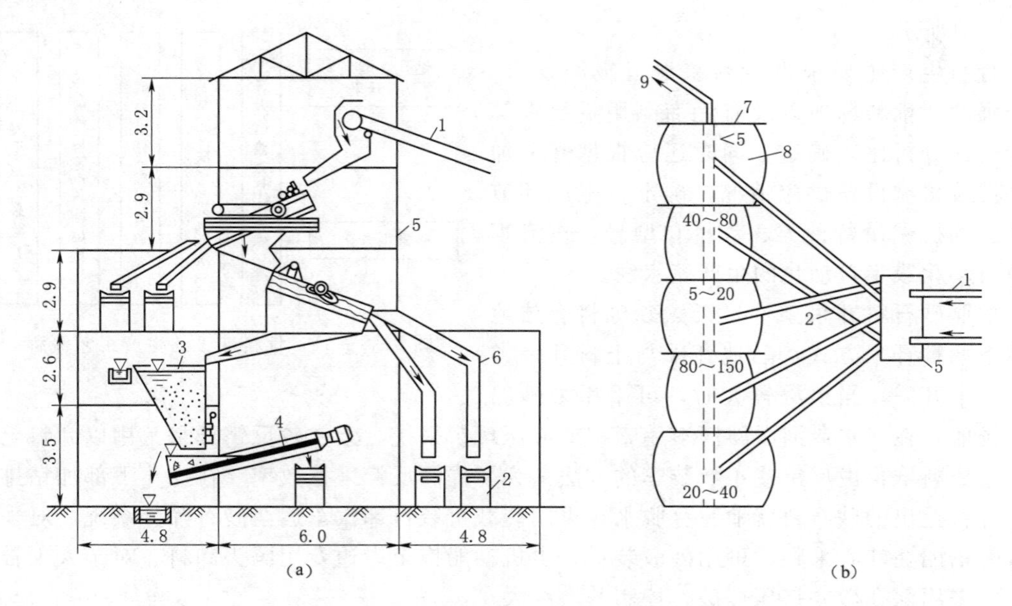

图1-7-32　筛分楼布置示意图（单位：m）

(a) 筛分楼分层布置；(b) 进出料平面布置

1—进料皮带机；2—出料皮带机；3—沉砂箱；4—洗砂机；5—筛分楼；6—溜槽；7—隔楼；8—成品料堆；9—成品运出

二、模板和钢筋作业

（一）模板

根据制作材料，模板可分为木模板、钢模板、混凝土和钢筋混凝土预制模板；根据架立和工作特征，模板可分为固定式、拆移式、移动式和滑动式。固定式模板多用于起伏的基础部位或特殊的异形结构，如蜗壳或扭曲面，其因大小不等、形状各异，难以重复使用。拆移式、移动式和滑动式可重复或连续在形状一致或变化不大的结构上使用，有利于实现标准化和系列化。

（二）钢筋

在水利工程钢筋混凝土中常用的钢筋为热轧钢筋。从外形可分为光圆钢筋和带肋钢筋。与光圆钢筋相比，带肋钢筋与混凝土之间的握裹力大，共同工作的性能较好。

钢筋的加工包括清污除锈、调直、下料剪切、接头加工、弯折及钢筋连接等内容。

1. 钢筋去污除锈

钢筋表面应洁净，使用前应将表面油渍、漆污、锈皮、鳞锈等清除干净，但对钢筋表面浮锈可不做专门处理。钢筋表面有严重锈蚀、麻坑、斑点等现象时，应经鉴定后视损伤情况确定降级使用或剔除不用。钢筋可在调直或冷拉过程中除锈，可采用手工除锈、机械除锈、喷砂除锈和酸洗除锈等方法。

2. 钢筋调直

钢筋应平直，无局部弯折。成盘的钢筋或弯曲的钢筋应调直后，才允许使用。钢筋调

直后如发现钢筋有劈裂现象，应作为废品处理，并应鉴定该批钢筋质量。钢筋的调直宜采用机械调直和冷拉方法调直，严禁采用氧气、乙炔焰烘烤取直。

3. 钢筋下料剪切

钢筋下料长度应根据结构尺寸、混凝土保护层厚度、钢筋弯曲调整值和弯钩增加长度等要求确定。同直径、同钢号且不同长度的各种钢筋编号（设计编号）应先按顺序编制配料表，再根据调直后的钢筋长度和混凝土结构对钢筋接头的要求，统一配料。钢筋切断应根据配料表中编号、直径、长度和数量，长短搭配。

4. 钢筋接头加工及弯折

钢筋的弯折宜采用钢筋弯曲机加工，弯曲形状复杂的钢筋应画线、放样后进行。

5. 钢筋连接

现场施工钢筋连接宜采用绑扎搭接、手工电弧焊、气压焊、竖向钢筋接触电渣焊和机械连接等。

钢筋机械连接接头的类型包括：套筒挤压连接、锥螺纹连接和直螺纹连接。其中直螺纹连接分为镦粗直螺纹连接和滚压直螺纹连接（直接滚压直螺纹连接、挤肋滚压直螺纹连接、剥肋滚压直螺纹连接）。钢筋接头应分散布置，宜设置在受力较小处，同一构件中的纵向受力钢筋接头宜相互错开，结构构件中纵向受力钢筋的接头应相互错开 $35d$（d 为纵向受力钢筋的较大直径），且不小于 500mm。

三、混凝土生产制备

（一）混凝土配料

混凝土制备的过程包括贮料、供料、配料和拌和，其中配料是按混凝土配合比要求，称准每次拌和的各种材料用量。

混凝土配料要求采用重量配料法，即将砂、石、水泥、掺和料按重量计量，水和外加剂溶液按重量折算成体积计量。

（二）拌合机投料

采用一次投料法时，先将外加剂溶入拌合水，再按砂、水泥、石子的顺序投料，并在投料的同时加入全部拌合水进行搅拌。

采用二次投料法时，先将外加剂溶入拌合水中，再将骨料与水泥分二次投料，第一次投料时加入部分拌合水后搅拌，第二次投料时再加入剩余的拌合水一并搅拌。

（三）混凝土制备及拌合设备

混凝土制备是保证混凝土工程质量的关键作业，而拌合设备又是保证混凝土拌制质量的主要手段。

拌合机是制备混凝土的主要设备。拌合机拌制混凝土有两种方式：一种是利用可旋转的拌合筒上的固定叶片，将混凝土料带至筒顶自由跌落拌制；另一种是装料鼓筒不旋转，固定在轴上的叶片旋转带动混凝土料进行拌制。前者应用较广泛，多用来拌制具有一定坍落度的混凝土；后者用来拌制干硬性混凝土。

四、常态混凝土施工

（一）混凝土的运输方案

混凝土运输是连接拌和与浇筑的中间环节。运输过程包括水平和垂直运输，其设备应配合协调；在运输过程中要求混凝土不初凝、不分离、不漏浆、无严重泌水、无过大的温度变化，能保证混凝土入仓温度的要求。所以，装、运、卸不仅应合理安排，而且应满足生产流程各环节的质量要求。

（二）混凝土的浇筑方式

由于多种条件的限制，不可能将整个坝体连续不断地一次浇筑完毕，需要采取分缝分块的方式，将坝体划分成许多浇筑块进行混凝土浇筑。

（三）混凝土浇筑的施工过程

混凝土浇筑的施工过程包括：浇筑前的准备作业，浇筑时入仓铺料、平仓振捣和浇筑后的养护。

1. 浇筑前的准备作业

浇筑前的准备作业包括基础面的处理、施工缝的处理、立模、钢筋及预埋件安设等。

2. 入仓铺料

混凝土入仓铺料多用平浇法。它是沿仓面某一边逐条逐层有序连续铺填，如图 1-7-33 所示。铺料层厚与振动设备性能、混凝土稠度、来料强度和气温高低有关。

3. 平仓振捣

卸入仓内成堆的混凝土料，按规定要求均匀铺平称为平仓。平仓可用插入式振捣器插入料堆顶部振动，使混凝土液化后自行摊平，也可用平仓振捣机进行。

4. 浇筑后的养护

浇筑后的养护是保证混凝土强度增长，不发生开裂的必要措施。通常采用洒水养护或安管喷雾，效果更好。模板对混凝土表面有保护作用，故确定拆模时间应考虑养护的要求。

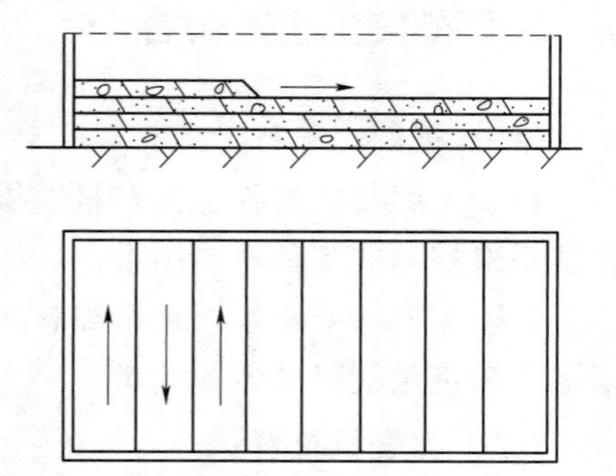

图 1-7-33　平浇法示意图

五、碾压混凝土施工

采用碾压土坝的施工方法修建混凝土坝是混凝土坝施工技术的重大变革。碾压混凝土筑坝技术在我国获得迅速发展，现已处于世界先进行列。

（一）碾压混凝土的施工特点

碾压混凝土坝通常的施工程序：在下层块铺砂浆，汽车运输入仓，平仓机平仓，振动压实机压实，在拟切缝位置拉线，机械对位，在振动切缝机的刀片上装铁皮并切缝至设计深度，拔出刀片，铁皮则留在混凝土中，切完缝再沿缝无振碾压两遍。这种施工工艺在国内具有普遍性，其主要过程如图 1-7-34 所示。

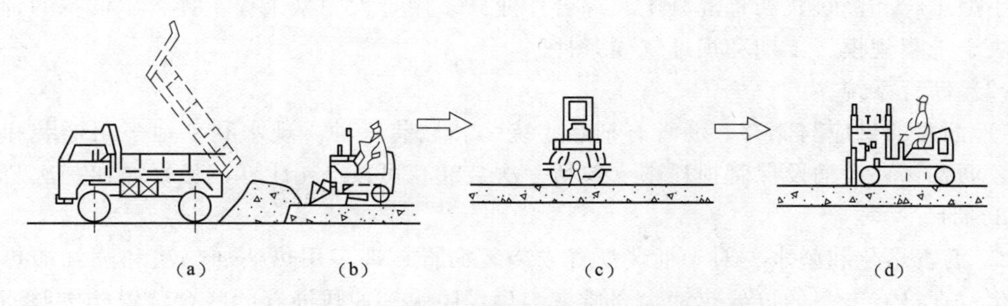

图 1-7-34 碾压混凝土坝施工工艺流程图
(a) 自卸汽车供料；(b) 平仓机平仓；(c) 振动碾压实；(d) 切缝机切缝

(二) 碾压混凝土的运输方式

与常态混凝土相似，碾压混凝土入仓方式也分为水平运输和垂直运输。但碾压混凝土运输的特点是要有连续性，要求速度快，所以常采用自卸汽车和胶带机，也可用负压溜管转运混凝土入仓。

六、沥青混凝土工程

(一) 材料选择

1. 沥青

沥青混凝土面板所用沥青主要根据工程地点的气候条件选择，而心墙所用沥青主要根据工程的具体要求选样。

2. 粗骨料

粗骨料是指粒径大于 2.5mm 的骨料。粗骨料应满足坚硬、精净、耐久等技术要求。粗骨料以采用碱性碎石为宜，其最大粒径一般为 15～25mm。

3. 细骨料

细骨料是指粒径小于 2.5mm 且大于 0.075mm 的骨料。细骨料可以是碱性岩石加工的人工砂或小于 2.5mm 的天然砂，也可以是两者的混合。细骨料应满足坚硬、洁净、耐久和适当的颗粒级配等技术要求。

4. 填料

填料是指粒径小于 0.075mm 的用碱性石（石灰岩、白云岩等）磨细得到的岩粉，一般可从水泥厂购买。

5. 掺料

为了改善沥青混凝土的高温热稳定性或低温抗裂性，或提高沥青与矿料的黏结力，可在沥青中加入掺料。

(二) 沥青混合料制备与运输

1. 沥青混合料的制备

(1) 沥青混合料制备工艺。

水工沥青混合料制备工艺流程目前主要有循环作业式和综合作业式。循环作业式多用于中小型工程和浇筑式沥青混凝土，综合作业式多用于大中型工程。拌合厂设备的选择主要取决于工程规模、工期和坝址气候条件。

（2）沥青系统。

1）沥青的供应与储存。沥青有桶装、袋装和散装三种。现水利工地多用桶装和袋装沥青。沥青场外运输及保管损耗率（包括一次装卸）可按3%计算，且每增加一次装卸按增加1%计。

2）沥青熔化和脱水。对于桶装沥青或袋装沥青，现多用热油加热法和蒸气加热法进行熔化。现已有专门的以导热油为介质来熔化、脱水、加热沥青的联合装置。按照沥青混合料的铺筑强度，设计沥青锅或沥青池的大小，采用热油或蒸汽对沥青进行熔化、脱水和加热。对于沥青中残留的水分，需在熔化、加热过程中进行脱水。

3）沥青加热与输送。沥青的加热温度和输送温度取决于沥青的针入度。针入度大则温度低，反之亦然。输送沥青多采用外部保温的双层管道，内管为沥青输送管，外管为导热油或蒸汽套管。抽送沥青的沥青泵视拌合厂系统而定。

（3）砂石料系统。

1）砂石料破碎。破碎后的混合矿料应按设计要求进行筛分分级，一般要求分成10～20mm、5～10mm和小于5mm三级。小于5mm是否再分级取决于该级级配是否满足设计级配曲线要求和具体工程的要求。天然河砂可以用作沥青混合料的骨料，但其质量和级配等应符合规定的技术要求。

2）砂石料堆存。砂石料的贮存数量以满足10d左右的铺筑用量为宜，其堆放要求和堆场面积的计算与水泥混凝土拌合系统的砂石料堆场类似。

3）砂石料初配加热。一般采用燃油内热式烘干机进行砂石料加热。

（4）填料系统。填料一般采用从水泥厂购买的碱性岩石粉料和破碎石料回收的粉料。填料应尽量采用罐装，也可采用袋装，放在防潮的棚内贮存。填料一般不加热，而是通过高温的砂石骨料与比表面积较大的填料干拌以迅速提高填料的温度。若填料需加热，则加热温度一般为60～80℃左右。

（5）沥青混合料拌制。

1）搅拌机。一般采用双轴强制式搅拌机，其额定生产能力见表1-7-6。细料比例较大时，拌合时间需相应延长，生产率将降低。

表1-7-6　沥青混合料搅拌机生产率

搅拌机容量/kg	500	750	1000	2000
生产率/(t/h)	30～35	40～50	60～70	120～140

2）搅拌时间。先加入骨料、填料干拌约15s，然后喷入沥青拌和30～45s，以拌和均匀、不出花白料为原则。

3）拌合温度。沥青混合料的拌合温度可在沥青运动黏度为1×10^4～$2\times104m^2/s$的温度范围内选定。不同针入度的沥青适宜拌合温度见表1-7-7。拌合温度的允许误差为±10℃，夏季取下限，冬季取上限。最高温度不宜超过190℃。

表 1-7-7　不同针入度的沥青的拌合温度

针入度/(1/10mm)	40～60	60～80	80～100	100～120
拌合温度/℃	160～175	150～165	140～160	135～150

2. 沥青混合料运输

热拌沥青混合料应采用自卸汽车或保温料罐运输。自卸汽车运输时应防止沥青与车厢黏结。从拌合机向自卸汽车上装料时，应防止粗细骨料离析。

(三) 沥青混凝土防渗面板铺筑、压实

1. 沥青混凝土面板施工的准备工作

与沥青混凝土面板相连接的水泥混凝土趾墩、岸墩及刚性建筑物的表面在沥青混凝土面板铺筑之前必须进行处理。表面上的浮皮、浮渣必须清除，潮湿部位应用燃气或喷灯烤干，使混凝土表面保持清洁、干燥。然后在表面喷涂一层稀释沥青或乳化沥青，用量约 0.15～0.20kg/m^2。待稀释沥青或乳化沥青完全干燥后，再在其上面敷设沥青胶或橡胶沥青胶。沥青胶涂层要平整均匀，不得流淌。如涂层较厚，可分层涂抹。

与齿墙相连接的沥青砂浆或细粒沥青混凝土楔形体，一般可采用全断面一次浇筑施工，也可分层浇筑施工，每层厚 30～50cm。

对于土坝，在整修好的填筑土体或土基表面应先喷洒除草剂，然后铺设垫层。堆石坝体表面可直接铺设垫层。垫层料应分层填筑压实，并对坡面进行修整，使坡度、平整度和密实度等符合设计要求。

2. 沥青混合料摊铺

土石坝碾压式沥青混凝土面板多采用一级铺筑。当坝坡较长或因拦洪度汛需要设置临时断面时，可采用二级或二级以上铺筑。一级斜坡长度铺筑通常为 120～150m。当采用多级铺筑时，临时断面顶宽应根据牵引设备的布置及运输车辆交通的要求确定，一般为 10～15m。

3. 沥青混合料压实

沥青混合料应采用振动碾碾压，待摊铺机从摊铺条幅上移出后，用 2.5～8t 振动碾进行碾压。振动碾重量和碾压工艺的选择应根据现场环境温度、风力、摊铺条幅的宽度和厚度、摊铺机的摊铺速度经现场试验确定。

碾压的初始温度和终止温度及碾压遍数应根据现场试验确定。当没有试验资料时，可参考表 1-7-8 选用。

表 1-7-8　沥青混合料碾压温度　单位：℃

项　目	针入度/(1/10mm)		一般控制范围
	40～80	80～120	
碾压最佳温度	150～145	135	
碾压最低温度	125～120	110	140～110

（四）沥青混凝土心墙铺筑

1. 施工前的准备工作

（1）与沥青混凝土相接的水泥混凝土基座和岸坡垫座应按设计要求施工。

（2）与沥青混凝土心墙相连接的水泥混凝土基座、岸坡垫座等表面在沥青混凝土心墙铺筑之前必须进行处理。

2. 沥青混合料的运输

热拌沥青混合料的运输可采用自卸汽车或保温料罐运输。当拌合楼距坝面比较近时，也可采用经改装的装载机直接运输沥青混合料。

采用保温料罐运输沥青混合料时，则在坝面摊铺机上或旁边需有专用起吊设备将装有混合料的料罐从运输车上吊至摊铺机接料斗，然后料罐底部口自动打开或人工打开，将混合料卸入摊铺机接料斗。当采用自卸汽车运输混合料时，则先将混合料卸入装载机上的特制料斗，再由装载机将混合料卸入摊铺机接料斗。

心墙两侧的过渡料一般由自卸汽车运输上坝，按量倒在心墙一侧或两侧，或直接卸入挖掘机拖动的专用拖斗内，然后再由挖掘机将过渡料中转运到摊铺机的过渡料受料斗内。

3. 混合料摊铺

沥青混合料摊铺分为机械摊铺和人工摊铺。沥青混凝土心墙大部分采用专用摊铺机摊铺，摊铺机摊铺不到的部位如心墙基座和与岸坡连接处的扩大头部，则采用人工摊铺。

对于心墙底部和两端的扩大部分，沥青混合料的人工铺筑工艺可按立模-毡布护面-过渡料摊铺初碾-层面处理-混合料摊铺-拆模-混合料和过渡料压实施工工艺。

4. 混合料压实

热沥青混合料最好由带有初压装置的摊铺机进行初步压实。2 台 2～3t 的振动碾同时平行碾压心墙两侧过渡料，以提供心墙的横向支撑。随后用 1 台 0.5～1t 振动碾碾压心墙沥青混合料。心墙振动碾应比心墙宽约 10cm。沥青混合料宜先静压 2 遍，再振动碾压 4～6 遍，最后再静压 2 遍。

5. 心墙铺筑与坝体的施工顺序

沥青混凝土心墙应与坝体填筑均衡上升，而每层心墙与两侧过渡料需同时铺筑。在施工期间，心墙与过渡料铺筑应在高于相邻坝体两层或低于相邻坝体两层之间。当雨季、冬季等原因造成心墙施工、停工时，心墙和两侧过渡料层应高于相邻坝体 1～2 层。

七、大体积混凝土的温度控制与防裂

（一）混凝土温度控制的基本任务

混凝土在凝固过程中，由于水泥水化，释放大量水化热，使混凝土内部温度逐步上升。对于尺寸小的结构，由于散热较快，温升不高，不致引起严重后果。但对于大体积混凝土，最小尺寸也常在 3～5m 以上，而混凝土导热性能随热传导距离呈线性衰减，大部分水化热将积蓄在浇筑块内，使块内温度升达 30～50℃，甚至更高。大体积混凝土的温度变化必然引起温度变形，温度变形若受到约束，势必产生温度应力。由于混凝土的抗压强度远高于抗拉强度，在温度压应力作用下不致破坏的混凝土，当受到温度拉应力作用时，常因抗拉强度不足而产生裂缝。随着约束情况的不同，大体积混凝土温度裂缝有如下两种。

1. 表面裂缝

混凝土浇筑后，其内部由于水化热温升，体积膨胀，如遇寒潮，气温骤降，表层降温收缩。内胀外缩，在混凝土内部产生压应力，表层产生拉应力。混凝土的抗拉强度远小于抗压强度。当表层温度拉应力超过混凝土的允许抗拉强度时，将产生裂缝，形成表面裂缝。这种裂缝多发生在注块侧壁，方向不定，数量较多。由于初浇的混凝土塑性大，弹模小，限制了拉应力的增长，故这种裂缝短而浅，随着混凝土内部温度下降，外部气温回升，有重新闭合的可能。

2. 贯穿裂缝和深层裂缝

变形和约束是产生应力的两个必要条件。由温度变化引起温度变形是普遍存在的，有无温度应力关键在于有无约束。人们不仅把基岩视为刚性基础，也把已凝固、弹模较大的下部老混凝土视为刚性基础。这种基础对新浇不久的混凝土产生温度变形所施加的约束作用，称为基础约束。这种约束在混凝土升温膨胀期引起压应力，在降温收缩时引起拉应力。当此拉应力超过混凝土的允许抗拉强度时，就会产生裂缝，称为基础约束裂缝。由于这种裂缝自基础面向上开展，严重时可能贯穿整个坝段，故又称为贯穿裂缝。

大体积混凝土温度控制的首要任务是通过控制混凝土的拌合温度来控制混凝土的入仓温度；通过一期冷却降低混凝土内部的水化热温升，从而降低混凝土内部的最高温升，使温差降低到允许范围。其次，大体积混凝土温控的另一任务是通过二期冷却，使坝体温度从最高温度降到接近稳定温度，以便在达到灌浆温度后及时进行纵缝灌浆。

（二）大体积混凝土的温度控制措施

温度控制的具体措施通常有混凝土的减热和散热两方面。

1. 减少混凝土的发热量

（1）减少每立方米混凝土的水泥用量。其主要措施有：

1）根据坝体的应力场对坝体进行分区，对于不同分区采用不同标号的混凝土。

2）采用低流态或无坍落度的干硬性贫混凝土。

3）改善骨料级配，增大骨料粒径，对少筋混凝土可埋放大块石，以减少每立方米水泥用量。

4）大量掺粉煤灰，掺和料的用量可达水泥用量的25%～40%。

采用高效外加减水剂不仅能节约水泥用量约20%，使28d龄期混凝土的发热量减少25%～30%，且能提高混凝土早期强度和极限拉伸值。常用的减水剂有酪木素、糖蜜、MF复合剂等。

（2）采用低发热量的水泥。近年已开始生产低热微膨胀水泥，它不仅水化热低，且有微膨胀作用，对降温收缩还可以起到补偿作用，可减小收缩引起的拉应力，有利于防止裂缝的发生。

2. 降低混凝土的入仓温度

（1）合理安排浇筑时间。在施工组织上安排春、秋季多浇，夏季早晚浇，正午不浇，这是最经济有效的降低入仓温度的措施。

（2）采用加冰或加冰水拌和。混凝土拌和时，将部分拌合水改为冰屑，利用冰的低温和冰融解时吸收潜热的作用，这样可最大限度地将混凝土温度降低约20℃。

(3) 对骨料进行预冷。当加冰拌和不能满足要求时，通常采取骨料预冷的办法。骨料预冷的方法有以下几种：

1) 水冷。使粗骨料浸入循环冷却水中30～45min，或在通入拌合楼料仓的皮带机廊道、地垄或隧洞中装设喷洒冷却水的水管。喷洒冷却水皮带段的长度，由降温要求和皮带机运行速度而定。

2) 风冷。可在拌合楼料仓下部通入冷气，冷风经粗骨料的空隙，由风管返回制冷厂再冷。

3) 真空气化冷却。利用真空气化吸热原理，将放入密闭容器的骨料，利用真空装置抽气并保持真空状态约半小时，使骨料气化降温冷却。

以上预冷措施，需要设备多、费用高。不具备预冷设备的工地，宜采用一些简易的预冷措施，例如在浇筑仓面上搭凉棚，料堆顶上搭凉棚，限制堆料高度，由底层经地垄取低温料，采用地下水拌和，北方地区尚可利用冰窖储冰，以备夏季混凝土拌和使用等。

3. 加速混凝土散热

(1) 采用自然散热冷却降温。采用低块薄层浇筑可增加散热面，并适当延长散热时间，即适当增长间歇时间。在高温季节已采用预冷措施时，则应采用厚块浇筑，缩短间歇时间，防止因气温过高而热量倒流，以保持预冷效果。

(2) 在混凝土内预埋水管通水冷却。在混凝土内预埋蛇形冷却水管，通循环冷水进行降温冷却。水管通常采用直径20～25mm的薄钢管或薄铝管，每盘管长约200mm。

八、疏浚和吹填工程

(一) 疏浚和吹填工程施工

1. 疏浚工程

疏浚工程是利用机械设备进行水下开挖，达到行洪、通航、引水、排涝、清污及扩大蓄水容量、改善生态环境等目的的一种施工作业，其内容涉及以下方面：

(1) 挖深、拓宽、清理水道，以提高河道的行洪能力或改善河道的通航条件。

(2) 新的水道、港池、排灌沟渠、跨河、过海管道沟槽的开挖。

(3) 码头、船闸、船坞、堤坝等水工建筑物基槽的开挖或地基软弱土层的清除。

(4) 清除湖泊、水库、排灌沟渠内淤积的泥沙。

(5) 水底矿藏覆盖层、水域内受污染底泥的清除。

2. 吹填工程

吹填工程是由疏浚土的处理发展而来的，是利用机械设备自水下开挖取土，通过泥泵、排泥管线输送以达到填筑海滩、坑塘，加高地面或加固、加高堤防等目的的一种施工作业。

吹填工程的内容有填塘固基、淤临淤背、堵口复堤、整治险工、加固堤防、农田改良、建设造地、备料及积肥等。

2. 疏浚和吹填工程分类

疏浚和吹填工程分类见表1-7-9。

表 1-7-9　　　　疏浚和吹填工程分类

名称	分类	含　义
疏浚工程	基建性	为提高防洪标准、航道等级或为新辟水道、港口、码头等而进行的具有新建、扩建、改建性质的疏浚
	维护性	为保持或恢复某一水域原有的尺度而进行的经常性的或周期性的疏浚
	临时性	为清除突发性的某一水域的淤塞而进行的具有临时性质的疏浚，如处理滑坡、崩岩等造成的水道堵塞
	环保性	为清除湖泊、河道内沉积的污物以及受污染的底泥，到达减轻水质污染、改善生态环境等目的而进行的具有环保性质的疏浚
吹填工程	基建性	为加固修复堤防、建设造地、建筑物边侧回填等目的而进行的带有基建性质的吹填。这类工程对吹填土的质量、吹填区的高程与平整度一般都有明确和较高的要求
	弃土性	充分利用疏浚弃土、提高工程的综合效益，将疏浚土吹填到一些荒废的山涧、沼泽、洼地，从而使这些土地得到重新利用。弃土性吹填由于受到疏浚弃土质量与数量的限制，吹填质量一般要求较低

（二）挖泥船疏浚

在一些疏浚和吹填工程中常会遇到水上方开挖，如：开挖运河、船坞，切割引航道边滩等，存在抛锚、横移作业困难和高边坡坍塌安全等问题，坍塌土过多不仅会掩埋机具，还会产生不利的冲击波，造成破坏。施工中采取的主要技术措施有：水上方超过 4m 时，应先采取措施降低其高度，然后再开挖，以保证安全。常用的方法有：陆上机械开挖降低高度；松动爆破预先塌方降低高度。

（三）水力冲挖机组施工

水力冲挖机组是由高压泵冲水系统、泥浆泵输泥系统和配电系统等三部分组成，其工作原理是借助水力的作用来进行挖土、输土和填土，水流经过高压水泵产生压力，通过水枪喷出一股密实的高压、高速水柱，切割、粉碎土体，使之湿化、崩解，形成泥浆和泥块的混合物，再由泥浆泵及输泥管道吸送到吹填区，泥浆脱水固结成形。

（四）排泥区及吹填施工

1. 吹填施工方法分类（表 1-7-10）

表 1-7-10　　　　吹填施工方法分类

施工方法		方 法 要 点	方法特点	适用范围
管道直输型	单船直输型	吹填土的开挖和输送由绞吸式挖泥船直接完成	开挖、输送、填筑三道工序连接进行，生产效率高、成本低	土距吹填区较近，运距在较吸船的正常有效排距之内的工程
	船泵直输型	在排泥管线上装设接力泵，由绞吸船开挖取土，输送则由接力泵辅助完成		土源距吹填区较远，远距超过了绞吸船的正常有效排距，且水上运跑不太长（小于 1～2km）的工程
组合输送型		先由斗式挖泥船开挖取土，再由驳船运送到集砂池，最后由绞吸船（或吹泥船、泵站）输送到吹填区	开挖、输送、填筑三道工序由多套设备组合完成，工序重复，生产效率低，成本较高	土源距欠填区较远，且水上运距较长的工程

2. 施工顺序

吹填工程一般设有多个吹填区，故需要对吹填顺序进行合理安排。吹填顺序一般可参考表1-7-11进行。

表1-7-11 吹填顺序选择

施工方法	吹填顺序	适用范围	目的
多区吹填	从最远的区开始，依次退管吹填	吹填区相互独立的工程，在现场条件许可时	充分发挥设备的功率
	先从离退水口最远的区开始，依次进行管吹填	多个吹填区共同用一个退水口的工程	增加泥浆流程，减少细颗粒土的流失
	2个或2个以上排泥区轮流交替吹填	吹填细粒土且在排泥主管道上安装带闸阀的三通时	加速沉淀固结，减少流失
单区吹填	从离退水口较远的一侧开始	工程量较小； 吹填土料为粗颗粒	减少流失

3. 造地吹填施工方法（表1-7-12）

表1-7-12 造地吹填施工方法

吹填方式	适用范围	技术要求
一次性吹填到设计高程	围堰够高度且在非超软地基上吹填的一般性工程	按常规要求进行
分层吹填	1. 围堰不够高，需要分期修筑时； 2. 在淤泥等超软地基上吹填	分层不宜过厚，施工时应根据设计或试验确定，第一层高度宜高出最高水位0.5～1.0m，其后逐层加高，每层厚度宜控制在1.0m左右，以避免地基出现较大沉陷或隆起，使其能够均匀沉降、逐步密实

4. 堤防吹填工程及水工建筑物边侧吹填施工方法

（1）堤防工程吹填分堤身两侧盖重、平台吹填和吹填筑堤工程等，其施工方法为：

1）吹填区一般都较狭窄、吹填厚度也较薄，应采用敷设支管及分段、分层吹填的方法，分层厚度一般不宜超过1.0m。

2）水面以上部分应分区、分层间歇交替进行，分层厚度应根据吹填土质确定，一般宜为0.3～0.5m，对黏土团块可适当加大，但不宜超过1.8m。

3）每层吹填完成后应间歇一定时间，待吹填土初步排水固结后，才可继续进行上层吹填。

（2）水工建筑物边侧吹填分船闸两侧吹填、码头后侧吹填、挡土墙后侧吹填。其施工方法为：

1）一般情况下应在建筑物的反滤层、排水等完成后方可进行。

2）施工前必须对建筑物的结构型式、施工质量等进行充分了解，并制定出相应的施工技术措施，以确保建筑物的稳定与安全。具体施工技术措施要求是：一般应采用分区、分层交替间歇的吹填方式，分区应以建筑物分缝处为界，分层厚度宜控制在0.3～0.5m；应从靠近建筑物的一侧开始，以便使粗粒土沉淀在靠近建筑物处。排泥管口距反滤层坡脚的距离一般应不小于5m，并需对反滤层的砂面做防冲刷处理；应先填离退水口较远处及

低洼地带，排泥管出口位置应根据吹填情况及时进行调整，需要时应在出口处安装泥浆扩散器，以保证土质颗粒级配均匀，防止淤泥塘的形成；施工中应对填土高度、内外水位，以及建筑物的位移、沉降、变形等进行观测，建筑物内外水位差应控制在设计允许范围之内，必要时可采用降水措施。当发现建筑物有危险迹象时，应立即停止吹填，并及时采取有效措施进行处理。

第四节　地基、基础及灌浆工程

一、基础防渗墙工程

防渗墙是一种修建在松散透水的地层或土石坝（堰）中起防渗作用的地下连续墙。因其结构可靠、防渗效果好、适应各类地层条件、施工简便以及造价低等优点，在国内外得到了广泛的应用。近年来防渗墙已成为我国水利水电工程覆盖层及土石围堰防渗处理的首选方案。

（一）防渗墙的作用

防渗墙是一种防渗结构，但其实际的应用已远远超出了防渗的范围，可用来解决防渗、防冲、加固、承重及地下截流等工程问题。具体的运用主要有如下几个方面：

（1）控制闸、坝基础的渗流。

（2）控制土石围堰及其基础的渗流。

（3）防止泄水建筑物下游基础的冲刷。

（4）加固一些有病害的土石坝及堤防工程。

（5）作为一般水工建筑物基础的承重结构。

（6）拦截地下潜流，抬高地下水位，形成地下水库。

（二）防渗墙的凝结体型式

防渗墙的类型较多，但从其构造特点来说，主要是两类：槽孔（板）型防渗墙和桩柱型防渗墙。前者是我国水利水电工程中混凝土防渗墙的主要型式。

防渗墙是垂直防渗措施，其立面布置有两种型式：封闭式与悬挂式。封闭式防渗墙是指墙体插入到基岩或相对不透水层一定深度，以实现全面截断渗流目的的防渗措施。而悬挂式防渗墙，墙体只深入地层一定深度，仅能加长渗径，无法完全封闭渗流。

对于高水头的坝体或重要的围堰，有时设置两道防渗墙，共同作用，按一定比例分担水头。这时应注意水头的合理分配，避免造成单道墙因承受水头过大而破坏，这对另一道墙也是很危险的。

（三）泥浆固壁

在松散透水的地层和坝（堰）体内进行造孔成墙，泥浆固壁可维持槽孔孔壁的稳定，是防渗墙施工的关键技术之一。

泥浆的制浆材料主要有膨润土、黏土、水以及改善泥浆性能的掺合料，如加重剂、增黏剂、分散剂和堵漏剂等。制浆材料通过搅拌机进行拌制，经筛网过滤后，放入专用储浆池备用。

配制而成的泥浆，其性能指标应根据地层特性、造孔方法和泥浆用途等，通过试验选定。表1-7-13所列为新制黏土泥浆性能指标，可供参考。

表1-7-13　新制黏土泥浆性能指标

漏斗黏度 /s	密度 /(g/cm³)	含砂量 /%	胶体率 /%	稳定性 /[g/(cm³·d)]	失水量 /(mL/30min)	1min静切 /Pa	泥饼厚 /mm	pH值
18～25	1.1～1.2	≤5	≥96	≤0.03	<30	2～5	2～4	7～9

造孔成槽工序约占防渗墙整个施工工期的一半。槽孔的精度直接影响防渗墙的质量。选择合适的造孔机具与挖槽方法对于提高施工质量、加快施工速度至关重要。混凝土防渗墙的发展和广泛应用，也是与造孔机具的发展和造孔挖槽技术的改进密切相关的。

用于防渗墙开挖槽孔的机具，主要有冲击钻机、回转钻机、钢绳抓斗及液压铣槽机等。它们的工作原理、适用的地层条件及工作效率有一定差别。对于复杂多样的地层，一般要多种机具配套使用。

二、振冲地基

采用振冲机具加密地基土或在地基中建造碎（卵）石桩柱并和周围土体组成复合地基，以提高地基的强度和抗滑及抗震稳定性的地基处理技术称振冲法。振冲地基的施工机具包括：

（1）振冲器。振冲器是一种通过自激振动并辅以压力水冲贯入土中，对土体进行加固（密实）的机具。振冲器的振动方式有水平振动、水平振动加垂直振动，目前国内外振冲器均以单向水平振动为主。

（2）施工辅助机具。振冲法施工主要的辅助机具和设施有起吊机械、填料机械、电气控制设备、供水设备、排泥设备及其他配套的电缆、水管等。

三、混凝土灌注桩基础

灌注桩是一种直接在桩位用机械或人工方法就地成孔后，在孔内下设钢筋笼和浇筑混凝土所形成的桩基础。在水利水电建设中主要用于水闸、渡槽、输电线塔、变电站、防洪墙、工作桥等的基础，也经常应用于防冲、挡土、抗滑等工程中。

灌注桩的分类包括以下几种。

1. 按桩的受力情况分类

摩擦型桩：桩的承载力以侧摩擦阻力为主。

端承型桩：桩的承载力以桩端阻力为主。

2. 按功能分类

承受轴向压力的桩：主要承受建筑物的垂直荷载。大多数桩是这种作用的。

承受轴向拔力的桩：用以抵抗外荷对建筑物的上拔力。如抗浮桩、塔架锚固桩。

承受水平荷载的桩：用以支护边坡或基坑。如挡土桩、抗滑桩等。

3. 按成孔方法分类

灌注桩通常使用机械成孔，当地下水位较低、涌水量较小时，桩径较大的灌注桩也可人工挖孔。

常用的机械成孔方法可分为挤土成孔灌注桩（沉管灌注桩）和取土成孔灌注桩（包括少量挤土的成孔方法）两大类。取土成孔灌注桩又可分为泥浆护壁钻孔灌注桩、干作业成孔灌注桩和全套管法（贝诺脱法）成孔灌注桩三类。其中泥浆护壁钻孔灌注桩包括正循环回转钻孔、反循环回转钻孔、潜水电钻钻孔、冲击钻机钻孔、旋挖钻机成孔、抓斗成孔等成孔方法的灌注桩；干作业成孔灌注桩包括长螺旋钻孔、短螺旋钻孔、洛阳铲成孔等成孔方法的灌注桩。

四、沉井

沉井是在预制好的钢筋混凝土井筒内挖土，依靠井筒自重克服井壁与地层的摩擦阻力逐步沉入地下，以实现工程目标的一项施工技术。沉井技术具有结构可靠、所需机械设备简单、施工安全等优点。沉井是钢筋混凝土结构，主要由井筒（井壁）、隔墙和刃脚等组成。

（一）单井的施工程序

单口沉井的一般施工程序为：

（1）准备工作，搬迁、平场、碾压、施工机械安装、布设临时设施。

（2）铺砂砾石层及摆平垫木。

（3）刃脚制作、安装。

（4）底节沉井制作（支承桁架、模板制作安装及钢筋绑扎）。

（5）底节沉井混凝土浇筑、养护至规定强度。

（6）支撑桁架及模板拆除。

（7）抽除垫木，开挖下沉。

（8）第二节沉井制作（内外模板及钢筋绑扎）及混凝土浇筑、养护至规定强度。

（9）开挖下沉（含纠偏），再浇筑上一节井身混凝土。依次循环，直至沉井下沉至设计高程。

（10）基岩内的齿槽开挖（根据设计需要设置）。

（11）按设计要求进行封底及填心。

（二）井群的施工程序

沉井群是由大小不一，深浅不同的沉井组成的群体。它的施工具有井间距离小，相邻沉井沉放过程中互相制约的特点。恰当地选择井群的开挖顺序是确保沉井施工质量和进度的关键之一。

沉井群的分区与分期。根据井群的布置、工期要求和施工场地情况，将沉井群分成若干个区段（3～5 个沉井作为一个区段），选择两个区段先行施工，后续区段逐步展开。

先行井。在前期施工的区段内根据地质及地下水情况选择一个具有典型特点的先行井领先施工，它对井群施工起探索作用。也可以作为降低地下水位的措施。

平行交叉流水作业。当多个沉井依次排列井间距离较小时，为确保施工安全及减少在沉井下沉过程中的相互干扰（如爆破振动影响），一般应在某个沉井第一节开挖下沉停止后才进行相邻沉井的混凝土浇筑。可将沉井按单、双序号分成两组，先施工第一组，待其开挖下沉高度超过 $2/3H$（H 为第一节井筒的高度）后，即开始第二组沉井施工，而第一组沉井照常开挖下沉。如此往复循环，平行交叉流水作业。

五、灌浆工程

（一）灌浆材料

1. 坝基岩石灌浆

基岩灌浆以水泥灌浆最普遍。灌入基岩的水泥浆液，由水泥与水按一定配比制成，水泥浆液呈悬浮状态。水泥灌浆具有灌浆效果可靠，灌浆设备与工艺比较简单，材料成本低廉等优点。

水泥浆液所采用的水泥品种，应根据灌浆目的和环境水的侵蚀作用等因素确定。一般情况下，可采用标号不低于C45的普通硅酸盐水泥或硅酸盐大坝水泥，如有耐酸等要求时，选用抗硫酸盐水泥。矿渣水泥与火山灰质硅酸盐水泥由于其析水快、稳定性差、早期强度低等缺点，一般不宜使用。

2. 砂砾石地层灌浆

岩基灌浆以水泥灌浆为主，而砂砾石地层的灌浆，一般以水泥黏土浆为宜。因为在砂砾石地层中灌浆，多限于修筑防渗帷幕，对浆液结石强度要求不高，28d强度0.4～0.5MPa就可满足要求，而帷幕体的渗透系数则要求在10^{-4}～10^{-6}cm/s以下。

（二）钻孔冲洗和制浆

1. 钻孔

帷幕灌浆的钻孔宜采用回转式钻机和金刚石钻头或硬质合金钻头，其钻进效率较高，不受孔深、孔向、孔径和岩石硬度的限制，还可钻取岩芯。钻孔的孔径一般为75～91mm。固结灌浆则可采用各式适宜的钻机与钻头。

2. 钻孔（裂隙）冲洗

钻孔后，进入冲洗阶段。冲洗工作通常分为：①钻孔冲洗，将残存在钻孔底和黏滞在孔壁的岩粉铁屑等冲洗出来；②岩层裂隙冲洗，将岩层裂隙中的充填物冲洗出孔外，以便浆液进入到腾出的空间，使浆液结石与基岩胶结成整体。在断层、破碎带和细微裂隙等复杂地层中灌浆，冲洗的质量对灌浆效果影响极大。

3. 制浆

（1）称量：制浆材料必须称量，称量误差应小于5%。经过称量的材料进入拌合机（按盘拌），拌匀后用水泥螺旋机送至搅拌机，进一步拌制。

（2）拌制：各类浆液必须搅拌均匀并测定浆液重度。拌合机的搅拌转速和搅拌时间以固相材料颗粒能够充分分散，且浆液能够搅拌均匀为原则。

（3）输送：输送浆液的流速宜为1.4～2.0m/s。集中制浆站宜制备水灰比为0.5∶1的纯水泥液，以防止浆液在输送过程中的离析和沉淀堵塞管路，并避免过大的摩擦阻力和温升。

（4）温度：浆液温度应保持在5～40℃。若用热水制浆，水温不得超过40℃。

（三）坝基帷幕灌浆及固结灌浆

1. 帷幕灌浆

布置在靠近上游迎水面的坝基内，形成一道连续的防渗幕墙。其目的是减少坝基的渗流量，降低坝底渗透压力，保证基础的渗透稳定。

帷幕灌浆一般安排在水库蓄水前完成，这样有利于保证灌浆的质量。由于帷幕灌浆的工程量较大，与坝体施工在时间安排上有矛盾，所以通常安排在坝体基础灌浆廊道内进行。这样既可实现坝体上升与基岩灌浆同步进行，也为灌浆施工具备了一定厚度的混凝土压重，有利于提高灌浆压力，保证灌浆质量。对于高坝的灌浆帷幕，常常要深入两岸坝肩较大范围的岩体中，一般需要在两岸分层开挖灌浆平洞。许多工程在坝基与两岸山体中所形成的地下灌浆帷幕，其面积较之可见的坝体挡水面要大得多。

2. 固结灌浆

固结灌浆的目的是提高基岩的整体性与强度，并降低基础的透水性。当基岩地质条件较好时，一般可在坝基上、下游应力较大的部位布置固结灌浆孔；在地质条件较差而坝体较高的情况下，则需要对坝基进行全面的固结灌浆，甚至在坝基以外上、下游一定范围内也要进行固结灌浆。

固结灌浆宜在一定厚度的坝体基层混凝土上进行，这样可以防止基岩表面冒浆，并采用较大的灌浆压力，提高灌浆效果，同时也兼顾坝体与基岩的接触灌浆。

同一地段的基岩灌浆必须按先固结灌浆后帷幕灌浆的顺序进行。

(四) 地下洞室灌浆

一般需进行回填灌浆、接触灌浆和围岩固结灌浆。同一部位的灌浆，一般按先回填灌浆，再接触灌浆，最后围岩固结灌浆的顺序进行。

1. 回填灌浆

回填灌浆在某一灌浆区段（每区段长度不宜大于 50m，区段两端部必须用砂浆或混凝土封堵严密）内混凝土衬砌结束，并待混凝土强度达到 70%以上时进行。灌浆前，应对混凝土施工缝和缺陷进行嵌缝、封堵等处理。其灌浆工艺见表 1-7-14。

表 1-7-14　回填灌浆工艺及参数表

灌浆方法	孔位分布			造孔方法	浆液配合比	灌浆压力	结束标准	质量检查	
	孔位	孔径	孔深					检查数量及方法	检查标准
采用纯压法灌注，分序逐渐加密法，一般采用二次序一次加密。从底端向高端推进。先钻开一次序孔，从一端灌入，前方孔若串浆，移至串浆孔继续灌。前序孔灌浆 24h 以上方可施灌浆后序孔	在顶部 90°～120°范围内布孔；一般为 2 孔和 3 孔交替布置，排距 3m 左右，钢板衬砌应预留灌浆孔	大于 38mm，若采用预埋管，管径≤50mm	深入岩石 5cm	手风钻钻孔，超挖过大或塌方部位应在浇筑混凝土前预埋灌浆管和排气管	顶部空腔较大或坍塌地段，灌注水泥砂浆，其配合比根据设计要求通过试验确定。一般回填灌浆采用水泥浆。一次序水灰比为 0.6（0.5）：1，二次序为 1：1～0.6：1	由设计确定，一般压力≤0.2MPa	在设计规定压力下灌浆孔停止吸浆，延续灌注 5min 即可结束	该段灌浆结束后 7d 进行；采用钻孔灌浆法，检查孔数为总灌浆孔的 5%	在设计规定压力下，注入水灰比为 2：1 的浆液，初始 10min 内注入浆量不超过 10L，认为合格，否则进行补灌，直到合格为止

特殊情况处理：在灌浆过程中如出现漏浆，应采取封堵、加浓浆液、降低压力、间歇灌浆等方法处理。

2. 接触灌浆

隧洞接触灌浆分为混凝土衬砌与围岩间接触灌浆、钢板与混凝土之间的接触灌浆两种。

（1）衬砌混凝土与围岩间接触灌浆。接触灌浆在回填灌浆结束7d后即可进行。

1）钻孔：在某一灌浆区段内，将所有接触灌浆孔按设计布置孔位，一次性钻完，孔深为打穿混凝土进入围岩的一定深度，达到设计要求。

2）灌浆：一般不分序，但应从低部位向高部位施灌，在灌浆过程中，如发生串浆现象，一般不予堵塞，而是把主灌孔移至串浆孔；若多孔串浆，则可采用多孔并联灌浆。

（2）钢衬接触灌浆。

1）灌浆孔的位置和数量：一般宜在混凝土浇筑结束60d后，经现场敲击检查确定，每一个独立空腔作为一个单元，不论其面积大小，布孔不应少于2个，且在最低处和最高处都必须布孔。

2）冲洗灌浆孔：灌浆前，对接触灌浆孔应用有压风，吹除空隙内的污物和积水，同时了解缝隙串通情况。采用的风压必须小于灌浆压力。

3）灌浆压力：必须以控制钢衬变形不超过设计规定为标准（一般可在适当位置安装千分表，进行监测）。

4）灌浆浆液：灌浆水泥采用超细水泥，使用高速搅拌机制浆，小容量搅拌桶储浆，浆液水灰比可采用1∶1、0.8∶1、0.6∶1三个比级，必要时可加入减水剂，应尽量多灌注较浓浆液，在脱空较大，排气管出浆良好的情况下，可直接使用0.6∶1的浆液灌往。

5）灌浆方法：灌浆不分序，应自低处孔开始，使用循环式灌浆法。并在灌浆过程中，敲击震动钢衬，待各高处孔分别排出与进浆浆液浓度相同的浆液后，依次将其孔口阀门关闭。同时应记录各孔排出的浆量和浓度。

3. 固结灌浆

1）钻孔：采用风钻或其他钻机在预埋孔管中钻孔，孔径不宜小于38mm，孔向和孔深应满足设计要求。

2）冲洗钻孔：灌浆前应对钻孔进行冲洗，一般宜采用压力水或风水联合冲洗。

3）灌前压水试验：钻孔冲洗结束后，应选灌浆孔总数的5%进行压水试验。要求对围岩弹性模量进行测量时，灌浆前应按设计要求进行弹性模量（常用声波测量方法）测量。压水试验的压力宜选用表1-7-15中的规定值。

4）灌浆分序：灌浆应按排间分序、排内加密的原则进行。

表1-7-15　　固结灌浆压水试验压力选用表

钻孔类型	灌浆压力		单点法压水试验压力
灌浆孔和质量检查孔	低压	≤1	灌浆压力的80%
	中压	1～3	1MPa
	高压	≥3	由设计根据地质条件和工程需要确定

5）灌浆：

a. 宜采用单孔口循环灌浆方法，并应从最低孔开始，向两边孔交替对称向上推进灌

注，在耗浆量较小地段、同一环上的同序孔，可采用并联灌浆，孔数宜为2个，并保持两侧对称；

b. 固结灌浆孔基岩段长小于6m时，可全孔一次灌浆，当地质条件不良或有特殊要求（如高压固结灌浆）时，可分段灌浆；

c. 高压固结灌浆宜遵循由低中压到高压、从内圈到外圈顺序的原则进行（即先低中压灌注内圈围岩，再高压灌注外圈围岩）；

d. 水平及仰角上的灌浆孔灌浆结束时，应将孔口闸阀先关闭再停机，待孔内浆液凝固后，再拆除孔口闸阀；

e. 灌浆浆液：一般浆液水灰比可参照地基帷幕灌浆规定，采用5∶1、3∶1、2∶1、1∶1、0.8∶1、0.6∶1、0.5∶1七个比级。为提高隧洞堵头防渗能力和效果，充填隧洞混凝土衬砌和围岩细小裂缝、裂隙，也可采用化学浆液灌注；

f. 平洞围岩固结灌浆过程压力的控制、浆液比级和变换、特殊情况的处理、灌浆结束标准均与坝基岩石固结灌浆相同。

4. 灌浆孔封堵

封堵方法有以下几种：

（1）钢衬上的灌浆孔采用丝堵加焊或焊补法封孔，焊好后再用砂轮磨平。

（2）混凝土衬砌上的灌浆孔封堵。

1）灌浆结束后无涌水的孔，采用砂枪喷0.3∶1∶1（水∶水泥∶砂）微膨胀水泥砂浆，分层夯实封堵，并在孔口加以抹平；或用人工凿除孔口PVC管20cm，在孔壁涂上黏合剂，使用托盘和风镐把砂浆推入孔内，捣实后抹平，最后再涂上养护剂养护。

2）对灌浆后有涌水的孔，宜采用0.5∶1水泥浆和0.2MPa压力进行压力灌浆法封堵，灌浆封堵持续时间一般为30min。

（五）混凝土坝接缝灌浆

接缝灌浆的目的是加强坝体混凝土与坝基或岸肩之间的结合能力，提高坝体的抗滑稳定性。一般是通过混凝土钻孔压浆或预先在接触面上埋设灌浆盒及相应的管道系统，也可结合固结灌浆进行。

接触灌浆应安排在坝体混凝土达到稳定温度以后进行，以利于防止混凝土收缩产生拉裂。

（六）化学灌浆

化学灌浆是在水泥灌浆基础上发展起来的新型灌浆方法。它是将有机高分子材料配制成的浆液灌入地基或建筑物的裂缝中，经胶凝固化后，达到防渗、堵漏、补强、加固的目的。

化学灌浆在基岩处理中，是作为水泥灌浆辅助手段的。它主要用于：裂隙与空隙细小（0.1mm以下），颗粒材料不能灌入；对基础的防渗或强度有较高要求；渗透水流的速度较大，其他灌浆材料不能封堵等情况。

（七）土坝劈裂灌浆

土坝劈裂灌浆是利用水力劈裂原理，对存在隐患或质量不良的土坝在坝轴线上钻孔、加压灌注泥浆形成新的防渗墙体的加固方法。堤坝体沿坝轴线劈裂灌浆后，在泥浆自重和浆、坝互压的作用下，固结成为与坝体牢固结合的防渗墙体，堵截渗漏；与劈裂缝贯通的原有裂隙及孔洞在灌浆中得到填充，可提高堤坝体的整体性；通过浆、坝互压和干松土体的湿陷作用，部分坝体得到压密，可改善坝体的应力状态，提高其变形稳定性。

对于土坝位于河槽段的均质土坝或黏土心墙坝，其横断面基本对称，当上游水位较低时，荷载也基本对称，施以灌浆压力，土体就会沿纵断面开裂。如能维持该压力，裂缝就会由于其尖端的拉应力集中作用而不断延伸，从而形成一个相当大的劈裂缝。

劈裂灌浆裂缝的扩展是多次灌浆形成的，因此也是逐次加厚的。一般单孔灌浆次数不少于 5 次，有时多达 10 次，每次劈裂宽度较小，可以确保坝体安全。

劈裂灌浆施工的基本要求是：土坝分段、区别对待；单排布孔，分序钻灌；孔底注浆，全孔灌注；综合控制，少灌多复。

第五节　砌　体　工　程

一、石砌体工程

石砌体按石块的不同规格可分为毛石砌体、块石砌体和料石砌体等；按砌体缝隙是否填充胶结材料可分为干砌和浆砌。砌体的胶结材料有水泥砂浆、混合砂浆和细骨料混凝土等。水泥砂浆强度高，防水性能好，多用于重要建筑物及建筑物的水下部位。混合砂浆是在水泥砂浆中掺入一定数量的石灰膏、黏土或壳灰（蛎贝壳烧制），适用于强度要求不同的小型工程或次要建筑物的水上部位。细骨料混凝土是用水泥、砂、水和 40mm 以下的骨料按规定级配配合而成，可节省水泥，提高砌体强度。

（一）浆砌石施工

浆砌块石施工程序，如图 1-7-35 所示。

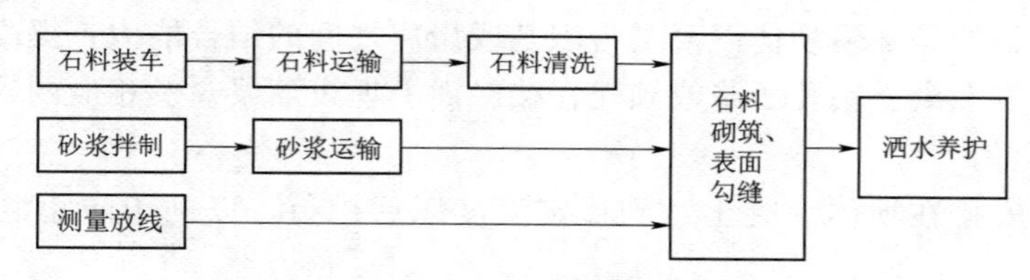

图 1-7-35　浆砌石施工程序

（二）施工方法

对开挖后的建基面进行彻底的清理，清除基础面杂物、排除仓面积水、压实垫层，基础和坡面经监理工程师验收合格后，方可进行砌筑。

块石砌体成行铺砌，并砌成大致水平层次。镶面石按一丁顺或一丁二顺砌筑。任何层次石块与邻层石块搭接至少 80mm。砂浆砌筑缝宽不大于 30mm。

衬石及腹石的竖缝相互错开，砂浆砌筑平缝宽度不大于 30mm，竖缝宽度不大于 40mm。

勾缝：砌体完成后，顺块石砌石的自然接缝进行勾缝，勾缝宽度须一致，使其美观大方。

抹面：砌体顶部须采用高于砌体砂浆一个标号的砂浆抹面，抹面的宽度、厚度均满足设计要求，表面光滑。

养护：砌体外露面，在砌筑完成后12～18h及时养护，经常保持外露面的湿润，并避免碰撞和振动。水泥砂浆砌体的养护时间一般为14d。

（三）水泥砂浆勾缝防渗

采用料石水泥砂浆勾缝作为防渗体时，防渗用的勾缝砂浆采用细砂和较小的水灰比，灰砂比控制在1∶1～1∶2。

防渗用砂浆采用强度等级42.5的普通硅酸盐水泥。

清缝在料石砌筑24h后进行，缝宽不小于砌缝宽度，缝深不小于缝宽的2倍，勾缝前将槽缝冲洗干净，不残留灰渣和积水，并保持缝面湿润。

勾缝砂浆单独拌制，杜绝与砌体砂浆混用的情况发生。

当勾缝完成和砂浆初凝后，砌体表面刷洗干净，至少用浸湿物覆盖保持21d，在养护期间经常洒水，使砌体保持湿润，避免碰撞和振动。

（四）浆砌石墙砌筑

浆砌石墙砌筑前砌石基础必须进行夯实处理，以防沉陷。每层应依次砌角石、面石，然后砌腹石。块石砌筑，选择较平整的大块石经修复后用作面石，上下两层石块应错缝，内外石块交错搭接。

砌石体转弯处和交接处应同时砌筑，对不能同时砌筑的面，留置临时间断处并砌成斜槎。砌体自下而上均衡上升，上升速度每天不超过1.2m，且永久缝的缝面平整垂直，尺寸和位置偏差符合施工规范规定。

砌筑外露面，在砌筑后12～18h及时养护，保持外露面湿润。水泥砂浆砌体养护时间不少于14d。

（五）水泥砂浆勾缝

防渗勾缝用砂浆灰砂比为1∶1～1∶2，水泥采用强度等级42.5以上的普通硅酸盐水泥清缝。在料石砌筑24h后进行，缝深大于3cm，勾缝前将槽缝冲洗干净，保持缝面湿润不积水。

勾缝缝宽大于砌缝宽度时，勾缝砂浆应单独拌制，不与砌体砂浆混用。

勾缝完成砂浆初凝后，砌体表面要清洗干净，用草帘洒水覆盖保持21d以上，养护期间安排专人进行洒水养护，使砌体保持湿润。外露面勾缝保持自然，力求美观、均匀，表面平整。

（六）干砌石工程

干砌石使用材料按照施工图纸要求，采用毛石砌筑，石料必须选用质地坚硬、不宜风化、没有裂缝的岩石，其抗水性、抗冻性、抗压强度等均应符合设计要求，无尖角、薄边。上下两面基本平行且大致平整，石料最小边尺寸不宜小于20cm。石料使用前要先清除表面泥土和水锈杂质。

（七）料石砌体

（1）各种砌筑用料石的宽度、厚度均不宜小于200mm，长度不宜大于厚度的4倍。除设计有特殊要求外，料石加工的允许偏差应符合表1-7-16的规定。

（2）料石砌体的水平灰缝应平直，竖向灰缝应宽窄一致，其中细料石砌体灰缝不宜大于 5mm，粗料石和毛料石砌体灰缝不宜大于 20mm。

(3) 料石墙砌筑方法可采用丁顺叠砌、二顺一丁、丁顺组砌、全顺叠砌。

(4) 料石墙的第一皮及每个楼层的最上一皮应丁砌。

表 1-7-16　　料石加工的允许偏差

料石种类	允许偏差		料石种类	允许偏差	
	宽度、厚度/mm	长度/mm		宽度、厚度/mm	长度/mm
细料石	±3	±5	毛料石	±10	±15
粗料石	±5	±7			

(八) 砌石挡土墙

(1) 砌筑毛石挡土墙应符合下列规定：

1) 毛石的中部厚度不宜小于 200mm。

2) 每砌 3～4 皮宜为一个分层高度，每个分层高度应找平一次。

3) 外露面的灰缝厚度不得大于 40mm，两个分层高度间的错缝不得小于 80mm。

(2) 料石挡土墙宜采用同皮内丁顺相间的砌筑形式。当中间部分用毛石填砌时，丁砌料石伸入毛石部分的长度不应小于 200mm。

(3) 砌筑挡土墙，应按设计要求架立坡度样板收坡或收台，并应设置伸缩缝和泄水孔，泄水孔宜采取抽管或埋管方法留置。

二、砖和小砌块砌体工程

(一) 砌砖施工

1. 砖基础的砌筑

一般砌体基础必须采用烧结普通砖和水泥砂浆砌成，砖基础由墙基和大放脚两部分组成。墙基与墙身同厚。大放脚即墙基下面的扩大部分。大放脚的底宽应根据设计而定。

在墙基顶面应设防潮层，地下水位较深或无地下水时，防潮层一般用 20mm 厚 1∶2.5 的防水砂浆，位置在底层室内地面以下一皮砖处；地下水位较浅时，防潮层一般用 60mm 厚的配筋混凝土带，宽度与墙身同宽。为增加基础及上部结构刚度，砌体结构中防潮层与地圈梁合二为一，地圈梁高度为 180～300mm。

2. 砌砖工艺

砌砖施工通常包括找平、放线、摆砖、立皮数杆、挂准线、铺灰、砌砖、勾缝、清理等工序。若是清水墙，则还要进行勾缝。

(1) 找平。

砌砖墙前，先在基础面或楼面上按标准的水准点定出各层标高，并用水泥砂浆或细石混凝土找平，使各段砖墙底部标高符合设计要求。

(2) 放线。

建筑物底层墙身，可以龙门板上轴线定位钉为标志拉上线，沿线吊挂垂球，将墙身中心轴线放到基础面上，并据此墙身中心轴线为准弹出纵横墙身边线，并定出门窗洞口位置。

（3）摆砖。

摆砖即撂底，在弹好线的基础面上，按选定的组砌方法，先用干砖块试摆，以使门洞、窗口和墙垛等处的砖符合模数，满足上下错缝要求。借助灰缝的调整，使墙面竖缝宽度均匀，尽量减少砍砖。

（4）立皮数杆。

皮数杆是在其上划有每皮砖和砖缝厚度以及门窗洞口、过梁、楼板、梁底等标高位置的木制标杆，在砌筑时控制砖砌体竖向尺寸，并使铺灰、砌砖的厚度均匀，保证砖皮水平（图1-7-36）。皮数杆一般立于房屋的四大角、内外墙交接处、楼梯间及洞口多的地方。

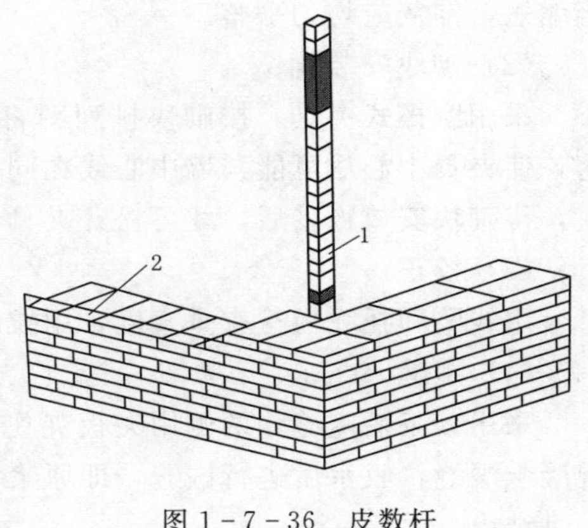

图1-7-36　皮数杆

1—皮数杆；2—准线

（5）盘角、挂线。

砌筑时，应先在墙角砌4～5皮砖，称为盘角，然后根据皮数杆和已砌的角挂线，作为砌筑中间墙体的依据，以保证墙面平整。砖厚的墙单面挂线，外墙挂外边，内墙可挂任何一边，一砖半及以上厚的墙都要双面挂线。

（6）铺灰砌筑。

砌砖的操作方法很多，可采用铺浆法或“三一”砌砖法，依各地习惯而定。“三一”砌砖法，即一铲灰、一块砖、一挤揉并随手将挤出的砂浆刮去的砌筑方法。其优点是灰缝容易饱满、黏结力好，墙面整洁。

（7）勾缝、清理。

当该层砖砌体砌筑完毕后，应进行墙面（柱面）及落地灰的清理。对清水砖墙，在清理前需进行勾缝，具有保护墙面并增加墙面美观的作用。墙较薄时，可利用砌筑砂浆随砌随勾缝，称为原浆勾缝；墙较厚时，待墙体砌筑完毕后，用1∶1水泥则填砂浆勾缝，称为加浆勾缝。

（二）砌块施工

砌块代替黏土砖作为墙体材料，是墙体改革的一个重要途径。中小型砌块用于建筑物墙体结构，施工方法简便，减轻了工人的劳动强度，提高了劳动生产率。

1. 砌块的排列

用砌块砌筑墙体时，应根据施工图纸的平面、立面尺寸，绘出砌块排列图。在立面图上按比例绘出纵横墙，标出楼板、大梁、过梁、楼梯孔洞等位置，在纵横墙上绘出水平灰缝线，然后以主规格为主、其他型号为辅的按墙体错缝搭砌的原则和竖缝大小进行排列。除整块砌块外，还有1/4、1/2、3/4块起组合，个别地方用黏土砖补齐。

2. 砌块的吊装顺序

砌块的吊装一般按施工段依次进行，其次序为先外后内、先远后近、先下后上，在相邻施工段之间留阶梯形斜槎。

砌块砌筑时应从转角处或定位砌块处开始的外墙同时面筑，砌筑应满足错缝搭接、横平竖直、表面清洁的要求。

3. 砌块砌筑的主要工序

(1) 铺灰。

采用稠度良好（5～7cm）的水泥砂浆，铺3～5m长的水平缝，夏季及寒冷季节应适当缩短，铺灰应均匀平整。

(2) 砌块安装就位。

采用摩擦式夹具，按砌块排列图将所需砌块吊装就位。砌块就位应对准位置徐徐下落，使夹具中心尽可能与墙中心线在同一垂直面上，砌块光面在同一侧，垂直落于砂浆层上，待砌块安放稳妥后，才可松开夹具。

(3) 校正。

用线坠和托线板检查垂直度，用拉准线的方法检查水平度。用撬棍、木槌调整偏差。

(4) 灌缝。

采用砂浆灌竖缝，两侧用夹板夹住砌块，超过3cm宽的竖缝采用不低于C20的细石混凝土灌缝，收水后进行嵌缝，即原浆勾缝。此后，一般不应再撬动砌块，以防破坏砂浆的黏结力。

(5) 镶砖。

当砌块间出现较大竖缝或过梁找平时，应镶砖。采用MU10级以上的红砖，最后一皮用丁砖镶砌。镶砖工作必须在砌块校正后即刻进行，镶砖时应注意使砖的紧缝灌密实。

第六节　金属结构、机电及设备安装

一、金属结构及设备安装

(一) 压力钢管

压力钢管是水电站引水发电系统的主要组成部分，它是水轮发电机组的高压流道，因此国内外都将压力钢管的技术要求与压力容器同样对待。

压力钢管现场安装尽量利用土建浇筑混凝土的大吨位起重机，在隧洞内或地下厂房如无法利用汽车起重机时可采用特殊的专用设备进行吊装就位。安装现场焊接钢管制约因素较多，为提高工效，改善焊接质量，可利用较先进的自保护药芯焊丝半自动焊。

1. 压力钢管的组成

压力钢管的布置形式虽有不同，但在结构上，一般都是由上弯管、斜管（或竖井钢管）、下弯管、下水平管等几部分组成。

2. 压力钢管的制造方式

压力钢管的制造方式一般有如下几种：

(1) 由工地钢管制造厂承担全部钢管制造工作。

(2) 由工厂供应成品，工地钢管厂负责大节的组装焊接工作。

(3) 由工厂供应全部钢管的瓦片，工地钢管厂负责钢管组圆及伸缩节等其余的制造工作。在工地具体确定采用何种制造方式时，要根据工程规模、工程地形状况、对外交通运

输条件和现有加工制造能力，通过技术经济分析比较后选定。

3. 压力钢管的安装

压力钢管安装包括：钢管的运输、始装节（或单元）安装、钢管安装的外支撑与加固、焊缝的装配、凑合节安装、穿越厂房上游墙的管节安装等。

（二）钢闸门

我国水利水电工程使用的钢闸门，包括平面滑动闸门、平面定轮门、弧形闸门（船闸输水廊道设置反向弧形闸门）及人字闸门。平面钢闸门一般利用已安装在坝顶的门式启闭机或桥式启闭机进行安装，可以提高工效、节约成本，而弧形闸门及人字闸门往往由于施工条件限制无法利用土建浇筑混凝土大吨位起重机，只能利用汽车起重机吊装或在弧形闸门安装位置布置特殊起重设备进行吊装。

1. 钢闸门制作

（1）钢闸门制造程序，如图1-7-37所示。

（2）闸门埋件的制作。闸门埋件是预先埋设在水工建筑物闸门运行部位混凝土中的金属构件。埋件与闸门型式有关的一般包括主轨、反轨、侧轨、底槛、门楣、护角、衬砌护壁以及弧形闸门中的铰座、支承梁等。

闸门埋件材料一般为铸件、钢轨、型钢及板材，铸件或不锈方钢多用作闸门行走部分的支承轨道，重量大，单件长度一般为3m～5m，制造厂在外协时一定要保证铸件的内部质量。常见埋件是将型钢与钢板焊接组合，止水座面为不锈钢，对于新材料不锈钢复合钢板在高水头、高水流埋件设计中已大量采用，如护角、衬彻护壁等过流面采用此材料。

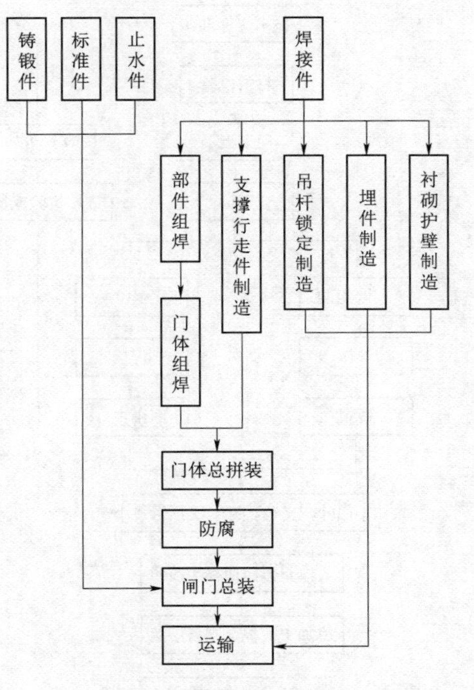

图1-7-37 钢闸门制作程序图

闸门埋件制作工艺流程：技术工艺文件准备→材料检验→矫平（直）→下料→拼装→焊接→振动时效处理→机加工→埋件预组装→防腐→包装。

（3）平面钢闸门制造。平面钢闸门是水电站中最常见的孔口挡水设备，常用的有滑动闸门、定轮闸门、反钩叠梁滑动门和链轮闸门。滑动闸门的支承行走部分采用滑动式的滑道，滑道材料常分为钢滑道、减磨材料滑道和胶木滑道；定轮闸门支承部分采用滚轮装置，滚轮材料一般为铸铁（较少采用）、铸钢和合金铸钢；反钩叠梁滑动门的不同处是反向支承与侧向支承设计成整体，反钩材料多为铸钢件；链轮门支承部分采用多辊柱的链轮，因此链轮加工精度要求高，闸门制造安装比较复杂。

平面闸门一般由门叶（焊接件）、行走支承（滑动支承、滚轮支承）、吊杆（焊接件）、锁定、充水阀、止水装置等组成。

平面闸门制造工艺流程：技术工艺文件准备→材料检验→平板→画线、下料→部件组装→焊接→矫正→机加工→单件门叶组装→矫正→探伤→机加工→闸门大拼→配钻孔→防腐→包装。

（4）弧形闸门制造。弧形闸门是泄水建筑物上普遍采用的闸门之一，按运行条件又可分为深孔和表孔弧形闸门。弧形闸门主要由门叶结构、支臂结构和支铰等三大部分组成，门叶结构主要分为主横梁式和主纵梁式两种；支臂结构分为直支臂、斜支臂及三支臂；支铰型式有圆柱铰、锥形铰和球铰三种。

弧形钢闸门制作工艺流程，如图 1-7-38 所示。

2. 平面钢闸门安装

（1）门叶组装。先对单节门各项尺寸进行复测，组装后检查闸门的整体尺寸，并安装闸门有关附件。然后根据工地运输和吊装能力，分节或整扇门吊入门槽进行安装。

门叶组装程序如图 1-7-39 所示。

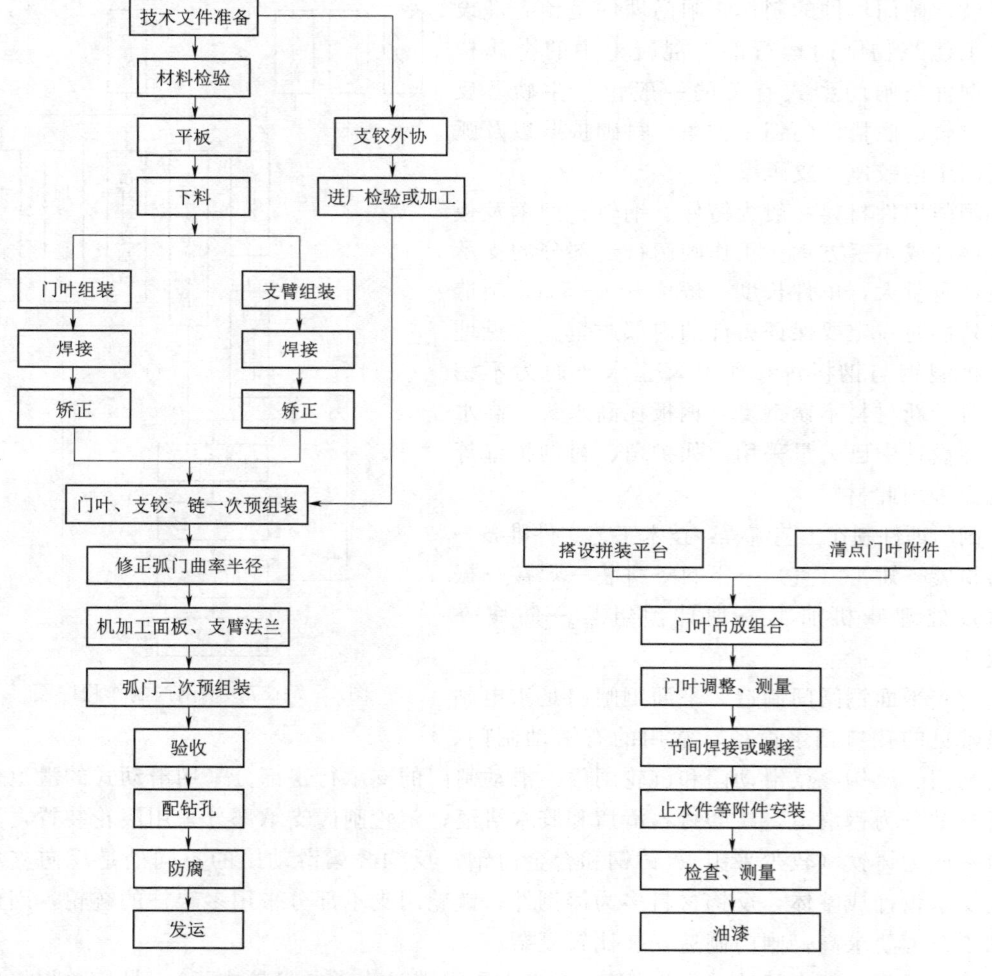

图 1-7-38 弧形钢闸门制作程序

图 1-7-39 门叶组装程序

（2）门叶安装。平面闸门安装程序如图1-7-40所示，图中（a）为节间螺栓连接或销链轴接、有中间止水，其行走机构为滚轮或减磨滑道；（b）为门叶分节吊入节间焊接，其行走机构为滚轮或减磨滑道。

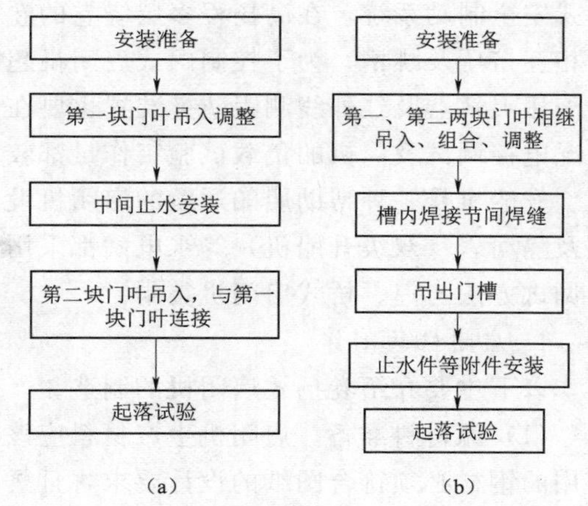

图1-7-40 平面闸门安装程序
（a）节间螺栓连接或销链轴接；
（b）门叶分节吊入节间焊接

3. 弧形钢闸门安装

（1）弧门预组装。由于运输条件的限制，大型弧门需分件运至工地，为减少现场吊装工作量，在吊装前应对主要构件进行预组装，或拼装成整体后吊装。

（2）弧门安装。露顶式弧门可采用现场已有起吊设备、移动式起重机或其他简易设备吊装。但潜孔式弧门一般均采用预埋锚钩，用滑轮组、卷扬机分件或整体吊装。在布置施工起重设备时，应尽量考虑方便闸门吊装要求。

4. 反向弧形闸门安装

反弧门结构制作为刚度较大的整体，安装工作仅为水封组装定位，其吊装的难度较大，最方便的方法是用2台200吨级以上的汽车吊联合抬吊。吨位大的汽车吊吊装门体，另一台汽车吊辅助吊装，使反弧门成倾斜状进入反弧门较窄的井孔，将门体直接吊入孔底部安装位置。但如果汽车起重机起升扬程不够，可在孔口架设临时固定架，再由布置在孔口上部的吊装梁使用卷扬机利用钢丝绳滑轮将整体反弧门吊放到底部的安装位置。

5. 船闸人字门安装

门叶的安装有卧拼和立拼两种，对于大中型船闸由于吊装条件的限制，一般采用现场立拼方式。

（三）启闭机

水利水电工程中常用的启闭机有固定卷扬式启闭机、门式启闭机、液压启闭机、桥式启闭机、清污机和升船机。

我国已在建水电站的平面闸门一般用固定式卷扬启闭机或门式启闭机进行启闭。弧形闸门、机组事故快速闸门及船闸人字闸门一般用液压启闭机启闭。拦污栅清污在没有专用清污设备的电站可利用门式启闭机上游侧回转吊使用抓斗清污。

液压启闭机适用于对闸门有精确开启要求的工况，其具有完善的位置检测和启门力保护功能，并可利用可编程序控制器（PLC）设定闸门开启程序和控制实测参数。液压启闭机的主要安装任务是液压启闭机缸体定位，使与被启闭的闸门中心一致，然后是配管、液压油系统充洗、对液压系统打压及启闭机联合调试与自动监控。

门式启闭机目前仍是以多孔闸门公用启闭机为主，安装条件比较困难，要待坝顶土建形成后，可利用大吨位汽车起重机或大坝混凝土浇筑使用的门式起重机或缆索起重机进行吊装比较方便。门式启闭机的主起升机构目前采用了交流电动机变频调速控制以保证深水抓梁在水下可对闸门吊耳孔进行升降微调，空载和负载用不同速度运行。卷筒设置可靠的盘式安全制动系统，在高扬程多层绕卷的卷筒采用新型的折线卷筒，减少钢丝绳多层绕卷时相互挤压及跳槽，为了控制门式启闭机超载，目前都装置电子称量装置。大车运行机构的液压夹轨器及红外线测距防撞装置也要在门机试车时反复调试，所以门式启闭机按运行工况电控调试及门机的负载试验工作量都较大。

升船机是一种帮助船舶通航的启闭机设备，在我国丹江口、大化、岩滩、水口、高坝洲及隔河岩（双级升船机）等水电站都采用钢绳加平衡块的卷扬式转矩平衡式升船机，安装调试方法与门、桥式启闭机类同。

1. 启闭机的制作

以下主要介绍卷扬式启闭机的制造。

（1）原材料准备。启闭机生产材料应该符合设计规范要求，并按规定进行检验。产品使用的钢材必须符合图纸的设计要求，且具有出厂质量证书及材质单。材料进厂后，对材料需作材质复验。

（2）明确设计要求。卷扬式启闭机在正常条件下，无故障工作时间应不少于5年，第一次大修时间应不少于10年。

（3）加工要求。

1）下料。制作样板和放样号料要根据工艺要求预留切割、刨铣等加工余量和焊接收缩量。制造样板必须经质量监督部门鉴定后方可投入使用。使用过程中应经常检查、校对。

2）焊接、拼装。焊接应根据结构件的重要程度将焊缝划分为Ⅰ、Ⅱ、Ⅲ类焊缝进行施焊。如主梁腹板与翼板的对接焊缝、支腿与主梁的对接焊缝均为Ⅰ类焊缝；主梁与端梁连接的角焊缝为Ⅱ类焊缝等。

3）机械加工。门架、机架上面各部件垫板按要求进行加工，加工后的平面误差不大于0.5mm，高差不大于0.5～1mm。

（4）机架的加工工艺。机架上平面的减速机、卷筒、电动机等支座上表面要求整体加工，保证各平面平行度和各支座之间的高度差。

2. 启闭机的安装

（1）螺杆启闭机安装。螺杆启闭机适用于行程较短的平面闸门或弧形闸门。特别在关门的各项阻力大于闸门自重时，可利用螺杆加压使之关闭。启门力小于100kN的，多用手动启闭；启门力为300～500kN的，多为手动，电动两用；启门力大于500kN的，多用电动操作。启门力小的，多用于小型露顶式的平面闸门和弧形闸门；启门力为500～700kN的，多用于操作高压弧形闸门。

螺杆启闭机安装程序如图1-7-41所示。

（2）固定卷扬式启闭机安装。固定卷扬式启闭机使用较多，平面闸门和弧形闸门均适用。这种启闭机是靠闸门自重量和水柱压力关闭闸门的。当用于水电站机组进口事故闸门时，要求启闭机能快速地关闭闸门，以保护机组设备。固定式启闭机的布置一般为一门一机。固定卷扬式启闭机安装时间要和闸门安装一同考虑，如果条件允许，应先装启闭机，这样可以省去一套吊装闸门的临时起吊设施。

固定卷扬式启闭机安装程序同螺杆式启闭机。

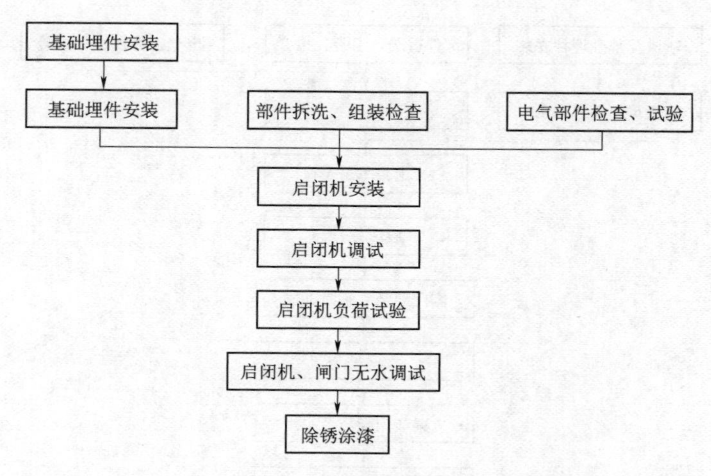

图 1-7-41　螺杆启闭机安装程序

(3) 台车式启闭机安装。台车式启闭机用于多孔的工作闸门和检修闸门，并备有自动抓梁，可以自动抓起水下闸门，部分水电站的进水口检修闸门或尾水检修闸门就是采用这种一机多门布置方式。

(4) 门式启闭机安装。门式启闭机多用于坝顶、水电站厂房的进口和尾水平台上起吊各种闸门、拦污栅等。除设有主钩、副钩外，一般还附有回转起重机、电动葫芦等以扩大其使用范围。门式启闭机安装应争取在闸门门体安装前投入使用。门式启闭机安装需在相应部位的土建工作完成后才能进行。

门式启闭机安装程序如图 1-7-42 所示。

(5) 液压启闭机安装。液压启闭机有单向作用和双向作用两种。单向作用的多用于水电站机组进口的快速事故闸门，利用闸门自重和水柱压力使闸门关闭。双向作用除用于开启闸门外，还可以对闸门施加下压力使闸门受压关闭，常见于平面闸门。深孔弧形闸门及船闸人字门操作油源由泵站供应，一般一个泵站可控制一个或多个液压启闭机。而水电站机组进水口快速事故闸门液压启闭机一般单机单门布置。

液压启闭机的正式安装可安排在启闭机室土建工作全部结束、闸门处于挡水位置后开始。安装程序如图 1-7-43 所示。

(6) 桥式启闭机安装。桥式启闭机多用于船闸及其他大跨度公用检修闸门启闭。一般小车上都设有主钩和副钩以适用于起吊不同的设备。

桥式启闭机的安装需在相应的土建工作完成后才能进行，安装场地一般设在船闸、门库及坝段宽广地点。

桥式启闭机的安装程序如图 1-7-44 所示。

(7) 清污机安装。清污机主要用于清除电站进水口拦污栅上的水库飘浮物。一般由抓斗、液压驱动装置和压重框（导向框）组成。抓斗由固定叶片和活动叶片组成，液压驱动装置控制活动叶片的转动完成抓污动作。

清污机安装安排在拦污栅安装完毕，并试槽合格后进行。清污机安装程序如图 1-7-45 所示。

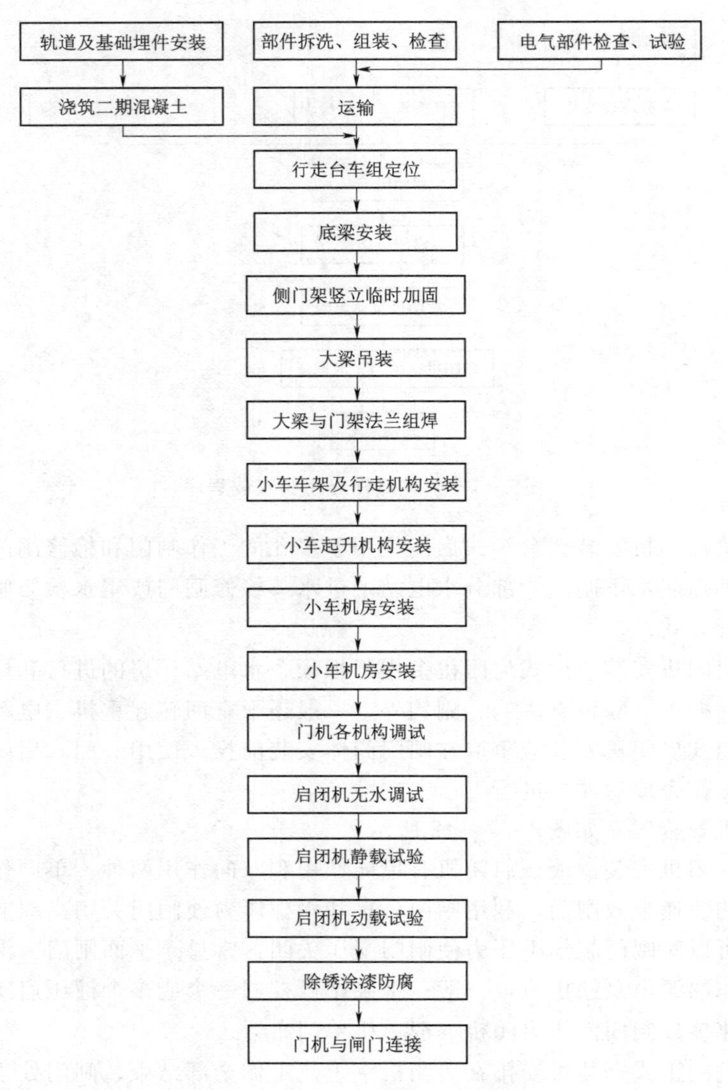

图 1-7-42　门式启闭机安装程序

（8）升船机安装。主提升机、承船厢及平衡重系统是升船机的主要设施，主提升机布置在升船机主机房内，由卷扬机和转矩平衡重块组成，对称布置于机房内，每台卷扬机由一台直流电动机驱动，带动高速驱动装置由同步轴带动低速减速器和卷筒。通过钢丝绳组、连接转矩平衡重系统和船厢、驱动船厢沿夹紧轨道上下移动，整个主提升机通过同步轴齿轮联轴器、换向锥齿轮箱连成一个矩形封闭的传动系统，使各组卷筒达到同步要求，在运行过程中，整个平衡重随船厢升降在平衡重室内逆向运动，以达到平衡船厢连船带水的重量的目的，船厢达到工作位置后，由两套对称布置在船厢两端的顶紧机构分别向上游或下游将船厢与门体上密封框顶紧，由 4 套在船厢两侧的夹紧机构将箱体固定在夹紧轨道上，打开船厢充水阀平压后，开启船厢的下沉门和工作门，船即可进（出）船厢 .

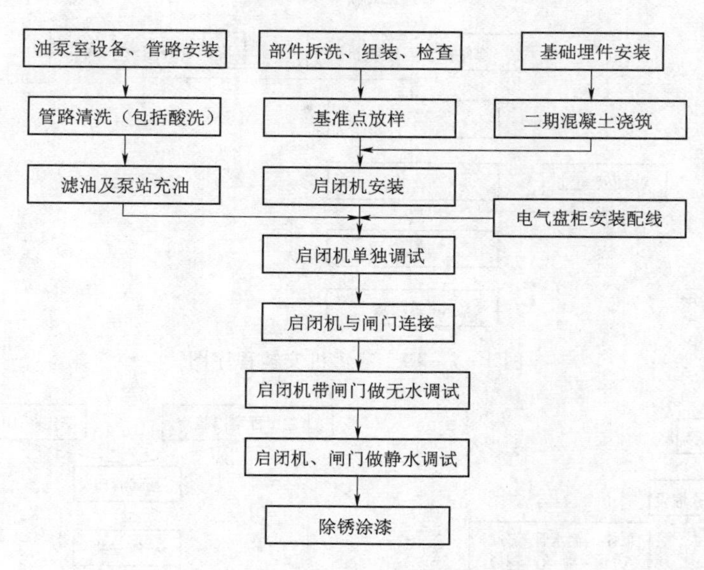

图 1-7-43　液压启闭机安装程序

二、机电设备安装

（一）水力机械辅助设备系统安装

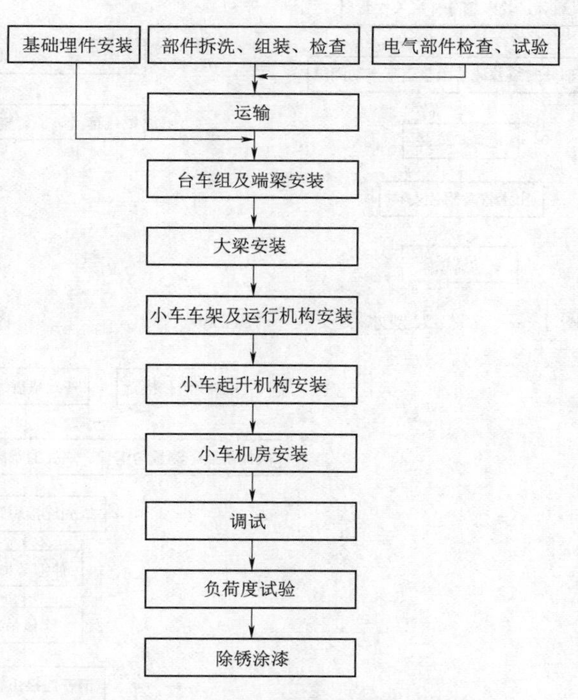

图 1-7-44　桥式启闭机的安装程序

水力机械辅助设备是水轮发电机组正常运行不可缺少的组成部分，主要包括机组技术供水系统，机组轴承及主轴密封的润滑、冷却，电站及机组的水力监测，水轮机主阀系统，机组开、停机时水流的控制，电站及机组的消防，电站积水的排除及电站的通风空调系统等。电站公用系统设有油、气、水系统。这些项目的安装主要包括埋设管路及基础部件的安装、各种设备及明管的安装、电缆及盘柜安装。埋设管路及基础部件安装是配合土建施工进度穿插进行的；设备安装是在土建工作完成场地已清理、装修已完成、设备基础可交付安装的条件下进行；明管及控制元件安装是随机组安装进度配合进行的。所以辅助设备安装是从属于土建施工和主机安装的，它不占机电设备安装的直线工期，但必须做好配合工作，保证电站机组安装的顺利进行。

辅助设备安装程序：水泵安装（图 1-7-46）、空气压缩机安装（图 1-7-47）、进水阀（球阀、蝴蝶阀）安装（图 1-7-48）、通风系统安装（图 1-7-49）。

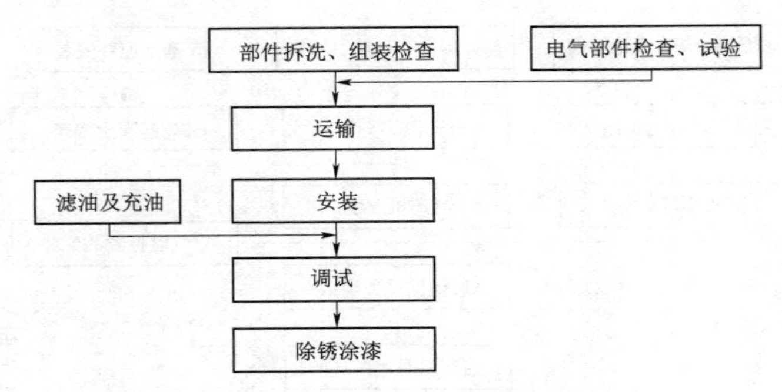

图 1-7-45 清污机安装程序图

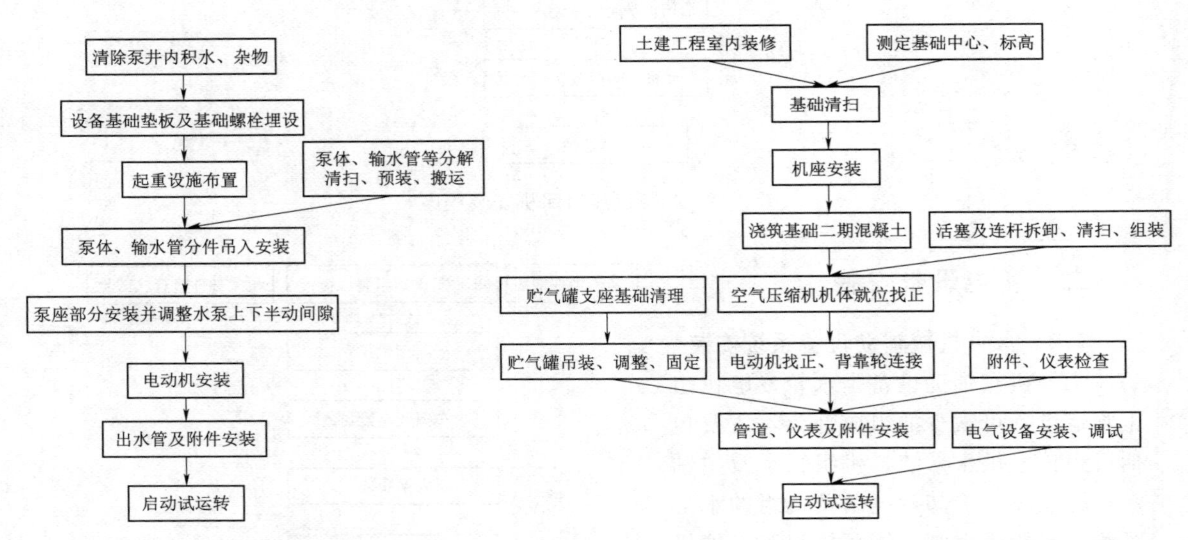

图 1-7-46 大型水泵安装一般程序

图 1-7-47 空气压缩机安装一般程序

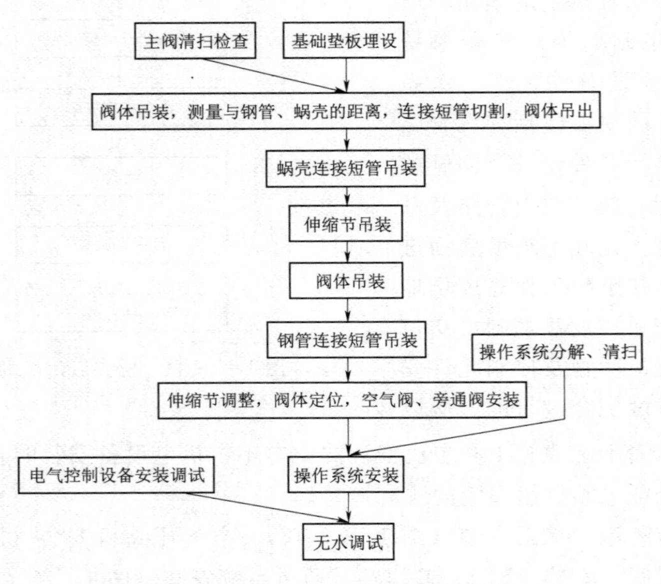

图 1-7-48 进水阀安装一般程序

通风系统安装包括管路、管件加工、管路及设备安装。通风系统在电站内布置较分散，其分系统较多，安装时可根据设备到货土建进度及管路制作（或采购）情况进行分步安排。对于体积较大的通风设备，当不可能配合土建提前安装时，应注意预留运输通道的尺寸。

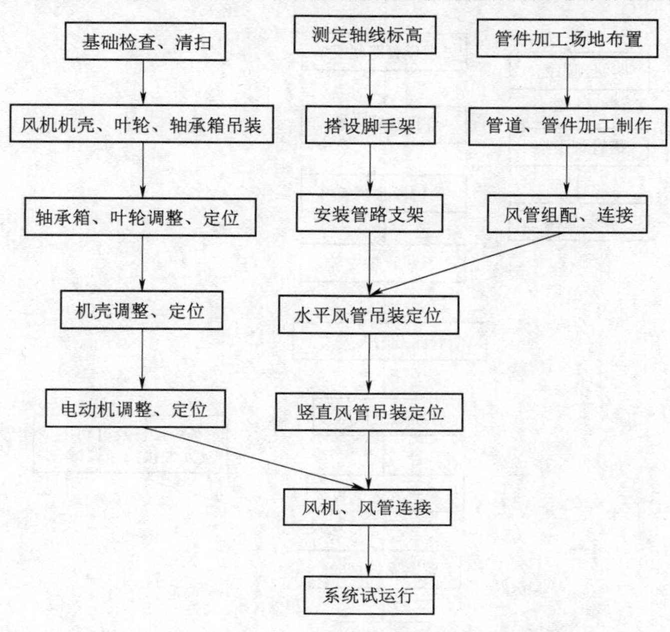

图 1-7-49　通风系统安装程序

（二）管路安装

水电站管路安装包括：管件及支架的制作、管架及管路的安装、阀门及表计的试压校验安装、系统管路压力试验、管路油漆等。

管路系统安装程序如图 1-7-50 所示。

（三）发电机电压配电设备安装

发电机电压配电设备包括发电机断路器、消弧线圈、电压互感器、电流互感器、厂用变压器和母线等。

（四）母线安装

硬母线又称汇流排，常用在 24kV 及以下的配电装置中。其材料常用铜、铝以及其他合金。母线按结构型式可分为敞露式和封闭式两大类，其中，根据母线截面形状、安装方式及冷却方式又可分为如图 1-7-51 所示的各种类型。

三、电力变压器及其附属设备安装

电力变压器按使用功能可分为升压、降压、配电、联络和厂用变压器等；按绕组结构分有双绕组、三绕组、多绕组和自耦变压器；按相数分有单相和三相变压器；按铁芯结构分有芯式和壳式。冷却方式有自然冷却、强迫油循环风冷却、强迫油循环导向水冷却或空冷及强迫油循环集中冷却几种形式。

主变压器在现场吊罩检查安装的程序如图 1-7-52 所示，可以是三相，也可以是单相。

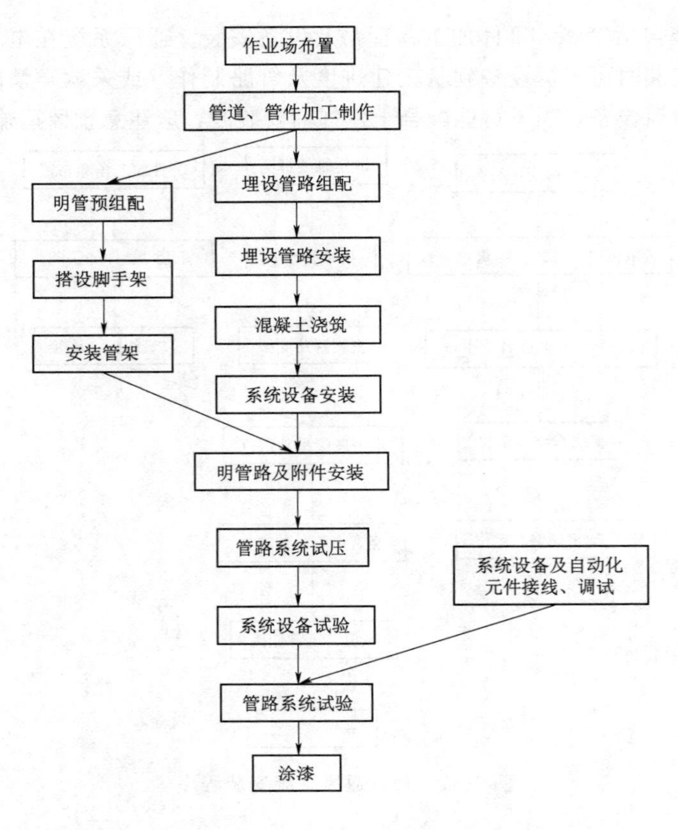

图 1-7-50　管路系统安装程序

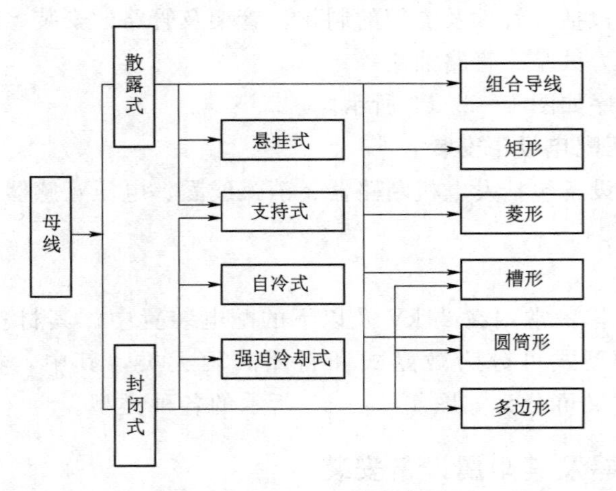

图 1-7-51　母线分类图

四、开关站及其进出线设备安装

开关站是为提高输电线路运行稳定度或便于分配同一电压等级电力，而在线路中间设置的没有主变压器的设施。开关站是由断路器、隔离开关、电流互感器、电压互感

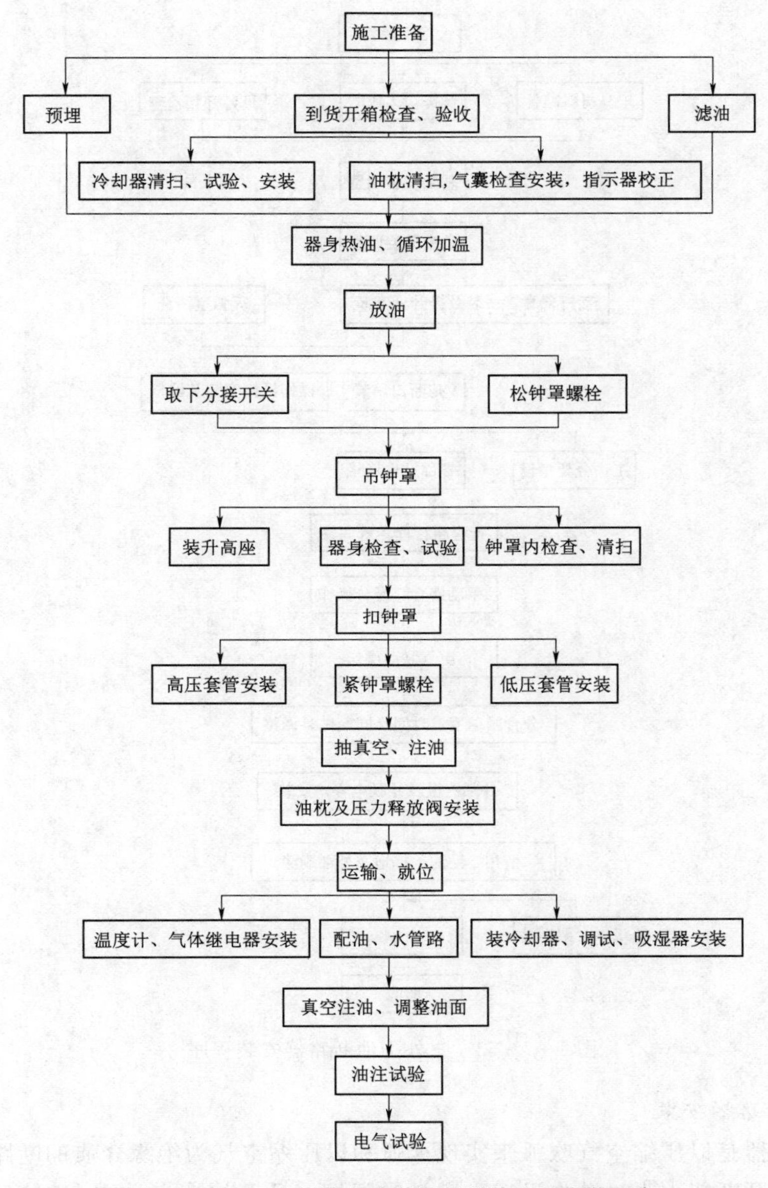

图1-7-52　变压器在安装间吊罩检查的安装程序

器、母线、相应的控制保护和自动装置以及辅助设施组成，同时也可安装各种必要的补偿装置。

1. 断路器安装

高压断路器是高压电气设备中最重要的设备之一，用于正常接通或切断有关设备或电路，因其装有可靠的灭弧装置，可保证其切换过程回路过电压限制在安全范围内。高压断路器的安装包括：起吊、部件组装、性能检测、调整和试运行。

高压油断路器以110kV户外少油断路器为例，主要安装程序如图1-7-53所示。

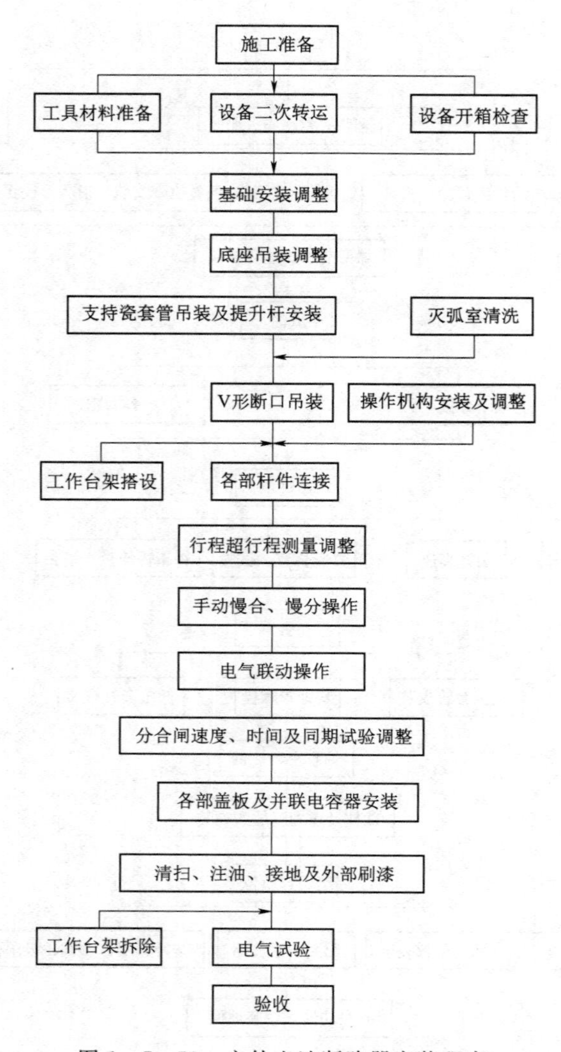

图 1-7-53 户外少油断路器安装程序

2. 空气断路器安装

空气断路器是以压缩空气吹弧来实现灭弧和以压缩空气为绝缘介质的断路器。高压空气断路器具有开断能力强、动作迅速、燃弧时间短（适于快速自动重合闸）、介质更新方便（适于频繁操作）、载流能力大（无火灾危险）、易于装设并联电阻等优点，但结构复杂，有色金属消耗量大。以 KW5-330 型高压空气断路器为例，主要安装程序如 1-7-54 所示。

五、互感器和高频通道设备安装

（一）电压、电流互感器安装程序

互感器是电力系统中供测量和保护用的重要设备，电压、电流互感器安装程序如图 1-7-55所示。

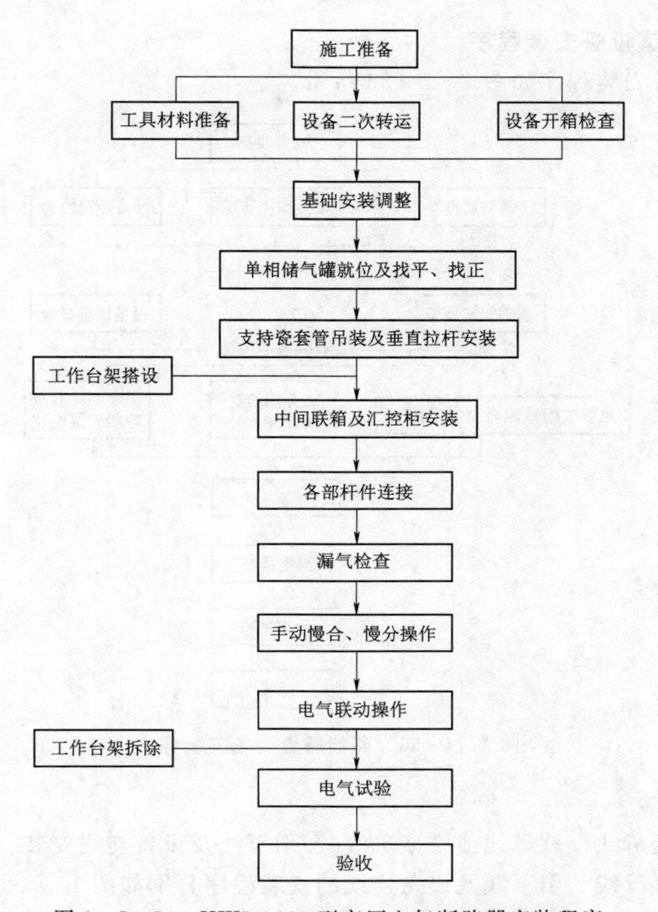

图 1-7-54　KW5-330 型高压空气断路器安装程序

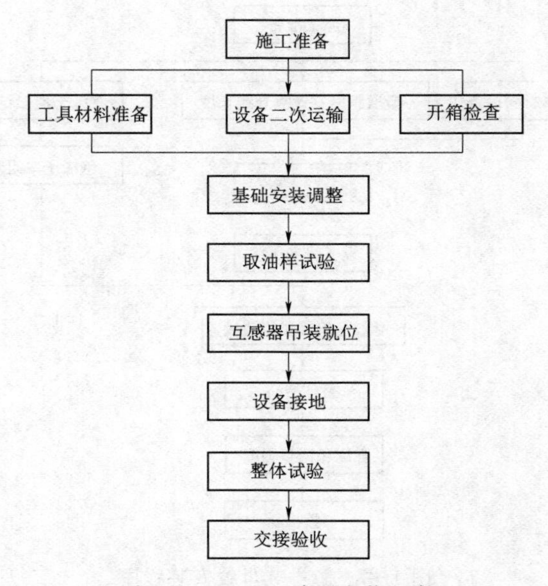

图 1-7-55　互感器安装程序

（二）高频通道设备安装程序

高频通道设备安装程序如图 1-7-56 所示。

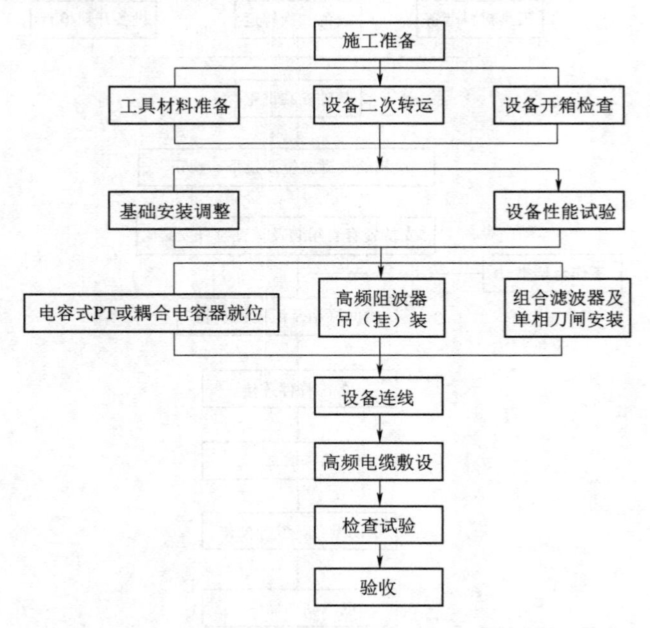

图 1-7-56　高频通道设备安装程序

（三）母线安装

母线安装包括母线（软母线或管型母线）、引下线及设备连线安装。

软母线、管型母线、引下线及设备连线的安装程序分别如图 1-7-57、图 1-7-58、图 1-7-59所示。

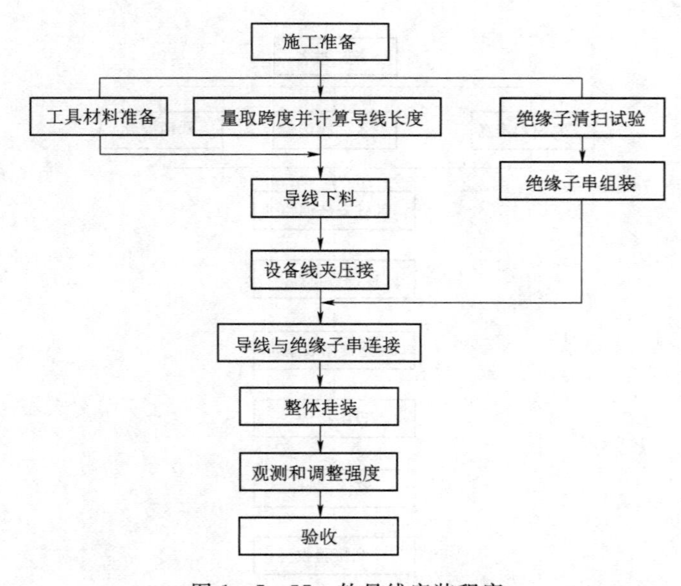

图 1-7-57　软母线安装程序

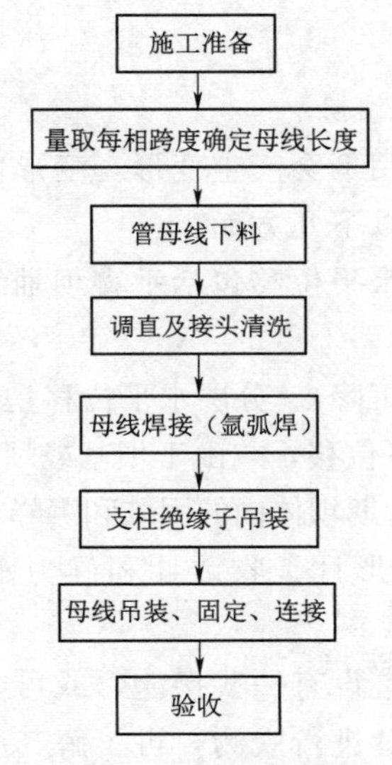

图1-7-58 管型母线安装程序

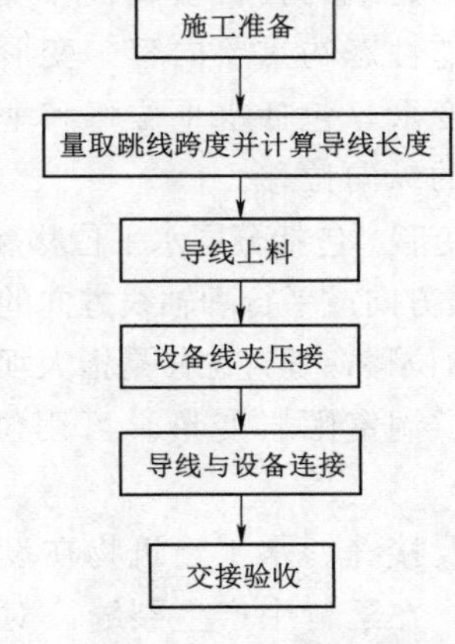

图1-7-59 引下线及设备连线安装程序

第七节 工程安全监测

水工建筑物及相关基础监测量分为环境（原因）量和效应（结果）量两类。环境量包括库水位、气温、水温、降水（降雨和降雪）、大气状态（湿度、气压及风情）、冰厚、地震、洪水、大体积混凝土水化热等。其中水位、温度、降雨是起决定作用的主要环境量。效应量包括内外部的绝对或相对的位移（水平与垂直）、偏转，接缝及裂缝的张合，渗流压力（扬压力及孔隙压力）、渗流量、渗流水的化学成分及其浑浊度，内部应变、应力、温度，局部应力集中，坝与基础材料物理力学性能等。其中变形和渗流监测是最为重要的监测项目。

一、环境量监测

为了解大坝上下游水位、降雨量、温度等环境量的变化对坝体变形、渗流等情况的影响，提供分析计算所需的环境量资料，须在每次观测时首先对环境量进行监测读数，环境量的监测包括上下游水位、降雨量、气温、水温、地震、波浪、冰压力，以及坝前和库区泥沙冲淤等。

（1）上、下游水位观测根据水文观测的有关规范和手册在水库大坝上、下游选择合适的观测点，采用水尺、水位计等方式进行观测。

（2）降雨量、气温、波浪的观测应根据水文气象观测的有关规范和手册在坝址区设水文气象观测站，按规定进行观测。泥沙冲淤分布多依靠流域机构的水文测站来提供。

（3）为了解坝前水温分布和变化规律，研究分析水温对坝体的渗流和混凝土建筑物的影响，通常在坝前选择合适的断面进行水温观测，一般可采用温度计进行观测。

二、效应量监测

（一）变形监测

大坝等水工建筑物在自重及各环境因素的综合作用下会产生变形，变形监测是了解水利水电工程工作性态的重要内容。变形监测主要包括以下几方面：

（1）表面变形。包括水平位移和垂直位移。其中水平位移包括垂直坝轴线的横向位移和平行坝轴线的纵向位移。

（2）内部变形。包括分层水平位移和垂直位移（或沉降）。分层水平位移是指在水压力作用下垂直坝轴线方向或平行坝轴线方向的不同层面的水平位移，或由于坝基或坝体的抗剪强度低而产生的侧向位移；垂直位移是指大坝等在施工和运行期坝体内的固结和沉降。

（3）坝基、洞室围岩变形。可用位移计、基岩变形计、收敛计和静力水准仪等进行监测。

（4）裂缝及接缝。水工建筑物在设计和施工中通常设有一些接缝，或可能由于结构应力的不利变化，在运行中产生裂缝。对这些接缝和裂缝进行观测，可了解其应力、变形的现状和发展趋势，以便分析其对建筑物结构安全的影响。

（5）挠度观测。主要采用垂线法，包括正垂线法和反垂线法。

（6）混凝土面板变形。混凝土面板的变形观测包括面板的表面位移、挠度、接缝和裂缝等。

（7）岸坡位移。对于危及大坝、输泄水建筑物及附属设施安全和运行的滑坡体应进行观测，以监视其发展趋势，必要时采取处理措施。岸坡位移观测主要包括表面位移、裂缝及深层位移等。

（二）渗流监测

渗流监测是指对在上下游水位差作用下产生的渗流场的监测。主要包括渗流压力（含孔隙水压力）、渗流量及其水质的观测。渗流观测主要包括坝体渗流、坝基渗流、绕坝渗流、渗流量地下洞室周岩渗流和边坡岩体渗流场监测。

（1）坝体渗流。坝体渗流观测是为了掌握坝体渗漏及土石坝浸润线的变化情况，如果高于设计值，就可能造成滑坡失稳。

（2）坝基渗流。坝基渗流观测可以检验有无管涌、流土及接触面的渗流破坏，以及基础扬压力状况，判断大坝防渗设施的效果。

（3）绕坝渗流。绕坝渗流除影响两岸山体本身的安全外，对坝体和坝基的渗流也可能产生不利的影响。

（4）渗流量。渗流量的大小直接反映坝体坝基渗漏状况，能直观、全面地反映坝体的工作状态，一般是必测项目。

（5）地下洞室围岩渗流。包括岩体裂隙水压力及渗流量监测等。

（6）边坡岩体渗流场监测。边坡岩体渗流场监测是了解地下水分布规律及变化的重要手段，需选好监测断面，布置渗压计观测。

渗流压力一般采用测压管和埋没渗压计的方法进行观测；渗流量的观测可采用三角量水堰的方法进行观测，对渗流量小的可使用容器直接量测（容积法）。

第二篇

水利工程造价的构成

第一章　水利工程基本建设程序及工程造价

水利工程的建设直接关系着人民生命财产安全、国民经济健康发展以及社会稳定。严格遵循建设程序是水利工程建设顺利实施的重要保障。水利工程计价就是对水利工程造价的计算和确定，而水利工程造价是水利工程基本建设重要的技术经济指标，它贯穿于项目建设全过程，包括投资决策阶段、设计阶段、承发包阶段、施工阶段以及竣工阶段等，正确计价是工程建设投资控制的必要手段。

第一节　水利工程基本建设程序

一、基本建设程序概念及特点

1. 概念

基本建设程序是指基本建设项目从决策、设计、施工到竣工验收全过程中各项工作所必须遵循的先后次序。它反映工程建设各个阶段之间的内在联系，是从事建设工作的各有关部门和人员都必须遵守的原则。一个项目周期始于规划、结束于后评价，是项目管理的重要内容。

基本建设是现代化大生产，一项工程从计划建设到建成投产，要经过许多阶段和环节，有其客观规律性。这种规律性，与基本建设自身所具有的技术经济特点有着密切的关系。首先，基本建设工程具有特定的用途，任何工程不论建设规模大小、工程结构繁简，都要切实符合既定的目的和需要。其次，基本建设工程的位置是固定的，在哪里建设，就在哪里形成生产能力，也就始终在哪里从物质技术条件方面对生产发挥作用。因此，工程建设受矿藏资源和工程地质、水文地质等自然条件的严格制约，决定了任何项目的建设过程，一般都要经过计划决策、勘察设计、组织施工、验收投产等阶段，每个阶段又包含着许多环节。这些阶段和环节有其不同的工作步骤和内容，它们按照自身固有的规律，有机地联系在一起，并按客观要求的先后顺序进行。前一个阶段的工作是进行后一个阶段工作的依据，没有完成前一个阶段的工作，就不能进行后一个阶段的工作。

2. 特点

(1) 工程差异大，制约因素多。水利建设项目有特定的目的和用途，须单独设计和建设，即使是相同规模的同类项目，由于工程地点、地区条件和自然条件（如水文、气候）等不同，其设计和施工也有一定的差异。

(2) 水利工程投资大、建设周期长。水利建设项目施工中需要消耗大量的人力、物力和财力，且受地理环境和地质条件影响，工程复杂、工期长。大型水利工程工期甚至长达十几年，如长江三峡工程、小浪底水利枢纽工程、南水北调工程等。

（3）环节多、涉及的专业和部门多。由于水利工程建设项目的特殊性，建设地点须经多方案选择和比较，要走规划、可行性研究、设计和施工等建设程序。且水利枢纽工程除主体工程外，还包含房屋建筑工程、交通工程、给排水工程、通信工程等，需同各专业部门进行协调配合完成。

（4）涉及面广、关系错综复杂。水利建设项目一般为多目标综合开发利用工程，如水库、大坝、溢洪道、泄水建筑物、引水建筑物、电厂、船闸等，具有防洪、发电、灌溉、供水、航运等综合效益，需要科学组织和编写施工组织设计，并采用现代施工技术和科学的施工管理，才能确保优质、高效完成预期目标。

3. 规划

水利工程建设，应当先有规划，规划（包括流域规划或区域规划）就是根据国家长远计划和该流域的水资源条件，以及该地区水利工程建设发展的要求，提出该流域水资源的梯级开发和综合利用的最优方案。我国有七大流域：长江流域、黄河流域、珠江流域、海河流域、淮河流域、松辽流域和太湖流域，是根据河流的干流和支流所流过的整个区域的面积大小定的。

因此，为了确保工程建设的顺利进行，达到预期目的，在基本建设的实践中，必须遵循一定的工作顺序。

二、水利工程基本建设程序

（一）概述

我国的水利工程基本建设程序，最早是由水利部于 1998 年《水利工程建设程序管理暂行规定》发布实施的，后于 2014 年、2016 年、2017 年和 2019 年作了 4 次修正，明确了项目法人责任制、建设监理制、招标投标制的实施，促进了水利建设实现经济体制和经济增长方式的转变，进一步规范了水利工程建设程序。

水利工程建设程序，按《水利工程建设程序管理暂行规定》一般分为：项目建议书、可行性研究报告、施工准备（前期）、初步设计、建设实施、生产准备、竣工验收和后评价等阶段。它适用于由国家投资、中央和地方合资、企事业单位独资或合资以及其他投资方式兴建的防洪、除涝、灌溉、发电、供水等大中型（包括新建、续建、改建、加固、修复）工程建设项目。小型水利工程建设项目可以参照执行。利用外资项目的建设程序，同时还应执行有关外资项目管理的规定。

（二）基本建设程序

根据《水利工程建设项目管理规定》，水利工程建设项目管理是按水利部、流域机构和地方水行政主管部门以及建设项目法人分级、分层次管理体系进行管理的，建设前期应根据国家总体规划以及流域综合规划，开展前期工作。

水利工程项目建设过程大致上可以划分为三个大的阶段，即：前期工作阶段（包括决策）、工程实施阶段、竣工投产阶段。分为八个主要步骤，即：项目建议书阶段、可行性研究阶段、设计阶段（包括初步设计和施工图设计）、施工准备阶段、建设实施阶段、生产准备阶段、竣工验收阶段和后评价阶段（图 2-1-1）。

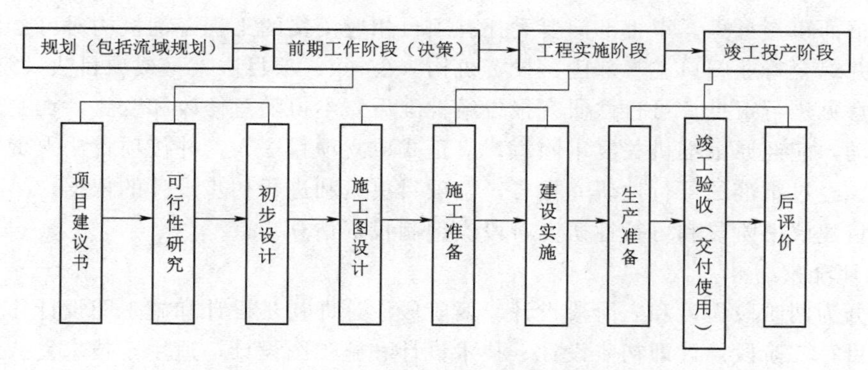

图 2-1-1　水利工程建设阶段

1. 项目建议书阶段

项目建议书是水行政主管部门根据国家长远规划、流域综合规划、区域规划、专业规划，按照国家产业政策和国家有关投资建设方针进行编制的，是对拟进行建设项目的必要性、可行性所作的初步设想和分析，对建设条件和各项投入作初步说明。

项目建议书主要内容：建设项目提出的必要性和依据；拟建规模、建设方案；建设的主要内容；建设地点的初步设想情况、资源情况、建设条件、协作关系等的初步分析；投资估算和资金筹措及还贷方案；项目进度安排；经济效益和社会效益的估计；环境影响的初步评价。

项目建议书编制一般委托有相应资质的设计单位承担，并按国家规定权限向上级主管部门申报审批。项目建议书被批准后由政府向社会公布，若有投资建设意向，应及时组建项目法人筹备机构，开展下一阶段建设程序工作。项目建议书的呈报可以供项目审批机关作出初步决策，它可以减少项目选择的盲目性，为下一步可行性研究打下基础。

2. 可行性研究阶段

可行性研究是对项目进行方案比较，对项目在技术上是否可行和经济上是否合理进行科学的分析和论证。它主要包括：论证工程建设的必要性、确定主要水文参数和成果、初步选定工程规模、工程总体布置、主要建筑物的基本形式、初定工程管理方案、评价工程建设对环境和水土保持设施的影响、估算工程投资、明确工程效益、分析主要指标、评价工程的经济合理性和财务可行性等。

可行性研究报告主要内容：总论（报告编制依据、有关文件、项目概况和问题与建议）；建设规模和建设方案；建设标准、设备方案、工程技术方案；建设地点、占地面积、布路方案；项目设计方案；节能、节水措施；环境影响评价；劳动安全卫生与消防；组织设计与人力资源配置；项目实施进度；投资估算；融资方案；财务评价；经济效益、社会效益评价；风险分析；研究结论与建议；附图、附表、附件等。

可行性研究报告，由项目法人（或筹备机构）组织编制。报告编制完成后，项目建设筹建单位应委托有资质的单位进行评估、论证。

可行性研究报告，按国家现行规定的审批权限报批。申报项目可行性研究报告，必须同时提出项目法人组建方案及运行机制、资金筹措方案、资金结构及回收资金的办法，并依照有关规定附具有管辖权的水行政主管部门或流域机构签署的规划同意书、对取水许可预申请的书面审查意见。审批部门要委托有项目相应资格的工程咨询机构对可行性报告进行评估，并综合行业归口主管部门、投资机构（公司）、项目法人（或项目法人筹备机构）等方面的意见进行审批。可行性研究报告经批准后，不得随意修改和变更，在主要内容上有重要变动，应经原批准机关复审同意；应正式成立项目法人，并按项目法人责任制实行项目管理。经过批准的可行性研究报告，是项目决策和进行初步设计的依据。

在项目建议书阶段和可行性研究阶段应编制投资估算。

3. 设计阶段

设计分为两阶段设计和三阶段设计。两阶段设计即初步设计和施工图设计，适用于一般建设项目；三阶段设计即初步设计、技术设计和施工图设计，适用于技术复杂、基础资料缺乏和不足的建设项目。

（1）初步设计。在计划任务书核定之后，即进行初步设计。初步设计是带有规划性质的轮廓设计，是根据批准的可行性研究报告和必要而准确的设计资料，对设计对象进行通盘研究，阐明拟建工程在技术上的可行性和经济上的合理性，规定项目的各项基本技术参数。它包括：确定工程规模，选定水位、流量、扬程等特征值；复核区域构造，查明建筑物工程地质条件、水文条件等；复核工程等级和设计标准，确定工程总体布置以及主要建筑物的轴线、结构形式、控制尺寸、高程和工程数量等；选定对外交通方案、施工导流方式、施工总布置和总进度、主要建筑物施工方法和施工设备等；提出环境保护措施设计，编制水土保持方案；拟定工程管理机构；编制初步设计概算，复核经济评价等。初步设计任务应择优选择有项目相应资格的设计单位承担，依照有关初步设计编制规定进行编制，该阶段应编制项目总概算。

初步设计文件包括设计说明、主要设备和材料、工程概算和设计图纸。

初步设计文件报批前，一般须由项目法人委托有相应资格的工程咨询机构或组织行业各方面（包括管理、设计、施工、咨询等方面）的专家，对初步设计中的重大问题，进行咨询论证。设计单位根据咨询论证意见，对初步设计文件进行补充、修改、优化。初步设计由项目法人组织审查后，按国家现行规定权限向主管部门申报审批。设计单位必须严格保证设计质量，承担初步设计的合同责任。初步设计文件经批准后，主要内容不得随意修改、变更，如有重要修改、变更，须经原审批机关复审同意。经批准的初步设计文件，是项目建设实施的技术文件基础。

（2）技术设计。技术设计是针对初步设计中的重大技术问题而进一步开展的设计工作，是初步设计的深化。它在进行科学研究、设备试制后取得可靠数据和资料的基础上，具体明确初步设计中所采用的工艺、土建结构等方面的主要技术问题，使建设项目的设计工作更具体、更完善、更具有实际内容。如：特殊工艺流程方面的试验、研究和确定；大型建筑物、构筑物某些关键部位的结构形式、工程措施等的试验研究和确定；新型设备的试验、制作和确定等。该阶段应编制项目修正总概算。

（3）施工图设计。施工图设计是按初步设计或技术设计所确定的设计原则、结构方案和控制尺寸，完成对各建筑物进行结构和细部构造设计，绘制施工详图。它包括：整个工程分项分部的施工、制造、安装设计；确定地基处理方案，进行处理措施设计；确定施工总体布置及施工方法，编制施工进度计划和施工预算等。施工图纸一般包括：施工总平面

图，建筑物的平面、立面、剖面图，结构详图（包括钢筋图），设备安装详图，各种材料、设备明细表，施工说明书等。该阶段应编制施工图预算。

4. 施工准备阶段

项目在主体工程开工之前所做的各项施工准备工作。包括：施工现场征地、拆迁工作；施工用水、用电、通信、道路和场地平整工作；生产、生活临时设施搭建；组织招标设计、咨询、设备和物资采购服务；组织建设监理和主体工程招投标，并择优选定建设监理和施工承包队伍等。

水利工程项目施工准备进行前须满足的条件：初步设计已经批准；项目法人已经建立；项目已列入国家或地方水利建设投资计划，筹资方案已经确定；有关土地使用权已经批准；已办理报建手续。

施工准备工作开始前，项目法人或其代理机构，须依照有关规定向行政主管部门办理报建手续，项目报建须交验工程建设项目的有关批准文件。工程项目进行项目报建登记后，方可组织施工准备工作。工程建设项目施工，除某些不适应招标的特殊工程项目外（须经行政主管部门批准），均须实行招标投标。认真做好施工准备工作，是充分发挥各方面的积极因素，合理利用资源，加快施工速度、提高工程质量、确保施工安全、降低成本及获得较好经济效益的重要保障。

5. 建设实施阶段

建设实施阶段是指主体工程的全面建设实施，项目法人按照批准的建设文件组织工程建设，保证项目建设目标的实现。建设实施阶段即施工阶段，是把设计图纸和原材料、半成品、设备等变成工程实体的过程，是实现建设项目价值和使用价值的主要阶段。

项目法人或其代理机构必须按审批权限，向主管部门提出主体工程开工申请报告，经批准后，主体工程方能正式开工。主体工程开工须具备以下条件：

（1）前期工程各阶段文件已按规定批准，施工详图设计可以满足初期主体工程施工需要。

（2）建设项目已列入国家或地方水利建设投资年度计划，年度建设资金已落实。

（3）主体工程招标已经决标，工程承包合同已经签订，并得到主管部门同意。

（4）现场施工准备和征地移民等建设外部条件能够满足主体工程开工需要。

（5）建设管理模式已经确定，投资主体与项目主体的管理关系已经理顺。

（6）项目建设所需全部投资来源已经明确，且投资结构合理。

项目法人要充分发挥建设管理的主导作用，为施工创造良好的建设条件；要充分授权工程监理，使之能独立负责项目的建设工期、质量、投资的控制和现场施工的组织协调。施工单位要严格履行合同，要与建设、设计单位和监理工程师密切配合。在施工过程中，各个环节要相互协调，要加强科学管理，确保工程质量，全面按期完成施工任务。参建各方要按照“政府监督、项目法人负责、社会监理、企业保证”的要求，建立健全各项管理体系。

6. 生产准备阶段

生产准备是项目投产前项目法人所做的有关生产准备工作，是建设阶段转入生产经营的必要条件。生产准备应根据不同类型的工程要求确定，一般应包括如下主要内容：

（1）生产组织准备。建立生产经营的管理机构及相应管理制度。

（2）招收和培训人员。按照生产运营的要求，配备生产管理人员，并通过多种形式的培训，提高人员素质，使之能满足运营要求。生产管理人员要尽早介入工程的施工建设，参加设备的安装调试，熟悉情况，掌握好生产技术和工艺流程，为顺利衔接基本建设和生产经营阶段做好准备。

（3）生产技术准备。主要包括技术资料的汇总、运行技术方案的制定、岗位操作规程制定和新技术准备。

（4）生产的物资准备。主要是落实投产运营所需要的原材料、协作产品、工器具、备品备件和其他协作配合条件的准备。

（5）正常的生活福利设施准备。

7. 竣工验收阶段

竣工验收是建设项目内容全部完成并经过单位工程验收，符合设计要求并按水利基本建设项目档案管理的有关规定，完成档案资料的整理工作，在完成竣工报告、竣工决算等必需文件的编制后，项目法人按有关规定向验收主管部门提出申请，根据国家和部颁验收规程组织验收的过程。进行竣工验收必须符合以下要求：

（1）项目已按设计要求完成，能满足生产使用。

（2）主要工艺设备配套设施经联动负荷试车合格，形成生产能力，能够生产出设计文件所规定的产品。

（3）生产准备工作能适应投产需要。

（4）环保设施、劳动安全卫生设施、消防设施已按设计要求与主体工程同时建成使用。

工程规模较大、技术较复杂的建设项目可先进行初步验收；不合格的工程不予验收；有遗留问题的项目，对遗留问题必须有具体处理意见，且有限期处理的明确要求并落实责任人。竣工决算编制完成后，须由审计机关组织竣工审计，其审计报告作为竣工验收的基本资料。

竣工验收程序，一般分两个阶段：单项工程验收和整个工程项目的全部验收。对于大型工程，因建设时间长或建设过程中逐步投产，应分批组织验收。验收之前，项目法人要组织设计、施工等单位进行初验并向主管部门提交验收申请，根据国家和部颁验收规程组织验收。水利水电工程把上述验收程序分为阶段验收和竣工验收，凡能独立发挥作用的单项工程均应进行阶段验收，如截流、下闸蓄水、机组启动、通水等。

竣工验收是工程完成建设目标的标志，是全面考核基本建设成果、检验设计和工程质量的重要步骤。竣工验收合格的项目即从基本建设转入生产或使用。

8. 后评价阶段

后评价是建设项目竣工投产后，经过1～2年生产运营，要进行一次系统的项目后评价。主要是为了总结项目建设成功和失败的经验教训，供以后项目决策借鉴。主要内容包括：

（1）影响评价——项目投产后对各方面的影响进行评价。

（2）经济效益评价——项目投资、国民经济效益、财务效益、技术进步和规模效益、

可行性研究深度等进行评价。

(3) 过程评价——对项目的立项、设计施工、建设管理、竣工投产、生产运营等全过程进行评价。

项目后评价一般按三个层次组织实施，即项目法人的自我评价、项目行业的评价、计划部门（或主要投资方）的评价。

建设项目后评价工作必须遵循客观、公正、科学的原则，做到分析合理、评价公正。通过建设项目的后评价以达到肯定成绩、总结经验、研究问题、吸取教训、提出建议、改进工作，不断提高项目决策水平和投资效果的目的。

同我国基本建设程序相比，国外通常也把工程建设的全过程分为三个时期。即投资前时期、投资时期、投资回收时期。内容主要包括：投资机会研究、初步可行性研究、可行性研究、项目评估、基础设计、原则设计、详细设计、招标发包、施工、竣工投产、生产阶段、工程后评估、项目终止等步骤。国外非常重视前期工作，建设程序与我国现行程序大同小异。

第二节 水利工程造价文件的分类

一、工程造价的概念和组成

1. 概念

工程造价就是指工程的建设价格，是指为完成一个工程的建设，预期或实际所需的全部费用总和。预期的费用其实就是属于工程未施工，工程预算的阶段；实际所需的费用就是竣工结算阶段，工程完工后所需要的花费。

从投资者（业主）的角度：工程造价是指建设项目的建设成本，指建设项目从筹建到竣工验收交付使用全过程所需的全部费用，包括建筑工程费、安装工程费、设备费以及其他相关的必需费用。也可以分别称其为水利建筑工程造价、安装工程造价、设备造价等。

从承包商的角度：工程造价是指建设项目的承发包价格，即为建成一项工程，预计或实际在土地市场、设备市场、技术劳务市场以及承包市场等交易活动中所形成的建筑安装工程的价格和建设工程总价格。

2. 组成

工程造价按项目建设的不同阶段分为工程投资估算，设计概算，施工图预算，工程竣工结算，竣工决算等。

工程造价按内容分为工程部分（包括建筑工程、机电设备及安装工程、金属结构设备及安装工程、施工临时工程、独立费用项目）、建设征地移民补偿［包括农村部分补偿、城（集）镇部分补偿、工业企业补偿、专业项目补偿、防护工程、库底清理、其他费用项目］、环境保护和水土保持工程等。

二、水利工程造价文件的分类

根据水利工程建设程序的规定，水利工程在工程建设的不同阶段，由于工作深度不同、要求不同，要根据不同的阶段编制相应的造价文件。现行的工程造价文件类型主要有投资估算、设计概算、施工图预算（或项目管理预算）、招标控制价（或标底）与投标报价、施工预算、竣工结算（完工结算）和竣工决算等。

（一）投资估算

1. 定义

投资估算是指在建设项目整个投资决策中，依据已有的资料，运用一定方法和手段，对建设项目全部投资费用进行的预测和估算。投资估算主要应用于项目建议书及可行性研究阶段，是项目建议书及可行性研究报告的重要组成部分，是项目法人为选定近期开发项目作出科学决策和进行初步设计的重要依据。投资估算是工程造价全过程管理的“龙头”，抓好这个“龙头”有十分重要的意义。

2. 作用

（1）项目建议书阶段的投资估算，是多方案比选，优化设计，合理确定项目投资的基础；是项目主管部门审批项目建议书的依据之一，并对项目的规划，规模起参考作用，从经济上判断项目是否应列入投资计划。

（2）项目可行性研究阶段的投资估算，是项目投资决策的重要依据，是正确评价建设项目投资合理性，分析投资效益，为项目决策提供依据的基础。当可行性研究报告被批准之后，其投资估算额就作为建设项目投资的最高限额，不得随意突破。

（3）项目投资估算可作为项目资金筹措及制订建设贷款计划的依据，建设单位可根据批准的投资估算进行资金筹措向银行申请贷款。

3. 组成

建设项目投资估算包括固定资产投资估算和铺底流动资金估算。根据国家现行规定要求，新建、扩建和技术改造项目，必须将项目建成投资投产后所需的铺底流动资金列入投资计划，铺底流动资金不落实的，国家不予批准立项，银行不予贷款。

（二）设计概算

1. 定义

设计概算是指在初步设计阶段，在投资估算的控制下，由设计单位根据初步设计或扩大初步设计图纸及说明、概算定额或概算指标、综合预算定额、取费标准、设备材料预算价格等资料，编制确定建设项目从筹建至竣工交付生产或使用所需全部费用的经济文件。

2. 作用

设计概算是初步设计阶段对建设工程造价的预测，是设计文件的重要组成部分。经批准的设计概算是国家确定和控制建设项目投资总额、编制年度基本建设计划、控制基本建设拨款和贷款的依据；是政府有关部门对工程项目造价进行审计和监督，项目法人筹措工程建设资金和管理工程项目造价的依据；是实行建设项目投资包干，编制施工图预算（项目管理预算）和招标控制价（或标底）的依据；是考核工程竣工结算（完工结算）、竣工决算的依据；也是项目法人进行成本核算、考核成本是否经济合理的依据。设计概算在已经批准的可行性研究投资估算静态总投资的控制下进行编制。

3. 组成

设计概算包括单位工程概算、单项工程综合概算、其他工程的费用概算，建设项目总

概算以及编制说明等。它是由单个到综合，局部到总体，逐个编制，层层汇总而成的。因此，设计概算是整个基本建设工作中一个比较重要的环节，国家对此有严格的考核要求，在工作中必须给予高度重视。

4. 审批

设计概算应按建设项目的建设规模、隶属关系和审批程序报请审批。设计单位在报批设计文件的同时，要报批设计概算。总概算按规定的程序经有关机关批准后，就成为国家控制该建设项目总投资额的主要依据，不得任意突破。水利水电工程采用设计概算作为编制施工招标标底、利用外资概算和执行概算的依据。由于初步设计阶段对建筑物的布置、结构形式、主要尺寸以及机电设备的型号、规格等均已确定，所以概算对建设工程造价不是一般的测算，而是带有定位性质的测算。概算经批准后，相隔两年及两年以上工程未开工的，工程项目法人应委托设计单位对概算进行重编，并报原审查单位审批。

5. 调整

工程开工时间与设计概算所采用的价格水平不在同一年份时，按规定由设计单位根据开工年的价格水平和有关政策重新编制设计概算，这时编制的概算一般称为调整概算。或建设项目实施过程中，由于某些原因造成工程投资突破批准概算投资的，项目法人可以要求编制调整概算。调整概算仅仅是在价格水平和有关政策方面的调整，工程规模及工程量与初步设计均保持不变。

6. 外资

利用外资建设的水利水电工程项目，设计单位还应编制包括内资和外资全部工程投资的总概算（简称外资概算）。外资概算也是初步设计的组成部分。

外资概算的编制一般应按两个步骤进行：第一步按国内概算的编制办法和规定，完成全内资概算的编制；第二步再按已确定的外资来源、去向和投资，编制外资概算。

7. 修正

修正概算是设计单位在技术设计阶段，随着对初步内容的深化，对建设规模结构性质、设备类型等方面进行必需的修改和变动。一般情况下，修正概算不能超过原已批准的概算投资额。对于某些大型工程或特殊工程当采用三阶段设计时，在技术设计阶段随着设计内容的深化，可能出现建设规模、结构造型、设备类型和数量等内容与初步设计相比有所变化的情况，设计单位应对投资额进行具体核算。对初步设计总概算进行修改，即编制修正设计概算，作为技术文件的组成部分，它比概算造价准确，但受概算造价控制。由于绝大多数水利水电工程都采用两阶段设计（即初步设计和施工图设计），未做技术设计，故修正概算也就很少出现。

（三）施工图预算（或项目管理预算）

1. 施工图预算

施工图预算是以施工图设计文件为依据，按照规定的程序、方法和依据，在工程施工前对工程项目的工程费用进行的预测与计算，也就是说，施工图预算是指在施工图设计阶段，根据施工图纸、施工组织设计、国家或省级行政主管部门颁布的预算定额和工程量计算规则、地区材料预算价格、施工管理费标准、企业利润率、税金等，计算每项工程所需人力、物力和投资额的文件。它应在已批准的设计概算控制下进行编制。

2. 项目管理预算

项目管理预算又称为项目法人预算（业主预算）或执行概算，是在已经批准的初步设计概算基础上，对已经确定实行投资包干或招标承包制的大中型水利水电工程建设项目，根据工程管理与投资的支配权限，按照管理单位及分标项目的划分，进行投资的切块分配而编制的预算文件。即项目管理预算是按照“总量控制、合理调整”的原则，结合水利工程建设管理体制、工程招标实际情况和工程特点编制的静态投资。

3. 两者区别

（1）作用不同。施工图预算是设计文件的组成部分，是施工图设计阶段确定建设工程项目造价、控制施工成本的依据；是建设单位在施工期间安排建设资金和使用建设资金、拨付进度款及办理结算的依据；是工程量清单和招标控制价编制的依据；是施工单位确定投标报价、进行施工准备的依据；是施工单位编制进度计划，统计完成工作量，进行经济核算，组织材料、机具、设备及劳动力供应的参考依据。

项目管理预算是工程建设实施阶段造价管理工作的重要组成部分。经批准后的项目管理预算，是项目投资主管部门与建设单位签订工程总承包（或投资包干）合同的主要依据；是项目法人组织制定总体建设方案、编报年度投资计划、编报年度投资完成报表、编报年度价差计算报告、进行投资跟踪风险分析的依据。

（2）编制单位不同。施工图预算由设计单位负责编制。项目管理预算由项目法人（或建设单位）委托具备相应资质的水利工程造价咨询单位编制。

（3）报批程序不同。施工图预算是施工图设计的组成部分，即是设计文件的组成部分，它是在已批准的设计概算控制下进行编制，不需要再报批。项目管理预算须由项目法人报给项目对口的行政主管部门批准，是按批复的初步设计概算的价格水平，按照静态控制、动态管理原则编制设计单元工程静态投资，它不得突破国家批复的相应设计单元工程概算静态总投资。它是为了满足业主项目法人控制和管理需要而编制的内部预算。

4. 组成

施工图预算（项目管理预算）由预算表格和文字说明组成。预算文件应包括预算编制说明、总预算书、单项工程综合预算书、单位工程预算书、主要材料表及补充单位估价表等。

（四）招标控制价（或标底）与投标报价

1. 招标控制价和标底

（1）招标控制价是招标人根据国家或省级、行业建设主管部门颁发的有关计价依据和办法，以及拟定的招标文件和招标工程量清单，编制的招标工程的最高限价。招标控制价应由具有编制能力的招标人，或受其委托具有相应资质的工程造价咨询人编制。工程造价咨询人不得同时接受招标人和投标人对同一工程的招标控制价和投标报价进行编制。所谓具有相应工程造价咨询资质的工程造价咨询人是指根据《工程造价咨询企业管理办法》（建设部令第149号）的规定，依法取得工程造价咨询企业资质，并在其资质许可的范围内接受招标人的委托，编制招标控制价的工程造价咨询企业。

（2）标底是招标工程的预期价格，它主要是根据招标文件和图纸，按有关规定，结合工程的具体情况，计算出的合理工程价格。它是由业主委托具有相应资质的设计单位、社

会咨询单位编制完成的，包括发包造价、与造价相适应的质量保证措施及主要施工方案、为了缩短工期所需的措施费等。其中主要是合理的发包造价。标底应在编制完成后报送招标投标管理部门审定。标底的主要作用是招标单位在一定浮动范围内合理控制工程造价，明确自己在发包工程上应承担的财务义务；也是投标单位考核发包工程造价的主要尺度。标底是选择中标企业的一个重要指标，在开标前要严加保密，防止泄漏，以免影响招标的正常进行。标底确定得是否合理、切合实际，是选择最有利的投标企业的关键环节，是实施建设项目的重要步骤。确定标底时，不能认为把标价压得越低越好，要定得合理，要让中标者有利可图，才能调动其积极性，努力完成建设任务。

(3) 两者关系。

两者相同点：都是招标人编制的。

两者区别：招标控制价是最高限价，投标价如超过则为废标。标底是心理价位，接近标底的投标报价得分最高，但在报价均高于标底时，最低的投标价仍能中标。招标控制价是公开的，标底是绝对保密的。

2. 投标报价

投标报价即报价，是指工程招标发包过程中，由投标人或其委托具有相应资质的工程造价咨询人按照招标文件的要求以及有关计价规定，依据发包人提供的工程量清单、施工图设计图纸，结合项目工程特点、施工现场情况及企业自身的施工技术、装备和管理水平等，自主确定的工程造价。投标报价是投标人参与工程项目投标时报出的工程造价，也是施工企业或厂家对建筑施工产品或机电、金属结构设备的自主定价。它反映的是市场价格，体现了企业的经营管理、技术和装备水平。中标的报价是基本建设产品的成交价格。投标人的投标报价高于招标控制价的，其投标应予以拒绝；招标控制价应在招标时公布。

（五）施工预算

1. 定义

施工预算是施工企业为了加强企业内部经济核算，在施工图预算的控制下，依据企业的内部施工定额，以建筑安装单位工程为对象，根据施工图纸、施工定额、施工及验收规范、标准图集、施工组织设计（施工方案）编制的单位工程施工所需要的人工、材料和施工机械台班用量的技术经济文件。它是施工企业的内部文件，是单位工程或分部分项工程施工所需的人工、材料和施工机械台班消耗数量的标准。

2. 作用

施工预算是编制实施性成本计划的主要依据；是施工企业进行劳动调配，物资计划供应，控制成本开支的依据；也是施工企业内部人、材、机的计划管理，进行成本分析和班组经济核算的依据。

3. 施工预算与施工图预算的区别

(1) 用途及编制方法不同。施工预算用于施工企业内部核算，主要计算工料机用量和直接费；而施工图预算却要确定整个单位工程造价。施工预算必在施工图预算价值的控制下进行编制。

(2) 使用定额不同。施工预算的编制依据是施工定额，施工图预算使用的是预算定额，两种定额的项目划分不同。即使是同一定额项目，在两种定额中各自的工、料、机械台班耗用数量都有一定的差别。

(3) 工程项目粗细程度不同。施工预算的工程量计算要分层、分段、分工程项目计算，比施工图预算的项目多、划分细；施工定额的项目综合性小于预算定额。

(4) 计算范围不同。施工预算一般只计算工程所需工料机的数量，有条件的地区或计算工程的直接费，而施工图预算要计算整个工程的直接费、间接费、利润、材料补差和税金等各项费用。

(5) 所考虑的施工组织及施工方法不同。施工预算所考虑的施工组织及施工方法要比施工图预算细得多。如吊装机械，施工预算要考虑的是采用塔吊还是卷扬机或别的机械，而施工图预算对一般民用建筑是按塔式起重机考虑的，即使是用卷扬机作吊装机械也按塔吊计算。

(6) 计量单位不同。施工预算与施工图预算的工程量计量单位也不完全一致。如施工中砂石料数量施工预算一般是按 t 来计算的，而施工图预算是按 m^3 来计算的。

(六) 竣工结算(完工结算)

1. 竣工结算

竣工结算是指施工企业按照合同规定的内容全部完成所承包的工程，经验收质量合格，并符合合同要求之后，向发包单位进行的最终工程款结算。竣工结算是施工单位与建设单位对承建工程项目价款的最终清算(施工过程中的结算属于中间结算)。竣工结算书是一种动态的计算，是按照工程实际发生的量与额来计算的。经审查的工程竣工结算是核定建设工程造价的依据，也是建设项目竣工验收后编制竣工决算和核定新增固定资产价值的依据。

2. 完工结算

水利工程竣工结算也称为完工结算，是指工程项目或单项工程竣工验收后，承包人向项目法人结算工程价款的过程。完工结算是承包人确定建筑安装工程施工产值和实物工程完成情况的依据；是项目法人落实投资额，拨付工程价款的依据；是承包人确定工程的最终收入、进行经济考核及考核工程成本的依据。

竣工结算是由承包人编制，经监理审核后交付给项目法人。

(七) 竣工决算

1. 定义

竣工决算是指整个建设项目竣工验收后的工程及财务等所有费用的计算。竣工决算是竣工验收报告的重要组成部分，它是建设项目全部完工后，在工程竣工验收阶段，由建设单位编制的从项目筹建到建成投产全部费用的技术经济文件；是项目法人向国家(或投资人)汇报建设成果和财务状况的总结性文件。

2. 作用

竣工决算是建设投资管理的重要环节，是工程竣工验收、交付使用资产的重要依据；是竣工验收报告的重要组成部分，是正确核定新增资产价值、及时办理资产交付使用的依据；它反映了工程的实际造价，是项目法人向管理单位移交财产，考核工程项目投资，分析投资效果的依据；也是进行建设项目财务总结，银行对其实行监督的必要手段。

竣工决算是整个基建项目完整的实际成本，计入了工程建设的其他费用开支、临时工

程设施费和建设期利息等工程成本和费用。竣工决算由项目法人负责编制。

3. 竣工结算与竣工决算的区别

(1) 性质不同。工程竣工结算是指施工企业按照承包合同和已完工程量向建设单位（业主）办理工程价清算的经济文件，它包括工程价款中间结算（进度款结算）、年终结算及全部工程竣工验收后的竣工结算。工程竣工决算是指在工程竣工验收交付使用阶段，由建设单位编制的建设项目从筹建到竣工验收、交付使用全过程中实际支付的全部建设费用。

(2) 范围不同。竣工结算的范围只是承建工程项目，是基本建设的局部，而竣工决算的范围是基本建设的整体。

(3) 成本不同。竣工结算只是承包合同范围内的预算成本，而竣工决算是完整的预算成本，它还要计入工程建设的其他费用、水库淹没处理、水土保持及环境保护工程费用和建设期还贷利息等工程成本和费用。

(4) 编制人和审查人不同。单位工程竣工结算由承包人编制，发包人审查；实行总承包的工程，由具体承包人编制，在总承包人审查的基础上，发包人审查；单项工程竣工结算或建设项目竣工总结算由总（承）包人编制，发包人可直接审查，也可以委托具有相应资质的工程造价咨询机构进行审查。建设工程竣工决算的文件，由建设单位负责组织人员编写，上报主管部门审查，同时抄送有关单位。

由此可见，竣工结算是竣工决算的基础，只是先办竣工结算才有条件编制竣工决算，编好竣工决算对促进竣工投产，积累技术经济资料有重要意义。

三、基本建设程序与工程造价的关系

水利基本建设程序与各阶段的工程造价之间有着密切的关系。项目建议书可行性研究阶段是估算价，设计阶段是概算价，施工图设计阶段是施工图预算价，工程招投标阶段是招标控制价，施工准备阶段是施工预算价，施工安装阶段是竣工结算价，竣工验收阶段是决算价，如图 2-1-2 所示。其中设计概算、施工图预算和竣工决算，通常简称为基本建设的“三算”，是建设项目概预算的重要内容，三者有机联系，缺一不可。设计要编制概算，施工要编制预算，竣工要编制决算。一般情况下，决算不能超过预算，预算不能超过概算，概算不超过估算。此外，竣工结算、施工图预算和施工预算通常被称为施工企业内部所谓的“三算”，它是施工企业内部进行管理的依据。

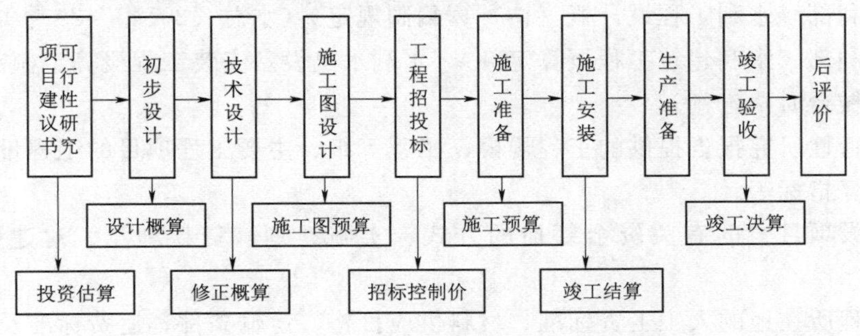

图 2-1-2 基本建设程序与工程造价的关系

第二章　水利工程计价依据和计价方法

所谓计价依据，是指运用科学合理的调查、统计和分析测算方法，从工程建设经济活动和市场交易活动中获取的可用于测算、评估和计算工程造价的参数、数量和方法等。计价依据是编制工程设计概算、招标标底的指导性依据，是承包人投标报价（或编制施工图预算）的参考性依据，也是国有资金投资为主的建设工程造价控制性标准。

第一节　水利工程计价的依据

水利工程计价依据是指在工程计价活动中，所要依据的与计价内容、计价方法和价格标准相关的工程计量计价标准，工程计价定额及工程造价信息等。根据水利工程建设程序的规定，在工程的不同建设阶段，编制的工程造价依据也有所不同。

一、投资估算

1. 项目建议书投资估算编制的主要依据

（1）水利部《水利水电工程项目建议书编制规程》(SL 617—2013)。

（2）项目建议书提供的工程建设场址、主要地质条件、水文参数、工程规模、主要建筑物的基本形式、初选工程总体布置、主要工程量和建材需要量等资料。

（3）行业部门、项目所在地工程造价管理机构或行业协会等编制的投资估算指标等。

（4）类似已建工程的各种技术经济指标和参数及其他技术经济资料。

（5）编制项目建议书的委托书、合同或协议等。

2. 可行性研究报告投资估算编制的主要依据

（1）经批准的项目建议书。

（2）水利部《水利水电工程可行性研究报告编制规程》(SL 618—2019)。

（3）水利部《水利工程设计概（估）算编制规定》(水总〔2014〕429 号)。

（4）水利部《水利建筑工程概算定额》《水利水电设备安装工程概算定额》《水利水电工程施工机械台时费定额》。

（5）可行性研究报告提供的工程规模、工程等级、主要工程项目的工程量等资料。

（6）概算指标等。

（7）建设项目中的有关资金筹措的方式、实施计划、贷款利息、对建设投资的要求等。

（8）工程所在地的人工工资标准、材料供应价格、运输条件、运费标准及地方性材料储备量等资料。

(9) 当地政府有关征地、拆迁、安置、补偿标准等文件或通知。

(10) 编制可行性研究报告的委托书、合同或协议等。

二、设计概算

设计概算编制的主要依据：

(1) 国家及省（自治区、直辖市）颁发的有关法令法规、制度、规程。

(2) 水行政主管部门颁发的概（估）算编制规定、概算定额和有关行业项目法人管理部门颁发的定额。

(3) 水利水电工程设计工程量计算规定。

(4) 初步设计文件及图纸。

(5) 有关合同协议及资金筹措方案。

(6) 其他。

三、施工图预算

施工图预算编制的主要依据：

(1) 国家、行业和地方政府有关工程建设和造价管理的法律、法规和规定。

(2) 工程地质勘察资料及建设场地中的施工条件。

(3) 施工图纸及说明书和标准图集。

(4) 现行预算定额及工程量计算规则。

(5) 施工组织设计或施工方案。

(6) 材料、人工、机械台班（时）预算价格及调价规定。

(7) 现行的有关设备原价及运杂费率。

(8) 水利建筑安装工程费用取费标准。

(9) 经批准的拟建项目的概算文件。

(10) 有关预算的手册及工具书。

四、项目管理预算

项目管理预算编制的主要依据：

(1) 行业主管部门颁发的建设实施阶段造价管理办法。

(2) 行业主管部门颁发的项目管理预算编制办法。

(3) 批准的初步设计概算。

(4) 设计文件和图纸。

(5) 分标方案和招标文件。

(6) 国家有关的定额标准和文件。

(7) 董事会的有关决议、决定（若有）。

(8) 出资人资本金协议（若有）。

(9) 工程融资协议。

(10) 其他有关文件合同、协议。

五、招标控制价（或标底）和投标报价

1. 招标控制价编制依据

（1）招标人对招标项目价格的预期。

（2）拟定的招标文件、招标工程量清单及其补充通知、答疑纪要。

（3）施工现场情况、工程特点。

（4）工程设计文件（含设计施工方案）及相关资料。

（5）与招标项目相关的标准、规范、技术资料。

（6）现行的《水利工程工程量清单计价规范》(GB 50501—2017)。

（7）国家或省级、行业建设主管部门颁发的定额和相关规定。

（8）招标项目所在地同时期水利工程或类似建筑工程施工平均先进效率水平。

（9）市场价格信息或工程造价管理机构发布的工程造价信息。

（10）其他相关资料。

2. 标底编制依据

（1）招标人提供的招标文件。

（2）施工现场情况有关资料。

（3）批准的初步设计概算或修正概算。

（4）国家或省级、行业建设主管部门颁发的定额和相关规定。

（5）设备及材料市场价格。

（6）施工组织设计或施工规划。

（7）其他有关资料。

3. 投标报价的编制依据

（1）招标文件、招标工程量清单及其补充通知、答疑纪要。

（2）投标人对招标项目价格的预期。

（3）施工现场情况、工程特点及投标时拟定的施工组织设计或施工方案。

（4）市场价格信息或工程造价管理机构发布的工程造价信息。

（5）现行的《水利工程工程量清单计价规范》(GB 50501—2017)。

（6）企业定额或参考国家和省级、行业建设主管部门颁发的定额和相关规定。

（7）与建设项目相关的标准、规范、技术资料。

（8）其他相关资料。

六、施工预算

施工预算内容包括人工消耗、材料消耗、施工机械台班费用、管理费用等。在各项费用中，人工消耗、材料消耗和机械消耗是主要的，故施工预算又称为工料机预算，它是根据施工图的工程量、施工组织设计或施工方案和施工定额等资料进行编制的。主要依据如下：

（1）施工合同。

（2）设计部门提供的施工图纸、清册和清单。

(3) 施工单位编制的施工组织设计。

(4) 水利行业发布的和自行补充编制的施工定额。

(5) 供内部考核用的人工、材料、机械台班等单价。

七、竣工结算（完工结算）

竣（完）工结算编制的主要依据：

(1) 工程合同。

(2) 发、承包双方实施过程中已确认的工程量及其结算的合同价款。

(3) 发、承包双方实施过程中已确认调整后追加（减）的合同价款。

(4) 建设工程设计文件及相关资料。

(5) 投标文件。

(6) 现行的《水利工程工程量清单计价规范》(GB 50501—2017)。

(7) 其他依据。

八、竣工决算

竣工决算编制的主要依据：

(1) 国家有关法律、法规。

(2) 经批准的设计文件、项目概（预）算。

(3) 主管部门下达的年度投资计划，基本建设支出预算。

(4) 项目合同（协议）。

(5) 会计核算及财务管理资料。

(6) 工程价款结算、物资消耗等有关资料。

(7) 水库淹没处理补偿费的总结和验收文件，以及水土保持与环境保护工程的实施过程和总结资料。

(8) 其他有关项目管理文件。

第二节　水利工程计价的方法

一、水利工程计价概念

水利工程计价是指按照法律、法规和标准规定的程序、方法和依据，对水利工程的项目建议书、可行性研究报告、施工准备、初步设计等阶段的工程造价及其构成内容进行预测和对建设实施、生产准备、竣工验收、后评价等阶段的工程造价及其构成内容的确定行为，是对水利工程造价的计算和确定，主要体现在工程计量和工程计价两方面。

二、水利工程计价特点

(1) 计价的单件性。水利工程因地质、水文、地形等自然条件，以及当地的政治、经济、风俗等因素不同，再加上不同地区构成投资费用的各种生产要素的价格差异，建设施工时可采用不同的工艺设备、建筑材料和施工方案，因此每个建设项目一般只能单独设计、单独建造，根据各自所需的物化劳动和活劳动消耗量逐项计价，即单件计价。

(2) 计价的多次性。水利工程项目建设要经过多个阶段，是一个周期长、规模大、造价高、物耗多的投资生产活动过程。水利工程造价则是一个随工程不断展开，逐渐地从估算到概算、预算、合同价、结算价的深化、细化和接近实际造价的动态过程。因此，必须对各个阶段进行多次计价，并对其进行监督和控制，以防工程费用超支。

(3) 计价的组合性。工程造价的计算是由分部组合而成的。一个建设项目可以分解为许多有内在联系的独立和不能独立的工程。计价时，需对水利工程项目进行分解并按其项目划分进行分步计算，逐层汇总。计价顺序是分部分项工程费用—单位工程造价—单项工程造价—建设项目总造价。

(4) 计价方法的多样性。在水利工程计价活动中，多次性计价有各不相同的依据，对造价的计算的精确度要求也不同，这就决定了计价方法有多样性特征。如计算投资估算、设计概算等造价时，采用定额计价；在招标投标中的招标控制价、投标报价则采用工程量清单计价。不同的方法利弊不同，适应条件也不同，计价时要根据具体情况加以选择。

(5) 影响计价因素的复杂性。由于水利工程建设受地质、水文、交通和技术等条件的影响，特别是枢纽工程还要受其技术的复杂性影响，导致其设计方案和施工组织都非常复杂；加之水利工程建设周期长、投资额大等特点，使得在进行水利工程计价活动时需要考虑的因素多。例如在计算人工费时要考虑地区类别、工种类别等；在计算材料预算单价时要考虑来源地及原价包括的内容、运输方式、运输里程、装卸费用等；在计算工程单价时还要按具体的施工方案结合项目的具体特征参数和费用构成及费用标准等进行计算；在计算总概算时还要考虑计算材料价格指数、建设期融资利率等。影响计价因素的复杂性不仅使计算过程复杂，而且要求计价人员熟悉各类依据，并加以正确的应用。

三、水利工程计价方法

水利工程计价的方法有综合指标法、定额法、实物量法和工程量清单计价法四种，各种工程计价方法各有其特点和其适用的计价阶段。例如水利工程项目在工程招标设计之前的计价行为属于计划行为，一般采用综合指标法和定额法；而在招标设计之后的工程招投标阶段的计价采用工程量清单计价法。

(一) 综合指标法

1. 定义

综合指标法是指运用各种统计综合指标来反映社会经济现象总体的一般数量特征和数量关系的研究方法。即对大量的原始资料进行整理汇总，计算各种综合指标。

2. 计价程序

(1) 收集资料。收集资料包括已建成或在建的有代表性的工程设计图纸、设计预算等资料。

(2) 编制阶段。将整理后的数据资料按项目划分栏目加以归类，确定指标的内容及表现形式，按编制年度的现行定额、费用标准和价格确定造价。

(3) 调整阶段。将新编的指标和选定工程的概预算，在同一价格条件下进行比较，检

验偏差并进行修正。

3. 特点

综合指标法大多用于项目建议书、可行性研究阶段编制投资估算，它的特点是概括性强，不需作具体分析，直接采用。

4. 应用

对于水利工程来说，在项目建议书、可行性研究阶段由于设计深度不足，提不出具体的项目内容和工程量，只能提出概括性的项目，在这种条件下，编制投资估算时常常采用综合指标法。例如大坝混凝土综合指标，包括坝体、溢流面、闸墩、胸墙、导水墙、工作桥、消力池、护坦、海漫等；地面厂房混凝土包括上部结构（梁板柱、墙）及下部结构等。综合指标中包括人工费、材料费、机械使用费及其他费用（包括其他直接费、间接费、利润、税金）并考虑一定的扩大系数。在编制初步设计概算时，水利工程中的其他永久性专业工程，如铁路、公路、桥梁、供电线路、房屋建筑等，也可采用综合指标法编制概算。

（二）定额法

1. 定义

定额法是以事先制定的产品定额成本为标准，在生产费用发生时，及时提供实际发生的费用脱离定额耗费的差异额，让管理者及时采取措施，控制生产费用的发生额，并且根据定额和差异额计算产品实际成本的一种成本计算和控制的方法。通俗地讲，定额法是指直接根据有关技术经济定额来计算确定计划指标的一种方法，故又称为直接计算法。

对于工程来讲，定额法又称为定额单价法，是由统一的定额和费率计算出工程单价，然后按工程量计算出总价的方法。单价法的基本原理是：价×量＝费。

2. 计价程序

（1）收集资料。

（2）熟悉图纸和现场。

（3）计算工程量。有条件的尽量分层、分段、分部位计算，再将同类项加以合并，编制工程量汇总表。

（4）套定额单价。注意分项工程名称、规格和计算单位的一致性，按规定进行定额换算；如设计要求与定额项目特征不符，可编制补充定额。

（5）编制工料分析表。根据各分部分项工程的实物工程量和相应定额中项目所列的用工工日及材料数量，计算出各分部分项工程所需的人工及材料数量，相加汇总得出该单位工程所需的人工和材料数量。

（6）费用计算。将所列项工程实物量全部计算出来后，就可以计算直接费、间接费、利润及税金等各种费用，并汇总得出工程造价。

（7）复核。

（8）编制说明。

3. 计算方法

定额法计算水利工程的造价一般以单位工程为核算对象，由单位工程的概算或预算造价逐步汇总成单项工程的综合概算或预算造价，进而计算建设项目的总造价。具体操作时，将各个单项工程按工程性质、部位划分为若干个分部分项工程，各分部分项工程造价由各分部分项工程单价乘以相应的工程量求得。工程单价由所需的人工、材料、机械台时的数量乘以相应的人、材、机价格求得，再按规定加上有关的费用和税费后构成。工程单价所需的人、材、机数量，按工程的性质、部位和施工方法由有关定额确定。

具体公式如下：

人工费＝人工预算单价×定额中的人工消耗量　　(2-2-1)

材料费＝材料预算单价×定额材料消耗量　　(2-2-2)

机械使用费＝机械台时单价×定额机械台时消耗量　　(2-2-3)

单位工程定额直接费(基本直接费)＝消耗在该单位工程上的(人工费＋材料费＋机械使用费)　　(2-2-4)

单位工程直接费＝[Σ(建安工程量×相应工程的定额直接费)]×(1＋其他直接费率)　　(2-2-5)

单位工程造价(建筑工程)＝单位工程的直接费×(1＋间接费率)×(1＋利润率)×(1＋税率)　　(2-2-6)

单位工程造价(安装工程)＝[单位工程的直接费＋(人工费×间接费率)]×(1＋利润率)×(1＋税率)　　(2-2-7)

单项工程造价＝Σ各单位工程造价　　(2-2-8)

建设项目总造价＝Σ各单项工程造价　　(2-2-9)

4. 特点

定额法的主要优点是计算简单方便。但由于我国的单价法确定人、材、机数量的定额是按一定的时期、一定的范围（如国务院某部或某省、自治区、直辖市）由行政部门编制颁发的，反映了这个时期行业或地区范围的“共性”，与某个具体工程项目“个性”之间必然有差异，有时这种差异会相当大。水利水电工程与自然条件（地形、地质、水文、气象）密切相关，具有突出的“个性”，因此与全国（或全省）通用定额“共性”差异的矛盾较其他行业更为突出。这就是用统一定额计算单价，预测工程造价的主要弊端。因此，定额法是传统编制工程投资的方法，现在多应用于招标阶段之前的工程概（估）算编制。

5. 应用

定额法编制水利工程造价所使用的定额根据应用范围不同有水利部颁发的定额和地方定额。水利部颁发的定额中现行使用的有2002年《水利建筑工程概算定额》《水利建筑工程预算定额》《水利工程施工机械台时费定额》等，一般适用大中型工程。而地方定额多适用于中小型水利工程定额，比如《广东省水利水电建筑工程概算定额》《上海市水利工程概算定额》等。

(三) 实物量法

1. 定义

实物量法是把项目分成若干施工工序，按完成该项目所需的时间，配备劳动力和施工设备，根据分析计算的基础价格计算直接费单价，最后分摊间接费的工程造价计算方法。

2. 计价程序

(1) 项目研究，制定施工组织设计或施工规划。

(2) 收集各个工序需要的人员和设备的规格、数量、时间资料。

(3) 计算人工预算单价和机械台时（班）单价。

(4) 计算直接费单价，不包括工地管理费、公司管理费和利润等附加费。

(5) 计算并分摊间接费。

(6) 计算其他项目与费用。

(7) 造价汇总、分析与调整。

采用实物量法预测工程造价在我国还处于积极探索阶段。水利工程中对工程量清单影响较大的主要工程单价，在设计深度满足需求，施工方法详细具体、符合实际，资料较齐全的条件下，应采用实物量法进行编制，提高计价准确性。

3. 计算方法

根据制定的施工组织设计或施工规划，确定各个工序需要的人员及设备的规格、数量和时间，按现行人工、材料、机械单价计算人工费、施工设备费、材料费，再计算直接费并分摊间接费。即用实物工程量乘以各种资源预算价格计算直接费，再计算其他费用。

具体公式如下：

$$\begin{aligned}\text{单位工程直接费}=[&\sum(\text{工程量}\times\text{材料预算定额用量}\times\text{当时当地材料预算价格})\\&+\sum(\text{工程量}\times\text{人工预算定额用量}\times\text{当时当地人工工资单价})\\&+\sum(\text{工程量}\times\text{施工机械台时预算定额用量}\times\text{当时当地机械台时}\\&\text{单价})]\times(1+\text{其他直接费率})\end{aligned} \tag{2-2-10}$$

4. 特点

实物量法是针对每个工程的具体情况来计算工程造价，计算准确、合理，能充分体现工程量的大小、工期的长短、施工条件的优劣、施工设备闲置时间、特殊施工设备的使用和施工技术水平等因素对工程单价的影响；要求造价编制人员有较高的业务水平和较丰富的经验，还要掌握翔实的基础资料和经验数据；缺点是计算比较麻烦、复杂，在编制时间相对紧张的阶段，不具备全面推广应用的条件。

(四) 工程量清单计价法

1. 定义

(1) 工程量清单。工程量清单是建设工程的分部分项工程项目、措施项目、其他项目、规费项目和税金项目的名称和相应数量等的明细清单。工程量清单是建设工程计价的依据，是工程付款和结算的依据，是调整工程量、进行工程索赔的依据，是招标文件的组成部分。

水利部工程量清单则由分类分项工程量清单、措施项目清单、其他项目清单和零星工作项目清单组成。住建部工程量清单由分部分项工程量清单、措施项目清单、其他项目清单和规费税金清单组成。两者略有不同。

(2) 工程量清单计价。工程量清单计价是指在建设工程招投标中，招标人自行或委托具有资质的中介机构编制反映工程实体消耗和措施性消耗的工程量清单，并作为招标文件的一部分提供给投标人，由投标人依据工程量清单自主报价的计价行为。在工程招标中采用工程量清单计价是国际上较为通行的做法。就投标单位而言，工程量清单计价可称为工程量清单报价。

2. 计价程序

(1) 复核或计算工程量。一般情况下,投标人必须按招标人提供的工程量清单进行组价,并按照综合单价的形式进行报价。但投标人在以招标人提供的工程量清单为依据来组价时,必须把施工方案施工工艺造成的工程增量以价格的形式包括在单价内。工程量清单中的各分类分项工程量并不十分准确,若设计深度不够则可能有较大的误差,而工程量的多少是选择施工方法、安排人力和机械、准备材料必须考虑的因素,自然也影响分类分项工程的单价,因此一定要对工程量进行复核。

另一方面,在实行工程量清单计价时,水利工程项目分为四部分进行计价:分类分项工程项目计价、措施项目计价、其他项目计价及零星工作项目计价。招标人提供的工程量清单是分类分项工程项目清单中的工程量,但措施项目计价、其他项目计价及零星工作项目招标人不提供,必须由投标人在投标时按设计文件、合同技术条款、施工组织设计、施工方案进行二次计算。投标人由于考虑不全面而造成低价中标亏损,招标人不予承担。因此这部分用价格的形式分摊到报价内的量必须要认真计算和全面考虑。

(2) 确定单价,计算合价。在投标报价中,复核或计算各个分类分项工程的工程量后,就需要确定每一个分类分项工程的单价,并按照工程量清单报价的格式填写,计算出合价。按照工程量清单报价的要求,单价应是包含人工费、材料费、机械费、企业管理费、利润、税金及风险费的综合单价。人工、材料、机械费用应该是根据分类分项工程的人工、材料、机械消耗量及其相应的市场价格计算而得。企业管理费是投标人组织工程施工的全部管理费用,以费率形式计算。利润是投标人的预期利润,应根据市场竞争情况确定在该工程上的利润率。风险费对投标人来说是个未知数,如果预计的风险没有全部发生,则可能预计的风险费有剩余,这部分剩余和利润加在一起就是盈余;如果风险费估计不足,则由利润来补贴。

(3) 确定分包工程费。分包工程费是投标价格的一个重要组成部分,有时总承包人投标价格中的相当部分来自于分包工程费。因此,在编制投标价格时需要有一个合适的价格来衡量分包人的价格,需要熟悉分包工程的范围,对分包人的能力进行评估。

(4) 确定投标价格。将分类分项工程的合价、措施项目费等汇总后就可以得到工程的总价,但计算出来的工程总价还不能作为投标价格。因为计算出来的价格可能存在重复计算或漏算,也有可能某些费用的预估有偏差,因此需要对计算出来的工程总价作某些必要的调整。在对工程进行盈亏分析的基础上,找出计算中的问题并分析降低成本的措施,结合企业的投标决策最后确定投标报价。

3. 计价方法

(1) 分类分项工程量清单计价。分类分项工程量清单计价采用综合单价计价。综合单价是指完成工程量清单中一个质量合格的规定计量单位项目所需的直接费(包括人工费、材料费、机械使用费和季节、夜间、高原、风沙等原因增加的直接费)、施工管理费、企业利润和税金,并考虑风险因素。

一般情况下投标人应按照招标文件的规定,根据招标项目涵盖的内容,编制人工费单价,主要材料预算价格,电、水、风单价,砂石料单价,块石、料石单价,混凝土配合比材料费,施工机械台时(班)费等基础单价,作为编制分部分项工程单价的依据。具体公

式如下：

$$\text{综合单价}=\frac{\sum \text{组价项目工程量}\times(\text{组价项目单位工程量直接费}+\text{施工管理费}+\text{企业利润}+\text{税金})}{\text{清单项目工程量}} \tag{2-2-11}$$

式中的组价项目，是指完成清单项目过程中消耗资源的工作分项。

如果采用定额法计价，一个清单项目可能包括几个定额项目的工作内容，其中每一个定额项目就是一个组价项目。例如，一个河道船舶疏浚的清单项目，包括挖泥船挖泥、排泥管拆卸安装、开工展布和收工集合4个定额项目的工作，同样，其工程单价也包含上述4个组价项目。将按定额的资源消耗量计算出的4个组价项目的直接费、按定额的工程量计算规则计算出的4个组价项目的施工工程量，以及施工管理费率、企业利润率和税率，代入式（2-2-11），计算式（2-2-11）中分子所表示的清单项目的总费用，然后摊销到清单项目的工程量中，得到清单项目的工程单价。这些组价项目的单位都有可能与清单项目的单位不同，如河道船舶疏浚清单项目的单位是“m^3”，而其组价项目中的排泥管拆卸单位是“m”、开工展布和收工集合单位是“次”。组价项目的工程量也可能与清单项目的工程量不同，如挖泥船挖泥这个组价项目的工程量就比河道船舶疏浚清单项目的工程量多了超挖量和施工回淤量。

如果采用实物量法计价，清单项目的组价项目可能是几组要消耗的实际资源。如某山坡土方开挖清单项目，根据施工场地条件、工期要求和施工组织设计，需要以下4组资源：2台挖掘机、20台自卸汽车、1台推土机、3个现场施工人员。这4组资源就是这个清单项目的4个组价项目。根据经验计算需要各种机械的台时数量和人工工时数量，就是各组价项目的工程量，各种机械的台时费和人工工时费就是各组价项目的单位工程量直接费。将这些机械台时费、人工工时费、机械台时数、人工工时数以及管理费率、利润率和税率代入式（2-2-11），计算式中分子所表示的清单项目的总费用，然后摊销到清单项目的工程量，得到清单项目的工程单价。

(2) 措施项目清单计价。措施项目清单中所列的措施项目均以每一项为单位，以“项”列示，投标报价时，应根据招标文件的要求详细分析各措施项目所包含的工程内容和施工难度，编制合理的施工方案，据以确定其价格。

投标人在报价时不得增删招标人提出的措施项目清单项目，投标人若有疑问，必须在招标文件规定的时间内向招标人进行书面澄清。

(3) 其他项目清单计价。其他项目清单是指为保证工程项目施工，在该工程施工过程中难以量化，又可能发生的工程和费用，按招标人要求的计算方法或估算金额计列的费用项目。

(4) 零星工作项目清单计价。零星工作项目清单中的人工、材料、机械台时（班）单价由投标人根据招标文件要求分析确定。其单价的内涵不仅包含基础单价，还有辅助性消耗的费用，如工人所用的工器具使用费、工人需进行的辅助性工作、相应要消耗的零星材料、相配合要消耗的辅助机械等。另外，对零星工作按预计准备的用量可能与将来实际发生的有较大的差异，有引起成本增加的风险。所以，相同工种的人工、相同规格的材料和机械，零星工作项目的单价应高于基础单价，但不应违背工作实际和有意过分放大风险程度。

4．应用

综合指标法、定额法、实物量法和工程量清单计价四种工程计价方法各有其特点，就水利工程计价而言，综合指标法和定额法往往用于计划行为造价的计价，即项目建议书和可行性研究阶段的造价编制。工程量清单计价用于市场行为造价的计价工作，主要是用于招标设计之后的工程招投标阶段的计价。

5．定额计价同工程量清单计价的区别

（1）计价模式不同。定额计价模式是我国传统的计价模式，在整个计价过程中，计价依据是固定的，法定的定额指令性过强，不利于竞争机制的发挥。而工程量清单计价是在招标投标实施阶段中与国际通行惯例接轨所采取的计价模式，与定额计价模式截然不同。工程量清单计价模式主要由市场定价，由建设市场的建设产品买卖双方根据供求状况、信息状况自由竞价，签订工程合同价格的方法。

（2）适用范围不同。定额计价主要适用于工程建设前期阶段，一般在项目建议书、可行性研究、概预算、招标控制价编制的时候用。工程量清单计价适用于招标设计之后的工程招投标阶段，贯穿于从工程招标控制价（或标底）编制、投标报价编制、合同价款的确定与调整到工程价款结算的全过程。

（3）计价依据不同。定额计价将定额作为唯一依据由国家统一定价。而工程量清单计价是由工程承发包双方根据市场供求变化而自主确定的工程价格，其具有自发性、自主控制的特点。

（4）计价程序和定价机制不同。定额计价根据施工图纸进行工程量的计算，套用预算定额计算直接费用，之后采用费率进行间接运算，最后确定优惠幅度或其他费用的浮动大小，以确定最终报价。工程量清单计价则是要根据我国颁布的相关计价规范、工程量清单计价办法、计算规则及项目设置规则等进行计算，以规范清单计价行为。

（5）单价的构成方式不同。定额计价是预算单价，只包括单位定额工程量所需要的人工、材料、机械的费用，不将管理费、利润、风险等因素算在内。工程量清单计价采用综合单价进行计算，即包括人工费、材料和工程设备费、施工机具使用费和企业管理费、利润，以及一定范围内的风险费用。

（6）工程竣工结算的方法不同。定额计价的工程结算方法是依据图纸、变更计划来计算工程量，按照相关定额的相关子目及投标报价时所确定的各项取费费率进行计算。工程量清单计价的结算方式是设计变更或业主计算有误的工程量适量的增减，属合同约定范围内的按照原合同进行结算，其综合单价不会发生变化。但遇到合同规定范围以外的情况时，须按照合同约定对综合单价进行调整。对于项目漏项或设计变更所引发的综合单价变化应当由承包人提出经发包人确认无误后可作为结算的依据。因工程变更出现的取消项目或增加项目给承包人造成的损失，其可提出索赔要求，与发包人协商后可予以一定的补偿。

总体来说，定额计价是我们使用了几十年的一种计价模式，其基本特征就是价格＝定额＋费用＋文件规定费用，并作为法定性的依据强制执行。定额计价是建立在以政府定价为主导的计划经济管理基础上的价格管理模式，它所体现的是政府对工程价格的直接管理

和调控。随着我国市场经济体制的发展，定额计价模式已不能适应建筑市场发展的需要，需要建立一种全新的计价模式，依靠市场和企业的实力通过竞争形成价格，使业主通过企业报价可直观的了解项目造价。

第三节　水利工程定额分类

一、工程定额的定义

工程定额是指在规定工作条件下，完成合格的单位建筑安装产品所需要用的劳动力、材料、机具、设备以及有关费用的数量标准。即国家、地方或行业或项目法人主管部门、工程企业制定的各种定额，包括工程消耗量定额和工程计价定额等。工程消耗量定额主要是指完成规定计量单位的合格建筑安装产品所消耗的人工、材料、施工机具台班的数量标准。工程计价定额是指直接用于工程计价的定额或指标，包括预算定额、概算定额、概算指标和投资估算指标。此外，部分地区和行业造价管理部门还会颁布工期定额，工期定额是指在正常的施工技术和组织条件下，完成建设项目和各类工程建设所需工期的依据。

工程定额除了规定有数量标准外，也要规定出它的工作内容、质量标准、生产方法、安全要求和适用的范围等。

二、工程定额的作用

1. 定额是计划管理的重要基础

建筑安装企业在计划管理中，为了组织和管理施工生产活动，必须编制各种计划，而计划的编制又依据各种定额和指标来计算人力、物力、财力等需用量，因此定额是计划管理的重要基础。

2. 定额是工程造价预测及确定的主要依据

我国早在2003年就已经颁布了相关的文件，要求工程的投标报价要根据招标文件中工程量的相关要求来进行，要结合实际，将施工的实际情况与可能会发生的风险预先考虑到工程造价的预测当中，企业要根据企业的定额和市场的相关价格情况，结合国家的相关政策来进行工程造价的预测及确定。工程造价是根据设计规定的工程标准和工程数量，并依据定额指标规定的劳动力、材料、机械台班数量，单位价值和各种费用标准来确定的，因此定额也是确定工程造价的依据。

3. 定额是衡量设计方案合理性的尺度

同一工程项目的投资多少，是使用定额和指标对不同设计方案进行技术经济分析与比较后确定的，因此，不同设计方案技术经济水平的高低，体现了设计方案的合理性程度。

4. 定额是科学组织和管理施工的有效工具

建筑安装企业在安排各部门各工种的活动计划中，要计算平衡资源需用量，组织材料供应。要确定编制定员，合理配备劳动组织，调配劳动力，签发工程任务单和限额领料单，考核工料消耗，计算和分配工人劳动报酬等都要以定额为依据，因此定额是科学组织和管理施工的有效工具。

5. 定额是企业实行经济核算制的重要基础

企业为了分析比较施工过程中的各种消耗，必须以各种定额为核算依据。以定额为标准，来分析比较企业各种成本，并通过经济活动分析，肯定成绩，找出薄弱环节，提出改进措施，以不断降低单位工程成本，提高经济效益，所以定额是实行经济核算制的重要基础。

6. 定额是总结推广先进生产方法的手段

定额是在平均先进合理的条件下，通过对生产和施工过程的观察、实测、分析而综合制定的，它比较科学地反映出生产技术和劳动组织的先进合理程度。因此，我们可以用定额标定的方法，对同一产品在同一操作条件下的不同生产方法进行观察、分析和总结，从而得出一套比较完善的先进方法，在施工生产过程中予以推广，使生产效率得到提高。

三、工程定额的分类

工程定额是一个综合概念，是建设工程造价计价和管理中各类定额的总称，包括许多种类的定额，可以按照不同的原则和方法对它进行分类。

(一) 按定额反映的生产要素消耗内容分类

(1) 劳动消耗定额。劳动消耗定额简称劳动定额（也称为人工定额），是指在正常的施工技术和施工组织条件下，为完成单位合格产品所规定的劳动消耗标准。劳动定额的主要表现形式是时间定额和产量定额。时间定额就是生产单位产品或完成一项工作所必须消耗的工时，包括准备与结束的时间、基本生产时间、辅助生产时间、不可避免的中断时间及工人必需的休息时间。产量定额就是在单位时间内（如小时、工作日或班次）必须完成的产品数量或工作量，产量定额也可称为工作定额，是劳动定额的一种。时间定额与产量定额互为倒数，成反比例，时间定额越低，产量定额就越高，反之，时间定额越高，产量定额就越低。

(2) 材料消耗定额。材料消耗定额简称材料定额，是指在正常的施工技术和施工组织条件下，完成规定计量单位合格的建筑安装产品所消耗的原材料、成品、半成品、构配件、燃料，以及水、电等动力资源的数量标准，包括材料的使用量和必要的工艺性损耗及废料数量。材料消耗定额是编制材料需要量计划、运输和供应计划，计算仓库面积，签发限额领料单和经济核算的根据。制定合理的材料消耗定额是组织材料的正常供应，保证生产顺利进行，以及合理利用资源、减少积压、浪费的必要前提。

(3) 机具消耗定额。机具消耗定额由机械消耗定额与仪器仪表消耗定额组成。机械消耗定额是以一台机械一个工作班为计量单位，所以又称为机械台班定额，它是指在正常的施工技术和施工组织条件下，完成规定计量单位合格的建筑安装产品所消耗的施工机械台班的数量标准。机械消耗定额的主要表现形式是机械时间定额和机械产量定额。机械时间定额是指在一定的操作内容、质量和安全要求的前提下，规定完成单位数量产品或任务所需作业量（如台时、台班等）的数量标准。机械产量定额是指在一定的操作内容、质量和安全要求的前提下，规定每单位作业量（如台时、台班等）完成的产品或任务的数量标准。

施工仪器仪表消耗定额的表现形式与机械消耗定额类似。

(二) 按定额的编制程序和用途分类

(1) 施工定额。施工定额是完成一定计量单位的某一施工过程或基本工序所需消耗的人工、材料和施工机具台班数量标准。施工定额是施工企业（建筑安装企业）组织生产和加强管理在企业内部使用的一种定额，属于企业性质的定额。施工定额是以同一性质的施工过程或基本工序作为研究对象，表示生产产品数量与生产要素消耗综合关系的定额。为了适应组织生产和管理的需要，施工定额的项目划分很细，是工程定额中分项最细、定额子目最多的一种定额，也是工程定额中的基础性定额。

施工定额的编制原则：平均先进原则、简明适用原则、动态管理原则、量价分离原则。

(2) 预算定额。预算定额是在正常的施工条件下，完成一定计量单位合格分项工程或结构构件所需消耗的人工、材料、施工机具台班数量及其费用标准。它是由国家及各地区编制和颁发的一种指导性指标。预算定额是一种计价性定额。从编制程序上看，预算定额是以施工定额为基础综合扩大编制的，同时它也是编制概算定额的基础。

(3) 概算定额。概算定额是完成单位合格扩大分项工程或扩大结构构件所需消耗的人工、材料和施工机具台班的数量及其费用标准。概算定额是一种计价性定额。概算定额是扩大初步设计阶段编制设计概算和技术设计阶段编制修正概算、确定建设项目投资额的依据，是编制投资估算指标的参考，是对建设工程设计方案进行技术经济比较的依据，是建设项目施工组织总设计中拟定总进度计划和申报各种资源需用量的依据，是工程招投标中编制标底和投标报价的依据。概算定额的项目划分粗细，与扩大初步设计的深度相适应，一般是在预算定额的基础上综合扩大而成的，每一扩大分项概算定额都包含了数项预算定额。

目前适用于水利行业的概预算定额有水利部颁发的《水利工程设计概（估）算编制规定》(水总〔2014〕429号）和《水利建筑工程概算定额》《水利建筑工程预算定额》《水利工程施工机械台时费定额》《水利水电设备安装工程概算定额》《水利水电设备安装工程预算定额》《水利工程概预算补充定额》等。

(4) 概算指标。概算指标是以单位工程为对象，反映完成一个规定计量单位建筑安装品的经济指标。概算指标是概算定额的扩大与合并，以更为扩大的计量单位来编制的概算指标的内容包括人工、材料、机械台班三个基本部分，同时还列出了分部工程量及单位工程的造价，是一种计价定额。这种定额的设定和初步设计的深度相适应，是控制项目投资的有效工具，它所提供的数据也是计划工作的依据和参考。

(5) 投资估算指标。投资估算指标是以建设项目、单项工程、单位工程为对象，反映建设总投资及其各项费用构成的经济指标。它是在项目建议书和可行性研究阶段编制投资估算、计算投资需要量时使用的一种定额。它的概略程度与可行性研究阶段相适应。它的主要作用是为项目决策和投资控制提供依据，是一种扩大的技术经济指标。投资估算指标往往根据历史的预、决算资料和价格变动等资料编制，但其编制基础仍然离不开预算定额、概算定额。

上述各种定额的关系可参见表2-2-1。

表 2-2-1　各种定额间关系的比较表

名称	施工定额	预算定额	概算定额	概算指标	投资估算指标
对象	施工过程或基本工序	分项工程或结构构件	扩大的分项工程或扩大的结构构件	单位工程	建设项目、单项工程、单位工程
用途	编制施工预算	编制施工图预算	编制扩大初步设计概算	编制初步设计概算	编制投资估算
项目划分	最细	细	较粗	粗	很粗
定额水平	平均先进	平均			
定额性质	生产性定额	计价性定额			

（三）按专业分类

（1）建筑工程定额按专业对象分为：建筑及装饰工程定额、房屋修缮工程定额、市政工程定额、水利水电工程定额、园林绿化工程定额、铁路工程定额、公路工程定额、民防工程定额、矿山井巷工程定额等。

（2）安装工程定额按专业对象分为：电气设备安装工程定额、设备安装工程定额、热力设备安装工程定额、通信设备安装工程定额、化学工业设备安装工程定额、工业管道安装工程定额、工艺金属结构安装工程定额等。

（四）按费用性质分类

（1）直接费定额。直接费定额是指施工过程中直接构成工程实体和部分有助于工程形成的人工、材料、机械消耗，即构成直接工程成本的定额。

（2）间接费定额。间接费定额是指企业为组织和管理施工而发生的、且不能直接计入施工成本的各项费用的定额。

（3）施工机械台班（时）费定额。施工机械台班（时）费定额是指施工机械在单位台班或台时中，为使机械正常运转所损耗和分摊的费用定额。

（4）其他费用定额。其他费用定额是指不属于建筑安装工程实体而又发生的各类费用组成的定额。

（五）按制定单位和执行范围分类

建设工程定额可以分为全国统一定额、行业统一定额、地区统一定额、企业定额、补充定额等。

（1）全国统一定额是由国家建设行政主管部门综合全国工程建设中技术和施工组织管理的情况编制，并在全国范围内执行的定额。如《全国统一安装工程预算定额》《全国统一建筑工程基础定额》。

（2）行业统一定额是考虑到各行业专业工程技术特点以及施工生产和管理水平编制的。一般是只在本行业和相同专业性质的范围内使用。如《公路工程预算定额》《水利工程预算定额》。

（3）地区统一定额是各省（自治区、直辖市）编制颁发的定额。地区定额主要考虑地区性特征，各地气候、经济技术条件、物质资源条件、交通运输条件等。如《××省水利工程预算定额》等。

（4）企业定额是施工单位根据本企业的施工技术、机械装备和管理水平编制的人工、

材料、机械台班等的消耗标准。企业定额在企业内部使用，是企业综合素质的标志。企业定额水平一般应高于国家现行定额，才能满足生产技术发展、企业管理和市场竞争的需要。

(5) 补充定额是指随着设计、施工技术的发展，现行定额不能满足需要的情况下，为了补充缺项编制的定额。补充定额只能在指定的范围内使用，可以作为以后修订定额的基础。

上述各种定额虽然适用于不同的情况和用途，但是它们是一个互相联系的、有机的整体，在实际工作中配合使用。

四、水利工程定额的应用

(一) 定额主要内容

现行的水利工程定额有《水利建筑工程概算定额》《水利建筑工程预算定额》《水利水电设备安装工程概算定额》《水利水电设备安装工程预算定额》《水利工程施工机械台时费定额》《水利工程概预算补充定额》，主要内容如下：

(1)《水利建筑工程概算定额》《水利建筑工程预算定额》，主要包括土方工程、石方工程、砌石工程、混凝土工程、模板工程、砂石备料工程、钻孔灌浆及锚固工程、疏浚工程和其他工程等。概算定额比预算定额项目更综合、概括一些。

(2)《水利水电设备安装工程概算定额》《水利水电设备安装工程预算定额》，主要包括水轮机安装、水轮发电机安装、大型水泵安装、进水阀安装、水力机械辅助设备安装、电气设备安装、变电站设备安装、通信设备安装、起重设备安装、闸门安装、压力钢管制作及安装等。概算定额比预算定额项目更综合、概括一些。

(3)《水利工程施工机械台时费定额》，主要包括土石方机械、混凝土机械、运输机械、起重机械、砂石料加工机械、钻孔灌浆机械、工程船舶、动力机械、其他机械等。

(4)《水利工程概预算补充定额》，主要包括砌石工程（干砌混凝土预制块）、混凝土工程（混凝土凿除、爆破拆除、模袋混凝土等）、模板工程（底板衬砌滑模）、砂石备料工程（自卸汽车运输等）、钻孔灌浆及锚固工程（地下连续墙液压抓斗成槽法、深层水泥搅拌桩防渗墙等）、其他工程（钢管管道铺设、顶管等）。

(二) 定额适用范围和作用

(1) 适用范围。《水利建筑工程概算定额》《水利建筑工程预算定额》《水利水电设备安装工程概算定额》《水利水电设备安装工程预算定额》适用于新建、扩建的大中型水利工程项目。《水利工程施工机械台时费定额》同前面 4 本定额配套使用，适用于水利建筑安装工程。《水利工程概预算补充定额》是对《水利建筑工程概算定额》《水利建筑工程预算定额》部分内容进行修订和补充编制的，总的适用范围一样，但对个别定额子目的适用范围等作了修订，使定额更加符合工程实际。

(2) 作用。概算定额是编制设计概算的依据。预算定额是编制水利建筑工程、设备安装工程预算的依据，是编制概算定额的基础，是编制水利工程招标标底和投标报价的参考依据。

（三）定额使用规则

（1）按专业可分别套用定额。水利工程除水工建筑物和水利水电设备外，一般还有公路、桥梁、房屋建筑、输电线路、通信线路等永久性设施。水工建筑物和水利水电设备安装应采用水利主管部门颁发的定额，其他永久性工程应按不同专业分别采用所属主管部门颁发的定额，并执行其相应的费用定额。如公路工程采用交通运输部颁发的公路工程定额，房屋建筑工程采用住建部颁发的建筑和装饰工程定额等。

（2）概算、预算的项目设置及工程量的计算应与定额项目的设置、定额单位相一致。

（3）按设计图纸及定额工程量计算规则计算工程量。现行概算定额中，已按现行施工规范和有关规定，计入了不构成建筑工程单价实体的各种施工操作损耗，允许的超挖及超填量，合理的施工附加量及体积变化等所需人工、材料及机械台时消耗量，编制设计概算时，工程量应按设计结构几何轮廓尺寸计算。而现行预算定额中均未计入超挖超填量、合理施工附加量及体积变化等，使用预算定额应按有关规定进行计算。

（4）当施工条件与定额项目条件不符时，应按定额说明和定额表附注中的有关规定进行换算调整。例如，各种运输定额的运距换算、各种调整系数的换算等。

第四节　水利工程清单计价

一、概述

长期以来在我国建设工程招标投标中普遍采用了编制工程量清单进行计价的方式，并遵循施工合同中双方约定的计量和支付方法，但在工程量清单编制和计价方法以及合同条款约定的计量和支付方法上尚未达到规范和统一。为了及时总结我国实施工程量清单计价以来的实践经验和最新理论研究成果，满足市场要求，结合建设工程行业特点，统一建设工程工程量清单的编制和计价行为，实现“政府宏观调控、部门动态监管、企业自主报价、市场形成价格”的目标，2003年住建部编制了《建设工程工程量清单计价规范》(GB 50500)。工程量清单计价规范是为规范建设工程造价计价行为，统一建设工程计价文件的编制原则和计价方法，根据相关法律法规制定的标准，它适用于建设工程发承包及实施阶段的计价活动。现行的工程量清单计价规范有《建设工程工程量清单计价规范》(GB 50500—2013)、《人防工程工程量清单计价办法》（国人防办字〔2004〕第418号）等。通过工程量清单计价规范，在招标投标活动中，在公平、公正、诚信的原则基础上，开展正常的计价活动，规范和防止招标人在编制工程标底时有意压低价格、转嫁应由招标人承担的风险，挤压投标人合理的利润空间；规范投标人的报价行为，防止投标人为获取项目以低于企业自身成本进行报价而出现的恶性竞争现象；防止招标人和投标人在合同价款结算、处理合同变更、索赔过程中发生不必要的争议和纠纷。

水利部在遵循《建设工程工程量清单计价规范》(GB 50500—2013）的编制原则、方法和表现形式的基础上，充分考虑了水利工程建设的特殊性，总结了长期以来我国水利工程在招标投标中编制工程量清单计价和施工合同管理中计量支付工作的经验后，于2007年7月1日颁布了《水利工程工程量清单计价规范》(GB 50501—2007)。推行水利计价

规范，统一水利工程工程量清单的编制和计价方法，对规范水利工程招标投标的工程量清单编制与计价行为，规范合同价款的确定与调整，以及工程价款的结算，健全和维护水利建设市场竞争秩序具有重要意义。

《水利工程工程量清单计价规范》（GB 50501—2007）中的“计价”是市场概念，规范的是市场行为。计划行为与市场行为以工程施工招标为分界点，定额计价与清单计价分界图如图 2-2-1 所示。

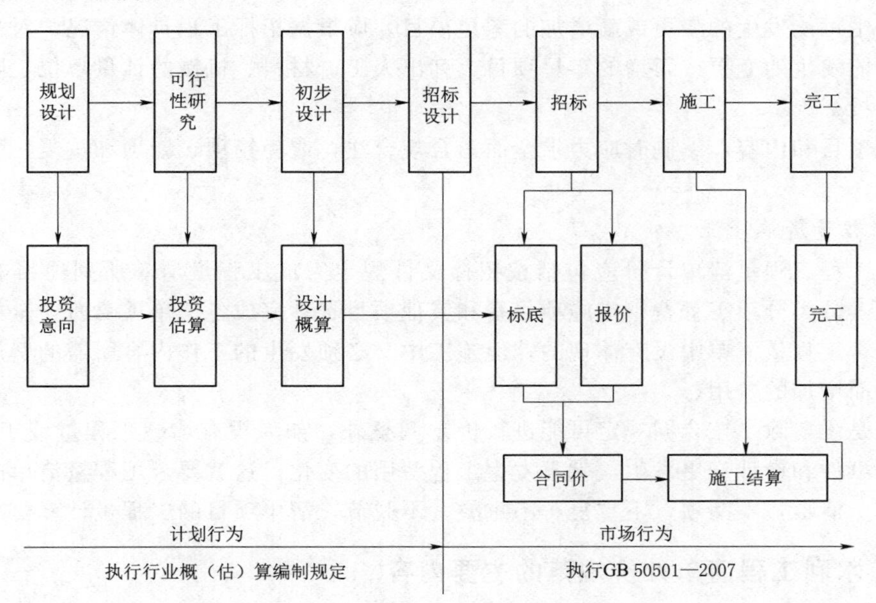

图 2-2-1　定额计价与清单计价分界图

二、水利工程量清单计价的概念

水利工程工程量清单计价是指在水利工程招投标中，招标人自行或委托具有资质的中介机构编制反映工程实体消耗和措施性消耗的工程量清单，并作为招标文件的一部分提供给投标人，由投标人依据工程量清单自主报价的计价行为。

三、水利工程量清单的组成

1. 工程量清单

《水利工程工程量清单计价规范》（GB 50501—2007）规定，水利工程工程量清单应由分类分项工程量清单、措施项目清单、其他项目清单和零星工作项目清单组成。

（1）分类分项工程量清单。分类分项工程量清单是招标工程招标范围的全部分类分项工程名称、计量单位和相应数量的总称。包括序号、项目编码、项目名称、计量单位、工程数量、主要技术条款编码和备注。

（2）措施项目清单。措施项目清单是为完成工程项目施工，发生于该工程施工前和施工过程中招标人不要求列示工程量并按总价结算的施工措施项目。措施项目清单应根据招标工程的具体情况列项，如环境保护措施、文明施工措施、安全防护措施、小型临时工程措施等。

(3) 其他项目清单。其他项目清单是为完成工程项目施工，发生于该工程施工过程中招标人要求计列的费用项目。目前暂列预留金一项，编制人可根据招标工程具体情况补充。

(4) 零星工作项目清单。零星工作项目清单是完成招标人提出的零星工作项目或工程实施过程中可能发生的变更或新增加的零星项目。应根据招标工程具体情况，对工程实施过程中可能发生的变更或新增的零星项目，列出人工、材料、机械的计量单位，随工程量清单发至投标人。

上述项目和内容，编制时应力求全面，合规合法，避免错项、漏项和重复，努力提高编制质量。

2. 工程量清单计价

水利工程工程量清单计价应包括按招标文件规定完成工程量清单所列项目的全部费用，包括：分类分项工程费、措施项目费和其他项目费；完成各清单项目所含全部工程内容的费用；工程量清单中没有体现的，但施工中又必须发生的工作内容所需的费用；考虑风险因素而增加的费用。

也就是说，除了按合同规定可能进行价差调整外，如果没有增减工程量或工作内容，没有索赔事件和设计变更发生，就不发生工程费用的变化。这就要求工程量清单的项目划分要正确、清晰，不漏项、不重复、不重叠、不脱节，清单项目的工程量计算要准确。

四、水利工程清单计价规范的主要内容

《水利工程工程量清单计价规范》(GB 50501—2007) 共分为五章和两个附录，包括总则、术语、工程量清单编制、工程量清单计价、工程量清单及其计价格式；附录A，水利建筑工程工程量清单项目及计算规则；附录B，水利安装工程工程量清单项目及计算规则等内容。

(一) 总则规定

1. 适用范围

《水利工程工程量清单计价规范》(GB 50501—2007) 1.0.2 规定：本规范适用于水利枢纽、水力发电、引（调）水、供水、灌溉、河湖整治、堤防等新建、扩建、改建、加固工程的招标投标工程量清单编制和计价活动。

该适用范围包括了四个方面的内容：一是就建设项目的功能而言，包括了水利枢纽工程，水力发电工程，引水、调水、供水、灌溉工程，河湖疏浚工程，堤防填筑工程等；二是就建设项目的性质而言，包括了新建工程、扩建工程、改建工程、加固工程等；三是就资金来源和投资主体而言，不论是国有资金、集体资金，还是私人资金，不论是政府机构、国有企事业单位、集体企业，还是私有企业或外资企业，都应遵循规范；四是从适用阶段而言，是从水利工程招标投标阶段开始到工程竣工。

2. 遵循原则

《水利工程工程量清单计价规范》(GB 50501—2007) 1.0.3 规定：水利工程工程量清

单计价活动应遵循客观、公正、公平的原则。也就是说工程量清单的编制要实事求是，强调“量价分离、风险分担”，招标人承担工程“量”的风险和投标人难以承担的价格风险，投标人适度承担工程“价”的风险。招标工程控制价应根据有关要求，结合施工方案，社会平均生产力水平，按市场价格编制。投标人要从本企业的实际情况出发，不能低于成本报价，不能串通报价，双方应以诚信、信用的态度进行工程结算。

3. 效力规定

《水利工程工程量清单计价规范》(GB 50501—2007) 1.0.5 规定：本规范附录 A、附录 B 应作为编制水利工程工程量清单的依据，与正文具有同等效力。本条规定了本规范附录适用的工程范围，主要体现在分类分项工程量清单中 12 位编码的前 9 位应按附录中的编码确定，分类分项工程量清单中的项目名称应依据附录中的项目名称、项目主要特征、主要工作内容和一般适用范围设置，分类分项工程量清单中的计量单位应按附录中的计量单位确定，分类分项工程量清单中的工程数量应依据附录中的计算规则进行计算确定。

(二) 清单附录内容

《水利工程工程量清单计价规范》(GB 50501—2007) 将建筑工程划分为 14 类，安装工程划分为 3 类 (表 2-2-2)。分类工程项目必须按照规范的规定依次选择顺序编制，不得更改，在同一项目划分级别下的分类工程名称不得重复。工程量清单中的最末一级分类分项工程项目 (即项目编码十至十二位) 名称，由清单编制人在各分类工程项目下，按照工程部位 (如基础、墙等)、强度等级 (如混凝土 C20、C30 等)、材质 (如不锈钢、铸铁等) 以及型号规格等，依序设置。

由于水利工程项目的复杂性及“四新技术”的应用推广，附录 A、附录 B 所列的项目不可能全面覆盖所有水利工程项目，因此如出现附录未包括的项目时，编制人可以根据该项目的属性、名称、型号、规格、材质等特征依序进行补充。

表 2-2-2 水利工程工程量清单计价规范附录表

附录 A 水利建筑工程工程量清单项目		附录 B 水利安装工程工程量清单项目
01：土方开挖工程	08：基础防渗和地基加固工程	01：机电设备安装工程
02：石方开挖工程	09：混凝土工程	02：金属结构设备安装工程
03：土石方填筑工程	10：模板工程	03：安全检测设备采购及安装工程
04：疏浚和吹填工程	11：钢筋加工及安装工程	
05：砌筑工程	12：预制混凝土工程	
06：锚喷支护工程	13：原料开采及加工工程	
07：钻孔和灌浆工程	14：其他建筑工程	

(三) 清单计价说明

《水利工程工程量清单计价规范》(GB 50501—2007) 4.0 共 11 条，规定了工程量清单计价的工作范围，工程量清单计价价款构成，工程量清单计价单价、标底、报价的编制，工程单价变更处理原则等。

（1）明确清单计价活动应遵循的标准。实行工程量清单计价招标投标的水利工程，其招标标底、投标报价的编制，合同价款的确定与调整，以及工程价款的结算，均应按本规范执行。

（2）明确清单计价方法。分类分项工程量清单计价应采用工程单价计价。

分类分项工程量清单的工程单价是有效工程量的单价，应根据规范规定的工程单价组成内容，按招标设计文件、图纸、附录A和附录B中的“主要工作内容”确定。除另有规定外，对有效工程量以外的超挖、超填工程量，施工附加量，加工、运输损耗量等，所消耗的人工、材料和机械费用，均应摊入相应有效工程量的工程单价之内。无论是采用定额法计价还是实物量法计价，都必须这样做。

（3）编制基础单价。按照招标文件的规定，根据招标项目涵盖的内容，投标人一般应编制以下基础单价，作为编制分类分项工程单价的依据：人工费单价；主要材料预算价格；风、水、电单价；砂石料单价；块石、料石单价；混凝土配合比材料费；施工机械台时（班）费等。

第三章 水利工程总投资的构成

建设项目总投资是指为完成工程项目建设，在建设期（预计或实际）投入的全部费用总和。建设项目按用途可分为生产性建设项目和非生产性建设项目。生产性建设项目总投资包括建设投资和铺底流动资金两部分。而非生产性建设项目总投资只包括建设投资。水利工程总投资主要指的是建设投资。建设投资由建筑安装工程费、设备工器具购置费、工程建设其他费、预备费（包括基本预备费和涨价预备费）、建设期借款利息和固定资产投资方向调节税（目前暂不征）组成。前四项（含基本预备费）为静态投资部分，后三项（含涨价预备费）为动态投资部分。

投资估算一般由项目法人委托有相应资质的设计院承担。为适应市场经济的发展和水利工程基本建设投资管理的需要，提高概估算编制质量，合理确定工程投资，水利部于2002年颁布了《水利工程设计概估算编制规定》（水总〔2002〕116号），后根据《建筑安装工程费用项目组成》（住房和城乡建设部、财政部建标〔2013〕44号）等国家相关政策文件，结合近年水利工程自身行业特点，修订形成了2014版《水利工程设计概估算编制规定》（水总〔2014〕429号）。

第一节 水利工程项目划分

一、水利工程分类

（一）按工程性质和功能划分

水利工程按工程性质和功能划分，内容详见第一篇第一章。

（二）按工程投资概算项目划分

水利工程概算由工程部分、建设征地移民补偿、环境保护工程、水土保持工程四部分构成，如图2-3-1所示。各部分投资下设一级、二级、三级项目。

1. 工程部分

工程部分包括：建筑工程、机电设备及安装工程、金属结构设备及安装工程、施工临时工程、独立费用五部分。每部分从大到小又划分为一级项目、二级项目、三级项目。一级项目相当于具有独立功能的单项工程，二级项目相当于单位工程，三级项目相当于分部分项工程。

第一至第三部分属永久工程，竣工投入运行后承担设计所确定的功能并发挥效益，构成生产运行单位的固定资产。凡永久与临时工程相结合的项目列入相应永久工程项目内。

第四部分施工临时工程是指在工程筹备和建设阶段，为辅助永久建筑和安装工程正常施工而修建的临时性工程或采取的临时措施，临时工程的全部投资扣除回收价值后，以适当的比例摊入各永久工程中，构成固定资产的一部分。

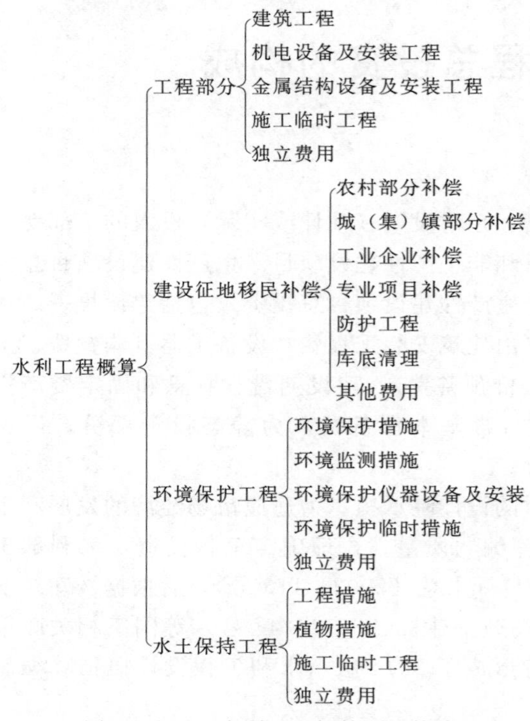

图 2-3-1 水利工程概算项目构成图

第五部分独立费用是指应在工程总投资中支出但又不宜列入建筑工程费、安装工程费、设备费而需要独立列项的费用。

2. 建设征地移民补偿

建设征地移民补偿包括：农村部分、城（集）镇部分、工业企业、专业项目、防护工程、库底清理、其他费用等，应根据具体工程情况分别设置一级、二级、三级、四级、五级项目。

3. 环境保护工程

环境保护工程包括：环境保护措施、环境监测措施、环境保护仪器设备及安装、环境保护临时措施和独立费用五部分，应根据具体工程情况分别设置一级、二级、三级项目。

4. 水土保持工程

水土保持工程包括：工程措施、植物措施、施工临时工程和独立费用四部分，各部分下设一级、二级、三级项目。

二、水利工程项目组成

（一）建筑工程

（1）枢纽工程。指水利枢纽建筑物、大型泵站、大型拦河水闸和其他大型独立建筑物（含引水工程的水源工程）。包括挡水工程、泄洪工程、引水工程、发电厂（泵站）工程、升压变电站工程、航运工程、鱼道工程、交通工程、房屋建筑工程、供电设施工程、其他建筑工程。

（2）引水工程。指供水工程、调水工程和灌溉工程（1）。包括渠（管）道工程、建筑物工程、交通工程、房屋建筑工程、供电设施工程、其他建筑工程。

（3）河道工程。指堤防修建与加固工程、河湖整治工程以及灌溉工程（2）。包括河湖整治与堤防工程、灌溉及田间渠（管）道工程、建筑物工程、交通工程、房屋建筑工程、供电设施工程和其他建筑工程。

（二）机电设备及安装工程

（1）枢纽工程。指构成枢纽工程固定资产的全部机电设备及安装工程。包括发电设备及安装工程、升压变电设备及安装工程和公用设备及安装工程。大型泵站和大型拦河水闸的机电设备及安装工程项目划分参考引水工程及河道工程划分方法。

(2) 引水工程及河道工程。指构成该工程固定资产的全部机电设备及安装工程。包括泵站设备及安装工程、水闸设备及安装工程、电站设备及安装工程、供变电设备及安装工程和公用设备及安装工程。

(3) 灌溉田间工程。包括首部设备及安装工程、田间灌水设施及安装工程等。

(三) 金属结构设备及安装工程

金属结构设备及安装工程指构成枢纽工程、引水工程和河道工程固定资产的全部金属结构设备及安装工程。包括闸门、启闭机、拦污设备、升船机等设备及安装工程，水电站（泵站等）压力钢管制作及安装工程和其他金属结构设备及安装工程。

金属结构设备及安装工程的一级项目应与建筑工程的一级项目相对应。

(四) 施工临时工程

施工临时工程指为辅助主体工程施工所必须修建的生产和生活用临时性工程。主要包括：导流工程、施工交通工程、施工场外供电工程、施工房屋建筑工程、其他施工临时工程等。

(五) 独立费用

本部分由建设管理费、工程建设监理费、联合试运转费、生产准备费、科研勘测设计费和其他等六项组成。

三、水利工程项目划分说明

(一) 项目划分

根据水利工程性质，其工程项目分别按枢纽工程、引水工程和河道工程划分，工程各部分下设一级、二级、三级项目。

一级项目是具有独立功能的单项工程，相当于扩大单位工程。例如，挡水工程、泄洪工程、航运工程等，编制概（估）算时视工程具体情况设置项目，一般应按项目划分的规定，不宜合并。

二级项目相当于单位工程。例如，枢纽工程中一级项目挡水工程，其二级项目划分为混凝土坝（闸）、土（石）坝工程；引水工程中一级项目建筑物工程，其二级项目划分为泵站工程（扬水站、排灌站）、水闸工程、渡槽工程等；河道工程中一级项目河湖整治，其二级项目划分为堤防工程、河道疏浚工程等。

三级项目相当于分部分项工程。例如，上述二级项目下设的三级项目为土石方开挖、土石方回填、砌石、混凝土、模板、钢筋制作安装、细部结构工程等。

二级、三级项目中，仅列示了代表性子目，编制概（估）算时，二级、三级项目可根据水利水电工程项目建议书、可行性、初步设计报告编制规程的工作深度要求和工程实际情况进行增减或再划分，以三级项目为例，如：

(1) 土方开挖工程，应将土方开挖与砂砾石开挖分列。

(2) 石方开挖工程，应将明挖与暗挖，平洞与斜井、竖井分列。

(3) 土石方回填工程，应将土方回填与石方回填分列。

(4) 混凝土工程，应将不同工程部位、不同标号、不同级配的混凝土分列。

(5) 模板工程，应将不同规格形状和材质的模板分列。

（6）砌石工程，应将干砌石、浆砌石、抛石、铅丝（钢筋）笼块石等分列。

（7）钻孔工程，应按使用不同钻孔机械及钻孔的不同用途分列。

（8）机电、金属结构设备及安装工程，应根据设计提供的设备清单，按分项要求逐一列出。

（二）项目划分应注意的问题

（1）现行的项目划分适用于估算、概算和施工图预算。对于招标文件和业主预算，要根据工程分标及合同管理的需要来调整项目划分。

（2）三级项目的设置应与所采用的定额相适应。

（3）注意设计单位的习惯与概算项目划分的差异。

（4）目前我国多数设计单位都是分水工、施工机电、水库等专业提供工程量或设备清单，概算人员要将提供的所有资料加以整理归类，或向其他专业明确要求，使之符合项目划分和费用构成的规定，避免遗漏或重复，切忌直接套用造成混乱。

（5）因各地水利工程项目各有特色，现行的项目划分有可能不能全覆盖各种类型，如沿海地区的海塘、海堤、吹填工程等，可以在各级项目下增补。

第二节　水利工程费用构成

一、概述

依据水利部关于发布《水利工程设计概（估）算编制规定》的通知（水总〔2014〕429号）和水利部办公厅关于印发《水利工程营业税改征增值税计价依据调整办法》的通知（办水总〔2016〕132号），水利工程工程部分费用构成内容如图2-3-2所示。

二、建筑及安装工程费

建筑及安装工程费由直接费、间接费、利润、材料补差及税金组成。

（一）直接费

直接费指建筑安装工程施工过程中直接消耗在工程项目上的活劳动和物化劳动。由基本直接费和其他直接费组成。

基本直接费包括人工费、材料费、施工机械使用费。

其他直接费包括冬雨季施工增加费、夜间施工增加费、特殊地区施工增加费、临时设施费、安全生产措施费和其他。

1. 基本直接费

（1）人工费。人工费指直接从事建筑安装工程施工的生产工人开支的各项费用，内容包括：

1）基本工资。由岗位工资和年应工作天数内非作业天数的工资组成。

岗位工资指按照职工所在岗位各项劳动要素测评结果确定的工资。

生产工人年应工作天数内非作业天数的工资，包括生产工人开会学习、培训期间的工资，调动工作、探亲、休假期间的工资，因气候影响的停工工资，女工哺乳期间的工资，

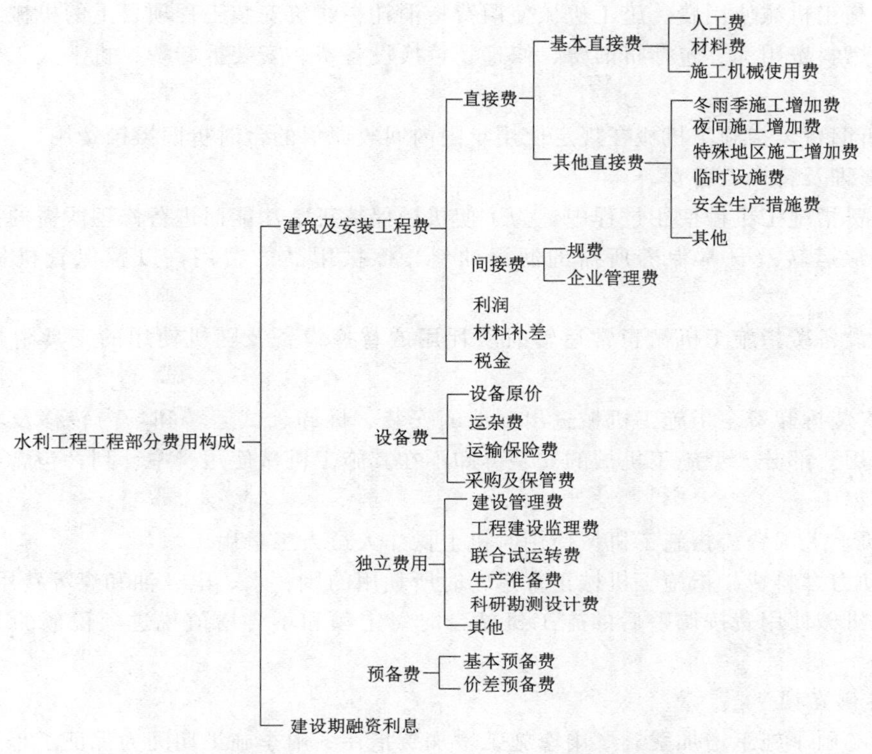

图 2-3-2　水利工程工程部分费用构成图

病假在六个月以内的工资及产、婚、丧假期的工资。

2）辅助工资。指在基本工资之外，以其他形式支付给生产工人的工资性收入，包括根据国家有关规定属于工资性质的各种津贴，主要包括艰苦边远地区津贴、施工津贴、夜餐津贴、节假日加班津贴等。

(2) 材料费。材料费指用于建筑安装工程项目上的消耗性材料、装置性材料和周转性材料摊销费。包括定额工作内容规定应计入的未计价材料和计价材料。

材料预算价格一般包括材料原价、运杂费、运输保险费和采购及保管费四项。

1）材料原价。指材料指定交货地点的价格。

2）运杂费。指材料从指定交货地点至工地分仓库或相当于工地分仓库（材料堆放场）所发生的全部费用。包括运输费、装卸费及其他杂费。

3）运输保险费。指材料在运输途中的保险费。

4）采购及保管费。指材料在采购、供应和保管过程中所发生的各项费用。主要包括材料的采购、供应和保管部门工作人员的基本工资、辅助工资、职工福利费、劳动保护费、养老保险费、失业保险费、医疗保险费、工伤保险费、生育保险费、住房公积金、教育经费、办公费、差旅交通费及工具用具使用费；仓库、转运站等设施的检修费、固定资产折旧费、技术安全措施费；材料在运输、保管过程中发生的损耗等。

材料原价、运杂费、运输保险费和采购及保管费等分别按不含增值税进项税额的价格计算。

(3) 施工机械使用费。施工机械使用费指消耗在建筑安装工程项目上的机械磨损、维修和动力燃料费用等。包括折旧费、修理及替换设备费、安装拆卸费、机上人工费和动力燃料费等。

1) 折旧费。指施工机械在规定使用年限内回收原值的台时折旧摊销费用。

2) 修理及替换设备费。

修理费指施工机械使用过程中，为了使机械保持正常功能而进行修理所需的摊销费用和机械正常运转及日常保养所需的润滑油料、擦拭用品的费用，以及保管机械所需的费用。

替换设备费指施工机械正常运转时所耗用的替换设备及随机使用的工具附具等摊销费用。

3) 安装拆卸费。指施工机械进出工地的安装、拆卸、试运转和场内转移及辅助设施的摊销费用。部分大型施工机械的安装拆卸不在其施工机械使用费中计列，包含在其他施工临时工程中。

4) 机上人工费。指施工机械使用时机上操作人员人工费用。

5) 动力燃料费。指施工机械正常运转时所耗用的风、水、电、油和煤等费用。

施工机械使用费按调整后的施工机械台时费定额和不含增值税进项税额的基础价格计算。

2. 其他直接费

(1) 冬雨季施工增加费。冬雨季施工增加费指在冬雨季施工期间为保证工程质量所需增加的费用。包括增加施工工序，增设防雨、保温、排水等设施增耗的动力、燃料、材料以及因人工、机械效率降低而增加的费用。

(2) 夜间施工增加费。夜间施工增加费指施工场地和公用施工道路的照明费用。照明线路工程费用包括在“临时设施费”中；施工附属企业系统、加工厂、车间的照明费用，列入相应的产品中，均不包括在本项费用之内。

(3) 特殊地区施工增加费。特殊地区施工增加费指在高海拔、原始森林、沙漠等特殊地区施工而增加的费用。

(4) 临时设施费。临时设施费指施工企业为进行建筑安装工程施工所必需的但又未被划入施工临时工程的临时建筑物、构筑物和各种临时设施的建设、维修、拆除、摊销等。如：供风、供水（支线）、供电（场内）、照明、供热系统及通信支线，土石料场，简易砂石料加工系统，小型混凝土拌和浇筑系统，木工、钢筋、机修等辅助加工厂，混凝土预制构件厂，场内施工排水，场地平整、道路养护及其他小型临时设施等。

(5) 安全生产措施费。安全生产措施费指为保证施工现场安全作业环境及安全施工、文明施工所需要，在工程设计已考虑的安全支护措施之外发生的安全生产、文明施工相关费用。

(6) 其他。包括施工工具用具使用费，检验试验费，工程定位复测及施工控制网测设，工程点交、竣工场地清理，工程项目及设备仪表移交生产前的维护费，工程验收检测费等。

1) 施工工具用具使用费。指施工生产所需，但不属于固定资产的生产工具，检验、

试验用具等的购置、摊销和维护费。

2）检验试验费。指对建筑材料、构件和建筑安装物进行一般鉴定、检查所发生的费用，包括自设实验室所耗用的材料和化学药品费用，以及技术革新和研究试验费，不包括新结构、新材料的试验费和建设单位要求对具有出厂合格证明的材料进行试验、对构件进行破坏性试验，以及其他特殊要求检验试验的费用。

3）工程项目及设备仪表移交生产前的维护费。指竣工验收前对已完工程及设备进行保护所需费用。

4）工程验收检测费。指工程各级验收阶段为检测工程质量发生的检测费用。

（二）间接费

间接费指施工企业为建筑安装工程施工而进行组织与经营管理所发生的各项费用。间接费构成产品成本，由规费和企业管理费组成。

1. 规费

规费指政府和有关部门规定必须缴纳的费用。包括社会保险费和住房公积金。

（1）社会保险费。

1）养老保险费。指企业按照规定标准为职工缴纳的基本养老保险费。

2）失业保险费。指企业按照规定标准为职工缴纳的失业保险费。

3）医疗保险费。指企业按照规定标准为职工缴纳的基本医疗保险费。

4）工伤保险费。指企业按照规定标准为职工缴纳的工伤保险费。

5）生育保险费。指企业按照规定标准为职工缴纳的生育保险费。

（2）住房公积金。指企业按照规定标准为职工缴纳的住房公积金。

2. 企业管理费

企业管理费指施工企业为组织施工生产和经营管理活动所发生的费用。内容包括：

（1）管理人员工资。指管理人员的基本工资和辅助工资。

（2）差旅交通费。指施工企业管理人员因公出差、工作调动的差旅费，误餐补助费，职工探亲路费，劳动力招募费，职工离退休、退职一次性路费，工伤人员就医路费，工地转移费，交通工具运行费及牌照费等。

（3）办公费。指企业办公用文具、印刷、邮电、书报、会议、水电、燃煤（气）等费用。

（4）固定资产使用费。指企业属于固定资产的房屋、设备、仪器等的折旧、大修理、维修费或租赁费等。

（5）工具用具使用费。指企业管理使用不属于固定资产的工具、用具、家具、交通工具和检验、试验、测绘、消防用具等的购置、维修和摊销费。

（6）职工福利费。指企业按照国家规定支出的职工福利费，以及由企业支付离退休职工的易地安家补助费、职工退职金、六个月以上的病假人员工资、按规定支付给离休干部的各项经费。职工发生工伤时企业依法在工伤保险基金之外支付的费用，其他在社会保险基金之外依法由企业支付给职工的费用。

（7）劳动保护费。指企业按照国家有关部门规定标准发放的一般劳动防护用品的购置及修理费、保健费、防暑降温费、高空作业及进洞津贴、技术安全措施以及洗澡用水、饮用水的燃料费等。

(8) 工会经费。指企业按职工工资总额计提的工会经费。

(9) 职工教育经费。指企业为职工学习先进技术和提高文化水平按职工工资总额计提的费用。

(10) 保险费。指企业财产保险、管理用车辆等保险费用，高空、井下、洞内、水下、水上作业等特殊工种安全保险费、危险作业意外伤害保险费等。

(11) 财务费用。指施工企业为筹集资金而发生的各项费用，包括企业经营期间发生的短期融资利息净支出、汇兑净损失、金融机构手续费，企业筹集资金发生的其他财务费用，以及投标和承包工程发生的保函手续费等。

(12) 税金。指企业按规定交纳的房产税、管理用车辆使用税、印花税、营业税、城乡维护建设税和教育费附加等。

(13) 其他。包括技术转让费、企业定额测定费、施工企业进退场费、施工企业承担的施工辅助工程设计费、投标报价费、工程图纸资料费及工程摄影费、技术开发费、业务招待费、绿化费、公证费、法律顾问费、审计费、咨询费等。

(三) 利润

利润指按规定应计入建筑及安装工程费用中的利润。

(四) 材料补差

材料补差指根据主要材料消耗量、主要材料预算价格与材料基价之间的差值，计算的主要材料补差金额。材料基价是指计入基本直接费的主要材料的限制价格。

(五) 税金

税金指国家对施工企业承担建筑、安装工程作业应计入建筑及安装工程费用内的增值税销项税额。

三、设备费

设备费包括设备原价、运杂费、运输保险费和采购及保管费。

(一) 设备原价

(1) 国产设备。其原价指出厂价。

(2) 进口设备。以到岸价和进口征收的税金、手续费、商检费及港口费等各项费用之和为原价。

(3) 大型机组及其他大型设备分瓣运至工地后的拼装费用，应包括在设备原价内。

(二) 运杂费

运杂费指设备由厂家运至工地现场所发生的一切运杂费用。包括运输费、装卸费、包装绑扎费、大型变压器充氮费及可能发生的其他杂费。

(三) 运输保险费

运输保险费指设备在运输过程中的保险费用。

(四) 采购及保管费

采购及保管费指建设单位和施工企业在负责设备的采购、保管过程中发生的各项费用。主要包括：

（1）采购保管部门工作人员的基本工资、辅助工资、职工福利费、劳动保护费、养老保险费、失业保险费、医疗保险费、工伤保险费、生育保险费、住房公积金、教育经费、办公费、差旅交通费、工具用具使用费等。

（2）仓库、转运站等设施的运行费、维修费、固定资产折旧费、技术安全措施费和设备的检验、试验费等。

四、独立费用

独立费用由建设管理费、工程建设监理费、联合试运转费、生产准备费、科研勘测设计费和其他等六项组成。

（一）建设管理费

建设管理费指建设单位在工程项目筹建和建设期间进行管理工作所需的费用。包括建设单位开办费、建设单位人员费、项目管理费三项。

1. 建设单位开办费

建设单位开办费指新组建的工程建设单位，为开展工作所必须购置的办公设施、交通工具等以及其他用于开办工作的费用。

2. 建设单位人员费

建设单位人员费指建设单位从批准组建之日起至完成该工程建设管理任务之日止，需开支的建设单位人员费用。主要包括工作人员的基本工资、辅助工资、职工福利费、劳动保护费、养老保险费、失业保险费、医疗保险费、工伤保险费、生育保险费、住房公积金等。

3. 项目管理费

项目管理费指建设单位从筹建到竣工期间所发生的各种管理费用。包括：

（1）工程建设过程中用于资金筹措、召开董事（股东）会议、视察工程建设所发生的会议和差旅等费用。

（2）工程宣传费。

（3）土地使用税、房产税、印花税、合同公证费。

（4）审计费。

（5）施工期间所需的水情、水文、泥沙、气象监测费和报汛费。

（6）工程验收费。

（7）建设单位人员的教育经费、办公费、差旅交通费、会议费、交通车辆使用费、技术图书资料费、固定资产折旧费、零星固定资产购置费、低值易耗品摊销费、工具用具使用费、修理费、水电费、采暖费等。

（8）招标业务费。

（9）经济技术咨询费。包括勘测设计成果咨询、评审费，工程安全鉴定、验收技术鉴定、安全评价相关费用，建设期造价咨询、防洪影响评价、水资源论证、工程场地地震安全性评价、地质灾害危险性评价及其他专项咨询等发生的费用。

（10）公安、消防部门派驻工地补贴费及其他工程管理费用。

（二）工程建设监理费

工程建设监理费指建设单位在工程建设过程中委托监理单位，对工程建设的质量、进度、安全和投资进行监理所发生的全部费用。

（三）联合试运转费

联合试运转费指水利工程的发电机组、水泵等安装完毕，在竣工验收前，进行整套设备带负荷联合试运转期间所需的各项费用。主要包括联合试运转期间所消耗的燃料、动力、材料及机械使用费，工具用具购置费，施工单位参加联合试运转人员的工资等。

（四）生产准备费

生产准备费指水利建设项目的生产、管理单位为准备正常的生产运行或管理发生的费用。包括生产及管理单位提前进场费、生产职工培训费、管理用具购置费、备品备件购置费和工器具及生产家具购置费。

1. 生产及管理单位提前进场费

生产及管理单位提前进场费指在工程完工之前，生产、管理单位一部分工人、技术人员和管理人员提前进场进行生产筹备工作所需的各项费用。内容包括提前进场人员的基本工资、辅助工资、职工福利费、劳动保护费、养老保险费、失业保险费、医疗保险费、工伤保险费、生育保险费、住房公积金、教育经费、办公费、差旅交通费、会议费、技术图书资料费、零星固定资产购置费、低值易耗品摊销费、工具用具使用费、修理费、水电费、采暖费等，以及其他属于生产筹建期间应开支的费用。

2. 生产职工培训费

生产职工培训费指生产及管理单位为保证生产、管理工作顺利进行，对工人、技术人员和管理人员进行培训所发生的费用。

3. 管理用具购置费

管理用具购置费指为保证新建项目的正常生产和管理所必须购置的办公和生活用具等费用。包括办公室、会议室、资料档案室、阅览室、文娱室、医务室等公用设施需要配置的家具器具。

4. 备品备件购置费

备品备件购置费指工程在投产运行初期，由于易损件损耗和可能发生的事故，而必须准备的备品备件和专用材料的购置费。不包括设备价格中配备的备品备件。

5. 工器具及生产家具购置费

工器具及生产家具购置费指按设计规定，为保证初期生产正常运行所必须购置的不属于固定资产标准的生产工具、器具、仪表、生产家具等的购置费。不包括设备价格中已包括的专用工具。

（五）科研勘测设计费

科研勘测设计费指工程建设所需的科研、勘测和设计等费用。包括工程科学研究试验费和工程勘测设计费。

1. 工程科学研究试验费

工程科学研究试验费指为保障工程质量，解决工程建设技术问题，而进行必要的科学研究试验所需的费用。

2. 工程勘测设计费

工程勘测设计费指工程从项目建议书阶段开始至以后各设计阶段发生的勘测费、设计费和为勘测设计服务的常规科研试验费。不包括工程建设征地移民设计、环境保护设计、水土保持设计各设计阶段发生的勘测设计费。

(六) 其他

1. 工程保险费

工程保险费指工程建设期间，为使工程能在遭受水灾、火灾等自然灾害和意外事故造成损失后得到经济补偿，而对工程进行投保所发生的保险费用。

2. 其他税费

其他税费指按国家规定应缴纳的与工程建设有关的税费。

五、预备费及建设期融资利息

(一) 预备费

预备费包括基本预备费和价差预备费。

1. 基本预备费

基本预备费主要为解决在工程施工过程中，设计变更和有关技术标准调整增加的投资以及工程遭受一般自然灾害所造成的损失和为预防自然灾害所采取的措施费用。

主要包括：

(1) 在批准的基础设计和概算范围内增加的设计变更、局部地基处理等费用。

(2) 一般自然灾害造成的损失和预防自然灾害所采取措施的费用。

(3) 竣工验收时鉴定工程质量对隐蔽工程进行必要开挖和修复的费用。

(4) 超规超限设备运输过程中可能增加的费用。

2. 价差预备费

价差预备费主要为解决在工程项目建设过程中，因人工工资、材料和设备价格上涨以及费用标准调整而增加的投资。

根据施工年限，以资金流量表的静态投资为计算基数。按有关部门适时发布的年物价指数计算。

(二) 建设期融资利息

根据国家财政金融政策规定，工程在建设期内需偿还并应计入工程总投资的融资利息。

第四章 建设征地移民补偿、环境保护工程、水土保持工程费用构成

第一节 建设征地移民补偿

水利水电工程建设征地移民安置是水利水电工程设计的重要组成部分，是工程设计方案比选的一项重要内容，关系到工程规模的合理选定，关系到移民的生产、生活和有关地区国民经济的恢复与发展以及社会稳定，必须以实事求是的科学态度，深入细致地调查研究，合理规划，精心设计。

建设征地移民补偿的费用构成应根据《水利工程设计概（估）算编制规定》（建设征地移民补偿）（水总〔2014〕429号）执行。

一、项目组成

建设征地移民安置项目按投资概算项目划分，包括农村部分、城（集）镇部分、工业企业、专业项目、防护工程、库底清理和其他费用项目等，应根据具体工程情况分别设置一级、二级、三级、四级、五级项目。

（一）农村部分

农村部分包括征地补偿补助，房屋及附属建筑物补偿，居民点新址征地及基础设施建设，农副业设施补偿，小型水利水电设施补偿，农村工商企业补偿，文化、教育、医疗卫生等单位迁建补偿，搬迁补助，其他补偿补助，过渡期补助。

（1）征地补偿补助。包括征收土地补偿和安置补助、征用土地补偿、林地园地林木补偿、征用土地复垦、耕地青苗补偿等。

（2）房屋及附属建筑物补偿。包括房屋补偿、房屋装修补助、附属建筑物补偿。

（3）居民点新址征地及基础设施建设。包括新址征地补偿和基础设施建设。

1）新址征地补偿包括征收土地补偿和安置补助、青苗补偿、地上附着物补偿等。

2）基础设施建设包括场地平整和新址防护、居民点内道路、供水、排水、供电、电信、广播电视等项目建设。

（4）农副业设施补偿。包括行政村、村民小组或农民家庭兴办的榨油坊、砖瓦窑、采石场、米面加工厂、农机具维修厂、酒坊、豆腐坊等项目补偿。

（5）小型水利水电设施补偿。包括水库、山塘、引水坝、机井、渠道、水轮泵站和抽水机站，以及配套的输电线路等项目补偿。

（6）农村工商企业补偿。包括房屋及附属建筑物补偿，搬迁补助，生产设施、生产设备、停产损失、零星林（果）木等项目补偿。

(7) 文化、教育、医疗卫生等单位迁建补偿。包括房屋及附属建筑物补偿，搬迁补助，设施、设备补偿，学校和医疗卫生单位增容补助，零星林（果）木补偿等。

(8) 搬迁补助。包括搬迁移民及其个人或集体的物资，在搬迁时发生的车船运输、途中食宿、物资搬迁运输、搬迁保险、物资损失补助、误工补助和临时住房补贴等。

(9) 其他补偿补助。包括移民及其个人所有的零星林（果）木补偿、鱼塘设施补偿、坟墓补偿和贫困移民建房补助等。

(10) 过渡期补助。包括移民生产生活恢复过渡期间的补助等。

(二) 城（集）镇部分

城（集）镇部分包括房屋及附属建筑物补偿、新址征地及基础设施建设、搬迁补助、工商企业补偿、机关事业单位迁建补偿、其他补偿补助等。

(1) 房屋及附属建筑物补偿。包括移民个人的房屋补偿，房屋装修补助，附属建筑物补偿等。

(2) 新址征地及基础设施建设。包括新址征地补偿和基础设施建设。

1) 新址征地补偿。包括土地补偿补助、房屋及附属建筑物补偿、农副业设施补偿、小型水利水电设施补偿、搬迁补助、过渡期补助、其他补偿补助等。

2) 基础设施建设。包括新址场地平整和防护工程、道路广场、给水、排水、供电、电信、广播电视、燃气、供热、环卫、园林绿化、其他项目等项目建设。

(3) 搬迁补助。包括搬迁时的车船运输、途中食宿、物资搬运、搬迁保险、物资损失补助、误工补助和临时住房补贴等项目补偿。

(4) 工商企业补偿。包括房屋及附属建筑物补偿、搬迁补助、设施补偿、设备搬迁补偿、停产（业）损失及零星林（果）木补偿等。

(5) 机关事业单位迁建补偿。包括房屋及附属建筑物补偿、搬迁补助、设施补偿、设备搬迁补偿、零星林（果）木补偿等。

(6) 其他补偿补助。包括移民个人所有的零星林（果）木补偿、贫困移民建房补助等。

(三) 工业企业

工业企业迁建补偿包括用地补偿和场地平整、房屋及附属建筑物补偿、基础设施和生产设施补偿、设备搬迁补偿、搬迁补助、停产损失、零星林（果）木补偿等。

(1) 用地补偿和场地平整。包括用地补偿补助、场地平整等。

(2) 房屋及附属建筑物补偿。包括办公及生活用房、附属建筑物、生产用房等项目补偿。

(3) 基础设施和生产设施补偿。包括供水、排水、供电、电信、照明、广播电视、各种道路以及绿化设施等基础设施补偿，各种井巷工程及池、窑、炉座、机座、烟囱等生产设施补偿。

(4) 设备搬迁补偿。包括不可搬迁设备补偿和可搬迁设备搬迁运输补偿。

(5) 搬迁补助。包括人员搬迁和流动资产搬迁补助费等项目补助。

(6) 停产损失。包括职工工资、福利费、管理费、利润等项目。

(7) 零星林（果）木补偿。包括各类零星林木、乔灌木、果树等项目补偿。

（四）专业项目

专业项目恢复改建补偿包括铁路工程改（复）建、公路工程改（复）建、库周交通工程、航运工程、输变电工程改（复）建、电信工程改（复）建、广播电视工程改（复）建、水利水电工程、国有农（林、牧、渔）场、文物古迹和其他项目等。

（1）铁路工程改（复）建。包括站场、线路和其他等项目补偿。

（2）公路工程改（复）建。包括等级公路、桥梁、汽渡等项目补偿。

（3）库周交通工程。包括机耕路、人行道、人行渡口、农村码头等项目补偿。

（4）航运工程。包括港口、码头、航道设施等项目补偿。

（5）输变电工程改（复）建。包括输电线路和变电设施等项目补偿。

（6）电信工程改（复）建。包括线路、基站及附属设施等项目补偿。

（7）广播电视工程改（复）建。包括有线广播、有线电视线路，接收站（塔）、转播站（塔）等设施设备项目补偿。

（8）水利水电工程。包括水电站、泵站、水库、渠（管）道等项目补偿。

（9）国有农（林、牧、渔）场补偿。包括征地补偿补助、房屋及附属设施补偿、居民点新址征地及基础设施建设补偿、农副业设施补偿、小型水利水电设施补偿、搬迁补助、其他补偿补助等。

（10）文物古迹。包括地面文物和地下文物项目补偿。

（11）其他项目。包括水文站、气象站、军事设施、测量设施及标志等项目补偿。

（五）防护工程

防护工程包括建筑工程、机电设备及安装工程、金属结构设备及安装工程、临时工程、独立费和基本预备费。

（1）建筑工程。包括主体建筑、交通、房屋建筑、外部供电线路、其他建筑等项目。

（2）机电设备及安装工程。包括泵站设备及安装、公用设备及安装等项目。

（3）金属结构设备及安装工程。包括闸门、启闭机、压力钢管、其他金属结构等项目。

（4）临时工程。包括施工导流、施工交通、施工场外供电、施工房屋建筑和其他施工临时工程等项目。

（5）独立费。包括建设管理费、生产准备费、科研勘测设计费、建设及施工场地征用费和其他等项目。

（6）基本预备费。包括防护工程建设中不可预见的费用项目。

（六）库底清理

库底清理包括建（构）筑物清理、林木清理、易漂浮物清理、卫生清理、固体废物清理等项目。

（1）建（构）筑物清理。包括建筑物清理和构筑物清理等项目。

（2）林木清理。包括林地砍伐清理、园地清理、迹地清理和零星树木清理等项目。

（3）易漂浮物清理。包括建（构）筑物清理后废弃的木质门窗、木檩椽、木质杆材、油毡、塑料等清理，林木砍伐后残余的枝丫、枯木及田间、农舍旁堆置的秸秆清理等项目。

（4）卫生清理。包括一般污染源清理、传染性污染源清理、生物类污染源清理和检测工作等。

（5）固体废物清理。包括生活垃圾清理、工业固体废物清理、危险废物清理和检测工作等。

（七）其他费用项目

其他费用项目包括前期工作费、综合勘测设计科研费、实施管理费、实施机构开办费、技术培训费、监督评估费等项目。

（1）前期工作费。指水利水电工程项目建议书阶段和可行性研究报告阶段开展建设征地移民安置前期工作所发生的各种费用。主要包括前期勘测设计费、移民安置规划大纲编制费、移民安置规划配合工作费等项目。

（2）综合勘测设计科研费。指初步设计和技施设计阶段征地移民设计工作所需要的综合勘测设计科研费用。主要包括两阶段设计单位承担的实物复核，农村、城（集）镇、工业企业及专业项目处理综合勘测规划设计发生的费用和地方政府必要的配合费用等项目。

（3）实施管理费。指移民实施机构和项目建设单位的管理费用。包括人员费，经常费，实施机构工作经费、移民专项验收费等项目。

（4）实施机构开办费。指移民实施机构为开展工作所必须购置的办公及生活设施、交通工具等，以及其他用于开办工作的费用等项目。

（5）技术培训费。包括农村移民生产技能培训、移民干部管理水平培训等费用项目。

（6）监督评估费。监督费项目主要指对移民搬迁、生产开发、城（集）镇迁建、企（事）业单位和专业项目处理等活动进行监督所发生的费用；评估费项目主要指对移民搬迁过程中生产生活水平的恢复进行跟踪监测、评估所发生的费用。

二、费用构成

建设征地移民补偿费用由补偿补助费、工程建设费、其他费用、预备费、有关税费等组成。其中工程建设费包括建筑工程费、机电设备及安装工程费、金属结构设备及安装工程费、临时工程费等。建设征地移民补偿费用构成如图2-4-1所示。

有关税费说明：

有关税费指与征地有关的国家规定的税费，包括耕地占用税、耕地开垦费、森林植被恢复费和草原植被恢复费等项目。

（1）耕地占用税。指根据《中华人民共和国耕地占用税暂行条例》，按各省（自治区、直辖市）的有关规定，对占用种植农作物的土地从事非农业建设需交纳的费用项目。

（2）耕地开垦费。指根据《中华人民共和国土地管理法》，按照“占多少、垦多少”的原则，由占用耕地的单位负责开垦与所占用耕地的数量和质量相当的耕地，对没条件开垦或开垦不符合要求的，应当按各省（自治区、直辖市）的有关规定缴纳耕地开垦费项目。

（3）森林植被恢复费。指根据《中华人民共和国森林法》，进行工程勘查、开采矿藏和各项工程建设，应当不占或少占林地，必须占用或征收征用林地的单位应依照有关规定缴纳森林植被恢复费项目。

（4）草原植被恢复费。指根据《中华人民共和国草原法》，因工程建设征收、征用或者使用草原的，应当缴纳草原植被恢复费项目。

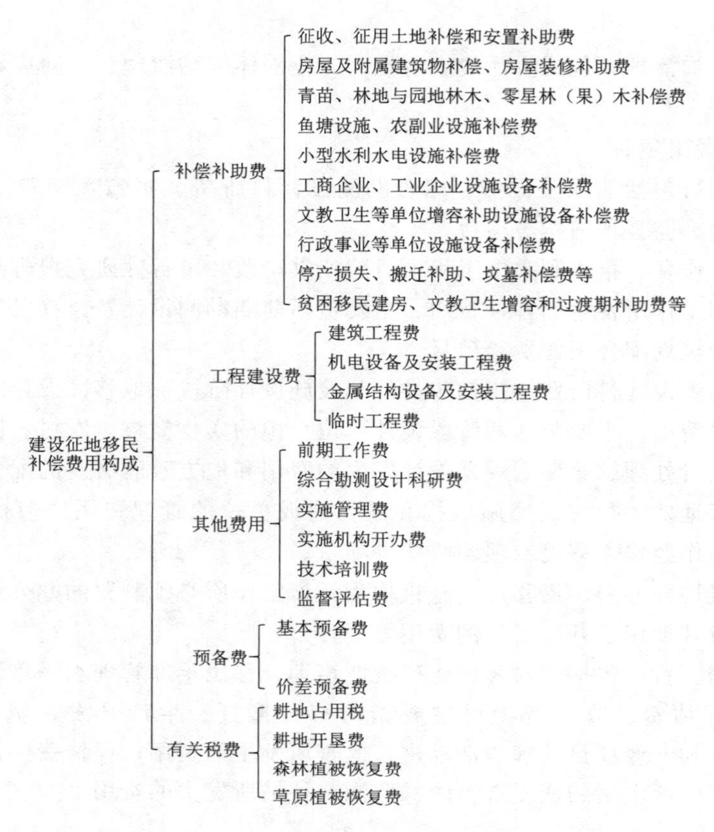

图 2-4-1　建设征地移民补偿费用构成

第二节　环境保护工程

生态环境的质量与人类息息相关。水利水电工程的建设对社会的发展具有重要意义，它在带给人类重大社会经济效益的同时，也不同程度地破坏了长期形成的稳定的生态环境。水利水电工程一方面实现了防洪、发电、灌溉、航运等巨大社会经济效益，同时在施工建设和运行过程中破坏了生态环境的平衡。因此，在修建水利水电工程的过程中，应采取相应的防治措施，扩大和保护水利水电工程对生态环境的有利影响，消除或减轻对生态环境的不利影响。环境保护工程即是为使生态环境免遭破坏和污染，或对已污染的环境综合治理所进行的固定资产投资活动及与之相关的工作。

环境保护工程的费用构成，应根据《水利水电工程环境保护概估算编制规程》（SL 359—2006）的规定执行。

一、项目组成

水利水电环境保护项目按投资概算项目划分，分为环境保护措施、环境监测措施、环境保护仪器设备及安装、环境保护临时措施和环境保护独立费用五部分，分别设置一级、

二级、三级项目。

（一）环境保护措施

环境保护措施指为防止、减免或减缓工程对环境的不利影响和满足工程环境功能要求而兴建的环境保护措施。主要包括水环境（水质、水温）保护、土壤环境保护、陆生植物保护、陆生动物保护、水生生物保护、景观保护及绿化、人群健康保护、生态需水以及其他环境保护措施等项目。

1. 水环境（水质、水温）保护

（1）水质保护应包括为防止、减免或减缓水利水电工程建设造成的河流水域功能降低等所采取的保护措施，以及为满足供水水质要求所采取的保护措施。主要有污水处理工程、水源地防护与生态恢复等。

（2）水温恢复应包括为防止、减免或减缓水利水电工程建设引起的河流水温变化对工农业用水及生态造成的影响所采取的措施。主要有分层取水工程、引水渠、增温池等。

2. 土壤环境保护

土壤环境保护包括为防止、减免或减缓水利水电工程建设引起的土壤次生潜育化，次生盐碱化、沼泽化、土地沙化等所采取的保护措施。主要有防渗截渗工程、排水工程、防护林等。

3. 陆生植物保护

陆生植物保护包括为防止、减免或减缓水利水电工程建设造成的陆生植物种群及生境破坏、珍稀及濒危植物受到淹没或生境破坏所采取的保护措施。主要有就地防护、迁地移栽、引种栽培、种质库保存等。

4. 陆生动物保护

陆生动物保护包括为防止、减免或减缓水利水电工程建设对陆生动物种群、珍稀濒危野生动物种群及生境的影响所采取的保护措施。主要有建立迁徙通道、保护水源、围栏、养殖等。

5. 水生生物保护

水生生物保护包括为防止、减免或减缓兴建水利水电工程造成河流、湖泊等水域水生生物生境变化，对珍稀、濒危以及有重要经济、学术研究价值的水生生物的索饵场、产卵场、越冬场及洄游通道产生不利影响所采取的保护措施。主要有栖息地保护、过鱼设施，鱼类增殖站及人工放流、产卵池、孵化池、放养池等。

6. 景观保护及绿化

景观保护及绿化包括为防止、减免或减缓兴建水利水电工程对风景名胜造成影响以及为美化环境所采取的保护及绿化措施。主要有植树、种草等。

7. 人群健康保护

人群健康保护包括为防止水利水电工程建设引起的自然疫源性疾病、介水传染病、虫媒传染病、地方病等所采取的保护措施。主要有疫源地控制、防疫、检疫、传染媒介控制等。

8. 生态需水

生态需水保障措施包括为保证水利水电工程下游河道的生态需水量而采取的工程管理

措施。主要有放水设施、拦水堰等。

9. 其他环境保护措施

其他环境保护措施包括为防止、减免或减缓水利水电工程造成下游河道或水位降低，影响工程下游的水利、交通等设施的运行采取的工程保护措施和补偿措施；移民安置环境保护措施等。

(二) 环境监测措施

施工期环境监测措施包括水质监测、大气监测、噪声监测、卫生防疫监测、生态监测等。运行期环境监测措施包括监测站（点）等环境监测设施，不包括环境监测费用。

(三) 环境保护仪器设备及安装

环境保护仪器设备及安装指为保护环境和开展监测工作所需的仪器设备及安装项目，主要有环境保护设备，环境监测仪器设备。

(1) 环境保护设备包括污水处理，噪声防治，粉尘防治，垃圾收集、处理及卫生防疫等设备。

(2) 环境监测仪器设备包括水环境监测、大气监测、噪声监测、卫生防疫监测、生态监测等仪器设备。

(四) 环境保护临时措施

环境保护临时措施指工程施工过程中为保护施工区及其周围环境和人群健康所采取的临时措施。主要包括废（污）水处理、噪声防治、固体废物处置、环境空气质量控制、人群健康保护等临时措施。

(五) 环境保护独立费用

环境保护独立费用包括建设管理费、环境监理费、科研勘测设计咨询费和工程质量监督费等项目。

(1) 建设管理费分为环境管理经常费、环境保护设施竣工验收费、环境保护宣传及技术培训费。

(2) 科研勘测设计咨询费分为科学研究试验费、环境影响评价费、勘测设计费和技术咨询费等。

二、费用构成

环境保护措施费用由工程措施费、非工程措施费、独立费用、预备费、建设期融资利息组成，如图 2-4-2 所示。

(一) 工程措施费

工程措施费包括建筑工程费、植物工程费、仪器设备及安装费。

(1) 建筑工程费、植物工程费由直接工程费、间接费、企业利润和税金组成。

1) 直接工程费应为工程施工过程中直接消耗在工程项目上的活劳动和物化劳动的费用。由直接费、其他直接费、现场经费组成。

2) 间接费应包括承包商为工程施工而进行组织与经营管理所发生的企业管理费、财务费用和其他费用。

3) 企业利润应包括按规定计入工程费中的利润。

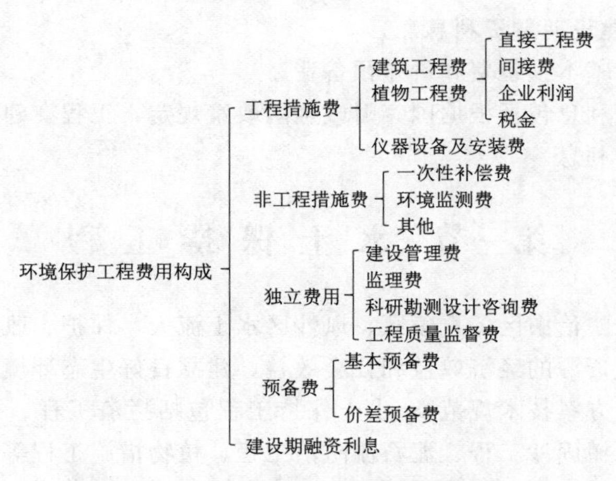

图 2-4-2 环境保护措施费用构成

4）税金应包括国家对承包商承担建筑、植物工程等作业收入所征收的增值税额。

（2）仪器设备费包括仪器设备原价、运杂费、运输保险费和采购及保管费。

（3）仪器设备安装费应包括对设备进行安装需要的人工、材料和机械使用等费用。

（二）非工程措施费

非工程措施费包括一次性补偿费、施工期环境监测费和其他非工程措施费。

（1）一次性补偿费包括因工程对环境造成不利影响，且难以恢复、改建的项目所发生的补偿费用。

（2）施工期环境监测费包括施工期委托监测单位开展环境监测工作所发生的费用。

（3）其他非工程措施费包括施工期委托有关单位开展卫生防疫等工作所发生的费用。

（三）独立费用

独立费用包括环境建设管理费、监理费、科研勘测设计咨询费及工程质量监督费等。

（1）环境建设管理费包括建设单位在工程建设期间进行环境保护管理工作所需的费用。主要有环境管理经常费、环境保护设施竣工验收费、环境保护宣传及技术培训费等。

1）环境管理经常费包括工程从筹建到竣工期间所发生的环境保护性费用。

2）环境保护设施竣工验收费包括环境保护设施竣工验收所需的费用。

3）环境保护宣传及技术培训费包括为强化施工区和库区公众的环境保护参与意识，进行普及、宣传、教育以及提高管理机构工作水平，进行技术交流、人员培训等所需的费用。

（2）监理费包括施工期根据环境管理要求，监理单位或人员进行环境监理所需的费用。

（3）科研勘测设计咨询费包括环境保护设计所需的科研、勘测、设计和咨询等费用。主要包括环境保护科学研究试验费、环境影响评价费、环境保护勘测设计费和技术咨询费等。

（4）工程质量监督费包括为保证环境保护工程质量而进行的检测、监督、检查等工作的费用。

（四）预备费和建设期融资利息

（1）预备费包括基本预备费和价差预备费。

（2）建设期融资利息包括根据国家财政金融政策规定，工程在建设期内需偿还并应计入工程总投资的融资利息。

第三节 水土保持工程

水土保持工程是防治山区、丘陵区、风沙区水土流失，保护、改良与合理利用水土资源，并充分发挥水土资源的经济效益和社会效益，建立良好生态环境的一项措施。按《开发建设项目水土保持方案技术规范》，水土保持工程包括拦渣工程、护坡工程、土地整治工程、防洪工程、机械固沙工程、泥石流防治工程、植物措施工程等。

水土保持工程的费用构成，应根据《开发建设项目水土保持工程概（估）算编制规定》及《水土保持生态建设工程概（估）算编制规定》（水利部水总〔2003〕67号）执行。

一、项目组成

（一）开发建设项目水土保持工程

开发建设项目水土保持工程按投资概算项目划分为工程措施、植物措施、施工临时工程和独立费用共四部分，各部分下设一级、二级、三级项目。

1. 工程措施

工程措施指为减轻或避免因开发建设造成植被破坏和水土流失而兴建的永久性水土保持工程。通常包括拦渣工程、护坡工程、土地整治工程、防洪工程、机械固沙工程、泥石流防治工程、设备及安装工程等。

2. 植物措施

植物措施指为防治水土流失而采取的植物防护工程、植物恢复工程及绿化美化工程等。

3. 施工临时工程

施工临时工程包括临时防护工程和其他临时工程。

（1）临时防护工程。指为防止施工期水土流失而采取的各项临时防护措施。

（2）其他临时工程。指施工期的临时仓库、生活用房、架设输电线路、施工道路等。

4. 独立费用

独立费用由建设管理费、工程建设监理费、科研勘测设计费、水土流失监测费、工程质量监督费五项组成。

（二）水土保持生态建设工程

水土保持生态建设工程由工程措施、林草措施、封育治理措施和独立费用组成。

1. 工程措施

工程措施包括梯田工程，谷坊、水害、蓄水池工程，小型蓄排、引水工程，治沟骨干工程，机械固沙工程，设备及安装工程，其他工程七项。

2. 林草措施

林草措施包括水土保持造林工程、水土保持种草工程、苗圃三项。

3. 封育治理措施

封育治理措施包括拦护设施、补植补种两项。

4. 独立费用

独立费用包括建设管理费、工程建设监理费、科研勘测设计费、征地及淹没补偿费、水土流失监测费、工程质量监督费六项。

二、费用构成

（一）开发建设项目水土保持工程

开发建设项目水土保持工程费用由工程费、独立费用、预备费和建设期融资利息组成。其中工程费包括工程措施费和植物措施费等，如图 2-4-3 所示。

（1）工程费由直接工程费、间接费、企业利润和税金组成。其中直接工程费包括直接费、其他直接费、现场经费；间接费包括企业管理费、财务费用、其他费用。

（2）独立费用包括环境建设管理费、工程建设监理费、科研勘测设计费、水土流失监测费、工程质量监督费等。

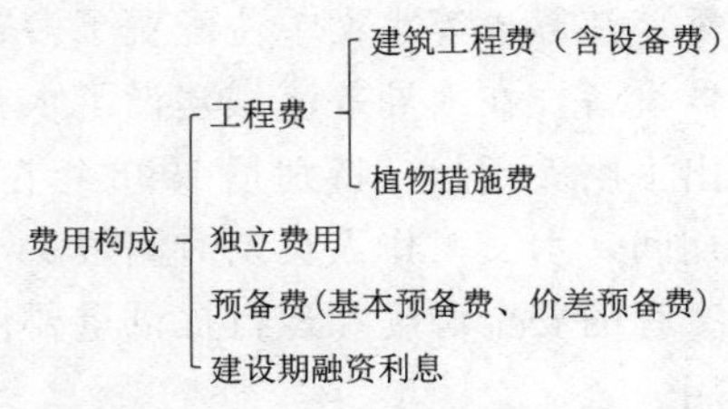

图 2-4-3　开发建设项目水土保持工程费用构成

（3）预备费包括基本预备费和价差预备费。

（4）建设期融资利息包括根据国家财政金融政策规定，工程在建设期内需偿还并应计入工程总投资的融资利息。

（二）水土保持生态建设工程

水土保持生态建设工程费用由工程费、独立费用、预备费和建设期融资利息组成。其中工程费包括工程措施费、林草措施费和封育治理措施费等。

（1）工程费由直接费、间接费、企业利润和税金组成。其中直接费包括基本直接费、其他直接费；间接费包括工作人员工资、办公费、差旅费、交通费、固定资产使用费、管理用具使用费和其他费用等。

（2）独立费用包括建设管理费、工程建设监理费、科研勘测设计费、征地及淹没补偿费、水土流失监测费、工程质量监督费等。

除上述两项外，其余同（一）。

第五章　水文项目和水利信息化项目

第一节　水　文　项　目

水文是自然界中水的各种变化和运动的现象。水文工作是开发水利、防治水害、保护环境等经济建设和社会发展的重要基础工作。近年来，水文工作得到各级政府高度重视，行业管理逐步加强，水文系统不断进行技术改革，水文测报手段和技术有了较大发展。长江委、江苏省等水文单位配置了多普勒剖面流速仪和全球卫星定位系统等技术先进的水文仪器设备，在太湖等流域建设了水文自动测报系统等。水文在历年的抗洪减灾工作中，也做出了巨大贡献，特别是1998年在长江、松花江、珠江等主要江河发生大洪水或特大洪水期间，水文工作人员及时测报洪水，提供了大量准确的水文信息，为防汛指挥决策、水利工程的安全调度和运行提供重要依据，因此水文工作在水资源管理和保护中发挥了重要作用。

一、项目分类

水文项目主要指水文基础设施项目，包括水文测站、水文监测中心和水文业务系统等。

（一）水文测站

水文测站是指为收集水文监测资料在河流、湖泊、渠道、水库和流域内设立的各种水文观测场所的总称。

（1）按测站管理方式分：国家对水文测站实行分类分级管理，水文测站分为国家基本水文测站和专用水文测站。国家基本水文测站又分为国家重要水文测站和一般水文测站。

1）国家基本水文测站是指为公益目的统一规划设立的对江河、湖泊、渠道、水库和流域基本水文要素进行长期连续观测的水文测站。

2）国家重要水文测站是指对防灾减灾或者对流域和区域水资源管理等有重要作用的基本水文测站。

3）专用水文测站是指为特定目的设立的水文测站。

（2）按测站的性质和作用分：基本站、辅助站、水文实验站和专用站。

1）基本站是指为综合需要的公用目的，经统一规划设立，能获取基本水文要素值多年变化资料的水文测站。基本站按观测项目又可分为流量站、水位站、雨量站、泥沙站、水面蒸发站、水质站、地下水观测井等。

2）辅助站是指为补充基本站网不足而设置的一个或一组水文测站。

3）水文实验站是指在天然和人为特定实验条件下，由一个或一组水文观测试验项目

的站点组成的专门场所。实验站也可兼做基本站。

4）专用站是指为科学研究、工程建设、管理运用等特定目的而设立的水文测站。

（3）水文站网是指在一定地区，按一定原则，用适当数量的各类水文测站构成的水文资料收集系统。由基本站组成的站网称为基本水文站网。如流量站网、水位站网、雨量站网、泥沙站网等。

（二）水文监测中心

水文监测中心主要指从事水文、水环境监测、水资源研究、水政监察等职能工作，同时开展与此相关的规划、项目科研及信息化建设等工作的机构。

（三）水文业务系统

水文业务系统主要包括水文勘测、水文情报预报、水资源评价与水文计算、测报设施保护、水文资料整编等。

二、项目组成

水文基本建设项目按投资概算项目分为建筑工程、仪器设备及安装工程、施工临时工程及独立费用四部分。各部分下设一级、二级、三级项目。

（一）建筑工程

建筑工程指水文设施建筑物。包括测验河段基础设施工程，水位观测设施工程，流量与泥沙测验设施工程，降水与蒸发观测设施工程，水环境监测设施工程，实时水文图像监控设施工程，生产生活用房工程，供电、给排水、取暖与通信设施工程及其他设施工程等。

（1）测验河段基础设施工程，包括断面标志、水准点、断面界桩、保护标志牌、测验码头、观测道路护岸、护坡工程等。

（2）水位观测设施工程，包括水尺、水位自记平台、仪器室、地下水监测井等。

（3）流量与泥沙测验设施工程，包括水文测验缆道、浮标投掷器基础缆道机房、浮标房、测流堰槽、水文测桥、流速仪检定槽、泥沙处理分析平台等。

（4）降水与蒸发观测设施工程，包括降水观测场和蒸发观测场。

（5）水环境监测设施工程，包括监测断面、自动监测站及水化分析设施等。

（6）实时水文图像监控设施工程，主要指监控设备支架及支架基础。

（7）生产生活用房工程，包括巡测基地、水情（分）中心、水文数据（分）中心、水环境监测（分）中心和水文测站的办公室、水位观测房、泥沙处理室、水质分析室、水情报汛室、水情值班室、职工宿舍、食堂、车库、仓库等。

（8）供电、给排水、取暖与通信设施工程：

1）供电设施工程包括供电线路配电室等。

2）给排水设施工程包括水井、水塔（池）、供水管道以及排水管道或排水沟渠等。

3）取暖设施工程指在符合国家规定取暖地区的驻测站、巡测基地等应建的取暖设施，包括供暖用房、供暖管道等。

4）通信设施工程指为满足水情中心、分中心和水文测站水情信息传输需要应建的通信设施，包括专用电话线路、通信塔基础及防雷接地沟槽等。

（9）其他设施工程，包括测站标志、围墙、大门、道路、站院硬化绿化以及消防、防盗设施等。

（二）仪器设备及安装工程

仪器设备及安装工程指构成水文设施工程固定资产的全部仪器设备及安装工程。包括各种水文信息采集传输和处理仪器设备、实时水文图像监控设备、测绘仪器以及其他设备的购置和安装调试工程等。

（1）水位信息采集仪器设备及安装工程，包括超声波水位计、气泡式水位计、压力式水位计、浮子式水位计、电子水尺等水位计的购置及安装调试。

（2）流量、泥沙信息采集仪器设备及安装工程，包括水文测验缆道设备（缆道支架、缆索、水文绞车、测验控制系统、吊箱、铅鱼、浮标投掷器等）的安装调试，水文巡测设备、水文测船，以及流量、泥沙信息采集、处理、分析仪器和防雷接地设备等仪器设备的购置及安装调试。

（3）降水、蒸发等气象信息采集仪器设备及安装工程，包括蒸发皿、蒸发器、遥测蒸发器、雨量器、雨量计、雨（雪）量遥测采集系统等仪器设备的购置及安装调试工程。

（4）水环境监测分析仪器设备及安装工程，包括水质监测分析仪器设备、水质自动监测站仪器设备、水质移动监测分析车仪器设备等的购置和安装调试。

（5）实时水文图像监控设备及安装工程，包括视频捕获单元设备、视频信号传输单元设备、视频编码单元设备、云台控制设备等的购置和安装调试工程。

（6）通信与水文信息传输设备及安装工程，包括计算机及其外围设备、程控电话、卫星传输设备、无线对讲机（基地台）、电台、中继站、网络通信设备、GSM 终端、数据采集终端 RTU、防雷接地设备等的购置和安装调试。

（7）其他设备及安装工程，包括供水供电设备、降温取暖设备、交通及安全设备等的购置及安装调试。

（三）施工临时工程

施工临时工程指为辅助主体工程施工所必须修建的生产和生活用临时性工程。包括施工围堰工程、施工交通工程、施工房屋建筑工程和其他施工临时工程等。

（1）施工围堰工程指为水尺基础、水位计台基础、测验断面整治、测验码头等水下施工而修建的临时工程。

（2）施工交通工程指施工现场内为工程建设服务的临时交通工程，包括施工道路、简易码头等。

（3）施工房屋建筑工程指工程在建设过程中建造的临时房屋，包括施工仓库及施工单位住房等。

（4）其他施工临时工程主要包括施工给排水、场外供电、施工通信、水文缆道、跨越架架设等工程。

（四）独立费用

独立费用由建设管理费、生产准备费、工程勘察设计费、建设及施工场地征用费和其他五项组成。

（1）建设管理费包括项目建设管理费、工程建设监理费。

（2）生产准备费包括生产及管理单位提前进场费、水文比测费、生产职工培训费、管理用具购置费、备品备件购置费和工器具及生产家具购置费。

（3）工程勘察设计费包括现场勘察费和设计费。

（4）建设及施工场地征用费包括永久和临时征地所发生的费用。

（5）其他包括工程质量监督费、工程保险费、环境影响评价费。

三、费用构成

水文基本建设项目费用由建筑工程费、仪器设备费、仪器设备安装费、施工临时工程费、独立费用、预备费和其他组成。

（1）建筑工程费包括直接工程费、间接费、利润、税金。

（2）仪器设备费包括仪器设备原价、运杂费、运输保险费和采购及保管费。

（3）仪器设备安装费包括对仪器设备进行安装需要的人工、材料和机械使用等费用。

（4）施工临时工程费包括施工围堰工程费、施工交通工程费、施工房屋建筑工程费和其他施工临时工程费等。

（5）独立费用包括建设管理费、生产准备费、工程勘察设计费、建设及施工场地征用费和其他。

1）建设管理费包括项目建设管理费和工程建设监理费。项目建设管理费包括建设单位开办费、建设单位经常费。

2）生产准备费包括生产及管理单位提前进场费、生产职工培训费、管理用具购置费、备品备件购置费、工器具及生产家具购置费和水文比测费。

3）工程勘察设计费包括现场勘察费和设计费。

4）建设及施工场地征用费指设计确定的建设及施工场地范围内的永久征地和临时占地费用，以及地上附属物的迁建补偿费。包括土地补偿费、安置补助费、青苗树木等补偿费，以及建筑物迁建和居民迁建费等。

5）其他包括工程质量监督费、工程保险费、环境影响评价费等。

（6）预备费包括基本预备费和价差预备费。

第二节 水利信息化项目

一、概述

信息化是当今世界经济和社会发展的大趋势，也是我国产业优化升级和实现工业化、现代化的关键环节。水利信息化就是指以计算机、通信等技术为基础，充分利用现代信息技术，深入开发和广泛利用水利信息资源，实现水利信息的采集、传输、存储、处理和服务，全面提升水利事业活动效率和效能的过程。水利信息化可以提高信息采集、传输的时效性和自动化水平，是水利现代化的基础和重要标志。

通常水利部门应当及时向社会提供有价值的水文水利信息，包括雨情信息、汛旱灾情信息、水质水量信息、水利工程信息等。这些信息资源可以直接为政府及水利行政决策部门进行防洪抗旱、水资源的开发利用以及水资源的管理决策提供支持。因此，水利信息化的首要任务是在全国水利业务中广泛应用现代信息技术，建设水利信息基础设施，解决水利信息资源不足和有限资源共享困难等突出问题，提高防汛减灾、水资源优化配置、水利工程建设管理、水土保持、水质监测、农村水利水电和水利政务等水利业务中信息技术应用的整体水平，带动水利现代化。

二、信息化项目构成

水利信息化建设与管理主要包括水利业务应用、水利信息资源、水利信息基础设施、水利网络安全和水利信息化保障环境等方面。

1. 水利业务应用

水利业务应用指运用信息技术处理各类水利业务的计算机应用系统。主要包括防汛抗旱、水利行政管理、水资源管理决策、水质监测与评价、水土保持监测、水利工程管理、农村水电及电气化管理、水利信息公众服务、水利规划设计管理和水利专业数字图书馆等。

2. 水利信息资源

水利信息资源指对信息资源采集、汇集、校核、提供与维护更新等方面通过信息平台实现资源共享的总称。

3. 水利信息基础设施

水利信息基础设施指为水利信息化提供基本信息的采集、传输和存储的各种软件和硬件的总称。主要包括水利信息采集设施、水利信息网和水利数据中心。

（1）水利信息采集设施包括收集、传输和处理各种水利信息的传感器、通信设备和接收处理装置等。

（2）水利信息网指水利行业各单位计算机与网络设备互联形成的网络系统。水利信息网按照网络层次分为广域网、部门网和接入网。其中广域网又分为骨干网、流域省区网和地区网。水利信息网按照业务范围和安全保密要求分为政务外网和政务内网。

（3）水利数据中心指水利信息汇集、存储与管理、交换和服务的中心。它通过有序汇集水利信息，形成有用和可用的水利信息资源；通过提供各类信息服务，深化水利信息资源的开发利用，达到规范信息表示、实现信息共享、改进工作模式、降低业务成本和提高工作效率的目的。

4. 水利网络安全

水利网络安全指对由计算机或者其他信息终端及相关设备组成的按照一定规则和程序对信息进行收集、存储、传输、交换、处理的系统进行保护的总称。主要包括水利基础信息网络、云计算平台/系统、大数据应用/平台/资源、物联网、水利工程控制系统和水利业务应用系统（含采用移动互联技术的系统）等。

5. 水利信息化保障环境

水利信息化保障环境由水利信息化标准体系、安全体系、建成及运行管理、政策法规制定与实施、落实建设与运行维护资金和人才队伍培养等要素构成。

三、信息化项目建设与管理

水利信息化建设是在国家信息化建设的统一部署下，按照国家确立的信息化建设方针、政策和总体规划，立足于水利系统，条块结合、联合共建、信息资源共享的一项系统工程。加强水利信息化建设能够实现水利信息资源共享，对推进城市化进程、构建节水型社会等具有重要意义。

为加强水利信息化建设与管理，强化水利信息化资源整合共享和网络安全，保障水利信息化协调有序发展，水利部颁布了《水利部信息化建设与管理办法》（水信息〔2016〕196号），以保障水利信息化项目顺利实施。其主要内容如下。

1. 总则

（1）水利信息化建设与管理主要包括水利业务应用、水利信息资源、水利信息化基础设施、水利网络安全和水利信息化保障环境等方面的建设与管理。

（2）水利信息化建设与管理遵循“统筹规划、整合共享，统一标准、安全优先”的原则，并按照《水利信息化顶层设计》《水利信息化资源整合共享顶层设计》的要求和国家、水利行业有关信息化技术标准进行。

（3）涉及国家秘密的水利信息化建设与管理应严格按照国家保密有关规定执行。

2. 组织机构

（1）各直属单位应成立本单位信息化建设与管理领导机构及其办事机构（以下简称信息化管理机构），明确相应的职责，加强水利信息化建设与管理的组织领导。

（2）各直属单位信息化管理机构应组织技术支撑单位具体承担水利信息化建设项目的立项、实施以及运行维护、安全管理等任务。

3. 项目前期

（1）水利信息化建设项目前期工作，按照《水利部直属单位基础设施建设投资计划管理办法》或《水利部预算项目储备管理暂行办法》的有关规定执行。

（2）水利信息化建设应在国家有关信息化规划和全国水利信息化规划的指导下进行，并按照水利部基本建设及预算管理有关规定，履行相应的立项程序。

（3）水利信息化规划是水利信息化建设项目立项的重要依据，主要包括全国水利信息化规划、部直属单位信息化规划及各业务领域信息化专项规划等。全国水利信息化规划由部网信办组织编制，报部网信领导小组审议，由部网信办组织审查。

（4）水利信息化建设项目审查审批前，审查审批部门应就项目建设的必要性、安全符合性、资源整合共享等方面征求部网信办或同级信息化管理机构的意见。

（5）水利信息化建设项目应依据国家信息安全等级保护制度的相关要求进行系统定级，经部网信办审核后报公安部门备案，并同步规划、设计安全方案。

4. 项目实施

（1）水利信息化建设项目根据投资来源，应分别按照基本建设或预算管理程序实施，保证项目质量和安全，严格管理项目经费。

（2）水利信息化建设项目建设单位应严格按照批复的初步设计报告或预算项目文本组织实施，不得擅自变更。确需变更设计方案的应按有关程序报批，审查审批部门应征求部网信办或相关信息化管理机构的意见。

(3) 水利信息化建设项目应依据所定等级及国家等保相关要求同步建设安全防护措施或进行安全整改。

(4) 水利信息化建设项目的采购应按照《中华人民共和国政府采购法》《中华人民共和国招投标法》等有关规定执行。采购的产品、技术和服务须符合国家有关要求，确保采购正版软件，优先选用国产产品，确需采购进口产品的，应按有关规定报批。

(5) 水利信息化建设项目主体建设任务完成后应进行试运行，试运行时间原则上不少于3个月，并做好功能与性能指标及修改完善等相关记录，编制试运行报告。

(6) 水利信息化建设项目涉及的系统集成、安全服务、工程监理等应选择具有相应资质的单位。

5. 项目验收

(1) 水利信息化建设项目的验收应按照《水利部直属单位基础设施建设项目验收管理办法》或《水利部中央级预算项目验收管理暂行办法》的有关规定执行。未经验收或验收不合格的水利信息化建设项目，其成果不得交付使用。

(2) 水利信息化建设项目竣工（最终）验收前，应对等保三级及以上级别信息系统进行等保测评，测评通过方可申请验收。软件开发类项目应进行软件测试，投资额较大的应通过有资质的第三方评测机构的测试，否则不予验收。

(3) 水利信息化建设项目竣工（最终）验收后，建设成果应报同级信息化管理机构备案，并将数据资源成果汇交同级信息化技术支撑单位，以统筹信息资源的整合、共享与利用。对于不汇交数据资源成果的项目建设单位，不予立项后续水利信息化建设项目。

6. 安全管理

(1) 水利网络安全管理应遵循《信息安全技术 信息系统安全管理要求》(GB/T 20269)、《信息技术 安全技术 信息安全管理体系 要求》(GB/T 22080)、《信息安全技术 网络安全等级保护基本要求》(GB/T 22239) 等标准及《水利信息网运行管理办法》的有关规定。

(2) 各直属单位信息化管理机构应组织技术支撑单位在软硬件设备上线前进行漏洞扫描，在应用软件上线前查验软件安全性测试报告，面向互联网服务的应用软件和重要信息系统应由第三方专业机构出具应用软件安全性测试报告，国家级重要信息系统的应用软件还应查验第三方专业机构出具的源代码安全检测报告。发现问题应要求项目建设单位进行整改。

(3) 各直属单位信息化管理机构应组织技术支撑单位定期对信息系统进行漏洞扫描，重要信息系统至少每月进行一次漏洞扫描，发现隐患及时整改，定期进行网络安全审计，对可疑行为进行分析处置，重要信息系统每年应开展一次等保测评。

(4) 各级信息化管理机构应建立网络安全事件应急响应和恢复工作机制，完善应急响应组织机构，制订应急预案并加强演练，在突发网络安全事件时，启动相应的应急预案，快速、有效地进行处置。

(5) 各级信息化管理机构应加强网络安全威胁感知与预警能力建设，加强对水利重要门户网站及面向互联网服务的重要信息系统的在线安全监测，对发现的网络安全事件和威

胁进行预警、通报。

7. 运维管理

(1) 水利信息化项目建设成果运维管理应遵循《水利信息系统运行维护规范》(SL 715—2015)等有关技术标准的规定。

(2) 水利信息化建设项目竣工(最终)验收后，项目建设单位应及时向技术支撑单位办理各项资产交付手续，并纳入日常运行管理。技术支撑单应按照国家有关规定，加强硬件、软件等资产管理，严格执行资产登记及报废手续。

(3) 各直属单位信息化管理机构应组织技术支撑单位根据《水利信息系统运行维护定额标准》测算运行维护经费，在定额范围内申请年度预算，根据需要设立运行维护岗位，落实专职运行维护人员。积极探索委托有相关资质的第三方专业机构承担运行维护任务的运维方式。

(4) 各单位要将水利部门政府网站作为信息公开的第一平台，制定网站运行管理制度，规范内容、技术、管理、运维等方面的工作流程与机制，加强政务信息公开、网上在线办事、公众互动交流的内容建设与管理，确保网站正常运行。

第三篇

水利工程计量与计价

工程的计量与计价是编制工程造价的基本要素。工程计量要遵照一定的规则。在水利工程项目投资管理各个阶段中，规划阶段、可行性研究阶段、初步设计阶段执行水利行业概估算编制相关规定，主要遵循2005年水利部制定的《水利水电工程设计工程量计算规定》(SL 328—2005)；招标设计阶段、招标投标阶段、施工建设阶段以及完工阶段中涉及的工程计价属于市场行为，执行2007年水利部编制的《水利工程工程量清单计价规范》(GB 50501—2007)。本篇第一章主要介绍水利工程设计工程量计算，水利工程工程量清单计价模式下的工程量计算在第五章中介绍。工程计价通过第二章的水利工程基础价格编制、第三章的水利建筑安装工程单价编制和第四章的水利工程概（估）算编制这三方面来介绍整个概（估）算的编制及形成过程。

一、工程计量的基本原理

(一) 工程计量的含义

工程计量就是按照水利工程国家行业有关标准的计算规则、计量单位等规定对各分部分项实体工程的工程量的计算活动，是工程计价活动的重要环节。

(二) 工程量的含义

工程量即工程的实物数量，是工程计量的结果，是指按一定规则并以物理计量单位或自然计量单位所表示的分部分项工程或结构构件的数量。

水利水电工程的工程量，是确定水利工程造价的重要依据，是施工企业进行生产经营管理的重要依据，也是业主管理工程建设的重要依据。

(三) 计算规则

工程量计算规则是工程计量的主要依据之一，是工程量数值的取定方法。采用的规范或定额不同，工程量计算规则也不尽相同。在计算工程量时，应按照规定的计算规则进行。

2005年水利部制定的《水利水电工程设计工程量计算规定》(SL 328—2005) 于2005年12月1日起实施，用于规范工程计量行为，统一各专业工程量清单编制、项目设置和工程量计算规则。

2007年，水利部组织相关单位编制了《水利工程工程量清单计价规范》(GB 50501—2007)（以下简称《清单计价规范》），其目的是规范水利工程工程量清单计价行为，统一水利工程工程量清单的编制和计价方法，适用于招标设计阶段、招标投标阶段、施工建设阶段以及完工阶段中涉及的工程计价活动，是约束水利工程工程量清单计价活动中发包人和承包人各种关系的规范文件。

招标投标阶段工程量清单列示的有效工程量为设计几何轮廓尺寸计算的量。施工过程中一切非有效工程量发生的费用，均应摊入有效工程量的工程单价中。防止和杜绝以往工程价款结算由于工程量计量不规范而引发的合同变更和索赔纠纷。

二、工程量的分类

(一) 设计工程量

图纸设计几何轮廓尺寸计算的工程量乘以设计阶段系数（即设计阶段扩大工程量）而

得出的数量。永久水工建筑物和主要的施工临时工程的工程量，均应按照水利水电基本建设工程项目划分的要求，根据建筑物或工程设计几何轮廓尺寸计算，再乘以相应的设计阶段系数。并明确不得将超挖超填和施工附加量等计入设计工程量。

（二）施工附加量

施工附加量指为满足施工需要而必须额外增加的工作量。如土方工程中的取土坑、试验坑、隧洞工程中的为满足交通、放炮要求而设置的内错车道、避炮洞以及下部扩挖所需增加的工程量。

（三）施工超挖超填量

在水利水电工程施工中一般不允许欠挖，为保证建筑物的设计尺寸，施工中允许一定的超挖量。施工超填量是指由于施工超挖及施工附加相应增加的回填工程量。

（四）施工损耗量

施工损耗包括运输及操作损耗，体积变化损耗及其他损耗。

（1）运输及操作损耗量指土石方、混凝土在运输及操作过程中的损耗量。

（2）体积变化损耗量指土石方填筑工程中因施工期沉陷而增加的数量，因混凝土体积收缩而增加的工程数量等。

（3）其他损耗量包括土石方填筑工程施工中的削坡、雨后清理损失数量，钻孔灌浆工程中混凝土灌注桩桩头的浇筑、凿除及混凝土防渗墙一、二期接头重复造孔和混凝土浇筑等增加的工程量。

（五）其他说明

现行概算定额已按施工规范和有关规定计入了不构成建筑物实体的超挖超填量和施工附加量以及各种操作损耗，在使用概算定额计价时，不再另行计算超挖超填量和施工附加量。

现行预算定额没有考虑超挖超填量、施工附加量和各种操作损耗，在使用预算定额计价时，必须正确处理工程量。《水利工程工程量清单计价规范》（GB 50501—2007）中按建筑物的几何轮廓尺寸计算工程量为有效工程量，合理的超挖超填量和施工附加量以及各种操作损耗都不能计入有效工程量，应摊入相应有效工程量的工程单价之内。

第一章　水利工程设计工程量计算

水利水电工程各设计阶段的工程量，是设计工作的重要成果和编制工程概（估）算的主要依据。为统一设计工程量的计算工作，2005 年水利部制定了《水利水电工程设计工程量计算规定》（SL 328—2005），作为设计工程量计算的主要依据。

水利水电工程技术复杂、涉及面广，因此工程量计算工作具有量大、项多的特点。水利水电工程不同的设计阶段有不同的造价文件，工程量计算的要求也不完全一样，需要熟练、准确地掌握工程量计算规则。本章主要介绍工程量计算的依据和设计阶段系数。适用于大、中型水利水电工程项目的项目建议书、可行性研究和初步设计阶段的设计工程量计算。

第一节　设计工程量计算依据

一、设计图纸

每个设计阶段的图纸，都是计算工程量的直接依据。计算工程量时，应依据图纸设计尺寸，采用科学的计算公式，按照《水利工程设计概（估）算编制规定》（水总〔2014〕429 号）中的相关规定，分门别类地计算出准确的工程量。水电工程涉及面广，图纸繁多，计算前一般要对图纸分类、编号，防止遗漏。此外水利水电工程是一个庞大的系统工程，往往涉及房屋建筑、道路工程等，这些单项工程造价的编制，可采用相关专业标准图集、定额、编制办法等，编制其造价。

二、施工组织设计

施工组织设计是为指导施工而编制的文件，是以拟建的水利水电工程为对象，对施工总进度，施工方法，施工机具的选择，劳动力的配备，施工现场的布置，以及现场临时设施等，提出明确的要求。同时也为工程量的计算提供了依据。如土石方开挖，就必须根据施工组织设计提供的施工方法（人工开挖或机械开挖等）计算其工程量；再如临时设施（道路、桥梁、涵洞等）工程量计算也需根据施工组织设计的要求，进行计算。

三、定额

各个设计阶段适用的定额或不同工程采用的不同部门的定额都是工程量计算的主要依据之一。工程量的计算并不是目的，最终需要的是工程造价，而造价的计算，必须按定额的数量标准准确地套用相应的定额才能最终得出工程的造价。因此按照《水利工程设计概（估）算编制规定》（水总〔2014〕429号）计算的工程量的计量单位若与定额的计量单位不一致时，应按有关规定进行换算。

第二节 设计工程量计算规则

一、概述

设计工程量是由图纸设计几何轮廓尺寸计算的工程量乘以设计阶段系数（即设计阶段扩大工程量）而得出的数量。《水利水电工程设计工程量计算规定》（SL 328—2005）指出，永久水工建筑物和主要的施工临时工程的工程量，均应按照水利水电基本建设工程项目划分的要求，根据建筑物或工程设计几何轮廓尺寸计算，再乘以相应的设计阶段系数。并明确不得将超挖超填和施工附加量等计入设计工程量。

（一）阶段系数的概念

水利水电工程的特点是综合性、复杂性、不可预见性。其设计阶段分为：可行性研究、招标设计、施工图设计。可以看出，各阶段设计的深度不同，工程量计算必然会有差异。而且随着设计的深入，工程量越加精确，与之相应的预测造价的精度也与之相适应。国外不同阶段的工程量对各阶段的造价影响都有严格的规定，超过了规定，便对建设项目本身产生怀疑甚至被否定。我国采用的是调整各阶段工程量的方法，即为了使各设计阶段，不因为研究设计的深度不同，而使工程造价产生较大的变幅，对各阶段工程乘以适宜的系数，以保证各阶段的预测造价更加贴近实际造价。

（二）阶段系数的使用

编制概算造价所用的工程量应由各专业设计人员按《水利水电工程设计工程量计算规定》（SL 328—2005）和《水利工程设计概（估）算编制规定》（水总〔2014〕429号）中的工程项目划分的要求进行计算。按设计几何轮廓尺寸计算的工程量，乘以设计阶段系数予以调整。设计阶段系数见表3-1-1～表3-1-3。

表3-1-1 水利水电工程设计工程量阶段系数表（混凝土）

类别	设计阶段	混凝土工程量/万 m^3			
		>300	300～100	100～50	<50
永久工程或建筑物	项目建议书	1.03～1.05	1.05～1.07	1.07～1.09	1.09～1.11
	可行性研究	1.02～1.03	1.03～1.04	1.04～1.06	1.06～1.08
	初步设计	1.01～1.02	1.02～1.03	1.03～1.04	1.04～1.05
施工临时工程	项目建议书	1.05～1.07	1.07～1.10	1.10～1.12	1.12～1.15
	可行性研究	1.04～1.06	1.06～1.08	1.08～1.10	1.10～1.13
	初步设计	1.02～1.04	1.04～1.06	1.06～1.08	1.08～1.10
金属结构工程	项目建议书				
	可行性研究				
	初步设计				

表3-1-2　　水利水电工程设计工程量阶段系数表（土石方开挖）

类别	设计阶段	土石方开挖工程量/万 m^3			
		＞500	500～200	200～50	＜50
永久工程或建筑物	项目建议书	1.03～1.05	1.05～1.07	1.07～1.09	1.09～1.11
	可行性研究	1.02～1.03	1.03～1.04	1.04～1.06	1.06～1.08
	初步设计	1.01～1.02	1.02～1.03	1.03～1.04	1.04～1.05
施工临时工程	项目建议书	1.05～1.07	1.07～1.10	1.10～1.12	1.12～1.15
	可行性研究	1.04～1.06	1.06～1.08	1.08～1.10	1.10～1.13
	初步设计	1.02～1.04	1.04～1.06	1.06～1.08	1.08～1.10
金属结构工程	项目建议书				
	可行性研究				
	初步设计				

表3-1-3　　水利水电工程设计工程量阶段系数表（土石方填筑、砌石）

类别	设计阶段	土石方填筑、砌石工程量/万 m^3				钢筋	钢材	模板	灌浆
		＞500	500～200	200～50	＜50				
永久工程或建筑物	项目建议书	1.03～1.05	1.05～1.07	1.07～1.09	1.09～1.11	1.08	1.06	1.11	1.16
	可行性研究	1.02～1.03	1.03～1.04	1.04～1.06	1.06～1.08	1.06	1.05	1.08	1.15
	初步设计	1.01～1.02	1.02～1.03	1.03～1.04	1.04～1.05	1.03	1.03	1.05	1.10
施工临时工程	项目建议书	1.05～1.07	1.07～1.10	1.10～1.12	1.12～1.15	1.10	1.10	1.12	1.18
	可行性研究	1.04～1.06	1.06～1.08	1.08～1.10	1.10～1.13	1.08	1.08	1.09	1.17
	初步设计	1.02～1.04	1.04～1.06	1.06～1.08	1.08～1.10	1.05	1.05	1.06	1.12
金属结构工程	项目建议书						1.17		
	可行性研究						1.15		
	初步设计						1.10		

注　1. 若采用混凝土立模面系数乘以混凝土工程量计算模板工程量时，不应再考虑模板阶段系数。
2. 若采用混凝土含钢率或含钢量乘以混凝土工程量计算钢筋工程量时，不应再考虑钢筋阶段系数。
3. 截流工程的工程量阶段系数可取1.25～1.35。
4. 表中工程量系指工程总工程量。

二、永久工程建筑工程量计算

（一）土石方工程量计算

土石方开挖工程量应根据设计开挖图纸，按不同土壤和岩石类别分别进行计算；石方开挖工程应将明挖、槽挖、水下开挖、平洞、斜井和竖井开挖等分别计算。

土石方填筑工程量应根据建筑物设计断面中的不同部位及其不同材料分别进行计算，施工沉陷量在定额中考虑，设计沉陷量在工程量中考虑。

（二）砌石工程量计算

砌石工程量应按建筑物设计图纸的几何轮廓尺寸，以“建筑物砌体方”计算。

砌石工程量应将干砌石和浆砌石分开。干砌石应按干砌卵石、干砌块石，同时还应按建筑物或构筑物的不同部位及型式，如护坡（平面、曲面）、护底、基础、挡土墙、桥墩等分别计列；浆砌石按浆砌块石、卵石、条料石，同时应按不同的建筑物（浆砌石拱圈明渠、隧洞、重力坝）及不同的结构部位分项计列。

（三）混凝土及钢筋混凝土工程量计算

混凝土及钢筋混凝土工程量的计算应根据建筑物的不同部位及混凝土的设计标号分别计算。

钢筋及埋件、设备基础螺栓孔洞工程量应按设计图纸所示的尺寸并按定额计量单位计算，例如大坝的廊道、钢管道、通风井、船闸侧墙的输水道等，应扣除孔洞所占体积。

计算地下工程（如隧洞、竖井、地下厂房等）混凝土的衬砌工程量时，若采用水利建筑工程概算定额，应以设计断面的尺寸为准；若采用预算定额，计算衬砌工程量时应包括设计衬砌厚度和允许超挖部分的工程，但不包括允许超挖范围以外增加超挖所充填的混凝土量。

喷混凝土工程量应按喷射厚度、部位及有无钢筋以体积计，回弹量不应计入。喷浆工程量应根据喷射对象以面积计。

混凝土立模面积应根据建筑物结构体形、施工分缝要求和使用模板的类型计算。

项目建议书和可行性研究阶段可参考《水利建筑工程概算定额》中附录9，初步设计阶段可根据工程设计立模面积计算。

（四）钻孔灌浆工程量

钻孔工程量按实际钻孔深度计算，计量单位为m。计算钻孔工程量时，应按不同岩石类别分项计算，混凝土钻孔一般按粗骨料的岩石级别计算。

灌浆工程量从基岩面起计算，计算单位为m或m^2。计算工程量时，应按不同岩层的不同透水率或单位干料耗量分别计算。

隧洞回填灌浆，其工程量一般按在顶拱中心角120°范围内的拱背面积计算，高压管道回填灌浆按钢管外径面积计算工程量。

混凝土防渗墙工程量，按设计的阻水面积计算其工程量，计量单位为m^2。

（五）疏浚与吹填工程的工程量

疏浚工程量的计算，宜按设计水下方计量，开挖过程中的超挖及回淤量不应计入。

吹填工程量计算，除考虑吹填土层下沉及原地基下沉增加量，还应考虑施工期泥沙流失量，计算出吹填区陆上方再折算为水下方。

（六）土工合成材料工程量

土工合成材料应按不同材料和不同部位分别计算。宜按设计铺设面积或长度计算，不应计入材料搭接及各种型式嵌固的用量。

（七）锚固工程量

锚杆支护工程量，按锚杆类型、长度、直径和支护部位及相应岩石级别以根数计算。

预应力锚索的工程量按不同预应力等级、长度、型式及锚固对象以束计算。

三、临时工程建筑工程量计算

（一）施工临时工程

施工临时工程是指为辅助主体工程施工所必须修建的生产和生活用临时性工程。该部

分组成内容如下：

（1）导流工程。包括导流明渠、导流洞、施工围堰、蓄水期下游断流补偿设施、金属结构设备及安装工程等。

（2）施工交通工程。包括施工现场内外为工程建设服务的临时交通工程，如公路、铁路、桥梁、施工支洞、码头、转运站等。

（3）施工场外供电工程。包括从现有电网向施工现场供电的高压输电线路（枢纽工程：35kV及以上等级；引水工程及河道工程：10kV及以上等级）和施工变（配）电设施（场内除外）工程。

（4）施工房屋建筑工程。指工程在建设过程中建造的临时房屋，包括施工仓库、办公及生活、文化福利建筑和所需的配套设施工程。

（5）其他施工临时工程。指除施工导流、施工交通、施工场外供电、施工房屋建筑、缆机平台以外的施工临时工程。主要包括施工供水（大型泵房及干管）、砂石料系统、混凝土拌和浇筑系统、大型机械安装拆卸、防汛、防冰、施工排水、施工通信等工程。

（二）工程量计算注意事项

（1）施工导流工程工程量计算要求与永久水工建筑物计算要求相同，其中永久与临时结合的部分应计入永久工程量中，阶段系数按施工临时工程计取。包括围堰（及拆除工程）、明渠、隧洞、涵管、底孔等工程量，与永久建筑物结合的部分及混凝土堵头计入永久工程量中，不结合的部分计入临时工程量中，分别乘以各自的阶段系数。导流底孔封堵，闸门设施应计入临时工程量中。

（2）施工支洞工程量应按永久水工建筑物工程量计算要求进行计算，阶段系数按施工临时工程计取。

临时支护的锚杆、喷混凝土、钢支撑以及混凝土衬砌施工用的钢筋、钢材等工程量应根据设计要求计算。

（3）大型施工设施及施工机械布置所需土建工程量，如砂石系统、混凝土系统、缆式起重机平台的开挖或混凝土基座、排架和门、塔机栈桥等，按永久建筑物的要求计算工程量，阶段系数按施工临时工程计取。

（4）施工临时公路的工程量可根据相应设计阶段施工总平面布置图或设计提出的运输线路分等级计算公路长度或具体工程量。场内临时交通可根据1/5000～1/2000施工总平面布置图拟定线路走向、平均纵坡计得的公路长度和选定的级别，以及桥涵、防护工程等，按扩大指标进行计算。对其中的大、中型桥涵需单独计算工程量。

（5）施工供电线路工程量可按设计的线路走向、电压等级和回路数计算。场外输电线路，可根据1/10000～1/5000地形图选定的线路走向计算长度，并说明电压等级、回路数。施工变电站设备的数量，根据容量确定。施工场内外通信设备应根据工程实际情况确定。

（6）临时生产、生活房屋建筑工程量按《水利水电工程施工组织设计规范》（SL 303—2017）的规定进行计算。

（7）对有关部门提供的工程量和预算资料，应按项目划分和费用构成正确处理。如施工临时工程，按其规模、性质，有的应在第四部分施工临时工程一至四项中单独列项，有的包括在“其他施工临时工程”中，不单独列项。

四、机电设备工程量计算

（一）项目建议书阶段

机电设备及安装工程按水轮机、发电机、厂内桥式起重设备、主变压器、高压设备、主阀等项计算。对其他机电设备，根据工程实际需要，经设备选型，通过经验公式计算和已建工程资料类比综合研究确定。

（二）可行性研究阶段

可行性研究阶段机电设备及安装工程量，应根据《水利工程设计概（估）算编制规定》（水总〔2014〕429号）的“第三章项目组成和项目划分中的第二部分机电设备及安装工程”中的设备及安装工程所列细项分别计算。

（三）初步设计阶段

初步设计阶段应根据选定方案的参数计算。

五、金属结构工程量计算

（一）钢闸门及拦污栅

水工建筑物各种钢闸门和拦污栅的工程量以t计，项目建议书阶段可按已建工程资料用类比法确定；在可行性研究阶段可按初选方案确定的类型和主要尺寸对闸门、拦污栅的主要构件进行计算，并按已建工程资料用类比法综合研究确定。初步设计阶段应根据选定方案的设计尺寸和参数计算。

与各种钢闸门和拦污栅配套的门槽埋件工程量计算均应与其主设备工程量计算精度一致。

（二）启闭设备

启闭设备工程量计算，宜与闸门和拦污栅工程量计算精度相适应，并分别列出设备重量（t）和数量（台、套）。

（三）压力钢管

压力钢管工程量应按钢管型式（一般、叉管）、直径和厚度分别计算，以t为计量单位，不应计入钢管制作与安装的操作损耗量。

第三节 设计工程量计算注意事项

现行概算定额已按施工规范和有关规定计入了不构成建筑物实体的超挖超填量和施工附加量以及各种操作损耗，在使用概算定额计价时，不再另行计算超挖超填量和施工附加量。现行预算定额没有考虑超挖超填量、施工附加量和各种操作损耗，在使用预算定额计价时，必须正确处理工程量。

（1）混凝土工程量以成品实体方为计量单位，概算定额中已考虑拌制、运输、凿毛、干缩等损耗及施工超填量。初步设计阶段如采用特种混凝土时，其材料配合比需根据试验资料确定。

（2）钢筋制作与安装，概算定额中已包括加工损耗和施工架立筋用量。

（3）混凝土立模面积是指混凝土与模板的接触面积，其工程量计算与工程施工组织设计密切相关，尤其初步设计阶段，应根据工程混凝土浇筑分缝、分块、跳仓等实际情况计算立模面面积。

定额中已考虑模板露明系数。支撑模板的立柱、围令、桁（排）架及铁件等已含在定额中，不再计算。

各式隧洞衬砌模板及涵洞模板的堵头和键槽模板已按一定比例摊入概算定额中，不再单独计算立模面面积。

对于悬空建筑物（如渡槽槽身）的模板，定额中只计算到支撑模板结构的承重梁为止，承重梁以下的支撑结构未包括在定额内。

（4）钻孔灌浆工程概算定额中钻孔和灌浆各子目已包括检查孔钻孔和检查孔压水试验。

（5）锚固工程中锚杆（索）长度为嵌入岩石的设计有效长度，按规定应留的外露部分及加工损耗均已计入定额。

【例 3-1-1】 某引水隧洞长度为450m，设计断面为直径4m的圆形，目前开展初步设计概算编制。隧洞开挖断面为圆形，衬砌厚度50cm。假设施工超挖为18cm，不考虑施工附加量及运输操作损耗。衬砌混凝土的配合比资料见表 3-1-4 隧洞开挖断面如图 3-1-1 所示。

表 3-1-4　衬砌混凝土配合比资料

混凝土标号	P.O 42.5/kg	卵石/m^3	砂/m^3	水/kg
C25	290	0.80	0.50	150

试求出：

（1）设计开挖量和混凝土衬砌量。

（2）预计的开挖出渣量。

（3）假设综合损耗率为3%，则该隧洞混凝土衬砌工作应准备多少水泥（t）、卵石（m^3）、砂（m^3）？

（计算结果保留两位小数）

分析要点：

本问题主要考察工程量的计算。

问题（1）首先根据隧洞的断面尺寸以及隧洞长度确认设计开挖量和混凝土衬砌量。注意，设计开挖量的计算不包含实际施工超挖部分工程量。

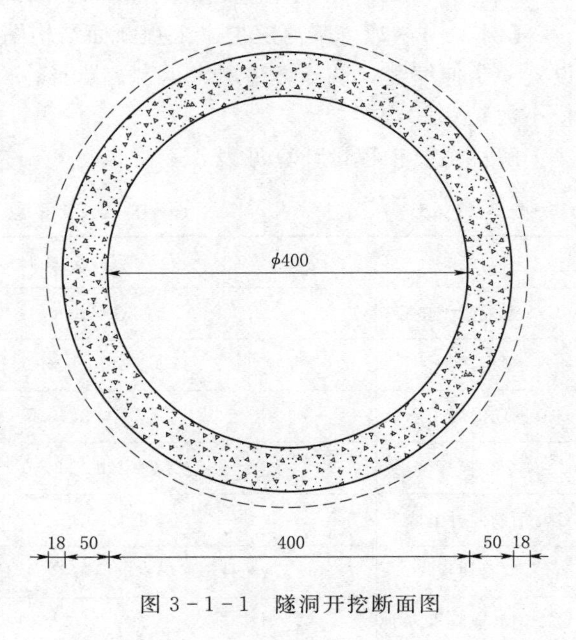

图 3-1-1　隧洞开挖断面图

设计开挖量＝开挖面积×隧洞长度＝（设计断面面积＋衬砌面积）×隧洞长度

混凝土衬砌量=衬砌面积×隧洞长度

问题(2)的预计出渣量则需要考虑实际施工超挖的工程量。

预计出渣量=(开挖面积+超挖面积)×隧洞长度

问题(3)考察的是预计混凝土消耗量及根据配合比确定砂石料耗量的计算。注意到对于施工超挖造成的开挖断面与设计断面的尺寸差，需要使用混凝土衬砌以保证最终成洞断面与设计断面一致。预计的混凝土消耗量需要另外考虑综合损耗率。最后根据题干中混凝土的配合比和预计混凝土耗量计算出水泥、卵石、砂的耗量。

预计混凝土消耗量=(衬砌面积+超挖面积)×隧洞长度×(1+综合损耗率)

解：(1)设计断面面积

$$S_1=3.14\times4^2\div4=12.56(\mathrm{m}^2)$$

开挖断面面积

$$S_2=3.14\times(4\div2+0.5)^2=19.63(\mathrm{m}^2)$$

$$\text{设计开挖量}=S_2L=19.63\times450=8833.50(\mathrm{m}^3)$$

$$\text{混凝土衬砌量}=(S_2-S_1)L=(19.63-12.56)\times450=3181.50(\mathrm{m}^3)$$

(2)施工开挖断面

$$S_3=3.14\times(4\div2+0.5+0.18)^2=22.55(\mathrm{m}^2)$$

$$\text{预计开挖出渣量}=S_3L=22.55\times450=10147.50(\mathrm{m}^3)$$

(3)施工混凝土衬砌量$=(S_3-S_1)L=(22.55-12.56)\times450=4495.50(\mathrm{m}^3)$

$$\text{预计混凝土耗量}=4495.50\times(1+3\%)=4630.37(\mathrm{m}^3)$$

$$\text{预计水泥耗量}=290\times4630.37\div1000=1342.81(\mathrm{t})$$

$$\text{预计卵石耗量}=0.80\times4630.37=3704.30(\mathrm{m}^3)$$

$$\text{预计砂耗量}=0.50\times4630.37=2315.19(\mathrm{m}^3)$$

【例3-1-2】 某河道护岸工程断面结构图如图3-1-2所示，长度1200m，每12m设置一条伸缩缝，试计算垫层、承台、墙身、模板及方桩等主要工程量(计算结果保留两位小数)。

解： 主要工程量计算见表3-1-5。

表3-1-5 主要工程量计算表

项目名称	工程量计算过程	单位	工程量
C15素混凝土垫层	(0.1+3+0.1)×0.1×1200	m^3	384.00
垫层模板	0.1×2×1200+(0.1+3+0.1)×0.1×(1200÷12+1)	m^2	272.32
C30钢筋混凝土承台	3×0.6×1200	m^3	2160.00
承台模板	0.6×2×1200+3×0.6×(1200÷12+1)	m^2	1621.80
C30钢筋混凝土墙身	(3.3×0.3+1.5×0.2÷2)×1200	m^3	1368.00
墙身模板	(3.3+1.8+1.51)×1200+(3.3×0.3+1.5×0.2÷2)×(1200÷12+1)	m^2	8047.14
C30钢筋混凝土方桩	0.3×0.3×12×2×800	m^3	1728.00

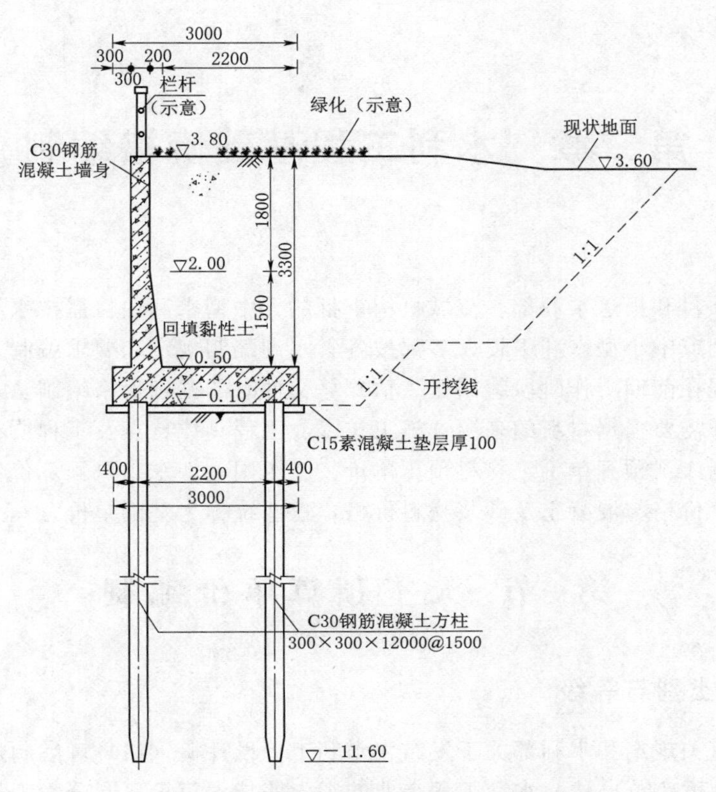

图 3-1-2 某河道护岸工程断面结构图

第二章　水利工程基础价格编制

大型水利项目和报送水利部、流域机构审批的大中型水利项目需按水利工程基础价格编制。地方水利或中小型水利工程大多都按各省水利编制规定和要求编制。本章主要介绍大中型水利工程在前期工作阶段编制概（估）算文件时的基础价格编制。在编制水利水电工程概预算时，需要根据材料的来源、施工技术、工程具体特点及工程所在地区的有关规定和政策等编制人工预算单价、材料预算单价、施工用电、水、风预算价格、施工机械台时费砂石料预算价格与混凝土及砂浆材料价格，这些统称为基础单价。

第一节　人工预算单价编制

一、人工类别与等级

根据国家有关规定和水利部关于发布《水利工程设计概（估）算编制规定》和水利部水利企业工资制度改革办法，水利工程企业的工人按技术等级不同分为工长、高级工、中级工和初级工四级。

二、有效工作时间

年应工作天数：250 工日（按年日历天数 365 天，减去双休日 2×52 天、法定节日 11 天）。

年非作业天数：指气候影响施工、职工探亲假、开会学习培训、六个月以内病假等在年应工作天数之内而未工作的天数，每年非作业天数平均按 16 天计。

日工作时间为 8 工时/工日。

三、人工预算单价的构成及标准

（一）人工预算单价具体构成

各级工的人工预算单价均由基本工资、辅助工资和工资附加费组成。

1. 基本工资

基本工资由岗位工资和年应工作天数内非作业天数的工资组成。

岗位工资是指按照职工所在岗位各项劳动要素测评结果确定的工资。

生产工人年应工作天数以内非作业天数的工资，包括生产工人开会学习、培训期间的工资，调动工作、探亲、休假期间的工资，因气候影响的停工工资，女工哺乳期间的工资，病假在六个月以内的工资及产、婚、丧假期的工资。

年应工作天数内年非作业天数的工资系数为1.068。

基本工资(元/工日)＝基本工资标准(元/月)×地区工资系数×12个月÷年应工作天数×1.068　　(3-2-1)

2. 辅助工资

辅助工资是指在基本工资之外，以其他形式支付给生产工人的工资性收入，包括根据国家有关规定属于工资性质的各种津贴，主要包括艰苦边远地区津贴、施工津贴、夜餐津贴、节日加班津贴等。

地区津贴(元/工日)＝津贴标准(元/月)×12个月÷年应工作天数×1.068　　(3-2-2)

施工津贴(元/工日)＝津贴标准(元/天)×365天×95%÷年应工作天数×1.068　　(3-2-3)

夜餐津贴(元/工日)＝(中班津贴标准＋夜班津贴标准)÷2×(20%或30%)　　(3-2-4)

3. 工资附加费

工资附加费是指按计划工人工资总额的一定比例提取的各种基金的统称。包括劳动保险金、工会经费、医药卫生补助金、福利补助金、企业直接支付的劳动保险费用。

工资附加费(元/工日)＝[基本工资标准(元/工日)＋辅助工资(元/工日)]×费率标准(%)　　(3-2-5)

(二) 现行的人工预算单价计算标准

国家根据各地区的地理位置、交通条件、经济发展状况等条件，按某一标准划分的工资标准类别，推行水利部关于发布《水利工程设计概（估）算编制规定》（水总〔2014〕429号）的通知，把人工预算单价计算标准共分为八个地区标准，即一般地区以及一类区、二类区、三类区、四类区、五类区/西藏二类区、六类区/西藏三类区、西藏四类区七个边远地区。在进行人工预算单价选取时，根据工程所在地区的类别，按照枢纽工程、引水工程、河道工程分别选用相应的人工预算单价，按表3-2-1标准计算。

表3-2-1　　人工预算单价计算标准　　单位：元/工时

类别与等级	一般地区	一类区	二类区	三类区	四类区	五类区/西藏二类区	六类区/西藏三类区	西藏四类区
枢纽工程								
工长	11.55	11.80	11.98	12.26	12.76	13.61	14.63	15.40
高级工	10.67	10.92	11.09	11.38	11.88	12.73	13.74	14.51
中级工	8.90	9.15	9.33	9.62	10.12	10.96	11.98	12.75
初级工	6.13	6.38	6.55	6.84	7.34	8.19	9.21	9.98
引水工程								
工长	9.27	9.47	9.61	9.84	10.24	10.92	11.73	12.11
高级工	8.57	8.77	8.91	9.14	9.54	10.21	11.03	11.40
中级工	6.62	6.82	6.96	7.19	7.59	8.26	9.08	9.45
初级工	4.64	4.84	4.98	5.21	5.61	6.29	7.10	7.47

续表

类别与等级	一般地区	一类区	二类区	三类区	四类区	五类区/西藏二类区	六类区/西藏三类区	西藏四类区
河道工程								
工长	8.02	8.19	8.31	8.52	8.86	9.46	10.17	10.49
高级工	7.40	7.57	7.70	7.90	8.25	8.84	9.55	9.88
中级工	6.16	6.33	6.46	6.66	7.01	7.60	8.31	8.63
初级工	4.26	4.43	4.55	4.76	5.10	5.70	6.41	6.73

注　1. 艰苦边远地区划分执行人事部、财政部《关于印发〈完善艰苦边远地区津贴制度实施方案〉的通知》（国人部发〔2006〕61号）及各省（自治区、直辖市）关于艰苦边远地区津贴制度实施意见。一至六类地区的类别划分参见水利部《水利工程设计概（估）算编制规定》（水总〔2014〕429号）附录7，执行时应根据最新文件进行调整。一般地区指水利部《水利工程设计概（估）算编制规定》（水总〔2014〕429号）附录7之外的地区。

2. 西藏地区的类别执行西藏特殊津贴制度相关文件规定，其二至四类区划分的具体内容见水利部《水利工程设计概（估）算编制规定》（水总〔2014〕429号）附录8。

3. 跨地区建设项目的人工预算单价可按主要建筑物所在地确定，也可按工程规模或投资比例进行综合确定。

第二节　材料预算价格编制

材料预算价格是指材料从来源地或交货地点运到施工工地分仓库（或堆放场地）的出库时不含增值税进项税额的价格。

一、材料的分类

1. 按对投资影响划分

（1）主要材料，简称主材。是指用量大或者造价在整个工程中所占比例较大的材料（对工程造价有较大影响的材料）。如水泥、钢筋、木材、柴油、炸药、砂石料、粉煤灰、沥青、电缆及母线等。

（2）次要材料。是指除主要材料以外的其余材料，一般是指用量小或者对工程造价影响小的材料。

2. 按供应方式划分

（1）外购材料。是指通过市场采购的方式购买的工程材料，在水利工程中主要材料大多是以这种方式获得。

（2）自产材料。是指通过自设生产线或生产厂生产的材料，在大型水利工程中常见的自产材料有砂石料。

3. 按材料性质划分

（1）消耗性材料。是指在消耗在工程上的材料，如水泥、钢筋、炸药、电焊条、氧气、油料等。

（2）周转使用材料。是指经过多次重复使用，其价值通过分次摊销的形式转移到工程中材料，如模板、支撑件等。

（3）装置性材料。指自身是材料，在工程建设中又是被安装的对象，如管道、轨道、母线、电缆等。

二、主要材料预算价格的组成和计算

（一）主要材料预算价格的组成

材料预算价格一般包括材料原价、运杂费、包装费（不是每种材料都会产生）、运输保险费和采购保管费五项费用。即

材料预算价格＝材料原价＋运杂费＋包装费＋运输保险费＋采购保管费 (3-2-6)

（二）主要材料预算价格的计算

对于用量多、影响工程投资大的主要材料，如钢材、木材、水泥、粉煤灰、油料、火工产品、电缆及母线等，一般需编制材料预算价格。计算公式为

材料预算价格＝(材料原价＋包装费＋运杂费)×(1＋采购及保管费率)＋运输保险费 (3-2-7)

(1) 材料原价。按工程所在地区就近大型物资供应公司、材料交易中心的市场成交价或设计选定的生产厂家的出厂价计算。

(2) 运杂费。指材料从指定交货地点至工地分仓库或相当于工地分仓库（材料堆放场）所发生的全部费用。按有关规定或市场价计算，包括运输费、装卸费及其他杂费。

(3) 包装费。指为便于材料的运输或为保护材料而进行的包装所发生的费用，包括厂家所进行的包装以及在运输过程中所进行的捆绑、保护所产生的费用。材料的包装费不是对每种材料都会发生，应按工程所在地的有关规定及实际情况计算。例如，有的材料包装费已计入出厂价。

包装费计取原则如下：

1) 厂家包装后将包装费计入材料市场价格的，在计算材料预算价格时不计算包装费。

2) 因材料品种和厂家处理包装品的方式不同，包装费和包装品的价值应根据具体情况分别计算。

(4) 运输保险费。指材料在运输途中的保险费。按工程所在省（自治区、直辖市）或中国人民保险公司的有关规定计算。

运输保险费＝材料原价×运输保险费费率 (3-2-8)

(5) 采购及保管费。指材料在采购、供应和保管过程中所发生的各项费用。主要包括材料的采购、供应和保管部门工作人员的基本工资、辅助工资、职工福利费、劳动保护费、养老保险费、失业保险费、医疗保险费、工伤保险费、生育保险费、住房公积金、教育经费、办公费、差旅交通费及工具用具使用费；仓库、转运站等设施的检修费、固定资产折旧费、技术安全措施费；材料在运输、保管过程中发生的损耗等。

采购及保管费＝(原价＋包装费＋运杂费)×采购及保管费率 (3-2-9)

按材料运到工地仓库的价格（不包括运输保险费）作为计算基数，按表3-2-2中的费率计算后并乘以1.10调整系数。

采购及保管费率见表3-2-2。

表 3-2-2 采购及保管费率表

序号	材料名称	费率/%	调整后的费率/%
1	水泥、碎（砾）石、砂、块石	3	3.3
2	钢材	2	2.2
3	油料	2	2.2
4	其他材料	2.5	2.75

三、其他材料预算价格

其他材料预算价格可参考工程所在地区的工业与民用建筑安装工程材料预算价格或信息价格。其他材料预算价格为不含增值税进项税额的价格。

四、材料补差

主要材料预算价格超过表 3-2-3 规定的材料基价时，应按基价计入建安工程单价参与取费，预算价与基价的差值以材料补差形式计算，材料补差列入单价表中并计取税金（增值税销项税额）。

表 3-2-3 主要材料基价表

序号	材料名称	单位	基价/元	序号	材料名称	单位	基价/元
1	水泥	t	255	5	汽油	t	3075
2	钢筋	t	2560	6	商品混凝土	m^3	200
3	柴油	t	2990	7	外购砂石料	m^3	70
4	炸药	t	5150				

主要材料预算价格低于基价时，按预算价计入工程单价。

计算施工电、风、水价格时，按预算价参与计算。

五、材料预算价格编制中注意的问题

1. 材料的包装费

材料的包装费不是对每种材料都会发生，应按工程所在地的有关规定及实际情况计算。若材料价格无需包装费，则该材料预算价格公式：

材料预算价格=(材料原价+运杂费)×(1+采购及保管费率)+运输保险费 (3-2-10)

2. 材料补差计算

当主要材料预算价格超过表 3-2-3 规定的材料基价时，应按基价计入工程单价参与取费，预算价与基价的差值以材料补差形式计算，材料补差列入单价表中并计取税金（增值税销项税额）即

补差价=(预算价-基价)×单价

营业税改增值税后，材料预算价格的计算材料原价、运杂费、运输保险费和采购及保

管费等分别按不含增值税进项税额的价格计算。采购及保管费，按表 3-2-2 中的费率计算后并乘以 1.10 调整系数。

前期工作阶段编制概（估）算文件时，材料价格应采用发布的不含税信息价格或市场调研的不含税价格。

3. 计算案例

【例 3-2-1】 某水利工程 P.O 42.5 散装水泥由某地的水泥厂提供，运输方式如图 3-2-1所示。

已知：散装水泥出厂价：350.00 元/t；公路运输：0.6 元/（t·km)；杂费：卸车上罐费 4.00 元/t。运输保险费率 0.35%。

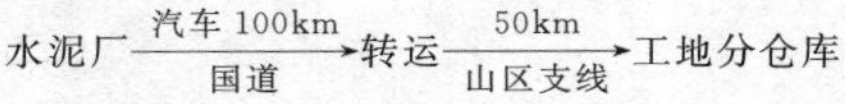

水泥厂 —汽车 100km / 国道→ 转运 —50km / 山区支线→ 工地分仓库

图 3-2-1　运输方式

计算该工程所用水泥的预算价格。

解：水泥原价：350.00 元/t

运杂费：0.6×(100+50)+4=94.00（元/t）

采购及保管费：(350+94)×3.3%=14.65（元/t）

运输保险费：350×0.35%=1.23（元/t）

水泥预算单价：350+94+14.65+1.23=459.88（元/t）

结果见表 3-2-4。

表 3-2-4　　主要材料预算价格计算表

编号	名称及规格	单位	价　格/元				
			原价	运杂费	采购及保管费	保险费	预算价格
1	P.O 42.5	t	350.00	94.00	14.65	1.23	459.88

第三节　施工用电、水、风预算价格编制

在水利工程施工用电、水、风的消耗量较大，其价格直接影响到施工机械的台时费和工程单价，从而对工程投资影响较大。其价格是水利水电工程概算单价的组成部分，它的预算单价应通过收集工程所在地的电源、水源及其价格以及供应条件等资料，按施工组织设计确定的原则进行计算。

一、施工用电价格编制

水利工程施工用电一般包括外购电和自发电两部分。外购电也称为电网供电，是指由国家或地方电网和其他电厂供电，是水利工程施工的主要电源；自发电是指由建设单位或施工单位自建柴油发电厂、水力或燃煤发电厂发电，通常用自备柴油发电机组供电，作为自备电源或在用电高峰时使用。

施工用电价格由基本电价、电能损耗摊销费和供电设施维修摊销费组成，基本电价是施工用电电价的主要部分。

根据施工组织设计确定的供电方式以及不同电源的电量所占比例，按国家或工程所在省（自治区、直辖市）规定的电网电价和规定的加价进行计算。

（一）电网供电价格

电网供电价格＝基本电价÷(1－高压输电线路损耗率)÷(1－35kV 以下变配电设备及配电线路损耗率)＋供电设施维修摊销费　　(3－2－11)

（二）柴油发电机供电价格

（1）柴油发电机供电采用专用水泵供给冷却水，计算公式为

$$柴油发电机供电价格=\frac{柴油发电机组(台)时总费用+水泵组(台)时费用}{柴油发电机额定容量之和\times K}\div(1-厂用电率)\div(1-变配电设备及配电线路损耗率)+供电设施维修摊销费 \quad (3-2-12)$$

（2）柴油发电机供电如采用循环冷却水，不用水泵，电价计算公式为

$$柴油发电机供电价格=\frac{柴油发电机组(台)时总费用}{柴油发电机额定容量之和\times K}\div(1-厂用电率)\div(1-变配电设备及配电线路损耗率)+单位循环冷却水费+供电设施维修摊销费 \quad (3-2-13)$$

式中　K——发电机出力系数，一般取 0.8～0.85；

厂用电率取 3%～5%；

高压输电线路损耗率取 3%～5%；

变配电设备及配电线路损耗率取 4%～7%；

供电设施维修摊销费取 0.04～0.05 元/(kW·h)；

单位循环冷却水费取 0.05～0.07 元/(kW·h)。

注：柴油发电机供电价格中的柴油发电机组（台）时总费用应按本章施工机械台时费的计算方法的基础价格计算。

【例 3－2－2】 某水利枢纽电网供电占 95%，自备柴油发电机为容量 250kW 的固定式柴油发电机一台（台时费 240.60 元/台时），其供电占 5%。该电网电价 0.7 元/(kW·h)。自备柴油发电机组能量利用系数 K 取 0.85，厂用电率取 5%，变配电设备及配电线路损耗率凡取 6%，高压输电线路损耗率为 4%，单位循环冷却水摊销费为 0.07 元/(kW·h)，供电设施维修摊销费为 0.05 元/(kW·h)，根据已知，计算施工用电综合电价。

解： 由题意可知

综合电价＝电网供电电价×电网供电比例＋自发电电价×自发电比例

（1）电网供电电价计算。

电网供电价格＝基本电价÷(1－高压输电线路损耗率)÷(1－35kV 以下变配电设备及配电线路损耗率)＋供电设施维修摊销费

电网供电电价＝0.7÷[(1－4%)×(1－6%)]＋0.05
＝0.83[元/(kW·h)]

（2）自发电电价计算。

由题意可知柴油发电机供电采用循环冷却水，不用水泵，采用公式：

$$柴油发电机供电价格=\frac{柴油发电机组(台)时总费用}{柴油发电机额定容量之和\times K}\div(1-厂用电率)$$

÷(1－变配电设备及配电线路损耗率)

＋单位循环冷却水费＋供电设施维修摊销费

250kW 柴油发电机电价＝240.6÷[250×0.85×(1－5%)×(1－6%)]＋0.05＋0.07

＝1.39[元/(kW·h)]

(3) 综合电价计算。

综合电价＝电网供电电价×电网供电比例＋自发电电价×自发电比例

＝0.83×95%＋1.39×5%

＝0.86[元/(kW·h)]

二、施工用水价格编制

水利工程施工用水包括生产用水和生活用水两部分，因水利工程多处偏僻山区，一般均自设供水系统。生产用水要符合生产工艺的要求，保证工程用水的水压、水质和水量。施工用水价格计算的关键是确定各种供水方式的台时总费用及台时总出水量。

生产用水指直接进入工程成本的施工用水，包括施工机械用水、砂石料筛洗用水、混凝土拌制及养护用水、钻孔灌浆生产用水以及修配、机械加工和房屋建筑用水等。

生活用水主要指用于职工及家属的饮用和洗涤用水、生活区的公共事业等用水。水利工程设计概（估）算中的施工用水价格仅指生产用水的水价。生活用水应由现场经费开支或职工自行负担，不属于水价的计算范围。

(一) 施工用水的计算

施工用水价格由基本水价、供水损耗摊销费和供水设施维修摊销费组成。

(1) 基本水价。是指根据施工组织设计确定的高峰用水量所配备的供水系统设备，按台时产量分析计算的单位水量的价格。

(2) 供水损耗摊销费。供水损耗是指施工用水在储存、输送、处理过程中的水量损失。

(3) 供水设施维修摊销费。是指摊入单位水价的水池、供水管道等供水设施的维修费用。

施工用水价格由基本水价、供水损耗摊销费和供水设施维修摊销费组成，根据施工组织设计所配置的供水系统设备组（台）时总费用和组（台）时总有效供水量计算。施工用水价格计算公式为

$$\text{施工用水价格}=\frac{\text{水泵组(台)时总费用}}{\text{水泵额定容量之和}\times K}\div(1-\text{供水损耗率})+\text{供水设备维修摊销费} \qquad (3-2-14)$$

式中 K——能量利用系数，取 0.75～0.85；

供水损耗率取 6%～10%；

供水设施维修摊销费取 0.04～0.05 元/m^3。

注：①施工用水为多级提水并中间有分流时，要逐级计算水价；②施工用水有循环用水时，水价要根据施工组织设计的供水工艺流程计算；③计算公式中机械组（台）时总费用应按本章施工机械台时费的计算方法的基础价格计算。

【例 3-2-3】 某河道工程初步设计施工生产用水设两级供水系统，一级供水系统设1台 D85-45×2 水泵，水泵出水流量 $120m^3$/(h·台)，台时费为 75 元/台时；二级供水系统 2 台 150S78×4 水泵，其中备用 1 台，水泵出水流量 $160m^3$/(h·台)，台时费为 96 元/台时；两级供水系统供水比例为 5∶5 其中：供水损耗率取 9%；供水设施维修摊销费取 0.05 元/m^3，能量利用系数 K 取 0.85。计算施工用水的综合水价。

解： 由题意可知

综合水价＝一级供水系统水价×供水比例＋二级供水系统水价×供水比例

(1) 一级供水系统水价。

$$施工用水价格=\frac{水泵组(台)时总费用}{水泵额定容量之和\times K}\div(1-供水损耗率)+供水设备维修摊销费$$

$$=75\div(120\times0.85)\div(1-9\%)+0.05$$

$$=0.86(元/m^3)$$

(2) 二级供水系统水价。

$$施工用水价格=\frac{水泵组(台)时总费用}{水泵额定容量之和\times K}\div(1-供水损耗率)+供水设备维修摊销费$$

$$=96\times(2-1)\div[160\times(2-1)\times0.85]\div(1-9\%)+0.05$$

$$=0.83(元/m^3)$$

(3) 综合水价。

综合水价＝一级供水系统水价×供水比例＋二级供水系统水价×供水比例

$$=0.86\times50\%+0.83\times50\%$$

$$=0.85(元/m^3)$$

三、施工用风价格编制

在水利工程施工中，施工用风主要用于石方爆破钻孔、混凝土浇筑、基础处理、金属结构、机电设备安装工程等风动机械（如风钻、潜孔钻、凿岩台车、混凝土喷射机、风水枪等）所需的压缩空气。压缩空气可由固定式空压机或移动式空压机供给。

(一) 施工用风的计算

施工用风价格由基本风价、供风损耗摊销费和供风设施维修摊销费组成。

(1) 基本风价。是指根据施工组织设计供风系统所配置的空压机设备，按台时总费用除以台时总供风量计算的单位风量价格。

(2) 供风损耗摊销费。是指由压气站至用风工作面的固定供风管道，在输送空气过程中所发生的漏气损耗、压气在管道中流动时的阻力风量损耗摊销费用，其大小与管道敷设质量、管道长短有关。

(3) 供风设施维修摊销费。是指摊入风价的供风管道的维护、修理费用。

施工用风价格由基本风价、供风损耗摊销费和供风设施维修摊销费组成，根据施工组织设计所配置的空气压缩机系统设备组（台）时总费用和组（台）时总有效供风量计算。施工用风价格计算公式为

$$施工用风价格=\frac{空压机组(台)时总费用+水泵组(台)总费用}{空压机额定容量之和(m^3/min)\times60(min)\times K}$$

$$\div(1-供风损耗率)+供风设施维修摊销费 \quad (3-2-15)$$

空气压缩机系统如采用循环冷却水，不用水泵，则施工用风价格计算公式为

$$施工用风价格=\frac{空压机组(台)时总费用}{空压机额定容量之和(m^3/min)\times 60(min)\times K}$$
$$\div(1-供风损耗率)+供风设施维修摊销费+单位循环冷却水费 \quad (3-2-16)$$

式中　K——能量利用系数，取 0.70～0.85；

供风损耗率取 6%～10%；

单位循环冷却水费取 0.007 元/m^3；

供风设施维修摊销费取 0.004～0.005 元/m^3。

注：①施工用风价格中的机械组（台）时总费用应按本章施工机械台时费的计算方法的基础价格计算；②如果同一工程有两个或两个以上供风系统时，应按各系统供风量的比例加权平均计算综合风价。

【例 3-2-4】 某一新建引水工程施工供风数据见表 3-2-5，计算风价。

表 3-2-5　　某一新建引水工程施工供风数据

类　型	电动移动式	类　型	电动移动式
空气压缩机容量	9m^3/min	能量利用系数	0.8
空气压缩机台时费	57.11 元/台时	管路维护摊销费	0.005 元/m^3
供风损耗率	10%	单位循环冷却水费	0.007 元/m^3

解： 已知采用循环冷却水，不用水泵，则风价计算公式为

$$施工用风价格=\frac{空压机组(台)时总费用}{空压机额定容量之和(m^3/min)\times 60(min)\times 能量利用系数}$$
$$\div(1-供风损耗率)+供风设施维修摊销费+单位循环冷却水费$$
$$=57.11\div(9\times 60\times 0.8)\div(1-10\%)+0.005+0.007=0.16(元/m^3)$$

四、电水风价格编制中要注意的问题

施工用水、用风价格中的机械组（台）时总费用应按调整后的施工机械台时费定额和不含增值税进项税额的基础价格计算，其他内容和标准不变。

第四节　施工机械台时费编制

随着水利工程施工机械化程度的日益提高，特别是改革开放以来，随着现代科学技术的发展，施工机械化程度的高低决定了水利工程建成的可靠性和建设工期的长短。因此，正确计算施工机械台时费对合理确定工程造价就显得十分重要。

现行水利部颁发的《水利工程施工机械台时费定额》将施工机械分为土石方机械、混凝土机械、运输机械、起重机械、砂石料加工机械、钻孔灌浆机械、工程船舶、动力机械

和其他机械九大类。

施工机械台时费是指一台施工机械正常工作1小时所支出和分摊的各项费用之和。台时费是计算工程单价中机械使用费的基础单价。

一、施工机械台时费的组成

现行水利部颁发的《水利工程施工机械台时费定额》中规定：施工机械台时费由一类费用与二类费用组成。

1. 第一类费用

第一类费用是由基本折旧费、修理及替换设备费和安装拆卸费组成。

施工机械台时费定额中，一类费用是按定额编制年的物价水平以金额形式表示，编制台时费单价时，应按主管部门发布的一类费用调整系数进行调整。

(1) 折旧费。指机械在寿命期内回收原值的台时折旧摊销费用。

(2) 修理及替换设备费。指机械使用过程中，为了使机械保持正常功能而进行修理所需费用、日常保养所需的润滑油料费、擦拭用品费、机械保管费以及替换设备、随机使用的工具附具等所需的台时摊销费用。

(3) 安装拆卸费。指机械进出工地的安装、拆卸、试运转和场内转移及辅助设施的摊销费用。不需要安装拆卸的施工机械，台时费中不计列此项费用。

2. 第二类费用

第二类费用是指施工机械正常运转时机上人工及动力、燃料消耗费。在施工机械台时费定额中，以台时实物消耗量指标表示。编制台时费时，其数量指标一般不允许调整。

(1) 人工。指机械使用时机上操作人员的工时消耗。包括机械运转时间、辅助时间、用餐、交接班以及必要的机械正常中断时间。台时费中人工费按中级工计算。

(2) 动力、燃料或消耗材料。指正常运转所需的风（压缩空气）、水、电油及煤等。其中，机械消耗电量包括机械本身和最后一级降压变压器低压侧至施工用电点之间的线路损耗，风、水消耗包括机械本身和移动支管的损耗。

二、施工机械台时费计算

水利工程施工机械台时费的计算，一般是按《水利工程施工机械台时费定额》进行计算。在现行的增值税体系下，施工机械台时费计算要按调整后的施工机械台时费定额和不含增值税进项税额的基础价格计算。具体计算方法如下：

(1) 一类费用。施工机械台时费定额中，在编制台时费单价时，应按主管部门发布的一类费用调整系数进行调整。

水利部办公厅发布的《水利工程营业税改增值税计价依据调整办法》（办水总〔2016〕132号）中规定，在使用《水利工程施工机械台时费定额》计算施工机械台时费时，施工机械台时费定额的折旧费除以1.15调整系数，修理及替换设备费除以1.11调整系数，安装拆卸费不变。掘进机及其他由建设单位采购、设备费单独列项的施工机械，台时费中不

计折旧费，设备费除以1.17调整系数。

《水利部办公厅关于调整水利工程计价依据增值税计算标准的通知》（办财务函〔2019〕448号）中规定，施工机械台时费按定额的折旧费除以1.13调整系数，修理及替换设备费除以1.09调整系数，安装拆卸费不变。掘进机及其他由建设单位采购、设备费采用不含增值税进项税额的价格。

（2）二类费用。施工机械台时费定额中，二类费用分为人工、动力、燃料或消耗材料，以工时数量和实物消耗量表示。编制台时费单价时，按规定的人工工资计算办法和工程所在地相应的动力、燃料或消耗材料的不含进项税的预算价格进行计算。

1）人工。人工指机械运转时应配备的机上操作人员。

2）动力、燃料。动力、燃料指保持机械正常运转时所需的风、水、电、油、煤及木柴等。

$$第二类费用=\sum（人工及动力、燃料定额消耗量\times相应单价） \quad (3-2-17)$$

式（3-2-17）中“相应单价”指工程所在地编制年的人工预算单价及材料不含进项税的预算价格。

由于大型水利工程的施工机械主要在施工场内使用，因此《水利施工机械台时费定额》规定只计算一、二类费用。

三、编制补充施工机械台时费

当施工组织设计选取的施工机械在台时费定额规格、型号不符时，必须编制补充施工机械台时费，其水平要与同类机械相当。在现行的施工机械台时费定额中有相类似的机械条件下，编制台时费一般依据该机械的预算价格、年折旧率、年工作台时、额定功率以及额定动力或燃料消耗量等参数，借用现行的施工机械台时费定额采用直线内插法等进行编制。除此之外，也可以按施工机械台时费组成，分项编制出各项目费用。

（一）直线内插法

当所求设备的容量、吨位、动力等设备特征指标在《水利工程施工机械台时费定额》范围之内时，一般采用“直线内插法”编制补充台时费。直线内插法是编制补充台时费最简易、最实用的方法。

其计算公式为

$$X=(B-A)\times(x-a)\div(b-a)+A \quad (3-2-18)$$

式中　X——所求设备的定额指标；

A——在定额表中，较所求设备特征指标小而最接近的设备的定额指标；

B——在定额表中，较所求设备特征指标大而最接近的设备的定额指标；

x——所求设备的特征指标；

a——A设备的特征指标；

b——B设备的特征指标。

（二）按施工机械台时费组成编制补充施工机械台时费

1．折旧费

折旧费指施工机械在规定使用年限内回收原值的台时折旧摊销费用。计算折旧费常用直线折旧法和加速折旧法。

(1) 直线折旧法。机械在规定使用期内，收回原值的台时折旧摊消费。其计算公式为

$$折旧费=\frac{机械预算价格\times(1-残值率)}{机械规定使用台时} \quad (3-2-19)$$

其中：　　机械预算价格＝出厂价＋综合运杂费＋车辆购置附加税

综合运杂费按具体机械和有关文件规定计算，若无可按5%计取，车辆购置税为出厂价的10%。

残值率指机械使用后的残余价值。在编制初步设计概算时，应根据上级主管部门有关规定和工程的具体情况确定。若无，大型施工机械可按5%，中小型机械可取4%，运输机械可取6%。

(2) 加速折旧法。加速折旧法也称为快速折旧法或递减折旧法，其特点是在施工机械有效使用年限的前期多提折旧，后期少提折旧，从而相对加快折旧的速度，以使固定资产成本在有效使用年限中加快得到补偿。

常用的加速折旧法有双倍余额递减法和年数总和法两种：

1) 双倍余额递减法。双倍余额递减法是在不考虑施工机械残值的情况下，根据每一期期初施工机械设备的账面净值和双倍直线法折旧额计算机械折旧的一种方法。计算公式如下：

$$年折旧率=2\div预计的折旧年限\times100\% \quad (3-2-20)$$

$$月折旧率=年折旧率\div12 \quad (3-2-21)$$

$$月折旧额=固定资产账面净值\times月折旧率 \quad (3-2-22)$$

这种方法没有考虑施工机械的残值收入，因此不能使账面折余价值降低到它的预计残值收入以下，即实行双倍余额递减法计提折旧的固定资产，应当在其折旧年限到期的最后两年或者（当采用直线法的折旧额大于等于双倍余额递减法的折旧额时），将固定资产账面净值扣除预计净残值后的余额平均摊销。

2) 年数总和法。

年数总和法也称为合计年限法，是将固定资产的原值减去净残值后的净额和以一个逐年递减的分数计算每年的折旧额，这个分数的分子代表固定资产尚可使用的年数，分母代表使用年数的逐年数字总和。其计算公式为

$$年折旧率=尚可使用年限\div预计使用年限折数总和 \quad (3-2-23)$$

或：

$$年折旧率=(预计使用年限-已使用年限)\div[预计使用年限\times(预计使用年限+1)\div2]\times100\% \quad (3-2-24)$$

$$台时折旧率=年折旧率\div年台时数 \quad (3-2-25)$$

$$台时折旧额=(原值-预计净残值)\times台时折旧率 \quad (3-2-26)$$

2. 修理费

修理费指施工机械使用过程中，为了使机械保持正常的功能而进行修理所需的摊销费用和机械正常运转及日常保养所需的润滑油料、擦拭用品以及保管机械所需的费用。施工机械的修理费包括大修理费、经常性修理费、日常保养费和保管费等。

（1）大修理费是指为使机械恢复其功能，当机械达到大修理间隔所必须大修理所需的费用。其计算公式为

$$台时大修理费=\frac{一次大修理费\times大修理次数}{使用总台时}=\frac{一次大修理费\times(使用周期-1)}{使用总台时} \tag{3-2-27}$$

式中　一次大修理费指机械进行全面大修理所消耗的费用。

大修间隔台时指相邻两次大修之间机械运转的台时。

（2）经常修理费指机械中小修、定期保养及日常例行保养所需的费用，包括机械中修及定期保养的费用和润滑及擦拭材料费。其计算公式为

$$台时经常修理维护费=台时经常修理费+台时润滑及擦拭材料费 \tag{3-2-28}$$

$$台时经常性修理费=\frac{一次中修费\times中修次数+\sum(各级保养一次费用\times次数)}{大修间隔台时} \tag{3-2-29}$$

$$台时润滑及擦拭材料费=\sum(某润滑材料台时供应量\times相应单价) \tag{3-2-30}$$

（3）替换设备费指施工机械正常运转时所耗用的替换设备及随机使用的工具附具等摊销费用。其计算公式为

$$替换设备台时摊消费=\frac{\sum[某替换设备一次使用量\times单价\times(1-该设备残值率)]}{该替换设备规定使用总台时} \tag{3-2-31}$$

3. 安装拆卸费

安装拆卸费指施工机械进出工地的安装、拆卸、试运转和场内转移及辅助设施的摊销费用。安装拆卸费可简称安拆费，其计算公式为

$$安装拆卸费=台时折旧费\times安装拆卸费率 \tag{3-2-32}$$

$$安装拆卸费=\frac{一次安装拆卸费用\times每年平均拆卸次数}{年工作台时} \tag{3-2-33}$$

4. 人工费

人工费指施工机械使用时机上操作人员人工费用。机上工人如司机以及其他操作机械的工人，机下辅助的人工不包括在内。机上人工预算单价同机下人工预算单价的计算相同。机上人工数量配备应根据机械性能、操作需要、工作性质和连续作业等的特点确定。具体而言，机械定员由下面三类工人组成：

第一类：直接操纵和看管机械的工人，如司机、水泵工、空压机工等。

第二类：给机械装入材料、卸去产品的工人，如拌和机下料的工人，给起重机吊运打旗、指挥及挂钩卸钩的工人。

第三类：做辅助工作的工人，如挖土机移动时修路、拉电缆的工人等。

机上人工定员确定后，就可以计算机上人工费，其计算公式为

$$人工费=机上人工数\times人工预算单价 \tag{3-2-34}$$

式（3-2-34）中人工预算单价的计算方法同本章第一节人工预算单价的计算。

5. 动力燃料费

动力燃料费指使机械正常运转所需的风（压缩空气）、水、电、油、煤、木材等的费用。机械除本身在运转时所消耗能量外，还包括电动机械与施工现场最后一级降压变压器之间的线路电损及辅助用电；机械启动时所用燃料和附加用的燃料及油料过滤损耗等。

四、使用台时费定额应注意的问题

（1）大型机械设备台时费中不包括的安拆费。大型机械设备安拆费应计在施工临时工程的其他施工临时工程中。

（2）《水利部办公厅关于调整水利工程计价依据增值税计算标准的通知》（办财务函〔2019〕448号）中规定，施工机械台时费按定额的折旧费除以1.13调整系数，修理及替换设备费除以1.09调整系数，安装拆卸费不变。掘进机及其他由建设单位采购、设备费采用不含增值税进项税额的价格。

【例3-2-5】 某新建河道工程其土方工程中使用1.5m^3液压单斗挖掘机，计算挖掘机的台时费。已知该工程所使用柴油预算单价为8.31元/kg（柴油限价为2.99元/kg）。

解： 根据某水利河道工程，可查人工预算单价为一般地区中级工的人工预算单价为6.16元/工时，所求设备容量位于定额1009号、1010号之间，采用“直线内插法”求该设备的补充台时费定额指标。从定额中查得相应的指标列入表3-2-6内。

表3-2-6 单斗挖掘机台时费定额指标

定额	斗容/m^3	折旧费/元	修理及替换设备费/元	安拆费/元	人工/工时	柴油/kg	设备
1009	1.0	35.63	25.46	2.18	2.7	14.9	A
1010	1.6	52.37	32.99	2.57	2.7	18.6	B

（1）一类费用指标：

$$折旧费=[(52.37-35.63)\times(1.5-1.0)\div(1.6-1.0)+35.63]\div1.13=43.88(元/台时)$$

$$修理及替换设备费=[(32.99-25.46)\times(1.5-1.0)\div(1.6-1.0)+25.46]\div1.09=29.11(元/台时)$$

$$安装拆卸费=(2.57-2.18)\times(1.5-1.0)\div(1.6-1.0)+2.18=2.51(元/台时)$$

$$一类费小计=43.88+29.11+2.51=75.50(元/台时)$$

（2）二类费用指标：

$$人工费=2.7\times6.16=16.63(元/台时)$$

$$柴油费=[(18.6-14.9)\times(1.5-1.0)\div(1.6-1.0)+14.9]\times2.99=53.77(元/台时)$$

$$二类费小计=16.63+53.77=70.40(元/台时)$$

（3）1.5m^3液压单斗挖掘机的台时费：

$$台时费=75.50+70.40=145.90(元/台时)$$

第五节 砂石料预算价格编制

在水利工程建设中，骨料需求量大、使用集中，因此一般大中型水利工程骨料生产，均根据工程需要的各级骨料数量及生产强度，由承包人自行开采加工，并形成机械化联合作业系统，由承包人自行开采加工的骨料，在预测造价时应采用现行概算定额和编制规定，计算骨料单价。

由于骨料生产工序多，单价计算较为复杂，且骨料单价高低对工程造价影响较大，因此骨料单价计算必须有可靠的地勘和试验资料，并根据料场规划，生产流程，合理计算骨料单价。

一、概述

（一）砂石料基本概念

（1）砂石料。是砂砾料、砂、碎石、砾石、块石、条石等骨料的统称，是基本建设工程中混凝土和堆砌石等构筑物的主要建筑材料。

（2）骨料。指经过加工分级后的砂、碎石和砾石。骨料可用于拌制混凝土，砂又称为细骨料，碎石和砾石又称为粗骨料。

（3）砂砾料。指未经过加工的天然砂砾石料。

（4）砾石。指天然砂砾料经过加工分级后粒径大于5mm的卵石。

（5）碎石原料。指未经破碎、加工的岩石开采料。

（6）碎石。指经过破碎、加工分级后粒径大于5mm的骨料。

（7）砂。指粒径小于或等于5mm的骨料。

（8）块石。指厚度大于20cm且长、宽各为厚度2～3倍的石块。

（9）片石。指厚度大于15cm且长、宽各为厚度3倍以上的石块。

（10）毛条石。指一般长度大于60cm的长条形四棱方正的石料。

（11）料石。指毛条石经过修边打荒加工，外露面方正，各相邻面正交，表面凹凸不超过10mm的石料。

（二）砂石料分类

1. 根据粒径分类

在水利工程造价预测中，根据砂石料的粒径不同，分为砂（细骨料）和粗骨料。

（1）砂。砂又称为细骨料，粒径小于或等于5mm。天然砂是由岩石风化而形成的大小不等、由不同矿物散粒（石英、长石）组成的混合物，人工砂经爆破岩石，破碎、碾磨而成，也可用砾石破碎、碾磨制砂。

（2）卵石、碎石。卵石、碎石又称为粗骨料，粒径大于5mm，卵石由天然砂石料中筛取，碎石用开采岩石或大卵石经人工或机械加工而成。

（3）级配。将各级粒径粗骨料颗粒按适当比例配合，使骨料的空隙率及总面积都较小，以减少水泥用量，达到混凝土要求的和易性，混凝土粗骨料级配分为四级，见表3-2-7。

表 3-2-7 混凝土粗骨料级配表

级配	量大粒径/mm	粒 径 组 成/mm			
一级配	20	5～20			
二级配	40	5～20	20～40		
三级配	80	5～20	20～40	40～80	
四级配	150（120）	5～20	20～40	40～80	80～150

上述骨料级配为连续级配，在工程中为充分利用料源也可采用间断级配，采用间断级配必须进行充分试验论证。

（4）最大粒径。指粗骨料中最大颗粒尺寸。粗骨料最大粒径增大，可使混凝土骨料用量增加，减少空隙率，节约水泥，提高混凝土密实度，减少混凝土发热量及收缩。据试验资料，粗骨料最大粒径为 150mm。最大粒径的确定与混凝土构件尺寸、有无钢筋有关，混凝土施工技术规范有明确规定。

2. 根据料源分类

根据料源情况砂石料可分为天然骨料和人工骨料两大类。

（1）天然骨料。指开采砂砾料，经筛分、冲洗、加工而成的卵（砾）石和砂。天然骨料料源有河砂、海砂、山砂、河卵石、海卵石等。

（2）人工骨料。是用爆破方法，开采岩石作为原料，经机械破碎，碾磨而成的碎石和机制砂（又称为人工砂）。

（三）骨料单价计算

常用的骨料单价计算方法有两种：系统单价法和工序单价法。

1. 系统单价法

系统单价法是以整个砂石料生产系统为计算单元，用系统单位时间的生产总费用除以系统单位时间的骨料产量求得骨料单价，即从原料开采运输起到骨料运至搅拌楼（场）骨料料仓（堆）止的生产全过程作为一个生产系统，计算出骨料单价。计算公式为

$$骨料单价=\frac{系统生产总费用}{系统骨料产量} \tag{3-2-35}$$

系统生产总费用中的人工费按施工组织设计确定的劳动组合计算的人工数量乘以相应的人工单价求得。机械使用费按施工组织设计确定的机械组合所需机械型号、数量分别乘以相应的机械台时单价。材料费可参考定额数量计算。系统产量应考虑施工期不同时期（初期、中期、末期）的生产不均匀性因素，经分析计算后确定。

系统单价法避免了影响计算成果准确的损耗和体积变化这两个复杂问题，计算原理相对科学，但对施工组织设计深度要求较高。

2. 工序单价法

工序单价法按骨料生产流程，分解成若干个工序，以工序为计算单元，按现行概算相应定额计算各工序单价，再累计计算成品骨料单价的方法。在后面将重点介绍工序单价法。

二、成品骨料单价的计算

（一）各工序单价计算

1. 天然砂石料各工序单价的计算

（1）覆盖层清除。天然砂砾料场（一般为河滩）表层都有杂草、树木、腐质土等覆盖，在毛料开采前应剥离清除。采用现行定额查阅土方工程定额，计算工序单价，并折算为100t。

（2）毛料开采运输。毛料开采运输费用指毛料（原料）从料场开采、运输至砂石料加工场的毛料堆场的费用。根据施工组织设计确定的开采和运输方案，按相应工程项目的定额子目计算。采用现行定额第六章规定，并折算为100t，根据加工工艺（有无破碎），计入系数计算单价。

毛料开采运输通常有两种情况：

1）毛料开采后一部分直接运到筛分场堆存，而另一部分需暂存某堆料场，将来再倒运到筛分场，这种情况应分别计算单价，然后按比例加权平均计算综合工序单价。

2）由多个料场供料时，当开挖、运输方式相同，可按料场供料比例，加权平均计算运距。如果开挖、运输方式不同，则应分别计算各料场单价，按供料比例加权平均计算工序单价。

（3）预筛分。根据施工组织设计确定筛分选用相应的定额计算。

$$\text{超径石破碎工序单价}=\frac{\text{超径石破碎量(t)}}{\text{设计骨料总用量(t)}}\times\text{超径石破碎定额单价} \quad (3-2-36)$$

（4）筛分冲洗。筛分冲洗单价根据施工组织设计套用筛洗定额计算。

为满足设计级配要求，充分利用料源，在筛洗工序中可增加中间破碎工序，其工序单价为

$$\text{中间破碎工序单价}=\text{中间破碎量(t)}\div\text{设计骨料总用量(t)}\times\text{超径石破碎定额单价} \quad (3-2-37)$$

（5）成品料运输。成品料运输单价根据施工组织设计确定的运输方案套用相应定额计算。

（6）弃料处理。弃料的数量应根据砂石料场的勘探试验资料和施工组织设计级配平衡计算结果确定。计算单价时，按照每一工艺流程的弃料量与成品骨料量的比例摊入骨料单价。若弃料经挖装运输至指定地点时，其费用按清除的施工方法，采用相应的定额计算，同样按照弃料比例摊入砂石单价。

$$\text{超径石弃料摊销费}=(\text{砂砾料开采运输单价}+\text{预筛分单价弃料运输单价})\times\text{超径石弃料摊销率} \quad (3-2-38)$$

$$\text{剩余弃料摊销费}=\text{成品骨料单价}\times\text{剩余骨料摊销率} \quad (3-2-39)$$

2. 人工砂石料各工序单价的计算

人工骨料料源为岩石，加工工序定额在《水利建筑工程概算定额》中。

（1）覆盖层清除。覆盖层清除为土方、石方开挖工程，该工序单价应摊入成品骨料单价。计算方法根据施工方法套用相应定额计算单价。

(2) 碎石原料开采运输。碎石原料开采运输根据施工方法分别套用开采和运输相应定额。

(3) 碎石粗碎。水利部现行定额，未单独设置该工序定额子目，而归入制碎石、制砂及碎石和砂定额中。

(4) 碎石中碎筛分。水利部现行定额按工厂生产规模、设备型号设置了制碎石、制碎石及砂等若干定额子目，破碎机时间定额可根据不同岩石的抗压强度进行调整。

(5) 制砂。现行水利部定额按工厂生产规模设置了若干子目，其工作内容包括粗碎、中碎、细碎、筛洗、棒磨制砂、堆存脱水，破碎机时间定额及钢棒消耗量，使用定额时可根据工程实际情况对岩石抗压强度及岩性进行调整。

(6) 成品骨料运输同天然骨料。

(7) 弃料处理。人工骨料理论上讲不存在弃料处理问题，如果有弃料发生，应为成品骨料（粗骨料、细骨料）的剩余量。

(二) 确定有关参数

1. 覆盖层清除摊销率

覆盖层清除摊销率=[覆盖层清除量/成品骨料总用量(t)]×100%

=[覆盖层清除量(自然方×自然方密度)]/[成品骨料总用量(成品堆方×成品堆方密度)]×100%　　(3-2-40)

2. 弃料摊销率

弃料摊销率=[弃料量(t)]/[成品骨料总量(t)]×100%

=[弃料量(成品堆方×成品堆方密度)]/[成品骨料总量(成品堆方×成品堆方密度)]×100%　　(3-2-41)

弃料可能为：A—超径石弃料（发生在预筛分工序）；B—成品骨料弃料（发生在筛分楼分级料仓）。

3. 破碎率

破碎率=[需破碎量(t)]/[设计成品骨料总用量(t)]×100%　　(3-2-42)

破碎可能为：A—超径石破碎；B—筛洗中间破碎。

(三) 计算成品骨料单价

当完成各工序单价计算后，成品骨料单价可按式（3-2-45）计算。

砂石骨料综合单价=覆盖层清除摊销单价+开采加工单价+弃料处理摊销单价

其中：

覆盖层清除摊销费=Σ(覆盖层清除单价×覆盖层清除摊销率)　　(3-2-43)

弃料处理摊销费=Σ(弃料处理单价×弃料处理摊销率)　　(3-2-44)

开采加工单价=Σ(各工序开采加工工序单价)　　(3-2-45)

(四) 计算成品骨料单价注意的事项

(1) 骨料单价是指从覆盖层清除开始到成品骨料运至拌和楼成品料堆为止，全过程应计算的费用，包括弃料处理费用。

(2) 水利工程砂石料由施工企业自行采备时，砂石料单价应根据料源情况、开采条件和工艺流程计算，并计取间接费、利润及税金。自采砂石料税率为3%。

(3) 熟悉定额包含的工作内容和适应范围，根据设计提供的工厂处理能力、弃料、超径石破碎、中间破碎、含泥量等资料，进行工序单价组合。

(4) 定额中胶带机的计量单位为米时，在采用概算定额编制设计概（估）算时，其数量不予调整。

(5) 采用现行概算定额中的天然砂石筛洗，制碎石，制砂、制碎石和砂等节定额计算砂石备料单价时，其他材料费的计算基数均不包含“砂石料采运”“碎石原料”本身的价值。

三、外购砂单价计算

水利项目中若当地砂石料缺乏或料场储量不能满足工程需要，或者因砂石料用量较少，不宜自采砂石料时，可从附近砂石料市场外购。外购砂、碎石（砾石）、块石、料石等预算价格为不包含增值税进项税额价格，当预算价格超过 70 元/m³ 时，应按基价 70 元/m³ 计入工程单价参加取费，预算价格与基价的差额以材料补差形式进行计算，材料补差列入单价表中并计取增值税销项税金。

根据《水利工程营业税改征增值税计价依据调整办法》（水总〔2016〕132 号），过渡阶段采用含税价格编制概（估）算文件时，项目审批前应按该办法调整概（估）算成果，其中材料价格可以采用将含税价格除以调整系数的方式调整为不含税价格，调整方法如下：购买的砂、石料、土料暂按除以 1.02 调整系数。

【例 3-2-6】 某小型水电站施工中，施工企业自行采备砂石料，设计砂石料用量 104 万 m³，其中粗骨料 79.3 万 m³，砂 26.5 万 m³；料场覆盖层 12.9 万 m³，成品储备量 105.2 万 m³。超径石弃料 2.37 万 m³，粗骨料级配弃料 18.34 万 m³，砂级配弃料 3.12 万 m³。计算砂石料单价。

已知：工序单价，覆盖层清除：11.61 元/m³，弃料运输：12.38 元/m³。

砂石料加工工艺流程见表 3-2-8。

表 3-2-8　砂石料加工工艺流程　单位：元/m³

名称	砂石料加工工艺流程			
	毛料开采运输	预筛分、超径石破碎运输	筛洗、运输	成品骨料运输
砂	14.33	7.16	8.35	16.01
粗骨料	10.98	7.06	9.26	7.98

其中预筛分、超径石破碎、筛洗、运输工序中需将其弃料运至指定地点。

解： (1) 砂石料基本单价：

基本单价＝毛料开采运输＋预筛分、超径石破碎运输＋筛洗、运输＋成品骨料运输

粗骨料基本单价＝10.98＋7.06＋9.26＋7.98＝35.28(元/m³)

砂基本单价＝14.33＋7.16＋8.35＋16.01＝45.85(元/m³)

(2) 砂石料摊销单价：

覆盖层清除摊销单价＝覆盖层清除单价×覆盖层清除摊销率

＝11.61×12.9÷105.2＝1.42(元/m³)

超径石弃料摊销单价＝超径石弃料单价×超径石弃料摊销率

=(10.98+7.06+12.38)×2.37÷79.3=0.91(元/m³)

粗骨料级配弃料摊销单价=粗骨料级配弃料单价×粗骨料级配弃料摊销率
=(10.98+7.06+9.26+12.38)×18.34÷79.3
=9.18(元/m³)

砂级配弃料摊销单价=砂级配弃料单价×砂级配弃料摊销率
=(14.33+7.16+8.35+12.38)×5.17÷26.5
=8.24(元/m³)

(3) 砂石料综合单价：

砂石料综合单价=基本单价+摊销单价

粗骨料综合单价=35.28+1.42+0.91+9.18=46.79(元/m³)

砂综合单价=45.85+1.42+8.24=55.51(元/m³)

第六节 混凝土及砂浆材料价格编制

混凝土及砂浆材料单价指按混凝土及砂浆设计强度等级、级配及施工配合比配制每一立方米混凝土、砂浆所需要的水泥、砂、石、水、掺和料及外加剂等各种材料的费用之和。它不包括拌制、运输、浇筑等工序的人工、材料和机械费用，也不包含搅拌损耗外的施工操作损耗及超填量等。

一、单价计算方法

在编制混凝土工程单价时，应根据设计选定的不同工程部位的混凝土及砂浆的强度等级、级配和龄期确定出各组成材料的用量，进而计算出混凝土、砂浆材料单价。

(一) 混凝土基价

混凝土基价指组成混凝土的水泥、砂、石料、掺和料、外加剂、水、块石等各种材料按配合比计算的费用之和。混凝土材料费指按定额混凝土消耗量计算的混凝土费用。该费用包括按混凝土材料配合比计算的混凝土基价以及考虑施工中不可避免的操作损耗、施工超填量、施工附加费等因素后的费用。因此，混凝土基价与混凝土材料费不完全相同。混凝土材料费计算的依据除了混凝土的配合比外，还有设计和施工允许的损耗量、超填量、附加量等计算标准。混凝土基价可用式 (3-2-46) 计算：

$$C_{bc}=\sum_{i=1}^{n}Q_iU_i \tag{3-2-46}$$

式中 C_{bc}——混凝土的基价；
Q_i——第 i 种材料的数量；
U_i——第 i 种材料的单价。

混凝土材料费可用式 (3-2-47) 计算：

$$C_{mc}=C_{bc}\times Q_{cm} \tag{3-2-47}$$

式中 C_{mc}——混凝土的材料费；
C_{bc}——混凝土的基价；

Q_{cm}——混凝土的消耗量。

混凝土的消耗量指完成一定数量的成品混凝土所需混凝土的计价数量，包括按结构物设计尺寸计算的工程量及规范允许的超填量、附加量和场内施工操作损耗。

混凝土消耗量可用式（3-2-48）计算：

$$Q_{cm}=\text{设计断面工程量}+\text{超填量}+\text{施工附加量}+\text{场内操作损耗量} \quad (3-2-48)$$

概算定额中，"混凝土运输量"表示为完成设计要求的混凝土断面而运到浇筑现场的混凝土量，包括了施工附加量和超填量。

$$\text{混凝土消耗量}=\text{混凝土运输量}+\text{场内操作损耗} \quad (3-2-49)$$

如果用 E_s(%) 表示操作损耗率，用 Q_{ct} 表示混凝土运输量，则式（3-2-48）、式（3-2-49）又写为

$$Q_{cm}=Q_{ct}(1+E_s) \quad (3-2-50)$$

（二）块石混凝土中的材料用量计算

块石混凝土是指大体积混凝土浇筑时加入块石，以节约混凝土的用量。由于加入了块石，这样混凝土的材料用量减少了。因此，块石混凝土的材料用量可以用式（3-3-51）计算：

$$\text{块石混凝土材料量}=\text{配合比表列材料量}\times[1-\text{埋石率}(\%)] \quad (3-3-51)$$

埋石率可按式（3-3-52）计算：

$$\text{埋石率}(\%)=\frac{\text{块石埋量(t)}}{\text{混凝土配合比材料量(t)}}\times 100\% \quad (3-3-52)$$

其中：

$$\text{混凝土配合比材料量(t)}=\text{水泥}+\text{砂}+\text{石子}$$

因此

$$\text{块石埋量(t)}=\text{混凝土配合比材料量(t)}\times\text{埋石率} \quad (3-3-53)$$

块石体积的计算单位有码方、自然方等，它们之间的换算关系是：

$$1\text{块石自然方}=1.67\text{码方}$$

$$\text{块石体积(码方)}=\frac{\text{自然方重量}}{\text{自然容重}}\times 1.67 \quad (3-2-54)$$

在埋石混凝土中计算混凝土材料用量时，应列入大块石（码方）数量。块石（码方）数量应考虑施工运输损耗和附加量的要求，因此埋石混凝土中块石（码方）数量又可用式（3-2-55）来表示：

$$\text{块石数量(码方)}=\text{块石埋量(码方)}\times[1+\text{施工运输损耗系数}+\text{施工附加量}(\%)] \quad (3-2-55)$$

二、换算系数及有关说明

(1) 混凝土强度等级与设计龄期的换算系数。根据 SL/T 191—2008《水工混凝土结构设计规范》，按照国际标准（ISO 3893）的规定，将原规范混凝土标号名称改为混凝土强度等级。原规范混凝土标号 R 与新规范混凝土强度等级 C 之间的换算关系见表 3-2-9。

表 3-2-9　　R与C换算关系表

原规范混凝土标号 R/(kg/cm²)	100	150	200	250	300	350	400
新规范混凝土强度等级 C（取用值）	C9	C14	C19	C24	C29.5	C35	C40

与此同时，旧水泥标准的水泥标号也改为新水泥标准的强度等级。定额附录中各强度等级混凝土配合比（碾压混凝土除外）是按28天龄期考虑的，当设计龄期为60天、90天、180天、360天时，则应将设计龄期的强度等级乘以换算系数，折算为28天的强度等级，才可使用定额附录混凝土配合比表材料用量，换算系数见表3-2-10。

表 3-2-10　　混凝土设计龄期与强度等级换算系数表

设计龄期/天	28	60	90	180	360
强度等级换算系数	1.00	0.83	0.77	0.71	0.65

如某大坝混凝土采用90天龄期设计强度等级为C25，则换算为28天龄期时其混凝土强度等级为

$$C25\times 0.77=C20$$

即应按定额附录强度等级C20混凝土配合比表的材料预算量计算混凝土材料单价。

当换算后的结果介于定额附录混凝土配合比表中两个强度等级之间时，应取高一级的混凝土强度等级。

(2) 水泥强度等级与用量换算。当工程采用水泥的强度等级与配合比表不同时，应对配合比表的水泥用量进行调整，换算系数见表3-2-11。

表 3-2-11　　水泥强度等级与用量换算系数参考表

水泥强度等级	31.68MPa	41.68MPa	51.68MPa	61.68MPa
31.68MPa	1.00	0.83	0.71	0.63
41.68MPa	1.21	1.00	0.86	0.76
51.68MPa	1.41	1.16	1.00	0.88
61.68MPa	1.59	1.31	1.13	1.00

(3) 骨料种类、粒度换算系数。混凝土材料单价在混凝土工程单价中占有较大的比重，各混凝土施工配合比是计算混凝土材料单价（或混凝土基价）的基础。初设阶段编制设计概算单价时，掺粉煤灰混凝土、碾压混凝土的混凝土材料用量，应按本工程的混凝土级配及施工配合比试验资料计算。初设阶段的纯混凝土、掺外加剂混凝土，或可行性研究阶段的掺粉煤灰混凝土、碾压混凝土等如无试验资料，可参照定额附录混凝土配合比表的各种材料用量计算混凝土材料单价。纯混凝土、掺外加剂混凝土各材料用量，可通过混凝土配合比设计确定。

定额附录混凝土配合比表是按卵石、粗砂拟定的，如实际采用碎石、中细砂时，应对配合比表中的各材料用量按表3-2-12进行换算（粉煤灰的换算系数同水泥的换算系数）。

表 3-2-12　　骨料种类、粒度换算系数表

项　目	水泥	砂	石子	水
卵石换为碎石	1.10	1.10	1.06	1.10
粗砂换为中、细砂	1.07	0.98	0.98	1.07
卵石粗砂换为中、细砂	1.17	1.08	1.04	1.17

(4) 埋块石混凝土材料用量的调整。大体积混凝土，为了节约水泥和温控的需要，常常采用埋块石混凝土。计算混凝土材料用量时，应将混凝土配合比表中的材料用量扣除埋块石实体的数量。

埋块石混凝土材料用量＝定额混凝土配合比表中的材料用量×(1－埋块石率)

其中：1-埋块石率为材料用量调整系数；埋块石率由施工组织设计确定；埋块石混凝土应增加的人工数量见表 3-2-13。

表 3-2-13　　埋块石混凝土浇筑定额应增加的人工工时数量表

埋块石率/%	5	10	15	20
每 $100m^3$ 块石混凝土增加的人工工时	24	32	42.4	56.8

注　表列工时不包括块石运输及影响浇筑的工时。

进行工程单价计算时，埋块石混凝土用量，一般分成混凝土与块石（以码方计）两项，二者的用量均可由埋块石率求得。

每 $100m^3$ 块石混凝土中混凝土用量＝1－埋块石率(%)

每 $100m^3$ 块石混凝土中块石用量＝埋块石率（%）×$1.67m^3$ 码方

块石折方系数：$1m^3$ 实体方＝$1.67m^3$ 码方。

上述调整后的混凝土，其基价仍用未埋块石的混凝土基价。块石在浇筑定额中的计量单位以码方计，相应块石开采运输单价的计量单位也以码方计。

(5) 根据《水利工程营业税改征增值税计价依据调整办法》（办水总〔2016〕132号），混凝土材料单价按混凝土配合比中各项材料的数量和不含增值税进项税额的材料价格进行计算。

商品混凝土单价采用不含增值税进项税额的价格，基价 200 元/m^3 不变。

根据《水利工程营业税改征增值税计价依据调整办法》（办水总〔2016〕132 号），采用含税价格编制概（估）算文件时，项目审批前应按本办法调整概（估）算成果，其中材料价格可以采用将含税价格除以调整系数的方式调整为不含税价格，商品混凝土除以 1.03 调整系数。

【例 3-2-7】 某泵站工程中某部位采用的混凝土为 C25 三级配，混凝土用 42.5 级普通硅酸盐水泥。已知混凝土各组成材料的预算价格为：42.5 级普通硅酸盐水泥 300 元/t、中砂 75 元/m^3、碎石 65 元/m^3、水 0.80 元/m^3。试计算该混凝土材料的预算单价。

解： 查水利部《水利水电工程概算定额》(2002 年) 纯混凝土材料配合比，具体计算见表 3-2-14。

查表可知：

每立方C25混凝土，42.5级水泥（水灰比0.55、三级配）材料预算量：水泥238kg，粗砂594kg（0.40m^3），卵石1637kg（0.96m^3），水0.125m^3。实际采用的是碎石和中砂，按骨料种类、粒度换算系数表进行换算。

表3-2-14　　混凝土材料单价计算表

混凝土强度等级	水泥强度等级	水灰比	级配	最大粒径/mm	预算量						混凝土强度等级
					水泥/kg	粗砂		卵石		水/m^3	
						kg	m^3	kg	m^3		
C25	42.5	0.55	一	20	321	789	0.54	1227	0.72	0.17	C25
			二	40	289	733	0.49	1382	0.81	0.15	
			三	80	238	594	0.4	1637	0.96	0.125	
			四	150	208	498	0.34	1803	1.06	0.11	

注　材料预算价格低于基价的，材料基价栏可不填数据。

水泥：由表3-2-14进行换算，卵石换为碎石换算系数为1.10；粗砂换为中砂换算系数为1.07；42.5级普通硅酸盐水泥300元/t，超过水泥基价255元/t，按基价计算，超出部分以材料补差形式计入工程单价表。

$$238\times1.1\times1.07\times0.255=71.43(\text{元})$$

中砂：卵石换为碎石换算系数为1.10；粗砂换为中砂换算系数为0.98；中砂75元/m^3，中砂基价为70元/m^3，按基价计算，超出部分以材料补差形式计入工程单价表。

$$0.40\times0.98\times1.1\times70=30.18(\text{元})$$

碎石：卵石换为碎石换算系数为1.06；粗砂换为中砂换算系数为0.98；碎石65元/m^3，碎石基价为70元/m^3。

$$0.96\times1.06\times65\times0.98=64.82(\text{元})$$

水：卵石换为碎石换算系数为1.10；粗砂换为中砂换算系数为1.07。

$$0.125\times1.1\times0.8\times1.07=0.12(\text{元})$$

C25混凝土材料价格：71.43+30.18+64.82+0.12=166.55（元/m^3）

水泥补差：238×1.1×1.07×(0.3-0.255)=12.61（元/m^3）

中砂补差：0.40×0.98×1.1×(75-70)=2.16（元/m^3）

C25混凝土材料价差：12.61+2.16=14.77（元/m^3）

第三章　水利建筑安装工程单价编制

工程单价是编制水利水电建筑安装工程概预算的基础。工程单价包括建筑工程单价和安装工程单价两部分，指完成单位工程量（$1m^3$、$100m^3$、1t、100m 等）所耗用的直接费、间接费、企业利润、材料补差和税金的总和。本章主要从建筑工程单价和设备及安装工程单价来介绍工程单价的编制。

第一节　建筑安装工程单价编制概述

一、建筑工程单价的分类

建筑工程单价按水利部颁发的《水利建筑工程概算定额》（2002 年）（以下简称《概算定额》）可分为土方工程、石方工程、砌石工程、混凝土工程、模板工程、砂石备料工程、钻孔灌浆及锚固工程、疏浚工程及其他工程单价等。安装工程包括机电设备安装和金属结构设备安装两部分。

二、建筑工程单价的组成与编制程序

（一）建筑工程单价组成

根据现行的《水利工程设计概（估）算编制规定》（水总〔2014〕429 号），建筑工程单价是由直接费、间接费、利润、材料补差和税金五项组成。

建筑工程单价含有未计价材料（如输水管道）时，其格式参照安装工程单价。

（二）建筑工程单价编制步骤与程序

（1）编制建筑工程单价首先要了解工程概况，熟悉设计图纸，收集基础资料，弄清工程地质情况，确定取费标准。

（2）根据工程特征和施工组织设计确定的施工条件、施工方法及采用的机械设备情况，正确选用定额子目。

（3）根据工程的基础单价和有关费用标准，计算直接费、间接费、利润、材料补差和税金，并加以汇总得出建筑工程单价。

（4）水利工程建筑工程单价计算程序见表 3-3-1。

表 3-3-1　　水利工程建筑工程单价计算程序表

序号	名称及规格	计　算　式	
一	直接费	1+2	

续表

序号	名称及规格	计 算 式	
1	基本直接费	(1)+(2)+(3)	
(1)	人工费	Σ定额劳动量（工时）×人工预算单价（元/工时）	
(2)	材料费	Σ定额材料用量×材料预算价格	
(3)	机械使用费	Σ定额机械使用量（台时）×施工机械台时费（元/台时）	
2	其他直接费	1×其他直接费率之和	
二	间接费	一×间接费率	
三	利润	(一+二)×利润率	
四	材料补差	(材料预算价格－基价)×材料消耗量	
五	税金	(一+二+三+四)×税率	
六	工程单价	一+二+三+四+五	

(三) 建筑工程单价计算的依据与步骤

编制建筑工程单价的依据主要有勘察设计报告、工程设计方案、施工组织设计、国家及地方有关部门制定的法律法规、国家及地方主管部门颁布的各种定额、基础单价及编制工程单价需要收集的其他有关资料。

编制建筑工程单价首先要了解工程概况、熟悉设计图纸、弄清工程地质情况；然后根据施工组织设计确定的施工方案、施工工艺及施工机械的配备情况，正确选择定额；再根据已经计算确定的基础单价、费用定额等计算工程单价。

建筑工程单价的编制方法，一般使用“单价分析表”的形式进行建筑工程单价的计算。单价分析表是用货币形式表现定额单位产品价格的一种表式（表 3-3-2）。其编制步骤如下。

表 3-3-2　　单 价 分 析 表

定额编号：　　工程名称：　　定额单位：

施工方法：					
序号	名称及规格	单位	数量	单价/元	合计/元

(1) 按定额编号、工程名称、定额单位等分别填入表中相应栏内。其中：“名称及规格”一栏，应详细填写，如混凝土要分强度等级、级配等。

(2) 将定额中的人工、材料、机械等消耗量，以及相应的人工预算单价、材料预算价

格和机械台时费分别填入表中各栏。

（3）按“消耗量×单价”的方法，计算人工费、材料费和机械使用费，并相加得出基本直接费。

（4）根据费率标准，计算其他直接费、间接费、利润、材料补差、税金等，汇总即得出该工程单价。

三、建筑工程的费用标准

根据水利部关于发布《水利工程设计概（估）算编制规定》的通知（水总〔2014〕429号）、水利部办公厅关于印发《水利工程营业税改征增值税计价依据调整办法》的通知（办水总〔2016〕132号）和《水利部办公厅关于调整水利工程计价依据增值税计算标准的通知》（办财务函〔2019〕448号）的规定，水利工程建筑工程的费用标准如下。

（一）其他直接费

1. 冬雨季施工增加费

根据不同地区，按基本直接费的百分率计算。

西南区、中南区、华东区：0.5%～1.0%。

华北区：1.0%～2.0%。

西北区、东北区：2.0%～4.0%。

西藏自治区：2.0%～4.0%。

西南区、中南区、华东区中，按规定不计冬季施工增加费的地区取小值，计算冬季施工增加费的地区可取大值；华北区中，内蒙古等较严寒地区可取大值，其他地区取中值或小值；西北区、东北区中，陕西、甘肃等省取小值，其他地区可取中值或大值。各地区包括的省（自治区、直辖市）如下：

（1）华北地区：北京、天津、河北、山西、内蒙古五省（自治区、直辖市）。

（2）东北地区：辽宁、吉林、黑龙江三省。

（3）华东地区：上海、江苏、浙江、安徽、福建、江西、山东七省（直辖市）。

（4）中南地区：河南、湖北、湖南、广东、广西、海南六省（自治区）。

（5）西南地区：重庆、四川、贵州、云南四省（直辖市）。

（6）西北地区：陕西、甘肃、青海、宁夏、新疆五省（自治区）。

2. 夜间施工增加费

按基本直接费的百分率计算。

（1）枢纽工程：建筑工程0.5%，安装工程0.7%。

（2）引水工程：建筑工程0.3%，安装工程0.6%。

（3）河道工程：建筑工程0.3%，安装工程0.5%。

3. 特殊地区施工增加费

特殊地区施工增加费指在高海拔、原始森林、沙漠等特殊地区施工而增加的费用，其中高海拔地区施工增加费已计入定额，其他特殊增加费应按工程所在地区规定标准计算，地方没有规定的不得计算此项费用。

4. 临时设施费

按基本直接费的百分率计算。

(1) 枢纽工程：建筑及安装工程 3.0%。

(2) 引水工程：建筑及安装工程 1.8%～2.8%。若工程自采加工人工砂石料，费率取上限；若工程自采加工天然砂石料，费率取中值；若工程采用外购砂石料，费率取下限。

(3) 河道工程：建筑及安装工程 1.5%～1.7%。灌溉田间工程取下限，其他工程取中上限。

5. 安全生产措施费

按基本直接费的百分率计算。

(1) 枢纽工程：建筑及安装工程 2.0%。

(2) 引水工程：建筑及安装工程 1.4%～1.8%。一般取下限标准，隧洞、渡槽等大型建筑物较多的引水工程、施工条件复杂的引水工程取上限标准。

(3) 河道工程：建筑及安装工程 1.2%。

6. 其他

按基本直接费的百分率计算。

(1) 枢纽工程：建筑工程 1.0%，安装工程 1.5%。

(2) 引水工程：建筑工程 0.6%，安装工程 1.1%。

(3) 河道工程：建筑工程 0.5%，安装工程 1.0%。

特别说明：

(1) 砂石备料工程其他直接费费率取 0.5%。

(2) 掘进机施工隧洞工程其他直接费取费费率执行以下规定：土石方类工程、钻孔灌浆及锚固类工程其他直接费费率为 2%～3%；掘进机由建设单位采购、设备费单独列项时，台时费中不计折旧费，土石方类工程、钻孔灌浆及锚固类工程取 4%～5%。敞开式掘进机费率取低值，其他掘进机取高值。

(二) 间接费

按照《水利工程营业税改征增值税计价依据调整办法》(办水总〔2016〕132 号) 的通知，根据工程性质不同，间接费标准划分为枢纽工程、引水工程、河道工程三部分标准，见表 3-3-3。

表 3-3-3　　间接费费率表

序号	工程类别	计算基础	间接费费率/%		
			枢纽工程	引水工程	河道工程
一	建筑工程				
1	土方工程	直接费	8.5	5～6	4～5
2	石方工程	直接费	12.5	10.5～11.5	8.5～9.5
3	砂石备料工程（自采）	直接费	5	5	5
4	模板工程	直接费	9.5	7～8.5	6～7

续表

序号	工 程 类 别	计算基础	间接费费率/%		
			枢纽工程	引水工程	河道工程
5	混凝土浇筑工程	直接费	9.5	8.5～9.5	7～8.5
6	钢筋制安工程	直接费	5.5	5	5
7	钻孔灌浆工程	直接费	10.5	9.5～10.5	9.25
8	锚固工程	直接费	10.5	9.5～10.5	9.25
9	疏浚工程	直接费	7.25	7.25	6.25～7.25
10	掘进机施工隧洞工程（1）	直接费	4	4	4
11	掘进机施工隧洞工程（2）	直接费	6.25	6.25	6.25
12	其他工程	直接费	10.5	8.5～9.5	7.25
二	机电、金属结构设备安装工程	人工费	75	70	70

引水工程：一般取下限标准，隧洞、渡槽等大型建筑物较多的引水工程、施工条件复杂的引水工程取上限标准。

河道工程：灌溉田间工程取下限，其他工程取上限。

工程类别划分说明：

（1）土方工程。包括土方开挖与填筑等。

（2）石方工程。包括石方开挖与填筑、砌石、抛石工程等。

（3）砂石备料工程。包括天然砂砾料和人工砂石料的开采加工。

（4）模板工程。包括现浇各种混凝土时制作及安装的各类模板工程。

（5）混凝土浇筑工程。包括现浇和预制各种混凝土、伸缩缝、止水、防水层、温控措施等。

（6）钢筋制安工程。包括钢筋制作与安装工程等。

（7）钻孔灌浆工程。包括各种类型的钻孔灌浆、防渗墙、灌注桩工程等。

（8）锚固工程。包括喷混凝土（浆）、锚杆、预应力锚索（筋）工程等。

（9）疏浚工程。指用挖泥船、水力冲挖机组等机械疏浚江河、湖泊的工程。

（10）掘进机施工隧洞工程（1）。包括掘进机施工土石方类工程、钻孔灌浆及锚固类工程等。

（11）掘进机施工隧洞工程（2）。指掘进机设备单独列项采购并且在台时费中不计折旧费的土石方类工程、钻孔灌浆及锚固类工程等。

（12）其他工程。指除上述11类工程以外的其他工程。

（三）利润

利润按直接费和间接费之和的7%计算。

（四）税金

税金指应计入建筑安装工程费用内的增值税销项税额。税金是以直接费、间接费、利润、材料补差之和为计算基础。根据《水利部办公厅关于调整水利工程计价依据增值税计算标准的通知》（办财务函〔2019〕448号），将建筑及安装工程费的税金税率调整为9%。自采砂石料税率为3%。

四、编制建筑工程单价注意事项

(1) 在编制概（估）算时，采用单价法编制建筑工程单价时，应该严格执行定额，一般情况下不能随意调整。

(2) 编制工程单价时，对于现行水利工程定额中没有的工程项目，可以参照水电或其他专业的相应定额，没有参考定额时可编制补充定额。

(3) 必须按照施工组织设计确定的施工工序和施工方法选用相应的定额。选择定额时应注意定额中注明的“工作内容”。当实际工作内容与定额中规定的工作内容不一致时，应对定额中的资源消耗量进行调整，使定额能真实地反映工程的实际情况。

(4) 选择定额子目时，若建筑物尺寸、运距等“定额标志”介于定额两子目之间，则可用插入法补充得到所需定额。

$$A=B+\frac{(C-B)\times(a-b)}{c-b} \tag{3-3-1}$$

式中 A——所求定额；

B——小于且最接近 A 项的定额；

C——大于且最接近 A 项的定额；

a——A 项定额尺寸或运距等标志；

b——B 项定额尺寸或运距等标志；

c——C 项定额尺寸或运距等标志。

(5) 定额中的“工作内容”仅扼要说明主要施工过程及施工工序，对次要的施工过程、施工工序和必要的辅助工作虽未列出，但已包括在定额内。如挖掘机挖土定额中，实际已经包含推土机推土集料等工作内容。

(6) 各章挖掘机定额，均按液压挖掘机拟定，使用时不作调整。

(7) 各章的汽车运输定额，适用于水利工程施工路况10km以内运输。运距超过10km时，超过部分按增运1km台时数乘0.75系数计算。

建筑工程定额中的运输定额仅用于水电工程的施工场内运输。除人工（挑抬、胶轮车等）在有坡度的施工场地运输按实际斜距乘以系数外，其他运输项目的定额在使用时不计高差折平和路面等级系数。

(8) 在使用建筑或安装工程定额时，应先看定额的总说明和各章的说明，搞清定额的使用范围和条件，注意各种调整系数。各定额章节说明或附注中有关定额的调整系数，除注明外，一般均按连乘计算。

(9) 营业税改为增值税后，在使用定额时注意：

1）在增值税下，水工建筑工程细部结构指标暂不做调整；建筑工程定额、安装工程定额中以费率形式（%）表示的其他材料费、其他机械费费率不做调整。

2）在增值税下，以费率形式（%）表示的安装工程定额，其人工费费率不变，材料费费率除以1.03调整系数，机械使用费费率除以1.10调整系数，装置性材料费费率除以

1.13 调整系数。计算基数不变，仍为含增值税的设备费。

3）水土保持工程概算定额中以费率形式（%）表示的其他材料费（零星材料费）、其他机械使用费（其他机械费）暂不做调整；飞机播种林草定额中的飞机费用按不含增值税的价格计算。

第二节 建筑工程单价编制

一、土方工程单价编制

（一）项目划分和定额选用

1. 项目划分

土方开挖工程由开挖和运输两个主要工序组成。计算土方开挖工程单价时，应计算土方开挖和运输工程综合单价。土方开挖的施工方法通常有机械施工和人力施工两种，只有当工作面狭窄或施工机械难以进入的部位才会采用人力施工方式，人力施工成本较高且效率低下。

2. 定额选用

正确选用定额子目是编好土方工程单价的关键。土方定额大多是按影响工效的参数来划分节和子目的，因此根据施工组织设计确定的施工方法及选用的机械设备来确定影响参数，才能正确地选用定额子目。

土类的级别是按开挖的难易程度来划分的，除冻土外均按土石十六级分类法的前四级划分土类级别，土类级别越高，开挖深度越深，开挖断面越窄，运输距离越长，开挖难度越大，工效越低，单价相应越高。

（二）土方工程单价编制注意事项

（1）土方工程的计量单位有自然方、实方和松方。自然方指未经扰动的自然状态的土方；松方指自然方经过人工或机械开挖而松动过的土方；实方指填筑（回填）并经过压实后的成品。由于土方定额的计量单位除注明外均按自然方计算。各施工工序土方状态不同，编制土方单价必然会遇到自然方、松方和实方相互换算的问题，土方工程单价编制的重点和难点也在于此。自然方、松方和实方之间的相互换算关系称为虚实系数，一般可按工程的实际试验资料测定。若无试验资料，可以参照表 3-3-4 计算。

表 3-3-4 土石方虚实系数

项目	自然方	松方	实方	项目	自然方	松方	实方
土方	1	1.33	0.85	混合料	1	1.19	0.88
砂	1	1.07	0.94	石方	1	1.53	1.31

（2）土方开挖和填筑工程，除定额规定的工作内容外，还包括挖小排水沟、修坡、清除场地草皮杂物、交通指挥、安全设施及取土场和卸土场小路修筑与维护等工作。

（3）一般土方开挖工程是指一般明挖土方工程和上口宽大于 16m 的渠道及上口面积大于 $80m^2$ 柱坑土方工程。

(4) 渠道土方开挖工程是指上口宽不大于16m的梯形断面、长条形，底边需要修整的渠道土方工程。

(5) 沟槽土方开挖工程是指上口宽不大于4m的矩形断面或边坡陡于1∶0.5的梯形断面，长度大于宽度3倍的长条形，不修边坡只修底的土方工程。如截水墙、齿墙等各类墙基和电缆沟等。

(6) 柱坑土方开挖工程是指上口面积不大于$80m^2$，长度小于宽度3倍，深度小于上口短边长度或直径，四侧垂直或边坡陡于1∶0.5，不修边坡只修底的坑挖工程。如集水坑、柱坑、机座等工程。

(7) 平洞土方开挖工程是指水平夹角不大于6°、断面面积大于$2.5m^2$的各型隧洞洞挖工程。

(8) 斜井土方开挖工程是指水平夹角为6°～75°、断面面积大于$2.5m^2$的洞挖工程。

(9) 竖井土方开挖工程是指水平夹角大于75°、断面面积大于$2.5m^2$、深度大于上口短边长度或直径的洞挖工程，如抽水井、闸门井、交通井、通风井等。

(10) 在计算砂砾（卵）石开挖和运输工程单价时，应按Ⅳ类土定额进行计算。

(11) 当采用推土机或铲运机施工时，推土机的推土距离和铲运机的铲运距离是指取土中心至卸土中心的平均距离。若推土机推松土时，定额乘以0.8的系数。

(12) 土方洞挖定额中的通风机台时量，是按一个工作面长度200m以内考虑，如超过200m，应按表3-3-5所列系数进行调整。

表3-3-5　　通风机械定额台时数量调整系数表

隧洞工作面长/m	200	300	400	500	600	700	800	900	1000
通风机台时调整系数	1.00	1.33	1.50	1.80	2.00	2.28	2.50	2.78	3.00

（三）土方工程单价编制实例

【例3-3-1】 华东区某河道工程，地处一般地区，基础土方开挖工程采用$1m^3$液压挖掘机施工，基础土方为Ⅲ类土，8t自卸汽车运至弃料场弃料，运距3.5km，已知柴油价格为6300元/t，试计算该项目基础土方开挖运输的概算单价。（计算结果保留两位小数）

解：(1) 基础单价和费率的确定。由题意得知该工程地处一般地区，工长为8.02元/工时，高级工为7.40元/工时，中级工为6.16元/工时，初级工取4.26元/工时。该工程性质属于河道工程，其他直接费率取4.7%，间接费率取4%，利润率为7%，税金率取9%。

(2) 定额的选用。根据工程特征和施工组织设计确定的施工条件、施工方法、土类级别及采用的机械设备情况，选用《水利建筑工程概算定额》（水总〔2002〕116号）（以下简称《概算定额》）第1-36节。

因汽车运距为3.5km，介于定额子目10624与10625之间，所以自卸汽车的台时数量需用内插法计算，采用式（3-3-1）计算如下：

$$定额值(运距3.5km)=10.56+(12.28-10.56)\div(4-3)\times(3.5-3)$$
$$=11.42(台时)$$

机械台时费见《水利工程施工机械台时费定额》。

$1m^3$ 液压挖掘机（定额编号 1009）：折旧费 35.63 元/台时，修理及替换设备费 25.46 元/台时，安装拆卸费 2.18 元/台时；机上人工工时数 2.7 工时/台时，柴油消耗量 14.9kg/台时。

一类费用＝(35.63÷1.13＋25.46÷1.19＋2.18)×1.00＝57.07(元)

二类费用＝2.7 工时×6.16 元/工时＋14.9kg×2.99 元/kg＝61.18(元)

则：　　$1m^3$ 液压挖掘机台时费基价＝57.07＋61.18＝118.25(元/台时)

59kW 推土机（定额编号 1042）：折旧费 10.80 元/台时，修理及替换设备费 13.02 元/台时，安装拆卸费 0.49 元/台时；机上人工工时数 2.4 工时/台时，柴油消耗量 8.4kg/台时。

一类费用＝(10.8÷1.13＋13.02÷1.09＋0.49)×1.00＝21.99(元)

二类费用＝2.4 工时×6.16 元/工时＋8.4kg×2.99 元/kg＝39.90(元)

则：　　59kW 推土机台时费基价＝21.99＋39.90＝61.89(元/台时)

8t 自卸汽车（定额编号 3013）：折旧费 22.59 元/台时修，理及替换设备费 13.55 元/台时；机上人工工时数 1.3 工时/台时，柴油消耗量 10.2kg/台时。

一类费用＝(22.59÷1.13＋13.55÷1.09)×1.00＝32.42(元)

二类费用＝1.3 工时×6.16 元/工时＋10.2kg×2.99 元/kg＝38.51(元)

则：　　8t 自卸汽车台时费基价＝32.42＋38.51＝70.93(元/台时)

(3) 工程单价的编制。将定额中查出的人工、材料、机械台时消耗量填入表 3-3-6 的数量栏中。将相应的人工预算单价、材料预算价格和机械台时费填入表 3-3-6 的单价栏中。按“消耗量×单价”得出相应的人工费、材料费和机械使用费填入合计栏中，相加得出直接费。

根据已取定的各项费率，计算出直接费、间接费、利润、材料补差、税金等，汇总后即得出该工程项目的工程单价。

土方开挖运输工程概算单价的计算见表 3-3-6，计算结果为：18.06 元/m^3。

表 3-3-6　　**建筑工程单价表**

定额编号：10624，10625　　土方开挖运输工程　　定额单位：$100m^3_{自然方}$

施工方法：$1m^3$ 液压挖掘机挖装 8t 自卸汽车运 3.5km 弃料					
序号	名称及规格	单位	数量	单价/元	合计/元
一	直接费				1083.44
(一)	基本直接费				1034.80
1	人工费	元			29.82
(1)	初级工	工时	7	4.26	29.82
2	材料费	元			39.80
(1)	零星材料费	%	4	995	39.80
3	机械使用费	元			965.18
(1)	挖掘机液压 $1m^3$	台时	1.04	118.25	122.98

续表

序号	名称及规格	单位	数量	单价/元	合计/元
(2)	推土机 59kW	台时	0.52	61.89	32.18
(3)	自卸汽车 8t	台时	11.42	70.93	810.02
(二)	其他直接费	%	4.7	1034.80	48.64
二	间接费	%	4	1083.44	43.34
三	利润	%	7	1126.78	78.87
四	材料补差				451.32
	柴油	kg	136.35	3.31	451.32
五	税金	%	9	1656.97	149.13
六	单价合计				1806.10

注　柴油：1.04×14.9＋8.4×0.52＋11.42×10.2＝136.35kg。

二、石方工程单价编制

（一）项目划分和定额选用

1. 项目划分

石方开挖按施工条件，可分为明挖石方和暗挖石方两种；按施工方法，可分为风钻钻孔爆破开挖、潜孔钻钻孔爆破开挖、液压钻孔爆破开挖和掘进机开挖等；按开挖形状及对开挖面的要求分，可分为一般石方开挖、一般坡面石方开挖、沟槽石方开挖、坑挖石方开挖、基础石方开挖、平洞石方开挖、斜井石方开挖和竖井石方开挖等。

2. 定额选用

石方开挖定额基本按开挖形状及部位进行分节的，各节再按岩石级别来划分定额子目，因此在编制石方工程单价时，应根据施工组织设计确定的施工方法、运输路线、建筑物施工部位的岩石级别及设计开挖断面的要求等来正确选用定额子目。

（二）石方工程单价编制注意事项

(1) 石方工程的计量单位除注明外，均按自然方计算。石方开挖定额的计量应按工程设计开挖的几何轮廓尺寸计算。根据施工技术规范规定允许的超挖量及必要的施工附加量所消耗的人工、材料、机械的数量和费用等均已计入概算定额。

(2) 石方开挖定额的工作内容均包括钻孔、爆破、撬移、解小、翻渣、清面、修整断面、安全处理、挖排水沟坑等。定额中考虑了保护层开挖等措施。

(3) 一般石方开挖定额，适用于一般明挖石方和底宽超过7m的沟槽石方、上口面积大于160m^{2}的坑挖石方以及倾角小于或等于20°并垂直于设计面平均厚度大于5m的坡面石方等开挖工程。

(4) 一般坡面石方开挖定额，适用于设计倾角大于20°、垂直于设计面的平均厚度不大于5m的石方开挖工程。

(5) 沟槽石方开挖定额，适用于底宽不大于7m，两侧垂直或有边坡的长条形石方开挖工程，如渠道、截水槽、排水沟、地槽等。

(6) 坡面沟槽石方开挖定额，适用于槽底轴线与水平夹角大于20°的沟槽石方开挖

工程。

(7) 坑石方开挖定额，适用于上口面积不大于160m²、深度不大于上口短边长度或直径的石方开挖工程，如墩基、柱基、机座、混凝土基坑、集水坑等。

(8) 基础石方开挖定额，适用于不同开挖深度的基础石方开挖工程，如混凝土坝、水闸、溢洪道、厂房、消力池等基础石方开挖工程。

(9) 平洞石方开挖定额，适用于水平夹角小于或等于6°的洞挖工程。

(10) 斜井石方开挖定额，适用于水平夹角为45°至75°的井挖工程。水平夹角6°～45°的斜井，按斜井石方开挖定额乘0.9系数计算。

(11) 竖井石方开挖定额，适用于水平夹角大于75°、上口面积大于5m²、深度大于上口短边长度或直径的洞挖工程。如调压井、闸门井等。

(12) 炸药按1～9kg包装的炸药价格计算，其代表型号规格如下：

1) 一般石方开挖：2号岩石铵梯炸药。

2) 边坡、槽、坑、基础石方开挖：2号岩石铵梯炸药和4号抗水岩石铵梯炸药各半计算。

3) 平洞、斜井、竖井、地下厂房石方开挖：4号抗水岩石铵梯炸药。

(13) 岩石级别调整系数：如实际施工中遇到高于ⅩⅣ级岩石时，可按相应定额中的ⅩⅢ～ⅩⅣ级岩石开采定额，按表3-3-7系数进行调整。

表3-3-7　　不同岩石级别定额调整系数表

项　目	系　数		
	人工	材料	机械
风钻为主各节定额	1.30	1.10	1.40
潜孔钻为主各节定额	1.20	1.10	1.30
液压多臂钻为主各节定额	1.15	1.10	1.15

(14) 洞挖石方定额中的通风机台时量是按一个工作面长度400m以内考虑，如超过400m，应按表3-3-8所列系数（用插入法计算）进行调整。

表3-3-8　　通风机械定额台时数量调整系数表

隧洞工作面长/m	400	500	600	700	800	900	1000	1100	1200
通风机台时调整系数	1.00	1.20	1.33	1.43	1.50	1.67	1.80	1.91	2.00
隧洞工作面长/m	1300	1400	1500	1600	1700	1800	1900	2000	
通风机台时调整系数	2.15	2.29	2.40	2.50	2.65	2.78	2.90	3.00	

(三) 石方工程单价编制实例

【例3-3-2】 某水利枢纽工程位于一类区，基础石方开挖采用风钻钻孔爆破方式，基础岩石级别为Ⅹ级，开挖深度为1.9m，石渣运输采用1.5m³装载机装，10t自卸汽车运2km弃渣，已知材料预算价格：合金钻头50元/个，炸药综合价8.5元/kg，火雷管1.0元/个，导火线0.5元/m，柴油价格6.3元/kg，风价0.14元/m³，水价0.9元/m³。

计算石方开挖运输综合单价。(计算结果保留两位小数)

解：(1) 人工单价与取费取率的确定。由题意得知该工程性质属于枢纽工程，为一类区，工长 11.80 元/工时，高级工 10.92 元/工时，中级工 9.15 元/工时，初级工取 6.38 元/工时。确定取费费率，其他直接费率取 7.5%（取下限），间接费率取 12.5%，利润率为 7%，税金率取 9%。

（2）定额的选定。根据工程特征和施工组织设计确定的施工条件、施工方法、岩石级别及采用的机械设备情况选用定额。根据岩石级别为Ⅹ级、采用风钻钻孔爆破，开挖深度为 1.9m，定额选用《概算定额》第 5－11 节 20130 子目。根据石渣运输采用 1.5m³ 装载机装 10t 自卸汽车运 2km 弃渣，查石渣运输定额采用第 20 节 20514 子目。

（3）机械台时费计算。

1.5m³ 装载机（定额编号 1029）：折旧费 16.81 元/台时，修理及替换设备费 10.92 元/台，机上人工工时数 1.3 工时/台时，柴油消耗量 9.8kg/台时。

$$16.81\div1.13+10.92\div1.09+1.3\times9.15+9.8\times2.99=66.09\text{(元/台时)}$$

88kW 推土机（定额编号 1044）：折旧费 26.72 元/台时，修理及替换设备费 29.07 元/台，安装拆卸费 1.06 元/台时；机上人工工时数 2.4 工时/台时，柴油消耗量 12.6 kg/台时。

$$26.72\div1.13+29.07\div1.09+1.06+2.4\times9.15+12.6\times2.99=111.01\text{(元/台时)}$$

10t 自卸汽车（定额编号 3015）：折旧费 30.49 元/台时，修理及替换设备费 18.30 元/台，机上人工工时数 1.3 工时/台时，柴油消耗量 10.8kg/台时。

$$30.49\div1.13+18.3\div1.09+1.3\times9.15+10.8\times2.99=87.96\text{(元/台时)}$$

手风钻台时费为 27.70 元/台时。

$$0.54\div1.13+1.89\div1.09+180.1\times0.14+0.3\times0.9=27.70\text{(元/台时)}$$

（4）计算石渣运输单价（只计算到基本直接费）。将人工预算单价、机械台时费和定额子目 20514 的数值填入表 3－3－9 中相应各栏进行计算，计算过程详见表 3－3－9，石渣运输单价计算结果为：15.27 元/m³。

表 3－3－9　建筑工程单价表

定额编号：20514　　石渣运输工程　　定额单位：100m³自然方

施工方法：1.5m³ 装载机装 10t 自卸汽车运 2km 弃料

序号	名称及规格	单位	数量	单价/元	合计/元
一	直接费				
（一）	基本直接费				1526.78
1	人工费	元			90.60
（1）	初级工	工时	14.2	6.38	90.60
2	材料费	元			29.94
（1）	零星材料费	%	2	1496.84	29.94
3	机械使用费	元			1406.24
（1）	装载机 1.5m³	台时	2.67	66.09	176.46
（2）	推土机 88kW	台时	1.34	111.01	148.75
（3）	自卸汽车 10t	台时	12.29	87.96	1081.03

(5) 计算石方开挖运输综合单价。将已知的各项基础单价、取定的费率及定额子目20130中的各项数值填入表3-3-10中，其中石渣运输单价为表3-3-9中的计算结果。计算过程详见表3-3-10，石方开挖运输综合单价的结果为：68.05元/m^3。

表3-3-10　　建筑工程单价表

定额编号：20130　　基础石方开挖　　定额单位：$100m^3_{自然方}$

施工方法：岩石级别为Ⅹ级，采用风钻钻孔爆破

序号	名称及规格	单位	数量	单价/元	合计/元
一	直接费				4490.23
(一)	基本直接费				4176.96
1	人工费	元			2372.83
(1)	工长	工时	6.6	11.80	77.88
(2)	高级工	工时		10.92	
(3)	中级工	工时	75.8	9.15	693.57
(4)	初级工	工时	251.0	6.38	1601.38
2	材料费	元			1197.17
(1)	合金钻头	个	4.75	50.00	237.50
(2)	炸药	kg	59	5.15	303.85
(3)	火雷管	个	331	1.00	331.00
(4)	导火线	m	493	0.50	246.50
(5)	其他材料费	%	7	1118.85	78.32
3	机械使用费	元			606.96
(1)	风钻（手持式）	台时	19.92	27.70	551.78
(2)	其他机械费	%	10	551.78	55.18
4	石渣运输	m^3	110	15.27	1679.70
(二)	其他直接费	%	7.5	4176.96	313.27
二	间接费	%	12.5	4490.23	561.28
三	利润	%	7	5051.51	353.61
四	材料补差				837.67
(1)	炸药	kg	59	3.35	197.65
(2)	柴油	kg	193.36	3.31	640.02
五	税金	%	9	6242.79	561.85
六	单价合计				6804.64

注　柴油：(2.67×9.8＋1.34×12.6＋12.29×10.8)×1.1＝175.78×1.1＝193.36(kg)。

三、土石填筑工程单价编制

(一) 项目划分和定额选用

土石填筑工程分为砌石工程、土石填筑工程、堆石坝填筑工程几大类。

砌石工程可分为浆砌石和干砌石工程。砌石工程单价编制分为砌石备料单价编制、胶结材料单价编制和砌石单价编制三个步骤。砌石单价根据设计确定的砌体形式和施工方法

计算，套用相应定额计算砌石单价。

土石填筑工程一般分为土石坝（堤）填筑和一般土石方回填两种。土石填筑工序：土石填筑由土料开采运输、压实两大工序组成。土方填筑单价包括土料开采运输单价和压实单价两部分。

堆石坝填筑工程单价包括堆石料备料单价、运输单价和压实单价三部分。

（二）土石填筑工程单价编制注意事项

（1）土石填筑工程计量单位除注明者外，按实体方计算。

（2）定额石料规格及标准说明如下：

1）碎石：指经破碎、加工分级后，粒径大于5mm的石块。

2）卵石：指最小粒径大于20cm的天然河卵石。

3）块石：指厚度大于20cm，长、宽各为厚度的2～3倍，上下两面平行且大致平整，无尖角、薄边的石块。

4）片石：指厚度大于15cm，长、宽各为厚度的3倍以上，无一定规则形状的石块。

5）毛条石：指一般长度大于60cm的长条形四楞方正的石料。

6）料石：指毛条石经过修边打荒加工，外露面方正，各相邻面正交，表面凸凹不超过10mm的石料。

7）砂砾料：指天然砂卵（砾）石混合料。

8）堆石料：指山场岩石经爆破后，无一定规格、无一定大小的任意石料。

9）反滤料、过渡料：指土石坝或一般堆砌石工程的防渗体与坝壳（土料、砂砾料或堆石料）之间的过渡区石料，由粒径、级配均有一定要求的砂、砾石（碎石）等组成。

（3）定额中砂石料计量单位分别为：砂、碎石、堆石料为堆方，块石、卵石为码方，条石、料石为清料方。

（4）土石坝物料压实定额按自料场直接运输上坝与自成品供料场运输上坝两种情况分别编制，根据施工组织设计方案采用相应的定额子目。定额已包括压实过程中所有损耗量以及坝面施工干扰因素。如为非土石堤、坝的一般土料、砂石料压实，其人工、机械定额乘以0.8系数。

反滤料压实定额中的砂及碎（卵）石数量和组成比例，按设计资料进行调整。

过渡料如无级配要求时，可采用砂砾石定额子目。如有级配要求，需经筛分处理时，则应采用反滤料定额子目。

（5）石料自料场至施工现场堆放点的运输费用，应包括在石料单价内。施工现场堆放点至工作面的场内运输已包括在砌石工程定额内，不得重复计算石料运输费用。

（6）浆砌石定额中均已计入了一般要求的勾缝，对于防渗要求高的部位，如设计要求开槽勾缝，应增加开槽勾缝所需的费用。

（7）料石砌筑定额包括了砌体外露一面的一般修凿，如设计要求作装饰性修凿，应另行增加装饰性修凿费用。

（8）砌筑用胶结材料均按设计强度等级及配合比计算其单价，定额数量不作调整。

（9）编制土方填筑工程单价应注意的问题。土料场需要进行覆盖层清除时，覆盖层清除费用摊销到开挖土料方中。

（三）土石填筑工程单价编制实例

【例 3-3-3】 某水利枢纽工程中主坝为均质土坝，设计填筑工程量 12 万 m^3，设计干密度为 16.5kN/m^3，2m^3 挖掘机装Ⅲ类土，12t 自卸汽车运 6.0km 上坝，74kW 推土机推平，拖拉机碾压，已知基本资料如下：

（1）覆盖层清除Ⅱ类土 10000m^3，88kW 推土机推运 50m，清除单价为 3.50 元/m^3。

（2）人工、材料、机械台时单价及有关费率见表 3-3-11。

表 3-3-11 人工、材料、机械台时单价、费率汇总表

序号	项目名称	单位	单价/元	序号	项目名称	单位	单价/元
1	初级工	工时	6.38	8	蛙夯机 2.8kW	台时	13.67
2	挖掘机 2m^3	台时	215.00	9	刨毛机	台时	53.83
3	推土机 59kW	台时	61.32	10	其他直接费	%	7.50
4	推土机 74kW	台时	87.96	11	间接费	%	8.50
5	自卸汽车 12t	台时	102.53	12	利润	%	7.00
6	羊足碾 8～12t	台时	2.92	13	税金	%	9.00
7	拖拉机 74kW	台时	62.78				

试计算该工程土坝填筑概算单价。（计算结果保留两位小数）

解：（1）计算覆盖层清除摊销费。根据定额，填筑 100m^3 坝体需土料 126$m^3_{自然方}$，需开采运输土料总量为

$$12万\ m^3_{实方}\times 1.26=15.12万\ m^3_{自然方}$$

$$覆盖层清除摊销费=(覆盖层清除量\times 清除单价)\div 土料开采总量$$
$$=(10000\times 3.50)\div 151200$$
$$=0.23(元/m^3_{自然方})(基本直接费,下同)$$

（2）计算土料开采运输单价。据已知条件选用《概算定额》10644 和 10645 计算，坝面施工干扰系数 1.02，土料开采运输单价为 14.85 元/$m^3_{自然方}$（单价表略）。

（3）计算土料运输单价（即备料单价）。因自土料场直接运输上坝的土料压实（填筑）定额中，土料运至填筑部位前所需的覆盖层清除、开采运输等所有费用，均以“土料运输”形式表示，故“土料运输”单价为

$$0.23+14.85=15.08(元/m^3_{自然方})$$

（4）计算土坝填筑概算单价。据已知条件选用《概算定额》30075 并将土料运输单价 15.08 元/$m^3_{自然方}$（基本直接费）代入计算，土坝填筑概算单价为 31.29 元/$m^3_{实方}$（表 3-3-12）。

表 3-3-12 建筑工程单价表（土坝填筑）

定额编号：30075　　　　定额单位：100$m^3_{实方}$

施工方法：2m^3 挖掘机装Ⅲ类土，12t 自卸汽车运 6km 上坝，拖拉机压实，设计干密度 16.5kN/m^3

编号	名称及规格	单位	数量	单价/元	合价/元
一	直接费				2472.45
（一）	基本直接费				2299.95

续表

编号	名称及规格	单位	数量	单价/元	合价/元
1	人工费				139.08
(1)	初级工	工时	21.8	6.38	139.08
2	材料费				36.35
(1)	零星材料费	%	10.00	363.52	36.35
3	机械使用费				224.44
(1)	拖拉机 74kW	台时	2.06	62.78	129.33
(2)	推土机 74kW	台时	0.55	87.96	48.38
(3)	蛙夯机 2.8kW	台时	1.09	13.67	14.90
(4)	刨毛机	台时	0.55	53.83	29.61
(5)	其他机械费	%	1.00	222.21	2.22
4	土料运输	m^3	126.00	15.08	1900.08
(二)	其他直接费	%	7.50	2299.95	172.50
二	间接费	%	8.50	2472.45	210.16
三	企业利润	%	7.00	2682.60	187.78
四	税金	%	9.00	2870.39	258.33
	合计				3128.72

四、混凝土工程单价编制

（一）项目划分和定额选用

1. 项目划分

混凝土按施工工艺可分为现浇混凝土和预制混凝土两大类，现浇混凝土又可分为常态混凝土和碾压混凝土两种。按胶凝材料分类，混凝土又可分为水泥混凝土、沥青混凝土和石膏混凝土等。

2. 定额选用

混凝土工程单价主要包括：现浇混凝土工程单价；预制混凝土工程单价；混凝土凿毛、混凝土凿除、混凝土拆除、模袋混凝土、底板、钢筋制作安装工程单价和止水工程单价等，对于大型混凝土工程还要计算混凝土温控措施费。现浇混凝土单价由混凝土拌制、运输、浇筑等工序单价组成。对于预制混凝土，还要增加预制混凝土构件的运输、安装工序单价。

编制混凝土工程单价时应根据设计提供的资料，确定建筑物的施工部位，选定正确的施工方法及运输方案，确定混凝土的强度等级和级配，并根据施工组织设计确定的拌和系统的布置形式等来选用相应的定额。

（二）混凝土工程单价编制注意事项

（1）混凝土工程的计量单位，除注明者外均为建筑物及构筑物的成品实体方。

（2）混凝土定额的主要工作内容：

1）常态混凝土浇筑包括冲（凿）毛、冲洗、清仓、铺水泥砂浆、平仓浇筑、振捣、养护，工作面运输及辅助工作。

2）碾压混凝土浇筑包括冲毛、冲洗、清仓、铺水泥砂浆、平仓、碾压、切缝、养护、工作面运输及辅助工作。

3）沥青混凝土浇筑包括配料、混凝土加温、铺筑、养护、模板制作、安装、拆除、修整，以及场内运输及辅助工作。

4）预制混凝土包括预制场冲洗、清理、配料、拌制、浇筑、振捣、养护，模板制作、安装、拆除、修整，现场冲洗、拌浆、吊装、砌筑、勾缝，以及预制场和安装现场场内运输及辅助工作。

5）混凝土拌制包括配料、加水、加外加剂，搅拌、出料、清洗及辅助工作。

6）混凝土运输包括装料、运输、卸料、空回、冲洗、清理及辅助工作。

（3）混凝土材料定额中的“混凝土”，是指完成单位产品所需的混凝土成品量，其中包括干缩，运输、浇筑和超填等损耗的消耗量在内。混凝土半成品的单价，为配制混凝土所需水泥、骨料、水、掺和料及其外加剂等的费用之和。各项材料用量定额，按试验资料计算；无试验资料时，可采用定额附录中的混凝土材料配合比表列示量。

（4）混凝土拌制定额均以半成品方为计量单位，不包括干缩，运输、浇筑和超填等损耗的消耗量在内。

（5）混凝土运输：

1）现浇混凝土运输，指混凝土自搅拌楼或搅拌机出料口至浇筑现场工作面的全部水平和垂直运输。

2）预制混凝土构件运输，指预制场至安装现场之间的运输。预制混凝土构件在预制场和安装现场的运输，包括在预制及安装定额内。

3）混凝土运输定额均以半成品方为计量单位，不包括干缩，运输、浇筑和超填等损耗的消耗量在内。

4）混凝土和预制混凝土构件运输，应根据设计选定的运输方式、设备型号规格，按《概算定额》第四章中的混凝土运输定额计算。

（6）混凝土浇筑：

1）混凝土浇筑定额中包括浇筑和工作面运输所需全部人工、材料和机械的数量及费用。

2）地下工程混凝土浇筑施工照明用电，已计入浇筑定额的其他材料费中。

3）平洞、竖井、地下厂房、渠道等混凝土衬砌定额中所列示的开挖断面和衬砌厚度按设计尺寸选取。设计厚度不符时可用插入法计算。

4）混凝土构件预制及安装定额，包括预制及安装过程中所需人工、材料、机械的数量和费用。若预制混凝土构件单位重量超过定额中起重机械起重量时，可用相应起重量机械替换，台时量不变。

（7）预制混凝土定额中的模板材料为单位混凝土成品方的摊销量，已考虑了周转。

（8）混凝土拌制及浇筑定额中，不包括骨料预冷、加冰、通水等温控所需人工、材料、机械的数量和费用。

（9）平洞衬砌定额，适用于水平夹角小于和等于6°单独作业的平洞。如开挖、衬砌平行作业时，按平洞定额的人工和机械定额乘1.1系数；水平夹角大于6°的斜井衬砌，按平洞定额的人工、机械乘1.23系数。

（10）如设计采用耐磨混凝土、钢纤维混凝土、硅粉混凝土、铁矿石混凝土、高强混凝土、膨胀混凝土等特种混凝土时，其材料配合比，采用试验资料计算。

（11）沥青混凝土面板、沥青混凝土心墙铺筑、沥青混凝土涂层、斜墙碎石垫层面涂层及沥青混凝土拌制、运输等定额，适用于抽水蓄能电站库盆的防渗处理，堆石坝和砂砾石坝的心墙、斜墙及均质土坝上游面的防渗处理。

（12）钢筋制作与安装定额中，其钢筋定额消耗量已包括钢筋制作与安装过程中的加工损耗、搭接损耗及施工架立筋附加量。

（13）关于“模板”问题。在混凝土工程定额中，常态混凝土和碾压混凝土定额中不包含模板制作与安装，模板的费用应按模板工程定额另行计算；预制混凝土及沥青混凝土定额中已包括了模板的相关费用，计算时不得再算模板费用。

（三）混凝土工程单价编制实例

【例3-3-4】 某水利枢纽工程位于安徽省某县城，地下厂房宽22m，C25混凝土衬砌厚度1.0m，采用42.5普通水泥、水灰比0.44，施工方法采用2×1.5m^3混凝土搅拌楼拌制，10t自卸汽车露天运500m，洞内运1000m，转30m^3/h混凝土泵入仓浇筑。

已知人工、材料、机械台时费及有关费率见表3-3-13。

表3-3-13　人工、材料、机械台时单价、费率汇总表

序号	项目名称及规格	单位	单价/元	序号	项目名称及规格	单位	单价/元
1	工长	工时	11.55	11	间接费	%	9.50
2	高级工	工时	10.67	12	利润	%	7.00
3	中级工	工时	8.90	13	税金	%	9.00
4	初级工	工时	6.13	14	混凝土泵30m^3/h	台时	98.65
5	42.5普通水泥	t	465.00	15	振动器1.1kW	台时	2.32
6	中砂	m^3	75.00	16	风水枪	台时	22.66
7	碎石	m^3	60.00	17	自卸汽车10t	台时	87.96
8	外加剂	kg	4.00	18	搅拌机2×1.5m^3	台时	228.95
9	水	m^3	0.90	19	骨料系统	组时	98.92
10	其他直接费	%	7.50	20	水泥系统	组时	164.50

试计算该混凝土浇筑概算工程单价。（计算结果保留两位小数）

解：（1）计算C25泵用混凝土材料单价（表3-3-14）。

表 3-3-14　　混凝土材料单价计算表

材料名称	单位	配合比表材料用量	材料调整系数	调整后材料用量	材料单价/元	小计/元
42.5 普通水泥	t	0.366	1.177	0.431	465.00	200.42
中砂	m^3	0.540	1.078	0.582	75.00	43.65
碎石	m^3	0.810	1.039	0.842	60.00	50.52
外加剂	kg	0.730		0.730	4.00	2.92
水	m^3	0.173	1.177	0.204	0.90	0.18
合计						297.69

（2）计算混凝土拌制单价。选用《概算定额》40174 子目计算，结果为 13.73 元/m^3（基本直接费），见表 3-3-15。

表 3-3-15　　工程单价表（混凝土拌制）

定额编号：40174　　定额单位：100m^3

施工方法：2×1.5m^3 搅拌楼拌制混凝土

编号	名称及规格	单位	数量	单价/元	合价/元
（一）	直接费				1372.92
1	人工费				273.56
（1）	工长	工时	1.80	11.55	20.79
（2）	高级工	工时	1.80	10.67	19.21
（3）	中级工	工时	13.50	8.90	120.15
（4）	初级工	工时	18.50	6.13	113.41
2	材料费				65.38
（1）	零星材料费	%	5	1307.53	65.38
3	机械使用费				1033.98
（1）	搅拌机 2×1.5m^3	台时	2.10	228.95	480.80
（2）	骨料系统	组时	2.10	98.92	207.73
（3）	水泥系统	组时	2.10	164.50	345.45

（3）计算混凝土运输单价。本项混凝土运输只需计算水平运输，据已知条件选用《概算定额》$40203_{(露天)}+40207_{调}\times2$（洞内）子目计算，结果为 12.91 元/$m^3$（基本直接费），见表 3-3-16。

表 3-3-16　　工程单价表（混凝土水平运输）

定额编号：$40203_{露天}+40207_{调}\times 2$　　定额单位：$100m^3$

施工方法：10t 自卸汽车洞外运 500m、洞内增运 1000m，洞内运输人工、机械定额×1.25 调整系数

编号	名称及规格	单位	数量	单价/元	合价/元
(一)	直接费				1290.56
1	人工费				173.58
(1)	中级工	工时	14.20	8.90	126.38
(2)	初级工	工时	7.70	6.13	47.20
2	材料费				61.46
(1)	零星材料费	%	5	1229.10	61.46
3	机械使用费				1055.52
(1)	自卸汽车 10t	台时	12.00	87.96	1055.52

（4）计算平洞混凝土衬砌概算工程单价。据已知条件选用《概算定额》40025 子目，并将以上计得的混凝土材料单价、混凝土拌制单价及混凝土运输单价代入计算，地下厂房顶拱露天混凝土衬砌概算工程单价为 626.10 元/m^3，见表 3-3-17。

表 3-3-17　　工程单价表［地下厂房混凝土衬砌 C25（2）］

定额编号：40025　　定额单位：$100m^3$

施工方法：地下厂房混凝土衬砌，厂房宽 22m，混凝土衬砌厚度 1.0m，$2\times 1.5m^3$ 搅拌楼拌制混凝土，10t 自卸汽车露天运 500m，洞内运 1000m，转 $30m^3/h$ 混凝土泵入仓浇筑

编号	名称及规格	单位	数量	单价/元	合价/元
一	直接工程费				49024.86
(一)	直接费				45604.53
1	人工费				3027.44
(1)	工长	工时	11.30	11.55	130.52
(2)	高级工	工时	18.90	10.67	201.66
(3)	中级工	工时	204.00	8.90	1815.60
(4)	初级工	工时	143.5	6.13	879.66
2	材料费				37375.73
(1)	泵用混凝土 C25（2）	m^3	123.00	297.69	36615.87
(2)	水	m^3	30.00	0.90	27.00
(3)	其他材料费	%	2.00	36642.87	732.86
3	机械使用费				1924.64
(1)	混凝土泵 $30m^3/h$	台时	12.70	98.65	1252.86
(2)	振动器 1kW	台时	38.07	2.32	88.32
(3)	风水枪	台时	14.67	22.66	332.42
(4)	其他机械费	%	15.00	1673.60	251.04
4	混凝土拌制	m^3	123.00	13.73	1688.79

续表

编号	名称及规格	单位	数量	单价/元	合价/元
5	混凝土运输	m^3	123.00	12.91	1587.93
(二)	其他直接费	%	7.50	45604.52	3420.34
二	间接费	%	9.50	49024.86	4657.36
三	企业利润	%	7.00	53682.22	3757.76
四	税金	%	9.00	57439.98	5169.60
	合计				62609.59

【例 3-3-5】 在某大型水闸工程中，闸底板和闸墩采用的钢筋型号有 A3 光面钢筋 $\varphi18$，MnSi$\varphi25$ 钢筋，已知基本资料如下：

(1) 人工预算单价同 [例 3-3-4]。

(2) 材料预算价格：水 0.90 元/m^3，电 1.00 元/(kW·h)，汽油 7.00 元/kg，施工用风 0.14 元/m^3。钢筋 4000 元/t，铁丝 5.8 元/kg，电焊条 4.5 元/kg。

(3) 机械台时费：钢筋调直机（14kW）23.09 元/台时，风砂枪 32.64 元/台时，钢筋切断机（20kW）31.66 元/台时，钢筋弯曲机（$\varphi6\sim40$）19.61 元/台时，电焊机（25kVA）15.16 元/台时，电弧对焊机（150 型）96.45 元/台时，载重汽车（5t）78.81 元/台时，塔式起重机（10t）115.94 元/台时。

计算该水闸的钢筋制作与安装工程概算单价。(计算结果保留两位小数)

解： 因现行《概算定额》中不分工程部位和钢筋规格型号，把“钢筋制作与安装”定额综合成一节，故选用定额编号为第 4-23 节 40123 子目。根据工程性质（枢纽）、特点确定取费费率，其他直接费率取 7.5%，间接费率取 5.5%，利润率为 7%，税金率取 9%。钢筋制作与安装工程单价计算过程见表 3-3-18，结果为：7133.32 元/t。

表 3-3-18 **建筑工程单价表**

定额编号：40123 钢筋制作与安装 定额单位：1t

工作内容：回直、除锈、切断、弯制、焊接、绑扎及加工场至施工场地运输

序号	名称及规格	单位	数量	单价/元	合计/元
一	直接费				4420.66
(一)	基本直接费				4112.24
1	人工费				944.84
(1)	工长	工时	10.60	11.55	122.43
(2)	高级工	工时	29.70	10.67	316.90
(3)	中级工	工时	37.10	8.9	330.19
(4)	初级工	工时	28.60	6.13	175.32
2	材料费				2823.48
(1)	钢筋	t	1.07	2560	2739.20
(2)	铁丝	kg	4	5.80	23.20

续表

序号	名称及规格	单位	数量	单价/元	合计/元
(3)	电焊条	kg	7.36	4.50	33.12
(4)	其他材料费	%	1	2795.52	27.96
3	机械使用费				343.93
(1)	钢筋调直机 14kW	台时	0.63	23.09	14.55
(2)	风砂枪	台时	1.58	32.64	51.57
(3)	钢筋切断机 20kW	台时	0.42	31.66	13.30
(4)	钢筋弯曲机 φ6～40	台时	1.10	19.61	21.57
(5)	电焊机 25kVA	台时	10.50	15.16	159.18
(6)	电弧对焊机 150 型	台时	0.42	96.45	40.51
(7)	载重汽车 5t	台时	0.47	50.55	23.76
(8)	塔式起重机 10t	台时	0.11	115.94	12.75
(9)	其他机械费	%	2	337.19	6.74
(二)	其他直接费	%	7.5	4112.24	308.42
二	间接费	%	5.5	4420.66	243.14
三	企业利润	%	7	4663.80	326.47
四	材料补差（钢筋）	元			1554.07
(1)	钢筋	t	1.07	1440	1540.80
(2)	汽油	kg	3.38	3.925	13.27
五	税金	%	9	6544.33	588.99
六	单价合计				7133.32

五、模板工程单价编制

（一）项目划分和定额选用

1. 项目划分

（1）按模板的材质可分为钢模板、木模板、预制混凝土模板等。

（2）按模板的形式可分为平面模板、异形模板（如渐变段、厂房蜗壳及尾水管等）。

（3）按模板的安装性质可分为固定模板和移动模板。

（4）按模板自身结构可分为悬臂组合钢模板、普通标准钢模板、普通曲面模板等。

（5）按模板的使用部位可分为尾水肘管模板、蜗壳模板、牛腿模板、渡槽槽身模板等。

2. 定额选用

选用定额时应根据工程部位、模板的类型、施工方法等因素，综合考虑选用现行《概算定额》第 5 章中相应的定额子目。

现行部颁概、预算定额将模板分为“制作”定额和“安装、拆除”定额两项，前者以材料形式出现在后者定额中，均以 100m^2 立模面积的摊销量计入定额，考虑了周转和回收，可直接用立模面积查套定额，计算模板单价。模板单价包括模板及其支撑结构的制作、安装、拆除、场内运输及修理等全部工序的人工、材料和机械费用。

（二）模板工程单价编制注意事项

（1）模板制作与安装拆除定额，均以 $100m^2$ 立模面积为计量单位，立模面积应按混凝土与模板的接触面积计算，即按混凝土结构物体形及施工分缝要求所需的立模面积计算。各式隧洞衬砌模板及涵洞模板定额中的堵头和键槽模板已按一定比例摊入，不再计算立模面面积。

（2）模板材料均按预算消耗量计算，包括了制作、安装、拆除、维修的损耗和消耗，并考虑了周转和回收。模板定额材料中的铁件包括铁钉、铁丝及预埋铁件。铁件和预制混凝土柱均按成品预算价格计算。

（3）模板定额中的材料，除模板本身外，还包括支撑模板的立柱、围令、桁（排）架及铁件等。对于悬空建筑物（如渡槽槽身）的模板，计算到支撑模板结构的承重梁为止。承重梁以下的支撑结构应包括在“其他施工临时工程”中。

（4）在隧洞衬砌钢模台车、针梁模板台车、竖井衬砌的滑模台车及混凝土面板滑模台车中，所用到的行走机构、构架、模板及支撑型钢，电动机、卷扬机、千斤顶等动力设备，均作为整体设备以工作台时计入定额。但定额中未包括轨道及埋件，只有溢流面滑模定额中含轨道及支撑轨道的埋件、支架等材料。针梁模板台车和钢模台车轨道及安装轨道所用的埋件等应计入其他临时工程。

（5）大体积混凝土（如坝、船闸等）中的廊道模板，均采用一次性预制混凝土板（浇筑后作为建筑物结构的一部分）。混凝土模板预制及安装，可参考混凝土预制及安装定额编制其单价。

（6）《概算定额》中列有模板制作定额，并在“模板安装拆除”定额子目中嵌套模板制作数量 100m，这样便于计算模板综合工程单价。而预算定额中将模板制作和安装拆除定额分别计列，使用预算定额时将模板制作及安装拆除工程单价算出后再相加，即为模板综合单价。

（7）使用《概算定额》计算模板综合单价时，模板制作单价有两种计算方法：

1）若施工企业自制模板，按模板制作定额计算出直接费（不计入其他直接费、间接费、利润和税金），作为模板的预算价格代入安装拆除定额，统一计算模板综合单价。

2）若外购模板，安装拆除定额中的模板预算价格应为模板使用一次的摊销价格，其计算公式：

$$\text{定额的模板预算价格}=\frac{\text{外购模板预算价格}-\text{残值}}{\text{周转次数}}\times\text{综合系数} \tag{3-3-2}$$

公式中残值为外购模板预算价格的 10%，周转次数为 50 次，综合系数为 1.15（含露明系数及维修损耗系数）。

（8）《概算定额》中凡嵌套有“模板 $100m^2$”的子目，计算“其他材料费”时，计算基数不包括模板本身的价值。

（三）模板工程单价编制实例

【例 3-3-6】 某大型水闸工程底板混凝土模板采用普通标准钢模板，岩石基础。已知人工预算单价：工长 11.55 元/工时，高级工 10.67 元/工时，中级工 8.90 元/工时，初级工 6.13 元/工时。材料预算价格：组合钢模板 6.50 元/kg，型钢 3.26 元/kg，卡扣件 6.60 元/kg，铁件 6.50 元/kg，电焊条 4.50 元/kg，预制混凝土柱 500.0 元/m^3。机械台时费：钢筋切断机（20kW）26.52 元/台时，载重汽车（5t）56.52 元/台时，电焊机（25kVA）10.65 元/台时，汽车起重机（5t）63.63 元/台时。

计算底板模板工程的概算单价。（计算结果保留两位小数）

解：(1) 计算模板制作单价。查《概算定额》选用第 5－12 节 50062 子目，计算过程见表 3－3－19，计算结果为：10.07 元/m^2。

表 3－3－19　建筑工程单价表

定额编号：50062　　底板钢模板制作　　定额单位：100m^2

施工方法：铁件制作、模板运输

序号	名称及规格	单位	数量	单价/元	合计/元
一	直接费				
(一)	基本直接费				1007.33
1	人工费				100.99
(1)	工长	工时	1.20	11.55	13.86
(2)	高级工	工时	3.80	10.67	40.55
(3)	中级工	工时	4.20	8.90	37.38
(4)	初级工	工时	1.50	6.13	9.20
2	材料费				874.38
(1)	组合钢模板	kg	81.00	6.50	526.50
(2)	型钢	kg	44.00	3.26	143.44
(3)	卡扣件	kg	26.00	6.60	171.60
(4)	铁件	kg	2.00	6.50	13.00
(5)	电焊条	kg	0.60	4.50	2.70
(6)	其他材料费	%	2.00	857.24	17.14
3	机械使用费				31.96
(1)	钢筋切断机 20kW	台时	0.07	26.52	1.86
(2)	载重汽车 5t	台时	0.37	56.52	20.91
(3)	电焊机 25kVA	台时	0.72	10.65	7.67
(4)	其他机械费	%	5.00	30.44	1.52
	合计				1007.33

(2) 查模板安装拆除定额。查《概算定额》选用第 5－1 节 50001 子目，再查《水利工程概预算补充定额》(2005 年)。

(3) 底板、趾板为岩石基础时，标准钢模板定额人工乘 1.2 系数，其他材料费按 8% 计算。定额 50001 子目人工调整为：工长 14.6×1.2＝17.52（工时），高级工 49.5×1.2＝59.4（工时），中级工 83.7×1.2＝100.44（工时），初级 39.8×1.2＝47.76（工

时)，其他材料费8%。

(4) 计算底板钢模板制作、安装综合单价。根据工程性质（枢纽）特点确定取费费率，其他直接费率取7.5%，间接费率取9.5%，企业利润率为7%，税金率取9%。

计算过程详见表3-3-20，注意：在计算其他材料费时，其计算基数不包括模板本身的价值。计算结果为：69.61元/m^2。

表3-3-20　　建筑工程单价表

定额编号：50001　　模板制作、安装和拆除　　定额单位：$100m^2$

工作内容：模板安装、拆除、除灰、刷脱模剂、倒仓

序号	名称及规格	单位	数量	单价/元	合计/元
一	直接费				5450.83
(一)	基本直接费				5070.54
1	人工费				2022.85
(1)	工长	工时	17.52	11.55	202.36
(2)	高级工	工时	59.4	10.67	633.80
(3)	中级工	工时	100.44	8.90	893.92
(4)	初级工	工时	47.76	6.13	292.77
2	材料费				2049.20
(1)	模板	m^2	100	10.07	1007.00
(2)	铁件	kg	124	6.50	806.00
(3)	预制混凝土柱	m^3	0.3	500	150.00
(4)	电焊条	kg	2	4.50	9.00
(5)	其他材料费	%	8	965.00	77.20
3	机械使用费				998.49
(1)	汽车起重机5t	台时	14.6	63.63	929.00
(2)	电焊机25kVA	台时	2.06	10.65	21.94
(3)	其他机械费	%	5	950.94	47.55
(二)	其他直接费	%	7.5	5070.54	380.29
二	间接费	%	9.5	5450.83	517.83
三	利润	%	7	5968.64	417.80
四	税金	%	9	6386.44	574.78
五	单价合计				6961.24

六、钻孔灌浆及锚固工程单价编制

(一) 项目划分和定额选用

1. 项目划分

钻孔灌浆工程按灌浆材料分，可分为水泥灌浆、水泥黏土灌浆、黏土灌浆、沥青灌浆和化学灌浆等；按灌浆作用分，可分为帷幕灌浆、固结灌浆、接触灌浆、接缝灌浆和回填

灌浆等。

锚固可分为锚杆、喷锚支护和预应力锚固三大类。

2. 定额选用

钻孔灌浆及锚固工程单价计算应根据设计确定的孔深、灌浆压力等参数以及岩石的级别、透水率等，按施工组织设计确定的钻机、灌浆方式、施工条件，选用定额相应的子目计算。

（二）钻孔灌浆及锚固工程单价编制注意事项

（1）灌浆工程定额中的水泥用量系概算基本量。如有实际资料，可按实际消耗量调整。

（2）使用定额时注意几个系数的调整。

在使用“钻机钻岩石层帷幕灌浆孔”和“钻岩石层排水孔、观测孔”定额时，注意以下调整系数：

1）当终孔孔径大于91mm或孔深大于70m时，钻机应改用300型。

2）在廊道或隧洞内施工时，其人工、机械定额应乘以表3-3-21中的系数。

表3-3-21　　人工、机械定额调整系数表

廊道或隧洞高度/m	0～2.0	2.0～3.5	3.5～5.0	5.0
系数	1.19	1.10	1.07	1.05

3）《水利建筑工程概算定额》第7-1节、第7-3节中各定额是按平均孔深30～50m拟订的。当孔深小于30m或孔深大于50m时，其人工和钻机定额应乘以表3-3-22中的系数。

表3-3-22　　人工、机械定额调整系数表

孔深/m	≤30	30～50	50～70	70～90	>90
系数	0.94	1.00	1.07	1.17	1.31

当采用地质钻机钻灌不同角度的灌浆孔或观测孔、试验孔时，其人工、机械、合金片、钻头和岩心管定额应乘以表3-3-23中的系数。

表3-3-23　　人工、机械及材料定额调整系数表

钻机与水平夹角	0°～60°	60°～75°	75°～85°	85°～90°
系数	1.19	1.05	1.02	1.00

（3）灌浆压力划分标准为：高压>3MPa、中压1.5～3MPa、低压<1.5MPa。

（4）灌浆定额中水泥强度等级的选择应符合设计要求，若设计未明确时，可按以下标准选择：回填灌浆、帷幕与固结灌浆、劈裂灌浆及高喷灌浆选择32.5；接缝灌浆选择42.5。

（5）锚筋桩可参照锚杆定额。定额中的锚杆附件包括垫板、三角铁和螺帽等。

（6）锚杆（索）定额中的锚杆（索）长度是指嵌入岩石的设计有效长度。按规定应留的外露部分及加工过程中的损耗，均已计入定额。

(7) 喷浆（混凝土）定额的计量，以喷后的设计有效面积（体积）计算，定额已包括了回弹及施工损耗量。

(三) 钻孔灌浆及锚固工程单价编制实例

【例3-3-7】 某拦河水闸边坡为岩石面，设计先挂钢筋网再喷浆，喷浆厚度为3cm。已知基本资料如下：

(1) 人工预算单价为工长11.55元/工时，高级工10.67元/工时，中级工8.90元/工时，初级工6.13元/工时。

(2) 材料预算价格（不含增值税进项税额）：32.5级普通硅酸盐水泥425元/t，水0.6元/m^3，砂子75元/m^3，防水粉2800元/t，风0.14元/m^3，电1.0元/(kW·h)。

计算该水闸边坡岩石面喷浆工程的概算单价。(计算结果保留两位小数)

解：(1) 计算施工机械台时费（表3-3-24）。

表3-3-24　施工机械台时费计算表

定额编号	名称及规格	定额数量							施工机械台时费		
		一类费用			二类费用						
		折旧费/元	修理及替换设备费/元	安装拆卸费/元	人工/工时	电/(kW·h)	风/m^3	水/m^3	基价/元	价差/元	预算价/元
2046	喷浆机75L	2.28	7.30	0.34	1.3	2.0	111.8		38.28	0	38.28
1098	风镐	0.48	1.68				74.5		12.40	0	12.40

(2) 根据本工程性质（枢纽）、特点确定取费费率。

其他直接费率取7.5%，间接费率取10.5%，利润率取7%，税金率取9%。

(3) 计算岩石面喷浆工程单价。

根据边坡岩石面先挂钢筋网，再喷浆和喷浆厚度为3cm的施工方法，查《水利建筑工程概算定额》(2002年)(下册)，7-42节岩石面喷浆(1)地面喷浆，选用拥有钢筋定额子目70523。

32.5级普通硅酸盐水泥基价255元/t，砂基价70元/m^3，计算32.5级普通硅酸盐水泥价差170元/t，砂子价差5元/m^3。计算过程详见表3-3-25，计算结果为：47.03元/m^2。

表3-3-25　建筑工程单价表

定额编号：70523　　地面喷浆　　定额单位：100m^2

施工方法：凿毛、冲洗、配料、喷浆、修饰、养护

序号	名称及规格	单位	数量	单价/元	合计/元
一	直接费				3281.56
(一)	基本直接费				3052.61
1	人工费				1090.24
(1)	工长	工时	6	11.55	69.30
(2)	高级工	工时	9	10.67	96.03
(3)	中级工	工时	44	8.9	391.60

续表

序号	名称及规格	单位	数量	单价/元	合计/元
(4)	初级工	工时	87	6.13	533.31
2	材料费				1265.30
(1)	水泥	t	2.45	255	624.75
(2)	砂子	m^3	3.67	70	256.90
(3)	水	m^3	4	0.6	2.40
(4)	防水粉	kg	123	2.8	344.40
(5)	其他材料费	%	3	1228.45	36.85
3	机械使用费				697.07
(1)	喷浆机 75L	台时	11.2	38.28	428.74
(2)	风水枪	台时	7.3	0.82	5.99
(3)	风镐	台时	20.6	12.4	255.44
(4)	其他机械费	%	1	690.17	6.90
(二)	其他直接费	%	7.5	3052.61	228.95
二	间接费	%	10.5	3281.56	344.56
三	企业利润	%	7	3626.12	253.83
四	材料补差				434.85
(1)	水泥	t	2.45	170	416.50
(2)	砂子	m^3	3.67	5	18.35
五	税金	%	9	4314.80	388.33
六	单价合计				4703.13

七、疏浚工程单价编制

（一）项目划分和定额选用

1. 项目划分

疏浚工程项目包括疏浚工程和吹填工程。疏浚工程定额包括绞吸、链斗、抓斗及铲斗式挖泥船，吹泥船，水力冲挖机组等。

2. 定额选用

疏浚工程单价编制时，应根据施工组织设计中采用的施工方法、名义生产率（或斗容）、土（砂）级别正确选用定额子目计算。

预算定额不包括超挖量。工程量按有效工程量（水下自然方）计算。绞吸式挖泥船及吹泥船定额中没有列出浮筒管、岸管的定额数量，采用时应根据工程实际情况计算。

《概算定额》在预算定额的基础上，进行综合扩大编制而成。定额中包括超挖、回淤量在内。工程量应按照设计图断面尺寸计算。定额中列出了浮筒管、岸管的定额数量。

（二）疏浚工程单价编制注意事项

（1）疏浚工程的计量单位，除注明外，均按水下自然方计算。疏浚或吹填工程量应按

设计要求计算，吹填工程陆上方应折算为水下自然方。在开挖过程中的超挖、回淤等因素，均包括在定额内。

(2) 工况级别的确定。《概算定额》第11章的挖泥船、吹泥船定额均按一级工况制定。当在开挖区、排（运、卸）泥（砂）区整个作业范围内，受有超限风浪、雨雾、潮汐、水位、流速及行船避让、木排流放、冰凌以及水下芦苇、树根、障碍物等自然条件和客观原因，而直接影响正常施工生产和增加施工难度的时间，应根据当地水文、气象、工程地质资料，通航河道的通航要求，所选船舶的适应能力等，进行统计分析，以确定该影响及增加施工难度的时间，按其占总工期历时的比例，确定工况级别，并按表3-3-26所列系数调整相应的定额。

表3-3-26　　系数调整表

工况级别	绞吸式挖泥船		链斗、抓斗、铲斗式挖泥船、吹泥船	
	平均每班客观影响时间/h	工况系数	平均每班客观影响时间/h	工况系数
一	≤1.0	1.00	≤1.3	1.00
二	≤1.5	1.10	≤1.8	1.12
三	≤2.1	1.21	≤2.4	1.27
四	≤2.6	1.34	≤2.9	1.44
五	≤3.0	1.50	≤3.4	1.64

(3) 链斗、抓斗、铲斗式挖泥船，其拖轮、泥驳运卸泥（砂）的运距，指自开挖区中心至卸泥（砂）区中心的航程，其中心均按泥（砂）方量的分布状况计算确定。

(4) 绞吸式挖泥船、链斗式挖泥船及吹泥船均按名义生产率划分船型，抓斗、铲斗式挖泥船按斗容划分船型。

(5) 人工指从事辅助工作的用工，如对排泥管线的巡视、检修、维护等。不包括绞吸式挖泥船及吹泥船岸管的安装、拆移（除）及各排泥场（区）的围堰填筑和维护用工。

当各式挖泥船、吹泥船及其系列的配套船舶定额调整时，人工定额也作相应调整。

(6) 各类型挖泥船（或吹泥船）定额使用中，如大于（或小于）基本排高和超过基本挖深时，人工及机械（含排泥管）定额调整按下式计算：

$$\text{大于基本排高,调整后的定额值 } A = \text{基本定额} \times k_1^n$$

$$\text{小于基本排高,调整后的定额值 } B = \text{基本定额} \div k_1^n \qquad (3-3-3)$$

$$\text{超过基本挖深,调整后的定额增加值 } C = \text{基本定额} \times nk_2$$

$$\text{调整后定额综合值 } D = A + C \text{ 或 } D = B + C$$

式中　k_1——各定额表注中，每增（减）1m的超排高系数；

k_2——各定额表注中，每超过基本挖深1m的定额增加系数；

n——大于（或小于）定额基本排高或超过定额基本挖深的数值，m。

在计算超排高和超挖深时，定额表中的“其他机械费”费率不变。

(7) 链斗、抓斗、铲斗式挖泥船，运距超过10km时，超过部分按增运1km的拖轮、泥驳台时定额乘0.90系数。

（三）疏浚工程单价编制实例

【例 3-3-8】 对某一般地区水利枢纽工程进行清淤疏浚，库底土质为Ⅲ类可塑壤土，挖深为 6m，采用绞吸式挖泥船进行施工，挖泥船的名义生产率为 $200m^3/h$，排泥管线长度为 600m。已知基本资料如下：

（1）人工预算单价为工长 11.55 元/工时，高级工 10.67 元/工时，中级工 8.90 元/工时，初级工 6.13 元/工时。

（2）材料预算单价为：柴油 6.5 元/kg。

（3）机械台时费计算见表 3-3-27。

表 3-3-27　　机械台时费计算表

定额编号	机械名称及规格	一类费用/（元/台时）			定额人工数量/（工时/台时）	定额燃料消耗量/（kg/台时）	台时费/（元/台时）
		折旧费	修理及替换设备费	安装拆卸费			
7011	挖泥船 $200m^3/h$	143.29	85.98		11.2	130.0	694.07
7085	浮筒管 φ400×7500mm	0.72	0.22	0.08			0.92
7103	岸管 φ400×6000mm	0.47	0.06				0.47
7138	拖轮 176kW	51.95	49.36		6.3	21.6	211.91
7151	锚艇 88kW	19.00	26.18		3.9	14.2	118.00
7162	机艇 88kW	16.03	19.66		5.0	16.0	124.56

注　柴油以基价 2.99 元/kg 进入机械台时费。

计算疏浚工程的概算单价。

解：（1）根据工程性质（枢纽）、特点确定取费费率，其他直接费率取 7.5%，间接费率取 7.25%，企业利润率为 7%，税金率取 9%。

（2）根据工程性质、挖泥船的名义生产率（$200m^3/h$）、土质类别及排泥管线长度，决定选用《概算定额》第 8-1 节 80206 子目。

（3）计算疏浚工程概算单价。

将已知的人工预算单价、机械台时费及定额 80206 子目中的各项数据填入表 3-3-28 中，计算过程见表 3-3-28，计算结果为：8.22 元/m^3（水下自然方）。

表 3-3-28　　建筑工程单价表

定额编号：80206　　　　疏浚工程　　　　定额单位：$10000m^3$（水下自然方）

工作内容：固定船位，挖、排泥（砂），移浮筒管，配套船舶定位、行驶及其他辅助工作

序号	名称及规格	单位	数量	单价/元	合计/元
一	直接费				46175.13
（一）	基本直接费				42953.61
1	人工费				589.90
（1）	中级工	工时	32.6	8.9	290.14
（2）	初级工	工时	48.9	6.13	299.76

续表

序号	名称及规格	单位	数量	单价/元	合计/元
2	机械使用费				42363.71
(1)	挖泥船 200m³/h	艘时	46.32	694.07	32149.32
(2)	浮筒管 φ400×7500mm	组时	1235	0.92	1136.20
(3)	岸管 φ400×6000mm	根时	3088	0.47	1451.36
(4)	拖轮 176kW	艘时	11.58	211.91	2453.92
(5)	锚艇 88kW	艘时	13.89	118.00	1639.02
(6)	机艇 88kW	艘时	15.29	124.56	1904.52
(7)	其他机械费	%	4	40734.34	1629.37
(二)	其他直接费	%	7.5	42953.61	3221.52
二	间接费	%	7.25	46175.13	3347.70
三	企业利润	%	7	49522.83	3466.60
四	材料补差				22440.17
	柴油	kg	6393.21	3.51	22440.17
五	税金	%	9	75429.60	6788.66
六	单价合计				82218.26

八、全断面岩石掘进机（TBM）施工工程单价编制

全断面岩石掘进机（TBM）施工工程单价编制使用的定额为《水利工程概算补充定额（掘进机施工隧洞工程）》。

1. 工程量计算规则

(1) 开挖及出渣工程量按设计开挖断面面积乘洞长的几何体积计算。开挖及出渣定额按自然方体积为计量单位，预制混凝土管片、灌浆等均按建筑物的成品实体方为计量单位。

(2) 豆砾石回填及灌浆、豆砾石及灌浆材料运输工程量按设计开挖断面与管片外径之间所形成的几何体积计算。

(3) 盾构施工工程量其他计算说明：负环段是指从拼装后靠管片起至盾尾离开始发井内壁止的掘进段。出洞段是指盾尾离开始发井 10 倍盾构直径的掘进段。正常段是指从出洞段掘进结束至进洞段掘进开始的全段掘进。进洞段是指盾构切口距接收井外壁 5 倍盾构直径的掘进段。壁后注浆工程量根据盾尾间隙，由施工组织设计综合考虑地质条件后确定，定额中未含超填量。柔性接缝环适合于盾构工作井洞门与圆隧洞接缝处理，长度按管片中心圆周长计算。

2. 定额适用范围及包含内容

定额适用于采用全断面掘进机施工的水利工程隧洞（平洞）工程。

TBM 施工定额包括 TBM 安装调试及拆除、敞开式及双护盾 TBM 掘进、管片安装、豆砾石回填及灌浆、钢拱架安装、喷混凝土、钢筋网制作及安装、锚固剂锚杆、石渣运

输。管片及灌浆材料运输洞内混凝土运输等；盾构掘进机施工定额包括盾构掘进机安装调试及拆除、刀盘式土压平衡及泥水平衡盾构掘进管片安装、壁后注浆、洞口柔性接缝环、负环管片拆除、洞内渣土及管片运输等；其他定额包括钢筋混凝土管片预制、管片止水、管片嵌缝等。

3. 定额使用注意事项

(1) 按隧洞开挖直径选用定额时，以整米数计算。

(2) TBM和盾构掘进定额综合考虑了试掘进和正常掘进的工效，并且已含维修保养班组的人、材、机消耗，使用时不再增补和调整。

(3) 以洞长划分子目的出渣定额已包含洞口至洞外卸渣点间的运输。

(4) 管片运输定额包括洞外组车场至掘进机工作面间的管片运输。

(5) 管片安装定额包括管片后配套吊运、安装、测量等工序。管片预制及安装定额中已综合考虑了管片的宽度、厚度和成环块数等因素，与实际不同时不再调整。

(6) 关于TBM施工定额的其他说明。

1) TBM拆除定额适用于洞内拆除，如在洞外拆除，人工、机械乘0.8系数；TBM安装调试定额适用于洞外安装调试，如在洞内安装调试，人工、机械乘以1.25系数。

2) TBM掘进定额中刀具按432mm滚刀拟定，使用时不做调整；刀具消耗量按隧洞岩石石英含量5%～15%拟定，若石英含量不同时，刀具消耗量按表3-3-29系数调整。

表3-3-29 刀具消耗量调整系数

石英含量/%	≤5	5～15	15～25	25～35	35～45
调整系数	0.8	1.0	1.1	1.15	1.25

3) TBM掘进定额中轴流通风机台时量是按一个工作面长度6km以内拟定的，当工作面长度超过6km时，应按表3-3-30系数调整轴流通风机台时量。

表3-3-30 轴流通风机调整系数

通风长度/km	隧道开挖直径/m						
	4	5	6	7	8	9	10
≤6	1.00	1.00	1.00	1.00	1.00	1.00	1.00
7	1.28	1.28	1.36	1.25	1.20	1.15	1.12
8	1.63	1.62	1.72	1.59	1.49	1.39	1.35
9	2.08	2.07	2.20	2.03	1.91	1.78	1.72
10	2.59	2.57	2.74	2.52	2.37	2.22	2.14
12	3.34	3.32	3.54	3.25	3.06	2.86	2.76

(7) 单护盾TBM施工选用双护盾TBM施工定额，可作如下调整：TBM台时费乘0.9的调整系数；TBM掘进定额人工、机械乘1.15的调整系数；TBM安装调试及拆除定额乘0.9的调整系数。

4. 施工机械台时费定额使用时应注意的问题

(1) TBM台时费一类费用调整系数见表3-3-31。

表 3-3-31　　TBM 台时费一类费用调整系数

隧洞总长度/km	8～10	10～15	15～30	>30
一类费用调整系数	1.2	1.1	1.0	0.9

(2) 盾构台时费一类费用调整系数见表 3-3-32。

表 3-3-32　　盾构台时费一类费用调整系数

隧洞总长度/km	0.8～2	2～4	4～7	7～9	>9
一类费用调整系数	1.3	1.2	1.1	1.0	0.9

(3) 由建设单位提供掘进机或掘进机已单独列项的工程，掘进机及相关施工机械台时费应扣除相关费用。

5. 工程单价取费及其他说明

(1) 掘进机施工人工预算单价按枢纽工程标准执行。

(2) 掘进机施工隧洞工程中的土石方类工程、钻孔灌浆及锚固类工程其他直接费取费费率为 2%～3%。

(3) 掘进机由建设单位采购时设备费单独列项，台时费中不计折旧费，土石方类工程、钻孔灌浆及锚固类工程其他直接费费率为 4%～5%。敞开式掘进机费率取低值，其他掘进机取高值。

(4) 泥水平衡盾构掘进泥水处理系统土建费用可在临时工程中单列项，设备台时费根据设计或实际设备配备计算。

(5) 掘进机施工时临时供电线路、通风管道、轨道安装和拆除费用、钢筋混凝土管片预制厂土建费用可在临时工程中单列项。

九、其他工程单价编制

(一) 其他工程分类

其他工程包括围堰、公路、铁道等临时工程，以及塑料薄膜、土工布、土工膜、复合柔毡铺设、人工铺草皮等。

临时工程项目包括导流工程、临时交通工程、房屋建筑工程、35kV 以上场外供电线路、其他临时工程。导流工程项目包括导流明渠、导流洞、围堰工程等，导流明渠、导流洞可套用其他章节的定额。

围堰工程、临时交通的桥梁、公路、通信、供电线路、钢管管道铺设、预应力（自应力）混凝土管管道铺设、预应力钢筒混凝土管管道铺设、玻璃钢管管道铺设、顶管、热焊连接的复合柔毡铺设、热焊连接的土工膜铺设也在其他工程定额中。

(二) 定额使用

1. 定额内容

(1) 临时设施包括围堰、公路、码头、桥梁、管线、铁路等临建设施。

(2) 零星工程包括防渗用的塑料薄膜、土工膜、复合柔毡铺设与反滤所用的土工布以及铺设草皮等。

(3) 在《水利工程概预算补充定额》中其他工程包括钢管管道铺设、预应力（自应力）混凝土管管道铺设、预应力钢筒混凝土管管道铺设、玻璃钢管管道铺设、顶管、复合柔毡铺设-热焊连接、土工膜铺设-热焊连接等。

2. 定额的计量单位

（1）围堰填筑和拆除按堰体（m^3）计；钢板桩按阻水面积（m^2）计；公路工程按铺填的面积（m^2）计；铁路工程按千米（km）计；塑料薄膜、土工膜、复合柔毡铺设、铺草皮等按设计有效的防渗面积（m^2）计。

（2）管道工程定额计量单位为管道铺设成品长度，管道铺设计量单位为1km；顶管工程计量单位为10m。

3. 使用定额注意事项

（1）塑料薄膜、土工膜、复合柔毡、土工布等定额仅指这些防渗（反滤）材料本身的铺设，不包括上面的保护层和下面的垫层砌筑。其定额计量单位是指设计有效防渗面积。

（2）套用临时工程定额时注意材料数量为备料量，未考虑周转回收。周转及回收量可按该临时工程使用时间，参考表3-3-33所列材料使用寿命及残值进行计算。

表3-3-33　　材料使用寿命及残值表

材料名称	使用寿命	残值/%	材料名称	使用寿命	残值/%
钢板桩	6年	5	钢管（脚手架用）	10年	10
钢轨	12年	10	阀门	10年	5
钢丝绳（吊桥用）	10年	5	卡扣件（脚手架用）	50次	10
钢管（风水管道）	8年	10	导线	10年	10

（3）管道工程定额适用于长距离输水管道的埋地铺设，不适用于室内、厂（坝）区内的管道铺设（安装）；也不适用于电站、泵站的压力钢管及出水管的安装。

（4）管道铺设按管道埋设编制。定额管材每节长度是综合取定的，实际不同时也不做调整。

（5）材料消耗定额“（）”内数字根据设计选用的品种、规格按未计价装置性材料计算。

（6）管道工程定额包括阀门安装，但不包括阀门本体价值，阀门根据设计数量按设备计算。

（7）钢管道的一般防腐处理费用已包含在管材单价中，设计要求的必须在现场进行的特殊防腐措施费用可另行计算。

第三节　设备及安装工程单价编制

设备及安装工程包括机电设备及安装工程和金属结构设备及安装工程。

一、设备费

设备费包括设备原价、运杂费、运输保险费和采购及保管费。设备费概算是按设计单位选定的设备型号、规格、数量、出厂价、运杂费等来编制的。

（一）设备费计算

1. 设备购置费

设备购置费包括设备原价、运杂费、运输保险费和采购及保管费。

（1）设备原价。以出厂价或设计单位分析论证后的询价为设备原价。

1）国产设备。以出厂价为原价。非定型和非标准产品，采用与厂家签订的合同价或询价，经设计单位分析、论证、研究后而定价。

2）进口设备。以到岸价和进口征收的税金（关税、增值税等）、银行手续费、商检费及港口费等各项费用之和为进口设备的原价。到岸价采用与厂家签订的合同价或询价，由设计单位按概算编制年，经分析、研讨后计算。税金、手续费等按现行规定计算。

3）可行性研究和初步设计阶段，非定型和非标准产品一般不可能与厂家签订价格合同。设计单位可按向厂家索取的报价资料、最近国内外有关类似工程的设备采购招投标资料和当年的价格水平经认真论证后确定设备价格。

4）由于设备运输条件的限制及其他原因需在施工现场且属于制造厂内的组装工作，如水轮机水涡轮分瓣组焊、定子硅钢片现场叠装、定子线圈现场整体下线及铁损试验工作等，其费用包括在设备原价内。

（2）运杂费。运杂费指设备由厂家运至工地安装现场所发生的一切运杂费用，主要包括运输费、调车费、装卸费、包装绑扎费、主变压器的充氮费以及可能发生的杂费。

国产设备运杂费分为主要设备和其他设备，均按照设备原价的百分率来计算设备的运杂费。

1）主要设备运杂费率见表 3-3-34。设备由铁路直达或铁路、公路联运时，分别按里程求得费率后叠加计算；如果设备由公路直达，应按公路里程计算费率后，再加公路直达基本费率。

表 3-3-34　主要设备运杂费率表　%

设备分类	铁路		公路		公路直达基本费率
	基本运距 1000km	每增运 500km	基本运距 50km	每增运 10km	
水轮发电机组	2.21	0.40	1.06	0.15	1.01
主阀、桥机	2.99	0.50	1.85	0.20	1.33
主变压器					
120000kVA 及以上	3.50	0.40	2.80	0.30	1.20
120000kVA 以下	2.97	0.40	0.92	0.15	1.20

2）其他设备运杂费率见表 3-3-35。

表 3-3-35　其他设备运杂费率表

类别	适用地区	费率/%
Ⅰ	北京、天津、上海、江苏、浙江、江西、安徽、湖北、湖南、河南、广东、山西、山东、河北、陕西、辽宁、吉林、黑龙江等省（直辖市）	3～5
Ⅱ	甘肃、云南、贵州、广西、四川、重庆、福建、海南、宁夏、内蒙古、青海等省（自治区、直辖市）	5～7

工程地点距铁路线近者费率取小值，远者取大值。费率中未包括的新疆、西藏地区，可视具体情况另行确定。

关于特大（重）件运输：在编制概算时，可根据设备来源地、运输方式、运距等，逐项进行具体地分析计算。主要机电设备的水轮发电机组、桥机、进水阀（主阀）、主变压器等，他们在运输过程中，应考虑因超重、超宽、超高需增加的运输费用。如铁路运输的特种运输车辆费，公路运输的桥梁、涵洞加固费，路面拓宽费，空中、地面障阻清除、恢复费等。

（3）运输保险费。国产设备的运输保险费率可按工程所在省（自治区、直辖市）的规定计算。省（自治区、直辖市）无规定的，可按中国人民保险公司的有关规定计算。

进口设备的运输保险费按相应规定计算。

（4）采购及保管费。采购及保管费指建设单位和施工企业在负责设备的采购、保管过程中发生的各项费用。

采购及保管费，按设备原价、运杂费之和的0.7%计算。

2. 交通工具购置费

交通工具购置费指工程竣工后，为保证建设项目初期生产管理单位正常运行必须配备的车辆和船只所产生的费用。

交通设备数量应由设计单位按有关规定、结合工程规模确定，设备价格根据市场情况、结合国家有关政策确定。

无设计资料时，可按表3-3-36方法计算。除高原、沙漠地区外，不得用于购置进口、豪华车辆。灌溉田间工程不计此项费用。

表3-3-36　　交通工具购置费费率表

第一部分建筑工程投资/万元	费率/%	辅助参数/万元
10000及以内	0.50	0
10000～50000	0.25	25
50000～100000	0.10	100
100000～200000	0.06	140
200000～500000	0.04	180
500000以上	0.02	280

计算方法：以第一部分建筑工程投资为基数，按表3-3-36的费率，以超额累进方法计算。

简化计算公式为：第一部分建筑工程投资×该档费率＋辅助参数。

3. 运杂综合费率

运杂综合费率＝运杂费率＋(1＋运杂费率)×采购及保管费率＋运输保险费率

上述运杂综合费率适用于计算国产设备的运杂综合费。

进口设备的国内段运杂综合费应按上述相应国产设备运杂综合费率，乘以相应国产设备原价水平占进口设备原价的比例系数，调整为进口设备国内段运杂综合费率。但需关注进口设备国内段的运输保险费是如何计算的。

（二）实例

【例3-3-9】 某水利枢纽工程主要设备运输情况如下：

(1) 水轮发电机组由铁路运输2000km转公路运输60km后到达工程现场。

(2) 120000kVA主变压器通过公路运输到达工程现场，运距100km。

(3) 运输保险费0.1%，采购及保管费率0.7%。

试计算水轮发电机组及主变压器运杂综合费率。（结果保留两位小数）

解： 水轮发电机组运杂综合费率：

运杂费率＝(2.21%＋0.4%×2)＋1.06%＋0.15%＝4.22%

运杂综合费率＝4.22%＋(1＋4.22%)×0.7%＋0.1%

＝4.22%＋0.73%＋0.1%

＝5.05%

主变压器运杂费率＝1.2%＋2.80%＋0.30%×5＝5.5%

主变压器运杂综合费率＝5.5%＋(1＋5.5%)×0.7%＋0.1%

＝5.5%＋0.74%＋0.1%

＝6.34%

【例3-3-10】 若［例3-3-9］中的水利工程用的主机有国产和进口两种，国产主机为4000万元/台；进口主机的情况如下：

(1) 装运港船上交货价为500万美元，银行外汇牌价为1美元＝6.65元人民币。

(2) 主机重量1500t，国际运费标准为200美元/t。

(3) 海上运输保险费率为3‰，中国银行财务费率为5‰，外贸手续费率为1.5%，关税税率为22%，增值税的税率为16%，消费税税率10%。

(4) 主机设备运输是从到达港由火车运2000km，转汽车运60km到工程现场。

试计算该进口主机的原价和国内段运杂综合费率分别为多少？（结果保留两位小数）

解： (1) 计算进口主机的原价。

进口设备货价＝交货价×汇率＝500×6.65＝3325(万元)

国际运费＝200×1500×6.65＝199.50(万元)

海上运输保险费＝(货价＋国际运费)/(1－0.003)×0.003＝10.61(万元)

银行财务费＝货价×财务费率＝3325×5‰＝16.63(万元)

到岸货价＝3325＋199.50＋10.61＝3535.11(万元)

外贸手续费＝到岸货价×费率＝3535.11×1.5%＝53.03(万元)(代理服务费)

关税＝到岸货价×费率＝3535.11×22%＝777.72(万元)

消费税＝(到岸货价＋关税)/(1－10%)×10%＝(3535.11＋777.72)÷90%×10%＝479.20(万元)

增值税＝(3535.11＋777.72＋479.20)×13%＝622.96(万元)

进口从属费＝16.63＋53.03＋777.72＋479.20＋622.96＝1949.54(万元)

进口设备原价(抵岸价)＝3535.11＋1949.54＝5484.65(万元)

(2) 计算进口主机国内段运杂综合费率。

国产主机国内段运杂综合费率：

运杂费率＝(2.21%＋0.4%×2)＋1.06%＋0.15%＝4.22%

运杂综合费率＝4.22％＋(1＋4.22％)×0.7％＋0.1％

＝4.22％＋0.73％＋0.1％

＝5.05％

计算进口主机国内段运杂综合费率：

运杂综合费率＝4000÷5484.65×5.05％＝3.68％

二、安装工程费

（一）概述

设备及安装工程可分为三部分：机械、电气、金属结构。

现行《水利水电工程设备安装工程概算定额》（简称《概算定额》）采用实物量定额和安装费率定额两种表现形式，以实物量形式为主。《概算定额》包括的内容为设备安装和构成工程实体的主要装置性材料安装的直接费（含人工、材料、装置性材料、机械使用量）。实物量定额中，人工以“工时”为单位，按工长、高级工、中级工和初级工四个技术等级划分。主要材料、主要施工机械列出材料量、台时量。装置性材料根据设计确定品种、型号、规格及数量，并计入规定的操作损耗量。次要材料、一般小型机械及机具按占主要材料、主要机械费用的百分率列出其他材料费和其他机械费。现行《概算定额》是在预算定额基础上进行了综合、归纳，已将某些材料费和机械使用费以及电气调整试验的材料费、机械使用费并入其他材料费和其他机械费内，因此，《概算定额》的其他材料费和其他机械费费率均比预算定额的这两项费率大。

《概算定额》中的材料、机械，系根据水利水电设备安装工程的一般情况选取有代表性的材料和施工机械而制订的定额，不可能完全反映单位价值内材料和施工机械的含量。《概算定额》时，材料、机械如有品种、型号、规格不同时，不分主次均不作调整。

未计价装置性材料（如管路、电缆、母线、轨道等）的用量，是根据设计确定的品种、型号、规格及数量，并计入规定的操作损耗量而计算出的。预算定额中未列安装工程未计价装置性材料用量，据实计算。编制概算时应根据设计资料计算，并计入操作损耗量。在定额附录中列有部分定额子目的未计价装置性材料数量，供缺乏设计资料时参考采用。

安装费率定额，以设备原价作为计算基础，安装工程人工费、材料费、机械使用费和装置性材料费均以费率（％）形式表示，除人工费率外，使用时均不作调整。安装工程基本直接费计算式为

安装工程基本直接费＝设备原价×费率(％)

（二）安装工程单价表现形式

根据概算定额的两种表现形式，安装工程单价表也有两种形式：即实物量形式和费率形式。

（1）实物量形式的安装单价，其计算方法及程序见表3-3-37。

（2）费率形式的安装单价，其计算方法及程序见表3-3-38。

表 3-3-37 实物量形式的安装工程单价计算程序表

序号	项 目	计 算 方 法
一	直接费	1+2
1	基本直接费	(1)+(2)+(3)
(1)	人工费	Σ定额劳动量(工时)×人工预算单价(元/工时)
(2)	材料费	Σ定额材料用量×材料预算单价(或材料基价)
(3)	机械使用费	Σ定额机械使用量(台时)×施工机械台时费(或台时费基价)(元/台时)
2	其他直接费	1×其他直接费费率之和
二	间接费	一×间接费费率
三	利润	(一+二)×利润率
四	材料补差	Σ(材料预算价格-材料基价)×材料消耗量
五	未计价装置性材料费	Σ未计价装置性材料用量×材料预算单价
六	税金	(一+二+三+四+五)×税率
七	安装工程单价	一+二+三+四+五+六

表 3-3-38 费率形式的安装工程单价计算程序表

序号	费用名称	计 算 方 法
一	直接费	1+2
1	基本直接费	(1)+(2)+(3)+(4)
(1)	人工费	定额人工费(%)×人工费调整系数×设备原价
(2)	材料费	定额材料费(%)×设备原价
(3)	装置性材料费	定额装置性材料费(%)×设备原价
(4)	机械使用费	定额机械使用费(%)×设备原价
2	其他直接费	1×其他直接费费率之和(%)
二	间接费	一×间接费费率(%)
三	利润	(一+二)×利润率(%)
四	税金	(一+二+三)×税率(%)
五	安装工程单价	一+二+三+四

注 因进口设备原价一般较同类型国产设备原价高，进口设备安装费率不能直接采用现行定额的安装费率，可按下列公式进行换算：

进口设备安装费率=同类型国产设备安装费率×国产设备原价/进口设备原价

(三) 安装工程单价编制注意事项

(1) 根据《水利工程营业税改征增值税计价依据调整办法》(办水总〔2016〕132号)和《水利部办公厅关于调整水利工程计价依据增值税计算标准的通知》(办财务函〔2019〕448号)，以费率形式表示的安装工程定额，其人工费费率不变，材料费费率除以1.03调整系数，机械使用费费率除以 1.10 调整系数，装置性材料费费率除以 1.13 调整系数，计算基数不变，仍未含增值税的设备费。

(2) 使用安装费率形式的定额时，人工费率的调整，应根据定额主管部门当年发布的北京地区人工预算单价，与该工程设计概算采用的人工预算单价进行比对，测算其比例系数，据以调整人工费率指标。

(3) 概算定额按每班八小时工作制进行施工。人工和机械定额包括基本工作、辅助工作、准备与结束、不可避免的中断、必要的休息、工程检查、交接班、班内工作干扰、夜间施工工效影响、常用工具的小修保养、加水加油等全部操作时间在内。

(4) 概算定额除各章说明外，还包括以下工作内容和费用：

1) 设备安装前后的开箱、检查、清扫、滤油、注油、刷漆和喷漆工作。

2) 安装现场内的设备运输。

3) 随设备成套供应的管路及部件的安装。

4) 设备的单体试运转、管和罐的水压试验、焊接及安装的尽量检查。

5) 现场施工临时设施的搭拆及其材料、专用特殊工器具的摊销。

6) 施工准备及完工后的现场清理工作。

7) 竣工验收移交生产前对设备的维护、检修和调整。

(5) 概算定额不包括的工作内容和费用：

1) 鉴定设备制造质量的工作，材料的质量复检工作。

2) 设备、构件的喷锌、镀锌、镀铬及要求特殊处理的工作；由于消防需要，电缆敷设完成后，需在电缆表面涂刷防火材料以及预留孔洞消防堵料的费用。

3) 施工照明费用。

4) 属厂家责任的设备缺陷处理和缺件所需费用。

5) 由于设备运输条件的限制及其他原因，需在现场从事属于制造厂家的组装工作。如水轮机分瓣转轮组焊、定子矽钢片现场叠装、定子线圈现场整体下线及铁损试验工作等。

(6) 概算定额适用于海拔 2000m 以下地区的建设项目，海拔 2000m 以上地区，其人工和机械定额消耗量需进行调整。高程调整系数应以水利工程的拦河坝或水闸顶海拔高程为准。没有拦河坝或水闸工程的以厂房顶部海拔高程为准。一个建设项目只采用一个调整系数。

(7) 按设备重量划分子目的定额，当所求设备的重量介于同型设备的子目之间时，可按插入法计算安装费。

(四) 安装工程单价编制实例

【例 3-3-11】 某大型电站工程起重设备安装中，桥式起重机自重 180t，平衡梁重 40t，该桥机主钩起重能力 310t。试计算该桥式起重机及平衡梁安装概算单价（计算结果精确到元）。

已知：安装工程概算取费费率为其他直接费 8.2%、间接费 75%、利润 7%、税金 9%。

解：(1) 主钩起重量 310 (t)，选用定额 09013。

（2）选用定额及费率计算桥机安装费（表3-3-39）。

表3-3-39　　　　**桥机安装单价计算表（简化）**

定额编号：09013　　　　定额单位：台

规格型号：主钩起重能力310t，平衡梁重40t					
编号	名称及规格	单位	数量	单价	合价
一	直接工程费				154532
(一)	直接费				142821
1	人工费				69820
2	材料费	元			14239
3	机械使用费	元			58762
(二)	其他直接费	%	8.2	142821	11711
二	间接费	%	75	69820	52365
三	利润	%	7	206897	14483
四	税金	%	9	221380	19924
	合计				241304

第四章　水利工程概（估）算编制

第一节　设 计 概 算 编 制

水利水电工程设计概算由工程部分、建设征地移民补偿、环境保护工程、水土保持工程四部分构成。工程部分概算，由建筑工程费概算、机电设备及安装工程费概算、金属结构设备及安装工程费概算、施工临时工程费概算和独立费用概算五项组成；建设征地移民补偿及环境保护工程概算执行相关规定。

一、概算编制程序

（一）准备工作

（1）了解工程概况。主要包括工程位置、规模、枢纽布置、地质和水文情况、主要建筑物的结构形式、专业技术数据、施工总体布置、对外交通条件、施工进度及主体工程施工方案等。

（2）拟定工作计划，确定编制原则和依据。确定技术基础单价的基本条件和参数；确定所采用的定额标准及有关数据；明确各专业提供的资料内容、深度要求和时间；落实编制进度及提交最后成果的时间；编制人员分工安排。

（二）收集资料

（1）深入现场，实地踏勘。了解枢纽工程和施工场地的布置情况，现场地形，砂石料和天然建筑材料场地的开采运输条件、场内外交通运输条件和运输方式等情况。

（2）收集相关资料。收集编制概预算的各项基础资料及有关规定，如到工程所在地的劳资、计划、物资供应、交通运输和供电等有关部门、施工单位和设备制造厂家，收集材料设备价格、主要材料来源地、运输方法与运杂费计费标准以及供电价格等。

（3）收集新技术、新工艺、新定额相关资料，为编制补充施工机械台时费和补充定额做准备。

（三）制定概算编制大纲

（1）确定编制依据、定额和计费标准。

（2）列出人工、主要材料等基础单价和计算条件。

（3）确定有关费用的收费标准和费率。

（4）其他应说明的问题。

（四）计算基础单价

根据收集到的各项资料，按工程所在地编制年价格水平，结合上级主管部门有关规定分析计算。

（五）划分工程项目、计算工程量

按照水利水电基本建设项目划分的规定将项目进行划分，并按水利水电工程量计算规定和设计图纸计算工程量。

（六）计算工程单价

在上述工作基础上，根据工程项目的施工组织设计、现行定额、费用标准和有关设备价格，分别编制工程单价。

（七）编制工程概算

（1）根据工程量、设备清单、工程单价和费用标准分别编制各部分概算。

（2）编制移民和环境部分概算。

（3）将建筑安装工程部分及移民和环境部分概算汇总为总概算。

（4）各级校审、装订成册，随设计文件报主管部门审查。

二、概算编制依据

概算编制依据详见第二篇第二章，此处不再赘述。

三、概算文件组成内容

概算文件包括设计概算报告（正件）、附件、投资对比分析报告。

（一）设计概算报告（正件）组成内容

1. 编制说明

（1）工程概况。包括流域、河系，兴建地点，工程规模，工程效益，工程布置形式，主体建筑工程量，主要材料用量，施工总工期等。

（2）投资主要指标。包括工程总投资和静态总投资，年度价格指数，基本预备费率，工程建设期融资额度、利率和利息等。

（3）编制原则和依据。

1）概算编制原则和依据。

2）人工预算单价，主要材料，施工用电、水、风以及砂石料等基础单价的计算依据。

3）主要设备价格的编制依据。

4）建筑安装工程定额、施工机械台时费定额和有关指标采用依据。

5）费用计算标准及依据。

6）工程资金筹措方案。

（4）概算编制中其他应说明的问题。

（5）主要技术经济指标表。应根据工程特性表编制，反映工程主要技术经济指标。

2. 工程概算总表

工程概算总表应汇总工程部分、建设征地移民补偿、环境保护工程、水土保持工程总概算表。

3. 工程部分概算表和概算附表

（1）概算表

1）工程部分总概算表。

2）建筑工程概算表。

3）机电设备及安装工程概算表。

4）金属结构设备及安装工程概算表。

5）施工临时工程概算表。

6）独立费用概算表。

7）分年度投资表。

8）资金流量表（枢纽工程）。

（2）概算附表

1）建筑工程单价汇总表。

2）安装工程单价汇总表。

3）主要材料预算价格汇总表。

4）次要材料预算价格汇总表。

5）施工机械台时费汇总表。

6）主要工程量汇总表。

7）主要材料量汇总表。

8）工时数量汇总表。

（二）概算附件组成内容

（1）人工预算单价计算表。

（2）主要材料运输费用计算表。

（3）主要材料预算价格计算表。

（4）施工用电价格计算书（附计算说明）。

（5）施工用水价格计算书（附计算说明）。

（6）施工用风价格计算书（附计算说明）。

（7）补充定额计算书（附计算说明）。

（8）补充施工机械台时费计算书（附计算说明）。

（9）砂石料单价计算书（附计算说明）。

（10）混凝土材料单价计算表。

（11）建筑工程单价表。

（12）安装工程单价表。

（13）主要设备运杂费率计算书（附计算说明）。

（14）施工房屋建筑工程投资计算书（附计算说明）。

（15）独立费用计算书（勘测设计费可另附计算书）。

（16）分年度投资计算表。

（17）资金流量计算表。

（18）价差预备费计算表。

（19）建设期融资利息计算书（附计算说明）。

（20）计算人工、材料、设备预算价格和费用依据的有关文件、询价报价资料及其他。

（三）投资对比分析报告

（1）总投资对比表。

（2）主要工程量对比表。

（3）主要材料和设备价格对比表。

（4）其他相关表格。

四、工程部分概算编制

工程部分概算包括：建筑工程费、机电设备及安装工程费、金属结构设备及安装工程费、施工临时工程费、独立费用五部分。

（一）建筑工程费

建筑工程费按主体建筑工程、交通工程、房屋建筑工程、供电设施工程、其他建筑工程分别采用不同的方法编制。

1. 主体建筑工程

（1）主体建筑工程费按设计工程量乘以工程单价进行编制。

（2）主体建筑工程量应遵照《水利水电工程设计工程量计算规定》（SL 328—2005），按项目划分要求，计算到三级项目。

（3）当设计对混凝土施工有温控要求时，应根据温控措施设计，计算温控措施费用，也可以经过分析确定指标后，按建筑物混凝土方量进行计算。

（4）细部结构工程。参照水工建筑工程细部结构指标表（表 3－4－1）确定。

表 3－4－1　水工建筑工程细部结构指标表

项目名称	混凝土重力坝、重力拱坝、宽缝重力坝、支墩坝	混凝土双曲拱坝	土坝、堆石坝	水闸	冲砂闸、泄洪闸	进水口、进水塔	溢洪道	隧洞
单位	元/m³（坝体方）			元/m³（混凝土）				
综合指标	16.2	17.2	1.15	48	42	19	18.1	15.3
项目名称	竖井、调压井	高压管道	电（泵）站地面厂房	电（泵）站地下厂房	船闸	倒虹吸、暗渠	渡槽	明渠（衬砌）
单位	元/m³（混凝土）							
综合指标	19	4	37	57	30	17.7	54	8.45

注　1. 表中综合指标仅包括基本直接费内容。
2. 表中综合指标包括多孔混凝土排水管、廊道木模制作与安装、止水工程（面板坝除外）、伸缩缝工程、接缝灌浆管路、冷却水管路、栏杆、照明工程、爬梯、通气管道、排水工程、排水渗井钻孔及反滤料、坝坡踏步、孔洞钢盖板、厂房内上下水工程、防潮层、建筑钢材及其他细部结构工程。
3. 改扩建及加固工程根据设计确定细部结构工程的工程量。其他工程，如果工程设计能够确定细部结构工程的工程量，可按设计工程量乘以工程单价进行计算，不再按表 3－4－1 指标计算。

2. 交通工程

交通工程费按设计工程量乘以单价进行计算，也可根据工程所在地区造价指标或有关实际资料，采用扩大单位指标编制。

3. 房屋建筑工程

（1）永久房屋建筑。

1）用于生产、办公的房屋建筑面积，由设计单位按有关规定结合工程规模确定，单位造价指标根据当地相应建筑造价水平确定。

2）值班宿舍及文化福利建筑费按主体建筑工程投资的百分率计算（表3－4－2）。

表3－4－2　　值班宿舍及文化福利建筑费率表

工程类别	建筑安装工程投资额/万元	费率/%
枢纽工程	投资≤50000	1.0～1.5
	50000＜投资≤100000	0.8～1.0
	投资＞100000	0.5～0.8
引水工程		0.4～0.6
河道工程		0.4

注　投资小或工程位置偏远者取大值，反之取小值。

3）除险加固工程（含枢纽、引水、河道工程）、灌溉田间工程的永久房屋建筑面积由设计单位根据有关规定结合工程建设需要确定。

（2）室外工程。室外工程费一般按房屋建筑工程投资的15%～20%计算。

4. 供电设施工程

供电设施工程根据设计的电压等级、线路架设长度及所需配备的变配电设施要求，采用工程所在地区造价指标或有关实际资料计算。

5. 其他建筑工程

（1）安全监测设施工程，指属于建筑工程性质的内外部观测设施。安全监测工程项目概算应按设计资料计算。如无设计资料时，可根据坝型或其他工程形式，按照主体建筑工程投资的百分率计算。

当地材料坝按0.9%～1.1%计算；混凝土坝按1.1%～1.3%计算；引水式电站（引水建筑物）按1.1%～1.3%计算；堤防工程按0.2%～0.3%计算。

（2）照明线路和通信线路两项工程费按设计工程量乘以单价或采用扩大单位指标编制。

（3）其余各项按设计要求分析计算。

（二）机电设备及安装工程费

机电设备及安装工程概算由设备费和安装工程费两部分组成。

1. 设备费

（1）设备与工器具和装置性材料的划分：凡单项价值达2000元或2000元以上者作为设备；否则，作为工器具。

（2）设备与装置性材料的划分。

1）制造厂成套供货范围的部件、备品备件、设备体腔内定量填物（如变压器油）均作为设备，其价值计入设备费。

2）不论是成套供货，还是现场加工或零星购置的贮气罐、阀门、盘用仪表、机组本体的梯子、平台和栏杆等均作为设备，不能因供货来源不同而改变设备性质。

3）如管道和阀门构成设备本体部件，应作为设备；否则应作为材料。

4）随设备供应的保护罩、网门等已计入相应设备出厂价格内时，应作为设备；否则应作为材料。

5）电缆和管道的支吊架、母线、金属、滑触线和架、屏盘的基础型钢、钢轨、石棉板、穿墙隔板、绝缘子、一般用保护网、罩、门、梯子、栏杆和蓄电池架等，均作为材料。

6）设备喷锌费用应列入设备费。

（3）设备费计算：设备费按设计选型设备的型号、规格、数量和价格进行编制。包括设备原价、运杂费、运输保险费及采购保管费。

1）设备原价：以出厂价或设计单位分析论证后的询价作为设备原价。

2）运杂费：运杂费分主要设备运杂费和其他设备运杂费，均按占设备原价的百分率计算（表3-4-3）。

表3-4-3　主要设备运杂费费率表　%

设备分类		铁路		公路		公路直达基本费率
		基本运距1000km	每增运500km	基本运距100km	每增运20km	
水轮发动机组		2.21	0.30	1.06	0.15	1.01
主阀、桥机		2.99	0.50	1.85	0.20	1.33
主变压器	120000kVA及以上	3.50	0.40	2.80	0.30	1.20
	120000kVA以下	2.97	0.40	0.92	0.15	1.20

设备由铁路直达或铁路、公路联运时，分别按里程求得费率后叠加计算；如果设备由公路直达，应按公路里程计算费率后，再加公路直达基本费率。

其他设备运杂费率根据不同地区分别按3%～7%计取。

3）运输保险费：按有关规定计算。

4）采购及保管费：按设备原价、运杂费之和的0.7%计算。

5）运杂费综合费率。

运杂费综合费率＝运杂费费率＋(1＋运杂费费率)×采购及保管费费率＋运输保险费费率

上述运杂费综合费率，适用于计算国产设备运杂费。进口设备的国内段运杂费综合费率，按国产设备运杂费综合费率乘以相应国产设备原价占进口设备原价的比例系数进行计算（即按相应国产设备价格计算运杂费综合费率）。

6）交通工具购置费：交通工具购置费指工程竣工后，为保证建设项目初期生产管理单位正常运行必须配备的车辆和船只所产生的费用。交通设备数量应由设计单位按有关规定、结合工程规模确定，设备价格根据市场情况、结合国家有关政策确定。无设计资料时，以第一部分建筑工程投资为基数，按表3-4-4的费率，以超额累进方法计算，即：

交通工具购置费＝建筑工程投资×该档费率＋辅助参数

表 3-4-4 交通工具购置费费率表

建筑工程投资/万元	费率/%	辅助参数/万元	建筑工程投资/万元	费率/%	辅助参数/万元
10000 及以内	0.50	0	100000～200000	0.06	140
10000～50000	0.25	25	200000～500000	0.04	180
50000～100000	0.10	100	500000 以上	0.02	280

2. 安装工程费

安装工程费按设备数量乘以安装工程单价计算。

(三) 金属结构设备及安装工程费

金属结构设备及安装工程概算编制方法同机电设备及安装工程。

(四) 施工临时工程费

1. 导流工程

导流工程具体包括导流明渠、导流洞、施工围堰、蓄水期下游断流补偿设施及与之相关的金属结构制作及安装工程等，按设计工程量乘以工程单价计算。

与导流工程有关的定额有：围堰定额分袋装土石围堰填筑和拆除、钢板桩围堰的打拔、石笼围堰填筑、围堰水下混凝土和截流体填筑等子目。计算围堰投资时需结合施工组织设计正确选用有关定额。概算定额中已包括场内材料运输，超挖超填施工附加量及施工损耗等。围堰填筑与拆除按堰体方计，钢板桩按阻水面积（m^2）计。

编制临时工程概算，套用临时工程定额时应注意材料数量为备料量，未考虑周转回收。周转及回收量可按该临时工程使用时间参考表 3-4-5。

表 3-4-5 材料使用寿命残值表

材料名称	使用寿命	残值率/%	材料名称	使用寿命	残值率/%
钢板桩	6 年	5	钢管（脚手架用）	10 年	10
钢轨	12 年	10	阀门	10 年	5
钢丝绳（吊桥用）	10 年	5	卡扣件（脚手架用）	50 次	10
钢管（风水管道）	8 年	10	导线	10 年	10

2. 施工交通工程

施工交通工程费按设计工程量乘以单价进行计算，也可根据工程所在地区造价指标或有关实际资料，采用扩大单位指标编制。

3. 施工场外供电工程

施工场外供电工程费根据设计的电压等级、线路架设长度及所需配备的变配电设施要求，采用工程所在地区造价指标或有关实际资料计算。

4. 施工房屋建筑工程

施工房屋建筑工程包括施工仓库和办公、生活及文化福利建筑两部分。不包括列入临时设施和其他施工临时工程项目内的电、风、水、通信系统，砂石料系统，混凝土拌和及浇筑系统，木工、钢筋、机修等辅助加工厂，混凝土预制构件厂，混凝土制冷、供热系统，施工排水等生产用房。

（1）施工仓库：指为工程施工而临时兴建的设备、材料、工器具等仓库。建筑面积由施工组织设计确定，单位造价指标根据当地生活福利建筑的相应造价水平确定。

（2）办公、生活及文化福利建筑：指施工单位、建设单位（包括监理）及设计代表在工程建设期所需的办公室、宿舍、招待所和其他文化福利设施等房屋建筑工程。

1）枢纽工程，按下列公式计算：

$$I=\frac{AUP}{NL}K_1K_2K_3 \tag{3-4-1}$$

式中　I——房屋建筑工程投资；

A——建安工作量，按工程一～四部分建安工作量（不包括办公用房、生活及文化福利建筑和其他施工临时工程）之和乘以（1＋其他施工临时工程百分率）计算；

U——人均建筑面积综合指标，按12～15m^2/人标准计算；

P——单位造价指标，参考工程所在地区的永久房屋造价指标（元/m^2）计算；

N——施工年限，按施工组织设计确定的合理工期计算；

L——全员劳动生产率，一般按80000～120000元/(人·年)；施工机械化程度高取大值，反之取小值；采用掘进机施工为主的工程全员劳动生产率应适当提高；

K_1——施工高峰人数调整系数，取1.10；

K_2——室外工程系数，取1.10～1.15，地形条件差的可取大值，反之取小值；

K_3——单位造价指标调整系数，按不同施工年限，采用表3-4-6中的调整系数。

表3-4-6　　单位造价指标调整系数表

工期	2年以内	2～3年	3～5年	5～8年	8～11年
系数	0.25	0.40	0.55	0.70	0.80

2）引水工程按一～四部分建安工作量的百分率计算（表3-4-7）。

表3-4-7　　引水工程施工房屋建筑工程费率表

工期	百分率/%	工期	百分率/%
≤3年	1.5～2.0	＞3年	1.0～1.5

一般饮水工程取中上限，大型饮水工程取下限。

掘进机施工隧洞工程按表中费率乘0.5调整系数计算。

3）河道工程按一～四部分建安工作量的百分率计算（表3-4-8）。

表3-4-8　　河道工程施工房屋建筑工程费率表

工期	百分率/%	工期	百分率/%
≤3年	1.5～2.0	＞3年	1.0～1.5

5. 其他施工临时工程

其他施工临时工程按工程一～四部分建安工作量（不包括其他施工临时工程）之和的

百分率计算。

（1）枢纽工程为3.0%～4.0%。

（2）引水工程为2.5%～3.0%。一般引水工程取下限，隧洞、渡槽等大型建筑物较多的引水工程、施工条件复杂的引水工程取上限。

（3）河道工程为0.5%～1.5%。灌溉田间工程取下限，建筑物较多、施工排水量大或施工条件复杂的河道工程取上限。

（五）独立费用

1. 建设管理费

（1）枢纽工程。枢纽工程建设管理费以一～四部分建安工作量为计算基数，按表3-4-9所列费率，以超额累进方法计算。即：

枢纽工程建设管理费=（一～四）部分建安工作量×该档费率+辅助参数

表3-4-9　　　　枢纽工程建设管理费费率表

一～四部分建安工作量/万元	费率/%	辅助参数/万元
50000及以内	4.5	0
50000～100000	3.5	500
100000～200000	2.5	1500
200000～500000	1.8	2900
500000以上	0.6	8900

（2）引水工程。引水工程建设管理费以一～四部分建安工作量为计算基数，按表3-4-10所列费率，以超额累进方法计算。原则上应按整体工程投资统一计算，工程规模较大时可分段计算。

表3-4-10　　　　引水工程建设管理费费率表

一～四部分建安工作量/万元	费率/%	辅助参数/万元
50000及以内	4.2	0
50000～100000	3.1	550
100000～200000	2.2	1450
200000～500000	1.6	2650
500000以上	0.5	8150

（3）河道工程。河道工程建设管理费以一～四部分建安工作量为计算基数，按表3-4-11所列费率，以超额累进方法计算。原则上应按整体工程投资统一计算，工程规模较大时可分段计算。

表3-4-11　　　　河道工程建设管理费费率表

一～四部分建安工作量/万元	费率/%	辅助参数/万元
10000及以内	3.5	0
10000～50000	2.4	110
50000～100000	1.7	460

续表

一～四部分建安工作量/万元	费率/%	辅助参数/万元
100000～200000	0.9	1260
200000～500000	0.4	2260
500000 以上	0.2	3260

2. 工程建设监理费

工程建设监理费按照国家发展和改革委员会颁发的《建设工程监理与相关服务收费管理规定》（发改价格〔2007〕670 号）及其他相关规定执行。根据国家发展和改革委员会《关于进一步放开建设项目专业服务价格的通知》（发改价格〔2015〕299 号），服务价格已全面放开。

3. 联合试运转费

费用指标见表 3-4-12。

表 3-4-12　　联合试运转费用指标表

水电站工程	单机容量/万 kW	≤1	≤2	≤3	≤4	≤5	≤6	≤10	≤20	≤30	≤40	>40
	费用/（万元/台）	6	8	10	12	14	16	18	22	24	32	44
泵站工程	电力泵站	50～60 元/kV										

4. 生产准备费

(1) 生产及管理单位提前进厂费。

1) 枢纽工程按一～四部分建安工程量的 0.15%～0.35%计算，大（1）型工程取小值，大（2）型工程取大值。

2) 引水工程视工程规模参照枢纽工程计算。

3) 河道工程、除险加固工程、田间工程原则上不计此项费用。若工程含有新建大型泵站、泄洪闸、船闸等建筑物时，按建筑物投资参照枢纽工程计算。

(2) 生产职工培训费。按一～四部分建安工作量的 0.35%～0.55%计算。枢纽工程、引水工程取中、上限，河道工程取下限。

(3) 管理用具购置费。

1) 枢纽工程按一～四部分建安工作量的 0.04%～0.06%计算，大（1）型工程取小值，大（2）型工程取大值。

2) 引水工程按建安工作量的 0.03%计算。

3) 河道工程按建安工作量的 0.02%计算。

(4) 备品备件购置费。按设备费的 0.4%～0.6%计算。大（1）型工程取下限，其他工程取中、上限。其中，设备费应包括机电设备、金属结构设备以及运杂费等全部设备费；电站、泵站同容量、同型号机组超过一台时，只计算一台的设备费。

(5) 工器具及生产家具购置费。按设备费的 0.1%～0.2%计算。枢纽工程取下限，其他工程取中、上限。

5. 科研勘测设计费

(1) 工程科学研究试验费。按工程建安工作量的百分率计算。其中：枢纽和引水工程取 0.7%；河道工程取 0.3%。

灌溉田间工程一般不计此项费用。

(2) 工程勘测设计费。应根据所完成的相应勘测设计工作阶段确定工程勘测设计费，未发生的工作阶段不计相应阶段勘测设计费。

项目建议书、可行性研究阶段的勘测设计费及报告编制费可参考国家发展和改革委员会颁布的《水利、水电工程建设项目前期工作工程勘察收费标准》（发改价格〔2006〕1352 号）和原国家计委员会颁布的《建设项目前期工作咨询收费暂行规定》（计价格〔1999〕1283 号）计算。

初步设计、招标设计及施工图设计阶段的勘测设计费可参考原国家计委、原建设部颁布的《工程勘察设计收费标准》（计价格〔2002〕10 号）计算。

根据国家发展和改革委员会《关于进一步放开建设项目专业服务价格的通知》（发改价格〔2015〕299 号），服务价格已全面放开。

6. 其他

(1) 工程保险费。按工程一～四部分投资合计的 4.5‰～5.0‰计算，田间工程原则上不计此项费用。

(2) 其他税费。按国家有关规定计取。

五、分年度投资及资金流量编制

（一）分年度投资

分年度投资是根据施工组织设计确定的施工进度和合理工期而计算出的工程各年度预计完成的投资额。

(1) 建筑工程。

1) 建筑工程分年度投资应根据施工进度的安排，对主要工程按各单项工程分年度完成的工程量和相应的工程单价计算。对于次要的和其他工程，可根据施工进度，按各年所占完成投资的比例，摊入分年度投资表。

2) 建筑工程分年度投资的编制可视不同情况按项目划分列至一级项目或二级项目，分别反映各自的建筑工程量。

(2) 设备及安装工程分年度投资应根据施工组织设计确定的设备安装进度计算各年预计完成的设备费和安装费。

(3) 分年度投资根据费用的性质和费用发生的时段，按相应年度分别进行计算。

（二）资金流量

资金流量是为满足工程项目在建设过程中各时段的资金需求，按工程建设所需资金投入时间计算的各年度使用的资金量。

资金流量表的编制以分年度投资表为依据，按建筑安装工程、永久设备购置费和独立费用三种类型分别计算。本书资金流量计算办法主要用于初步设计概算。

1. 建筑及安装工程资金流量

(1) 建筑工程可根据分年度投资表的项目划分，以各年度建筑工作量作为计算资金流量的依据。

（2）资金流量是在原分年度投资的基础上，考虑预付款、预付款的扣回、保留金和保留金的偿还等编制出的分年度资金安排。

（3）预付款一般可划分为工程预付款和工程材料预付款两部分。

1）工程预付款。工程预付款按划分的单个工程项目的建安工作量的10%～20%计算，工期在3年以内的工程全部安排在第一年，工期在3年以上的可安排在前两年。工程预付款的扣回从完成建安工作量的30%起开始，按完成建安工作量的20%～30%扣回至预付款全部回收完毕为止。

对于需要购置特殊施工机械设备或施工难度较大的项目，工程预付款可取大值，其他项目取中值或小值。

2）工程材料预付款。水利工程一般规模较大，所需材料的种类及数量较多，提前备料所需资金较大，因此考虑向施工企业支付一定数量的材料预付款。可按分年度投资中次年完成建安工作量的20%在本年提前支付，并于次年扣回，以此类推，直至本项目竣工。

（4）保留金。水利工程的保留金，按建安工作量的2.5%计算。在计算概算资金流量时，按分项工程分年度完成建安工作量的5%扣留至该项工程全部建安工作量的2.5%时终止（即完成建安工作量的50%时），并将所扣的保留金100%计入该项工程终止后一年（如该年已超出总工期，则此项保留金计入工程的最后一年）的资金流量表内。

2. 永久设备购置费资金流量

永久设备购置费资金流量，按主要设备和一般设备两种类型分别计算。

（1）主要设备。主要设备为水轮发电机组、大型水泵、大型电机、主阀、主变压器、桥机、门机、高压断路器或高压组合电器、金属结构闸门启闭设备等。按设备到货周期确定各年资金流量比例，具体比例见表3-4-13。

表3-4-13　主要设备资金流量比例　　%

到货周期＼年份	第1年	第2年	第3年	第4年	第5年	第6年
1年	15	75*	10			
2年	15	25	50*	10		
3年	15	25	10	40*	10	
4年	15	25	10	10	30*	10

*　数据的年份为设备到货年份。

（2）一般设备。其资金流量按到货前一年预付15%定金，到货年支付85%的剩余价款。

3. 独立费用资金流量

独立费用资金流量主要是勘测设计费的支付方式应考虑质量保证金的要求，其他项目则均按分年投资表中的资金安排计算。

（1）可行性研究和初步设计阶段的勘测设计费按合理工期分年平均计算。

（2）施工图设计阶段勘测设计费的95%按合理工期分年平均计算，其余5%的勘测设计费用作为设计保证金，计入最后一年的资金流量表内。

六、总概算编制

（一）预备费

1. 基本预备费

计算方法：根据工程规模、施工年限和地质条件等不同情况，按工程一～五部分投资合计（依据分年度投资表）的百分率计算。初步设计阶段为5.0%～8.0%。技术复杂、建设难度大的工程项目取大值，其他工程取中小值。

2. 价差预备费

计算方法：根据施工年限，以资金流量表的静态投资为计算基数。

按有关部门适时发布的年物价指数计算。计算公式为

$$E=\sum_{n=1}^{N}F_n[(1+p)^n-1] \tag{3-4-2}$$

式中 E——价差预备费；

N——合理建设工期；

n——施工年度；

F_n——建设期间资金流量表内第 n 年的投资；

p——年物价指数。

（二）建设期融资利息

计算公式为

$$S=\sum_{n=1}^{N}\left[\left(\sum_{m=1}^{n}F_m b_m-\frac{1}{2}F_n b_n\right)+\sum_{m=0}^{n-1}S_m\right]i \tag{3-4-3}$$

式中 S——建设期融资利息；

N——合理建设工期；

n——施工年度；

m——还息年度；

F_n、F_m——在建设期资金流量表内的第 n、第 m 年的投资；

b_n、b_m——各施工年份融资额占当年投资比例；

i——建设期融资利率；

S_m——第 m 年的付息额度。

（三）静态总投资

一～五部分投资与基本预备费之和构成工程部分静态投资。编制工程部分总概算表时，在第五部分独立费用之后，应顺序计列以下项目：

（1）一～五部分投资合计。

（2）基本预备费。

（3）静态投资。工程部分、建设征地移民补偿、环境保护工程、水土保持工程的静态投资之和构成静态总投资。

（四）总投资

静态总投资、价差预备费、建设期融资利息之和构成总投资。编制工程概算总表时，在工程投资总计中应顺序计列以下项目：

（1）静态总投资（汇总各部分静态投资）。

（2）价差预备费。

（3）建设期融资利息。

（4）总投资。

七、投资对比分析报告编写

在概算编制完成后，应从价格变动、项目及工程量调整、国家政策性变化等方面进行详细的投资对比分析，说明初步设计阶段与可行性研究阶段（或可行性研究阶段与项目建设书阶段）相比较的投资变化原因和结论，编写投资对比分析报告。

（1）投资对比分析报告应汇总工程部分、建设征地移民补偿、环境保护、水土保持各部分对比分析内容。

（2）设计概算报告（正件）、投资对比分析报告可单独成册，也可作为初步设计报告（设计概算章节）的相关内容。

（3）设计概算附件宜单独成册，并应随初步设计文件报审。

八、概算表格

（一）工程概算总表

工程概算总表由工程部分的总概算表与建设征地移民补偿、环境保护工程、水土保持工程的总概算表汇总并计算而成，见表3-4-14。

表3-4-14　　工程概算总表　　单位：万元

序号	工程或费用名称	建安工程费	设备购置费	独立费	合计
Ⅰ	工程部分投资 第一部分建筑工程 …… 第二部分机电设备及安装工程 …… 第三部分金属结构设备及安装工程 …… 第四部分施工临时工程 …… 第五部分独立费用 …… 一～五部分投资合计 基本预备费 静态投资				

续表

序号	工程或费用名称	建安工程费	设备购置费	独立费	合计	
Ⅱ	建设征地移民补偿投资 一农村部分补偿费 二城（集）镇部分补偿费 三工业企业补偿费 四专业项目补偿费 五防护工程费 六库底清理费 七其他费用 一～七项小计 基本预备费 有关税费 静态投资					
Ⅲ	环境保护与工程投资静态投资 静态投资					
Ⅳ	水土保持工程投资静态投资 静态投资					
Ⅴ	工程投资总计（Ⅰ～Ⅳ合计） 静态总投资 价差预备费 建设期融资利息 总投资					

Ⅰ为工程部分总概算表，按项目划分的五部分填表并列示至一级项目。

Ⅱ为建设征地移民补偿总概算表，列示至一级项目。

Ⅲ为环境保护工程总概算表。

Ⅳ为水土保持工程总概算表。

Ⅴ包括静态总投资（Ⅰ～Ⅳ项静态投资合计）、价差预备费、建设期融资利息、总投资。

（二）概算表

概算表包括工程部分总概算表、建筑工程概算表、设备及安装工程概算表、分年度投资表和资金流量表。

1. 工程部分总概算表

总概算表按项目划分的五部分填表并列至一级项目，见表 3-4-15。五部分之后的内容为：一～五部分投资合计、基本预备费、静态投资。

2. 建筑工程概算表

按项目划分列至三级项目，见表 3-4-16。本表适用于编制建筑工程概算、施工临时工程概算和独立费用概算。

表 3-4-15　　　　工程总概算表　　　　单位：万元

序号	工程或费用名称	建安工程费	设备购置费	独立费用	合计	占一～五部分投资比例/%
	各部分投资					
	一～五部分投资					
	基本预备费					
	静态投资					
	价差预备费					
	建设期融资利息					
	总投资					

表 3-4-16　　　　建筑工程概算表

序号	工程或费用名称	单位	数量	单价/元	合计/万元

3. 设备及安装工程概算表

按项目划分列至三级项目，见表 3-4-17。本表适用于编制机电和金属结构设备及安装工程概算。

表 3-4-17　　　　设备及安装工程概算表

序号	名称及规格	单位	数量	单价/元		合计/万元	
				设备费	安装费	设备费	安装费

4. 分年度投资表

分年度投资表的编制可视不同情况按项目划分列至一级项目或二级项目，见表 3-4-18。

表 3-4-18　　　　分年度投资表　　　　单位：万元

序号	项　目	合计	建设工期/年						
			1	2	3	4	5	6	…
Ⅰ	工程部分投资								
一	建筑工程								
1	建筑工程								
	×××工程（一级项目）								
2	施工临时工程								
	×××工程（一级项目）								
二	安装工程								

续表

序号	项　目	合计	建设工期/年						
			1	2	3	4	5	6	…
1	机电设备安装工程								
	×××工程（一级项目）								
2	金属结构设备安装工程								
	×××工程（一级项目）								
三	设备购置费								
1	机电设备								
	×××设备								
2	金属结构设备								
	×××设备								
四	独立费用								
1	建设管理费								
2	工程建设监理费								
3	联合试运转费								
4	生产准备费								
5	科研勘测设计费								
6	其他								
	一～四项合计								
	基本预备费								
	静态投资								
Ⅱ	建设征地移民补偿投资								
	……								
	静态投资								
Ⅲ	环境保护工程投资								
	……								
	静态投资								
Ⅳ	水土保持工程投资								
	……								
	静态投资								
Ⅴ	工程投资总计（Ⅰ～Ⅳ合计）								
	静态总投资								
	价差预备费								
	建设期融资利息								
	总投资								

5. 资金流量表

资金流量表的编制可根据需要，并视不同情况按项目划分列至一级项目或二级项目，

见表3-4-19。项目排列方法同分年度投资表。资金流量表应汇总征地移民、环境保护、水土保持部分投资，并计算总投资。资金流量表是资金流量计算表的成果汇总。

表3-4-19　　资金流量表　　单位：万元

序号	项　目	合计	建设工期/年					
			1	2	3	4	5	6	…
Ⅰ	工程部分投资								
一	建筑工程								
(一)	建筑工程								
	×××工程（一级项目）								
(二)	施工临时工程								
	×××工程（一级项目）								
二	安装工程								
(一)	机电设备安装工程								
	×××工程（一级项目）								
(二)	金属结构设备安装工程								
	×××工程（一级项目）								
三	设备购置费								
	……								
四	独立费用								
	……								
	一～四项联合								
	基本预备费								
	静态投资								
Ⅱ	建设征地移民补偿投资								
	……								
	静态投资								
Ⅲ	环境保护工程投资								
	……								
	静态投资								
Ⅳ	水土保持工程投资								
	……								
	静态投资								
Ⅴ	工程投资总计（Ⅰ～Ⅳ合计）								
	静态总投资								
	价差预备费								
	建设期融资利息								
	总投资								

（三）概算附表

工程部分概算附表包括建筑工程单价汇总表、安装工程单价汇总表、主要材料预算价格汇总表、其他材料预算价格汇总表、施工机械台时费汇总表、主要工程量汇总表、主要材料量汇总表、工时数量汇总表。

（1）建筑工程单价汇总表，见表3-4-20。

表3-4-20　建筑工程单价汇总表

单价编号	名称	单位	单价/元	其中							
				人工费	材料费	机械使用费	其他直接费	间接费	利润	材料补差	税金

（2）安装工程单价汇总表，见表3-4-21。

表3-4-21　安装工程单价汇总表

单价编号	名称	单位	单价/元	其中								
				人工费	材料费	机械使用费	其他直接费	间接费	利润	材料补差	未计价装置性材料费	税金

（3）主要材料预算价格汇总表，见表3-4-22。

表3-4-22　主要材料预算价格汇总表

序号	名称及规格	单位	预算价格/元	其中			
				原价	运杂费	运输保险费	采购及保管费

（4）其他材料预算价格汇总表，见表3-4-23。

表3-4-23　其他材料预算价格汇总表

序号	名称及规格	单位	原价/元	运杂费/元	合计/元

（5）施工机械台时费汇总表，见表3-4-24。

表3-4-24　施工机械台时费汇总表

序号	名称及规格	台时费/元	其中				
			折旧费	修理及替换设备费	安拆费	人工费	动力燃料费

（6）主要工程量汇总表，见表 3-4-25。

表 3-4-25　　主要工程量汇总表

序号	项目	土石方明挖/m³	石方洞挖/m³	土石方台填筑/m³	混凝土/m³	模板/m³	钢筋/t	帷幕灌浆/m	固结灌浆/m

（7）主要材料量汇总表，见表 3-4-26。

表 3-4-26　　主要材料量汇总表

序号	项目	水泥/t	钢筋/t	钢材/t	木材/m³	炸药/t	沥青/t	粉煤灰/t	汽油/t	柴油/t

（8）工时数量汇总表，见表 3-4-27。

表 3-4-27　　工时数量汇总表

序　号	项　目	工时数量	备　注

（9）建筑及施工场地征用数量汇总表，见表 3-4-28。

表 3-4-28　　建筑及施工场地征用数量汇总表

序　号	项　目	占地面积/亩	备　注

（四）概算附件附表

工程部分概算附件附表包括人工预算单价计算表、主要材料运输费用计算表、主要材料预算价格计算表、混凝土材料单价计算表、建筑工程单价表、安装工程单价表、资金流量计算表。

（1）人工预算单价计算表，见表 3-4-29。

表 3-4-29　　人工预算单价计算表

<table>
<tr><td colspan="2">艰苦边远地区类别</td><td></td><td>定额人工等级</td><td></td></tr>
<tr><td>序号</td><td>项目</td><td colspan="2">计算式</td><td>单价/元</td></tr>
<tr><td>1</td><td>人工工时预算单价</td><td colspan="2"></td><td></td></tr>
<tr><td>2</td><td>人工工日预算单价</td><td colspan="2"></td><td></td></tr>
</table>

（2）主要材料运输费用计算表，见表 3-4-30。

表 3-4-30 主要材料运输费用计算表

<table>
<tr><td colspan="2">编号</td><td>1</td><td>2</td><td>3</td><td>材料名称</td><td colspan="3"></td><td>材料编号</td><td></td></tr>
<tr><td colspan="2">交货条件</td><td></td><td></td><td></td><td>运输方式</td><td>火车</td><td>汽车</td><td>船运</td><td colspan="2">火车</td></tr>
<tr><td colspan="2">交货地点</td><td></td><td></td><td></td><td>货物等级</td><td></td><td></td><td></td><td>整车</td><td>零担</td></tr>
<tr><td colspan="2">交货比例/%</td><td></td><td></td><td></td><td>装载系数</td><td></td><td></td><td></td><td></td><td></td></tr>
<tr><td>编号</td><td colspan="4">运输费用项目</td><td colspan="2">运输起讫地点</td><td colspan="2">运输距离/km</td><td>计算公式</td><td>合计/元</td></tr>
<tr><td rowspan="4">1</td><td colspan="4">铁路运杂费</td><td colspan="2"></td><td colspan="2"></td><td></td><td></td></tr>
<tr><td colspan="4">公路运杂费</td><td colspan="2"></td><td colspan="2"></td><td></td><td></td></tr>
<tr><td colspan="4">水路运杂费</td><td colspan="2"></td><td colspan="2"></td><td></td><td></td></tr>
<tr><td colspan="4">综合运杂费</td><td colspan="2"></td><td colspan="2"></td><td></td><td></td></tr>
<tr><td rowspan="4">2</td><td colspan="4">铁路运杂费</td><td colspan="2"></td><td colspan="2"></td><td></td><td></td></tr>
<tr><td colspan="4">公路运杂费</td><td colspan="2"></td><td colspan="2"></td><td></td><td></td></tr>
<tr><td colspan="4">水路运杂费</td><td colspan="2"></td><td colspan="2"></td><td></td><td></td></tr>
<tr><td colspan="4">综合运杂费</td><td colspan="2"></td><td colspan="2"></td><td></td><td></td></tr>
<tr><td rowspan="4">3</td><td colspan="4">铁路运杂费</td><td colspan="2"></td><td colspan="2"></td><td></td><td></td></tr>
<tr><td colspan="4">公路运杂费</td><td colspan="2"></td><td colspan="2"></td><td></td><td></td></tr>
<tr><td colspan="4">水路运杂费</td><td colspan="2"></td><td colspan="2"></td><td></td><td></td></tr>
<tr><td colspan="4">综合运杂费</td><td colspan="2"></td><td colspan="2"></td><td></td><td></td></tr>
<tr><td colspan="9">每吨运杂费</td><td></td><td></td></tr>
</table>

（3）主要材料预算价格计算表，见表 3-4-31。

表 3-4-31 主要材料预算价格计算表

<table>
<tr><td rowspan="2">编号</td><td rowspan="2">名称及规格</td><td rowspan="2">单位</td><td rowspan="2">原价依据</td><td rowspan="2">单位毛重/t</td><td rowspan="2">每吨运费/元</td><td colspan="5">价 格/元</td></tr>
<tr><td>原价</td><td>运杂费</td><td>采购及保管费</td><td>运输保险费</td><td>预算价格</td></tr>
<tr><td></td><td></td><td></td><td></td><td></td><td></td><td></td><td></td><td></td><td></td><td></td></tr>
<tr><td></td><td></td><td></td><td></td><td></td><td></td><td></td><td></td><td></td><td></td><td></td></tr>
</table>

（4）混凝土材料单价计算表，见表 3-4-32。

表 3-4-32 混凝土材料单价计算表

编号	名称及规格	单位	预算量	调整系数	单价/元	合价/元

（5）建筑工程单价表，见表 3-4-33。

表 3-4-33　　　　建筑工程单价表

单价编号		项目名称			
定额编号				定额单位	
施工方法	（填写施工方法、土或岩石类别、运距等）				
编号	名称及规格	单位	数量	单价/元	合计/元

（6）安装工程单价表，见表 3-4-34。

表 3-4-34　　　　安装工程单价表

单价编号		项目名称			
定额编号				定额单位	
型号规格					
编号	名称及规格	单位	数量	单价/元	合计/元

（7）资金流量计算表，见表 3-4-35。

表 3-4-35　　　　资金流量计算表　　　　单位：万元

序号	项目	合计	建设工期						
			1	2	3	4	5	6	…
Ⅰ	工程部分投资								
一	建筑工程								
（一）	×××工程								
1	分年度完成工作量								
2	预付款								
3	扣回预付款								
4	保留金								
5	偿还保留金								
（二）	×××工程								
	……								
二	安装工程								
	……								
三	设备购置费								
	……								
四	独立费用								
	……								
五	一～四项合计								

续表

序号	项　目	合计	建设工期						
			1	2	3	4	5	6	…
1	分年度费用								
2	预付款								
3	扣回预付款								
4	保留金								
5	偿还保留金								
	基本预备费								
	静态投资								
Ⅱ	建设征地移民补偿投资								
	……								
	静态投资								
Ⅲ	环境保护工程投资								
	……								
	静态投资								
Ⅳ	水土保持工程投资								
	……								
	静态投资								
Ⅴ	工程投资总计								
	静态总投资								
	价差预备费								
	建设期融资利息								
	总投资								

（五）投资对比分析报告附表

1. 总投资对比表

总投资对比表可视不同情况按项目划分列至一级项目或二级项目，可根据工程情况进行调整，见表3-4-36。

表3-4-36　　总投资对比表

序号	工程或费用名称	可研阶段投资/万元	初步设计阶段投资/万元	增减额度/万元	增减幅度/%	备注
(1)	(2)	(3)	(4)	(4)-(3)	[(4)-(3)]/(3)	
Ⅰ	工程部分投资 第一部分 建筑工程 ……					

续表

序号	工程或费用名称	可研阶段投资/万元	初步设计阶段投资/万元	增减额度/万元	增减幅度/%	备注
	第二部分 机电设备及安装工程					
	……					
	第三部分 金属结构设备及安装工程					
	……					
Ⅰ	第四部分 施工临时工程					
	……					
	第五部分 独立费用					
	……					
	一～五投资合计					
	基本预备费					
	静态投资					
Ⅱ	建设征地移民补偿投资					
一	农村部分补偿费					
二	城（集）镇部分补偿费					
三	工业企业补偿费					
四	专业项目补偿费					
五	防护工程费					
六	库底清理费					
七	其他费用					
	一～七项小计					
	基本预备费					
	有关税费					
	静态投资					
Ⅲ	环境保护工程投资					
	静态投资					
Ⅳ	水土保持工程投资					
	静态投资					
Ⅴ	工程投资总计（Ⅰ～Ⅳ）合计					
	静态总投资					
	价差预备费					
	建设期融资利息					
	总投资					

2. 主要工程量对比表

主要工程量对比表应列工程项目的主要工程量，可根据工程情况进行调整，见表3-4-37。

表 3-4-37　　主要工程量对比表

序号	工程或费用名称	单位	可研阶段	初步设计阶段	增减数量	增减幅度/%	备注
(1)	(2)	(3)	(4)	(5)	(5)－(4)	[(5)－(4)]/(4)	
1	挡水工程						
	石方开挖						
	混凝土						
	钢筋						
	……						

3. 主要材料和设备价格对比表

主要材料和设备价格对比表可根据工程情况进行调整，设备投资较少时，可不附设备价格对比，见表 3-4-38。

表 3-4-38　　主要材料和设备价格对比表

序号	工程或费用名称	单位	可研阶段/元	初步设计阶段/元	增减额度	增减幅度/%	备注
(1)	(2)	(3)	(4)	(5)	(5)－(4)	[(5)－(4)]/(4)	
1	主要材料价格						
	水泥						
	油料						
	钢筋						
	……						
2	主要设备价格						
	水轮机						
	……						

（六）其他说明

（1）编制概算小数点后位数取定方法：基础单价、工程单价单位为“元”，计算结果精确到小数点后两位；一～五部分概算表、分年度概算表及总概算表单位为“万元”，计算结果精确到小数点后两位；计量单位为“m^3”“m^2”“m”的工程量精确到整数位。

（2）汇总有关指标。

1）汇总主要材料：一般情况下汇总水泥、钢筋、钢材、木材、汽油、柴油、炸药、砂石料、粉煤灰、沥青等主要材料用量。

2）汇总主要工程量：主要工程量汇总土石方明挖、石方洞挖、土石方填筑、混凝土、模板、钢筋、帷幕灌浆和固结灌浆等。

3）汇总劳动力用量：一般情况下汇总主体工程工日数量。

第二节 投资估算编制

一、概述

投资估算是指在项目建议书阶段、可行性研究阶段，按照国家和主管部门规定的编制方法，依据估算指标、各项取费标准，现行的人工、材料、设备价格，以及工程具体条件编制的技术经济文件。

投资估算是项目建议书和可行性研究报告的重要组成部分，是国家为选定近期开发项目作出科学决策和批准开展初步设计的依据之一。投资估算的准确性，直接影响国家（业主）对项目选定的决策。但由于受勘测、设计和科研工作的深度限制，可行性研究阶段往往只能提出主要建筑物的主体工程量和主要设备的型号。在这种情况下，要合理地编制出投资估算，除了要遵守编制办法和定额外，概预算专业人员还要深入调查研究，充分掌握第一手材料，合理地选定单价指标。

投资估算与设计概算在组成内容、项目划分和费用构成上基本相同，但两者设计深度不同，投资估算可根据《水利水电工程项目建议书编制规程》或《水利水电工程可行性研究报告编制规程》的有关规定，对初步设计概算规定中部分内容进行适当简化、合并和调整，按照2014年水利部《水利水电工程设计概（估）算编制规定》的办法编制。

二、投资估算编制依据

投资估算编制依据详见第二篇第二章，此处不再赘述。

三、投资估算编制

（一）基础单价

基础单价即人工、材料、施工用电水风预算单价、施工机械台时（台班）费、砂石料等价格。基础单价编制与设计概算相同。

（二）建筑、安装工程单价

建筑、安装工程单价编制与设计概算单价编制相同，但考虑投资估算工作深度和精度，应乘以单价扩大系数（表3-4-39）。

表3-4-39　　建筑、安装工程单价扩大系数表

序号	工程类别	单价扩大系数/%
一	建筑工程	
1	土方工程	10
2	石方工程	10
3	砂石备料工程	0
4	模板工程	5
5	混凝土浇筑工程	10

续表

序号	工 程 类 别	单价扩大系数/%
6	钢筋制安工程	5
7	钻孔灌浆及锚固工程	10
8	疏浚工程	10
9	掘进机施工隧洞工程	10
10	其他工程	10
二	机电、金属结构设备及安装工程	
1	水力机械设备、通信设备、起重设备及闸门等设备安装工程	10
2	电气设备、变电站设备安装工程及钢管制作安装工程	10

（三）工程部分投资估算

1. 建筑工程

主体建筑工程、交通工程、房屋建筑工程编制方法与设计概算基本相同。其他建筑工程可视工程具体情况和规模按主体建筑工程投资的3%～5%计算。

2. 机电设备及安装工程

主要机电设备及安装工程编制方法与设计概算基本相同；其他机电设备及安装工程可根据工程项目计算投资，若设计深度不满足要求，可根据装机规模按占主要机电设备费的百分率或单位千瓦指标计算。

3. 金属结构设备及安装工程

金属结构设备及安装工程编制方法与设计概算基本相同。

4. 施工临时工程

施工临时工程编制方法及计算标准与设计概算相同。

5. 独立费用

独立费用编制方法及计算标准与设计概算相同。

（四）分年度投资及资金流量编制

投资估算由于工作深度仅计算分年度投资而不计资金流量。

（五）预备费、建设期融资利息、静态总投资、总投资

（1）预备费分为基本预备费和价差预备费。基本预备费以工程部分5项费用之和为基数计算，可行性研究投资估算费率取10%～12%；项目建议书阶段费率取15%～18%；价差预备费可根据施工年限及预测的物价指数计算，计算方法与设计概算相同。

（2）建设期融资利息：计算方法与设计概算相同。

（3）静态总投资和总投资：计算方法与设计概算相同。

四、投资估算文件组成

（一）编制说明

（1）工程概况。包括河系、兴建地点、对外交通条件、水库淹没耕地及移民人数、工程规模、工程效益、工程布置形式、主体建筑工程量、主要材料用量、施工总工期和工程

从开工至开始发挥效益工期、施工总工日和高峰人数等。

（2）投资主要指标。包括工程静态总投资和总投资、工程从开工至开始发挥效益静态投资、单位千瓦静态投资和投资、单位电量静态投资和投资、年物价上涨指数、价差预备费额度和占总投资百分率、工程施工期贷款利息和利率等。

（二）投资估算表

投资估算表（与概算基本相同）包括：①总投资表；②建筑工程估算表；③设备及安装工程估算表；④分年度投资表。

（三）投资估算附表

投资估算附表包括：①建筑工程单价汇总表；②安装工程单价汇总表；③主要材料预算价格汇总表；④次要材料预算价格汇总表；⑤施工机械台班费汇总表；⑥主要工程量汇总表；⑦主要材料量汇总表；⑧工时数量汇总表；⑨建设及施工征地数量汇总表。

（四）附表

附件材料包括：①人工预算单价计算表；②主要材料运输费用计算表；③主要材料预算价格表；④混凝土材料单价计算表；⑤建筑工程单价表；⑥安装工程单价表。

第三节　建设征地移民补偿概（估）算编制

一、编制依据

水利工程建设征地移民补偿概（估）算编制，按《水利工程设计概（估）算编制规定（建设征地移民补偿）》的规定进行编制，编制依据如下：

（1）国家有关法律、法规。主要包括《中华人民共和国水法》、《中华人民共和国土地管理法》、《中华人民共和国森林法》、《中华人民共和国草原法》、《中华人民共和国文物保护法》和《大中型水利水电工程建设征地补偿和移民安置条例》等。

（2）各省（自治区、直辖市）颁布的《〈中华人民共和国土地管理法〉实施办法》等有关规定。

（3）《水利水电工程建设征地移民安置规划设计规范》（SL 290—2009）。

（4）行业标准及有关部委的其他有关规定。

（5）有关征地移民实物调查和移民安置规划等设计成果。

（6）有关协议和承诺文件。

二、概（估）算编制

建设征地移民安置补偿概（估）算由补偿补助费、工程建设费、其他费用、预备费、有关税费等组成。

（1）补偿补助费、有关税费按工程所在地相关规定执行。

（2）工程建设费包括建筑工程费、机电设备及安装工程费、金属结构设备及安装工程费、临时工程费等，计算方法同水利工程设计概算编制方法。

（3）其他费用、预备费计算方法同水利工程设计概算编制方法。

三、概（估）算表格

建设征地移民补偿概（估）算包括概算总表、概算分项汇总表、分项概算表、分年度投资计划表等。

（1）概算总表。需分别列出各部分投资、总投资等，见表 3-4-40。

表 3-4-40 征地移民补偿投资概算总表

序号	项目	投资/万元	比重/%	备注
一	农村移民安置补偿费			
二	城（集）镇迁建补偿费			
三	工业企业迁建补偿费			
四	专业项目恢复改建补偿费			
五	防护工程费			
六	库底清理费			
	一～六项小计			
七	其他费用			
八	预备费			
	其中：基本预备费			
	价差预备费			
九	有关税费			
十	总投资			

（2）概算分项汇总表。分区（一般到二级行政区）按各部分的一级项目分别列出投资、总投资等，见表 3-4-41。

表 3-4-41 征地移民补偿投资概算分项汇总表

项目	总计	××（一级行政区）						……
		合计	××（二级行政区）	……	合计	××（二级行政区）	……	
第一部分：农村移民安置补偿费								
（一）土地补偿费和安置补助费								
（二）房屋及附属建筑物补偿费								
（三）农副业设施补偿费								
（四）小型水利水电设施补偿费								
（五）农村工商企业补偿费								
（六）文化、教育、医疗卫生等事业单位迁建补偿费								
（七）新址征地及基础设施建设费								
（八）搬迁补助费								

续表

项　　目	总计	××（一级行政区）						……
		合计	××（二级行政区）	……	合计	××（二级行政区）	……	
（九）其他补偿补助费								
（十）过渡期补助费								
第二部分：城（集）镇迁建补偿费								
（一）房屋及附属建筑物补偿费								
（二）新址征地及基础设施建设费								
（三）公用（市政）设施补偿费								
（四）搬迁补助费								
（五）工商企业迁建补偿费								
（六）机关事业单位迁建补偿费								
（七）其他补偿补助费								
第三部分：工业企业迁建补偿费								
（一）用地补偿和场地平整								
（二）房屋及附属建筑物补偿费								
（三）基础设施补偿费								
（四）生产设施补偿费								
（五）设备搬迁补偿费								
（六）搬迁补助费								
（七）停产损失费								
第四部分：专业项目恢复改建补偿费								
（一）铁路工程复建费								
（二）公路工程复建费								
（三）库周交通恢复费								
（四）航运设施复建费								
（五）输变电工程复费								
（六）电信工程复建费								
（七）广播电视工程复建费								
（八）水利水电工程补偿费								
（九）国营农（林、牧、渔）场迁建费								
（十）文物古迹保护发掘费								
（十一）其他项目补偿费								
第五部分：防护工程费								
（一）建筑工程费								
（二）机电设备及安装工程费								

续表

项　　目	总计	××（一级行政区）						……
		合计	××（二级行政区）	……	合计	××（二级行政区）	……	
（三）金属结构设备及安装工程费								
（四）临时工程费								
（五）独立费用								
（六）基本预备费								
第六部分：库存清理费								
（一）建（构）筑物清理费								
（二）林木清理费								
（三）易漂浮物清理费								
（四）卫生清理费								
（五）固体废物清理费								
第七部分：其他费用								
（一）前期工作费								
（二）综合勘察设计科研费								
（三）实施管理费								
（四）实施机构开办费								
（五）技术培训费								
（六）监督评估费								
第八部分：预备费								
（一）基本预备费								
（二）价差预备费								
第九部分：有关税费								
（一）耕地占用税								
（二）耕地开垦费								
（三）森林植被恢复费								
（四）草原植被恢复费								
第十部分：总投资								

（3）分项概算表。按一至五级项目，分别列出概算的数量、单价、投资合计，见表3-4-42。

表3-4-42　　征地移民补偿投资分项概算表

序号	一级项目	二级项目	三级项目	四级项目	五级项目	单位	数量	单价/元	合计/万元

（4）分年度投资计划表。可视不同情况按项目划分列至一级项目，对投资较小的分部分项目，可列至分部分项目，见表3-4-43。

表3-4-43　征地移民分年度投资计划表　单位：万元

序号	项　目	总投资	年　份				
			1	2	3	4	…
1	农村移民安置补偿费						
2	城集镇迁建补偿费						
3	工业企业迁建补偿费						
4	专业项目恢复改建补偿费						
5	防护工程费						
6	农村移民安置补偿费						
	1～6部分合计						
7	其他费用						
8	预备费						
	其中：基本预备费						
	价差预备费						
9	有关税费						
10	总投资						

第四节　环境保护工程概（估）算编制

一、编制依据

环境保护工程概（估）算按水利部2007年发布的《环境保护设计概（估）算编制规程》的规定进行编制。其主要依据如下：

（1）国家及行业主管部门和省（自治区、直辖市）主管部门颁发的有关法律、法规、制度、规程、规定、办法、标准。

（2）水利水电工程环境保护设计概（估）算编制规定。

（3）水利水电工程及开发建设项目水土保持方案概（估）算编制规定和定额、施工机械台时费定额，有关行业主管部门颁发的定额。

（4）初步设计阶段环境保护设计文件及图纸。

（5）有关合同协议及资金筹措方案。

（6）其他。

二、概（估）算编制

环境保护工程概（估）算由工程措施费、非工程措施费、独立费用、预备费、建设期融资利息组成。

(1) 工程措施费包括建筑工程措施费、植物工程措施费、仪器设备及安装工程费等，计算方法同水利工程设计概算编制方法。

(2) 非工程措施费包括一次性补偿费、环境监测费和其他，按工程所在地相关规定执行。

(3) 独立费用、预备费、建设期融资利息等计算方法同水利工程设计概算编制方法。

三、概（估）算表格

环境保护工程投资概（估）算总表见表3-4-44。

表3-4-44　环境保护工程投资概（估）算总表

工程和费用名称	建筑工程措施费/万元	植物工程措施费/万元	仪器设备及安装工程费/万元	非工程措施费/万元	独立费用/万元	合计/万元	所占比例/%
第一部分 环境保护措施							
×××（一级项目）							
第二部分 环境监测措施							
×××（一级项目）							
第三部分 环境保护仪器设备及安装							
×××（一级项目）							
第四部分 环境保护临时措施							
×××（一级项目）							
第五部分 环境保护独立费用							
×××（一级项目）							
一至五部分合计							
基本预备费							
价差预备费							
建设期融资利息							
静态总投资							
环境保护总投资							

第五节　水土保持工程概（估）算编制

一、编制依据

水土保持概（估）算编制有单独的编制办法和配套定额，见《关于颁发〈水土保持工程概估算标准规定和定额〉的通知》（水总〔2003〕67号）。包括：《水土保持工程概算定额》、《开发建设项目水土保持工程概（估）算编制规定》及《水土保持生态建设工程

概（估）算编制规定》。

二、概（估）算编制

开发建设项目水土保持工程概（估）算包括建安工程费、植物措施费、设备费、独立费用、预备费和建设期融资利息。

（1）建安工程费计算方法同水利工程设计概算编制方法。

（2）植物措施费包括栽（种）植费和苗木、草、种子费，按工程所在地相关价格及规定执行。

（3）独立费用、预备费、建设期融资利息等计算方法同水利工程设计概算编制方法。

三、概（估）算表格

水工保持工程概（估）算见表3-4-45和表3-4-46。

表3-4-45　水土保持工程概（估）算总表　单位：万元

工程及费用名称	建安工程费	植物措施费		设备费	独立费用	合计
		栽（种）植费	苗木、草、种子费			
第一部分 工程措施						
……						
第二部分 植物措施						
……						
第三部分 施工临时工程						
……						
第四部分独立费用						
……						
一～四部分合计						
基本预备费						
静态总投资						
价差预备费						
建设期融资利息						
水土保持总投资						
水土保持设施补偿费						

表3-4-46　水土保持生态建设工程概（估）算表　单位：万元

工程及费用名称	建安工程费	林草工程费		设备费	独立费用	合计
		栽植费	林草及种子费			
第一部分 工程措施						
……						

续表

工程及费用名称	建安工程费	林草工程费		设备费	独立费用	合计
		栽植费	林草及种子费			
第二部分 林草措施						
……						
第三部分 封育治理措施						
……						
第四部分 独立费用						
……						
一～四部分合计						
基本预备费						
静态总投资						
价差预备费						
建设期融资利息						
水土保持总投资						

第六节 水文设施（专项）工程概算编制

对于水文设施工程需做专项列项的水利工程概（估）算编制时按本节内容进行编制；若不需作为专项列出时，可按本节内容，将水文设施工程的费用分别列入对应的建筑工程概算、安装工程概算和设备费中。

一、工程单价编制

（一）基础单价

基础单价即人工、材料、施工用电、水、风预算单价、施工机械台时（台班）费、砂石料等价格。基础单价编制与水利工程设计概算相同。其中人工单价按照《水利工程设计概（估）算编制规定》中枢纽工程的工资标准计算。

（二）建筑、安装工程单价

（1）建筑工程单价和安装工程单价组成内容及计算方法与水利工程设计概算单价编制相同。

（2）其他直接费组成内容及计算标准与水利工程设计概算编制相同。

（3）现场经费根据工程类别分别按不同费率标准计算，见表 3-4-47。

1）土石方工程：包括土石方开挖和填筑、砌石、抛石工程等。

2）模板工程：包括现浇各种混凝土时制作及安装的各类模板工程。

3）混凝土浇筑工程：包括现浇和预制各种混凝土、钢筋制作安装伸缩缝止水、防水层等。

4）各类钻孔灌浆及锚固工程：包括灌注桩、打预制桩工程等。

5）其他工程：指上述工程以外的工程。

表 3-4-47　　水文设施工程现场经费费率表

序号	工程类别	计算基础	现场经费费率/%		
			合计	临时设施费	现场管理费
一	建筑工程				
1	土石方工程	直接费	10	5	5
2	模板工程	直接费	8	4	4
3	混凝土浇筑工程	直接费	9	5	4
4	钻孔灌浆及锚固工程	直接费	9	4	5
5	其他工程	直接费	7	3	4
二	仪器设备及安装工程	人工费	50	25	25

（4）间接费根据工程类别分别按不同费率标准计算，见表 3-4-48。

表 3-4-48　　水文设施工程间接费费率表

序号	工程类别	计算基础	间接费费率/%
一	建筑工程		
1	土石方工程	直接工程费	9
2	模板工程	直接工程费	6
3	混凝土浇筑工程	直接工程费	5
4	钻孔灌浆工程	直接工程费	7
5	其他工程	直接工程费	7
二	仪器设备及安装工程	人工费	55

（5）利润。企业利润按直接工程费和间接费之和的 7%计算。

（6）税金。税金计算方法及税率标准，同水利工程概算编制方法。

二、概算编制

水文基本建设项目概算由建筑工程费、仪器设备及安装工程费、施工临时工程费、独立费、预备费用和其他组成。

（一）建筑工程费

水文设施建筑工程费按设计工程量乘以工程单价进行编制。

（二）仪器设备及安装工程费

仪器设备及安装工程费由仪器设备费和安装工程费两部分组成。

1. 仪器设备费

（1）仪器设备原价。以出厂价或设计单位分析论证后的询价为仪器设备原价。

（2）运杂费。运杂费按表 3-4-49 费率标准计算。

表 3-4-49 仪器设备运杂费费率表

类别	适用地区	费率/%
Ⅰ	北京、天津、上海、江苏、浙江、江西、安徽、湖北、湖南、河南、广东、山西、陕西、山东、河北、辽宁、吉林、黑龙江等省（直辖市）	5～7
Ⅱ	甘肃、云南、贵州、广西、四川、重庆、福建、海南、宁夏、内蒙古、青海、新疆、西藏等省（自治区、直辖市）	7～9
Ⅲ	新疆、西藏等自治区	9～3

注 工程地点距城市近者，工程费率取小值，远者取大值。

（3）运输保险费、采购及保管费、运杂综合费计算方法同水利工程设计概算编制。

2. 安装工程费

安装工程费按仪器设备数量乘以安装单价进行计算。

（三）施工临时工程费

（1）施工围堰工程按设计工程量乘以工程单价进行计算；施工交通工程、施工房屋建筑工程一般按扩大指标计算。

（2）其他施工临时工程按一～三部分建安工作量（不包括其他施工临时工程）之和的3.0%～4.0%计算。

（四）独立费用

独立费用包括建设管理费、生产准备费、工程勘察设计费、建设及施工场地征用费和其他费。

1. 建设管理费

（1）项目建设管理费。

1）建设单位开办费：对于新建工程，其开办费根据建设单位开办费标准和建设单位定员来确定。对于改扩建工程，原则上不计建设单位开办费。建设单位开办费标准按每人5万元计算。建设单位（以水文测站为单位）定员标准见表 3-4-50。

表 3-4-50 建设单位定员标准一览表

站类	大河重要控制站	大河一般控制站	区域代表（小河）站	水位（雨量）站
定员人数	3～4 人	2～3 人	2 人	1 人

注 站类划分标准见《水文基础设施建设及技术装备标准》，水环境自动监测站、地下水监测站蒸发站定员标准参照水位（雨量）站。

2）建设单位人员经常费：建设单位人员经常费，根据建设单位定员费用指标和经常费用计算期进行计算。其计算公式如下：

建设单位人员经常费＝费用指标[元/(人・年)]×定员人数×经常费计算期(年)

编制概算时，建设单位定员人数同建设单位开办费定员标准，费用指标按每人每年4万元计算。

经常费用计算期应根据施工组织设计确定的施工总进度和总工期确定，建设单位人员从工程开工之日起，至工程竣工之日加3个月止，为经常费用计算期，计算期不足1年者按月计。

工程管理经常费，按建设单位开办费和建设单位人员经常费之和的25%～30%计取。

（2）工程建设监理费。按照国家发展改革委员会发改价格〔2007〕670号文颁发的《建设工程监理与相关服务收费管理规定》及其他相关规定执行。

2．生产准备费

（1）生产及管理单位提前进场费。按一～三部分建安工作量的0.3%计算。改扩建工程原则上不计此项费用。

（2）生产职工培训费。按一～三部分建安工作量的0.4%计算。改扩建工程原则上不计此项费用。

（3）管理用具购置费。按一～三部分建安工作量的0.08%计算。

（4）备品备件购置费。按设备费的0.5%计算。

（5）工器具及生产家具购置费按设备费的0.14%计算。

（6）水文比测费按表3-4-51执行。

表3-4-51　　水文比测费用标准一览表

站类	大河重要控制站	大河一般控制站	区域代表站
费用/万元	15～20	10～15	6～8

注　特殊情况水文比测费按实际工作量计算。

3．工程勘察设计费

工程勘察设计费根据原国家计委、建设部计价格〔2002〕10号文件发布的《工程勘察设计收费标准》规定，并结合水文设施工程特点，其工程勘察设计收费基价按工程一～三部分投资之和的百分率计算。200万元以上项目，按10%计取；200万～100万元项目，按10%～12%计取；100万元以下项目，按12%～15%计取。

工程各阶段的勘察设计费占勘察设计费总数的百分率为：初步设计阶段为50%；招标设计阶段为10%；施工图设计阶段为40%。

4．建设及施工场地征用费

包括土地补偿费、安置补助费，青苗树木等补偿费，以及建筑物迁建和居民迁建费等，具体标准按有关规定计算。

5．其他

（1）工程质量监督费。按工程一～三部分建安工作量的0.10%计算。

（2）工程保险费按工程一～三部分投资合计的0.45%～0.50%计算。

（3）环境影响评价费按国家发展和改革委员会、国家环境保护总局计价格〔2002〕125号文件规定执行。

（五）预备费、静态总投资、总投资编制

1．预备费

（1）基本预备费根据工程规模、施工年限和地质条件等不同情况，按工程一至四部分投资合计（依据分年度投资表）的百分率计算。初步设计阶段为5.0%～8.0%。

（2）价差预备费根据施工年限，以资金流量表的静态投资为计算基数，按照国家发改委员会发布的年物价指数计算。计算方法同水利工程设计概算编制。

2．静态总投资

工程一～四部分投资与基本预备费之和构成静态总投资。

3. 总投资

工程一～四部分投资、基本预备费、价差预备费之和构成总投资。编制总概算表时，在第四部分独立费用之后，按顺序计列以下项目：

（1）一～四部分投资合计。

（2）基本预备费。

（3）静态总投资。

（4）价差预备费。

（5）总投资。

三、概算表格

（一）概算表

概算表包括总概算表、建筑工程概算表、仪器设备及安装工程概算表、分年度投资表。

1. 总概算表

按项目划分的四部分填表并列至一级项目（建筑工程费、仪器设备及安装工程费、施工临时工程费、独立费）。四部分之后的内容为：一～四部分投资合计、基本预备费；静态总投资；价差预备费、总投资。

表 3-4-52　　　总　概　算　表　　　单位：万元

序号	工程或费用名称	建安工程费	仪器设备购置费	独立费	合计	占一～四部分投资/%

2. 建筑工程概算表

按项目划分列至三级项目。表 3-4-53 适用于编制建筑工程概算、施工临时工程概算和独立费用概算。

表 3-4-53　　　建筑工程概算表

序号	工程或费用名称	单位	数量	单价/元	合计/元

3. 仪器设备及安装工程概算表

按项目划分列至三级项目。表适用于编制仪器设备及安装工程概算。

表 3-4-54　　　仪器设备及安装工程概算表

序号	名称及规格	单位	数量	单价/元		合计/元	
				仪器设备费	安装费	仪器设备费	安装费

4. 分年度投资表

可视不同情况按项目划分列至一级项目，见表 3-4-55。

表 3-4-55　　分年度投资表　　单位：万元

项　　目	合计	建设工期/年		
		1	2	3
一、建筑工程				
1. 建筑工程				
×××工程（一级目录）				
2. 施工临时工程				
×××工程（一级目录）				
二、仪器设备及安装工程				
1. 水位信息采集仪器设备及安装工程				
2. 流量、泥沙信息采集仪器设备及安装工程				
3. 降水、蒸发等气象信息采集仪器设备及安装工程				
4. 水环境监测分析仪器设备及安装工程				
5. 实时水文图像监控设备及安装工程				
6. 测绘仪器				
7. 通信与水文信息传输设备及安装工程				
8. 测验交通工具				
9. 供电、供水设备及安装工程				
10. 其他设备				
三、独立费用				
1. 建设管理费				
2. 生产准备费				
3. 工程勘察设计费				
4. 建设及施工场地征用费				
5. 其他				
一～三部分合计				

（二）概算附表

概算附表包括建筑工程单价汇总表、安装工程单价汇总表、主要材料预算价格汇总表、次要材料预算价格汇总表、施工机械台时费汇总表、主要工程量汇总表、主要材料量汇总表、工时数量汇总表、建设及施工场地征用数量汇总表。各表表格形式及填制内容同《水利工程设计概（估）算编制规定》相应表格。

（三）概算附件附表

概算附件附表包括人工预算单价计算表、主要材料运输费用计算表、主要材料预算价格计算表、混凝土材料单价计算表、建筑工程单价表、安装工程单价表。各表表格形式及填制内容同《水利工程设计概（估）算编制规定》相应表格。

第五章　水利工程工程量清单编制

使用国有资金投资的大中型水利工程，必须采用工程量清单计价。为规范水利工程造价计价行为，统一水利工程计价文件的编制原则和计价方法，根据《中华人民共和国民法典》《中华人民共和国招标投标法》，并参照《建设工程工程量清单计价规范》（GB 50500—2013），制定了《水利工程工程量清单计价规范》（GB 50501—2007），本章主要介绍如何根据清单计价规范编制水利工程工程量清单。

第一节　工程量清单的编制依据及准备

一、编制工程量清单的依据

（1）拟定的招标文件。

（2）施工现场情况、地勘水文资料、工程特点。

（3）水利工程设计文件及相关资料。

（4）本规范和相关工程的国家计量规范。

（5）国家或省级、行业建设主管部门颁发的定额和相关规定。

（6）与工程有关的标准、规范、技术资料。

（7）其他相关资料。

二、编制工程量清单的准备工作

招标工程量清单编制的相关准备工作在收集资料、包括编制依据的基础上，需进行如下工作：

（1）初步研究。对各种资料进行认真研究，为工程量清单的编制做准备，主要包括：

1）熟悉《水利工程工程量清单计价规范》（GB 50501—2007）、水利水电工程量计算规范等计价规定及相关文件；熟悉设计文件，掌握工程全貌，清单项目列项完整、工程量准确计算及清单项目准确描述，对设计文件中出现的问题应及时提出。

2）熟悉招标文件、招标图纸，确定工程量清单编审的范围及需要设定的暂估价；收集相关市场价格信息，为暂估价的确定提供依据。

3）对《水利工程工程量清单计价规范》（GB 50501—2007）缺项的新材料、新技术、新工艺，收集足够的基础资料，为补充项目的制定提供依据。

（2）现场踏勘。为了选用合理的施工组织设计和施工技术方案，需进行现场踏勘，以充分了解施工现场情况及工程特点，主要对以下两方面进行调查：

1）自然地理条件：工程所在地的地理位置、地形、地貌、用地范围等；气象、水文情况，包括气温、湿度、降雨量等；地质情况，包括地质构造及特征、承载能力等；地震、洪水及其他自然灾害情况。

2）施工条件。工程现场周边的道路、进出场条件、交通限制情况；工程现场施工临时设施、大型施工机具、材料堆放场地安排情况；工程现场邻近建筑物与拟建工程的间距、结构型式、基础埋深、新旧程度、高度等。市政给排水管线位置、管径、压力，废水、污水处理方式，消防供水管道管径、压力、位置等；现场供电方式、方位、距离、电压等；工程现场供水供电线路的连接和铺设；当地政府有关部门对施工现场管理的一般要求、特殊要求及规定等。

（3）施工组织设计。施工组织设计是指导拟建工程项目的施工准备和施工的技术文件。根据项目的具体情况编制施工组织设计，拟定工程的施工方案、施工顺序、施工方法等，便于工程量清单的编制及准确计算。施工组织设计编制主要依据：招标文件中的相关要求，设计文件中的图纸及相关说明，现场踏勘资料，有关定额，现行有关技术标准、施工规范等。作为招标人编制工程量清单时，仅需制定常规的施工组织设计即可。

三、编制人

（1）《水利工程工程量清单计价规范》（GB 50501—2007）3.1 规定：水利工程工程量清单应由具有编制招标文件能力的招标人，或受其委托具有相应资质的中介机构（或工程造价咨询人）进行编制。

（2）工程量清单应作为招标文件的组成部分。工程量清单在招标投标活动中是据以约束招标人和授标人的主要文件，是招标投标活动的主要依据，工程量清单编制质量的优劣和准确与否，直接关系到工程建设实施阶段投资控制管理的成败。因此，具有编制招标文件能力的招标人和受其委托具有相应资质的中介机构（或称工程造价咨询人），才是工程量清单的编制者。

第二节　工程量清单的编制内容和方法

水利工程招标工程量清单一般由工程量清单说明及投标报价说明、分类分项工程工程量清单、措施项目工程量清单、其他项目工程量清单和零星项目工程量清单组成。

一、工程量清单说明及投标报价说明

（一）工程量清单说明

（1）应对清单工程量计算依据的图纸、合同条款、技术标准和要求予以明确。

（2）应对清单工程量与投标工程量、结算工程量的关系予以明确。

（3）一般投标人没有填入单价或价格的项目，其费用视为已分摊在其他项目单价或价格中。

（4）除合同另有规定外，投标人不得随意增加、删除或涂改招标文件工程量清单中的任何内容。

（5）应对合同价格中包含的直接费、管理费、税金费用和要求获得的利润以及合同约定的应由承包人承担的所有义务、责任和风险等予以明确。

（6）工程量清单报价表中单价及合价的单位及保留小数应予明确。

（7）一般工程量清单除标明总价承包的项目为总价承包外，均为单价承包项目。

（8）工程量清单材料和工程设备由招标人提供的项目，应在备注栏中标明。

（二）投标报价说明

1. 工程量清单报价表组成

工程量清单报价表由以下表格组成：

（1）投标总价。

（2）工程项目总价表。

（3）分类分项工程量清单计价表。

（4）措施项目清单计价表。

（5）其他项目清单计价表。

（6）计日工项目计价表。

（7）工程单价汇总表。

（8）工程单价费（税）率汇总表。

（9）投标人生产电、风、水、砂石基础单价汇总表。

（10）投标人生产混凝土配合比材料费表。

（11）招标人供应材料价格汇总表（若招标人提供）。

（12）投标人自行采购主要材料预算价格汇总表。

（13）招标人提供施工机械台时（班）费汇总表（若招标人提供）。

（14）投标人自备施工机械台时（班）费汇总表。

（15）总价项目分类分项工程分解表。

（16）工程单价计算表。

（17）人工费单价汇总表。

2. 工程量清单报价表填写规定

（1）除招标文件另有规定外，投标人不得随意增加、删除或涂改招标文件工程量清单中的任何内容。工程量清单中列明的所有需要填写的单价和合价，投标人均应填写。未填写的单价和合价，则视为已包括在其他单价和合价中。

（2）工程量清单中的工程单价是完成工程量清单中一个质量合格的规定计量单位项目所需的直接费（包括人工费、材料费、机械使用费和季节、夜间、高原、风沙等原因增加的直接费）、施工管理费、企业利润和税金，并考虑到风险因素。投标人应根据规定的工程单价组成内容、按招标文件和《水利工程工程量清单计价规范》（GB 50501—2007）附录A和附录B中的“主要工作内容”确定工程单价。除另有规定外，对有效工程量以外的超挖、超填工程量，施工附加量，加工、运输损耗量等，所消耗的人工、材料和机械费用，均应摊入相应有效工程量的工程单价内。

（3）投标金额（价格）均应以人民币表示。

（4）投标总价应按工程项目总价表合计金额填写。

(5) 工程项目总价表中一级项目名称按招标文件工程项目总价表中的相应名称填写，并按分类分项工程量清单计价表中相应项目合计金额填写。

(6) 分类分项工程量清单计价表中的序号、项目编码、项目名称、计量单位、工程数量和合同技术条款章节号，按招标文件分类分项工程量清单计价表中的相应内容填写，并填写相应项目的单价和合价。

(7) 措施项目清单计价表中的序号、项目名称按招标文件措施项目清单计价表中的相应内容填写，并填写相应措施项目的金额和合计金额。

(8) 其他项目清单计价表中的序号、项目名称、金额，按招标文件其他项目清单计价表中的相应内容填写。

(9) 计日工项目计价表的序号、人工、材料、机械的名称、规格型号以及计量单位，按招标文件计日工项目清单计价表中的相应内容填写，并填写相应项目单价。

(10) 辅助表格填写。

1) 工程单价汇总表，按工程单价计算表中的相应内容、价格（费率）填写。

2) 工程单价费（税）率汇总表，按工程单价计算表中的相应内容、费（税）率填写。

3) 投标人生产电、风、水、砂石基础单价汇总表，按基础单价分析计算成果的相应内容、价格填写，并附相应基础单价的分析计算书。

4) 投标人生产混凝土配合比材料费表，按表中工程部位、混凝土强度等级（附抗渗、抗冻等级）、水泥强度等级、级配、水灰比、相应材料用量和单价填写，填写的单价必须与工程单价计算表中采用的相应混凝土材料单价一致。

5) 招标人供应材料价格汇总表，按招标人供应的材料名称、规格型号、计量单位和供应价填写，并填写经分析计算后的相应材料预算价格，填写的预算价格必须与工程单价计算表中采用的相应材料预算价格一致（若招标人提供）。

6) 投标人自行采购主要材料预算价格汇总表，按表中的序号、材料名称、型号规格、计量单位和预算价填写，填写的预算价必须与工程单价计算表中采用的相应材料预算价格一致。

7) 招标人提供施工机械台时（班）费汇总表，按招标人提供的机械名称、型号规格和招标人收取的台时（班）折旧费填写；投标人填写的台时（班）费用合计金额必须与工程单价计算表中相应的施工机械台时（班）费单价一致（若招标人提供）。

8) 投标人自备施工机械台时（班）费汇总表，按表中的序号、机械名称、型号规格、一类费用和二类费用填写，填写的台时（班）费合计金额必须与工程单价计算表中相应的施工机械台时（班）费单价一致。

9) 投标人应参照分类分项工程量清单计价表格式编制总价项目分类分项工程分解表，每个总价项目分类分项工程一份。

10) 投标金额不小于投标总标价万分之五的工程项目，必须编报工程单价计算表。工程单价计算表，按表中的施工方法、序号、名称、型号规格、计量单位、数量、单价、合价填写，填写的人工、材料和机械等基础价格，必须与人工费价汇总表、基础材料单价汇总表、主要材料预算价格汇总表及施工机械台时（班）费汇总表中的单价相一致，填写的施工管理费、企业利润和税金等费（税）率必须与工程单价费（税）率汇总表中的费（税）率相一致。

11）人工费单价汇总表应按人工费单价计算表的内容、价格填写，并附相应的人工费单价计算表。

二、分类分项工程量清单的编制

分类分项工程量清单是招标工程招标范围的全部分类分项工程名称、计量单位和相应数量的总称。分类分项工程量清单包括序号、项目编码、项目名称、计量单位、工程数量、主要技术条款编码和备注7个要件。

分类分项工程量清单项目应按《水利工程工程量清单计价规范》（GB 50501—2007）规定的分类分项工程项目编码、项目名称、计量单位进行编列，除其他工程外，计量单位均应与《水利工程工程量清单计价规范》（GB 50501—2007）保持一致。分类分项工程量清单应根据《水利工程工程量清单计价规范》（GB 50501—2007）附录A和附录B规定的项目编码、项目名称、项目主要特征、计量单位、作内容和一般适用范围进行编制。附录A、附录B所列的项目不可能全面覆盖所有水利工程项目，因此如出现附录未包括的项目时，编制人可以根据该项目的属性、名称、型号、规格、材质等特征依序进行补充（表3-5-1）。

表3-5-1 水利工程工程量清单计价规范附录

附录A 水利建筑工程工程量清单项目		附录B 水利安装工程工程量清单项目
01：土方开挖工程	08：基础防渗和地基加固工程	01：机电设备安装工程
02：石方开挖工程	09：混凝土工程	02：金属结构设备安装工程
03：土石方填筑工程	10：模板工程	03：安全监测设备采购及安装工程
04：疏浚和吹填工程	11：钢筋加工及安装工程	
05：砌筑工程	12：预制混凝土工程	
06：锚喷支护工程	13：原料开采及加工工程	
07：钻孔和灌浆工程	14：其他建筑工程	

分类分项工程量清单主要满足以下要求：一是通过序号正确反映招标项目的各层次项目划分；二是通过项目编码严格约束各分类分项工程项目的主要特征、主要工作内容、适用范围和计量单位；三是通过工程量计算规则，明确招标项目计列的工程数量一律为有效工程量，施工过程中一切非有效工程量发生的费用，均应摊入有效工程量单价中，防止和杜绝以往工程价款结算由于工程量计量不规范而引发的合同变更和索赔纠纷；四是应列明完成该分类分项工程项目应执行的相应主要技术条款，以确保施工质量符合国家标准；五是除上述要求以外的一些特殊因素，可在备注栏中予以说明。总之，分类分项工程量清单实现了项目名称、项目编码、计量单位、工程量计算规则、主要表格形式的五个统一，满足授标计价的要求。

1. 分类分项工程量清单的项目编码

分类分项工程量清单的项目编码采用5级12位阿拉伯数字表示（由左至右计位），前

四级 10～9 为全国统一编码，编制分类分项工程量清单时应按《水利工程工程量清单计价规范》（GB 50501—2007）附录 A 和附录 B 的规定设置，不得变动；当缺某分类分项工程时九位编码数会间断不连续，当在不同部位有相同分类分项工程时，则会重复出现相同的前九位编码。前九位编码可优先考虑按《水利工程工程量清单计价规范》（GB 50501—2007）附录编排的顺序编辑，若为管理方便的需要，也允许调整顺序而出现九位编码次序颠倒的情况。第五级 10～12 位是清单项目名称编码，由清单编制人根据招标工程的工程量清单项目名称设置，同一分类分项工程为了区分不同的部位、质量、材料、规格等，划分出多个清单项目时，无论这些清单项目编排位置相隔多远，都要在相同的前九位编码之后，按清单项目出现的先后次序，自 001 起不间断、不重复、不颠倒地顺序编制 10～12 位自编码，以三位不同的自编码相应区分相同分类分项工程中的不同清单项目，保证在分类分项工程量清单中不出现相同的十二位清单项目编码。例如水闸基础混凝土工程量清单编码设置，见表 3-5-2。

表 3-5-2　　清单编码设置样表

项目编码	50	01	09	001	001
编码位数	(1～2)	(3～4)	(5～6)	(7～9)	(10～12)
编码内容	水利工程	专业工程 （建筑或安装）	分类工程	分项工程	清单项目
水闸基础混凝土	专业编码 50	建筑工程 5001	混凝土工程 500109	普通混凝土 500109001	水闸基础 500109001001

2. 确定分类分项工程量清单的项目名称

(1) 项目名称应按《水利工程工程量清单计价规范》（GB 50501—2007）附录 A 和附录 B 的项目名称及项目主要特征并结合招标工程的实际确定。

(2) 编制工程清单，出现《水利工程工程量清单计价规范》（GB 50501—2007）附录 A、附录 B 中未包括的项目时，编制人可作补充。

3. 分类分项工程清单计量单位

清单的计量单位应按《水利工程工程量清单计价规范》（GB 50501—2007）附录 A 和附录 B 中规定的计量单位确定。

4. 计算工程数量

(1) 工程数量应按《水利工程工程量清单计价规范》（GB 50501—2007）附录 A 和附录 B 中规定的工程量计算规则和相关条款说明计算。

(2) 工程数量的有效位数规定。以“m^3”“m^2”“m”“kg”“个”“项”“根”“块”“台”“套”“组”“面”“只”“相”“站”“孔”“束”等为单位的，应取整数；以“t”“km”为单位的应保留小数点后两位数字，第三位数字四舍五入。

5. 项目主要特征描述

准确地描述项目的主要特征是编制工程量清单的主要环节。编制项目的特征描述主要根据《水利工程工程量清单计价规范》（GB 50501—2007）附录 A 表格中各项目的“项目主要特征”栏中的对应特征进行详细描述，主要目的是让投标人能够准确理解清单项目包含的内容，防止因描述不清或描述不具体引起招、投标双方的争议。在特征描述中若因内容过多，无法完整清晰地进行描述时可注明与图纸说明一致，或在主要工作内容栏中进行补充说明等。

三、措施项目清单的编制

措施项目清单是为完成工程项目施工，发生于该工程施工前和施工过程中招标人不要求列示工程量并按总价结算的施工措施项目。措施项目清单，应根据招标工程的具体情况，按照环境保护措施、文明施工措施、安全防护措施、小型临时工程、施工企业进退场费、大型施工设备安拆费等项目列项。

措施项目清单是为保证工程建设质量、工期、进度、环保、安全和社会和谐而必须采取的措施并独立成章设置的项目。由于水利工程涵盖范围广，建设项目类型、作用、规模、工期差别很大，决定了水利工程措施项目的不确定性，同时除工程本身因素之外，还涉及水文、气象、环保、安全等因素。《水利工程工程量清单计价规范》（GB 50501—2007）提供的“措施项目一览表”，仅作为列项的参考，凡属应由施工企业采取的必要措施项目，在“措施项目一览表”中没有的项目，由工程量清单编制人补充，通常措施项目清单应编制一个“其他”最末项。

措施项目清单中的措施项目，指招标人要求投标人以总价结算的项目，均以“项”为单位，相应数量为“1”，凡有具体工程数量并按单价结算的措施项目，应列入分类分项工程量清单项目。

如果投标人拟采用的施工组织方案比较先进或特殊，应采用的施工措施项目可能与招标文件的措施项目清单所列出的措施项目不同。由于《水利工程工程量清单计价规范》（GB 50501—2007）不允许投标人修改工程量清单，因此，投标人对措施项目清单所列出的措施项目，不采用的可以报价为“0”；对于应采用而措施项目清单中又没有列项的，可以计入措施项目清单中的相关、相近或其他项内。

四、其他项目清单的编制

其他项目清单是为完成工程项目施工，发生于该工程施工过程中招标人要求计列的费用项目。

水利工程招标，凡按工程数量计价的项目列入“分类分项工程量清单项目”，以项为单位按总价结算的措施项目列入“措施项目清单”。“其他项目清单”仅列由招标人掌握，为暂定项目和可能发生的合同变更而预留的费用。目前暂列预留金一项，编制人可根据招标工程具体情况补充。

五、零星工作项目清单的编制

零星工作项目清单是完成招标人提出的零星工作项目或工程实施过程中可能发生的变更或新增加的零星项目。因此，编制人根据招标工程具体情况，对工程实施过程中可能发生的变更或新增加零星项目，列出人工（按工种）、材料（按名称和型号规格）、机械（按名称和型号规格）的计量单位，不列出具体数量，由投标人填报单价。

由于零星工作项目清单不进入总报价，投标人可能填报较高单价，因此，招标人可在评标办法中通过对零星工作项目单价打分方式对投标人报价水平进行约束。

第三节　清单工程量计算规则与方法

《水利工程工程量清单计价规范》（GB 50501—2007）中按建筑物的几何轮廓尺寸计算工程量为有效工程量，合理的超挖超填量和施工附加量以及各种操作损耗都不能计入有效工程量，应摊入相应有效工程量的工程单价之内。

一、水利建筑工程工程量清单概述

（一）水利建筑工程工程量内容

水利建筑工程工程量清单项目包括土方开挖工程，石方开挖工程，土石方填筑工程，疏浚和吹填工程，砌筑工程，锚喷支护工程，钻孔和灌浆工程，基础防渗和地基加固工程，混凝土工程，模板工程，钢筋、钢构件加工及安装工程，预制混凝土工程，原料开采及加工工程和其他建筑工程，共 14 节，130 个子目。

（二）项目划分

（1）分类工程划分。水利建筑工程按 14 个分类工程进行划分，有利于水利建筑工程工程量清单项目的最末一级项目划分简洁、准确，有利于工程投资按统一的分类工程进行统计、控制管理和对比分析。

（2）分类工程子目划分。分类工程中子目的设置力求全面和准确，根据项目主要特征，结合主要工作内容和一般适用范围进行划分，补充了新材料、新技术、新工艺的有关项目，以满足水利建筑工程设计水平和施工技术发展的需要。

水利建筑工程的 14 个分类工程中均设有其他分类分项工程子目，当分类分项工程量清单的项目虽能划归到具体的分类工程，但找不到匹配的分类分项工程子目时，则可将其划归到相应分类工程的其他分类分项工程子目中。

（三）项目编码

项目采用十二位编码。凡在分类分项工程量清单中列有工程数量的项目，同时也是分类分项工程量清单中的最末级项目，必须按《水利工程工程量清单计价规范》（GB 50501—2007）的编码规则进行编码；凡不能按土方开挖工程等前十三大类工程进行编码的项目（包括数量以“1”、单位以“项”等列示的项目），统一按其他建筑工程进行编码。工程量清单中最末级项目以上的各级项目，不予编码。

以下图为例进行说明，第一、第二位代表水利工程顺序编码，其中“50”代表水利工程，第三、第四位代表专业工程顺序编码，其中“01”代表水利建筑工程，第五、第六位代表分类工程顺序编码，其中“01”代表土方开挖工程，第七至第九位代表分项工程顺序编码，其中“001”代表场地平整，第十至第十二位代表清单项目名称顺序流水号，“×××”自“001”起顺序编号。

项目编码示例如下：

$\frac{50}{A}$ $\frac{01}{B}$ $\frac{01}{C}$ $\frac{001}{D}$ $\frac{\times\times\times}{E}$

A——水利工程顺序码；

B——专业工程顺序码；

C——分类工程顺序码；

D——分项工程顺序码；

E——清单项目名称顺序流水号。

同一标段的分类分项工程量清单中凡有工程数量的项目，同时也是分类分项工程量清单中的最末级项目，均须编制十二位编码，并保证分类分项工程量清单中的项目编码不重复、不间断。

（四）相关说明

（1）结合水利工程招投标工作的实际情况，将原料开采及加工工程分别作为一个分类工程独立列项。

（2）不同分类工程中的不同分项工程子目应按照主次原则或实际需要在工程量清单中以主要分类分项工程列项计价，次要分类分项工程的费用摊入主要分类分项工程有效工程量的单价中，如钢筋石笼工程分别涉及砌筑工程和钢筋、钢构件加工及安装工程，钢筋石笼工程在工程量清单中独立列项，而钢筋石笼中的钢筋制安费用应摊入到钢筋石笼有效工程量的工程单价中；混凝土工程中可计入模板制作安装和拆除工作内容，混凝土工程在工程量清单中独立列项，而模板工程的费用应摊入到混凝土工程有效工程量的工程单价中。

（3）同一分类工程中的各分类分项工程子目应按照主次原则或实际需要在工程量清单中按主要分类分项工程列项计价，将次要分类分项工程费用摊入到主要分类分项工程有效工程量的工程单价中。如在保护层石方开挖工程中计入预裂爆破工作内容，将预裂爆破费用摊入到保护层石方开挖工程有效工程量的工程单价中。

（4）水利建筑工程分类分项工程量清单项目应按如下工程量清单规定的分类分项工程项目编码、项目名称、计量单位进行编列，除其他工程外，计量单位均应与规范 GB 50501—2007 保持一致。

二、水利建筑工程工程量清单

（一）土方开挖工程

（1）工程量计算规则：场地平整按招标设计图示场地平整面积计量；土方开挖按招标设计图示尺寸计算的有效自然方体积计量。

（2）其他相关问题应按下列规定处理：

1）土方开挖工程工程量清单项目的工程量计算时，施工过程中增加的超挖量和施工附加量所发生的费用，应摊入有效工程量的工程单价中。

2）夹有孤石的土方开挖，大于 $0.7m^3$ 的孤石按石方开挖计量。

3）土方开挖工程均包括弃土运输的工作内容，开挖与运输不在同一标段的工程，应分别选取开挖与运输的工作内容计量。

（二）石方开挖工程

（1）工程量计算规则：石方开挖按招标设计图示尺寸计算的有效自然方体积计量；预裂爆破按招标设计图示尺寸计算的面积计量。

（2）其他相关问题应按下列规定处理：

1）石方开挖工程工程量清单项目的工程量计算时，施工过程中增加的超挖量和施工附加量所发生的费用，应摊入有效工程量的工程单价中。

2）石方开挖均包括弃渣运输的工作内容，开挖与运输不在同一标段的工程，应分别选取开挖与运输的工作内容计量。

（三）土石方填筑工程

1. 工程量计算规则

土石方填筑一般按招标设计图示尺寸计算的填筑体有效压实方体积计量，其中袋装土方填筑按招标设计图示尺寸计算的填筑体有效体积计量；石料抛投、钢筋笼块石抛投、混凝土块抛投等按招标设计文件要求，以抛投体积计量；土工合成材料铺设按招标设计图示尺寸计算的有效面积计量；水下土石填筑体拆除按招标设计文件要求，以拆除前后水下地形变化计算的体积计量。

2. 其他相关问题的处理方式

（1）填筑土石料的松实系数换算，无现场土工实验资料时，参照表3-5-3确定。

表3-5-3　　土石方松实系数换算表

项目	自然方	松方	实方	码方
土方	1	1.33	0.85	
石方	1	1.53	1.31	
砂方	1	1.07	0.94	
混合料	1	1.19	0.88	
块石	1	1.75	1.43	1.67

注　1. 松实系数是指土石料体积的比例关系，供一般土石方工程换算时参考。
　　2. 块石实方指堆石坝坝体方，块石松方即块石堆方。

（2）土石方填筑工程工程量清单项目的工程量计算时，施工过程中增加的超填量、施工附加量、填筑体及基础的沉陷损失、填筑操作损耗等所发生的费用，应摊入有效工程量的工程单价中；抛投水下的抛填物，石料抛投体积按堆方体积计量，钢筋笼块石或混凝土块抛投体积按钢筋笼或混凝土块的规格尺寸计算的体积计量。

（3）钢筋笼块石的钢筋笼加工，按设计文件要求和钢筋加工及安装工程的计量计价规则计算摊入钢筋笼块石抛投有效工程量的工程单价中。

（四）疏浚和吹填工程

1. 工程量计算规则

疏浚工程量按招标设计图示尺寸计算的水下有效自然方体积计量；吹填工程量按招标设计图示尺寸计算的有效吹填体积计量。

2. 其他相关问题的处理方式

（1）在江河、水库、港湾、湖泊等处的疏浚工程（包括排泥于水中或陆地），按设计图示轮廓尺寸计算的水下有效自然方体积计量。施工过程中疏浚设计断面以外增加的超挖量、施工期自然回淤量、开工展布与收工集合、避险与防干扰措施、排泥管安拆移动以及使用辅助船只等所发生的费用，应摊入有效工程量的工程单价中，辅助工程（如浚前扫床和障碍物清除、排泥区围堰、隔埂、退水口及排水渠等项目）另行计量计价。

（2）吹填工程按设计图示轮廓尺寸计算（扣除吹填区围堰、隔埂等的体积）的有效吹填体积计量。施工过程中吹填土体沉陷量、原地基因上部吹填荷载而产生的沉降量和泥沙流失量、对吹填区平整度要求较高的工程配备的陆上土方机械等所发生的费用，应摊入有效工程量的工程单价中。辅助工程（如浚前扫床和障碍物清除、排泥区围堰、隔埂、退水口及排水渠等项目）另行计量计价。

（3）利用疏浚工程排泥进行吹填的工程，疏浚和吹填价格分界按设计文件的规定执行。

（五）砌筑工程

1. 工程量计算规则

砌筑工程量按招标设计图示尺寸计算的有效砌筑体积计量；砌体拆除按招标设计图示尺寸计算的拆除体积计量；砌体砂浆抹面按招标设计图示尺寸计算的有效抹面面积计量。

2. 其他相关问题的处理方式

（1）砌筑工程工程量清单项目的工程量计算规则，按设计图示尺寸计算的有效砌筑体积计量。施工过程中的超砌量、施工附加量、砌筑操作损耗等所发生的费用，应摊入有效工程量的工程单价中。

（2）钢筋（铅丝）石笼笼体加工和砌筑体拉结筋，按设计图示要求和钢筋加工及安装工程的计量计价规则计算，分别摊入钢筋（铅丝）石笼和埋有拉结筋砌筑体的有效工程量的工程单价中。

（六）锚喷支护工程

1. 工程量计算规则

锚杆根据招标设计图示要求，按锚杆钢筋强度等级、直径、锚孔深度及外露长度的不同划分规格，以有效根数计量；锚杆束根据招标设计图示要求，按锚杆钢筋强度等级、直径、锚孔深度及外露长度的不同划分规格，以有效束数计量；锚索根据招标设计图示要求，按锚索预应力强度等级与锚索孔内长度的不同划分规格，以有效束数计量；喷浆按招标设计图示部位不同喷浆厚度的喷浆面积计量；喷混凝土按招标设计图示部位不同喷混凝土厚度的喷混凝土面积计量；钢支撑安装按招标设计图示尺寸计算的钢支撑重量计量；木支撑安装按招标设计对围岩地质情况预计需耗用的木材体积计量。

2. 其他相关问题的处理方式

（1）锚杆（包括系统锚杆和随机锚杆）按设计图示尺寸计算的有效根（或束）数计量。钻孔、锚杆或锚杆束、附件、加工及安装过程中操作损耗等所发生的费用，应摊入有效工程量的工程单价中。

（2）锚索按设计图示尺寸计算的有效束数计量。钻孔、锚索、附件、加工及安装过程中操作损耗等所发生的费用，应摊入有效工程量的工程单价中。

（3）喷浆及喷混凝土工程按设计图示范围的有效面积计量。由于被喷表面超挖等原因引

起的超喷量、施喷回弹损耗量、操作损耗等所发生的费用，应摊入有效工程量的工程单价中。

(4) 钢支撑安装按设计图示尺寸计算的钢支撑及附件的有效重量（含两榀钢支撑间连接钢材、钢筋等的用量）计量。计算钢支撑重量时，不扣除孔眼的重量，也不增加电焊条、铆钉、螺栓等的重量。钢支撑的备用量，按招标文件工程量清单的数量制备，并另行计价。制备完成而未安装架设的剩余钢支撑，招标人也应在支付工程价款后收回作为招标人所有财产。一般情况下钢支撑不拆除，如需拆除，招标人应另外支付拆除费用。

(5) 木支撑安装按耗用木材体积计量。

(6) 喷浆和喷混凝土工程中如设有钢筋网，按钢筋加工及安装工程的计量计价规则另行计量计价。

(七) 钻孔和灌浆工程

1. 工程量计算规则

砂砾石层帷幕灌浆、土坝（堤）劈裂灌浆按招标设计图示尺寸计算的有效灌浆长度计量（m）；岩石层钻孔、混凝土层钻孔按招标设计图示尺寸计算的有效钻孔进尺（m），按用途和孔径分别计量；岩石层帷幕灌浆、岩石层固结灌浆按招标设计图示尺寸计算的有效灌浆长度（m）或直接用于灌浆的水泥及掺合料的净干耗灰量（t）计量；回填灌浆按招标设计图示尺寸计算的有效灌浆面积计量（m^2）；检查孔钻孔按招标设计要求计算的有效钻孔进尺计量（m）；检查孔压水试验按招标设计要求计算压水试验的试段数计量；检查孔灌浆按招标设计要求计算的有效灌浆长度计量（m）；接缝灌浆、接触灌浆按招标设计图示要求灌浆的混凝土施工缝面积计量（m^2）；排水孔钻孔按招标设计图示尺寸计算的有效钻孔进尺计量（m）；化学灌浆按招标设计图示化学灌浆区域需要各种化学灌浆材料的总重量计量（kg）。

2. 其他相关问题的处理方式

(1) 钻孔、检查孔钻孔灌浆、浆液废弃、钻孔灌浆操作损耗等所发生的费用，应摊入砂砾石层帷幕灌浆、土坝坝体劈裂灌浆、土坝（堤）锥探灌浆有效工程量的工程单价中。

(2) 有效钻孔进尺按钻机钻进工作面的位置开始计算。先导孔或观测孔取芯、灌浆孔取芯和扫孔等所发生的费用，应摊入岩石层钻孔、混凝土层钻孔有效工程量的工程单价中。

(3) 直接用于灌浆的水泥或掺合料的干耗量按设计净耗灰量计量。

(4) 补强灌浆、浆液废弃、灌浆操作损耗等所发生的费用，应摊入岩石层帷幕灌浆、固结灌浆有效工程量的工程单价中。

(5) 混凝土层钻孔、预埋灌浆管路、预留灌浆孔的检查和处理、检查孔钻孔和压浆封堵、浆液废弃、灌浆操作损耗等所发生的费用，应摊入有效工程量的工程单价中。

(6) 连接灌浆管、检查孔回填灌浆、浆液废弃、灌浆操作损耗等所发生的费用，应摊入有效工程量的工程单价中。钢板预留灌浆孔封堵不属回填灌浆的工作内容，应计入压力钢管的安装费中。

(7) 灌浆管路、灌浆盒及止浆片的制作、埋设、检查和处理，钻混凝土孔、灌浆操作损耗等所发生的费用，应摊入接缝灌浆、接触灌浆有效工程量的工程单价中。

(8) 化学灌浆试验、灌浆过程中操作损耗等所发生的费用，应摊入有效工程量的工程单价中。

(9) 钻孔和灌浆工程的工作内容不包括招标文件规定按总价报价的钻孔取芯样的检验试验费和灌浆试验费。

(八) 基础防渗和地基加固工程

1. 工程量计算规则

地下连续墙按招标设计图示尺寸计算不同墙厚的防渗墙体截面积计量(m^2);高压喷射水泥搅拌桩按招标设计图示尺寸计算的有效成孔长度计量(m);混凝土灌注桩(泥浆护壁钻孔灌注桩、锤击或振动沉管灌注桩)按招标设计图示尺寸计算的造孔(沉管)灌注桩灌注混凝土的有效体积计量(m^3);钢筋混凝土预制桩按招标设计图示桩径、桩长计量(根);振冲桩加固地基按招标设计图示尺寸计算的振冲成孔长度计量(m);沉井按符合招标设计图示尺寸需要形成的水面(或地面)以下的有效空间体积计量(m^3)。

2. 其他相关问题的处理方式

(1) 造(钻)孔、灌注槽孔混凝土(灰浆)、操作损耗等所发生的费用,应摊入有效工程量的工程单价中。混凝土地下连续墙与帷幕灌浆结合的墙体内预埋灌浆管、墙体内观测仪器(观测仪器的埋设、率定、下设桁架等)及钢筋笼下设(指保护预埋灌浆管的钢筋笼的加工、运输、垂直下设及孔口对接等),另行计量计价。

(2) 地下连续墙施工的导向槽、施工平台,另行计量计价。

(3) 检验试验、灌注于桩顶设计高程以上需要挖去的混凝土、钻孔(沉管)灌注混凝土的操作损耗等所发生的费用和周转使用沉管的费用,应摊入有效工程量的工程单价中。钢筋笼按钢筋加工及安装工程的计量计价规则另行计量计价。

(4) 地质复勘、检验试验、预制桩制作(或购置),运桩、打桩和接桩过程中的操作损耗等所发生的费用,应摊入有效工程量的工程单价中。

(5) 振冲试验、振冲桩体密实度和承载力等的检验、填料及在振冲造孔填料振密过程中的操作损耗等所发生的费用,应摊入有效工程量的工程单价中。

(6) 地质复勘、检验试验和沉井制作、运输、清基或水中筑岛、沉放、封底、操作损耗等所发生的费用,应摊入有效工程量的工程单价中。

(九) 混凝土工程

1. 工程量计算规则

混凝土按招标设计图示尺寸计算的有效实体方体积计量(m^3);水下混凝土按招标设计要求浇筑前后的水下地形变化计量(m^3);沥青混凝土按招标设计图示尺寸计算的有效实体方体积计量(m^3),封闭层以有效面积计量(m^2);止水工程按招标设计图示尺寸计算的有效长度计量(m);伸缩缝按招标设计图示尺寸计算的有效面积计量(m^2);混凝土凿除按招标设计图示凿除范围内的实体方体积计量(m^3)。

2. 其他相关问题的处理方式

(1) 混凝土工程工程量清单项目的工程量计算注意事项。

1) 体积小于 $0.1m^3$ 的圆角或斜角,钢筋和金属件占用的空间体积小于 $0.1m^3$ 或截面积小于 $0.1m^3$ 的孔洞、排水管、预埋管和凹槽等的工程量不予扣除。按设计要求对上述孔洞所回填的混凝土也不重复计量。施工过程中由于超挖引起的超填量,施工附加量,

冲（凿）毛、拌和、运输和浇筑过程中的操作损耗所发生的费用（不包括以总价承包的混凝土配合比试验费），应摊入有效工程量的工程单价中。

2）温控混凝土与普通混凝土的工程量计算规则相同。温控措施费应摊入相应温控混凝土的工程单价中。

3）混凝土冬季施工中对原材料（如砂石料）加温、热水拌和、成品混凝土的保温等措施所发生的冬季施工增加费应包含在相应混凝土的工程单价中。

4）施工过程中由于超挖引起的超填量，施工附加量，冲（刷）毛、拌和、运输和碾压过程中的操作损耗所发生的费用（不包括配合比试验和生产性碾压试验的费用），应摊入有效工程量的工程单价中。

5）拌和、运输和浇筑过程中的操作损耗所发生的费用，应摊入有效工程量的工程单价中。

6）钢筋、锚索、钢管、钢构件、埋件等所占用的空间体积不予扣除。锚索及其附件的加工、运输、安装、张拉、注浆封闭、混凝土浇筑过程中操作损耗等所发生的费用，应摊入有效工程量的工程单价中。

7）钢筋和埋件等所占用的空间不予扣除。拌和、运输和浇筑过程中的操作损耗所发生的费用，应摊入有效工程量的工程单价中。

8）施工过程中由于超挖引起的超填量及拌和、运输和摊铺碾压过程中的操作损耗所发生的费用（不包括室内试验、现场试验和生产性试验的费用），应摊入有效工程量的工程单价中。

9）施工过程中由于配制、运输和涂刷中的操作损耗所发生的费用（不包括室内试验、现场试验和生产性试验的费用），应摊入有效工程量的工程单价中。

10）止水片的搭接长度、加工及安装过程中操作损耗等所发生的费用，应摊入有效工程量的工程单价中。

11）缝中填料及其在加工及安装过程中的操作损耗所发生的费用，应摊入有效工程量的工程单价中。

12）混凝土工程中的小型钢构件，如温控需要的冷却水管、预应力混凝土中固定锚索位置的钢管等所发生的费用，应分别摊入相应混凝土有效工程量的工程单价中。

(2）混凝土拌和与浇筑分属两个投标人时，价格分界点按招标文件的规定执行。

(3）当开挖与混凝土浇筑分属两个投标人时，混凝土工程按开挖实测断面计算工程量，由于超挖引起的超填量所发生的相应费用，不摊入混凝土有效工程量的工程单价中。

(4）招标人如要求将模板使用费摊入混凝土工程单价中，各摊入模板使用费的混凝土工程单价应包括模板周转使用摊销费。

(十）模板工程

1. 工程量计算规则

模板工程量按招标设计图示建筑物体形、浇筑分块和跳块顺序要求所需有效立模面积计量（m^2）。

2. 其他相关问题的处理方式

(1）立模面积为混凝土与模板的接触面积，坝体纵、横缝键槽模板的立模面积按各立模面在竖直面上的投影面积计算（即与无键槽的纵、横缝立模面积计算相同）。

(2) 模板工程中的普通模板包括平面模板、曲面模板、异形模板、预制混凝土模板等；其他模板包括装饰模板等。

(3) 模板按设计图示混凝土建筑物（包括碾压混凝土和沥青混凝土）结构体形、浇筑分块和跳块顺序要求所需有效立模面积计量。不与混凝土面接触的模板面积不予计量。模板面板和支撑构件的制作、组装、运输、安装、埋设、拆卸及修理过程中操作损耗等所发生的费用，应摊入有效工程量的工程单价中。

(4) 不构成混凝土永久结构、作为模板周转使用的预制混凝土模板，应计入吊运、吊装的费用。构成永久结构的预制混凝土模板，按预制混凝土构件计算。

(5) 模板制作安装中所用钢筋、小型钢构件，应摊入相应模板有效工程量的工程单价中。

(6) 模板工程结算的工程量，按实际完成进行周转使用的有效立模面积计算。

(十一) 钢筋、钢构件加工及安装工程

1. 工程量计算规则

按设计图示尺寸计算的有效重量计量（t）。

2. 其他相关问题应按下列规定处理

(1) 钢筋加工及安装时，施工架立筋、搭接、焊接、套筒连接、加工及安装过程中操作损耗等所发生的费用，应摊入有效工程量的工程单价中。

(2) 钢构件加工及安装的有效重量中不扣减切肢、切边和孔眼的重量，不增加电焊条、铆钉和螺栓的重量。施工架立件、搭接、焊接、套筒连接、加工及安装过程中操作损耗等所发生的费用，应摊入有效工程量的工程单价中。

(十二) 预制混凝土工程

1. 工程量计算规则

预制混凝土构件按招标设计图示尺寸计算的有效实体方体积以计量（m^3）；预应力钢筒混凝土（PCCP）输水管道安装按设计图示尺寸计算的有效安装长度计量（km）；混凝土预制件吊装按招标设计要求，以安装预制件的体积计量（m^3）。

2. 其他相关问题的处理方式

(1) 预制混凝土工程工程量清单项目的工程量计算，按设计图示尺寸计算的有效实体方体积计量。预应力钢筒混凝土（PCCP）管道按有效安装长度计量。计算有效体积时，不扣除埋设于构件体内的埋件、钢筋、预应力锚索及附件等所占体积。预制混凝土价格包括预制、预制场内吊运、堆存等所发生的全部费用。

(2) 构成永久结构混凝土工程有效实体、不周转使用的预制混凝土模板，按预制混凝土构件计量。

(3) 预制混凝土工程中的模板、钢筋、埋件、预应力锚索及附件、加工及安装过程中操作损耗等所发生的费用，应摊入有效工程量的工程单价中。

(十三) 原料开采及加工工程

1. 工程量计算规则

土料开采按招标设计文件要求的合格土料体积计量；砂石料开采按招标设计文件要求

的合格砂石料重量（体积）计量；块、条石料开采按招标设计文件要求的合格石料体积［条（料）石料按清料方］计量；混凝土半成品料按招标设计文件要求入仓后的合格混凝土实体体积计量。

2. 其他相关问题的处理方式

（1）黏性土料按设计文件要求的有效成品料体积计量。料场查勘及试验费用，清除植被层与弃料处理费用，开采、运输、加工、堆存过程中的操作损耗等所发生的费用，应摊入有效工程量的工程单价中。

（2）天然砂石料、人工砂石料，按设计文件要求的有效成品料重量（体积）计量。料场查勘及试验费用，清除覆盖层与弃料处理费用，开采、运输、加工、堆存过程中的操作损耗等所发生的费用，应摊入有效工程量的工程单价中。

（3）采挖、堆料区域的边坡、地面和弃料场的整治费用，按设计文件要求计算。

（4）混凝土半成品料按设计文件要求的混凝土拌和系统出机口的混凝土体积计量。

（十四）其他建筑工程

1. 工程量计算规则

按招标设计要求计量。

2. 其他相关问题的处理方式

（1）土方开挖工程至原料开采及加工工程未涵盖的其他建筑工程项目，如厂房装修工程，水土保持、环境保护工程中的林草工程等，按其他建筑工程编码。

（2）其他建筑工程可按项为单位计量。

三、水利安装工程工程量清单项目及计算规则

水利安装工程工程量清单项目包括机电设备安装工程、金属结构设备安装工程和安全监测设备采购及安装工程三节，56个子目。

（一）机电设备安装工程

1. 工程量计算规则

设备安装按招标设计图示的数量以“套”“台”或“项”计量；轨道安装、滑触线安装、电缆安装及敷设、发电电压母线安装、一次拉线安装按设计图示尺寸计算的有效长度分别以“10m”“三相10m”“km”“100m/单相”“100m/三相”计量；接地装置安装按招标设计图示尺寸计算的有效长度或重量计量（t）。

2. 其他相关问题的处理方式

（1）机电设备安装工程项目编码的十至十二位均为000，如果各项目下需要设置明细项目，则明细项目编码的十至十二位分别自001起顺序编制。

（2）机电主要设备安装工程项目组成内容：水轮机（水泵-水轮机）、大型泵站水泵、调速器及油压装置、发电机（发电机-电动机）、大型泵站电动机、励磁系统、主阀、桥式起重机、主变压器等设备，均由设备本体和附属设备及埋件组成。

（3）机电其他设备安装工程项目组成内容：

1）轨道安装。包括起重设备、变压器设备等所用轨道。

2）滑触线安装。包括各类移动式起重机设备滑触线。

3）水力机械辅助设备安装。包括全厂油、水、气系统的透平油、绝缘油、技术供水、水力测量、消防用水、设备检修排水、渗漏排水、上库及压力钢管充水、低压压气和高压压气等系统设备和管路。

4）发电电压设备安装。包括发电机中性点设备、发电机定子主引出线至主变压器低压套管间的电气设备、分支线电气设备、断路器、隔离开关、电流互感器、电压互感器、避雷器、电抗器、电气制动开关等，抽水蓄能电站与启动回路器有关的断路器和隔离开关等设备。

5）发电机-电动机静止变频启动装置（SFC）安装。包括抽水蓄能电站机组和大型泵站机组静止变频启动装置的输入及输出变压器、整流及逆变器、交流电抗器、直流电抗器、过电压保护装置及控制保护设备等。

6）厂用电系统设备安装。包括厂用电和厂坝区用电系统的厂用变压器、配电变压器、柴油发电机组、高低压开关柜（屏）、配电盘、动力箱、启动器、照明屏等设备。

7）照明系统安装。包括照明灯具、开关、插座、分电箱、接线盒、线槽板、管线等器具和附件。

8）电缆安装及敷设。包括35kV及以下高压电缆、动力电缆、控制电缆和光缆及其附件、电缆支架、电缆桥架、电缆管等。

9）发电电压母线安装。包括发电电压主母线、分支母线及发电机中性点母线、套管、绝缘子及金具等。

10）接地装置安装。包括全厂公用和分散设备的接地网的接地极、接地母线、避雷针等。

11）高压电气设备安装。包括高压组合电器（GIS）、六氟化硫断路器、少油断路器、空气断路器、隔离开关、互感器、避雷器、高频阻波器、耦合电容器、结合滤波器、绝缘子、母线、110kV及以上高压电缆、高压管道母线等设备及配件。

12）一次拉线安装。包括变电站母线、母线引下线、设备连接线、架空地线、绝缘子和金具。

13）控制、保护、测量及信号系统设备安装。包括发电厂和变电站控制、保护、操作、计量、继电保护信息管理，安全自动装置等的屏、台、柜、箱及其他二次屏（台）等设备。

14）计算机监控系统设备安装。包括全厂计算机监控系统的主机、工作站、服务器、网络、现地控制单元（LCU）、不间断电源（UPS）、全球卫星定位系统（GPS）等。

15）直流系统设备安装。包括蓄电池组、充电设备、浮充电设备、直流配电屏（柜）等。

16）工业电视系统设备安装。包括主控站、分控站、转换站、前端等设备及光缆、视频电缆、控制电缆、电源电缆（线）等设备。

17）通信系统设备安装。包括载波通信、程控通信、生产调度通信、生产管理通信、卫星通信、光纤通信、信息管理系统等设备及通信线路等。

18）电工试验室设备安装。包括为电气试验而设置的各种设备、仪器、表计等。

19）消防系统设备安装。包括火灾报警及其控制系统、水喷雾及气体灭火装置、消防

电话广播系统、消防器材及消防管路等设备。

20）通风、空调、采暖及其监控设备安装。包括全厂制冷（热）机组及水泵、风机、空调器、通风空调监控系统、采暖设备、风管及管路、调节阀和风口等。

21）机修设备安装。包括为机组、金属结构及其他机械设备的检修所设置的车、刨、铣、锯、磨、插、钻等机床，以及电焊机、空气锤等机修设备。

22）电梯设备安装。包括工作电梯、观光电梯等电梯设备及电梯电气设备。

23）其他设备安装。包括小型起重设备、保护网、铁构件、轨道阻进器等。

（4）以长度或重量计算的机电设备装置性材料，如电缆、母线、轨道等，按招标设计图示尺寸计算的有效长度或重量计量。运输、加工及安装过程中的操作损耗所发生的费用，应摊入有效工程量的工程单价中。

（5）机电设备安装工程费。包括设备安装前的开箱检查、清扫、验收、仓储保管、防腐、油漆、安装现场运输、主体设备及随机成套供应的管路与附件安装、现场试验、调试、试运行及移交生产前的维护、保养等工作所发生的费用。

（二）金属结构设备安装工程

1. 工程量计算规则

起重机及启闭机设备安装工程量按招标设计图示的数量计量（台）；升船机设备安装按招标设计图示的数量计量（项）；闸门、拦污栅、压力钢管及其他金属结构设备安装按招标设计图示尺寸计算的有效重量计量（t）；埋件安装按招标设计图示尺寸计算的有效重量计量（kg）。

2. 其他相关问题的处理方式

（1）金属结构设备安装工程项目编码的10～12位均为000，如果各项目下需要设置明细项目，则明细项目编码的10～12位分别自001起顺序编制。

（2）金属结构设备安装工程项目组成内容：

1）启闭机、闸门、拦污栅设备，均由设备本体和附属设备及埋件组成。

2）升船机设备。包括各型垂直升船机、斜面升船机、桥式平移及吊杆式升船机等设备本体和附属设备及埋件等。

3）其他金属结构设备。包括电动葫芦、清污机、储门库、闸门压重物、浮式系船柱及小型金属结构构件等。

（3）以重量为单位计算工程量的金属结构设备或装置性材料，如闸门、拦污栅、埋件、高压钢管等，按招标设计图示尺寸计算的有效重量计量。运输、加工及安装过程中的操作损耗所发生的费用，应摊入有效工程量的工程单价中。

（4）金属结构设备安装工程费。包括设备及附属设备验收、接货、涂装、仓储保管、焊缝检查及处理、安装现场运输、设备本体和附件及埋件安装、设备安装调试、试运行、质量检查和验收、完工验收前的维护等工作内容所发生的费用。

（三）安全监测设备采购及安装工程

1. 工程量计算规则

安全监测设备采购及安装工程量按招标设计图示的数量计量。

2. 其他相关问题的处理方式

（1）安全监测设备采购及安装工程项目编码的10～12位均为000，如果各项目下需要设置明细项目，则明细项目编码的10～12位分别自001起顺序编制。

（2）安全监测工程中的建筑分类工程项目执行水利建筑工程工程量清单项目及计算规则，安全监测设备采购及安装工程包括设备费和安装工程费，在分类分项工程量清单中的单价或合价可分别以设备费、安装费分列表示。

（3）安全监测设备采购及安装工程工程量清单项目的工程量计算规则，按招标设计文件列示安全监测项目的各种仪器设备的数量计量。施工过程中仪表设备损耗、备品备件等所发生的费用，应摊入有效工程量的工程单价中。

第六章　水利工程投标报价编制

投标报价书是投标文件的重要组成部分，也是反映投标人市场竞争能力的主要文件，关系到企业能否中标。投标报价需要考虑的因素很多，除了施工的难易程度、竞争对手的水平、企业自身经营状况等因素，还需考虑工程所在地的人工工资标准，材料来源、价格、运输方式，机械设备租赁价格等和报价与有关的一切市场信息。本章主要介绍水利工程投标报价的编制。

第一节　水利工程施工投标程序及报价准备

一、水利工程施工投标程序

在报价编制之前，首先要认真阅读、理解招标文件，包括商务条款、技术条款、图纸及补遗文件，并对招标文件中有疑问地方以书面形式向招标单位去函要求澄清。

(一) 研究招标文件

投标人取得招标文件后，为保证工程量清单报价的合理性，应对投标人须知、合同条件、技术规范、图纸和工程量清单等重点内容进行分析，深刻而正确地理解招标文件和招标人的意图。

1. 投标人须知

投标人须知反映了招标人对投标的要求，特别要注意项目的资金来源、投标书的编制和递交、投标保证金、更改或备选方案、评标方法等，重点在于防止投标被否决。

2. 合同分析

(1) 合同背景分析。投标人有必要了解与自己承包的工程内容有关的合同背景，了解监理方式，了解合同的法律依据，为报价和合同实施及索赔提供依据。

(2) 合同形式分析。主要分析承包方式（如分项承包、施工承包、设计与施工总承包和管理承包等）和计价方式（如单价方式、总价方式等）。

(3) 合同条款分析，主要包括：

1) 承包人的任务、工作范围和责任。

2) 工程变更及相应的合同价款调整。

3) 付款方式和时间。应注意合同条款中关于工程预付款、材料预付款的规定。根据这些规定和预计的施工进度计划，计算出占用资金的数额和时间，从而计算出需要支付的利息数额并计入投标报价。

4) 施工工期。合同条款中关于合同工期、竣工日期、部分工程分期交付工期等规定，这是投标人制订施工进度计划的依据，也是报价的重要依据。要注意合同条款中有无工期奖罚的规定，尽可能做到在工期符合要求的前提下报价有竞争力，或在报价合理的前提下工期有竞争力。

5）项目法人责任。投标人所制订的施工进度计划和做出的报价，都是以发包人履行责任为前提的。所以应注意合同条款中关于发包人责任措辞的严密性，以及关于索赔的规定。

3. 技术标准和要求分析

工程技术标准是按工程类型来描述工程技术和工艺内容特点，对设备、材料、施工和安装方法等所规定的技术要求，有的是对工程质量进行检验、试验和验收所规定的方法和要求。它们与工程量清单中各子项工作密不可分，报价人员应在准确理解招标人要求的基础上对有关工程内容进行报价。任何忽视技术标准的报价都是不完整、不可靠的，有时可能导致工程承包重大失误和亏损。

4. 图纸分析

图纸是确定工程范围、内容和技术要求的重要文件，也是投标者确定施工方法等施工计划的主要依据。

图纸的详细程度取决于招标人提供的施工图设计所达到的深度和所采用的合同形式。详细的设计图纸可使投标人比较准确地估价，而不够详细的图纸则需要估价人员采用综合估价方法，其结果一般不是很精确。

水利工程项目是基本建设工程项目的重要部分，由于项目的功能要求与自然条件的不同，工程特性有很大差异。了解工程特性与相关的施工特性是熟悉招标文件的首要任务。除一般性的要求外，要特别熟悉招标文件所载明的特殊要求。其中，有工程技术标准方面的（如采用的新材料、新工艺）；有工期与质量要求方面的；也有商务方面的，尤其要十分注意对报价的要求。

对于联合投标或有专业分包内容的，还要组织协作单位或分包单位对招标文件共同进行研究，确定总体施工方案、报价计算原则、基础价格等编制条件。有关单位分工编制所担负项目的报价后，投标人应通盘进行必要的调整。项目规模较小时，也可由主投标人独立完成。

投标人要求招标人对招标文件进行答疑，其目的是使编制的投标文件内容具有较好的响应性。招标人以补充通知的方式回答其问题，是对招标文件的解释、补充或修正。投标人既要慎重对待提交问题，也要慎重对待补充通知。这是许多投标人经常忽视的，但确实是研究招标文件的一个重要方面。

（二）调查工程现场

招标人在招标文件中一般会明确进行工程现场踏勘的时间和地点。勘查现场常安排在购买招标文件之后，招标人一般会在投标邀请书中载明勘查现场日期及集中出发的地点，勘查现场一般由项目法人或招标代理机构主持，设计参与解说，全体投标单位参加。投标人通过考查获取编制投标文件所需的资料，如有可能建议由报价负责人亲自前往。在勘查现场中，如有疑问可直接询问项目法人或设计代表。投标人对一般区域调查重点注意以下几个方面。

1. 自然条件调查

自然条件调查主要包括对气象资料，水文资料，地震、洪水及其他自然灾害情况，地质情况等的调查。

2. 施工条件调查

施工条件调查的内容主要有场内外交通规划、水电通信现状、招标人可提供的场地等。具体包括：工程现场的用地范围、地形、地貌、地物、高程，地上或地下障碍物，现场的三通一平情况；场内外交通规划、工程现场周围的道路、进出场条件、有无特殊交通限制；工程现场施工临时设施、大型施工机具、材料堆放场地安排的可能性，是否需要二次搬运；工程现场邻近建筑物与招标工程的间距、结构形式、基础埋深、新旧程度、高度；对于在市区及邻近地区施工的项目还要了解市政给水及污水、雨水排放管线位置、高程、管径、压力，废水、污水处理方式，市政、消防供水管道管径、压力、位置等；当地供电方式、方位、距离、电压等；当地煤气供应能力，管线位置、高程等；工程现场通信线路的连接和铺设；当地政府有关部门对施工现场管理的一般要求、特殊要求及规定，是否允许节假日和夜间施工等。

3. 市场环境调查

市场环境调查主要包括调查生产要素市场的价格，各种构件、半成品及商品混凝土的供应能力和价格，调查采购或租赁施工机械的渠道，了解当地分包人和协作加工的状况，现场附近的生活设施、治安情况，当地政府的税收规定及居民或移民对项目的支持程度。上述市场环境因素对报价编制工作有很大影响，应该认真对待。

二、工程量复核、施工方案制定及询价

（一）复核工程量

工程量清单作为招标文件的组成部分，是由招标人提供的。工程量的大小是投标报价最直接的依据。复核工程量的准确程度，将影响投标人将来中标后的经营行为：一是根据复核后的工程量与招标文件提供的工程量之间的差距，从而考虑相应的投标策略，决定报价尺度；二是根据工程量的大小采取合适的施工方案，选择适用、经济的施工机械设备、投入使用相应的劳动力数量等。

复核工程量，要与招标文件中所给的工程量进行对比，注意以下几方面：

（1）投标人应根据招标说明、图纸、水文、地质资料等招标文件资料，认真计算主要清单工程量，复核工程量清单。其中特别注意，要按一定顺序进行，避免漏算或重算；正确划分分类分项工程项目，与“清单计价规范”保持一致。

（2）复核工程量的目的不是修改工程量清单，即使有误，投标人也不能修改工程量清单中的工程量，因为修改了清单将导致在评标时认为投标文件未响应招标文件而被否决。对工程量清单存在的错误，可以向招标人提出，由招标人统一修改并把修改情况通知所有投标人。

（3）针对工程量清单中工程量的遗漏或错误，是否向招标人提出修改意见取决于投标策略。投标人可以运用一些报价的技巧提高报价的质量，争取在中标后能获得想要达到的收益。

（4）通过工程量计算复核还能准确地确定订货及采购物资的数量，防止由于超量或少购等带来的浪费、积压或停工待料。

在核算完全部工程量清单中的细目后，投标人应按大项分类汇总主要工程总量，以便获得对整个工程施工规模的整体概念，并据此研究采用合适的施工方法，选择适用的施工设备等。

（二）制定施工方案

（1）施工方案是编制报价的基础。投标报价中主体工程的单价、各临时工程的总价的选取，都离不开选择的施工方案。主体工程因其工程量大，其施工单价与施工总组织、施工机构配置、施工工艺流程密切相关，更应高度重视。

（2）施工方案要体现施工特性的要求。在研究招标文件时，应了解工程特性与相关的施工特性。制定施工方案时，要体现两者的紧密关联性。对于投标人源于现有机械装备状况并具备优势的“习惯性”施工方法，只要满足招标文件的质量和工期的要求，也可以选用。

（3）施工方案应采用成熟技术和落实的机械配置。制定施工方案要考虑中标后能否顺利组织实施，相应的报价是否可行。采用成熟的技术与落实的机械配置是为了减少施工风险与报价风险。编制投标文件时不可能对诸多施工方案进行优化比选；也不可能对施工总组织的相关内容全部涉及。在内容上应着重对主体工程叙述，附属设施仅提出规模、生产能力指标及总体布置、工艺流程即可。

（三）询价

询价是投标报价的一个非常重要的环节。工程投标活动中，施工单位不仅要考虑投标报价能否中标，还应考虑中标后所承担的风险。因此，在报价前必须通过各种渠道，采用各种方式对所需人工、材料、施工机具等要素进行系统的调查，掌握各要素的价格、质量、供应时间、供应数量等数据，这个过程称为询价。询价除需要了解生产要素价格外，还应了解影响价格的各种因素，这样才能够为报价提供可靠的依据。询价时要特别注意两个问题，一是产品质量必须可靠，并满足招标文件的有关规定；二是供货方式、时地点，有无附加条件和费用。

1．询价的渠道

（1）直接与生产厂商联系。

（2）了解生产厂商的代理人或从事该项业务的经纪人。

（3）了解经营该项产品的销售商。

（4）向咨询公司进行询价。通过咨询公司所得到的询价资料比较可靠，但需要支付一定的咨询费用。除此之外，也可向同行了解。

（5）通过互联网查询。

（6）自行进行市场调查或信函询价。

2．生产要素询价

（1）材料询价。材料询价的内容包括调查对比来源地、材料价格、供应数量、运输方式、保险和有效期、不同买卖条件下的支付方式等。询价人员在施工方案初步确定后，立即发出材料询价单，并催促材料供应商及时报价。收到询价单后，询价人员应将从各种渠

道所询得的材料报价及其他有关资料汇总整理。对同种材料从不同经销部门所得到的所有资料进行比较分析，选择合适、可靠的材料供应商的报价，提供给工程报价人员使用。

(2) 施工机械询价。在外地施工需用的施工机械，有时在当地租赁或采购可能更为有利，因此，事前有必要进行施工机械使用费的询价。必须采购的施工机械，可向供应厂商询价；对于租赁的施工机械，可向专门从事租赁业务的机构询价，并应详细了解其计价方法。例如，各种施工机械每台时（或台班）的租赁费、最低计费起点、施工机械停滞时租赁费及进出厂费的计算，燃料费及机上人员工资是否在台时（或台班）租赁费之内，如需另行计算，这些费用项目的具体数额为多少等。

(3) 劳务询价。如果投标人准备在工程所在地招募工人，则劳务询价是必不可少的。劳务询价主要有两种情况：一是成建制的劳务公司，相当于劳务分包，一般费用较高，但素质较可靠，工效较高，投标人将来的管理工作较轻；另一种是劳务市场招募零散劳动力，根据需要进行选择，这种方式虽然劳务价格低廉，但有时素质达不到要求或工效较低，且投标人将来的管理工作较繁重。投标人应在对劳务市场充分了解的基础上决定采用哪种方式，并以此为依据进行投标报价。

3. 分包询价

总承包人在确定了分包工作内容后，就将拟分包的专业工程施工图纸和技术说明送交预先选定的分包单位，请他们在约定的时间内报价，以便进行比较选择，最终选择合适的分包人。对分包人询价应注意以下几点：分包标函是否完整，分包工程单价所包含的内容，分包人的工程质量、信誉及可信赖程度，质量保证措施，分包报价。

第二节　投标报价的编制原则与依据

一、投标报价的编制原则

报价是投标的关键性工作，报价是否合理不仅直接关系到投标的成败，还关系到中标后的盈亏。在对招标文件有了比较详细的了解后，就可开始着手进行报价的编制工作，首先是要确定该工程项目的报价编制原则，选用何种定额及取费费率等问题。如招标文件对定额及取费费率有要求，就按招标文件要求进行编制；现在一般大中型水利水电项目对定额的选取及取费费率不做明确要求，可根据招标文件报价附表隐含要求和市场竞争情况分析确定定额及取费费率的选取。如招标文件未做任何要求，则可根据市场竞争情况分析和投标人的预期收益来确定采用定额及取费费率的选取。

投标报价的编制原则如下：

(1) 投标报价由投标人自主确定，但必须执行《水利工程工程量清单计价规范》(GB 50501—2007) 的强制性规定。投标报价应由投标人或受其委托的工程造价咨询人编制。投标价的准确性和完整性应由投标人负责。

(2) 投标人的投标报价不得低于工程成本。《中华人民共和国招标投标法》第四十一条规定："中标人的投标应当符合下列条件之一：……（二）能够满足招标文件的实质性要求，并且经评审的投标价格最低；但是投标价格低于成本的除外。"《评标委员会和评标方法暂行规定》（七部委第12号令）第二十一条规定："在评标过程中，评标委员会发现投标人的报价明显低于其他投标报价或者在设有标底时明显低于标底，使得其投标报价可能低于其个别成本的，应当要求该投标人作出书面说明并提供相关证明材料。投标人不能合理说明或者不能提供相关证明材料的，由评标委员会认定该投标人以低于成本报价竞标，应当否决其投标"。根据上述法律、规章的规定，投标人的投标报价不得低于工程成本。

（3）投标报价要以招标文件中设定的发承包双方责任划分，作为考虑投标报价费用项目和费用计算的基础，发承包双方的责任划分不同，会导致合同风险不同的分配，从而导致投标人选择不同的报价；要根据工程发承包模式考虑投标报价的费用内容和计算深度。

（4）以施工方案、技术措施等作为投标报价计算的基本条件；以反映企业技术和管理水平的企业定额作为计算人工、材料和机具台班消耗量的基本依据；充分利用现场考察调研成果、市场价格信息和行情资料，编制基础标价。

（5）报价计算方法要科学严谨，简明适用。

二、投标报价的编制依据

（1）招标文件、招标工程量清单及其补充通知、答疑纪要。

（2）投标人对招标项目价格的预期。

（3）施工现场情况、工程特点及投标时拟定的施工组织设计或施工方案。

（4）市场价格信息或工程造价管理机构发布的工程造价信息。

（5）《水利工程工程量清单计价规范》（GB 50501—2007）。

（6）企业定额、企业管理水平，或参考国家或省级、行业建设主管部门颁发的定额和相关规定。

（7）与建设项目相关的标准、规范、技术资料。

第三节　投标报价的编制内容和方法

一、投标报价的编制内容

投标人应当按照招标文件的要求编制投标文件。投标文件应当包括下列内容：

（1）投标函及投标函附录。

（2）法定代表人身份证明或附有法定代表人身份证明的授权委托书。

（3）联合体协议书（如招标文件允许采用联合体投标）。

（4）投标保证金。

（5）已标价工程量清单。

（6）施工组织设计。

（7）项目管理机构。

（8）拟分包项目情况表。

（9）资格审查资料。

（10）规定的其他材料。

二、投标报价的编制方法

投标报价的编制是按招标文件给定的计价方法和计价格式进行报价编制和计算。水利工程在招投标阶段按《水利工程工程量清单计价规范》（GB 50501—2007）规定要求投标人按工程量清单计价方法进行报价。各项目清单的报价方法如下。

1. 分类分项工程报价

（1）分类分项工程量清单计价方式。分类分项工程量清单计价采用工程单价计价。一般情况下投标人应按照招标文件的规定，根据招标项目涵盖的内容，编制人工费单价，主要材料预算价格，电、水、风单价，砂石料单价，块石、料石单价，混凝土配合比材料费，施工机械台时（班）费等基础单价，作为编制分类分项工程单价的依据。

（2）分类分项工程量清单的工程单价计算。分类分项工程量清单的工程单价，应根据招标文件给定的“主要工作内容”和“主要技术条款”确定工程单价组成内容，并将有效工程量以外的超挖、超填工程量，施工附加量，加工、运输损耗量等，所消耗的人工、材料和机械费用，均摊入相应有效工程量的工程单价之内。

分类分项工程量清单项目的工程单价是有效工程量的单价，计算工程单价时，要将完成该工程量清单项目的有效工程量所需的全部费用，包括超挖超填、施工附加量、操作损耗等所发生的费用，都摊到有效工程量的工程单价中。无论是采用定额法计价还是实物量法计价，都必须这样做。

如果采用定额法计价，一个清单项目可能包括几个定额项目的工作内容，其中每一个定额项目就是一个组价项目。如果采用实物量法计价，清单项目的组价项目可能是几组要消耗的实际资源。

2. 措施项目报价

措施项目清单中所列的措施项目均以每一项为单位，以“项”列示，投标报价时，应根据招标文件的要求详细分析各措施项目所包含的工程内容和施工难度，编制合理的施工方案，据以确定其价格。

投标人在报价时不得增删招标人提出的措施项目清单项目，投标人若有疑问，必须在招标文件规定的时间内向招标人进行书面澄清。

3. 其他项目报价

其他项目清单是指为保证工程项目施工，在该工程施工过程中难以量化、又可能发生的工程和费用，按招标人要求的计算方法或估算金额计列的费用项目。

4. 零星工作项目报价

零星工作项目清单中的人工、材料、机械台时（班）单价由投标人根据招标文件要求分析确定。其单价的内涵不仅包含基础单价，还有辅助性消耗的费用，如工人所用的工器具使用费、工人需进行的辅助性工作、相应要消耗的零星材料、相配合要消耗的辅助机械等。另外，对零星工作按预计准备的用量可能与将来实际发生的有较大的差异，准备多了有闲置，准备少了要追加，有引起成本增加的风险。所以，相同工种的人工、相同规格的材料和机械，零星工作项目的单价一般应高于基础单价，但不应违背工作实际和有意过分放大风险程度。

三、投标报价编制的注意事项

(1) 投标文件应当对招标文件提出的实质性要求和条件做出响应。这意味着投标者只要对招标文件中的某一条实质性要求遗漏，未做出响应，都将导致废标。

(2) 对含糊不清的重要条款、工程范围，招标文件和图纸相互矛盾，技术规范中明显不合理等，均可要求业主澄清解释，以便准确报价，降低投标风险。

(3) 在编制投标报价文件时，通常一个清单子目可对应多个定额工作内容，需要注意定额计量单位、数量与清单中的报价项目单位、数量是否相符合，若不相符需进行相应的换算。注意清单工程量计算规则与定额工程量计算规则的区别。

(4) 定额套用是否与施工组织设计安排的施工方法一致，机具配置尽量与施工方案相吻合，避免工料机统计表与机具配置表出现较大差异。

(5) 充分理解“工程量清单”表中工程项目的特征描述及所包含的工作内容，确保套用定额保持一致。定额选用要慎重，应根据招标文件有关资料和自身拟定的施工组织设计、特别是技术规范来选用定额，同时还要考虑企业的实际情况。

(6) 措施项目中的安全文明施工费必须按国家或省级、行业建设主管部门的规定计算，不得作为竞争性费用。

(7) 最终的投标报价既不能高于投标限价，也不能低于工程成本。

(8) 投标报价的各项表式前后，明细与汇总数字是否相吻合，应确保无计算错误。

(9) 报价表格式应按照招标文件要求格式，排序正确。

(10) 各项投标文件应按招标文件的格式要求进行签署及密封。

第四篇

水利工程合同价款管理

第一章　合同的定义、类型及适用特点

第一节　工程合同的定义及分类

一、建设工程合同的定义

《中华人民共和国民法典》第十八章第七百八十八条定义“建设工程合同是承包人进行工程建设，发包人支付价款的合同。”

建设工程合同包括勘察、设计和施工合同。

勘察、设计、施工单位一方为承包人，建设单位一方为发包人。建设工程合同是承、发包双方在平等自愿基础上订立的明确权利义务的协议，是双方在建设实施过程中遵循的最高行为准则。

建设工程合同是承、发包双方为实现建设工程目标，明确相互责任、权利、义务关系的协议；是承包人进行工程建设，发包人支付价款，控制工程项目质量、进度、投资，进而保证工程建设活动顺利进行的重要法律文件。

二、施工合同的分类

施工合同分类方法多样，通常以合同计价方式的不同，分为单价合同、总价合同和成本加酬金合同。

(1) 单价合同主要适用于招标文件已列出分部、分项工程量，但合同整体工程量界定由于建设前期条件限制尚未最后确定的情况。采取签订合同时采用施工图估算工程量，合同结算时采用实际工程量结算的方法。甲乙双方在合同中约定综合单价包含的风险范围和风险费用，在约定的风险范围内综合单价不再调整，风险范围以外的综合单价调整方法在合同中约定。

(2) 总价合同主要适用于工程内容和工程有关各项条件在工程实施过程中不发生变化的情况。在总价合同中约定了合同总价包含的风险范围及风险费用的计算方法，同时约定风险范围以外的合同价格的调整方式。

(3) 成本加酬金合同也可称为成本加补偿合同，主要适用于在签订合同时工程成本难以明确，只能确定酬金的取值或者计取原则的情况。

施工合同类型的选择主要依据项目的设计深度、难易程度、风险分担等因素，选择采用总价合同、单价合同还是成本加酬金合同。无论采用哪种合同形式，是建设单位根据项目的特点、技术经济指标的深度以及确保工程成本、工期和质量等要求，综合考虑各项因素后决定的。选择合同形式时所要考虑的因素包括建设项目的性质和特点、项目规模和工期长短、环境和风险因素、项目竞争情况、项目复杂程度、项目施工技术难度、项目进度要求的紧迫程度等。而且究竟采用哪种合同形式也不是一成不变的。在实际建设过程中，有时候，一个项目的不同的工程部分或者项目不同的实施阶段，根据实际情况可采用不同的合同形式。在制订项目的合同策划和分包规划时，必须依据项目的实际情况权衡利弊后作出相对最佳决定。

第二节　水利工程施工合同的类型及适用特点

水利工程合同的形式多种多样，通常根据计价方式的不同，一般划分为单价合同、总价合同和成本加酬金合同。

一、单价合同

1. 单价合同形式

单价合同又分为固定单价合同和可调单价合同。

（1）固定单价合同是指合同约定范围内的各项单价在工程实施过程中不因价格变化而调整。在每月季度款或工程整体结算时，根据工程实际完成的工程量进行结算。在工程全部完成后，以竣工的实际工程量最终结算合同总价款。

（2）可调单价合同，一般为签约时在合同中约定工程建设过程中，合同中确定的单价可以按照合同约定做调整。如在建设期内物价发生变化、工程量发生较大变动等，单价可以按合同约定做调整。有的工程在招标或签约时，因某些不确定因素而在合同中暂定某些分部、分项工程的单价，在工程实施过程中根据实际情况，按照合同约定进行调整，或者在工程结算时，根据实际情况和合同约定对合同单价进行调整，确定工程实际结算单价。

2. 单价合同的适用特点

单价合同是指承包商按工程量报价单内分项工作内容填报单价，合同最终结算价以实际完成工程量乘以所报单价（或者按照合同约定调整后的单价）确定结算价款的合同。承包商所填报的单价应为计入各种摊销费用后的综合单价，而非直接费单价。

单价合同大多用于工期长、技术复杂、实施过程中发生各种不可预见因素较多的大型水利工程，以及建设单位为了缩短工程建设周期，初步设计完成后就进行施工招标的工程。

单价合同的工程量清单内所开列的工程量一般为估计工程量，而非准确工程量。所以合同的实际总价根据实际完成工程量和合同约定单价计算确定。

二、总价合同

1. 总价合同的形式

总价合同分为固定总价合同和可调总价合同。

（1）固定总价合同是指根据确定的图纸、明确的工程内容、清晰的工程各项条件，结合相关规范、规定，确定固定不变的工程合同总价。在工程实施过程中，不因价格、环境、工程量等的变更而调整合同总价。

（2）可调总价合同是指根据确定的图纸、条件、规范及规定计算的合同总价，为完成工程所有工程量的暂定合同总价。同时在合同中约定如在工程实施过程中物价上涨而引起工、料、机等成本增加，可以按照合同约定的原则调整合同总价。

2. 总价合同的适用特点

固定总价合同一般适用于工程设计施工图详细完整，工程实施过程中不会出现较大的设计变更、工程规模较小、技术不太复杂的中小型工程或承包内容较为简单的工程部位。这类工程（工程部位）合同期较短，对价格变动因素可以有充分的估计。

三、成本加酬金合同

1. 成本加酬金合同的形式

成本加酬金合同主要有成本加固定酬金合同、成本加固定比例酬金合同、成本加浮动酬金合同、目标成本加奖励合同 4 种形式。

（1）成本加固定酬金合同也称成本加补偿合同，是指合同最终结算金额为工程按实际结算成本加上合同约定的一笔固定数目的酬金。工程的实际成本是按照实施实际发生进行结算的，但是酬金的数目是事先在合同约定的一个固定数目，不随工程实施成本的变化而调整。

（2）成本加固定比例酬金合同是指工程的建设成本按照实际发生进行结算，但是酬金按照合同约定的一个比例，以实际结算成本为基数计算得出。实际结算成本越高，则支付的酬金越多。

（3）成本加浮动酬金合同是指合同双方事先约定工程预期成本和对应预期酬金。工程实施完成后，以工程实际结算成本和预期成本对照，如果实际结算成本等于预期成本，则合同结算酬金即为合同约定酬金。如果工程实际结算成本高于合同预期成本，则合同结算酬金低于合同约定酬金。如果工程实际结算成本低于合同预期成本，则合同结算酬金高于合同约定酬金。

（4）目标成本加奖励合同是指根据不够深度的图纸初步估算工程成本，并将其作为合同中约定的目标成本，同时商定最终工程实际结算成本在目标成本上浮或者下浮一定比例外（例如 5%），对应减少或者增加酬金，同时还可以另加工期奖励。

2. 成本加酬金合同适用特点

成本加酬金合同主要适用于紧急抢险、救灾以及施工技术特别复杂的水利工程，或者工程施工中有较大部分采用新技术和新工艺，合同双方在这方面过去都没有经验，且缺乏对应的国家颁布的标准、规范、定额时。

第二章　合同价款的调整

水利建设工程项目具有建设工期长、投资大、专业性强、现场条件变化多等特点，因此工程合同实施过程中需要按合同相关约定及相关规范据实结算调整，以取得工程合同实际价款。在工程合同执行过程中，发生以下事项（但不限于），合同的发、承包双方需要按照合同约定及规范调整合同价款：①价格调整；②法律法规变化；③工程变更；④项目主要特征不符；⑤工程量清单缺项；⑥工程量偏差；⑦计日工；⑧索赔；⑨现场签证；⑩暂估价；⑪逾期完工违约；⑫提前竣工（赶工补偿）；⑬不可抗力；⑭暂列金额；⑮发、承包双方约定的其他调整事项。

出现合同价款调增事项（不含工程量偏差、计日工、现场签证、索赔）后，承包人应按合同约定向发包人提交合同价款调增报告并附上相关资料，承包人未按约定提交调增报告的，应视为承包人对该事项无调整价款请求。

出现合同价款调减事项（不含工程量偏差、索赔）后，发包人应按合同约定向承包人提交合同价款调减报告并附相关资料，发包人未按合同约定提交调减报告的，应视为发包人对该事项无调整价款请求。

发（承）包人应在收到承（发）包人合同价款调增（减）报告及相关资料后应按合同约定对其核实，予以确认的应书面通知承（发）包人。发（承）包人在收到合同价款调增（减）报告后未按合同约定予以确认也未提出协商意见的，应视为承（发）包人提交的合同价款调增（减）报告已被发（承）包人认可。当有疑问时，应向承（发）包人提出协商意见。发（承）包人提出协商意见的，承（发）包人应在收到协商意见后按合同约定对其核实，予以确认的应书面通知发（承）包人。承（发）包人在收到发（承）包人的协商意见后既不按合同约定确认也未按合同约定提出不同意见的，应视为发（承）包人提出的意见已被承（发）包人认可。

发包人与承包人对合同价款调整的意见不能达成一致的，如不对合同履行发生实质影响，双方应继续履行合同义务，直到双方的不同意见按照合同约定的争议解决方式得到处理。

经发、承包双方确认调整的合同价款，与工程进度款或结算款同期支付。

第一节　政策变化类合同价款调整

一、物价波动引起合同价款调整

水利水电工程一般工期较长，工程合同履行期间，往往会涉及人工、材料、工程设

备、施工机械台时市场价格波动，因此工程合同会就因物价变化造成合同价款的调整进行约定，通常采用价格指数和造价信息调整合同价款。

1. 采用价格指数调整合同价款

（1）因人工、材料和设备等价格波动影响合同价格时，根据合同附件投标函中的价格指数和权重表约定的数据，按以下公式计算差额并调整合同价款。

$$\Delta P=P_0[A+(B_1\times F_{t1}/F_{01}+B_2\times F_{t2}/F_{02}+B_3\times F_{t3}/F_{03}+\cdots+B_n\times F_{tn}/F_{0n})-1] \tag{4-2-1}$$

式中　ΔP——需调整的合同价格差额；

P_0——承包人应得到的已完成工程量的金额。此项金额不包括价格调整、不计取质量保证金、不含合同预付款和已按现行价格计价的变更项目及其他金额；

A——定值权重（即不调部分的权重）；

B_1，B_2，B_3，…，B_n——各可调因子的变值权重（即可调部分的权重），指各可调因子在投标函投标总报价中所占的比例；

F_{t1}，F_{t2}，F_{t3}，…，F_{tn}——各可调因子的现行价格指数，指合同约定的付款周期最后1天的前42天的各可调因子的价格指数；

F_{01}，F_{02}，F_{03}，…，F_{0n}——各可调因子的基本价格指数，指基准日期的各可调因子的价格指数。

（2）上述公式中的各可调因子、定值和变值权重，以及基本价格指数及其来源在合同附件投标函附录价格指数和权重表中约定。价格指数应首先采用有关部门提供的价格指数，缺乏上述价格指数时，可采用有关部门提供的价格代替。

（3）在运用公式计算合同价差时，如得不到现行价格指数、也无相关价格的，可暂用上一次价格指数计算，在后续的调整计算中再以实际价格指数进行计算调整。

（4）按合同约定的变更如导致原定合同约定的各项权重不合理时，由发包人、监理人与承包人进行协商对相应权重进行调整，并在后续计算中使用调整后的权重。

（5）由于承包人原因造成工期延后的，则在原合同约定竣工日期后完成的工程，使用价格调整公式计算合同调整价款时，采用原合同约定竣工日期与实际竣工日期的两个价格指数中较低的一个。

2. 采用造价信息调整价款

（1）在工程合同履行期间，因人工、材料、设备和机械台时价格波动影响合同价款时，人工、机械使用费按照国家或省（自治区、直辖市）建设行政管理部门、行业建设管理部门或其授权的工程造价管理机构发布的人工成本信息、机械台班单价或机械使用费系数进行调整。

（2）需要进行价格调整的材料单价和采购数量必须经过监理人复核。经监理人确认的材料单价及数量，作为计算工程合同价款差额的依据。

3. 价格调整案例

某水电站工程项目，发包人以工程量清单招标方式确定企业A为中标人，依据《水利水电标准施工招标文件》与其签订了施工合同。有关工程价款与支付约定有：

因人工、材料和设备等价格波动因素对合同价的影响，利用价格指数调整价格差额。合同中规定的定值权重 $A=0.20$，可调值因子的变值权重 B_n、基本价格指数 F_{tn} 见表 4-2-1。在合同实施过程中，某结算月完成工程量，按工程量清单中单价计，金额为 1500 万元；该月完成了监理工程师指令的工程变更，并经检验合格．本月相应的各可调值因子的现行价格指数见表 4-2-1。

表 4-2-1　　各可调值因子的变值权重及本月现行价格指数明细表

可调值因子序号	变值权重 B_n	基本价格指数 F_{0n}	现行价格指数 F_{tn}
1	0.35	100	120
2	0.30	150	160
3	0.15	120	160

问题：求本结算月工程量清单中项目调价后款额为多少？

本案例主要演示根据约定的价格指数及权重，利用公式计算需调整的差额。

因人工、材料和设备等价格波动影响合同价格时，价格差额调整公式为

$$\Delta P=P_0\left(A+\sum B_n\frac{F_{tn}}{F_{0n}}-1\right) \tag{4-2-2}$$

式中　ΔP——需调整的价格差额；

P_0——应支付的原合同价格；

A——定值权重（固定系数）；

B_n——各可调因子的变值权重；

F_{tn}——各可调因子的现行价格指数；

F_{0n}——各可调因子的基本价格指数。

参考答案：

$$\begin{aligned}\Delta P &=P_0\left(A+\sum B_n\frac{F_{tn}}{F_{0n}}-1\right)\\ &=1500\times\left(0.20+0.35\times\frac{120}{100}+0.30\times\frac{160}{150}+0.15\times\frac{160}{120}-1\right)=210(\text{万元})\end{aligned}$$

本结算月工程量清单中项目调价后款额为 1500+210=1710（万元）。

二、法律变化引起合同价款调整

因法律变化导致承包人除工程合同约定以外的合同价款的调整，发包人、监理人和承包人应根据法律、国家或省（自治区、直辖市）相关部门的规定，据实调整相应合同价款。

第二节　工程变更类合同价款调整

一、工程变更

（1）变更分类。由于工程建设的周期长、受自然条件和客观因素的影响大、工程建设

涉及的经济关系和法律关系复杂，所以在项目实施过程中，项目的实际情况与项目招标投标时的情况相比会发生一些变化，造成工程的实际施工情况与招标投标时的工程情况也有一些变化。工程变更包括工程量变更、工程项目变更（如发包人提出增加或者删减原项目内容）、进度计划变更、施工条件变更等。如果按照变更的起因划分，变更的种类有很多，如发包人变更指令（包括发包人对工程有了新的要求、发包人修改项目计划、发包人削减预算、发包人对项目进度有了新的要求等）；由于设计错误，必须对设计图纸做修改；工程环境变化；由于产生了新的技术和知识，有必要改变原设计、实施方案或实施计划；法律法规或者政府对建设项目有了新的要求等。当然，这样的分类并不是十分严格的，变更原因也不是相互排斥的。这些变更最终往往表现为设计变更，因为我国要求严格按图施工，因此如果变更影响了原来的设计，则首先应当变更原设计。考虑到设计变更在工程变更中的重要性，往往将工程变更分为设计变更和其他变更两大类。

1）设计变更。在施工过程中如果发生设计变更，将对施工进度产生很大的影响。因此，应尽量减少设计变更，如果必须对设计进行变更，必须严格按照国家的规定和合同约定的程序进行。

由于发包人对原设计进行变更，以及经工程师同意的、承包人要求进行的设计变更，导致合同价款的增减及造成的承包人损失，由发包人承担，延误的工期相应顺延。

2）其他变更。合同履行中，发包人要求变更工程质量标准及发生其他实质性变更，由双方协商解决。

水利水电土建工程受自然条件等外界的影响较大，工程情况比较复杂，且在招标阶段尚未完成施工图纸，因此在施工承包合同签订后的实施过程中不可避免地会发生变更。

（2）工程变更的认定。在工程合同履行过程中，除合同约定的内容外，有以下情况发生的，应进行工程变更：

1）取消合同工程约定范围中任何一项工作。

2）改变或增加合同工程中任何一项工作的技术标准和要求（合同技术条款）。

3）变更合同工程中的基本参数（如基线、标高、位置或尺寸等）。

4）调整合同工程中任何一项工作施工方案、施工工艺、顺序和施工时间。

5）在合同工程约定外增加工作内容。

6）合同工程约定的关键项目工程量增减幅度超过合同约定。

（3）工程变更项目单价确定。因工程变更引起合同工程已标价工程量清单发生变化时，应按照下列规定调整：

1）已标价工程量清单中有适用于变更工程项目的，应采用该项目的单价；但当工程变更导致该清单项目的工程数量发生变化，且工程量偏差超过合同约定的幅度时，该项目单价应按照合同约定予以调整。

2）已标价工程量清单中没有适用但有类似的变更工程项目的，可在合理范围内参照类似项目单价。

3）已标价工程量清单中没有适用也没有类似变更工程项目的，可按照成本加利润的原则，由承包人根据变更工程资料、计量规则、计价办法和通过市场调查等取得的有合法依据的市场价格提出变更工程项目的单价，报发包人、监理人确认后调整。

（4）工程变更引起施工方案改变并使一般项目和（或）其他项目发生变化时，承包人应事先将拟实施方案以及拟实施方案与原方案对比情况提交发包人确认，根据确认的拟实施方案，结合合同约定提出调整一般项目费和（或）其他项目费的申请。如果承包人未事先将拟实施方案及对比说明提交给发包人确认，则视为工程变更对应的一般项目费和（或）其他项目费不做调整。

（5）当发包人提出的工程变更致使承包人发生的费用或（和）得到的收益不能被包括在其他已支付或应支付的项目中，也未被包含在任何替代的工作或工程中时，承包人有权提出并应得到合理的费用及利润补偿。

二、工程量清单调整

1. 项目主要特征不符

承包人应严格按照发包人提供的设计文件实施合同工程，若出现设计文件（包括设计变更）与招标文件及项目合同清单中对应的项目主要特征的描述不符，且该变化会引起项目合同价款的增减变化时，应按照实际实施的项目主要特征，按工程合同关于工程变更相关约定，重新确定相应工程量清单的综合单价，同时据此调整合同价款。

2. 工程量清单缺项

在合同工程按照设计文件实施过程中，如存在招标工程量清单有缺项，新增的工程清单项目，应参照工程变更单价确定的方法调整确定新增项目单价，同时调整合同价款。

新增工程清单项目如引起一般项目和（或）其他项目发生变化的，承包人应将新增一般项目和（或）其他项目的实施方案提交发包人批准后，按照工程合同约定或经发、承包友好协商后调整合同价款。

3. 工程量偏差

工程合同履行期间，当实际工程量与招标清单工程量出现偏差，单价项目的工程量增加（减少）超过工程合同约定幅度时，应对增加（减少）部分的工程量的综合单价进行调整并调整对应合同价款。若上述调整引起相关一般项目和（或）其他项目相应发生变化，应按合同约定计价原则调整一般项目费和（或）其他项目费，同时调整合同价款。

第三节 其他类合同价款的调整

一、计日工

（1）以计日工的形式进行的任何工作，必须有发包人的指令。承包人在实施过程中，每天应向发包人提交参加该项计日工工作的人员姓名、职业、级别、工作时间和有关的材料、设备清单和耗量及耗时。在每个支付期末或该项工作实施结束后，按合同约定向发包人提交有计日工记录汇总的现场签证。经发包人确认后作为计算计日工调整价款的依据。

（2）计日工项目调整价款应按照确认的计日工现场签证数量结合合同约定的计日工单价计算，如合同中未约定该类计日工单价，则根据发、承包双方参照工程变更的相关约定商定的计日工单价计算合同调整价款，并列入进度款支付。

二、现场签证

（1）承包人根据发包人指令完成合同以外的零星项目、非承包人责任事件等工作的，承包人在收到指令后，应及时根据发包人指令及对应相关资料向发包人提出书面现场签证申请。发包人在收到现场签证申请报告后按合同约定对报告内容进行核实，予以确认或提出修改意见，与承包人进行协商后确认。发包人在收到承包人现场签证申请报告后未按合同约定予以确认，也未提出修改意见的，视为发包人认可承包人提交的现场签证申请报告。

（2）对应现场签证工作项，在约定工程合同中有相应的项目单价可以采用的，现场签证申请报告中只需列明所用的人工、材料、工程设备和施工机械台时（班）的数量。如在约定工程合同中无对应项目单价可以采用，则现场签证申请报告中需列明完成该签证工作所需的人工、材料设备和施工机械台时（班）的数量及单价。现场签证申请报告报送发包人确认后，作为增加合同价款，与进度款同期支付。

三、索赔

1. 索赔的定义

工程索赔是指在工程合同履行过程中，发、承包一方由于对方未履行合同所规定的义务或者出现了应当由对方承担的风险而遭受损失时，向对方提出赔偿诉求的行为。通常情况下，索赔是指承包人在工程合同实施过程中，对非自身原因造成的工程延期、费用增加而要求发包人给予补偿损失的一种权利要求。

索赔有较广泛的含义，可以概括为如下3个方面：

（1）签约的一方违约使另一方蒙受损失，受损方向另一方提出赔偿损失的要求。

（2）在合同履行过程中遇到不利自然条件或发生应由发包人承担责任的特殊风险等情况，使承包人蒙受较大损失从而向发包人提出补偿损失的要求。

（3）承包人应当获得的正当利益，由于没能及时得到监理工程师的确认和发包人应给予的支付，而以正式函件向发包人索赔。

2. 索赔发生的原因

（1）当事人违约。当事人违约常常表现为没有按照合同约定履行自己的义务。其中发包人违约通常表现为未为承包人提供合同约定的施工条件、未按照合同约定的期限和数额付款等。工程师未能按照合同约定完成工作，如未能及时发出图纸、指令等，也视作发包人违约。承包人违约的情况则主要为没有按照合同约定的质量、期限完成施工，或者由于不当行为给发包人造成其他损害。

（2）不可抗力。不可抗力又可以分为自然事件和社会事件。自然事件主要是不利的自然条件和客观障碍，如在施工过程中遇到了经现场查勘无法发现、发包人提供的资料中也未提到的、无法预料的情况，如地下水、地质断层等。社会事件则包括国家政策、法律、法令的变更，战争，罢工等。

（3）合同缺陷。合同缺陷表现为签订的合同文件规定不严谨甚至矛盾，合同中有遗漏或错误。在这种情况下，工程师应当给予解释，如果这种解释将导致成本增加或工期延长，发包人应当给予补偿。

(4) 合同变更。合同变更表现为设计变更、施工方法变更、追加或者取消某些工作、合同规定的其他变更等。

(5) 工程师指令。工程师指令有时也会产生索赔，如工程师指令承包人加速施工、进行某项工作、更换某些材料、采取某些措施等。

(6) 其他第三方原因。其他第三方原因常常表现为与因工程有关的第三方的问题而引起的对本工程的不利影响。

3. 索赔的依据

(1) 招标文件、施工合同文本及附件，其他双方签字认可的文件（如备忘录、修正案等），经认可的工程实施计划、各种工程图纸、技术规范等，这些索赔的依据可在索赔报告中直接引用。

(2) 签约双方的往来信件及各种会谈纪要。

(3) 进度计划和具体的进度以及项目现场的有关文件。

(4) 气象资料、工程检查验收报告和各种技术鉴定报告，工程中送停电、送停水、道路开通和封闭的记录和证明。

(5) 国家有关法律、法令、政策文件，官方的物价指数、工资指数，各种会计核算资料，材料的采购、订货、运输、进场、使用方面的凭据。

4. 索赔成立的条件

承包人工程索赔成立的基本条件包括：

(1) 索赔事件已造成了承包人直接经济损失或工期延误。

(2) 造成费用增加或工期延误的索赔事件是因非承包人的原因发生的。

(3) 承包人已经按照工程施工合同规定的期限和程序提交了索赔意向通知、索赔报告及相关证明材料。

5. 索赔费用的组成

对于不同原因引起的索赔，承包人可索赔的具体费用组成是不完全一样的。但归纳起来，索赔费用的要素与工程造价的构成基本类似。

可索赔的费用一般可以包括以下几个方面：

(1) 人工费。人工费包括增加工作内容的人工费、停工损失费和工作效率降低的损失费等，其中增加工作内容的人工费应按照计日工费计算，而停工损失费和工作效率降低的损失费按窝工费计算。

(2) 设备费。设备费可采用机械台班费、机械折旧费、设备租赁费等几种形式。当工作内容增加引起设备费索赔时，设备费的标准按照机械台班费计算。因窝工引起的设备费索赔，当施工机械属于施工企业自有时，按照机械折旧费计算索赔费用。当施工机械是施工企业从外部租赁时，索赔费用的标准按照设备租赁费计算。

(3) 材料费。

(4) 保函手续费。工程延期时，保函手续费相应增加，反之，取消部分工程且发包人与承包人达成提前竣工协议时，承包人的保函金额相应折减，则计入合同价内的保函手续费也应扣减。

（5）贷款利息。

（6）保险费。

（7）管理费。管理费可分为现场管理费和公司管理费两部分。

（8）利润。

不同的索赔事件可根据索赔事件的实际情况进行索赔计算。

6. 工期索赔的计算

工期索赔，一般是指承包人依据合同对由于非自身原因导致的工期延误向发包人提出的工期顺延要求。工期索赔经常采用以下方法：

（1）网络图分析法。网络图分析法即利用进度计划的网络图，分析其关键线路。如果延误的工作为关键工作，则总延误的时间为批准顺延的工期；如果延误的工作为非关键工作，当该工作由于延误超过时差限制而成为关键工作时，可以批准延误时间与时差的差值；若该工作延误后仍为非关键工作，则不存在工期索赔问题。

（2）比例计算法。如果某干扰事件仅仅影响某单项工程、单位工程或分部分项工程的工期，要分析其对总工期的影响，可以采用比例计算法。

工期索赔计算时应划清施工进度拖延的责任。因承包人的原因造成施工进度滞后的，属于不可原谅的延期；只有承包人不应承担任何责任的延误，才是可原谅的延期。有时工程延期的原因中可能包含双方责任，此时监理人应进行详细分析，分清责任比例，只有可原谅延期部分才能批准顺延合同工期。可原谅延期，又可细分为可原谅并给予补偿费用的延期和可原谅但不给予补偿费用的延期；后者是指非承包人责任事件的影响并未导致施工成本的额外支出，大多属于发包人应承担风险责任事件的影响，如异常恶劣的气候条件影响的停工等。

被延误的工作应是处于施工进度计划关键线路上的施工内容。只有位于关键线路上工作内容的滞后，才会影响到竣工日期。

第三章　计量与支付

第一节　工程计量

项目实施过程中的工程计量，就是承发包双方根据合同约定，根据设计图纸、技术规范以及施工合同约定的计量方式和计算方法，对承包人已经完成的经认定质量合格的工程实体数量进行测量、计算并予以确定。

招标工程量清单中所列的工程量数量，是按照已有设计图纸计算的结果，是对合同工程的估计工程量。在工程实施过程中，根据现场实际情况经常会由于一些原因造成承包人实际完成工程量与合同工程量清单中所列工程量的不一致，比如：招标工程量清单项目特征描述与实际不符；工程变更；现场施工条件的变化；现场签证；暂估价中的专业工程发包等。所以，在工程实施过程中，建设单位按时支付工程价款的前提工作是对承包人已经完成的合格工程进行计量并予以确认。按照实际完成的准确工程量进行工程合同的最终结算。工程计量不仅是建设单位控制工程实施阶段工程造价的关键工作，也是监督、约束承包人履行合同义务的重要手段。

一、工程计量的原则及依据

1. 工程计量的原则

(1) 与合同文件约定不匹配的工程不予计量。如工程不满足设计图纸、不符合技术规范等合同文件约定的相关工程质量要求的，应不予计量。同时有关的工程质量验收资料不齐全、手续不完备，未满足合同文件对其在工程管理上的要求的，不予计量。

(2) 根据合同文件所规定的工作范围、工程内容，按照约定计算方法和计量单位进行计量。工程计量的范围在图纸、合同条款、技术规范及要求等技术文件中会有明确说明，工程计量的内容、计算方法和计量单位的相关约定会在合同工程量清单以及对应说明、相关技术规范、合同条款等中从各个方面进行不同角度阐述。合同计量工作要遵循上述各项文件约定，综合各类信息进行。

(3) 由于承包人原因造成的超出合同工程范围施工、返工的工程量，不予计量。

2. 工程计量的依据

水利水电工程的计量与支付，可以依据《水利水电工程标准施工招标文件》(2009 年版) 中的相关规定执行。

合同工程计量主要依据工程量清单及说明、合同图纸、工程变更令及其修订的工程量清单、合同条件、技术规范、有关计量的补充协议、质量合格证书等文件。对工程量清单及工程变更所修订的工程量清单的内容、合同文件中规定的各种费用支付项目（如费用索赔、各种预付款、价格调整、违约金等），在项目实施过程中进行按实准确计量，确保相关支付按约定及时进行。

二、工程计量的方法

结算工程量应按工程量清单中及合同相关条款约定的方法进行计算。一般情况下，工程量按照现行的水利工程工程量清单计价规范规定的工程量计算规则计算。工程计量可选择按月或按工程形象进度节点进行，具体选择方式需在合同中予以明确。水利工程项目除专用合同条款另有约定外，单价子目已完成工程量按月计量，总价子目的计量周期按批准的支付分解报告确定。因承包人原因造成的超出合同工程范围施工或返工的工程量，不予计量。通常单价合同和总价合同分别采用不同的计量方法，成本加酬金合同一般参照单价合同的计量规定进行计量。

1. 单价子目的计量

（1）已标价工程量清单中的单价子目工程量为估算工程量。结算工程量是承包人实际完成的，并按合同约定的计量方法进行计量的工程量。

（2）承包人对已完成的工程进行计量，向监理人提交进度付款申请单、已完成工程量报表和有关计量资料。

（3）监理人对承包人提交的工程量报表进行复核，以确定实际完成的工程量。对数量有异议的，可要求承包人按约定进行共同复核和抽样复测。承包人应协助监理人进行复核并按监理人要求提供补充计量资料。承包人未按监理人要求参加复核的，监理人复核或修正的工程量视为承包人实际完成的工程量。

（4）监理人认为有必要时，可通知承包人共同进行联合测量、计量，承包人应遵照执行。

（5）承包人完成工程量清单中每个子目的工程量后，监理人应要求承包人派人员共同对每个子目的历次计量报表进行汇总，以核实最终结算工程量。监理人可要求承包人提供补充计量资料，以确定最后一次进度付款的准确工程量。承包人未按监理人要求派员参加的，监理人最终核实的工程量视为承包人完成该子目的实际工程量。

（6）监理人应在收到承包人提交的工程量报表后的7天内进行复核，监理人未在约定时间内复核的，承包人提交的工程量报表中的工程量视为承包人实际完成的工程量，据此计算工程价款。

2. 总价子目的计量

（1）总价子目的计量和支付应以约定总价为基础，不因“物价波动引起的价格调整”条款中的因素而进行调整。承包人实际完成的工程量是进行工程目标管理和控制进度支付的依据。

（2）承包人应按工程量清单的要求对总价子目进行分解，并在签订协议书后将各子目的总价支付分解表提交监理人审批。分解表应标明其所属子目和分阶段需支付的金额。承包人应按批准的各总价子目支付周期，对已完成的总价子目进行计量，确定分项的应付金额并列入进度付款申请单中。

（3）监理人对承包人提交的上述资料进行复核，以确定分阶段实际完成的工程量和工程形象目标。对其有异议的，可要求承包人按约定进行共同复核和抽样复测。

(4) 除发生约定的可调整变更外，总价子目的工程量是承包人用于结算的最终工程量。

第二节 工程价款的支付

一、工程预付款

预付款是在工程正式开工前由发包人按照合同约定向承包人预先支付的款项。承包人用此预付款为合同工程购置施工材料、工程设备、施工设备，修建临时设施以及组织施工队伍进场等。预付款分为工程预付款和工程材料预付款，且必须专用于合同工程。预付款的支付额度和预付办法在合同专用合同条款中约定。

1. 工程预付款的支付

工程预付款的支付主要是用于保证施工所需材料和构件的正常储备。因此，工程预付款在合同成立后、工程开工前按照约定付款条件和额度予以支付。

工程预付款额度一般根据合同工程施工工期、建安工作量、主要材料和构件费用占建安工程费的比例以及材料储备周期等因素经测算确定后在合同中予以约定。

(1) 百分比法。百分比法是根据工程的特点、工期长短、市场行情、供求规律等因素，在合同条件中约定工程预付款的百分比。

(2) 公式计算法。公式计算法是根据主要材料（含结构件等）占年度承包工程总价的比重，依据材料储备定额天数和年度施工天数等相关指标，通过公式计算预付款额度的一种方法。

其计算公式为

$$\text{工程预付款数额}=\frac{\text{年度工程总价}\times\text{材料比例}(\%)}{\text{年度施工天数}}\times\text{材料储备定额天数} \quad (4-3-1)$$

2. 工程预付款的扣回

发包人支付给承包人的工程预付款，随着工程的逐步实施，在后续工程款支付过程中按照合同约定的方式陆续扣回，通常预付款扣款的方法主要有以下两种：

(1) 按约定比例扣款法。预付款的扣款方法由发包人和承包人通过约定在合同中予以明确，一般是在承包人实际完成合同金额累计达到合同总价的一定比例后，发包人从今后每次应付给承包人的工程款中按约定比例扣回工程预付款，发包人应在合同规定的完工工期前将工程预付款的总金额全部扣回。

工程预付款的扣回公式：

$$R=\frac{A}{(F_2-F_1)S}(C-F_1S)$$

式中 R——每次进度付款中累计扣回金额；

A——工程预付款总金额；

S——签约合同价；

C——合同累计完成金额（价格调整前未扣质量保证金的金额）；

F_1——开始扣款时合同累计完成金额占签约合同价格的比例；

F_2——全部扣清时合同累计完成金额占签约合同价格的比例。

（2）起扣点计算法。从尚未施工工程所需的主要材料及构件的价值相当于工程预付款数额时起扣，此后每次结算工程价款时，按主要材料及构建所占比重扣减工程价款，至工程竣工前全部扣回工程预付款。起扣点的计算公式如下：

$$T=P-\frac{M}{N} \tag{4-3-2}$$

式中　T——起扣点（即工程预付款开始扣回时）的累计完成工程金额；

P——承包工程合同总额；

M——工程预付款总额；

N——主要材料及构件所占比重。

3. 工程预付款的扣回与还清

工程预付款根据合同约定在后续工程各期进度结算付款中扣回。在颁发合同工程完工证书前，由于不可抗力或其他原因解除合同时，尚未扣清的预付款余额应作为承包人的到期应付款。

二、工程进度款支付

（1）承包人应在每个合同约定付款周期末，按监理人批准的格式和合同条款约定的份数，向监理人提交进度付款申请单，所需相应的支持性证明文件一并提交。除合同条款另有约定外，进度付款申请单应包括下列内容：

1）截至本次付款周期末已完成实施工程的价款。

2）根据合同约定应增加和扣减的变更金额。

3）根据合同约定价格调整金额。

4）根据合同约定应增加和扣减的索赔金额。

5）根据合同约定应支付的预付款和扣减的返还预付款。

6）根据合同约定应扣减的质量保证金。

7）根据合同约定应增加和扣减的其他金额。

（2）监理人在收到承包人进度付款申请单以及相应的支持性证明文件后的14天内完成核查，提出到期应支付给承包人的进度款金额以及相应的支持性材料，经发包人审查同意后，由监理人向承包人出具经发包人签认的进度款支付证书。监理人有权按照合同约定扣发承包人未能按约定履行的任何工作或义务所对应的合同价款。

（3）发包人应在监理人收到进度付款申请单后的28天内，将应付进度款支付给承包人。发包人不按期支付的，则应从逾期第一天起按合同条款的约定支付逾期付款违约金。

（4）质量保证金从第一次进度款时按照合同约定起扣，达到合同约定保证金总数后停止。

三、竣工结算（完工结算）支付

工程竣工结算文件经发承包双方确认后作为工程结算支付的依据，发包人应当按竣工结算文件及合同约定及时支付竣工结算款。

(1) 承包人应在取得合同工程完工证书后28天内，按合同条款约定向监理人提交完工付款申请单，同时提供相关证明材料。

(2) 监理人对完工付款申请单有异议的，有权要求承包人进行修正并提供补充资料。由承包人与监理人协商后，向监理人提交修正后的完工付款申请单。

(3) 监理人在收到承包人提交的完工付款申请单后的14天内完成核查，核定发包人到期应支付给承包人的价款送发包人审核并抄送承包人。发包人应在收到后14天内审核完毕，由监理人向承包人出具经发包人签认的完工付款证书。监理人未在约定时间内核查，又未提出具体意见的，视为承包人提交的完工付款申请单已经监理人核查同意。发包人未在约定时间内审核又未提出具体意见的，监理人提出的发包人到期应支付给承包人的价款视为已经发包人同意。

(4) 发包人应在监理人出具完工付款证书后的14天内，按合同约定完成对应款项的支付。发包人不按期支付的，按合同约定承担逾期付款违约金。

(5) 承包人对发包人签认的完工付款证书有异议的，发包人可先出具完工付款申请单中承包人确认部分的临时付款证书。存在异议的部分，按合同约定的争议解决方式进行处理确定后再行支付。

四、工程中止及终止的结算支付

发、承包双方经友好协商一致解除合同的，按照协商达成的协议办理结算和支付合同价款。

1. 不可抗力解除合同

由于不可抗力解除合同的，发包人除应向承包人支付合同解除之日前已完成工程但尚未支付的合同价款，还应支付下列金额：

(1) 合同中约定应由发包人承担的费用。

(2) 已实施或部分实施的措施项目应付价款。

(3) 承包人为合同工程合理订购且已交付的材料和工程设备货款。

(4) 承包人撤离现场所需的合理费用，包括员工遣送费和临时工程拆除、施工设备运离现场的费用。

(5) 承包人为完成合同工程而预期开支的任何合理费用，且该项费用未包括在本款其他各项支付之内。

发、承包双方办理合同解除结算合同价款时，应扣除合同解除之日前发包人应向承包人收回的价款。当发包人应扣除的金额超过了应支付的金额，则承包人应在合同解除后的56天内将其差额退还给发包人。

2. 违约解除合同

(1) 因承包人违约解除合同的，发包人应在合同解除后规定时间内核实合同解除时承包人已完成的全部合同价款以及按施工进度计划已运至现场的材料和工程设备货款。按合同约定核算承包人应支付的违约金以及造成损失的索赔金额，并将结果通知承包人。发、承包双方应在规定时间内通过协商沟通确定结算合同价款。如果发包人应扣除的金额超过了应支付的金额，则承包人应在合同解除后的规定时间内将其差额退还给发包人。发、承包双方无法就解除合同后的结算达成一致的，按照合同约定的争议解决方式处理。

（2）因发包人违约解除合同的，发包人应按照合同约定向承包人支付违约金以及给承包人造成损失或损害的索赔金额费用。合同解除的结算金额由发、承包双方协商确定后在规定时间内完成支付。协商不能达成一致的，按照合同约定的争议解决方式处理。

合同按照约定终止，发包人应在签发最终结清支付证书后的规定时间内，按照最终结清支付证书列明的金额向承包人支付最终结清款。发包人未按期支付的，承包人可催告发包人在合理的期限内支付，并有权获得延迟支付的利息。

承包人在提交的最终结清申请中，只限于提出工程接收证书颁发后发生的索赔，提出索赔的期限自接受最终支付证书时终止。

最终结清时，如果承包人被扣留的质量保证金不足以抵减发包人工程缺陷修复费用的，承包人应承担不足部分。

承包人对发包人支付的最终结清款有异议的，按照合同约定的争议解决方式处理。

五、最终结清

所谓最终结清，一般是指合同约定的缺陷责任期终止后，承包人已按合同规定完成全部剩余工作且质量合格的，发包人与承包人结清全部剩余款项的活动。

1. 最终结清申请单

缺陷责任期终止后，承包人已按合同规定完成全部剩余工作且质量合格的，发包人签发缺陷责任期终止证书，承包人可按合同约定的份数和期限向发包人提交最终结清申请单，并提供相关证明材料，详细说明承包人根据合同规定已经完成的全部工程价款金额以及承包人认为根据合同规定应进一步支付的其他款项。发包人对最终结清申请单内容有异议的，有权要求承包人进行修正并提供补充资料，由承包人向发包人提交修正后的最终结清申请单。

2. 最终支付证书

发包人应在收到承包人提交的最终结清申请单后的规定时间内予以核实，签发最终支付证书。发包人未在约定时间内核实，也未提出具体意见的，视为发包人认可承包人提交的最终结清申请单。

3. 最终结清付款

发包人应在签发最终结清支付证书后的规定时间内，按照最终结清支付证书列明的金额向承包人支付最终结清款相关费用。承包人按合同约定接受了竣工结算支付证书后，应被认为已无权再提出在合同工程接收证书颁发前所发生的任何索赔。承包人在提交的最终结清申请中，只限于提出工程接收证书颁发后发生的索赔。提出索赔的期限自接受最终支付证书时终止。发包人未按期支付的，承包人可催告发包人在合理的期限内支付，并有权获得延迟支付的利息。

最终结清时，如果承包人被扣留的质量保证金不足以抵减发包人所需的应由承包人承担的相关工程缺陷修复费用的，承包人应承担不足部分的补偿责任。

最终结清付款涉及政府投资资金的，按照国库集中支付等国家相关规定和专用合同条款的约定办理。

承包人对发包人支付的最终结清款有异议的，按照合同约定的争议解决方式处理。

六、计量与支付案例

【案例一】

背景：

北方某河道治理工程，治理长度10.5km。工程包括：对主河道及支流进行疏浚、清淤及堤岸防护治理，主河道治理5.2km，主河道清淤0.9km，支流修复治理5.3km；改建桥梁2座，改建箱涵10座；新建巡河路2.4km。企业甲中标该项目，在2017年7月与建设单位依据《水利水电标准施工招标文件》签订了施工合同。合同规定：

（1）合同价8900万元，按月进行支付。

（2）工程预付款为合同价的10%，合同签订后一次支付承包人；工程预付款采用规定的公式扣还，并规定开始扣预付款的时间为累计完成工程款金额达到合同价格的10%时，当完成90%的合同价时扣完。

（3）永久工程材料预付款按发票值的90%与当月进度款一并支付，从付款的下一月开始扣，5个月内扣完，每月扣还1/5。

（4）质保金扣留比率为10%，总数达合同价3%后不再扣留。

（5）考虑到工期较短，不考虑物价波动引起的价格调整。

（6）除完工结算外，月支付的最低限额为400万元。

合同工期为10个月，工程保修期1年。承包人已按照合同约定及时办理了履约担保和工程预付款担保。在合同实施过程中各月完成工程量清单中的项目价款、进场原材料发票面值见表4-3-1。

表4-3-1 各月完成工程量清单中的项目价款、进场原材料发票面值 单位：万元

月份	7月	8月	9月	10月	11月	12月	1月	2月	3月	4月
完成工程款	350	600	1250	1500	1650	1250	900	400	650	350
进场材料发票面值	720									

合同实施中未发生政策变化、工程变更、索赔等事件。

问题：

（1）承包人申请工程预付款之前须完成哪些工作？

（2）分别计算2017年11月和2018年2月承包人应得到的工程付款。

（3）承包人应在什么时间提交完工付款申请单和最终付款申请单？完工支付的内容有哪些？

（4）质保金如何退还？

分析要点：

本案例考核工程预付款的支付与扣还、工程材料预付款的支付与扣还、工程质量保证金的扣留与退还、工程进度款的支付、完工结算和最终支付。

（1）工程预付款的扣回公式：

$$R=\frac{A}{(F_2-F_1)S}(C-F_1S) \tag{4-3-3}$$

式中 R——每次进度付款中累计扣回金额；

A——工程预付款总金额；

S——签约合同价；

C——合同累计完成金额（价格调整前未扣质量保证金的金额）；

F_1——开始扣款时合同累计完成金额占签约合同价格的比例；

F_2——全部扣清时合同累计完成金额占签约合同价格的比例。

（2）工程材料预付款的支付并不意味着对工程材料和设备的最后确认，如在后续检测、验收时或使用过程中发现不符合规范或合同约定的工程材料和设备，则不得使用。

（3）随着工程竣工和质量保修期结束，工程质量保证金一般分两次退还。工程缺陷未处理的，剩余工程质量保证金可暂不退还。

（4）工程进度款的申请条件包括：①经确认质量合格的工程项目；②变更项目各项手续完善并已确认；③符合合同文件的规定；④实际月支付款应大于合同规定的最低支付限额。

工程进度款的支持程序为：①承包人按合同约定时间向监理人递交施工进度报告；②监理人对承包人递交的进度报告进行审核，然后将审核后的材料返回承包人；③承包人根据监理人审核后的工程量和其他项目，计算应支付的费用，并向监理人正式递交进度支付申请；④监理人收到支付申请后，组织有关方面复核、确认后，签署中期付款凭证，报请发包人批准（水利水电工程施工合同条件规定，监理人在收到进度付款申请单后的14天内完成核查，并向发包人出具进度付款证书）；⑤发包人在核实监理人提交的进度付款证书后，在合同约定时间内支付工程进度款。

（5）在永久工程完工、验收、移交后，监理人应开具完工支付证书，在发包人与承包人之间进行完工结算。完工支付证书是对发包人以前支付过的所有款额以及承包人按合同有权得到的款额的确认，指出发包人还应支付给承包人或承包人还应支付给发包人的余额，具有合同工程价款结算的性质。

完工支付的内容包括：①确认按照合同约定应支付给承包人的款额；②确认发包人之前支付的所有款额；③确认发包人还应支付给承包人或者承包人还应支付给发包人的余额，双方以此余额相互结清。

完工支付的程序包括：①承包人提交完工付款申请单，详细说明到移交证书注明的完工日期止，根据合同所累计完成的全部工程价款金额，以及承包人认为根据合同应支付给他的调整金额和其他费用；②监理人在收到承包人提交的完工付款申请单后，按照合同约定完成复核并出具完工付款证书报送发包人审批；③发包人应在收到监理人的完工付款证书后，按合同约定审批、确认并支付对应款项给承包人。

（6）在工程缺陷责任期终止后，在发包人或监理人颁发了缺陷责任终止证书后，合同双方即可进行工程的最终结算，其程序如下：

1）承包人提交最终结清申请单。在工程缺陷责任期终止证书签发后，承包人应及时提交最终结清申请单。发包人（或监理人）对最终结清申请单内容有异议的，有权要求承包人进行修正并提供补充资料。承包人按合同约定提交的最终结清申请单中，只限于提出合同工程完工证书颁发后发生的索赔。

2）监理人在收到承包人提交的最终结清申请单后，按照合同约定提出发包人应支付给承包人的价款数目并送发包人审核，同时抄送承包人。发包人收到文件后应在合同约定时间内审核完毕，由监理人向承包人出具经发包人签认的最终结清证书。发包人应在合同约定时间内，按照监理人出具的最终结清证书，将应支付款项支付给承包人。

解题要点：

（1）工程预付款的申请条件：①发包人与承包人已经按照招标、投标约定签订相关合同文件并已生效；②承包人根据招标、投标文件约定，在收到中标通知书后约定时间内签订了合同，按照合同约定方式及金额向发包人提供了履约担保；③承包人根据合同约定已经提交了预付款保函（数额等同于工程预付款）。

（2）具备下列条件时监理人可同意支付承包人永久工程材料预付款：

1）承包人采购材料的质量和储存条件符合合同要求。

2）材料已到达工地，并经承包人和监理人共同验收入库。

3）承包人按监理人的要求提交了材料的订货单、收据或价格证明文件。

（3）工程预付款总额为：$8900\times10\%=890$(万元)

工程预付款起扣时应累计完成工程款：$8900\times10\%=890$(万元)

预付款终扣时应累计完成工程款：$8900\times90\%=8010$(万元)

本合同应扣质保金总额为：$8900\times3\%=267$(万元)

1）2017 年 11 月工程付款。

a. 应付工程量清单中项目工程款：1650 万元。

b. 前 4 月累计应扣质保金：$(350+600+1250+1500)\times10\%=370$(万元)$>8900\times3\%=267$(万元)，因此本月不再扣留。

c. 应扣材料预付款：$720\times90\%\div5=129.6$(万元)

d. 截至 2017 年 10 月累计应扣工程预付款：$\frac{8900\times10\%}{(90\%-10\%)\times8900}\times(3700-8900\times10\%)=351.25$(万元)

截至 11 月累计应扣工程预付款：$\frac{8900\times10\%}{(90\%-10\%)\times8900}\times(5350-8900\times10\%)=557.50$(万元)

11 月应扣工程预付款：$557.50-351.25=206.25$(万元)

2017 年 11 月应支付工程款：$1650-0-129.6-206.25=1314.15$(万元)

2）2018 年 2 月工程付款。

a. 应付工程量清单中项目工程款：400 万元。

b. 质保金已扣足，本月不再扣留。

c. 截至 2018 年 1 月材料预付款已全部扣回，本月不再扣。

d. 截至 2018 年 1 月累计应扣工程预付款：$\frac{8900\times10\%}{(90\%-10\%)\times8900}\times(7500-8900\times10\%)=826.25$(万元)

截至2018年2月累计应扣工程预付款：$\frac{8900\times10\%}{(90\%-10\%)\times8900}\times(7900-8900\times10\%)=$ 876.25(万元)

2018年2月应扣工程预付款：876.25－826.25＝50(万元)。

2018年2月应支付工程款：400－50＝350(万元)＜400(万元)，本月不支付，结转到下月。

(4) 在工程移交证书颁发后的28天内，承包人应提交完工付款申请单。在接到保修责任终止证书后的28天内，承包人应提交最终付款申请单。

完工支付的内容包括：①确认按照合同规定应支付给承包人的款额；②确认发包人以前支付的所有款额；③确认发包人还应支付给承包人或者承包人还应支付给发包人的余额，双方以此余额相互找清。

(5) 扣留的质保金退还方式为：

1) 在单位工程验收并签发移交证书后，将其相应的质保金总额的一半在月进度付款中支付承包人；在签发合同工程移交证书后14天内，由监理人出具质保金付款证书，发包人将质保金总额的一半支付给承包人。

2) 监理人在合同全部工程保修期满时，出具剩余质保金的付款证书。若保修期满时尚需承包人完成剩余工作，则监理人有权在付款证书中扣留与剩余工作所需金额相应的质保金余额。

【案例二】

背景：

北方某城市新建一泵站工程，建设单位采用工程量清单招标确定中标人，并与承包人依据《水利水电标准施工招标文件》签订了施工承包合同，合同工期为5个月。

承包费用部分数据见表4-3-2。

表4-3-2　　承包费用部分数据表

分项工程名称	计量单位	数　量	直接费单价
A	m^3	1000000	40元/m^3
B	m^3	104000	400元/m^3
C	t	2000	5000元/t
D	m^2	16800	250元/m^2
措施项目费用	220万元		
其他项目暂列金额	200万元		

(1) 承包商报价管理费率取10%（以人工费、材料费、机械费之和为基数），利润率取5%（以人工费、材料费、机械费和管理费之和为基数）。

(2) 间接费综合费率5%（以分部分项工程项目费、措施项目费、其他项目费之和为基数），增值税率9%。

1. 合同规定

(1) 工程预付款为合同价的10%，工程开工前由发包人一次付清。

(2) 质保金从第一个月开始，在给承包商的月进度付款中按5%的比例扣留（计算额度不包括预付款和价格调整金额），总额达到合同总价的3%为止。

（3）物价调整采用调价公式法。

（4）工程预付款扣回采用公式：

$$R=\frac{A}{(F_2-F_1)S}(C-F_1S) \tag{4-3-4}$$

其中　$F_1=20\%$；$F_2=90\%$

（5）材料预付款按发票值的90%支付，从付款的下个月开始扣还，4个月平均扣完。

（6）月支付的最低限额为250万元。

2. 工程进展到2018年10月底时的情况

（1）到2018年9月底为止，累计完成合同金额4000万元，已扣回质保金累计200万元。

（2）10月完成工程量价款按工程量清单中单价计，金额为800万元。

（3）10月承包商购材料发票值为80万元。

（4）10月完成工程变更金额为40万元（采用工程量清单中与此工程变更相同项目的单价计算）。

（5）合同履行期间价格调整差额系数为0.1。

（6）10月完成计日工费20万元。

（7）因设计变更导致施工难度增加，使承包方增加材料消耗1万元，功效降低损失1.5万元，承包方提出索赔，经审核该索赔成立。

（8）10月新增项目100万元（按当时市场价格计算）。

（9）从开工到本月初未支付任何材料预付款。

问题：

（1）工程签约合同价是多少？工程预付款和质量保证金额度分别是多少？

（2）2018年10月监理工程师是否应签发支付证书？

（3）工程竣工结算的程序是什么？

分析要点：

本案例考核工程签约合同价的确定、工程预付款的支付与扣还、工程材料预付款的支付与扣还、工程质量保证金的扣留与退还、工程进度款的支付、完工结算和最终支付。

（1）施工阶段的计量工作必须以合同中的工程量清单为基础，计量内容包括：①永久工程的计量（包括中间计量和竣工计量）；②承包人为永久工程使用的运进现场材料和工程永久设备的计量；③对承包人进行额外工作的计量。

（2）工程合同签约价款＝∑计价项目费用×(1＋规费率)×(1＋税率)

其中计价项目费用包括分部分项工程项目费用、措施项目费用和其他项目费用。

分部分项工程项目费用＝∑分部分项工程量×综合单价

措施项目费用＝总价措施项目费用＋单价措施项目费用

解题要点：

（1）分项工程直接费用＝1000000×40＋104000×400＋2000×5000＋16800×250＝9580(万元)

间接费用＝(9580＋220＋200)×5%＝500(万元)

管理费＝(9580＋220＋200＋500)×10％＝1050(万元)

利润＝(9580＋220＋200＋500＋1050)×5％＝577.5(万元)

税金＝(9580＋220＋200＋500＋1050＋577.5)×9％≈1091.48(万元)

签约合同价＝9580＋220＋200＋500＋1050＋577.5＋1091.48＝13218.98(万元)

工程预付款＝13218.98×10％≈1321.90(万元)

工程质量保证金＝13218.98×3％≈396.57(万元)

(2)

1）本月承包商应得的工程款

a. 本月完成工程量价款：800万元。

b. 材料预付款：80×90％＝72(万元)。

c. 工程变更费：40万元。

d. 计日工费：20万元。

e. 物价调整：(800＋40＋20)×0.1＝86(万元)。

f. 补偿费：1＋1.5＝2.5(万元)。

g. 新增项目100万元。

本月承包商应得的工程款：800＋72＋40＋20＋86＋2.5＋100＝1120.5(万元)。

2）本月应扣费用

a. 质保金：(800＋40＋20＋2.5＋100)×5％＝48.125(万元)

48.125＋200＜396.57，因此10月应扣质保金48.125万元。

b. 累计应扣工程预付款：$\frac{13218.98\times10\%}{(90\%-20\%)\times13218.98}\times(4960-13218.98\times20\%)\approx$330.89(万元)

截止到9月累计应扣工程预付款：$\frac{13218.98\times10\%}{(90\%-20\%)\times13218.98}\times(4000-13218.98\times20\%)\approx$193.74(万元)

本月应扣工程预付款：330.89－193.74＝137.15(万元)

本月应扣费用：48.125＋137.15＝185.275(万元)

3）本月应支付的工程款

1120.5－185.275＝935.225(万元)＞250(万元)（月支付最低限额）

故本月监理工程师应签发支付证书，签发全额为935.225万元。

(3) 工程竣工验收报告经发包人认可后28天内，承包人向发包人递交竣工结算报告及完整的结算资料，双方按照协议书约定的合同价款及专用条款约定的合同价款调整内容，进行工程竣工结算。专业监理工程师审核承包人报送的竣工结算报表并与发包人、承包人协商一致后，签发竣工结算文件和最终的工程款支付证书。

【案例三】

背景：

中部某引调水工程，发包人与承包人依据《水利水电标准施工招标文件》签订了施工承包合同，该工程的合同价汇总表见表4-3-3。

表 4-3-3 合同价汇总表

项目	金额（人民币）/元	项目	金额（人民币）/元
1. 人工费	55605500	4. 工地管理费	17736760
2. 设备费	46881500	5. 总部管理费	14632820
3. 材料费	74880600	6. 利润	10486850
直接费	177367600	7. 有效合同价	220224030

（1）合同中规定：

1）工程预付款的总额为合同价格的10%，开工前由发包人一次付清；工程预付款按合同约定的公式 $R=\frac{A}{(F_2-F_1)S}(C-F_1S)$ 扣还，其中 $F_1=20\%$，$F_2=90\%$。

2）发包人从第一次支付工程进度款起按10%的比例扣质保金，直至质保金总额达到合同价的3%为止。

（2）合同执行过程中，由于发包人违约合同解除。合同解除时的情况为：

1）承包人已完成合同金额11000万元。

2）承包人为工程合理订购的某种材料尚有库存，价值400万元。

3）承包人为本工程订购的专用永久工程设备，已经签订了订货合同，合同价为800万元，并已支付合同订金200万元。

4）承包人已完成一个合同内新增项目1000万元（按当时市场价格计算）。

5）承包人已完成计日工150万元。

6）承包人的全部设备撤回承包人基地的费用为250万元；由于部分设备用到承包人承包的其他工程上使用（合同中未规定），增加撤回费用60万元。

7）承包人人员遣返总费用为150万元。

8）承包人已完成的各类工程款和计日工等，发包人均已按合同规定支付。

9）解除合同时，发包人与承包人协商确定：由于解除合同造成的承包人进场费、设备撤回、人员遣返等费用损失，按未完成合同工程价款占合同价格的比例计算。

问题：

合同解除时，发包人应总共支付承包人多少金额（包括已经支付的和还应支付的）？发包人应进一步支付承包人多少金额？

分析要点：

本案例考核工程合同解除后的工程合同计量和结算支付。

解题要点：

（1）合同解除时，承包人已经得到的工程款为12585.07万元。

1）合同解除时，发包人应支付的款项金额。

a. 承包人已完成的合同金额：11000万元。

b. 新增项目：1000万元。

c. 计日工：150万元。

d. 工程预付款：220224030×10%≈2202.24(万元)。

发包人应支付的款项金额＝11000＋1000＋150＋2202.24＝14352.24(万元)

2）合同解除时，承包人应扣款项金额。

a. 累计扣回工程预付款：

$$\frac{22022.40\times10\%}{(90\%-20\%)\times22022.40}\times(12150-22022.40\times20\%)\approx1106.50(\text{万元})$$

b. 扣质保金：

12150×10%＝1215(万元)＞22022.40×3%≈660.67(万元)（保留金总额）

故已扣质保金 660.67 万元。

承包人应扣款项金额＝1106.50＋660.67＝1767.17(万元)。

3）承包人已经得到的工程款＝应支付的款项金额－应扣的款项金额

＝14352.24－1767.17＝12585.07(万元)

(2）合同解除时，发包人应总共支付承包人 13475.08 万元。

1）承包人已完成的合同金额：11000 万元。

2）新增项目：1000 万元。

3）计日工：150 万元。

4）承包人的库存材料：400 万元（一旦支付，材料归发包人所有）。

5）承包人订购设备订金：200 万元。

6）承包人设备、人员遣返费损失补偿：

$$\frac{22022.40-11000}{22022.40}\times(250+150)\approx200.20(\text{万元})$$

7）利润损失补偿：

$$(22022.40-11000)\times\frac{5.0\%}{1+5.0\%}\approx524.88(\text{万元})$$

发包人应总共支付承包人金额＝11000＋1000＋150＋400＋200＋200.20＋524.88＝13475.08(万元)。

(3）合同解除时，发包人应进一步支付承包人金额＝总共应支付承包人金额－承包人已经得到的工程款＝13475.08－12585.07＝890.01(万元)。

第四章　竣工结算（完工结算）与决算

第一节　竣工结算（完工结算）

一、竣工结算（完工结算）的定义、作用

1. 竣工结算（完工结算）的定义

水利工程竣工结算也称为完工结算，是指在承包人按照约定完成所有合同约定工程内容并通过竣工验收后，承、发包人按照工程合同约定，对所完成的工程项目合同价款进行的据实计算、调整和确认。

2. 竣工结算（完工结算）的作用

竣工结算（完工结算）是承包人确定建筑安装工程施工产值和实物工程完成情况的依据；是发包人落实投资额、拨付工程价款的依据；是承包人确定工程的最终收入、进行经济考核及工程成本考核的依据；也是项目建设单位编制项目竣工财务决算不可缺少的支撑文件。

二、竣工结算（完工结算）的编制

单位工程竣工结算由承包人编制，发包人审查、确认。实行总承包的工程，由各具体承包人编制，由总包人审查完成后交发包人审查、确认。单项工程竣工结算或建设项目竣工总结算由总（承）包人编制，发包人审查、确认。发包人的审查可自行进行，也可以委托具有相应资质的第三方造价咨询机构进行审查。

1. 竣工结算（完工结算）的编制依据

工程竣工结算承包人可自行编制或者委托具有相应资质的工程造价咨询人编制。工程竣工结算编制的主要依据为：

（1）工程合同。

（2）发、承包双方实施过程中已确认的工程量及对应的合同结算价款。

（3）发、承包双方实施过程中已确认的需调整的各项合同价款。

（4）投标文件。

（5）工程设计文件及相关资料。

（6）《水利工程工程量清单计价规范》（GB 50501—2007）。

（7）其他依据。

2. 竣工结算（完工结算）书的组成

承包人或者其委托的具有相应资质的工程造价咨询人，在合同工程完工并通过竣工验

收后，按照工程合同约定，以单位工程为基础，按照现场施工实际情况，对施工预算及合同价款的各项调整逐项计算和核对，形成单位工程竣工结算（完工结算），将各单位工程结算进行汇总，编写包含编制依据、编制范围及其他情况的完工结算说明，编制全部合同工程的完工结算书。竣工结算（完工结算）的资料应包括：

（1）工程竣工报告及工程竣工验收单。

（2）承包商与项目法人签订的工程合同或双方协议书。

（3）施工图纸、设计变更通知书、现场变更签证及现场记录。

（4）采用的预算定额、材料价格、基础单价及其他费用标准。

（5）施工图预算。

（6）其他有关资料。

工程竣工结算（完工结算）书编制完成后，报送发包人等审批、确认，并与发包人办理完工结算。

第二节　竣工财务决算

一、竣工财务决算的定义、作用

1. 竣工财务决算的定义

项目竣工财务决算是指所有项目竣工后，项目单位按照国家有关规定在项目竣工验收阶段编制的竣工财务决算报告。竣工财务决算（简称“竣工决算”）是以实物数量和货币指标为计量单位，综合反映竣工建设项目全部建设费用、建设成果和财务状况的总结性文件。竣工财务决算是反映建设项目的实际建设成本，因此，其时间是从筹建到竣工验收的全部时间；其范围是整个建设项目，即主体工程、附属工程以及建设项目前期费用和相关的全部费用。

2. 竣工财务决算的作用

竣工财务决算是竣工验收报告的重要组成部分，是正确核定新增固定资产价值、考核分析投资效果、建立健全经济责任制的依据，是反映建设项目实际造价和投资效果的文件，是建设工程经济效益的全面反映，是项目法人核定各类新增资产价值、办理其交付使用的依据。通过竣工财务决算，既能够正确反映建设工程的实际造价和投资结果；又可以通过竣工决算与概算、预算的对比分析，考核投资控制的工作成效，为工程建设提供重要的技术经济方面的基础资料，提高未来工程建设的投资效益。

二、竣工财务决算的组成

竣工财务决算应包括封面及目录、竣工项目的平面示意图及主体工程照片、竣工决算说明书、决算报表四部分。竣工财务决算应包括项目从筹建到竣工验收的全部费用，即建筑工程费、安装工程费、设备费、临时工程费、独立费用、预备费、建设期融资利息和水库淹没处理补偿费、水土保持费和环境保护费。

三、竣工财务决算的编制

竣工财务决算的编制通常分三个阶段进行。

1. 准备阶段

建设项目完成后，项目法人就组织专人进行相关准备工作。这阶段的重点工作是做好各项梳理、核对和清理的基础工作。具体如下：

(1) 资金、计划的核实、核对工作。

(2) 财产物资、已完工程的清查工作。

(3) 合同清理工作。

(4) 价款结算、债权债务的清理、包干节余及竣工结余资金的分配等清理工作。

(5) 竣工年财务决算的编制工作。

(6) 有关资料的收集、整理工作。

2. 报告编制阶段

各项基础资料收集梳理完成后，开始着手报告的编制工作。

(1) 进行概（预）算与核算口径对应分析的比较分析。经批准的项目概（预）算是对比、考核项目实际建设工程造价的依据。对比决算报表中各项实际发生数据与批准的概（预）算指标一一对应比照，计算各项（一级、二级）子目是节约还是超支，并查明节约或超支的具体内容和原因，总结项目建设经验、吸取教训，以利后续建设提高改进。

对于大型工程按概（预）算二级项目分析概（预）算执行情况；中型工程按概（预）算一级项目分析概（预）算执行情况。

对比以概（预）算项目划分为基础，调整项目实际招标文件的工程量清单及各会计核算指标，实现概（预）算与核算的同口径对比分析。

(2) 正确处理待摊费用。待摊投资应由受益的各项交付使用资产共同负担。其中，能够确定由某项资产负担的待摊投资，应直接计入该资产成本；不能确定负担对象的待摊投资，应分摊计入受益的各项资产成本。待摊投资应包括以下分摊对象：房屋及构筑物、需要安装的专用设备、需要安装的通用设备和其他分摊对象。

(3) 合理分摊项目建设成本。水利工程一般同时具有防洪、发电、灌溉、供水等多种效益，应根据项目实际情况，合理分摊建设成本。

3. 汇编阶段

在完成上述准备及编制工作后，根据梳理确定的数据，按照《水利基本建设项目竣工财务决算编制规程》(SL 19—2008) 和项目类型选择相应报表进行编报，完成项目竣工财务决算说明书的撰写，汇总形成建设项目竣工财务决算，上报主管部门及验收委员会审批。

第五篇

水利枢纽工程计量与计价应用案例

一、背景

（一）工程概况

某水利枢纽是一座综合利用的大（1）型水利枢纽工程，工期为5年，工程示意图见图5-0-1。工程主要任务为防洪、航运、发电等综合利用，枢纽建筑物主要包括挡水、泄水、通航、发电等建筑物。水库正常蓄水位185.00m，校核洪水位188.00m，水库总库容$3.85\times10^9m^3$，电站总装机容量2000MW，装设10台单机容量为200 MW的水轮发电机组。

（二）初步设计概算编制

该水利枢纽工程处于初步设计阶段，初步设计概算编制要求如下。

1. 编制方法及依据

（1）水利部《水利工程设计概（估）算编制规定》（水总〔2014〕429号）。

（2）水利部《水利建筑工程概算定额》（水总〔2002〕116号）。

（3）水利部《水利工程施工机械台时费定额》（水总〔2002〕116号）。

（4）水利部《水利水电设备安装工程概算定额》（水建管〔1999〕523号）。

（5）水利部《水利工程概预算补充定额》（水总〔2005〕389号）。

（6）水利部《水利工程营业税改征增值税计价依据调整办法》（办水总〔2016〕132号）。

（7）水利部《水利部办公厅关于调整水利工程计价依据增值税计算标准的通知》（办财务函〔2019〕448号）。

（8）水利部《水利水电工程初步设计报告编制规程》（SL 619—2013）。

2. 基础单价编制

（1）人工预算单价。

根据国家有关规定和水利部《水利工程设计概（估）算编制规定》（水总〔2014〕429号），水利工程企业的工人按技术等级不同分为工长、高级工、中级工和初级工四级。

该工程所在地区为一般地区，人工预算工时单价见表5-0-1。

表5-0-1　枢纽工程人工预算单价计算标准　单位：元/工时

类别与等级	一般地区	一类区	二类区	三类区	四类区	五类区/西藏二类区	六类区/西藏三类区	西藏四类区
工长	11.55	11.80	11.98	12.26	12.76	13.61	14.63	15.40
高级工	10.67	10.92	11.09	11.38	11.88	12.73	13.74	14.51
中级工	8.90	9.15	9.33	9.62	10.12	10.96	11.98	12.75
初级工	6.13	6.38	6.55	6.84	7.34	8.19	9.21	9.98

（2）材料预算价格。

材料预算价格是指材料从来源地或交货地点运到施工工地分仓库（或堆放场地）的出库时不含增值税进项税额的价格。主要材料预算价格一般包括材料原价、运杂费、运输保险费和采购及保管费等组成。

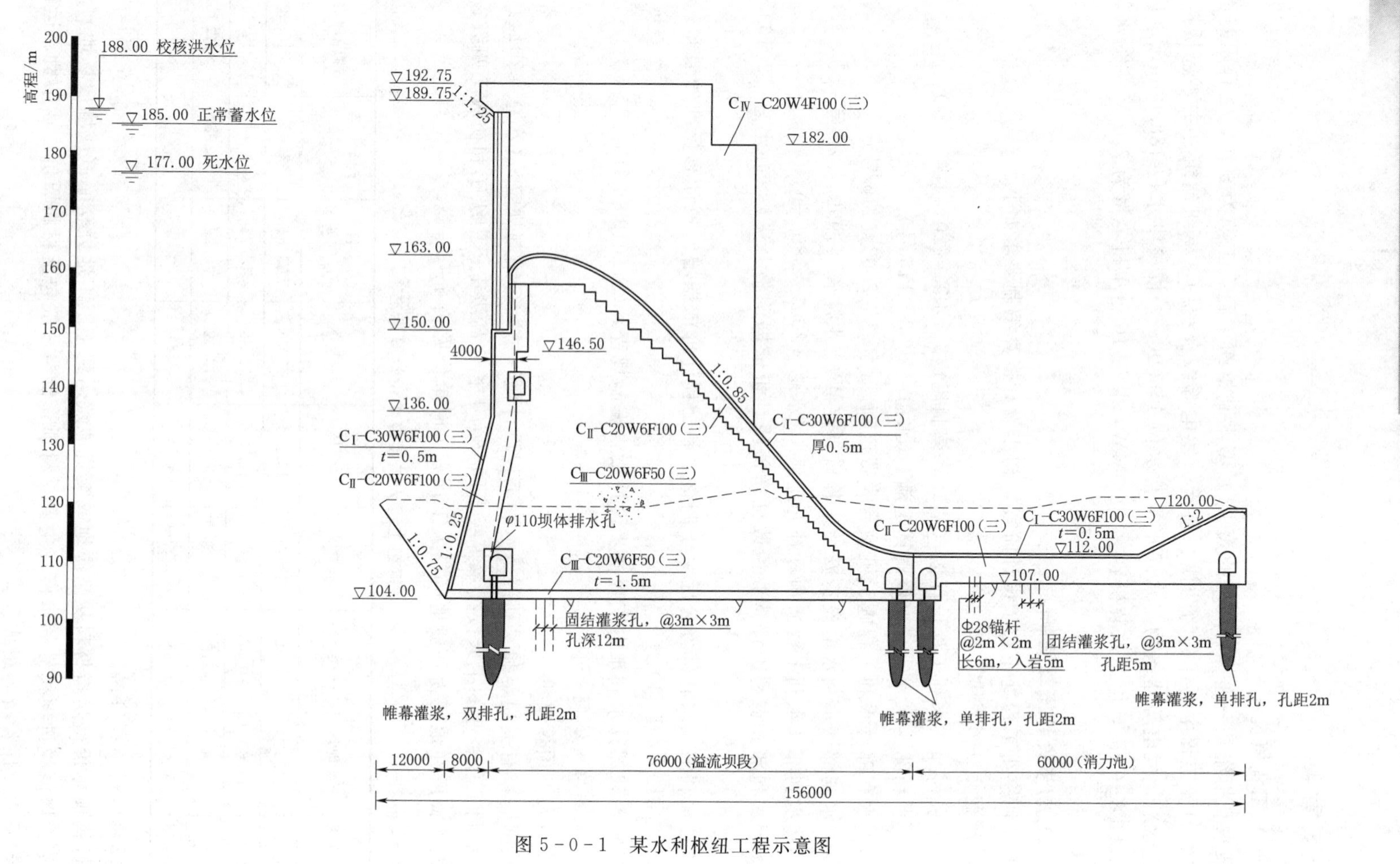

图 5-0-1　某水利枢纽工程示意图

注意：材料原价、运杂费、运输保险费和采购及保管费分别按不含增值税进项税额的价格计算。

1）主要材料原价：主要材料原价按调查的出厂价格或市场价格计算。油料预算价格直接按国家发展和改革委员会2020年第四季度发布的关于国内成品油价格的通知中，项目所在地最高零售价格计算（第四季度平均价），不计运杂费。火工材料按当地民爆公司销售价格计算。炸药原价中包括综合经营费、进货运杂费及配送费等相关税费。主要材料原价见表5-0-2。

表5-0-2　主要材料原价表

编号	名称及规格	单位	材料原价/元 （不含增值税进项税额）
1	钢筋（综合）		3550
	普通钢筋　φ16～20mm(50%)	t	3600
	低合金钢筋　φ21～28mm(50%)	t	3500
2	中厚钢板 Q345C	t	3800
3	板枋材	m^3	1800
4	普硅水泥　42.5（综合）	t	428
	普硅水泥　42.5（袋装）(50%)	t	440
	普硅水泥　42.5（散装）(50%)	t	415
5	中热硅酸盐水泥　42.5（综合）	t	453
	中热硅酸盐水泥　42.5（袋装）(50%)	t	465
	中热硅酸盐水泥　42.5（散装）(50%)	t	440
6	汽油　70号	t	8300
7	柴油　0号	t	7200
8	岩石乳化炸药（一级）	t	15000
9	粉煤灰	t	150

2）运杂费：本工程主要材料全部采用公路运输。运杂费按本工程所在地市场调查价格计算。

3）运输保险费：指材料在运输途中的保险费。按工程所在省、自治区、直辖市或按保险公司的有关规定计算。本工程材料运输保险费率分别为：钢材0.04%，水泥0.6%，火工材料0.8%，粉煤灰0.6%，外购砂石料0.01%。

4）采购及保管费：指材料在采购、供应和保管过程中所发生的各项费用。本工程材料采购及保管费率分别为：钢材2.2%，水泥3.3%，火工材料2.75%，粉煤灰3.3%，外购砂石料3.3%。

5）主要材料限（基）价：主要材料包括钢筋、水泥、汽油、柴油、块石、碎石、砂，按最高限额价格计算其他直接费、间接费和利润，超出最高限额价格部分以补差形式计入相应工程单价，并计算税金。未超过最高限额价格，按计算的材料预算价格直接计入工程单价。主要材料限（基）价见表5-0-3。

表 5-0-3　　主要材料限（基）价表

序号	材料名称	单位	限（基）价/元
1	柴　油	t	2990
2	汽　油	t	3075
3	钢　筋	t	2560
4	水　泥	t	255
5	炸　药	t	5150
6	外购块石、碎石、砂	m^3	70

（3）施工用电、风、水预算价格。

1）施工用电。

根据施工组织设计，本项目电网供电暂按工商业及其他用电类别中单一制电价考虑，供电比例占95%；自备柴油发电机有400kW固定式柴油发电机一台、250kW固定式柴油发电机一台（采用循环冷却水，不用水泵），供电比例占5%。外购电：高压输电线路损耗率5%，变配电设备及配电线路损耗率7%，供电设施维修摊销费0.05元/(kW・h)；自备柴油发电机：出力系数K取0.85，厂用电率4%，变配电设备及配电线路损耗率6%，高压输电线路损耗率5%，循环冷却水摊销费0.07元/（kW・h），供电设施维修摊销费为0.05元/（kW・h）。

某地区电网销售电价表见表5-0-4。

2）施工用风。

根据施工组织设计，本工程施工供风系统设计总规模1180m^3/min，由4座固定式空压站（50台20.0m^3/min电动固定式空压机，定额编号[8019]，单台台时费为115.03元）和3座移动式空压站（20台9.0m^3/min电动移动式空压机，定额编号[8011]，单台台时费为59.88元）组成。空压机能量利用系数0.8，供风损耗率10%，供风设施摊销费0.005元/m^3，循环冷却水费0.007元/m^3。

3）施工用水。

根据施工组织设计，本工程施工供水系统设计总规模4140m^3/h，由4台410kW额定容量为690m^3/h的离心泵供水，离心泵定额编号[9036]，水泵能量利用系数0.8，供水损耗率8%，供水设施维修摊销费0.005元/m^3。离心泵定额消耗量详见表5-0-5。

表 5-0-4　　某地区电网销售电价表

<table>
<tr><th colspan="2" rowspan="3">用电分类</th><th rowspan="3">电压等级</th><th rowspan="2">电度电价</th><th colspan="2">基本电费</th></tr>
<tr><th>最大需量</th><th>变压器容量</th></tr>
<tr><th>元/(kW・h)</th><th>元/(kW・月)</th><th>元/(kVA・月)</th></tr>
<tr><td rowspan="6">一、居民生活用电</td><td rowspan="3">一户一表</td><td><1kV</td><td>0.5283</td><td rowspan="6">—</td><td rowspan="6">—</td></tr>
<tr><td>1～10kV</td><td>0.5233</td></tr>
<tr><td>35kV及以上</td><td>0.5233</td></tr>
<tr><td rowspan="3">合表户</td><td><1kV</td><td>0.5491</td></tr>
<tr><td>1～10kV</td><td>0.5441</td></tr>
<tr><td>35kV及以上</td><td>0.5441</td></tr>
</table>

续表

用电分类		电压等级	电度电价	基本电费	
				最大需量	变压器容量
			元/(kW·h)	元/(kW·月)	元/(kVA·月)
二、工商业及其他用电	单一制	＜1kV	0.7075	—	—
		1～10kV	0.6933		
		35kV及以上	0.67		
	两部制	1～10kV	0.6261	34	27.5
		35～110kV以下	0.6011		
		110～220kV以下	0.5761		
		220kV及以上	0.5561		
	其中：电解铝、合成氨、电石、电炉铁合金、电解烧碱、电炉黄磷、电解二氧化锰、军工产品生产和军事动力用电	1～10kV	0.5666		
		35～110kV以下	0.5441		
		110～220kV以下	0.5216		
		220kV及以上	0.5036		
三、农业生产用电		＜1kV	0.4925	—	—
		1～10kV	0.3875		
		35kV及以上	0.3795		

注　1. 表中所列价格，均含农网还贷资金，其中：两部制（不含电解铝等类）用电1.5分钱，其他各类用电2.5分钱；表中所列价格，均含国家重大水利工程建设基金0.225分钱。
2. 表中所列价格，除农业生产用电外，均含大中型水库移民后期扶持资金0.62分钱。
3. 表中所列价格，除居民生活用电、农业生产用电外，均含可再生能源电价附加1.9分钱和地方水库移民后期扶持资金0.05分钱。
4. 核工业铀扩散厂和堆化工厂生产用电价格，按表中所列分类用电降低1.7分钱（农网还贷资金）执行；抗灾救灾用电按表中所列分类用电降低2分钱（农网还贷资金）执行。
5. 区直煤矿煤炭生产用电按表中电解铝类电价降低6分钱执行。

表5-0-5　　离心泵定额消耗量

项目		单位	多级离心泵					
			功率/kW					
			7	14	40	100	230	410
（一）	折旧费	元	0.36	0.53	2.53	4.58	5.88	6.92
	修理及替换设备费	元	1.30	1.85	7.83	10.54	13.18	13.48
	安装拆卸费	元	0.41	0.59	2.63	4.02	4.83	4.94
	小计	元	2.07	2.97	12.99	19.14	23.89	25.34
（二）	人工	工时	1.30	1.30	1.30	1.30	1.30	1.30
	汽油	kg						
	柴油	kg						

续表

项目		单位	多级离心泵					
			功率/kW					
			7	14	40	100	230	410
（二）	电	kW·h	7	14	40	100.1	230.1	410.2
	风	m^3						
	水	m^3						
	煤	kg						
备注								
编号			9031	9032	9033	9034	9035	9036

（4）砂石料预算价格。

本工程设计骨料需求量约2000万t，碎石原料为花岗岩（岩石为Ⅺ级），原料开采采用150型潜孔钻爆破，5.0m^3装载机装砂石料，32t自卸汽车运输10.0km。覆盖层为Ⅲ类土，采用3.0m^3单斗挖掘机开挖，12t自卸汽车运输100m。

砂石料加工工序图详见图5-0-2。工艺流程设计如下：本工程砂石料采用人工骨料料场，根据施工组织设计，砂石料加工系统由原料开采、原料运输、粗碎运输、预筛分中碎运输、碎石筛分运输、制砂、运输等组成。人工砂石料加工工序设备清单见表5-0-6。

表5-0-6　人工砂石料加工工序设备清单

序号	项目或费用名称	单位	规格型号	数量
一	粗碎运输			
	振动喂料机	台	1200×4500	2
	颚式破碎机	台	900×1200	2
	皮带机A1	m	1200×100	1
	皮带机A2	m	1200×75	1
二	预筛分中碎运输			
1	预筛分运输			
	振动给料机	台	1250×3200	2
	胶带输送机A3	m	1200×100	1
	胶带输送机A4	m	1200×150	1
	圆振动筛	台	1500×3600	2
	螺旋分级机	台	φ1500	1
	B01	m	1200×250	1
	B02	m	1200×150	1
	B03	m	1200×200	1
	B04	m	1200×200	1
	B05	m	1200×100	1

续表

序号	项目或费用名称	单位	规格型号	数量
2	中碎			
	振动给料机	台	900×2100	2
	圆锥破碎机	台	φ1200	2
	B06	m	800×75	1
	B07	m	800×100	1
三	碎石筛分运输			
	振动筛	台	1250×2500	2
	振动给料机	台	45DA	1
	螺旋分级机	台	φ1500	1
	C01	m	1000×100	1
	C02	m	1000×125	1
	C03	m	1000×100	1
	C04	m	1000×75	1
	C05	m	1000×100	1
	C06	m	1000×75	1
	C07	m	1000×50	1
	C08	m	800×50	1
四	制砂筛分运输			
	振动给料机	台	45DA	1
	立式冲击破碎机	台	1000×800	1
	C09	m	800×75	1
	C10	m	800×125	1
	振动筛	台	900×1800	2
	螺旋分级机	台	φ700	1
	D01	m	1000×125	1
	D02	m	800×50	1

(5) 混凝土材料配合比。

为简化计算，本工程仅考虑对溢流坝段工程基本设计参数进行描述：溢流坝段基础采用 C20W6F50 三级配中热混凝土，厚度 1.5m。坝体上、下游面由外及内分别采用抗冲耐磨 C30W6F100 二级配中热混凝土、C20W6F100 三级配中热混凝土。廊道周围采用 C25W6F100 二级配普硅混凝土，厚度为 1.0m，其余坝体内部采用 C20W6F50 三级配普硅混凝土。

主要混凝土材料单价依据试验配合比确定，本工程混凝土配合比及材料用量详见表5-0-7。

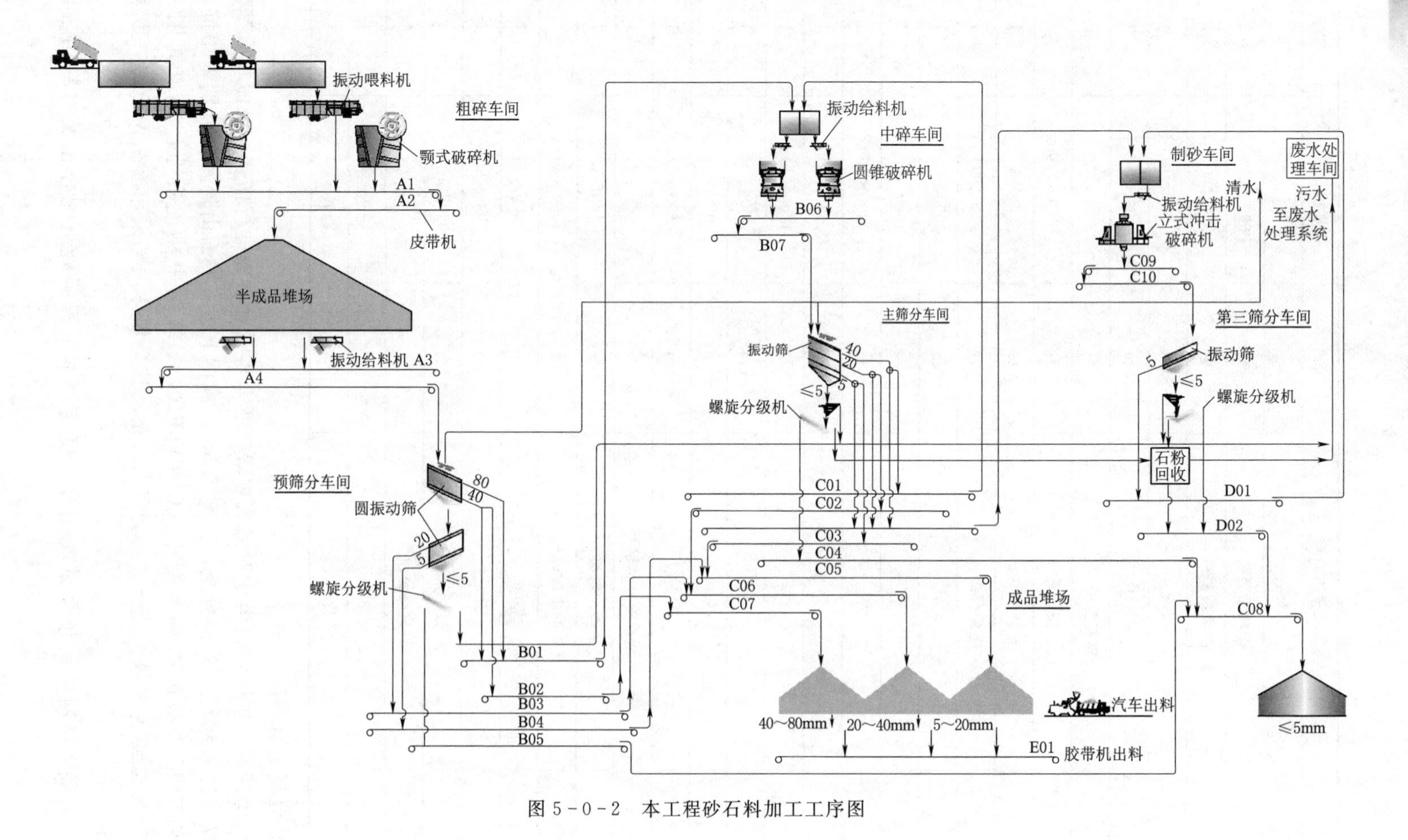

图 5-0-2 本工程砂石料加工工序图

表 5-0-7　　混凝土配合比及材料用量表

编号	名称及规格	单位	数量	换算系数
1	抗冲耐磨混凝土 C30W6F100，二级配中热			
	水泥 42.5（中热）	kg	284.95	1
	粉煤灰	kg	80.98	1
	砂（综合）	m^3	0.45	1
	石（综合）	m^3	0.73	1
	硅粉	kg	36.59	1
	减水剂	kg	2.4	1
	引气剂	kg	0.01	1
	水	m^3	0.12	1
2	混凝土 C20W6F100，三级配中热			
	水泥 42.5（中热）	kg	184.42	1
	粉煤灰	kg	46.38	1
	砂（综合）	m^3	0.43	1
	石（综合）	m^3	1	1
	减水剂	kg	1.48	1
	引气剂	kg	0.01	1
	水	m^3	0.09	1
3	混凝土 C20W6F50，三级配中热			
	水泥 42.5（中热）	kg	167.08	1
	粉煤灰	kg	42.03	1
	砂（综合）	m^3	0.39	1
	石（综合）	m^3	1	1
	减水剂	kg	1.34	1
	引气剂	kg		1
	水	m^3	0.09	1
4	混凝土 C25W6F100，二级配普硅			
	水泥 42.5（普硅）	kg	261.73	1
	粉煤灰	kg	66	1
	砂（综合）	m^3	0.41	1
	石（综合）	m^3	0.87	1
	减水剂	kg	2.11	1
	引气剂	kg	0.01	1
	水	m^3	0.12	1

（6）其他直接费费率。

其他直接费按基本直接费的百分比计算。

1）冬雨季施工增加费：0.5%。

2）夜间施工增加费：0.5%，机电、金属结构设备安装工程的夜间施工增加费：0.7%。

3）临时设施费：3%。

4）安全生产措施费：2%。

5）其他：砂石备料工程（自采）为0.5%，机电、金属结构设备安装工程为1.5%，本项目其余项目为1.0%。

综上，其他直接费费率：砂石备料工程（自采）为6.5%，机电、金属结构设备安装工程为7.7%，本项目其余项目为7.0%。

（7）间接费费率。

依据《水利工程营业税改征增值税计价依据调整办法》（办水总〔2016〕132号），根据工程性质不同，间接费标准划分为枢纽工程、引水工程、河道工程三部分，具体间接费费率见表5-0-8。

表5-0-8　间接费费率表

序号	工程类别	计算基础	间接费费率/%		
			枢纽工程	引水工程	河道工程
一	建筑工程				
1	土方工程	直接费	8.5	5～6	4～5
2	石方工程	直接费	12.5	10.5～11.5	8.5～9.5
3	砂石备料工程（自采）	直接费	5	5	5
4	模板工程	直接费	9.5	7～8.5	6～7
5	混凝土浇筑工程	直接费	9.5	8.5～9.5	7～8.5
6	钢筋制安工程	直接费	5.5	5	5
7	钻孔灌浆工程	直接费	10.5	9.5～10.5	9.25
8	锚固工程	直接费	10.5	9.5～10.5	9.25
9	疏浚工程	直接费	7.25	7.25	6.25～7.25
10	掘进机施工隧洞工程（1）	直接费	4	4	4
11	掘进机施工隧洞工程（2）	直接费	6.25	6.25	6.25
12	其他工程	直接费	10.5	8.5～9.5	7.25
二	机电、金属结构设备安装工程	人工费	75	70	70

（8）利润。

利润按直接费和间接费之和的7%计算。

（9）税金。

税金指应计入建筑安装工程费用内的增值税销项税额，按《水利部办公厅关于调整水利工程计价依据增值税计算标准的通知》（办财务函〔2019〕448号），现行的税金税率为9%。自采砂石料税率为3%。

3. 建筑工程概算编制

主体建筑工程包括挡水工程、泄水工程、发电工程、开关站工程、航运工程等，按设计工程量乘以工程单价计算。混凝土温控费用按混凝土 30 元/m^3计算，细部结构按《水利工程设计概（估）算编制规定》（水总〔2014〕429 号）规定的指标取费后计算。

4. 机电、金属结构及设备安装工程概算编制

按设备费和安装费分别编制。

（1）设备费。

按设计设备清单工程量乘以设备价格计算。

1）设备价格。

根据市场价格计算，主要设备价格见表 5-0-9。

表 5-0-9　　主要设备价格

序号	名　称	单位	单价/元
1	水轮机	t	65000
2	弧形闸门	t	13500
3	平板闸门	t	12500
4	闸门埋件	t	11500
5	闸门配重	t	5000

2）设备运杂费。

水轮发电机组按初拟铁路和公路联运确定设备运杂费费率，已知铁路运距 4117km，公路运距 100km。其他设备运杂费按规定费率计取。运输保险费按设备原价的 0.4%计算，采购及保管费按设备原价、运杂费之和的 0.7%计算。

根据《水利工程设计概（估）算编制规定》（水总〔2014〕429 号），经计算，运杂综合费率分别为：水轮发电机组 6.28%，其他设备 8.15%。

水轮发电机组、主变压器增加特大件运输费，按设备原价的 1%计算。

（2）安装费。

安装工程单价为消耗量形式时，按设计设备清单工程量乘以安装工程单价计算；安装工程单价为费率形式时，按设备费（计算基数扣除不需安装设备和有关费用）乘以安装费率计算。

5. 临时工程概算编制

（1）导流工程。

按设计工程量乘以工程单价计算。

（2）施工交通工程。

按设计工程量乘以单位造价指标（或工程单价）计算。

（3）施工供电工程。

根据设计工程量乘以设备价格和安装单价计算。

（4）施工房屋建筑工程。

施工仓库：按设计工程量乘以单位造价指标 600 元/m^2计算。

施工棚库：按设计工程量乘以单位造价指标 250 元/m^2计算。

枢纽工程办公、生活及文化福利建筑，按下面的公式计算：

$$I=A\div(N\times L)\times U\times P\times K_1\times K_2\times K_3$$

式中　I——房屋建筑工程投资；

A——建安工作量，按工程一至四部分建安工程（不包括办公用房、生活及文化福利建筑和其他施工临时工程）之和乘以（1＋其他施工临时工程指标%）计算；

U——人均建筑面积综合指标，按 $12m^2$/人计；

P——单位造价指标，参照工程所在地的永久房屋造价指标，按 1500 元/m^2 计；

N——施工年限，按施工组织设计确定的合理工期计算，按 5 年计；

L——全员劳动生产率，按 12 万元/（人·年）计；

K_1——施工高峰人数调整系数，取 1.1；

K_2——室外工程调整系数，取 1.15；

K_3——单位造价指标调整系数，按不同施工年限，采用表 5-0-10 中的调整系数。

表 5-0-10　　单位造价指标调整系数表

工期	系数	工期	系数
2 年以内	0.25	5～8 年	0.7
2～3 年	0.4	8～11 年	0.8
3～5 年	0.55		

（5）其他临时工程。

按工程一至四部分建安投资（不含其他临时工程）之和的 4%计算。

6. 独立费用概算编制

按《水利工程设计概（估）算编制规定》（水总〔2014〕429 号）有关规定并结合本工程具体情况分析确定。

（1）建设管理费。

按一至四部分建安工作量为计算基数，以超额累进方法计算。辅助参数 8900 万元，费率 0.6%。

（2）工程建设监理费。

按《建设工程监理与相关服务收费管理规定》（发改价格〔2007〕670 号）计算。

（3）联合试运转费。

按机组 10 台、22 万元/台计算。

（4）生产准备费。

1）生产及管理单位提前进场费：按一至四部分建安工作量的 0.15%计算。

2）生产职工培训费：按一至四部分建安工作量的 0.50%计算。

3）管理用具购置费：按一至四部分建安工作量的 0.04%计算。

4）备品备件购置费：按设备费的 0.4%计算（同型号机组 10 台，只计 1 台机组设备费）。

5）工器具及生产家具购置费：按设备费的 0.1%计算。

（5）科研勘测设计费。

1）工程科研究试验费：一般工程科学研究试验费按建筑安装工作量的0.7%计算；重大、特殊专项科学研究试验费按10000万元计列。

2）勘测设计费：按合同金额计列，勘测设计费合计120665.54万元。

（6）其他。

工程保险费：按工程一至四部分投资合计的0.45%计算。

7. 分年度投资及资金流量

分年度投资是根据施工组织设计确定的施工进度和合理工期而计算出的工程各年度预计完成的投资额。

（1）分年度投资比例。

根据施工进度计划，建筑及安装工程费建设期1～5年分年度投资比例分别为15.2%、28.80%、26.40%、20.00%、9.60%。

另外，关于工程资金流量的主要调查成果如下：

1）工程预付款为全部建安工作量的15%，第1年支付，在第2年起按当年建安投资的20%扣回预付款，直至扣完。

2）保留金按建安工作量的1.5%计算，扣留按分年完成建安工作量的5%，直至扣完。

（2）永久设备购置资金流量。

永久设备购置资金流量计算，按设备到货周期确定各年资金流量比例，具体比例见表5-0-11。根据施工进度计划，主要设备为水轮机、金属结构及启闭机等，在第2年到货。

表5-0-11　主要设备资金流量比例

到货周期	第1年	第2年	第3年	第4年	第5年	第6年
1年	15%	75%①	10%			
2年	15%	25%	50%①	10%		
3年	15%	25%	10%	40%①	10%	
4年	15%	25%	10%	10%	30%①	10%

①　数据年份为设备到货年份。

（3）独立费用资金流量。

独立费的95%按合理工期分年平均计算，其余5%作为保留金，计入最后一年的资金流量表内。

（4）基本预备费。

按工程一至五部分投资合计的5%计算。

（5）价差预备费。

根据施工年限，以资金流量表的静态投资为计算基数。

（6）建设征地移民补偿资金流量。

建设征地移民补偿资金流量在建设期第1～4年内平均计算，每年各占25%。

(7) 环境保护工程、水土保持工程资金流量。

环境保护工程、水土保持工程资金流量分别在建设期第1～5年内平均计算，每年各占20%。

8. 建设期融资利息

本工程资本金按工程静态投资（Ⅰ工程部分投资+Ⅱ建设征地移民补偿+Ⅲ环境保护工程+Ⅳ水土保持工程）的20%考虑，其余80%为贷款，贷款利率为4.90%，建设期只计息不付息。

二、概算编制

步骤1：计算钢筋、水泥预算单价

根据市场询价，已知钢筋运杂费104.32元/t、普硅水泥42.5（袋装）运杂费42.075元/t、普硅水泥42.5（散装）运杂费40.95元/t，假设普硅水泥42.5袋装和散装用量比例分别为50%；普通钢筋φ16～20mm和低合金钢筋φ21～28mm在工程中的用量比例分别为50%；计算钢筋（综合）、普硅水泥42.5（综合）预算单价，完成主要材料预算单价，见表5-0-12。

表5-0-12　主要材料预算单价（不含税）

编号	材料名称及规格	单位	单价/元
1	钢筋（综合）		
	普通钢筋φ16～20mm(50%)	t	
	低合金钢筋φ21～28mm(50%)	t	
2	水泥		
2.1	普硅水泥42.5（综合）	t	
	普硅水泥42.5（袋装）(50%)	t	
	普硅水泥42.5（散装）(50%)	t	
2.2	中热硅酸盐水泥42.5（综合）		576.95
	中热硅酸盐水泥42.5（袋装）(50%)	t	582.85
	中热硅酸盐水泥42.5（散装）(50%)	t	571.05
3	粉煤灰	t	267.21
4	型钢		
	圆钢φ=12mm(50%)	t	3991.74
	扁钢(3～5)×(25～45)mm(50%)	t	3991.74
	工字钢12～16号(50%)	t	4093.98
	槽钢12～16号(50%)	t	3991.74
	角钢4～5.6号(50%)	t	3950.84
5	钢板δ=1.6～1.9mm	t	3991.74
6	中厚钢板	t	3991.74
7	钢管		

续表

编号	材料名称及规格	单位	单价/元
	镀锌炉焊钢管	t	5934.30
	一般炉焊钢管	t	4707.42
	无缝钢管	t	5423.10
8	钢轨		
	重轨	t	5218.62
	轻轨	t	4911.90
9	原木	m^3	1025.06
10	板枋材	m^3	1867.77
11	汽油	t	8300.00
12	柴油0号	t	7200.00
13	岩石乳化炸药（一级）	t	15412.50
14	硅粉	kg	2.00
15	减水剂	kg	6.50
16	引气剂	kg	13.00

步骤2：计算电、风、水预算单价

步骤3：计算碎石、砂预算单价

（1）砂石料单价计算。

计算砂石料单价，应按各节定额计算出工序单价分别乘各工序单价系数后相加得到，单价系数按设计的工序流程选定，系数要考虑下道工序的加工损耗、加工中体积变化、运输损耗和堆存损耗等因素，工序单价系数不考虑原料开采中的覆盖层、无用夹层、夹泥等废弃料因素。

（2）工序单价。

根据工序流程，按施工组织设计套用相关的定额，计算工序单价。根据加工工序设备清单套用各设备台时定额，计算施工机械设备组时费，具体见表5-0-13。

表5-0-13　人工砂石料加工工序定额、台时选用

序号	项目或费用名称	单位	规格型号	数量	定额/台时编号	备　注
一	覆盖层清除				[60224]	
	Ⅲ类土，3.0m^3 单斗挖掘机开挖，15t自卸汽车运100m					
二	原料开采运输					
1	开采					
	花岗岩Ⅺ级，150型潜孔钻爆破				[60100]	
2	运输				[60366]＋[60367]×5	

续表

序号	项目或费用名称	单位	规格型号	数量	定额/台时编号	备 注
	花岗岩Ⅺ级，150 型潜孔钻爆破，5.0m³ 装载机，32t 自卸汽车运 10km					
二	粗碎运输				[60260]	参水电定额
	振动喂料机	台	1200×4500	2	[5095] ×2	组时
	颚式破碎机	台	900×1200	2	[5011] ×2	组时
	胶带输送机 A1	m	B=1200	100	[3195]	组时：[3195] +[3194]
	胶带输送机 A2	m	B=1200	75	[3195]	
三	预筛分中碎运输				[60286]	参水电定额
	振动给料机	台	1250×3200	2	[5092] ×2	组时
	圆振动筛	台	1500×3600	2	[5057] ×2	组时
	螺旋分级机	台	φ1500	1	[5052]	组时
	振动给料机	台	900×2100	2	[5090] ×2	组时
	圆锥破碎机	台	φ1200	2	[5020] ×2	组时
	胶带输送机 A3	m	B=1200	100	[3195]	组时：[3195] ×2+ [3197] ×2+ [3199] + [3198] ×2+ [3178] + [3179]
	胶带输送机 A4	m	B=1200	150	[3197]	
	胶带输送机 B01	m	B=1200	250	[3199]	
	胶带输送机 B02	m	B=1200	150	[3197]	
	胶带输送机 B03	m	B=1200	200	[3198]	
	胶带输送机 B04	m	B=1200	200	[3198]	
	胶带输送机 B05	m	B=1200	100	[3195]	
	胶带输送机 B06	m	B=800	75	[3178]	
	胶带输送机 B07	m	B=800	100	[3179]	
四	碎石筛分运输					
	振动筛	台	1250×2500	2	[5065] ×2	组时
	振动给料机	台	45DA	1	[5094]	组时
	螺旋分级机	台	φ1500	1	[5052]	组时
	胶带输送机 C01	m	B=1000	100	[3187]	组时：[3187] ×3+ [3188] + [3186] ×2+ [3185] + [3177]
	胶带输送机 C02	m	B=1000	125	[3188]	
	胶带输送机 C03	m	B=1000	100	[3187]	
	胶带输送机 C04	m	B=1000	75	[3186]	
	胶带输送机 C05	m	B=1000	100	[3187]	
	胶带输送机 C06	m	B=1000	75	[3186]	
	胶带输送机 C07	m	B=1000	50	[3185]	
	胶带输送机 C08	m	B=800	50	[3177]	

续表

序号	项目或费用名称	单位	规格型号	数量	定额/台时编号	备 注
五	制砂筛分运输				[60373]	参水电定额
	振动给料机	台	45DA	1	[5094]	组时
	立式冲击破碎机	台	1000×800	1	[5026]	组时
	振动筛	台	900×1800	2	[5064]	组时
	螺旋分级机	台	φ700	1	[5049]	组时
	胶带输送机 C09	m	B＝800	75	[3178]	组时：[3178] ＋ [3180] ＋ [3188] ＋ [3177]
	胶带输送机 C10	m	B＝800	125	[3180]	
	胶带输送机 D01	m	B＝1000	125	[3188]	
	胶带输送机 D02	m	B＝800	50	[3177]	

步骤 4：计算混凝土材料单价

根据本工程混凝土配合比及材料用量表 5－0－8，以及主要材料预算单价，计算抗冲耐磨混凝土 C30W6F100，二级配中热混凝土预算单价及限价，补充并完善表 5－0－14。

表 5－0－14　混凝土预算单价及限价　单位：元/m^3

编号	名 称 及 规 格	预算单价	基（限）价	材料补差
1	抗冲耐磨混凝土 C30W6F100，二级配 中热			
2	混凝土 C20W6F100，三级配 中热	254.63	195.25	59.38
3	混凝土 C20W6F50，三级配 中热	237.38	183.58	53.80
4	混凝土 C25W6F100，二级配 普硅	273.25	212.53	60.72

步骤 5：编制建筑工程单价

（1）编制坝基石方开挖单价。

已知大坝基础石方开挖采用潜孔钻钻孔（开挖深度 7.5m），岩石级别Ⅸ～Ⅹ，石渣 4m^3 挖掘机装石渣 32t 汽车运输（露天）运距 4.0km。基础石方选用定额编号为 [20154]（《水利建筑工程概算定额》），表 5－0－15 中数量为定额耗量，并已知石渣运输基本直接费为 21.15 元/m^3，计算坝基石方开挖单价并完成表 5－0－15。

表 5－0－15　坝基石方开挖单价计算表

施工方法：潜孔钻钻爆，开挖深度 7.5m，Ⅸ～Ⅹ级岩石工程

定额编号：[20154] ＋ [20492] ×1.03　　定额单位：100m^3

编号	名 称	单位	数 量	单价/元	合计/元
一	直接费	元			
(一)	基本直接费	元			
1	人工费	元			
	工长	工时	2.80		
	中级工	工时	30.30		
	初级工	工时	96.20		

续表

编号	名　称	单位	数　量	单价/元	合计/元
2	材料费	元			
	导火线	m	142.00		
	合金钻头	个	1.75		
	炸药	kg	54.00		
	火雷管	个	94.00		
	电雷管	个	17.00		
	导电线	m	80.00		
	潜孔钻钻头 100 型	个	0.14		
	DH6 冲击器	套	0.01		
	其他材料费	%	15.00		
3	机械使用费	元			
	风钻 手持式	台时	8.32		
	潜孔钻 100 型	台时	1.67		
	其他机械费	%	10.00		
4	石渣运输	m^3	103.00		
(二)	其他直接费	%			
二	间接费	%			
三	利润	%			
四	材料补差	元			
	炸药	kg	54.00		
	柴油	kg	188.55		
五	税金	%			
	合计	元			
	单价	元			

(2) 编制 C30W6F100 混凝土浇筑单价。

已知大坝所需混凝土采用搅拌楼拌制，搅拌楼容量 $4\times3.0m^3$，混凝土采用 20t 自卸汽车运 4.0km 入仓，混凝土浇筑选用定额编号为［40056］（《水利建筑工程概算定额》），表 5-0-16 中数量为定额耗量，并已知混凝土拌制基本直接费为 31.08 元/m^3，混凝土运输基本直接费为 16.14 元/m^3，计算溢流面抗冲耐磨混凝土 C30W6F100 混凝土浇筑单价并完成表 5-0-16。

表 5-0-16　混凝土浇筑单价计算表

名　称：抗冲耐磨混凝土 C30W6F100，二级配　中热工程

定额编号：［40056］＋［40177］×1.03＋（［40206］＋［40207］×2）×1.03　定额单位：$100m^3$

编号	名　称	单位	数　量	单价/元	合计/元
一	直接费	元			
(一)	基本直接费	元			
1	人工费	元			

续表

编号	名　称	单位	数　量	单价/元	合计/元
	工长	工时	11.70		
	高级工	工时	19.40		
	中级工	工时	205.90		
	初级工	工时	151.50		
2	材料费	元			
	水	m^3	122.00		
	抗冲耐磨混凝土 C30W6F100，二级配 中热	m^3	103.00		
	其他材料费	%	1.00		
3	机械使用费	元			
	振动器插入式 1.1kW	台时	24.68		
	风（砂）水枪 $6m^3/min$	台时	14.28		
	其他机械费	%	8.00		
4	混凝土拌制	m^3	103.00		
5	混凝土运输	m^3	103.00		
（二）	其他直接费	%	7.00		
二	间接费	%			
三	利润	%			
四	材料补差	元			
	抗冲耐磨混凝土 C30W6F100，二级配 中热	m^3	103.00		
	柴油	kg	168.70		
五	税金	%			
	合计	元			
	单价	元			

（3）次要材料预算价格（表 5-0-17）。

表 5-0-17　　材料预算价格（不含增值税进项税额）

序号	项目名称	单位	预算价格/元
1	导火线	m	1.80
2	合金钻头	个	70.00
3	炸药	kg	5.15
4	火雷管	个	3.08
5	电雷管	个	3.60
6	导电线	m	0.80
7	潜孔钻钻头 100 型	个	350.00
8	DH6 冲击器	套	2500.00

(4) 施工机械台时费表（表 5-0-18）。

表 5-0-18　　施工机械台时费

序号	施工机械	单位	台时费/元
1	振动器插入式 1.1kW	台时	2.06
2	风（砂）水枪 $6m^3/min$	台时	34.01
3	风钻 手持式	台时	29.45
4	潜孔钻 100 型	台时	134.01

步骤 6： 编制安装工程单价

(1) 编制水轮机安装工程单价。

已知轴流式水轮机设备自重 2000t/台，水轮机设备价格为 65000 元/t，运杂综合费率为 6.28%，大件运输增加费按设备原价的 1% 计，水轮机安装选用定额编号为[01058]（《水利水电设备安装工程概算定额》），表 5-0-19 中数量为定额耗量，计算水轮机的安装单价并完成表 5-0-19。

表 5-0-19　　水轮机安装工程单价表

名　称：水轮机安装工程

定额编号：[01058]

型号规格或自重：　　　　定额单位：台

编号	名　称	单位	数　量	单价/元	合计/元
一	直接费	元			
(一)	基本直接费	元			
1	人工费	元			
	工长	工时	8672.00		
	高级工	工时	41627.00		
	中级工	工时	98864.00		
	初级工	工时	24283.00		
2	材料费	元			
	型钢	kg	31299.00		
	电焊条	kg	4359.00		
	钢管	kg	3070.00		
	铜材	kg	602.00		
	木材	m^3	23.50		
	汽油 70 号	kg	4470.00		
	透平油	kg	1326.00		
	乙炔气	m^3	3217.00		
	氧气	m^3	7440.00		
	油漆	kg	2515.00		

续表

编号	名　　称	单位	数　量	单价/元	合计/元
	钢板（综合）	kg	10755.00		
	电	kW·h	61200.00		
	其他材料费	%	16.00		
3	机械使用费	元			
	桥式起重机 双梁 10t	台时	1771.00		
	电焊机 交流 25kVA	台时	3774.00		
	普通车床 φ400～600mm	台时	798.00		
	摇臂钻床 φ35～50mm	台时	411.00		
	牛头刨床 B=650mm	台时	798.00		
	压力滤油机 150 型	台时	475.00		
	其他机械费	%	15.00		
（二）	其他直接费	%			
二	间接费	%			
三	利润	%			
四	材料补差	元			
五	税金	%			
	合计	元			

（2）次要材料预算价格表（表 5-0-20）。

表 5-0-20　　材料预算价格（不含增值税进项税额）

序号	项目名称	单位	预算价格/元
1	型钢	kg	3.99
2	电焊条	kg	6.84
3	钢管	kg	4.71
4	铜材	kg	80.00
5	木材	m^3	1867.77
6	汽油 70 号	kg	7.20
7	透平油	kg	16.00
8	乙炔气	m^3	7.00
9	氧气	m^3	3.50
10	油漆	kg	15.00
11	钢板（综合）	kg	3.99
12	电	kW·h	0.83

（3）施工机械台时费表（表 5-0-21）。

表 5-0-21　　施工机械台时费

序号	施工机械	单位	台时费/元
1	桥式起重机 双梁 10t	台时	34.25
2	电焊机 交流 25kVA	台时	13.42
3	普通车床 φ400～600mm	台时	28.36
4	摇臂钻床 φ35～50mm	台时	22.17
5	牛头刨床　B=650mm	台时	17.66
6	压力滤油机　150 型	台时	12.36

步骤 7：编制建筑工程概算表

根据步骤 4、步骤 5 计算的建筑工程单价，补充完善表 5-0-22 建筑工程概算表。

表 5-0-22　　建筑工程概算表

序号		单位	数量	单价/元	合计/万元	备注
	第一部分：建筑工程					
一	主体建筑工程					
（一）	挡水工程					
1	主坝					
1.1	土方开挖	m^3	37550.00	25.27		
1.2	石方开挖	m^3	147662.00			
1.3	坝体外部表面抗冲耐磨混凝土 C30W6F100，二级配 中热	m^3	8761.00			
1.4	坝体内部混凝土 C20W6F50 三级配 中热	m^3	20008.00	515.56		
1.5	坝体基础混凝土 C25W6F100 二级配 普硅	m^3	17506.00	580.01		
1.6	预埋灌浆钢管（内径 110mm，壁厚 6.0mm）	m	701.00	120.00		
1.7	帷幕灌浆孔	m	6223.00	218.70		
1.8	帷幕灌浆	m	6223.00	489.71		
1.9	固结灌浆孔	m	3383.00	155.83		
1.10	固结灌浆	m	3383.00	204.12		
1.11	坝基排水孔（孔径 110mm，深度 15m）	m	1772.00	181.42		
1.12	钢筋	t	442.00	7749.64		
1.13	钢筋网	t	15.00	6042.90		
1.14	锚杆（L=4m φ28）	根	1598.00	176.01		
1.15	回填石渣	m^3	16447.00	31.53		
1.16	模板	m^2	8449.00	65.50		

续表

序号		单位	数量	单价/元	合计/万元	备注
1.17	温控措施	m^3	52807.00	30.00		
1.18	细部结构工程	m^3	52807.00	22.14		
	……					
2	副坝工程				15000.00	
（二）	泄水工程				185000.00	
（三）	发电厂工程				270000.00	
（四）	开关站工程				3000.00	
（五）	航运工程				250000.00	
（六）	灌溉工程				2500.00	
（七）	鱼道工程				20000.00	
（八）	其他				1500.00	
二	交通工程				30000.00	
三	房屋建筑工程				12000.00	
四	供电线路				1500.00	
五	其他建筑工程				18000.00	

步骤 8： 编制机电设备及安装工程概算表（表 5-0-23）

表 5-0-23　　机电设备及安装工程概算表

序号	名称及规格	单位	数量	单价/元		合计/万元	
				设备费	安装费	设备费	安装费
	第二部分：机电设备及安装工程						
一	发电设备及安装工程						
（一）	水轮机设备及安装						
	水轮机 轴流式水轮机 设备自重 2000t/台	台	10				
	调速器	台	10	1800000.00	122104.11	1800.00	122.10
	油压装置	台	10	1800000.00	104108.00	1800.00	104.11
	自动化元件及表计	套	10	3500000.00		3500.00	
	事故压力油罐	只	6	300000.00		180.00	
	设备费小计					137280.00	
	运杂综合费率	万元	137280.00	6.28%		8621.18	
	大件运输增加费	万元	137280.00	1.00%		1372.80	
（二）	发电机设备及安装					85000.00	3570.00
（三）	起重设备及安装					4000.00	440.00
（四）	水力机械辅助设备及安装					6000.00	3600.00

续表

序号	名称及规格	单位	数量	单价/元		合计/万元	
				设备费	安装费	设备费	安装费
(五)	电气设备及安装					15000.00	6750.00
二	升压变电设备及安装工程					20000.00	3000.00
三	公用设备及安装工程					24000.00	9120.00
四	航运设备及安装					3500.00	1050.00

步骤9：编制金属结构设备及安装工程概算表（表5-0-24）

表5-0-24　　金属结构设备及安装工程概算表

序号	名称及规格	单位	数量	单价/元		合计/万元	
				设备费	安装费	设备费	安装费
	第三部分：金属结构设备及安装工程						
一	挡水坝工程						
1	闸门设备及安装工程						
	平面检修闸门 20t/扇	t	20.00		2029.90		
	闸门配重 30t/扇	t	30.00		430.88		
	闸门埋件 20t/扇	t	20.00		3864.55		
	弧形工作闸门 40t/扇	t	80.00		2834.80		
	闸门埋件 15t/扇	t	30.00		3864.55		
	小计						
	运杂综合费率	万元		8.15%			
2	启闭设备及安装工程					150.00	21.00
二	泄水工程					65000.00	13975.00
三	发电厂工程					30000.00	5550.00
四	航运工程					20000.00	4500.00
五	灌溉工程					300.00	45.00
六	鱼道工程					500.00	110.00

步骤10：编制临时工程概算表

计算施工房屋建筑工程中办公、生活及文化福利建筑费、其他施工临时工程费，补充完善临时工程概算表（表5-0-25）。

表5-0-25　　临时工程概算表

序号	工程或费用名称	单位	数量	单价/元	合计/万元	备注
	第四部分：临时工程					
一	导流工程				104000.00	
二	交通工程				12000.00	

续表

序号	工程或费用名称	单位	数量	单价/元	合计/万元	备注
三	施工供电工程				2000.00	
四	施工房屋建筑工程					
	仓库	m^2	50000.00	600.00	3000.00	
	棚库	m^2	20000.00	250.00	500.00	
	办公、生活及文化福利建筑	项				
五	其他施工临时工程					
	其他施工临时工程	万元				

步骤 11： 编制独立费用

计算建设管理费、工程建设监理费，并补充完善独立费用表（表 5-0-28）。

（1）建设管理费。

枢纽工程建设管理费以一至四部分建安工作量为计算基数，按表 5-0-26 所列费率，以超额累进方法计算。

表 5-0-26　枢纽工程建设管理费费率表

一至四部分建安工作量/万元	费率/%	辅助参数/万元
50000 及以内	4.5	0
50000～100000	3.5	500
100000～200000	2.5	1500
200000～500000	1.8	2900
500000 以上	0.6	8900

（2）工程建设监理费。

按《建设工程监理与相关服务收费管理规定》（发改价格〔2007〕670 号），查表 5-0-27已知专业调整系数 1.2，工程复杂程度调整系数 1.15，高程调整系数 1.0，浮动幅度值 0，计算工程建设监理费。

表 5-0-27　施工监理服务费收费基价表

序号	计费额/万元	收费基价	序号	计费额/万元	收费基价
1	500	16.50	9	60000	991.40
2	1000	30.10	10	80000	1255.80
3	3000	78.10	11	100000	1507.00
4	5000	120.80	12	200000	2712.50
5	8000	181.00	13	400000	4882.60
6	10000	218.60	14	600000	6835.60
7	20000	393.40	15	800000	8658.40
8	40000	708.20	16	1000000	10390.10

表 5-0-28　　独 立 费 用 表

序号	工程或费用名称	单位	数量	单价/元	合计/万元
	第五部分：独立费用				
一	建设管理费	项			
二	工程建设监理费	项			
三	联合试运转费	项			220.00
四	生产准备费	项			8810.86
1	生产及管理单位提前进场费	项			1639.63
2	生产职工培训费	项			5465.44
3	管理用具购置费	项			437.24
4	备品备件购置费	项			847.60
5	工器具及生产家具购置费	项			420.95
五	科研勘测设计费	项			251331.06
1	工程科学研究实验费	项			130665.53
(1)	工程科学研究试验费	项			7651.61
(2)	重大、特殊专项科学研究试验费	项			10000.00
2	工程勘测设计费（按合同金额计列）	项			120665.53
六	其他	项			6813.16
1	工程保险费	项			6813.16

步骤 12：工程部分投资资金流量表及资金流量汇总表

计算工程的资金流量，完成工程部分投资资金流量表及资金流量汇总表（表 5-0-29 和表 5-0-30）。

表 5-0-29　　工程部分投资资金流量表

编号	工程或费用名称	合计	建设工期/年				
			1	2	3	4	5
Ⅰ	工程部分						
一	建筑及安装工程						
1.1	分年度完成工作量						
1.2	预付款						
1.3	扣回预付款						
1.4	保留金						
1.5	偿还保留金						
二	设备购置费						
三	独立费						
	基本预备费						
	静态投资						

表 5-0-30　资金流量汇总表

编号	工程或费用名称	合计	建设工期/年				
			1	2	3	4	5
Ⅰ	工程部分						
	静态投资						
Ⅱ	建设征地移民补偿						
	静态投资						
Ⅲ	环境保护工程						
	静态投资						
Ⅳ	水土保持工程						
	静态投资						
Ⅴ	工程投资总计						
	静态投资						
	建设期融资利息						
	总投资						

步骤 13：编制工程部分总概算表

补充完善工程部分总概算表（表 5-0-31）。

表 5-0-31　工程部分总概算表

序号	工程或费用名称	建安工程费	设备购置费	独立费用	合计/万元	占一至五部分投资/%
Ⅰ	工程部分投资					
	第一部分：建筑工程					
一	主体建筑工程					
(一)	挡水工程					
1	主坝					
2	副坝工程					
(二)	泄洪工程					
(三)	发电厂工程					
(四)	开关站工程					
(五)	航运工程					
(六)	灌溉工程					
(七)	鱼道工程					
(八)	其他					
二	交通工程					
三	房屋建筑工程					
四	供电线路					

续表

序号	工程或费用名称	建安工程费	设备购置费	独立费用	合计/万元	占一至五部分投资/%
五	其他建筑工程					
	第二部分：机电设备及安装工程					
一	发电设备及安装工程					
(一)	水轮机设备及安装					
(二)	发电机设备及安装					
(三)	起重设备及安装					
(四)	水力机械辅助设备及安装					
(五)	电气设备及安装					
二	升压变电设备及安装工程					
三	公用设备及安装工程					
四	航运设备及安装					
	第三部分：金属结构设备及安装工程					
一	挡水工程					
二	泄水工程					
三	发电厂工程					
四	航运工程					
五	灌溉工程					
六	鱼道工程					
	第四部分：临时工程					
一	导流工程					
二	交通工程					
三	施工供电工程					
四	施工房屋建筑工程					
五	其他施工临时工程					
	第五部分：独立费用					
一	建设管理费					
二	工程建设监理费					
三	联合试运转费					
四	生产准备费					
五	科研勘测设计费					
六	其他					
	一至五部分合计					
	基本预备费（一至五部分合计×8%）					
	静态总投资					

步骤 14：编制工程概算总表

补充完成工程概算总表（表 5-0-32）。

表 5-0-32　　**工程概算总表**

序号	工程或费用名称	建安工程费	设备购置费	独立费用	合计/万元
Ⅰ	工程部分投资				
	第一部分：建筑工程				
	第二部分：机电设备及安装工程				
	第三部分：金属结构设备及安装工程				
	第四部分：施工临时工程				
	第五部分：独立费用				
	一至五部分合计				
	基本预备费				
	静态投资				
Ⅱ	建设征地移民补偿				1122450.00
一	农村移民迁建补偿费				500000.00
二	工业企业补偿费				15000.00
三	专项设施复建补偿费				200000.00
四	防护工程费				250000.00
五	库底清理费				4000.00
六	其他费用				100000.00
七	基本预备费				53450.00
Ⅲ	环境保护工程				48000.00
	静态投资				48000.00
Ⅳ	水土保持工程				35000.00
	静态投资				35000.00
Ⅴ	工程投资总计				
	静态投资				
	建设期融资利息				

三、分析要点

本案例全面考察水利水电工程概算编制。

知识点 1：计算主要材料预算价格

主要材料预算价格一般包括材料原价、运杂费、运输保险费和采购及保管费等组成。

主要材料预算单价＝(材料原价＋运杂费)×(1＋采购及保管费率)＋运输保险费

其中　　运输保险费＝材料原价×运输保险率

知识点 2：计算施工用电、风、水预算价格

(1) 施工用电预算价格计算。

施工用电价格由基本电价、电能损耗摊销费和供电设施维修摊销费组成，根据施工组

织设计确定的供电方式以及不同电源电量所占比例，按国家或工程所在省（自治区、直辖市）规定的电网电价和规定的加价进行计算。

本项目采用95%电网供电与5%自发电，计算公式如下：

电网供电价格＝基本电价÷(1－高压输电线路损耗率)÷(1－35kV以下变配电设备及配电线路损耗率)＋供电设施维修摊销费

（2）施工用水预算价格计算。

施工用水价格由基本水价、供水损耗和供水设施维修摊销费组成，根据施工组织设计所配置的供水系统设备组（台）时总费用和组（台）时总有效供水量计算。水价计算公式为

$$施工用水价格=\frac{水泵组(台)时总费用}{水泵额定容量之和\times K}\div(1-供水损耗率)+供水设备维修摊销费$$

式中　K——能量利用系数。

（3）施工用风预算价格计算。

施工用风价格由基本风价、供风损耗和供风设施维修摊销费组成，根据施工组织设计所配置的空气压缩机系统设备组（台）时总费用和组（台）时总有效供风量计算。

风价计算公式为

$$施工用风价格=\frac{空压机组(台)时总费用+水泵台(组)时总费用}{空压机额定容量之和(m^3/min)\times 60(min)\times 能量利用系数}\div(1-供风损耗率)+供风设施维修摊销费$$

空气压缩机系统如采用循环冷却水，不用水泵，则风价计算公式为：

$$施工用风价格=\frac{空压机组(台)时总费用}{空压机额定容量之和(m^3/min)\times 60(min)\times 能量利用系数}\div(1-供风损耗率)+供风设施维修摊销费+单位循环冷却水费$$

式中　K——能量利用系数。

知识点3：混凝土材料单价

自采砂石料单价根据料源情况、开采条件和工艺流程按相应定额和不含增值税进项税额的基础价格进行计算，并计取间接费、利润及税金。

自采砂石料按不含税金的单价参与工程费用计算。

外购砂石料价格不包含增值税进项税额，基价70元/m³不变。

混凝土材料单价按混凝土配合比中各项材料的数量和不含增值税进项税额的材料价格进行计算。

商品混凝土单价采用不含增值税进项税额的价格，基价200元/m³不变。

知识点4：编制建筑工程单价

（1）直接费。

$$基本直接费=人工费+材料费+机械使用费$$

其中

$$人工费=定额劳动量(工时)\times 人工预算单价(元/工时)$$

$$材料费=定额材料用量\times 材料预算价格$$

机械使用费＝定额机械使用量(台时)×施工机械台时费(元/台时)

(2) 其他直接费。

其他直接费＝基本直接费×其他直接费费率之和

(3) 间接费。

间接费＝直接费×间接费费率

(4) 利润。

利润＝(直接费＋间接费)×利润率

(5) 材料补差。

材料补差＝(材料预算价格－材料基价)×材料消耗量

(6) 税金。

税金＝(直接费＋间接费＋利润＋材料补差)×税率

(7) 建筑工程单价。

建筑工程单价＝直接费＋间接费＋利润＋材料补差＋税金

知识点5：编制安装工程单价

(1) 直接费。

基本直接费＝人工费＋材料费＋机械使用费

其中

人工费＝定额劳动量(工时)×人工预算单价(元/工时)

材料费＝定额材料用量×材料预算价格

机械使用费＝定额机械使用量(台时)×施工机械台时费(元/台时)

(2) 其他直接费。

其他直接费＝基本直接费×其他直接费费率之和

(3) 间接费。

间接费＝人工费×间接费费率

(4) 利润。

利润＝(直接费＋间接费)×利润率

(5) 材料补差。

材料补差＝(材料预算价格－材料基价)×材料消耗量

(6) 未计价装置性材料。

未计价装置性材料＝未计价装置性材料用量×材料预算单价

(7) 税金。

税金＝(直接费＋间接费＋利润＋材料补差＋未计价装置性材料)×税率

(8) 安装工程单价。

安装工程单价＝直接费＋间接费＋利润＋材料补差＋未计价装置性材料＋税金

知识点6：考察建筑工程概算

知识点7：考察机电设备及安装工程概算

知识点8：考察金属结构及安装工程各部分概算构成

知识点 9：考察临时工程

考察施工房屋建筑工程中办公、生活及文化福利建筑费、其他施工临时工程费的计算。

知识点 10：考察独立费

考察独立费中建设单位管理费、工程建设监理费的计算。

知识点 11：考察分年度投资

(1) 建筑工程分年度投资应根据施工进度的安排，对主要工程按各单项工程分年度完成的工程量和相应的工程单价计算。对于次要的和其他工程，可根据施工进度，按各年所占完成投资的比例，摊入分年度投资表。建筑工程分年度投资的编制可视不同情况按项目划分至一级项目或二级项目，分别反映各自的建筑工程量。

(2) 设备及安装工程分年度投资应根据施工组织设计确定的设备安装进度计算各年预计完成的设备费和安装费。

(3) 费用根据其性质和发生的时段，按相应年度分别进行计算。

知识点 12：考察资金流量

资金流量是为满足工程项目在建设过程中各时段的资金需求，按工程建设所需资金投入时间计算的各年度使用资金量。资金量表的编制以分年度投资表为依据，按建筑及安装工程、永久设备购置费和独立费用三种类型分别计算。本资金流量计算办法主要用于初步设计概算。

知识点 13：考察建设期融资利息

建设期融资利息计算公式为

$$S=\sum_{n=1}^{N}[(\sum_{m=1}^{n}F_m b_m-\frac{1}{2}F_n b_n)+\sum_{m=0}^{n-1}S_m]i$$

式中　S——建设期融资利息；

N——合理建设工期；

n——施工年度；

m——还息年度；

F_n、F_m——在建设期资金流量表内第 n、m 年的投资；

b_n、b_m——各施工年份融资额占当年投资的比例；

i——建设期融资利率；

S_m——第 m 年的付息额度。

知识点 14：考察工程部分总概算表

知识点 15：考察工程概算总表

四、答案

步骤 1：计算钢筋、水泥预算单价（表 5-0-33）

根据市场询价，已知钢筋运杂费 104.32 元/t、普硅水泥 42.5（袋装）运杂费 42.075 元/t、普硅水泥（散装）运杂费 40.95 元/t，计算钢筋（综合）、普硅水泥 42.5（综合）预算价，并补充完善主要材料单价预算表 5-0-33。

1. 钢筋预算单价

普通钢筋 φ16～20mm 预算单价＝(3600＋104.32)×(1＋2.2%)＋3600×0.04%＝

3787.26(元/t)。

低合金钢筋 φ21～28mm 预算单价＝(3500＋104.32)×(1＋2.2%)＋3500×0.04%＝3685.02(元/t)。

已知普通钢筋 φ16～20mm 和低合金钢筋 φ21～28mm 在工程中的用量比例分别为50%，则

钢筋(综合)预算价＝(3787.26＋3685.02)÷2＝3736.14(元/t)

2. 水泥 42.5 预算单价

普硅水泥 42.5(袋装)预算单价＝(440＋42.075)×(1＋3.3%)＋440×0.6%＝500.62(元/t)

普硅水泥 42.5(散装)预算单价＝(415＋40.95)×(1＋3.3%)＋415×0.6%＝473.49(元/t)

已知普硅水泥中，袋装、散装用量比例分别为50%，则

水泥 42.5(综合)预算单价＝(500.62＋473.49)÷2＝487.06(元/t)

表 5-0-33　　主要材料预算单价（不含税）

编号	材料名称及规格	单　位	单价/元
1	钢筋（综合）	t	3736.14
	普通钢筋 φ16～20mm（50%）	t	3787.26
	低合金钢筋 φ21～28mm（50%）	t	3685.02
2	水泥		
2.1	普硅水泥 42.5（综合）	t	487.06
	普硅水泥 42.5（袋装）（50%）	t	500.62
	普硅水泥 42.5（散装）（50%）	t	473.49
2.2	中热硅酸盐水泥 42.5（综合）	t	576.95
	中热硅酸盐水泥 42.5（袋装）（50%）	t	582.85
	中热硅酸盐水泥 42.5（散装）（50%）	t	571.05
3	粉煤灰	t	267.21
4	型钢		
	圆钢 φ＝12mm	t	3991.74
	扁钢(3～5)×(25～45)mm	t	3991.74
	工字钢 12～16 号	t	4093.98
	槽钢 12～16 号	t	3991.74
	角钢 4～5.6 号	t	3950.84
5	钢板 δ＝1.6～1.9mm	t	3991.74
6	中厚钢板	t	3991.74

续表

编号	材料名称及规格	单　位	单价/元
7	钢管		0.00
	镀锌炉焊钢管	t	5934.30
	一般炉焊钢管	t	4707.42
	无缝钢管	t	5423.10
8	钢轨		0.00
	重轨	t	5218.62
	轻轨	t	4911.90
9	原木	m^3	1025.06
10	板枋材	m^3	1867.77
11	汽油 70 号	t	8300.00
12	柴油 0 号	t	7200.00
13	岩石乳化炸药（一级）	t	15412.50
14	硅粉	kg	2.0
15	减水剂	kg	6.50
16	引气剂	kg	13.0

步骤 2：计算电、风、水预算单价

1. 施工用电预算单价

根据表 5-0-4，按工商业及其他用电类别中单一制电价，35kV 电网销售电价为 0.67 元/(kW·h)，则

电网供电电价＝0.67÷(1－0.07)÷(1－0.05)＋0.05＝0.81[元/(kW·h)]

400kW 固定式柴油发电机台时费：

一类费用＝23.24÷1.13＋21.27÷1.09＋4.48＝44.56(元/台时)

二类费用＝8.90×5.6＋2.99×66.8＝249.57(元/台时)

400kW 固定式柴油发电机台时费＝44.56＋249.57＝294.13(元/台时)

250kW 固定式柴油发电机台时费：

一类费用＝12.85÷1.13＋11.75÷1.09＋2.35＝24.5(元/台时)

二类费用＝8.90×3.9＋2.99×46.8＝176.64(元/台时)

250kW 固定式柴油发电机台时费＝24.5＋176.64＝210.14(元/台时)

$$柴油发电机供电价格=\frac{柴油发电机组(台)时总费用}{柴油发电机额定容量之和\times发电机出力系数\times(1-厂用电率)}\div(1-变配电设备及配电线路损耗率)+供电设施维修摊销费+单位循环冷却水费$$

自发电供电价格＝(294.13＋210.14)÷(400＋250)÷0.85÷(1－4%)

$\div(1-6\%)+0.05+0.07$

$=1.13$[元/(kW·h)]

综合单价$=0.81\times95\%+1.13\times5\%=0.83$[元/(kW·h)]

2. 施工用水预算单价

根据背景资料，本工程施工供水系统设计总规模4140m^3/h，由4台410kW额定容量为690m^3/h的离心水泵供水。由表5-0-5得

单台台时$=6.92/1.13+13.48/1.09+4.94+1.3\times8.90+410.2\times0.83=375.47$(元/台时)

此外，水泵能量利用系数0.8，供水损耗率8%，供水设施摊销费0.005元/m^3，则

施工用水预算单价$=(4\times375.47)\div[(4\times690)\times0.8]\div(1-8\%)+0.005=0.74$(元/$m^3$)

3. 施工用风预算单价

根据背景资料，本工程施工供风系统设计总规模1180m^3/min，由4座固定式空压站（50台20.0m^3/min电动固定式空压机，单台台时费为115.03元）和3座移动式空压站（20台9.0m^3/min电动移动式空压机，单台台时费为59.88元）组成。空压机能量利用系数0.8，供风损耗率10%，供风设施摊销费0.005元/m^3，循环冷却水费0.007元/m^3。

施工用风预算单价$=(50\times115.03+20\times59.88)\div[(50\times20+20\times9)\times60\times0.8]$

$\div(1-10\%)+0.005+0.007=0.15$(元/$m^3$)

步骤3：计算碎石、砂预算单价

本工程为大（1）型水利枢纽工程，位于一般地区。人工预算单价为初级工6.13元/工时，中级工8.90元/工时，高级工10.67元/工时，工长11.55元/工时。

本工程为砂石备料工程（自采），其他直接费费率6.5%，间接费费率5%，利润7%，税金税率3%。

1. 根据《水利建筑工程概算定额》[60224]编制覆盖层清除单价（表5-0-34）

（1）基本直接费。

1）人工费=定额劳动量(工时)×人工预算单价(元/工时)

初级工：$2.4\times6.13=14.71$(元)

人工费=14.71元

2）材料费=定额材料用量×材料预算价

材料费：0元

其他材料费：$0\times1\%=0$(元)

材料费小计：0元

3）机械使用费=定额机械使用量(台时)×施工机械台时费(元/台时)

施工机械台时费=一类费用+二类费用

一类费用=折旧费/1.13+修理及替换设备费/1.09+安装拆卸费

二类费用=Σ(人工及动力、燃料定额消耗量×相应单价)

3m^3单斗挖掘机施工机械台时费：

$174.56\div1.13+83.44\div1.09+2.7\times8.90+34.6\times2.99=358.51$(元/台时)

3m^3单斗挖掘机机械使用费：$0.35\times358.51=125.48$(元)

推土机 88kW 施工机械台时费：

26.72÷1.13+29.07÷1.09+1.06+2.4×8.90+12.6×2.99=110.41(元/台时)

推土机 88kW 机械使用费：0.18×110.41=19.87(元)

自卸汽车 15t 施工机械台时费：

42.67÷1.13+29.87÷1.09+1.3×8.90+13.1×2.99=115.90(元/台时)

自卸汽车 15t 机械使用费：3.30×115.90=382.47(元)

机械使用费小计：125.48+19.87+382.47=527.82(元)

基本直接费小计：

人工费+材料费+机械使用费=14.71+0+527.82=542.53(元)

(2) 其他直接费。

其他直接费=基本直接费×其他直接费费率

其他直接费=542.53×6.5%=35.26(元)

(3) 直接费。

直接费=基本直接费+其他直接费

直接费=542.53+35.26=577.79(元)

(4) 材料补差。

材料补差=(材料预算价格-材料基价)×材料消耗量

柴油补差=(7.2-2.99)×(34.6+12.6+13.1)=253.86(元)

(5) 建筑工程单价。

建筑工程单价=直接费+材料补差

建筑工程单价=(577.79+253.86)÷100=8.32(元)

表 5-0-34 覆盖层清除

名称：$3m^3$ 挖掘机装石渣汽车运输，Ⅲ类土，15t 自卸汽车运 1km

定额编号：60224 定额单位：$100m^3$

编号	名称	单位	数量	单价/元	合计/元
一	直接费	元			577.79
(一)	基本直接费	元			542.53
1	人工费	元			14.71
	工长	工时	0	11.55	0
	中级工	工时	0	8.90	0
	初级工	工时	2.4	6.13	14.71
2	材料费	元			0.00
	零星材料费	%	1	0.00	0.00
3	机械使用费	元			527.82
	单斗挖掘机 $3m^3$	台时	0.35	358.51	125.48
	推土机 88kW	台时	0.18	110.41	19.87
	自卸汽车 15t	台时	3.30	115.90	382.47

续表

编号	名　称	单位	数　量	单价/元	合计/元
(二)	其他直接费	%	6.5	542.53	35.26
二	材料补差	元			253.86
	柴油	kg	60.3	4.21	253.86
	合计	元			831.65
	单价	元			8.32

2. 根据《水利建筑工程概算定额》[60100] 编制原料开采单价（表5-0-35）

(1) 基本直接费。

1) 人工费＝定额劳动量(工时)×人工预算单价(元/工时)

工长：0.9×11.55＝10.40(元)

中级工：6.9×8.90＝61.41(元)

初级工：21.6×6.13＝132.41(元)

人工费小计：10.40＋61.41＋132.41＝204.22(元)

2) 材料费＝定额材料用量×材料预算价

合金钻头：0.18×70＝12.60(元)

钻头150型：0.08×350＝28.00(元)

DH6冲击器：0.01×2500＝25.00(元)

炸药：45×5.15＝231.75(元)

火雷管：12×3.08＝36.96(元)

电雷管：5×3.60＝18.00(元)

导火线：26×1.80＝46.80(元)

导电线：44×0.80＝35.20(元)

其他材料费：(12.60＋28.00＋25.00＋231.75＋36.96＋18.00＋46.80＋35.20)×15%＝65.15(元)

材料费小计：12.60＋28.00＋25.00＋231.75＋36.96＋18.00＋46.80＋35.2＋65.15＝499.46(元)

3) 机械使用费＝定额机械使用量(台时)×施工机械台时费(元/台时)

施工机械台时费＝一类费用＋二类费用

一类费用＝折旧费/1.13＋修理及替换设备费/1.09＋安装拆卸费

二类费用＝Σ(人工及动力、燃料定额消耗量×相应单价)

风钻 手持式施工机械台时费：

0.54÷1.13＋1.89÷1.09＋180.1×0.15＋0.3×0.74＝29.45(元/台时)

风钻手持式机械使用费：2.02×29.45＝59.49(元)

潜孔钻150型施工机械台时费：

31.33÷1.13＋47÷1.09＋1.05＋1.3×8.90＋31.1×0.83＋0.15×720.4＝217.34(元/台时)

潜孔钻150型机械使用费：1.82×217.34＝395.56(元)

其他机械使用费：(59.49＋395.56) ×10％＝45.51(元)

机械使用费小计：59.49＋395.56＋45.51＝500.56(元)

基本直接费小计：

人工费＋材料费＋机械使用费＝204.22＋499.46＋500.56＝1204.24(元)

(2) 其他直接费。

其他直接费＝基本直接费×其他直接费费率之和

其他直接费＝1204.24×6.5％＝78.28(元)

(3) 直接费。

直接费＝基本直接费＋其他直接费

直接费＝1204.24＋78.28＝1282.52(元)

(4) 材料补差。

材料补差＝(材料预算价格－材料基价)×材料消耗量

柴油补差＝(7.2－2.99)×31.1＝130.93(元)

炸药补差＝(15412.5－5150)÷1000×45＝461.70(元)

(5) 建筑工程单价。

建筑工程单价＝直接费＋材料补差

建筑工程单价＝(1282.52＋130.93＋461.70)÷100＝18.75(元)

表5-0-35　　原料开采中间单价（水利定额）

名称：花岗岩Ⅺ级150型潜孔钻孔深孔爆破

定额编号：60100　　定额单位：100m³

编号	名　称	单位	数　量	单价/元	合计/元
一	直接费	元			1282.52
(一)	基本直接费	元			1204.24
1	人工费	元			204.22
	工长	工时	0.9	11.55	10.40
	中级工	工时	6.9	8.90	61.41
	初级工	工时	21.6	6.13	132.41
2	材料费	元			499.46
	合金钻头	个	0.18	70	12.60
	钻头150型	个	0.08	350	28.00
	冲击器	个	0.01	2500	25.00
	炸药	kg	45	5.15	231.75
	火雷管	个	12	3.08	36.96
	电雷管	个	5	3.60	18.00
	导火线	m	26	1.80	46.80
	导电线	m	44	0.80	35.20

续表

编号	名　称	单位	数　量	单价/元	合计/元
	其他材料费	%	15	434.31	65.15
3	机械使用费	元			503.68
	风钻 手持式	台时	2.02	29.45	59.49
	潜孔钻 150 型	台时	1.82	217.34	395.56
	其他机械费	%	10	455.05	45.51
(二)	其他直接费	%	6.5	1204.24	78.28
二	材料补差	元			592.63
	柴油	kg	31.1	4.21	130.93
	炸药	kg	45	10.26	461.70
	合计	元			1875.15
	单价	元			18.75

3. 根据《水利建筑工程概算定额》[60366]+[6037]×5 编制原料运输单价（表 5-0-36）

(1) 基本直接费。

1) 人工费＝定额劳动量（工时）×人工预算单价(元/工时)

初级工：2.7×6.13＝16.55(元)

人工费＝16.55(元)

2) 材料费＝定额材料用量×材料预算价

材料费：0 元

其他材料费：0×1%＝0(元)

材料费小计：0 元

3) 机械台时费＝定额机械使用量(台时)×施工机械台时费(元/台时)

施工机械台时费＝一类费用＋二类费用

一类费用＝折旧费/1.13＋修理及替换设备费/1.09＋安装拆卸费

二类费用＝∑(人工及动力、燃料定额消耗量×相应单价)

$5m^3$ 装载机施工机械台时费：

153.46÷1.13＋83.79÷1.09＋2.4×8.90＋39.4×2.99＝351.85(元/台时)

$5m^3$ 装载机机械使用费：0.5×351.85＝175.93(元)

推土机 132kW 施工机械台时费：

43.54÷1.13＋44.24÷1.09＋1.72＋2.4×8.90＋18.9×2.99＝158.71(元/台时)

推土机 132kW 机械使用费：0.25×158.71＝39.68(元)

自卸汽车 32t 施工机械台时费：

166.74÷1.13＋66.7÷1.09＋1.3×8.90＋25.5×2.99＝296.57(元/台时)

自卸汽车 32t 机械使用费：(3.97＋0.37×5) ×296.57＝1726.04(元)

机械使用费小计：175.93＋39.68＋1726.04＝1941.65(元)

基本直接费小计：

人工费＋材料费＋机械使用费＝16.55＋0＋1941.65＝1958.20(元)

(2) 其他直接费。

其他直接费＝基本直接费×其他直接费费率

其他直接费＝1958.20×6.5％＝127.28(元)

(3) 直接费。

直接费＝基本直接费＋其他直接费

直接费＝1958.20＋127.28＝2085.48(元)

(4) 材料补差。

材料补差＝(材料预算价格－材料基价)×材料消耗量

柴油补差＝(7.2－2.99)×(39.4＋18.9＋25.5)＝352.80

(5) 建筑工程单价

建筑工程单价＝直接费＋材料补差

建筑工程单价＝(2085.48＋352.80)÷100＝24.38(元)

表 5-0-36　　原料运输中间单价（水利定额）

名称：花岗岩Ⅺ级 150 型潜孔钻孔深孔爆破 $5m^3$ 装载机 32t 自卸汽车运 10km

定额编号：[60366] ＋ [6037] ×5　　定额单位：$100m^3$

编号	名　称	单位	数　量	单价/元	合计/元
一	直接费	元			2085.48
(一)	基本直接费	元			1958.20
1	人工费	元			16.55
	工长	工时		11.55	0
	中级工	工时		8.90	0
	初级工	工时	2.7	6.13	16.55
2	材料费	元			0.00
	零星材料费	%	1	0	0.00
3	机械使用费	元			1941.65
	装载机 $5m^3$	台时	0.5	351.85	175.93
	推土机 132kW	台时	0.25	158.71	39.68
	自卸汽车 32t	台时	5.82	296.57	1726.04
(二)	其他直接费	%	6.5	1958.20	127.28
二	材料补差	元			352.80
	柴油	kg	83.8	4.21	352.80
	合计	元			2438.28
	单价	元			24.38

4. 根据《水电建筑工程概算定额》[60260] 编制粗碎石运输单价（表 5-0-37）

(1) 基本直接费。

1) 人工费＝定额劳动量(工时)×人工预算单价(元/工时)

工长：0.48×11.55＝5.54(元)

高级工：0.96×10.67＝10.24(元)

中级工：2.39×8.90＝21.27(元)

初级工：4.78×6.13＝29.30(元)

人工费小计：5.54＋10.24＋21.27＋29.30＝66.35(元)

2) 材料费＝定额材料用量×材料预算单价

水：10×0.74＝7.40(元)

其他材料费：7.40×5%＝0.37(元)

材料费小计：7.4＋0.37＝7.77(元)

3) 机械使用费＝定额机械使用量(台时)×施工机械台时费(元/台时)

施工机械台时费＝一类费用＋二类费用

一类费用＝折旧费/1.13＋修理及替换设备费/1.09＋安装拆卸费

二类费用＝Σ(人工及动力、燃料定额消耗量×相应单价)

一台振动给料机施工机械组时费：

4.02÷1.13＋7.55÷1.09＋0.31＋1.3×8.90＋5.4×0.83＝26.85(元/台时)

两台振动给料机机械使用费：0.33×(26.85＋26.85)＝17.72(元)

一台 900×1200 颚式破碎机施工机械组时费：

76.48÷1.13＋133.79÷1.09＋8.74＋1.3×8.90＋83.2×0.83＝279.79(元/台时)

两台颚式破碎机机械使用费：0.33×(279.79＋279.79)＝184.66(元)

1200×100 胶带输送机施工机械组时费：

16.01÷1.13＋20.78÷1.09＋2.13＋1.3×8.90＋69.1×0.83＝104.28(元/台时)

1200×75 胶带输送机施工机械组时费：

13.94÷1.13＋16.96÷1.09＋1.74＋1.0×8.90＋49×0.83＝79.21(元/台时)

两台胶带输送机机械使用费：0.33× (104.28＋79.21) ＝60.55(元)

其他机械费：(17.72＋184.66＋60.55)×3%＝7.89(元)

机械使用费：17.72＋184.66＋60.55＋7.89＝270.82(元)

基本直接费小计：

人工费＋材料费＋机械使用费＝66.35＋7.77＋270.82＝344.94(元)

(2) 其他直接费。

其他直接费＝基本直接费×其他直接费费率

其他直接费＝344.94×6.5%＝22.42(元)

(3) 直接费。

直接费＝基本直接费＋其他直接费

直接费＝344.94＋22.42＝367.36(元)

(4) 材料补差。

材料补差＝0 元

(5) 建筑工程单价。

粗碎石运输单价＝(直接费＋材料补差)÷100＝(367.36＋0)÷100＝3.67(元/m^3)

表 5-0-37　　粗碎石颚式破碎机运输单价（水电定额）

名称：一般或深孔爆破

定额编号：［60260］　　定额单位：100m³

编号	名　称	单位	数　量	单价/元	合计/元
一	直接费	元			367.36
(一)	基本直接费	元			344.94
1	人工费	元			66.35
	工长	工时	0.48	11.55	5.54
	高级工	工时	0.96	10.67	10.24
	中级工	工时	2.39	8.9	21.27
	初级工	工时	4.78	6.13	29.30
2	材料费	元			7.77
	水	元	10	0.74	7.40
	零星材料费	%	5	7.40	0.37
3	机械使用费	元			270.82
	给料机	组时	0.33	53.70	17.72
	颚式破碎机 900×1200	组时	0.33	559.58	184.66
	胶带输送机	组时	0.33	183.49	60.55
	其他机械费	%	3	262.93	7.89
(二)	其他直接费	%	6.5	344.94	22.42
二	材料补差	元			0.00
	合计	元			367.36
	单价	元			3.67

5. 根据《水电建筑工程概算定额》［60286］编制预筛分、中碎运输单价（表 5-0-38）

(1) 基本直接费。

1) 人工费＝定额劳动量(工时)×人工预算单价(元/工时)

工长：1.23×11.55＝14.21(元)

高级工：3.7×10.67＝39.48(元)

中级工：2.46×8.90＝21.89(元)

初级工：4.93×6.13＝30.22(元)

人工费小计：14.21＋39.48＋21.89＋30.22＝105.80(元)

2) 材料费＝定额材料用量×材料预算单价

水：60×0.74＝44.40(元)

其他材料费：44.40×10%＝4.44(元)

材料费小计：44.40＋4.44＝48.84(元)

3) 机械使用费＝定额机械使用量(台时)×施工机械台时费(元/台时)

施工机械台时费＝一类费用＋二类费用

一类费用＝折旧费/1.13＋修理及替换设备费/1.09＋安装拆卸费

二类费用＝Σ(人工及动力、燃料定额消耗量×相应单价)

一台 1250×3200 振动给料机施工机械台时费：

10.52÷1.13＋15.98÷1.09＋0.56＋1.3×8.90＋10.8×0.83＝45.06(元/台时)

两台 1250×3200 振动给料机机械使用费：0.68×45.06×2＝61.28(元)

一台 900×2100 振动给料机施工机械台时费：

4.66÷1.13＋7.09÷1.09＋0.25＋1.3×8.90＋5.4×0.83＝26.92(元/台时)

两台 900×2100 振动给料机机械使用费：0.68×26.92×2＝36.61(元)

振动给料机机械使用费：61.28＋36.61＝97.89(元)

一台 1500×3600 圆振动筛施工机械台时费：

8.04÷1.13＋13.42÷1.09＋0.19＋1.3×8.90＋8.7×0.83＝38.41(元/台时)

两台圆振动筛机械使用费：0.68×38.41×2＝52.24(元)

φ1500 螺旋分级机施工机械台时费：

13.66÷1.13＋14.92÷1.09＋1.15＋1.3×8.90＋7×0.83＝44.31(元/台时)

螺旋分级机机械使用费：0.68×44.31＝30.13(元)

一台 φ1200 圆锥破碎机施工机械台时费：

38.38÷1.13＋36.46÷1.09＋4.22＋1.3×8.9＋79.5×0.83＝149.19(元/台时)

两台圆锥破碎机机械使用费：0.68×149.19×2＝202.90(元)

两台 1200×100 胶带输送机施工机械台时费：

(16.01÷1.13＋20.78÷1.09＋2.13＋1.3×8.9＋69.1×0.83)×2＝208.57(元/台时)

两台 1200×150 胶带输送机施工机械台时费：

(26.62÷1.13＋34.57÷1.09＋3.55＋1.3×8.9＋72.4×0.83)×2＝260.98(元/台时)

两台 1200×200 胶带输送机施工机械台时费：

(30.37÷1.13＋41.5÷1.09＋4.46＋1.3×8.9＋106×0.83)×2＝337.92(元/台时)

1200×250 胶带输送机施工机械台时费：

35.92÷1.13＋46.64÷1.09＋4.79＋1.3×8.9＋119.1×0.83＝189.79(元/台时)

800×75 胶带输送机施工机械台时费：

8.23÷1.13＋10.02÷1.09＋1.03＋1.0×8.9＋32×0.83＝52.96(元/台时)

800×100 胶带输送机施工机械台时费：

11.23÷1.13＋15.33÷1.09＋1.65＋1.3×8.9＋33.2×0.83＝64.78(元/台时)

胶带输送机机械使用费：

0.68×(208.57＋260.98＋337.92＋189.79＋52.96＋64.78)＝758.20(元)

其他机械费：(97.89＋52.24＋30.13＋202.9＋758.20)×7%＝79.90(元)

机械使用费：97.89＋52.24＋30.13＋202.9＋758.20＋79.90＝1221.26(元)

基本直接费小计：

人工费＋材料费＋机械使用费＝105.80＋48.84＋1221.26＝1375.90(元)

(2) 其他直接费。

其他直接费＝基本直接费×其他直接费费率＝1375.90×6.5%＝89.43(元)

(3) 直接费。

直接费＝基本直接费＋其他直接费＝1375.90＋89.43＝1465.33(元)

(4) 材料补差。

材料补差＝0 元

(5) 预筛分、中碎运输单价。

预筛分、中碎运输单价＝(直接费＋材料补差)÷100＝(1465.33＋0)÷100＝14.65(元/m^3)

表 5-0-38　预筛分、中碎运输单价（水电定额）

名称：预筛分、中碎系统产量 250t/h

定额编号：[60286]　　定额单位：100m^3

编号	名　称	单位	数　量	单价/元	合计/元
一	直接费	元			1465.33
(一)	基本直接费	元			1375.90
1	人工费	元			105.80
	工长	工时	1.23	11.55	14.21
	高级工	工时	3.7	10.67	39.48
	中级工	工时	2.46	8.9	21.89
	初级工	工时	4.93	6.13	30.22
2	材料费	元			48.84
	水	元	60	0.74	44.40
	零星材料费	%	10	44.40	4.44
3	机械使用费	元			1221.26
	振动给料机	组时	0.68	143.96	97.89
	振动筛	组时	0.68	76.82	52.24
	螺旋分级机	组时	0.68	44.31	30.13
	破碎机	组时	0.68	298.38	202.90
	胶带输送机	组时	0.68	1115.00	758.20
	其他机械费	%	7	1141.36	79.90
(二)	其他直接费	%	6.5	1375.90	89.43
二	材料补差	元			0.00
	合计	元			1465.33
	单价	元			14.65

6. 根据《水电建筑工程概算定额》[60307] 编制碎石筛分运输单价（表 5-0-39）

(1) 基本直接费。

1) 人工费＝定额劳动量(工时)×人工预算单价(元/工时)

工长：1.05×11.55＝12.13(元)

高级工：2.1×10.67＝22.41(元)

中级工：1.05×8.90＝9.35(元)

初级工：2.1×6.13=12.87(元)

人工费小计：12.13+22.41+9.35+12.87=56.76(元)

2）材料费=定额材料用量×材料预算单价

水：80×0.74=59.20(元)

其他材料费：59.20×10%=5.92(元)

材料费小计：59.20+5.92=65.12(元)

3）机械使用费=定额机械使用量(台时)×施工机械台时费(元/台时)

施工机械台时费=一类费用+二类费用

一类费用=折旧费/1.13+修理及替换设备费/1.09+安装拆卸费

二类费用=∑(人工及动力、燃料定额消耗量×相应单价)

振动给料机45DA施工机械台时费：

2.34÷1.13+3.47÷1.09+0.15+1.3×8.90+2.2×0.83=18.80(元/台时)

振动给料机45DA机械使用费：0.58×18.80=10.90(元)

振动筛1250×2500施工机械台时费：

2.66÷1.13+4.03÷1.09+0.06+1.3×8.90+4×0.83=21.00(元/台时)

两台振动筛1250×2500机械使用费：0.58×21.00×2=24.36(元)

φ1500螺旋分级机施工机械台时费：

13.66÷1.13+14.92÷1.09+1.15+1.3×8.90+7×0.83=44.31(元/台时)

φ1500螺旋分级机机械使用费：0.58×44.31=25.70(元)

三台1000×100胶带输送机施工机械台时费：

(13.18÷1.13+17.11÷1.09+1.76+1.3×8.90+35×0.83)×3=209.22(元/台时)

1000×125胶带输送机施工机械台时费：

14.84÷1.13+20.29÷1.09+2.18+1.3×8.90+36.9×0.83=76.12(元/台时)

两台1000×75胶带输送机施工机械台时费：

(10.45÷1.13+12.72÷1.09+1.31+1×8.90+28.1×0.83)×2=108.90(元/台时)

1000×50胶带输送机施工机械台时费：

9.01÷1.13+10.59÷1.09+1.09+1.3×8.90+26.3×0.83=52.18(元/台时)

800×50胶带输送机施工机械台时费：

7.57÷1.13+8.91÷1.09+0.91+1.0×8.90+22.5×0.83=43.36(元/台时)

胶带输送机机械使用费：

0.58×(209.22+76.12+108.90+52.18+43.36) =284.07(元)

15kW卸料小车施工机械台时费：

0.95÷1.13+3.15÷1.09+0.38+1.3×8.90+8.3×0.83=22.57(元/台时)

卸料小车机械使用费：0.58×22.57=13.09(元)

其他机械费：(10.90+24.36+25.70+284.07+13.09) ×7%=25.07(元)

机械使用费：10.90+24.36+25.70+284.07+13.09+25.07=383.19(元)

基本直接费小计：

人工费+材料费+机械使用费=56.76+65.12+383.19=505.07(元)

（2）其他直接费。

其他直接费＝基本直接费×其他直接费费率

其他直接费＝505.07×6.5％＝32.83(元)

（3）直接费。

直接费＝基本直接费＋其他直接费

直接费＝505.07＋32.83＝537.90(元)

（4）材料补差。

材料补差＝0元

（5）建筑工程单价。

碎石筛分运输单价＝(直接费＋材料补差)÷100

碎石筛分运输单价＝(537.90＋0)÷100＝5.38(元/m^3)

表5-0-39　　碎石筛分运输单价（水电定额）

名称：预筛分、中碎系统产量250t/h

定额编号：[60307]　　定额单位：100m^3

编号	名　称	单位	数　量	单价/元	合计/元
一	直接费	元			537.90
(一)	基本直接费	元			505.07
1	人工费	元			56.76
	工长	工时	1.05	11.55	12.13
	高级工	工时	2.1	10.67	22.41
	中级工	工时	1.05	8.90	9.35
	初级工	工时	2.1	6.13	12.87
2	材料费	元			65.12
	水	元	80	0.74	59.20
	零星材料费	%	10	59.20	5.92
3	机械使用费	元			383.19
	振动给料机	组时	0.58	18.80	10.90
	筛分机	组时	0.58	21.00	12.18
	螺旋分级机	组时	0.58	44.31	25.70
	脱水筛分机	组时	0.58	21.00	12.18
	胶带输送机	组时	0.58	489.78	284.07
	卸料小车	组时	0.58	22.57	13.09
	其他机械费	%	7	358.14	25.07
(二)	其他直接费	%	6.5	505.07	32.83
二	材料补差	元			0.00
	合计	元			537.90
	单价	元			5.38

7. 根据《水电建筑工程概算定额》［60373］编制砂筛分运输单价（表5-0-40）

（1）基本直接费。

1）人工费＝定额劳动量（工时）×人工预算单价（元/工时）

工长：2.26×11.55＝26.10（元）

高级工：8.95×10.67＝95.50（元）

中级工：2.26×8.90＝20.11（元）

初级工：6.77×6.13＝41.50（元）

人工费小计：26.10＋95.50＋20.11＋41.50＝183.21（元）

2）材料费＝定额材料用量×材料预算单价

水：25×0.74＝18.50（元）

其他材料费：18.50×10%＝1.85（元）

材料费小计：18.5＋1.85＝20.35（元）

3）机械使用费＝定额机械使用量（台时）×施工机械台时费（元/台时）

施工机械台时费＝一类费用＋二类费用

一类费用＝折旧费/1.13＋修理及替换设备费/1.09＋安装拆卸费

二类费用＝∑（人工及动力、燃料定额消耗量×相应单价）

振动给料机45DA施工机械台时费：

2.34÷1.13＋3.47÷1.09＋0.15＋1.3×8.90＋2.2×0.83＝18.80（元/台时）

振动给料机45DA机械使用费：1.95×18.80＝36.66（元）

立式冲击破碎机1000×80施工机械台时费：

6.7÷1.13＋10.35÷1.09＋0.13＋1.3×8.90＋83.1×0.83＝96.10（元/台时）

立式冲击破碎机机械使用费：1.95×96.10＝187.40（元）

振动筛900×1800施工机械台时费：

1.83÷1.13＋3.11÷1.09＋0.04＋1.3×8.90＋1.6×0.83＝17.41（元/台时）

两台振动筛1250×2500机械使用费：1.95×17.41×2＝67.90（元）

800×75胶带输送机施工机械台时费：

8.23÷1.13＋10.02÷1.09＋1.03＋1×8.90＋32×0.83＝52.96（元/台时）

800×125胶带输送机施工机械台时费：

13.39÷1.13＋18.33÷1.09＋1.97＋1.3×8.90＋33.2×0.83＝69.77（元/台时）

1000×125胶带输送机施工机械台时费：`

14.84÷1.13＋20.29÷1.09＋2.18＋1.3×8.90＋36.9×0.83＝76.12（元/台时）

800×50胶带输送机施工机械台时费：

7.57÷1.13＋8.91÷1.09＋0.91＋1×8.90＋22.5×0.83＝43.35（元/台时）

胶带输送机机械使用费：1.95×（52.96＋69.77＋76.12＋43.35）＝472.29（元）

其他机械费：（36.66＋187.40＋67.90＋472.31）×7%＝53.50（元）

机械使用费：36.66＋187.40＋67.90＋472.29＋53.50＝817.75（元）

基本直接费小计：

人工费＋材料费＋机械使用费＝183.21＋20.35＋817.75＝1021.31（元）

(2) 其他直接费。

其他直接费＝基本直接费×其他直接费费率

其他直接费＝1021.31×6.5%＝66.39(元)

(3) 直接费。

直接费＝基本直接费＋其他直接费

直接费＝1021.31＋66.39＝1087.70(元)

(4) 材料补差。

材料补差＝0 元

(5) 建筑工程单价。

制砂筛分运输单价＝(直接费＋材料补差)÷100

制砂筛分运输单价＝(1087.70＋0)÷100＝10.88(元/m^3)

表 5-0-40　　　制砂筛分运输单价（水电定额）

名称：破碎机制砂，破碎机组合 1×330

定额编号：[60373]　　　　定额单位：$100m^3$

编号	名　称	单位	数　量	单价/元	合计/元
一	直接费	元			1087.70
(一)	基本直接费	元			1021.31
1	人工费	元			183.21
	工长	工时	2.26	11.55	26.10
	高级工	工时	8.95	10.67	95.50
	中级工	工时	2.26	8.90	20.11
	初级工	工时	6.77	6.13	41.50
2	材料费	元			20.35
	水	元	25	0.74	18.50
	零星材料费	%	10	18.50	1.85
3	机械使用费	元			817.75
	振动给料机	组时	1.95	18.80	36.66
	立式冲击式破碎机 B9000	组时	1.95	96.10	187.40
	筛分机	组时	1.95	17.41	33.95
	脱水筛分机	组时	1.95	17.41	33.95
	胶带输送机	组时	1.95	242.21	472.29
	其他机械费	%	7	764.27	53.50
(二)	其他直接费	%	6.5	1021.33	66.39
二	材料补差	元			0.00
	合计	元			1087.70
	单价	元			10.88

8. 人工砂石、砂单价计算（表 5-0-41）

（1）碎石单价。

覆盖层清除总价＝单价(元)×工序系数×摊销率(%)

覆盖层清除总价＝8.32×1×30%＝2.50(元)

原料开采总价＝单价(元)×工序系数

原料开采总价＝18.75×1.097＝20.57(元)

原料运输总价＝单价(元)×工序系数

原料运输总价＝24.38×1.086＝26.48(元)

粗碎石运输总价＝单价(元)×工序系数

粗碎石运输总价＝3.67×1.084＝3.98(元)

预筛分中碎运输总价＝单价(元)×工序系数

预筛分中碎运输总价＝14.65×1.033＝15.13(元)

碎石筛分运输总价＝单价(元)×工序系数

碎石筛分运输总价＝5.38×1.112＝5.98(元)

碎石总价＝覆盖层清除＋原料开采＋原料运输＋粗碎运输＋预筛分中碎运输＋碎石筛分运输

碎石总价＝2.50＋20.57＋26.48＋3.98＋15.13＋5.98＝74.64(元)

（2）砂石单价。

覆盖层清除总价＝单价(元)×工序系数×摊销率(%)

覆盖层清除总价＝8.32×1×30%＝2.50(元)

原料开采总价＝单价(元)×工序系数

原料开采总价＝18.75×1.097＝20.57(元)

原料运输总价＝单价(元)×工序系数

原料运输总价＝24.38×1.086＝26.48(元)

粗碎石运输总价＝单价(元)×工序系数

粗碎石运输总价＝3.67×1.084＝3.98(元)

预筛分中碎运输总价＝单价(元)×工序系数

预筛分中碎运输总价＝14.65×1.033＝15.13(元)

碎石筛分运输总价＝单价(元)×工序系数

碎石筛分运输总价＝5.38×1.112＝5.98(元)

制砂筛分运输总价＝单价(元)×工序系数

制砂筛分运输总价＝10.88×1.0＝10.88(元)

砂石总价＝覆盖层清除＋原料开采＋原料运输＋粗碎运输＋预筛分中碎运输＋碎石筛分运输＋制砂筛分运输

砂石总价＝2.50＋20.57＋26.48＋3.98＋15.13＋5.98＋10.88＝85.52(元)

步骤 4： 计算混凝土材料单价（表 5-0-42）

根据背景资料，混凝土配合比及材料用量表，砂石预算单价 85.52 元/m^3、碎石预算

表 5-0-41　　人工砂石、砂单价计算

序号	项目或费用名称	单位	单价/元	工序系数	摊销率/%	总价/元
一	碎石					74.64
1	覆盖层清除	m^3	8.32	1	30.00	2.50
2	原料开采	m^3	18.75	1.097		20.57
3	原料运输	m^3	24.38	1.086		26.48
4	粗碎石运输	m^3	3.67	1.084		3.98
5	预筛分中碎运输	m^3	14.65	1.033		15.13
6	碎石筛分运输	m^3	5.38	1.112		5.98
二	砂石					85.52
1	覆盖层清除	m^3	8.32	1.0	30.00	2.50
2	原料开采	m^3	18.75	1.097		20.57
3	原料运输	m^3	24.38	1.086		26.48
4	粗碎石运输	m^3	3.67	1.084		3.98
5	预筛分中碎运输	m^3	14.65	1.033		15.13
6	碎石筛分运输	m^3	5.38	1.112		5.98
7	制砂筛分运输	m^3	10.88	1.0		10.88

单价 74.64 元/m^3、水泥预算单价 487.06 元/t、粉煤灰预算单价 267.21 元/t、硅粉预算单价 2.0 元/kg、减水剂预算单价 6.50 元/kg、引气剂预算单价 13.0 元/kg。

混凝土预算单价：284.95×0.487＋80.98×0.267＋0.45×85.52＋0.73×74.64＋36.59×2.0＋2.4×6.5＋0.01×13＋0.12×0.74＝342.36(元/m^3)

水泥限价为 255 元/t；砂石限价为 70 元/m^3；石子限价为 70 元/m^3。

在混凝土组成材料中，水泥、外购砂石骨料等的预算单价超过限价时，应按限价计算。本例中，水泥预算单价 487.06 元/t 超过了水泥限价 255 元/t，砂石预算单价 85.52 元/m^3 超过了砂石限价 70 元/m^3，碎石预算单价 74.64 元/m^3 超过了碎石限价 70 元/m^3，应按限价计算，超出部分以材料补差形式列入工程单价表中，并计取税金。

混凝土限价：284.95×0.255＋80.98×0.267＋0.45×70＋0.73×70＋36.59×2.0＋2.4×6.50＋0.01×13.00＋0.12×0.74＝265.88(元/m^3)

混凝土价差：284.95×(0.487－0.255)＋0.45×(85.52－70)＋0.73×(74.64－70)＝76.48(元/m^3)

表 5-0-42　　混凝土材料单价

编号	名称及规格	预算单价/(元/m^3)	限(基)价/(元/m^3)	材料补差/(元/m^3)
1	抗冲耐磨混凝土 C30W6F100，二级配中热	342.36	265.88	76.48
2	混凝土 C20W6F100，三级配中热	254.63	195.25	59.38
3	混凝土 C20W6F50，三级配中热	237.38	183.58	53.80
4	混凝土 C25W6F100，二级配普硅	273.25	212.53	60.72

步骤 5：编制建筑工程单价

1. 编制坝基石方开挖单价

(1) 基本直接费。

1) 人工费＝定额劳动量(工时)×人工预算单价(元/工时)

工长：2.8×11.55＝32.34(元)

中级工：30.3×8.90＝269.67(元)

初级工：96.2×6.13＝589.71(元)

人工费小计：32.34＋269.67＋589.71＝891.72(元)

2) 材料费＝定额材料用量×材料预算单价

导火线：142×1.80＝255.60(元)

合金钻头：1.75×70.00＝122.50(元)

炸药：54×5.15＝278.10(元)

火雷管：94×3.08＝289.52(元)

电雷管：17×3.60＝61.20(元)

导电线：80×0.80＝64.00(元)

潜孔钻钻头 100 型：0.14×350.00＝49.00(元)

DH6 冲击器：0.01×2500.00＝25.00(元)

其他材料费：(255.60＋122.50＋278.10＋289.52＋61.20＋64.00＋49.00＋25.00)×15％＝171.74(元)

材料费小计：255.60 ＋ 122.50 ＋ 278.10 ＋ 289.52 ＋ 61.20 ＋ 64.00 ＋ 49.00 ＋ 25.00＋171.74＝1316.66(元)

3) 机械使用费＝定额机械使用量(台时) ×施工机械台时费(元/台时)

风钻手持式：8.32×29.45＝245.02(元)

潜孔钻 100 型：1.67×134.01＝223.80(元)

其他机械费：(245.02＋223.80) ×10％＝46.88(元)

机械使用费小计：245.02＋223.80＋46.88＝515.70(元)

4) 石渣运输费：103×21.15＝2178.45(元)

基本直接费小计：

人工费＋材料费＋机械使用费＋石渣运输费＝891.72＋1316.66＋515.70＋2178.45＝4902.53(元)

(2) 其他直接费。

其他直接费＝基本直接费×其他直接费费率

其他直接费＝4902.53×7％＝343.18(元)

(3) 直接费。

直接费＝基本直接费＋其他直接费

直接费＝4902.53＋343.18＝5245.71(元)

(4) 间接费。

间接费＝直接费×间接费费率

间接费＝5245.71×12.5％＝655.71(元)

(5) 利润。

利润＝(直接费＋间接费)×利润率＝(5245.71＋655.71)×7％＝413.10(元)

(6) 材料补差。

材料补差＝(材料预算单价－材料基价)×材料消耗量

炸药补差：54×(15412.50－5150)÷1000＝554.18(元)

柴油补差：188.55×(7.20－2.99)＝793.80(元)

材料补差＝554.18＋793.80＝1347.98(元)

(7) 税金。

税金＝(直接费＋间接费＋利润＋材料补差)×税率

税金＝(5245.71＋655.71＋413.10＋1347.98)×9％＝689.63(元)

(8) 建筑工程单价。

建筑工程单价＝(直接费＋间接费＋利润＋材料补差＋税金)÷100

建筑工程单价＝(5245.71＋655.71＋413.10＋1347.98＋689.63)÷100＝83.52(元/m^3)

2. 编制C30W6F100混凝土浇筑单价

(1) 基本直接费。

1) 人工费＝定额劳动量(工时)×人工预算单价(元/工时)

工长：11.7×11.55＝135.14(元)

高级工：19.4×10.67＝207.00(元)

中级工：205.9×8.90＝1832.51(元)

初级工：151.5×6.13＝928.70(元)

人工费小计：135.14＋207.00＋1832.51＋928.70＝3103.35(元)

2) 材料费＝定额材料用量×材料预算单价

水：122×0.74＝90.28(元)

抗冲耐磨混凝土C30W6F100，二级配中热：103×265.88＝27385.64(元)

其他材料费：(90.28＋27385.64) ×1％＝274.76(元)

材料费小计：90.28＋27385.64＋274.76＝27750.68(元)

3) 机械使用费＝定额机械使用量(台时) ×施工机械台时费(元/台时)

振动器插入式1.1kW施工机械台时费：

0.32÷1.13＋1.22÷1.09＋0.8×0.83＝2.06(元/台时)

振动器插入式1.1kW：24.68×2.06＝50.84(元)

风(砂)水枪6m^3/min施工机械台时费：

0.24÷1.13＋0.42÷1.09＋202.5×0.15＋4.1×0.74＝34.01(元/台时)

风(砂)水枪6m^3/min：14.28×34.01＝485.66(元)

其他机械费：(50.84＋485.66) ×8％＝42.92(元)

机械使用费小计：50.84＋485.66＋42.92＝579.42(元)

4) 混凝土拌制费：

103×31.08＝3201.24(元)

5）混凝土运输费：

103×16.14＝1662.42(元)

基本直接费小计：

人工费＋材料费＋机械使用费＋混凝土拌制费＋混凝土运输费＝3103.35＋27750.68＋579.42＋3201.24＋1662.42＝36297.11(元)

（2）其他直接费。

其他直接费＝基本直接费×其他直接费费率

其他直接费＝36297.11×7.0％＝2540.80(元)

（3）直接费。

直接费＝基本直接费＋其他直接费

直接费＝36297.11＋2540.80＝38837.91(元)

（4）间接费。

间接费＝直接费×间接费费率

间接费＝38837.91×9.5％＝3689.60(元)

（5）利润。

利润＝(直接费＋间接费)×利润率

利润＝(38837.91＋3689.60)×7％＝2976.93(元)

（6）材料补差。

材料补差＝(材料预算价格－材料基价)×材料消耗量

抗冲耐磨混凝土C30W6F100，二级配中热补差：

103×(342.36－265.88)＝7877.44(元)

柴油补差：168.7×(7.20－2.99)＝710.23(元)

材料补差＝7877.44＋710.23＝8587.67(元)

（7）税金。

税金＝(直接费＋间接费＋利润＋材料补差)×税率

税金＝(38837.91＋3689.60＋2976.93＋8587.67)×9％＝4868.29(元)

（8）混凝土浇筑单价。

混凝土浇筑单价＝(直接费＋间接费＋利润＋材料补差＋税金)÷100

混凝土浇筑单价＝(38837.91＋3689.60＋2976.93＋8587.67＋4868.29)÷100＝589.60(元/m^3)

步骤6：编制安装工程单价

（1）基本直接费。

1）人工费＝定额劳动量(工时)×人工预算单价(元/工时)

工长：8672×11.55＝100161.6(元)

高级工：41627×10.67＝444160.09(元)

中级工：98864×8.90＝879889.6(元)

初级工：24283×6.13＝148854.79(元)

人工费小计：100161.6＋444160.09＋879889.6＋148854.79＝1573066.08(元)

2）材料费＝定额材料用量×材料预算单价

型钢：31299×3.99＝124883.01(元)

电焊条：4359×6.84＝29815.56(元)

钢管：3070×4.71＝14459.70(元)

铜材：602×80＝48160.00(元)

木材：23.5×1867.77＝43892.60(元)

汽油 70 号：4470×3075÷1000＝13745.25(元)

透平油：1326×16＝21216.00(元)

乙炔气：3217×7＝22519.00(元)

氧气：7440×3.5＝26040.00(元)

油漆：2515×15＝37725.00(元)

钢板（综合)：10755×3.99＝42912.45(元)

电：61200×0.83＝50796.00(元)

其他材料费：(124883.01＋29815.56＋14459.70＋48160.00＋43892.60＋13745.25＋21216.00＋22519.00＋26040.00＋37725.00＋42912.45＋50796.00)×16％＝476164.57×16％＝76186.33(元)

材料费小计：476164.57＋76186.33＝552350.90(元)

3）机械使用费＝定额机械使用量(台时）×施工机械台时费(元/台时)

桥式起重机双梁 10t 机械台时费：

9.76÷1.13＋3.78÷1.09＋0.45＋1.3×8.90＋11.5×0.83＝33.68(元/台时)

桥式起重机双梁 10t：1771×33.68＝59647.28(元)

电焊机交流 25kVA 机械台时费：

0.33÷1.13＋0.3÷1.09＋0.09＋14.5×0.83＝12.70(元/台时)

电焊机交流 25kVA：3774×12.70＝47929.80(元)

普通车床 φ400～600mm 机械台时费：

5.8÷1.13＋4.91÷1.09＋0.05＋1.3×8.90＋8×0.83＝27.89(元/台时)

普通车床 φ400～600mm：798×27.89＝22256.22(元)

摇臂钻床 φ35～50mm 机械台时费：

4.45÷1.13＋2.71÷1.09＋0.03＋1.3×8.90＋4.7×0.83＝21.93(元/台时)

摇臂钻床 φ35～50mm：411×21.93＝9013.23(元)

牛头刨床 B＝650mm 机械台时费：

2.26÷1.13＋2.09÷1.09＋0.15＋1.3×8.90＋2.3×0.83＝17.55(元/台时)

牛头刨床 B＝650mm：798×17.55＝14004.90(元)

压力滤油机 150 型机械台时费：

1.04÷1.13＋0.34÷1.09＋0.1＋1.3×8.90＋0.9×0.83＝13.65(元/台时)

压力滤油机 150 型：475×13.65＝6483.75(元)

其他机械(59647.28＋47929.80＋22256.22＋9013.23＋14004.90＋6483.75)×15％＝159335.18×15％＝23900.28(元)

机械使用费小计：159335.18＋23900.28＝183235.46(元)

基本直接费小计：

人工费＋材料费＋机械使用费＝1573066.08＋552350.90＋183235.46＝2308652.44(元)

(2) 其他直接费。

其他直接费＝基本直接费×其他直接费费率

其他直接费＝2308652.44×7.7％＝177766.24(元)

(3) 直接费。

直接费＝基本直接费＋其他直接费

直接费＝2308652.44＋177766.24＝2486418.68(元)

(4) 间接费。

间接费＝人工费×间接费费率

间接费＝1573066.08×75％＝1179799.56(元)

(5) 利润。

利润＝(直接费＋间接费)×利润率

利润＝(2486418.68＋1179799.56)×7％＝256635.28(元)

(6) 材料补差。

材料补差＝(材料预算单价－材料基价)×材料消耗量

汽油 70 号补差：4470×(8.3－3.075)＝23355.75(元)

(7) 税金。

税金＝(直接费＋间接费＋利润＋材料补差)×税率

税金＝(2486418.68＋1179799.56＋256635.28＋23355.75)×9％＝355158.83(元)

(8) 安装工程单价。

安装工程单价＝(直接费＋间接费＋利润＋材料补差＋税金)÷100

安装工程单价＝2486418.68＋1179799.56＋256635.28＋23355.75＋355158.83
＝4301368.10(元/台)

步骤 7：编制建筑工程概算表（表 5－0－43）

根据步骤 5 的计算结果，石方开挖单价为 83.52 元/m^3，抗冲耐磨混凝土 C30W6F100，二级配中热单价为 589.60 元/m^3。则

(1) 石方开挖合计：147662×83.52÷10000＝1233.27(万元)

(2) 抗冲耐磨混凝土 C30W6F100，二级配中热合计：8761×589.60÷10000＝516.55(万元)

其余各子项计算方法相同，不再赘述。

步骤 8：编制机电设备及安装工程概算表（表 5－0－44）

根据步骤 6 的计算结果，水轮机安装单价为 4301368.10 元/台，已知水轮机设备价格为 65000 元/t，运杂综合费率为 6.28％，大件运输增加费按设备原价的 1.0％计。故：

(1) 单台水轮机设备安装费：65000×2000÷10000＝13000.00(万元)

表 5-0-43 建筑工程概算表

序号	工程或费用名称	单位	数量	单价/元	合计/万元	备注
	第一部分：建筑工程				813757.04	
一	主体建筑工程				752257.04	
(一)	挡水工程				20257.04	
1	主坝				5257.04	
1.1	土方开挖	m^3	37550	25.27	94.89	
1.2	石方开挖	m^3	147662	83.52	1233.27	
1.3	坝体外部表面抗冲耐磨混凝土C30W6F100，二级配中热	m^3	8761	589.60	516.55	
1.4	坝体内部混凝土 C20W6F50，三级配中热	m^3	20008	515.56	1031.53	
1.5	坝体基础混凝土 C25W6F100，二级配普硅	m^3	17506	580.01	1015.37	
1.6	预埋灌浆钢管（内径 110mm，壁厚 6.0mm）	m	701	120.00	8.41	
1.7	帷幕灌浆孔	m	6223	218.70	136.10	
1.8	帷幕灌浆	m	6223	489.71	304.75	
1.9	固结灌浆孔	m	3383	155.83	52.72	
1.10	固结灌浆	m	3383	204.12	69.05	
1.11	坝基排水孔（孔径 110mm，深度 15m）	m	1772	181.42	32.15	
1.12	钢筋	t	442	7749.64	342.53	
1.13	钢筋网	t	15	6042.90	9.06	
1.14	锚杆（$L=4\text{m}\ \varphi 28$）	根	1598	176.01	28.13	
1.15	回填石渣	m^3	16447	31.53	51.86	
1.16	模板	m^2	8449	65.50	55.34	
1.17	温控措施	m^3	52807	30.00	158.42	
1.18	细部结构工程	m^3	52807	22.14	116.91	
	……					
2	副坝工程				15000.00	
(二)	泄水工程				185000.00	
(三)	发电厂工程				270000.00	
(四)	开关站工程				3000.00	
(五)	航运工程				250000.00	
(六)	灌溉工程				2500.00	

续表

序号	工程或费用名称	单位	数量	单价/元	合计/万元	备注
（七）	鱼道工程				20000.00	
（八）	其他				1500.00	
二	交通工程				30000.00	
三	房屋建筑工程				12000.00	
四	供电线路				1500.00	
五	其他建筑工程				18000.00	

（2）运杂综合费以水轮机、调速器、油压装置、自动化元件及表计、事故压力油罐的设备费为基数乘以运杂综合费率6.28％。

运杂综合费：（130000.00＋1800.00＋1800.00＋3500.00＋180.00）×6.28％＝137280×6.28％＝8621.18(万元)

（3）大件运输增加费以水轮机、调速器、油压装置、自动化元件及表计、事故压力油罐的设备费为基数乘以1.00％。

大件运输增加费：（130000.00＋1800.00＋1800.00＋3500.00＋180.00）×1.0％＝137280×1.00％＝1372.80(万元)

表5-0-44　　机电设备及安装工程概算表

序号	名称及规格	单位	数量	单价/元		合计/万元	
				设备费	安装费	设备费	安装费
	第二部分：机电设备及安装工程					304773.98	32057.58
一	发电设备及安装工程					257273.98	18887.58
（一）	水轮机设备及安装					147273.98	4527.58
	水轮机轴流式水轮机设备自重2000t/台	台	10	130000000	4301368.10	130000.00	4301.37
	调速器	台	10	1800000	122104.11	1800.00	122.10
	油压装置	台	10	1800000	104108.00	1800.00	104.11
	自动化元件及表计	套	10	3500000		3500.00	
	事故压力油罐	只	6	300000		180.00	
	设备费小计					137280.00	
	运杂综合费率	万元	137280.00	6.28％		8621.18	
	大件运输增加费	万元	137280.00	1.00％		1372.80	
（二）	发电机设备及安装					85000.00	3570.00
（三）	起重设备及安装					4000.00	440.00
（四）	水力机械辅助设备及安装					6000.00	3600.00

续表

序号	名称及规格	单位	数量	单价/元		合计/万元	
				设备费	安装费	设备费	安装费
(五)	电气设备及安装					15000.00	6750.00
二	升压变电设备及安装工程					20000.00	3000.00
三	公用设备及安装工程					24000.00	9120.00
四	航运设备及安装					3500.00	1050.00

步骤9：编制金属结构设备及安装工程概算表（表5-0-45）

已知：弧形工作闸门：13500元/t，平面检修闸门：12500元/t，闸门埋件：11500元/t，闸门配重：5000元/t。

(1) 平面检修闸门设备费：12500×20÷1000＝25.00(万元)

(2) 平面检修闸门安装费：2029.90×20÷1000＝4.06(万元)

其他子项计算方法相同，不再赘述。

(3) 运杂综合费以闸门设备费为基数乘以运杂综合费率8.15%计算。

运杂综合费：(25.00＋15.00＋23.00＋108.00＋34.50)×8.15%＝16.75(万元)

表5-0-45　　金属结构设备及安装工程概算表

序号	名称及规格	单位	数量	单价/元		合计/万元	
				设备费	安装费	设备费	安装费
	第三部分：金属结构设备及安装工程					116172.25	24248.35
一	挡水工程					372.25	68.35
1	闸门设备及安装工程					222.25	47.35
	平面检修闸门20t/扇	t	20.00	12500.00	2029.90	25.00	4.06
	闸门配重30t/扇	t	30.00	5000.00	430.88	15.00	1.29
	闸门埋件20t/扇	t	20.00	11500.00	3864.55	23.00	7.73
	弧形工作闸门40t/扇	t	80.00	13500.00	2834.80	108.00	22.68
	闸门埋件15t/扇	t	30.00	11500.00	3864.55	34.50	11.59
	小计					205.50	
	运杂综合费率	万元	205.5	8.15%		16.75	
2	启闭设备及安装工程					150.00	21.00
二	泄水工程					65000.00	13975.00
三	发电厂工程					30000.00	5550.00
四	航运工程					20000.00	4500.00
五	灌溉工程					300.00	45.00
六	鱼道工程					500.00	110.00

步骤 10：编制临时工程概算表（表 5-0-46）

1. 办公、生活及文化福利建筑

办公、生活及文化福利建筑按下面的公式计算：

$I=A\div(N\times L)\times U\times P\times K_1\times K_2\times K_3$

$=[(813757.04+32057.58+24248.35)+(104000.00+12000.00+2000.00+3000.00+500.00)]\times(1+4.0\%)\div(5\times12)\times12\times1500\times1.1\times1.15\times0.55\div10000=21524.25$（万元）

2. 其他临时工程

其他临时工程按工程一至四部分建安投资（不含其他临时工程）之和的 4.0%计算。

其他临时工程费：[（813757.04 + 32057.58 + 24248.35）+（104000.00 + 12000.00 + 2000.00 + 3000.00 + 500.00 + 21524.11）] × 4.0% = 1013087.22 × 4.0% = 40523.49（万元）

表 5-0-46 临时工程概算表

序号		单位	数量	单价/元	合计/万元	备注
	第四部分：临时工程				183547.74	
一	导流工程				104000.00	
二	交通工程				12000.00	
三	施工供电工程				2000.00	
四	施工房屋建筑工程				25024.25	
	仓库	m^2	50000	600	3000.00	
	棚库	m^2	20000	250	500.00	
	办公、生活及文化福利建筑	项	1		21524.25	
五	其他施工临时工程				40523.49	
	其他施工临时工程	万元	1013080.49	4.00%	40523.49	

步骤 11：编制独立费费用表（表 5-0-27）。

1. 建设单位管理费

本工程一至四部分建安工作量为 1053610.71 万元，查表 5-0-26，以超额累进方法计算，则建设单位管理费：8900+1053610.71×0.6%=15221.66（万元）

2. 工程建设监理费

监理服务收费=监理费服务收费基准价×(1+浮动幅度值)

施工监理服务收费基准价=施工监理服务收费基价×专业调整系数×工程复杂程度调整系数×高程调整系数

本工程一至四部分建安工作量为 1053610.71 万元，专业调整系数 1.2，工程复杂程度调整系数 1.15，高程调整系数 1.0，浮动幅度值 0，按表 5-0-27 计算工程建设监理费。

监理服务收费基价：1053610.71×0.01039=10947.02（万元）

监理服务收费：10947.02×1.2×1.15×1×(1+0)=15106.89（万元）

表 5-0-47　　独立费费用表

序号	工程或费用名称	单位	数量	单价/元	合计/万元
	第五部分：独立费用				297503.63
一	建设管理费	项			15221.66
二	工程建设监理费	项			15106.89
三	联合试运转费	项			220.00
四	生产准备费	项			8810.86
1	生产及管理单位提前进场费	项			1639.63
2	生产职工培训费	项			5465.44
3	管理用具购置费	项			437.24
4	备品备件购置费	项			847.60
5	工器具及生产家具购置费	项			420.95
五	科研勘测设计费	项			251331.06
1	工程科学研究实验费	项			130665.53
(1)	工程科学研究试验费	项			7651.61
(2)	重大、特殊专项科学研究试验费	项			10000.00
2	工程勘测设计费（按合同金额计列）	项			120665.53
六	其他	项			6813.16
1	工程保险费	项			6813.16

步骤 12： 工程部分投资资金流量表（表 5-0-48）及资金流量汇总表（表 5-0-49）。

1. 工程部分

(1) 一至四部分建筑及安装工程分年度完成工作量。

第 1 年：1053610.71×15.2%＝160148.83(万元)

第 2 年：1053610.71×28.80%＝303439.88(万元)

第 3 年：1053610.71×26.40%＝278153.23(万元)

第 4 年：1053610.71×20.00%＝210722.14(万元)

第 5 年：1053610.71×9.60%＝101146.63(万元)

(2) 计算预付款。

工程预付款额建设期第 1 年全部支付，总额为

1053610.71×15.00%＝158041.61(万元)

扣回情况如下：

第 2 年扣回：303439.88×20.00%＝60687.98(万元)

第 3 年扣回：278153.23×20.00%＝55630.65(万元)

剩余部分：158041.61－60687.98－55630.65＝41722.98(万元)

第 4 年建安投资的 20%：210722.14×20.00%＝42144.43(万元)

由于 41722.98 万元<42144.43 万元，所以第 4 年扣完剩余部分，即 41722.98 万元。

(3) 计算保留金。保留金按一至四部分建安工作量的 1.5%计算，总额为

1053610.71×1.5％＝15804.16(万元)

扣留情况如下：

第1年扣留：160148.83×5.00％＝8007.44(万元)

剩余部分：15804.16－8007.44＝7796.72(万元)

第2年建安投资的5.00％：303439.88×5.00％＝15171.99(万元)

由于7796.72万元<15171.99万元，所以第2年扣留剩余部分，即7796.72万元。

第5年偿还全额保留金：15804.16万元。

(4) 建筑及安装工程分年度资金安排。

第1年：160148.83＋158041.61－8007.44＝310183.00(万元)

第2年：303439.88－60687.98－7796.72＝234955.18(万元)

第3年：278153.23－55630.65＝222522.58(万元)

第4年：210722.14－41722.98＝168999.16(万元)

第5年：101146.63＋15804.16＝116950.79(万元)

(5) 设备购置费资金流量。

第1年：420946.23×15.00％＝63141.93(万元)

第2年：420946.23×75.00％＝315709.67(万元)

第3年：420946.23×10.00％＝42094.62(万元)

(6) 计算独立费用资金流量。

第1～4年每年的独立费用资金为

297503.63×95.00％÷5＝56525.69(万元)

第5年：56525.69＋297503.63×5.00％＝71400.87(万元)

(7) 计算基本预备费现金流量。根据工程规模、施工年限和地质条件等不同情况，按工程一至五部分投资合计（依据分年度投资表）的百分率计算。初步设计阶段为5％～8％。技术复杂、建设难度大的工程项目取大值，其他工程取小值。

第1年基本预备费：(310183.00＋63141.94＋56525.69)×5.00％＝21492.53(万元)

第2年基本预备费：(234955.18＋315709.67＋56525.69)×5.00％＝30359.53(万元)

第3年基本预备费：(222522.58＋42094.62＋56525.69)×5.00％＝16057.15(万元)

第4年基本预备费：(168999.16＋56525.69)×5.00％＝11276.24(万元)

第5年基本预备费：(116950.79＋71400.87)×5.00％＝9417.58(万元)

(8) 工程部分各年投资资金流量（静态）。

第1年：310183.00＋63141.93＋56525.69＋21492.53＝451343.16(万元)

第2年：234955.18＋315709.67＋56525.69＋30359.53＝637550.07(万元)

第3年：222522.58＋42094.62＋56525.69＋16057.15＝337200.04(万元)

第4年：168999.16＋56525.69＋11276.24＝236801.09(万元)

第5年：116950.79＋71400.87＋9417.58＝197769.24(万元)

综上所述，工程部分投资资金流量表见表5-0-48。

2. 建设征地移民补偿资金流量

建设征地移民补偿资金流量在建设期第1～第4年内平均计算，每年各25％。

第1～第4年资金流量为

1122450.00×25.00%=280612.50(万元)

3. 环境保护工程、水土保持工程资金流量

环境保护工程、水土保持工程资金流量分别在建设期第1～5年内平均计算，每年各20%。

环境保护工程第1～5年资金流量为

48000.00×20.00%=9600.00(万元)

水土保持工程第1～5年资金流量为

35000.00×20.00%=7000.00(万元)

4. 计算价差预备费现金流量

根据施工年限，以资金流量表的静态投资为计算基数。

按有关部门适时发布的年物价指数计算。计算公式为

$$E=\sum_{n=1}^{N}F_n[(1+P)^n-1]$$

式中 E——价差预备费；

N——5年；

P——年物价指数；

F_n——建设期间资金流量表内第 n 年的投资。

由此公式计算各年的价差预备费：

E_1=(451343.16+280612.5+9600+7000)×8%=59884.45(万元)

E_2=(637550.07+280612.5+9600+7000)×[(1+8%)^2−1]=155544.49(万元)

E_3=(337200.04+280612.5+9600+7000)×[(1+8%)^3−1]=164764.55(万元)

E_4=(236801.09+280612.5+9600+7000)×[(1+8%)^4−1]=192506.00(万元)

E_5=(197769.24+9600+7000)×[(1+8%)^5−1]=100609.50(万元)

5. 计算建设期融资利息

建设期融资利息计算公式为

$$S=\sum_{n=1}^{N}[(\sum_{m=1}^{n}F_mb_m-\frac{1}{2}F_nb_n)+\sum_{m=0}^{n-1}S_m]i$$

N=5年；$b_n=b_m$=80%；i=4.9%

式中 S——建设期融资利息。

由此公式计算各年的建设期融资利息：

第一年工程投资：451343.16+280612.50+9600+7000=748555.66(万元)

第二年工程投资：637550.07+280612.50+9600+7000=934762.57(万元)

第三年工程投资：337200.04+280612.50+9600+7000=634412.54(万元)

第四年工程投资：236801.09+280612.50+9600+7000=534013.59(万元)

第五年工程投资：197769.24+9600+7000=214369.24(万元)

第一年的建设期融资利息：

S_1=(748555.66−1/2×748555.66)×80.00%×4.90%=14671.69(万元)

第二年的建设期融资利息：

S_2＝(748555.66＋934762.57－1/2×934762.57)×80.00％×4.90％＝47664.73(万元)

第三年的建设期融资利息：

S_3＝(748555.66＋934762.57＋634412.54－1/2×634412.54)×80.00％×4.90％＝78420.56(万元)

第四年的建设期融资利息：

S_4＝(748555.66＋934762.57＋634412.54＋534013.59－1/2×534013.59)×80.00％×4.90％＝101321.71(万元)

第五年的建设期融资利息：

S_5＝(748555.66＋934762.57＋634412.54＋534013.59＋214369.24－1/2×214369.24)×80.00％×4.90％＝115990.02(万元)

6.Ⅰ～Ⅳ部分各年投资资金流量（静态）汇总（表5-0-49）

综上，同时结合表5-0-48，Ⅰ～Ⅳ部分各年投资资金流量（静态）分别为：

工程部分、建设征地移民补偿、环境保护工程、水土保持工程、价差预备费和建设期的融资利息之和。

第1年：451343.16＋280612.50＋9600＋7000＋59884.45＋14671.69＝823111.80(万元)

第2年：637550.07＋280612.50＋9600＋7000＋155544.49＋47664.73＝1137971.79(万元)

第3年：337200.04＋280612.50＋9600＋7000＋164764.55＋78420.56＝877597.65(万元)

第4年：236801.09＋280612.50＋9600＋7000＋192506.00＋101321.71＝827841.30(万元)

第5年：197769.24＋9600＋7000＋100609.50＋115990.02
＝430968.76(万元)

综上，投资现金流量汇总结果见表5-0-49。

表5-0-48　　工程部分投资资金流量表

编号	工程或费用名称	合计	建设工期/年				
			1	2	3	4	5
			15.20％	28.80％	26.40％	20.00％	9.60％
Ⅰ	工程部分	1860663.60	451343.16	637550.07	337200.04	236801.09	197769.24
一	建筑及安装工程（∑1.1＋1.2＋1.3＋1.4）	1053610.71	310183.00	234955.18	222522.58	168999.16	116950.79
1.1	分年度完成工作量	1053610.71	160148.83	303439.88	278153.23	210722.14	101146.63
1.2	预付款	158041.61	158041.61				
1.3	扣回预付款	158041.61		60687.98	55630.65	41722.98	
1.4	保留金	15804.16	8007.44	7796.72			

续表

编号	工程或费用名称	合计	建设工期/年				
			1	2	3	4	5
1.5	偿还保留金	15804.16					15804.16
二	设备购置费	420946.23	63141.94	315709.67	42094.62		
三	独立费	297503.63	56525.69	56525.69	56525.69	56525.69	71400.87
	基本预备费	88603.03	21492.53	30359.53	16057.15	11276.24	9417.58
	静态投资	1860663.60	451343.16	637550.07	337200.04	236801.09	197769.24

表 5-0-49　　资金流量汇总表

编号	工程或费用名称	合计	建设工期/年				
			1	2	3	4	5
			15.20%	28.80%	26.40%	20.00%	9.60%
Ⅰ	工程部分	1860663.60	451343.16	637550.07	337200.04	236801.09	197769.24
	静态投资	1860663.60	451343.16	637550.07	337200.04	236801.09	197769.24
Ⅱ	建设征地移民补偿						
	静态投资	1122450.00	280612.50	280612.50	280612.50	280612.50	
Ⅲ	环境保护工程						
	静态投资	48000.00	9600.00	9600.00	9600.00	9600.00	9600.00
Ⅳ	水土保持工程						
	静态投资	35000.00	7000.00	7000.00	7000.00	7000.00	7000.00
Ⅴ	工程投资总计						
	静态投资	3066113.60	748555.66	934762.57	634412.54	534013.59	214369.24
	价差预备费	673308.99	59884.45	155544.49	164764.55	192506.00	100609.50
	建设期融资利息	358068.71	14671.69	47664.73	78420.56	101321.71	115990.02
	总投资	4097491.30	823111.80	1137971.79	877597.65	827841.30	430968.76

步骤 13：编制工程部分总概算表（表 5-0-50）。

表 5-0-50　　工程部分总概算表

序号	工程或费用名称	建安工程费	设备购置费	独立费用	合计/万元	占一至五部分投资/%
Ⅰ	工程部分投资					
	第一部分：建筑工程	813757.04			813757.04	43.73%
一	主体建筑工程	752257.04			752257.04	
(一)	挡水工程	20257.04			20257.04	
1	主坝	5257.04			5257.04	

续表

序号	工程或费用名称	建安工程费	设备购置费	独立费用	合计/万元	占一至五部分投资/%
2	副坝工程	15000.00			15000.00	
(二)	泄洪工程	185000.00			185000.00	
(三)	发电厂工程	270000.00			270000.00	
(四)	开关站工程	3000.00			3000.00	
(五)	航运工程	250000.00			250000.00	
(六)	灌溉工程	2500.00			2500.00	
(七)	鱼道工程	20000.00			20000.00	
(八)	其他	1500.00			1500.00	
二	交通工程	30000.00			30000.00	
三	房屋建筑工程	12000.00			12000.00	
四	供电线路	1500.00			1500.00	
五	其他建筑工程	18000.00			18000.00	
	第二部分：机电设备及安装工程	32057.58	304773.98		336831.56	18.10%
一	发电设备及安装工程	18887.58	257273.98		276161.56	
(一)	水轮机设备及安装	4527.58	147273.98		151801.56	
(二)	发电机设备及安装	3570.00	85000.00		88570.00	
(三)	起重设备及安装	440.00	4000.00		4440.00	
(四)	水力机械辅助设备及安装	3600.00	6000.00		9600.00	
(五)	电气设备及安装	6750.00	15000.00		21750.00	
二	升压变电设备及安装工程	3000.00	20000.00		23000.00	
三	公用设备及安装工程	9120.00	24000.00		33120.00	
四	航运设备及安装	1050.00	3500.00		4550.00	
	第三部分：金属结构设备及安装工程	24248.35	116172.25		140420.60	7.55%
一	挡水工程	68.35	372.25		440.60	
二	泄水工程	13975.00	65000.00		78975.00	
三	发电厂工程	5550.00	30000.00		35550.00	
四	航运工程	4500.00	20000.00		24500.00	
五	灌溉工程	45.00	300.00		345.00	
六	鱼道工程	110.00	500.00		610.00	
	第四部分：临时工程	183547.74			183547.74	9.86%
一	导流工程	104000.00			104000.00	
二	交通工程	12000.00			12000.00	
三	施工供电工程	2000.00			2000.00	
四	施工房屋建筑工程	25024.25			25024.25	

续表

序号	工程或费用名称	建安工程费	设备购置费	独立费用	合计/万元	占一至五部分投资/%
五	其他施工临时工程	40523.49			40523.49	
	第五部分：独立费用			297503.63	297503.63	15.99%
一	建设管理费			15221.66	15221.66	
二	工程建设监理费			15106.89	15106.89	
三	联合试运转费			220.00	220.00	
四	生产准备费			8810.86	8810.86	
五	科研勘测设计费			251331.06	251331.06	
六	其他			6813.16	6813.16	
	一至五部分合计	1053610.71	420946.23	297503.63	1772060.57	95.24%
	基本预备费（一至五部分合计×5%）				88603.03	4.76%
	静态总投资				1860663.60	100.00%

步骤14：编制工程概算总表（表5-0-51）

表5-0-51　　工程概算总表

序号	工程或费用名称	建安工程费	设备购置费	独立费用	合计/万元
Ⅰ	工程部分投资				1860663.60
	第一部分：建筑工程	813757.04			813750.45
	第二部分：机电设备及安装工程	32057.58	304773.98		336831.56
	第三部分：金属结构设备及安装工程	24248.35	116172.25		140420.60
	第四部分：施工临时工程	183547.74			183547.74
	第五部分：独立费用			297503.63	297503.63
	一至五部分合计	1053610.71	420946.23	297503.63	1772060.57
	基本预备费				88602.03
	静态投资				1860663.60
Ⅱ	建设征地移民补偿				1122450.00
一	农村移民迁建补偿费				500000.00
二	工业企业补偿费				15000.00
三	专项设施复建补偿费				200000.00
四	防护工程费				250000.00
五	库底清理费				4000.00
六	其他费用				100000.00
七	基本预备费				53450.00
Ⅲ	环境保护工程				48000.00
	静态投资				48000.00

续表

序号	工程或费用名称	建安工程费	设备购置费	独立费用	合计/万元
Ⅳ	水土保持工程				35000.00
	静态投资				35000.00
Ⅴ	工程投资总计				2892041.30
一	静态投资				1860663.60
二	动态投资				1031377.70
	价差预备费				673308.99
	建设期融资利息				358068.71
	总投资				2892041.30

附录 1 水利工程概算文件组成

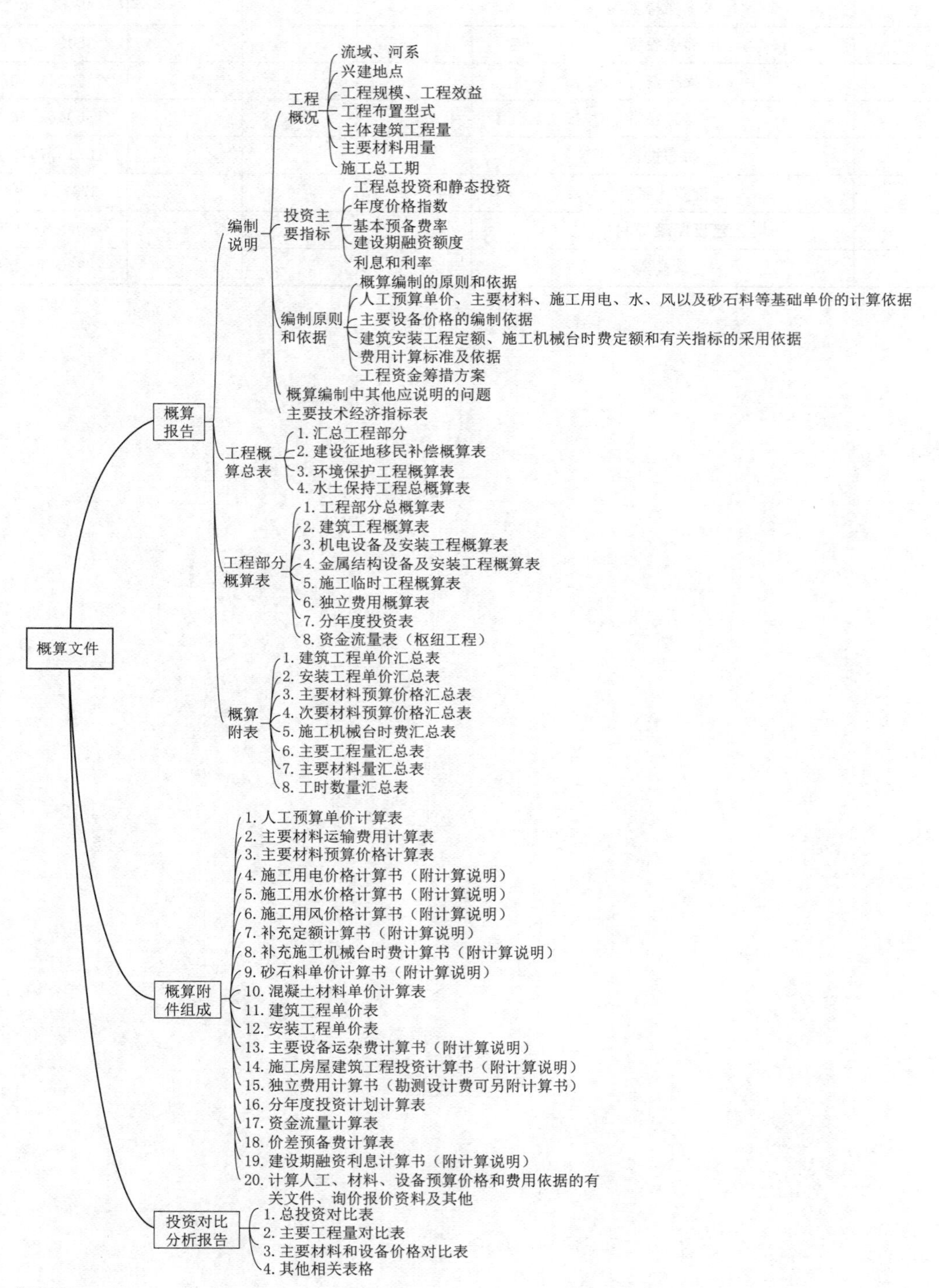

附录 2 水利工程费用标准构成

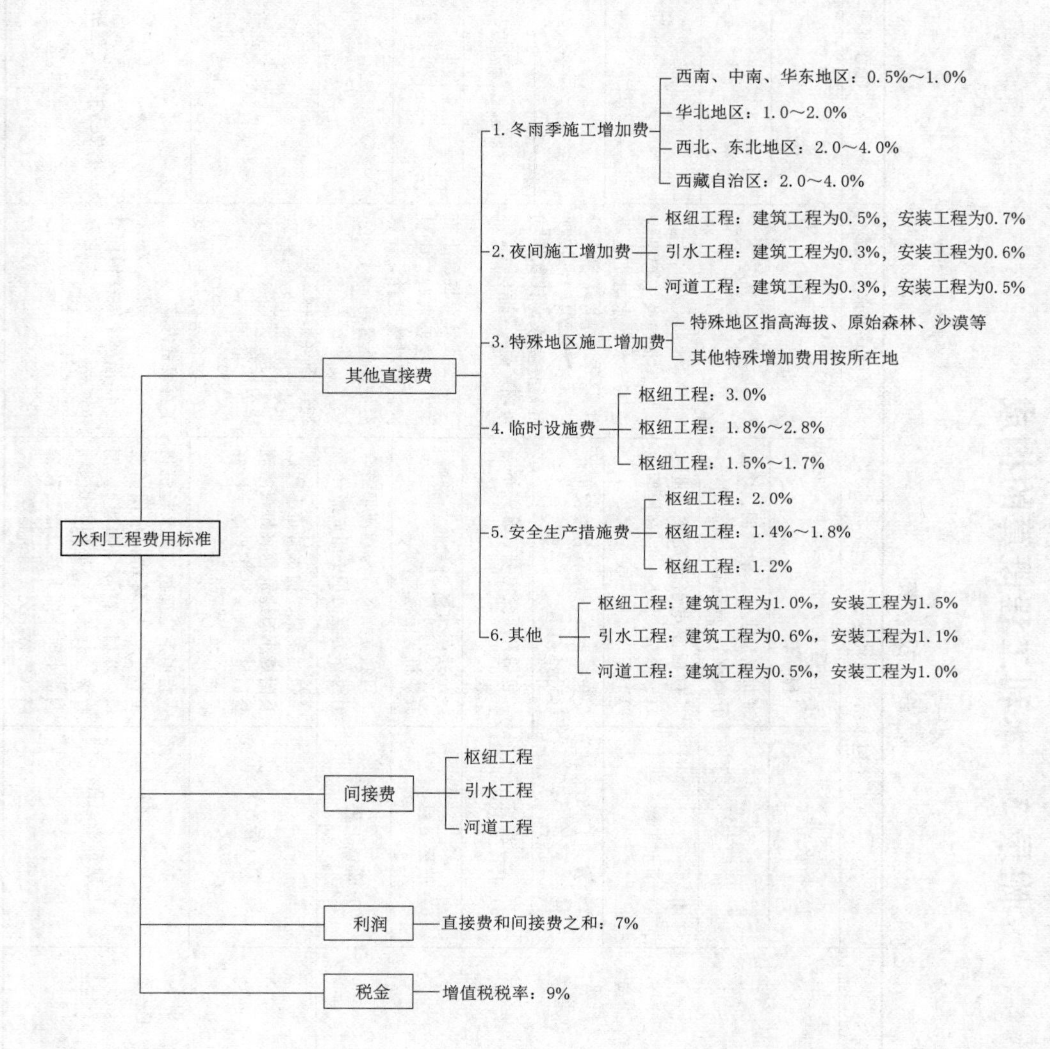

附录3 水利工程概算的构成

附表 3.1 总 投 资

项目组成				包括内容		计算方式或取费费率	注意事项
Ⅰ工程部分	一、建筑工程	1. 主体建筑工程	枢纽工程类	1）挡水工程	包括挡水的各类坝（闸）工程	1. 主体建筑工程概算＝设计工程量×工程单价 2. 主体建筑工程量应遵照《水利水电工程设计工程量计算规定》（SL 328—2018），按项目划分要求，计算到三级项目 3. 当设计对混凝土施工有温控要求时，应根据温控措施设计，计算温控措施费用 4. 细部结构工程，参照水工建筑工程细部结构指标确定 5. 综合指标仅包括基本直接费内容 6. 混凝土综合指标单位：元/m³	
				2）泄洪工程	包括溢洪道、泄洪洞、冲沙孔（洞）、放空洞、泄洪闸		
				3）引水工程	包括发电引水明渠、进水口、隧洞、调压井、高压管道等工程		
				4）发电厂（泵站）工程	包括地面、地下各类发电厂（泵站）工程		
				5）升压变电站工程	包括升压变电站、开关站等工程		
				6）航运工程	包括上下游引航道、船闸、升船机等工程		
				7）鱼道工程	可独立立项，与拦河坝结合时可作为拦河坝的组成部分		
			引水工程类	1）渠（管））道	包括明渠、输水管道工程以及附属小型建筑物（如观测测量设施、调压减压设施、检修设施）等		
				2）建筑物工程	指渠系建筑物、交叉建筑物工程，包括泵站、水闸、渡槽、隧洞、箱涵（暗渠）、倒虹吸、跌水、动能回收电站、调蓄水库、排水涵（漕）及公路（铁路）交叉建筑物等		注意：主体工程所含内容

续表

项目组成					包括内容	计算方式或取费费率	注意事项
Ⅰ工程部分	一、建筑工程	1. 主体建筑工程	河道工程类	1）河湖整治与堤防	包括堤防工程、河道整治工程、清淤疏浚工程等		
				2）灌溉及田间渠、建筑物	包括明渠、输配水管道、排水沟（渠、管）工程、渠（管）道附属小型建筑物、田间土地平整等		
		2. 交通工程		永久性对外公路、运行管理维护道路	包括上坝、进厂、对外等场内外永久公路以及桥梁、交通隧洞、铁路、码头等工程	方法一：工程量×单价 方法二：采用扩大单位指标编制	
		3. 房屋建筑		1）辅助生产建筑	为生产运行服务的永久性辅助生产建筑	由设计单位按有关规定结合工程规模确定，单位单价指标根据当地相应建筑造价水平确定	
				2）仓库			
				3）办公用房			
				4）值班宿舍及文化福利	按主体建筑工程投资的百分比率计算	枢纽工程：0.5%～1.5%； 引水工程：0.4%～0.6%； 河道工程：0.4%	注意：取费基数为主体工程投资，投资小或工程位置偏远者取大值，反之取小值
				5）室外工程		房屋建筑工程投资的15%～20%	注意：取费基数房屋建筑工程投资，不含室外工程本身
		4. 供电设施		1）输电线路	指工程生产运行供电需要架设的输电线路及变配电线路	采用工程所在地区造价指标或有关资料计算	
				2）变配电线路			

续表

项目组成					包括内容	计算方式或取费费率	注意事项
Ⅰ工程部分	一、建筑工程	5. 其他建筑工程		1）安全监测设施工程	建筑工程性质的内外部观测设施	按设计资料计算，如无设计资料，根据坝型或其他型式，按照主体建筑工程投资的百分率计算。 当地材料坝：0.9%～1.1% 混凝土坝：1.1%～1.3%	
				2）照明线路		按设计工程量乘以单价或采用扩大单位指标编制	
				3）通信线路			
				4）公用设施工程	厂坝（闸、泵站）区供水、供热、排水等公用设施	按设计要求分析计算	
				5）安全卫生设施	劳动安全与工业卫生设施		
				6）监测设施	水文、泥沙监测设施工程		
				7）水情自动测报系统工程及其他			
	二、机电设备及安装工程	1. 枢纽工程	枢纽工程类	1）发电设备及安装工程	包括水轮机、发电机、主阀、起重机、水力机械辅助设备、电气设备等	机电设备及安装工程投资由设备费和安装工程费两部分组成。 一、设备费 设备费包括设备原价、运杂费、运输保险费和采购保管费。	
				2）升压变电设备及安装工程	包括主变压器、高压电气设备、一次拉线等		
				3）公用设备及安装工程	包括通信、通风采暖、机修、监控系统、自控系统、接地保护网、电梯、馈电，供排水、水文泥沙监测、视频监控及安全卫生设备等		

续表

项目组成				包括内容		计算方式或取费费率	注意事项
Ⅰ工程部分	二、机电设备及安装工程	2. 引水工程及河道		1）泵站设备及安装工程	包括水泵、电动机、主阀、起重设备、水力机械设备、电气设备等	1. 设备原价：出厂价或询价。 2. 运杂费：按设备原价的百分率计算。按水轮机发电机组、主阀、桥机以及主变压器分裂，考虑铁路、公路的运距。 3. 其他运杂费：按不同地区采取相应的费率。 4. 运输保险费：按有关规定计算。 5. 采购及保管费：按设备原价、运杂费之和的0.7%计算。 6. 运杂综合费率： 运杂综合费率＝运杂费率＋(1＋运杂费费率)×采购及保管费费率＋运输保险费费率 7. 以建筑工程投资为基数，按编规表5-8的费率，以差额累进方法计算。 交通工具购置费＝第一部分建筑工程投资×该档费率＋辅助参数 二、安装工程费 安装工程投资＝设备数量×安装单价	
				2）水闸设备及安装工程	包括电气一次设备及电气二次设备及安装工程		
				3）电站设备及安装工程	参照枢纽工程的发电设备及升压设备		
				4）供变电设备及安装工程	包括供电、变配电设备及安装		
				5）公用设备及安装工程	参照枢纽工程的发电设备及升压设备		
		3. 灌溉工程		1）首部设备及安装工程	包括过滤、施肥、控制调节、计量等设备及安装		
				2）田间灌水设施及安装工程	包括田间喷灌、微灌等全部灌水设备及安装工程		
	三、金属结构设备及安装工程	全部金属结构设备及安装		1）闸门、启闭机、拦污设备、升船机			
				2）水电站（泵站）压力钢管制作与安装			
				3）其他金属结构			
	四、施工临时工程	1. 导流工程		包括导流明渠、导流洞、施工围堰、蓄水期下游断流补偿设施、金属结构设备及安装		导流工程投资＝设计工程量×工程单价	
		2. 施工交通工程		包括施工现场内外为工程建设服务的临时交通工程，如公路、铁路、桥梁、施工支洞、码头、转运站等		方法一：设计工程量×工程单价 方法二：按工程所在地造价指标，采用扩大单位指标编制	

续表

项目组成				包括内容	计算方式或取费费率	注意事项
Ⅰ工程部分	四、施工临时工程	3. 施工场外供电工程		包括从现有电网向施工现场供电的高压输电线路(枢纽工程35kV及以上等级；引水工程、河道工程10kV及以上等级；掘进机施工专用供电线路)、施工变(配)电设施设备(场内除外)工程	按设计数量要求，采用地区造价指标	
		4. 施工房屋建筑工程		指工程在建设工程中建造的临时房屋，包括施工仓库、办公及生活、文化福利建筑及所需的配套设施工程	1. 施工仓库：面积参考施工组织设计，单位造价指标按当地造价水平； 2. 办公、生活及文化建筑：枢纽工程：按房屋建筑工程投资＝建安工程量×人均面积综合指标×单位造价指标÷施工年限÷全员劳动生产率×施工高峰人数调整系数×室外工程系数×单位造价指标调整系数	注意： 1. 建安工作量指一至四部分建安工作量； 2. 人均面积综合指标按12～15m²/人标准计算； 3. 单位造价指标参考工程所在地的永久房屋造价指标； 4. 施工年限按施工组织设计确定的合理工期计算； 5. 全员劳动生产率，一般按80000～120000元/(人·年)； 6. 施工高峰人数调整系数，取1.10； 7. 室外工程系数，取1.10～1.15； 8. 单位造价指标调整系数，按不同施工年限，采用编规表5-9中的调整系数
		5. 其他临时工程		指除施工导流、施工交通、施工场外供电、施工房屋建筑、缆机平台、掘进机泥水处理系统和管片预制系统土建设施以外的施工临时工程。包括施工供水(大型泵房及干管)、砂石料系统、混凝土拌合系统、大型机械安装拆卸、防汛、防冰、施工排水、施工通信等工程。 根据工程实际情况，可单独列示缆机平台、掘进机泥水处理系统和管片预制系统土建设施等项目。施工排水指基坑排水、河道降水等	按工程一至四部分建安工作量之和的百分率计算。 枢纽工程：3.0%～4.0%； 引水工程：2.5%～3.0%； 河道工程：0.5%～1.5%	
	五、独立费用	1. 建设管理费	1) 建设单位开办费	建设单位为开展工作必须购置的办公设施、交通工具以及其他用于开办工作的费用	一至四部分建安工程量×该档费率＋辅助参数，以超额累进方法计算。 按枢纽工程、引水工程和河道工程分别计取	注意取费基数，辅助参数为绝对值，注意单位元或万元
			2) 建设单位人员费	从批准组件之日起至完成该项目任务之日止，需开支的建设单位人员费用		
			3) 项目管理费	建设单位从筹建到竣工期间所发生的各种管理费用		

续表

项目组成				包括内容		计算方式或取费费率	注意事项
Ⅰ工程部分	五、独立费用	2. 工程建设监理费			对质量、进度、安全和投资进行监理发生的全部费用	一至四部分建安造价×专业调整系数×复杂调整系数×附加调整系数，内插公式，按发改价格〔2007〕670号文	
		3. 联合试运转费		整套设备带负荷联合试运转期间所需费用	包括联合试运转期间所消耗的燃料、动力、材料及机械使用费，工器具购置费及人员工资	根据单机容量采用不同的费用指标，查编规表5-15	
		4. 生产准备费		1）生产管理单位提前进厂费		一至四部分建安费的0.15%～0.35%，大（1）型取小值，大（2）型取大值	
				2）生产职工培训费		一至四部分建安费的0.35%～0.55%，枢纽工程和引水工程取中上限，河道取下限	
				3）管理用具购置费		枢纽工程一至四部分的0.04～0.06%，大（1）型取小值，大（2）型取大值；引水工程0.03%；河道工程0.02%	
				4）备品备件购置费		按设备费的0.4%～0.6%（注意同容量同型号只算一台）	注意：1. 取费基础为设备费；2. 同容量同型号只计算一台
				5）工器具及生产家具购置费		按设备费的0.1%～0.2%，枢纽取下限，其他取中、上限	

续表

项目组成				包括内容		计算方式或取费费率	注意事项
I 工程部分	五、独立费用	5. 科研勘察设计费		1）科学研究试验费	科学研究试验所需的费用	按工程建安工作量的百分率计算，其中枢纽和引水工程取 0.7%，河道工程取 0.3%，灌溉田间工程一般不计此项费用	
				2）工程勘察设计费	从项建书各设计阶段发生的勘测费、设计费和为勘测设计服务的常规科研试验费	发改委〔2006〕1352 号文 建设部〔2002〕10 号文	
		6. 其他		1）工程保险费	工程建设期间，对工程进行投保所发生的保险费用	一至四部分的 0.45%～0.5%	注意：取费基数为一至四部分
				2）税费		按办财务函〔2019〕448 号，现行的税金税率为 9%	
	六、基本预备费用	1. 基本预备费			因设计变更、技术标准调整以及遭受或预防自然灾害所产生的费用	一至五部分的 5%，初设阶段 5%～8%，（建筑＋机电＋金结＋临时＋独立费）五个部分	注意：取费基数为一至五，区别于其他一至四
		2. 价差预备费			解决因人工工资、材料和设备价格上涨以及费用标准调整而增加的投资	$E=\sum_{n=1}^{N}F_n[(1+p)^n-1]$	E 为价差预备费；N 为施工年限；p 为年物价指数
	建设期融资利息				工程建设期内需偿还并应计入工程总投资的融资利息	$S=\sum_{n=1}^{N}\left[\left(\sum_{m=1}^{n}F_m b_m-\frac{1}{2}F_n b_n\right)+\sum_{m=0}^{n-1}S_m\right]i$	
	总投资				静态总投资＋价差预备费＋建设期融资利息之和	（建筑＋机电＋金结＋临时＋独立）＋预备费＋建设期融资利息	

续表

项目组成				包括内容		计算方式或取费费率	注意事项
Ⅱ建设征地移民补偿	总投资	一、农村部分补偿		1）征收土地补偿费		被征收亩数×平均亩产值×补偿倍数10倍	注意：土地征收与征用的区别
				2）征收安置补助费		被安置人数×平均亩产值×补偿倍数8倍	注意：永久占地和临时占地的区别
				3）征用土地补偿费		与征用年限有关	
				4）征用土地复垦费			
				5）青苗补偿费		一季亩产值有关	
		二、城（集）镇部分补偿					
		三、工业企业补偿					
		四、专业项目补偿					
		五、防护工程					
		六、库底清理					
		七、其他费用		1）前期工作费		一至六项和的1.5%～2.5%	
				2）综合勘察设计科研费		(一＋二＋六)×(3%～4%)＋(三＋四＋五)×1%	
				3）实施管理费		地方政府：(一＋二＋六)×4%＋(三＋四＋五)×2%	
						建设单位：一至六项和的0.6%～1.2%	

续表

项目组成			包括内容	计算方式或取费费率	注意事项
Ⅱ建设征地移民补偿	总投资	七、其他费用	4）实施机构开办费	内插法，见水利工程设计概（估）算编制规定（征地移民补偿）表6-1	
			5）技术培训费	第一项×0.5%	
			6）监督评估费	（一＋二＋六）×(1.5%～2%)＋(三＋四＋五)×(0.5%～1%)	
		基本预备费	1）基本预备费	（一＋二＋六＋七）H_1＋(三＋四＋五)H_2	注意：基本费的取费基数包括第七项其他费用，初步设计阶段$H_1=10\%$，$H_2=6\%$；施工技术阶段$H_1=7\%$，$H_2=3\%$
			2）价差预备费		同工程部分价差预备费
		税费			
Ⅲ环境保护工程	环境保护工程	一、环境保护措施	水环境、土壤、陆生植（动）物、水生生物、景观绿化、人群保护等		
		二、环境监测措施	水质、大气、噪声、卫生防疫、生态等监测		
		三、环境保护仪器设备及安装	环保设备：污水、噪声、粉尘、垃圾、防疫：监测设备：水环境、大气噪声、卫生防疫、生态等		
		四、环境保护临时措施	保护施工区及周围环境和人群所采取的措施		
		五、环境保护独立费用	建设管理费、环境监理费、科研勘测设计费、质量监督费		
		预备费			
		环境保护专项投资			

续表

项目组成				包括内容		计算方式或取费费率	注意事项
Ⅳ水土保持工程	一、生态建设工程	1. 工程措施		拦渣工程、护坡、土地整治、防洪、机械固沙、泥石流防治			
		2. 林草措施		植物防护和植物恢复、绿化美化			
		3. 封育措施		临时仓库、生活用房、架设输电线路、施工道路			
		4. 独立费用		1）建设管理费		项目经常费:(一+二+三)×(0.8%～1.6%)	
						技术支持培训费:(一+二+三)×(0.4%～0.8%)	
				2）工程建设监理费		按国家及建设工程所在省、自治区、直辖市的有关规定计算	
				3）科学研究勘测试验费		（一＋二＋三）×（0.2%～0.4%）	
				4）征地及淹没补偿费			
				5）水土流失检测费（独有）		（一＋二＋三）×（0.3%～0.6%）	注意：水土流失检测费和工程质量监督费为水保项目特有
				6）工程质量监督费（独有）		按国家及建设工程所在地的有关规定计算	
				水土保持设施补偿费（独有，行政收费）		水土保持设施补偿面积（hm^2）×征收标准（1.4元/m^2）	注意：水土保持设施补偿为水保项目独有，属于行政收费
		基本预备费				(一+二+三+四)×3%	
		价差预备费					
		建设期融资利息					

续表

项目组成				包括内容		计算方式或取费费率	注意事项
Ⅳ水土保持工程	一、生态建设工程	总投资					
		水土保持设施补偿费		独有，行政收费，政府		根据所在省规定，征收标准 1.4 元/m²	注意：单位为 1.4 元/m²，注意元和万元
	二、水土保持工程	1. 工程措施		谷坊、蓄水池、固沙、蓄排、引水			
		2. 植物措施		造林、种草、苗圃			
		3. 施工临时工程		拦护设施、补植补种		(一＋二)×(1%～2%)，大型、植物保护措施工程取下限	注意：取费基数为前两项，即工程措施＋植物措施
		4. 独立费用		1) 建设管理费		(一＋二＋三)×(1%～2%)	
				2) 工程建设监理费			
				3) 科学研究试验费		(一＋二＋三)×(0.2%～0.5%)	
				4) 征地及淹没补偿费			
				5) 水土流失检测费(独有)		(一＋二＋三)×(1%～1.5%)	
				6) 工程质量监督费(独有)		按国家及建设工程所在地的有关规定计算	
		基本预备费				(一＋二＋三＋四)×3%	
		价差预备费					
		建设期融资利息					
		总投资					
水文项目和水利信息化项目总投资							

附表 3.2　　建设项目费用

类别	组成				计算方法或说明	备注
建筑安装费	一、直接费	1. 基本直接费	(1) 人工费	1) 基本工资	岗位工资	按职工所在岗位各项劳动要素测评结果确定的工资
					非作业天数内的工资	包括开会学习、培训、调动工作、探亲、休假、产假以及6个月以内的工资及产、婚、丧假等
				2) 辅助工资	基本工资之外的工资性收入	包括根据国家规定的工资性津贴，如艰苦边远地区津贴、施工津贴、夜餐津贴、节假日加班津贴等
			(2) 材料费	1) 材料原价	材料指定交货地点的价格	
				2) 运杂费	材料从指定交货地点至工地分仓库所发生的全部费用	包括运输费、装卸费及其他杂费
				3) 保险费	指材料在运输途中的保险费	
				4) 采购及保管费	指材料在采购、供应和保管过程中的费用	包括材料采购、供应和保管等工作人员工资；仓库、转运站等设施的检修费、固定资产折旧费、技术安全措施费；在运输和保管中的损耗等
			(3) 机械使用费	1) 折旧费	施工机械在规定使用年限内回收原值的台时折旧摊销费用	
				2) 修理及替换设备费	日常保养所需的润滑油、擦拭用品的费用以及保管机械所需的费用	
				3) 安装和拆卸费	机械进出工地的安装、拆卸、试运转和场内转移及附属设施的摊销费用	
				4) 机上工人费	机械使用时机上操作人员人工费用	
				5) 动力燃料费	机械正常运转时所耗用的风、水、电、油和煤等费用	

续表

类别	组成				计算方法或说明	备注
建筑安装费	一、直接费	2. 其他直接费	(1) 冬雨季施工增加费	按基本直接费的百分率计算	西南、中南、华东区：0.5%～1.0%	
					华北地区：1.0%～2.0%	
					西北、东北区：2.0%～4.0%	
					西藏自治区：2.0%～4.0%	
			(2) 夜间施工增加费	按基本直接费的百分率计算	枢纽工程：建筑0.5%，安装0.7% 引水工程：建筑0.3%，安装0.6% 河道工程：建筑0.3%，安装0.5%	按基本直接费的百分率计算
			(3) 特殊地区施工增加费	指高海拔、原始森林、沙漠等特殊地区，其中高海拔已计入定额，其他的按工程所在地规定标准，无规定的不得计算		
			(4) 临时设施费	按基本直接费的百分率计算	枢纽工程：3.0% 引水工程：1.8%～2.8% 河道工程：1.5%～1.7%	引水工程： 1. 自采加工人工砂石料，取上限； 2. 自采加工天然砂石料，取中值； 3. 外购砂石料，取下限。 河道工程：灌溉田间工程取下限，其他取中值
			(5) 安全生产措施费	按基本直接费的百分率计算	枢纽工程：2.0% 引水工程：1.4%～1.8% 河道工程：1.2%	引水工程：一般取下限标准，隧洞、渡槽等大型建筑物较多的引水工程、施工条件复杂的取上限
			(6) 其他	按基本直接费的百分率计算	枢纽工程：建筑1.0%，安装1.5% 引水工程：建筑0.6%，安装1.1% 河道工程：建筑0.5%，安装1.0%	砂石备料工程其他直接费费率取0.5%。 掘进机施工隧洞： 1. 土石方类、钻孔灌浆及锚固类工程，其他直接费取2%～3%； 2. 建设单位自购设备时，台时费不计折旧费，费率取4%～5%； 3. 敞开式掘进费率取低值，其他取高值

续表

类别	组成				计算方法或说明	备注
建筑安装费	二、间接费	1. 规费	(1) 社会保险费	1) 养老保险费	引水工程：一般取下限，隧洞、渡槽等大型建筑物较多的引水工程、施工条件负责的引水工程取上限标准。 河道工程：灌溉田间工程取下限，其他工程取上限	根据工程性质不同，间接费标准划分为枢纽工程、引水工程、河道工程三个标准。间接发生的费率根据工程类别取相应的系数，计算基础为直接费
				2) 失业保险费		
				3) 医疗保险费		
				4) 工伤保险费		
				5) 生育保险费		
			(2) 住房公积金			
		2. 企业管理费	(1) 管理人员工资			
			(2) 差旅交通费			
			(3) 办公费			
			(4) 固定资产使用费			
			(5) 工具用具使用费			
			(6) 职工福利费			
			(7) 劳动保护费			
			(8) 工会经费			
			(9) 职工教育经费			
			(10) 保险费			
			(11) 财务费用			
			(12) 税金			
			(13) 其他			

续表

类别	组成				计算方法或说明	备注
建筑安装费	三、利润				按直接和间接费之和的7%计取	7%
	四、材料补差					
	五、税金				（直接费＋间接费＋利润＋材料补差）×税率9%	
设备费	设备原价		国产设备	原价指出厂价		
			进口设备		到岸价和进口征收的税金、手续费、商检费及港口费等各项费用之和为原价	
			大型设备拼装费		大型机组及其他大型设备分别运至工地后的拼装费用应包括在设备原价中	
	运杂费	从厂家运至工地现场	运输费			
			装卸费			
			包装绑扎费			
			大型变压器充氮费			
			可能发生的杂费			
	运输保险费		运输过程中得保险费用			
	采购保管费		采购保管人员工资			
			仓库、运转站			

附表 3.3　　基础单价编制

类别	内容		计算方法或说明	取费基数或系数
一、人工预算单价	按概算编规表1计算		八类地区：一般地区、一类区、二类区、三类区、四类区、五类区（西藏二类）、六类区（西藏三类）、西藏四类	元/工时，艰苦边远地区划分执行人事部和财政部的津贴制度实施意见
			类别与等级：工长、高级工、中级工、初级工	跨地区建设项目的人工预算单价可按主要建筑物所在地，也可按工程规模或投资比例进行综合确定
二、材料预算单价	材料原价		按工程所在地区就近大型物资供应公司、材料交易中心的市场成交价或设计选定的生产厂家的出厂价计算	材料预算单价=(原价+运杂费)×(1+采购及保管费率)+运输保险费
	运杂费		铁路运输按铁道部现行《铁路货物运价规则》及有关规定或市场价计算	钢材、木材、粉煤灰、油料、火工产品、电缆及母线
	运输保险费		按工程所在省、自治区、直辖市或中国人民保险公司的有关规定计算	采购及保管费：水泥、碎石和砂 3%，钢材 2%，油料 2%，其他材料 2.5%
	采购及保管费		按材料运到工地仓库价格（不包括运输保险费）计算	基价：柴油 2990 元/t，汽油 3075 元/t，钢筋 2560 元/t，水泥 250 元/t，炸药 5150 元/t
	其他材料预算单价		可参考工程所在地区的工业与民用建筑材料预算价格或信息价格	
	材料补差		主要材料预算价格超过规定的材料基价时，应按基价计入工程单价参加取费，预算价与基价的差值以材料补差形式计算，列入单价表中并计取税金	
三、施工用电、水、风价格	1. 施工用电价格	基本电价	电网供电价格：基本电价÷(1－高压输电线路损耗率)÷(1－35kV 以下变配电设备及配电线路损耗率)+供电设施维修摊销费	发电机出力系数：0.8～0.85；厂用电率 3%～5%，变配电 4%～7%，供电设施摊销 0.04～0.05 元/（kW·h），单位冷却水水费 0.05～0.07 元/（kW·h）
		电能损耗摊销费	柴油发电机供电价格（自设水泵供冷却水）：[柴油发电机组（台）总费用+水泵组（台）时总费用]÷(柴油发电机额定容量之和×K)÷(1－厂用电率)÷(1－变配电设备及配电线损耗率)+供电设施维修摊销费	
		供电设施维修摊销费用	柴油发电机供电价格（采用循环冷却水，不用水泵）：柴油发电机组（台）总费用÷(柴油发电机额定容量之和×K)÷(1－厂用电率)÷(1－变配电设备及配电线损耗率)+单位循环冷却水费+供电设施维修摊销费	

续表

类别	内容		计算方法或说明	取费基数或系数
三、施工用电、水、风价格	2. 施工用水价格	基本水价	水泵组(台)时总费用÷(水泵额定容量之和×K)÷(1－供水损耗率)＋供水设施维修摊销费	能量利用系数 $K=0.75\sim0.85$. 供水损耗率 6%～10%，供水设施维修摊销费 0.04～0.05 元/m^3
		供水损耗		
		供水设施维修摊销费		1. 施工用水为多级提水并中间分流时，要逐级计算水价； 2. 施工用水有循环用水时，水价要根据施工组织设计的供水工艺流程计算
	3. 施工用风的价格	基本风价	根据施工组织设计所配置的空气压缩机系统设备组（台）时总费用和组（台）时总有效供风量计算	能量利用系数 $K=0.7\sim0.85$. 供风损耗率 6%～10%，单位循环冷却水 0.007 元/m^3，供水设施维修摊销费 0.04～0.05 元/m^3
		供风损耗	用水泵:[(空气压缩机台时总费用＋水泵台时总费用)÷(空气压缩机额定容量之和×60 分钟×K)]÷(1－供风损耗率)＋供风设施维修摊销费	
		供风设施维修摊销费	循环冷却水:[空气压缩机台时总费用÷(空气压缩机额定容量之和×60 分钟×K)]÷(1－供风损耗率)＋单位循环冷却水＋供风设施维修摊销费	
四、施工机械使用费			根据《水利工程施工机械定额台时费定额》及有关规定计算，对于定额缺项的施工机械，可补充编制台时费定额	
五、砂石料单价			水利工程砂石料由施工企业自行采备时，砂石料单价应根据料源情况、开采条件和工艺流程计算，并计取间接费、利润及税金	当预算价格较高时，应按基价 70 元/m^3 计入工程单价参加取费，预算价格与基价的差额以材料补差形式进行计算，列入单价表中并计取税金
六、混凝土材料单价			根据设计确定的不同工程部位的混凝土标号、级配和龄期，分别计算出每立方米混凝土材料单价，计入相应的混凝土工程概算单价内，其混凝土配合比的各项材料用量，应根据工程试验提供的资料计算，若无试验资料时，也可参照《水利建筑工程概算定额》附录混凝土材料配合表计算	
			当采用商品混凝土时，其材料单价应按基价 200 元/m^3 计入工程单价参加取费，预算单价与基价的差额以材料补差形式进行计算，列入单价表中并计取税金	

附表 3.4　　建筑、安装工程单价编制

类别	组成			计算方法或取费基数	备注
建筑工程单价	直接费	基本直接费	人工费	人工费＝定额劳动量（工时）×人工预算单价（元/工时）	
			材料费	材料费＝定额材料用量×材料预算单价	
			机械使用费	机械使用费＝定额机械使用量（台时）×施工机械台时费（元/台时）	
		其他直接费		基本直接费×其他直接费费率之和	
	间接费	直接费×间接费费率			建筑工程为直接费，安装工程为人工费
	利润	（直接费＋间接费）×利润率			
	材料补差	（材料预算价格－材料基价）×材料消耗量			材料预算价格超过材料基价需补差
	税金	（直接费＋间接费＋利润＋材料补差）×税率			
	建筑工程单价	直接费＋间接费＋利润＋材料补差＋税金			建筑工程单价含有未计价材料（输水管道）时，其格式参照安装工程单价
安装工程单价（实物量形式）	直接费	基本直接费	人工费	人工费＝定额劳动量（工时）×人工预算单价（元/工时）	
			材料费	材料费＝定额材料用量×材料预算单价	
			机械使用费	机械使用费＝定额机械使用量（台时）×施工机械台时费（元/台时）	
		其他直接费		基本直接费×其他直接费费率之和	
	间接费	人工费×间接费费率			建筑工程为直接费，安装工程为人工费
	利润	（直接费＋间接费）×利润率			
	材料补差	（材料预算价格－材料基价）×材料消耗量			

续表

<table>
<tr><th>类别</th><th colspan="3">组　成</th><th>计算方法或取费基数</th><th>备　注</th></tr>
<tr><td rowspan="3">安装工程单价（实物量形式）</td><td colspan="3">未计价装置性材料费</td><td>未计价装置性材料用量×材料预算单价</td><td>仅安装工程有，建筑无</td></tr>
<tr><td colspan="3">税金</td><td>（直接费＋间接费＋利润＋材料补差＋未计价装置性材料费）×税率</td><td></td></tr>
<tr><td colspan="3">安装工程单价</td><td>直接费＋间接费＋利润＋材料补差＋未计价装置性材料费＋税金</td><td>比建筑工程多了未计价装置性材料费</td></tr>
<tr><td rowspan="11">安装工程单价（费率形式）</td><td rowspan="5">直接费％</td><td rowspan="4">基本直接费％</td><td>人工费％</td><td>定额人工费％</td><td></td></tr>
<tr><td>材料费％</td><td>定额材料费％</td><td></td></tr>
<tr><td>装置性材料费％</td><td>定额装置性材料费％</td><td></td></tr>
<tr><td>机械使用费％</td><td>定额机械使用费％</td><td></td></tr>
<tr><td>其他直接费％</td><td></td><td>基本直接费％×其他直接费费率之和％</td><td></td></tr>
<tr><td colspan="3">间接费％</td><td>人工费％×间接费费率％</td><td>建筑工程为直接费，安装工程为人工费</td></tr>
<tr><td colspan="3">利润％</td><td>（直接费％＋间接费％）×利润率％</td><td></td></tr>
<tr><td colspan="3">税金％</td><td>（直接费％＋间接费％＋利润％＋材料补差％）×税率％</td><td></td></tr>
<tr><td colspan="3" rowspan="2">安装工程单价</td><td>直接费％＋间接费％＋利润％＋税金％</td><td>比建筑工程多了未计价装置性材料费</td></tr>
<tr><td>设备单价＝单价％×设备原价</td><td></td></tr>
</table>

参 考 文 献

[1] 中华人民共和国水利部. 水利工程设计概（估）算编制规定［M］. 北京：中国水利水电出版社，2015.

[2] 中华人民共和国水利部. 水利建筑工程概（预）算定额（上、下册）［M］. 郑州：黄河水利出版社，2002.

[3] 中华人民共和国国家发展和改革委员会发布. 水电建筑工程概（预）算定额（上、下册）［M］. 北京：中国电力出版社，2007.

[4] 中华人民共和国水利部. 水利工程工程量清单计价规范：GB 50501—2007［S］. 北京：中国计划出版社，2007.

[5] 中华人民共和国住房和城乡建设部. 房屋建筑与装饰工程量清单计价规范：GB 50854—2013［S］. 北京：中国计划出版社，2013.

[6] 长江水利委员会长江勘测规划设计研究院. 水利水电工程等级划分及洪水标准：SL 252—2017［S］. 北京：中国水利水电出版社，2017.

[7] 中国水利工程协会. 水利工程建设合同管理［M］. 北京：中国水利水电出版社，2007.

[8] 中国水利工程协会. 水利工程建设投资管理［M］. 北京：中国水利水电出版社，2007.

[9] 中国水利工程协会，北京海策工程咨询有限公司. 水利工程计价［M］. 北京：中国水利水电出版社，2019.

[10] 中国水利工程协会，北京海策工程咨询有限公司. 水利工程造价文件汇编［M］. 北京：中国水利水电出版社，2019.

[11] 中国水利工程协会，北京海策工程咨询有限公司. 水利工程施工技术与计量［M］. 北京：中国水利水电出版社，2019.

[12] 何俊，陈济. 建设工程计量与计价实务［M］. 北京：中国电力出版社，2019.

[13] 曾瑜，厉莎. 水利水电工程造价与实务［M］. 北京：中国电力出版社，2016.

[14] 袁光裕，胡志根. 水利工程施工［M］. 北京：中国水利水电出版社，2016.

[15] 华北水利水电大学水利水电工程系. 水利工程概论. 北京：中国水利水电出版社，2020.

[16] 林继镛，张社荣. 水工建筑物［M］. 北京：中国水利水电出版社，2019.

[17] 门宝辉，王俊奇. 工程水文与水利计算［M］. 北京：中国电力出版社，2017.

[18] 第一次全国水利普查成果丛书编委会. 水利工程基本情况普查报告［M］. 北京：中国水利水电出版社，2017.